钣金展开计算 210 例

主　编　兰文华
副主编　杨　磊

机械工业出版社

这是一本用计算的方法进行钣金制品展开的实用技术书，作者以投影原理列出计算公式，用计算的方法求得被展体展开所需要的各有关素线实长，而且还配有立体图、视图、展开图以及相贯体的开孔图，因此读者不用放大样展开，就可直接画出所需被展体的展开图样。为使读者易于学习，本书以"模板"方式编写，其计算方法独创，并通过实例具体数据，对被展体计算公式演算的全过程进行介绍。作者还将书中所有被展体计算公式，分类输入 Excel 表，制作成"钣金展开计算模板"文件，便于读者在实际工作中快、准、精地完成被展制件。

本书适合钣金工、铆工、白铁工、管工以及从事机械制造业的工程技术人员使用，也可用作技校、职校以及大中专院校师生的参考用书。

"钣金展开计算模板"获取链接：https：//pan.baidu.com/s/1Ahm8MnJWg7r6gh272AmcFw？pwd＝7856，提取码：7856；也可扫描下方二维码获取。

图书在版编目（CIP）数据

钣金展开计算 210 例/兰文华主编 . —北京：机械工业出版社，2018.4
（2025.4 重印）

ISBN 978-7-111-59348-5

Ⅰ.①钣… Ⅱ.①兰… Ⅲ.①钣金工 – 计算方法 Ⅳ.①TG936

中国版本图书馆 CIP 数据核字（2018）第 044890 号

机械工业出版社（北京市百万庄大街 22 号 邮政编码 100037）
策划编辑：吕德齐 责任编辑：吕德齐 王彦青
责任校对：刘 岚 封面设计：鞠 杨
责任印制：张 博
北京建宏印刷有限公司印刷
2025 年 4 月第 1 版第 5 次印刷
184mm × 260mm · 31 印张 · 763 千字
标准书号：ISBN 978-7-111-59348-5
定价：89.00 元

电话服务　　　　　　　　　　网络服务
客服电话：010-88361066　　机 工 官 网：www.cmpbook.com
　　　　　010-88379833　　机 工 官 博：weibo.com/cmp1952
　　　　　010-68326294　　金 　书 　网：www.golden-book.com
封底无防伪标均为盗版　机工教育服务网：www.cmpedu.com

前　　言

钣金展开就是对各种几何体、相贯体制件的放样展开，是钣金工艺的第一道工序。钣金展开精度的高低，直接影响着制件质量的高低。过去，由于计算工具落后，人们习惯用投影的方法，以1:1比例在平面上放大样，再量取所需要展开的素线实长。这种方法操作既复杂，效率又低下，且展开精度也差，已不能适应社会生产发展的需要。随着计算工具的发展和计算器及计算机的普及应用，钣金展开可通过计算的方法来实现。

本书是一本用计算方法进行钣金制品和构件展开的实用技术书。作者根据投影的原理列出计算公式，用计算的方法来求得被展体展开所需要的各素线实长。这种展开方法有以下几大优点：

1) 由于计算展开不需放大样，省去了传统展开需要放样场地的烦恼，如果被展体较大，更能体现这一优势。

2) 用计算方法展开，不但便捷，而且速度快。如果将计算公式输入计算机，只需几分钟就能完成。为此，作者已将本书所有公式分类编程，而且经过多次改进和完善，效果极佳。

3) 用计算方法展开不但速度快，而且精度高。如果用计算机计算，不但计算结果精度高，而且正确率也高。

为便于读者学习，应用方便，本书以模板方式编写，其计算方法独创。具体式样如下：

一、展开计算模板

(1) 已知条件　指图样对被展体的形状、形态、角度以及长度等所标注的有关尺寸数据。

(2) 所求对象　指被展体展开必须要求出的各有关素线名称。

(3) 过渡条件　指为求被展体各有关素线实长，又不能直接求出必需的中间辅助条件所列计算公式。

(4) 结果计算　指为求被展体各有关素线实长，所列出的各相对应的计算公式。

(5) 注解及说明　指为使读者能更好地理解公式，对所列计算公式中的有些内容，所给出的必要解释和说明。

(6) 配图　指为使读者能清楚直观地了解被展体，插有立体图、视图，并对被展体形状、形态、位置、角度等，用字母代号标注。而且还插有展开图样和相贯体的开孔图样，这些同样也用相应的字母代号表示各展开素线。

二、展开计算实例

为使读者能正确地运用计算公式，作者对本书各被展体实例具体数据（数据长度单位为mm，书中不一一标注了），分别代入对应计算公式，实例演算展开的全过程。

作者凭借多年从事青工培训教学工作和长期实践工作中所积累的丰富经验，精心编写了本书，其结构清晰、明了，即使有些读者不能完全理解计算公式，只要做到照葫芦画瓢，正确套用计算公式，一样会收到很好的效果，所以，本书是一本很好的实用技术书。

为方便读者使用，作者已将本书的全部被展体所有计算公式分类输入Excel表，制作成

"钣金展开计算模板"，一并奉献给读者。其中的内容与排序同本书完全一致，以便读者学习和使用时对照。若配套使用则会如虎添翼。"钣金展开计算模板"获取链接：https：//pan. baidu. com/s/1Ahm8MnJWg7r6gh272AmcFw？pwd＝7856，提取码：7856；也可扫描下方二维码获取。

本书共介绍了被展体210例，插图705幅，按被展体形状类别，分为11章：方形管锥台、方形管弯头、方形管三通及多通、圆形管锥台、圆形管弯头、圆形管三通及多通、方圆过渡锥台、方圆过渡管弯头、方圆过渡管三通及多通、不可展曲面体、各种相贯体。

本书适于钣金工、铆工、白铁工、管工以及从事机械制造业的工程技术人员使用，也可用作技校、职校以及大中专院校师生的参考书。

本书由高级工程师兰文华主编。杨磊任副主编，主要负责光盘的制作。参加编制的成员还有：兰隆花、杨韵灵、杨广丰、范素萍、陈凤先。由于作者水平有限，书中难免有错误与不足之处，敬请广大读者批评指正。

作　者

被展体立体图集

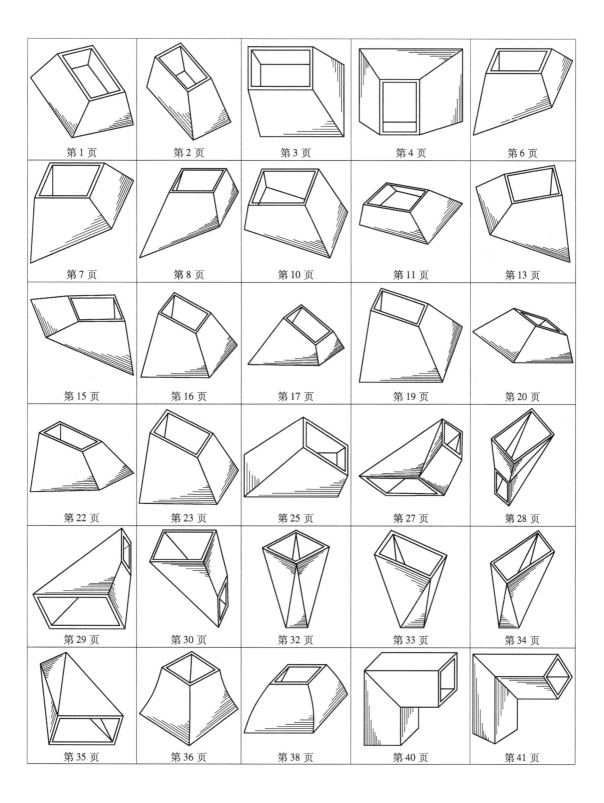

第1页	第2页	第3页	第4页	第6页
第7页	第8页	第10页	第11页	第13页
第15页	第16页	第17页	第19页	第20页
第22页	第23页	第25页	第27页	第28页
第29页	第30页	第32页	第33页	第34页
第35页	第36页	第38页	第40页	第41页

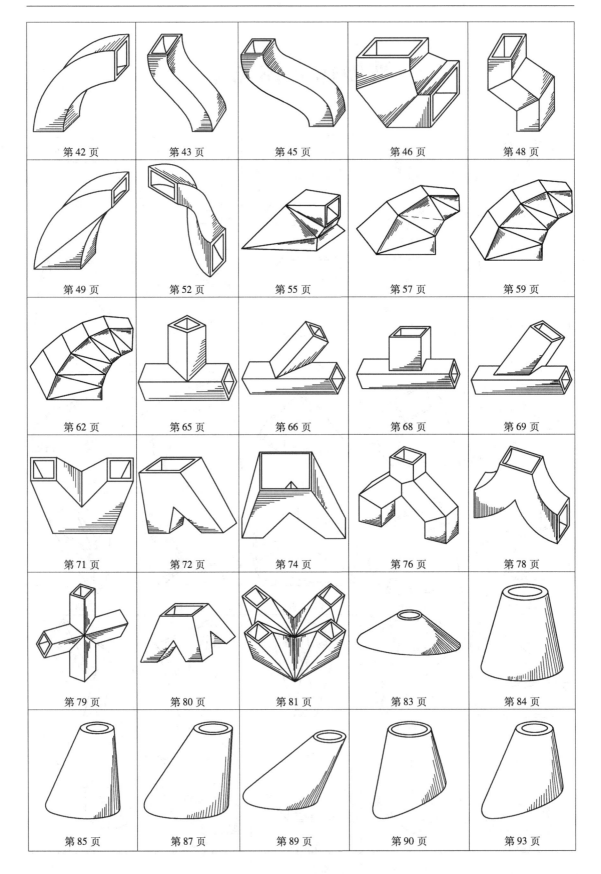

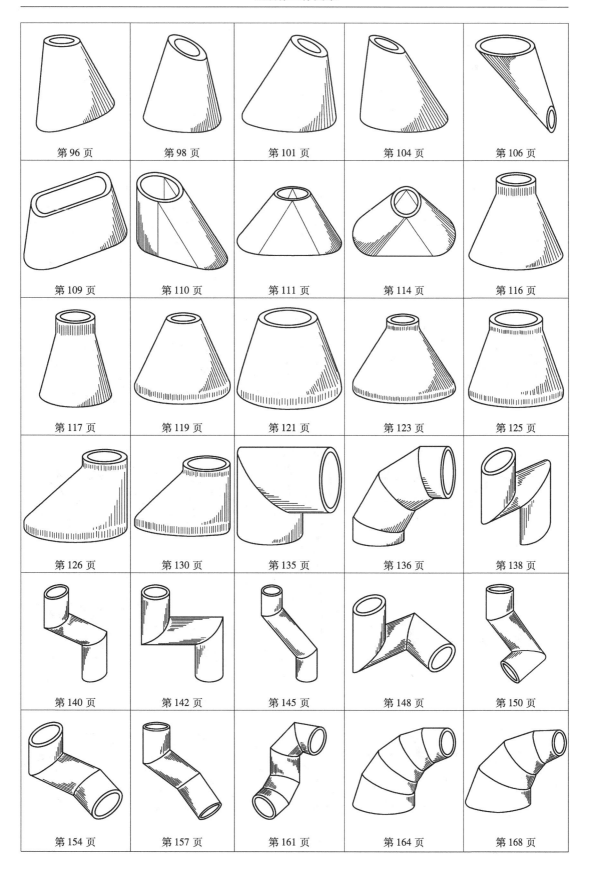

第 96 页　　第 98 页　　第 101 页　　第 104 页　　第 106 页

第 109 页　　第 110 页　　第 111 页　　第 114 页　　第 116 页

第 117 页　　第 119 页　　第 121 页　　第 123 页　　第 125 页

第 126 页　　第 130 页　　第 135 页　　第 136 页　　第 138 页

第 140 页　　第 142 页　　第 145 页　　第 148 页　　第 150 页

第 154 页　　第 157 页　　第 161 页　　第 164 页　　第 168 页

第 171 页　　第 174 页　　第 178 页　　第 183 页　　第 185 页

第 188 页　　第 190 页　　第 193 页　　第 194 页　　第 196 页

第 198 页　　第 200 页　　第 202 页　　第 204 页　　第 206 页

第 208 页　　第 210 页　　第 214 页　　第 218 页　　第 221 页

第 224 页　　第 225 页　　第 227 页　　第 229 页　　第 231 页

第 235 页　　第 238 页　　第 242 页　　第 247 页　　第 248 页

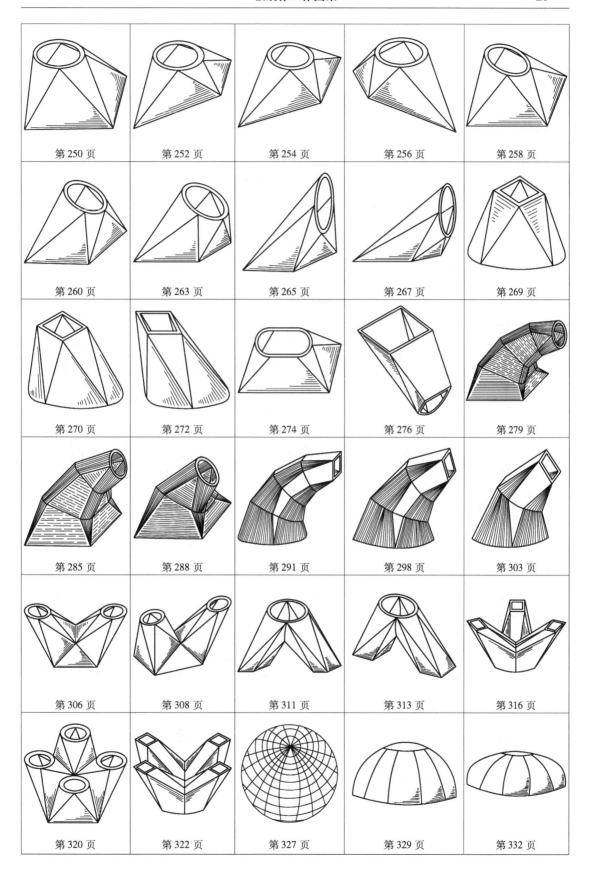

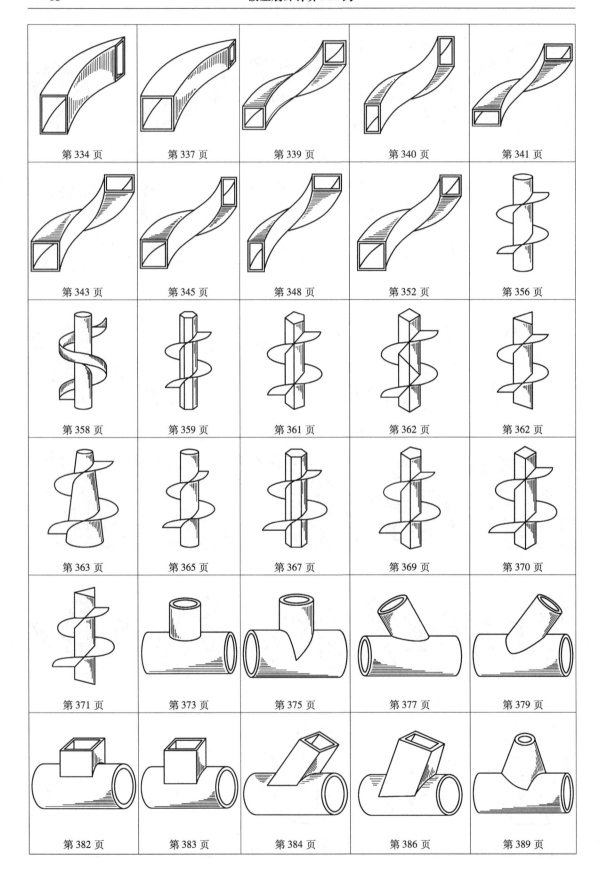

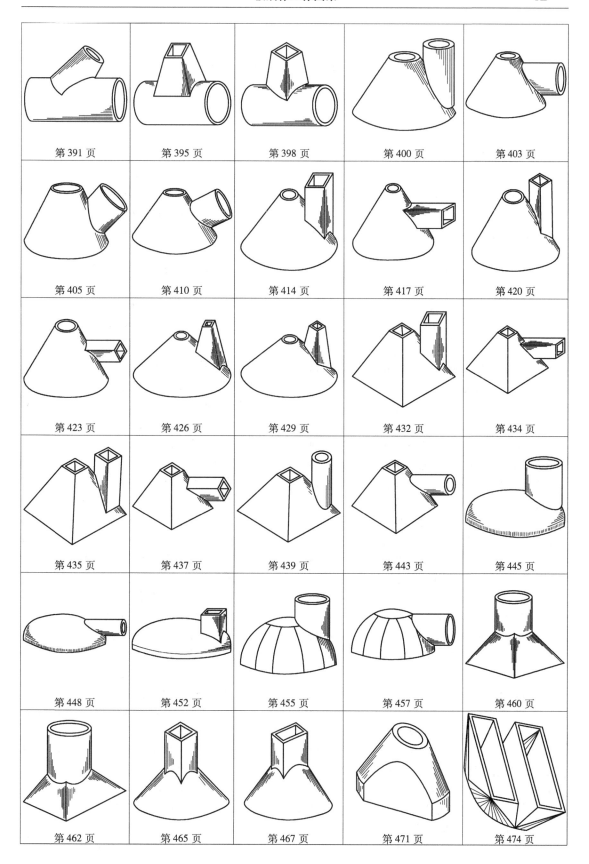

第 391 页

第 395 页

第 398 页

第 400 页

第 403 页

第 405 页

第 410 页

第 414 页

第 417 页

第 420 页

第 423 页

第 426 页

第 429 页

第 432 页

第 434 页

第 435 页

第 437 页

第 439 页

第 443 页

第 445 页

第 448 页

第 452 页

第 455 页

第 457 页

第 460 页

第 462 页

第 465 页

第 467 页

第 471 页

第 474 页

目　　录

第一章　方形管锥台（简称方锥台）

主章主要介绍方形管锥台的展开。方形管锥台是不同规格方形管的连接所必需的过渡连接件。由于安装位置、方位角度的不同，或出于设计的需要，方形管锥台的形状各异，大致有两端口平行、倾斜、垂直、正心、偏心、双偏心等多种结构。展开方形管锥台时，应取被展体内壁尺寸进行计算，因此视图均以被展体内壁尺寸标注。

一、平口正心方锥台（图1-1）展开

1. 展开计算模板

1）已知条件（图1-2）：

① 大口内横边长 a；

② 大口内纵边长 b；

③ 小口内横边长 c；

④ 小口内纵边长 d；

⑤ 两端口垂高 h。

2）所求对象：

① 横梯形面实高 e；

② 纵梯形面实高 f；

③ 梯形面结合边实长 m。

3）计算公式：

① $e = \sqrt{[(b-d)/2]^2 + h^2}$

② $f = \sqrt{[(a-c)/2]^2 + h^2}$

③ $m = \sqrt{[(b-d)/2]^2 + f^2}$ 或 $m = \sqrt{[(a-c)/2]^2 + e^2}$

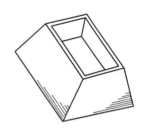

图1-1　立体图

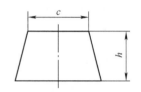

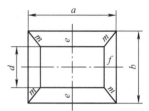

图1-2　主、俯视图

2. 展开计算实例（图1-3）

1）已知条件（图1-2）：$a=1200$，$b=960$，$c=880$，$d=460$，$h=640$。

2）所求对象同本节"展开计算模板"。

3）计算结果：

① $e = \sqrt{[(960-460)/2]^2 + 640^2}$
$= 687$

② $f = \sqrt{[(1200-880)/2]^2 + 640^2}$
$= 660$

③ $m = \sqrt{[(960-460)/2]^2 + 660^2}$
$= 705$

或 $m = \sqrt{[(1200-880)/2]^2 + 687^2}$
$= 705$

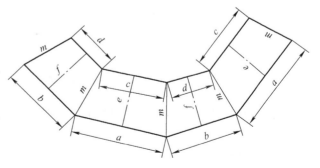

图1-3　展开图

二、平口偏心方锥台（图 1-4）展开

1. 展开计算模板（左偏心）

1）已知条件（图 1-5）：

① 大口内横边长 a；

② 大口内纵边长 b；

③ 小口内横边长 c；

④ 小口内纵边长 d；

⑤ 大小口偏心距 K；

⑥ 两端口垂高 h。

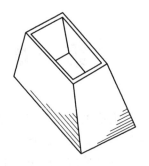

图 1-4　立体图

2）所求对象：

① 横梯形面实高 e；

② 左纵梯形面实高 f；

③ 右纵梯形面实高 g；

④ 左结合边实长 m；

⑤ 右结合边实长 n。

3）计算公式：

① $e = \sqrt{\left[\,(b-d)/2\,\right]^2 + h^2}$

② $f = \sqrt{\left[\,(a-c)/2 - K\,\right]^2 + h^2}$

③ $g = \sqrt{\left[\,(a-c)/2 + K\,\right]^2 + h^2}$

④ $m = \sqrt{\left[\,(b-d)/2\,\right]^2 + f^2}$

⑤ $n = \sqrt{\left[\,(b-d)/2\,\right]^2 + g^2}$

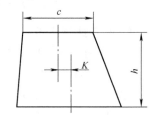

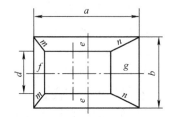

图 1-5　主、俯视图

2. 展开计算实例（图 1-6）

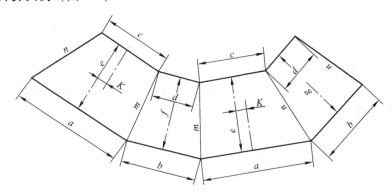

图 1-6　展开图

1）已知条件（图 1-5）：$a = 1440$，$b = 1000$，$c = 960$，$d = 560$，$K = 160$，$h = 920$。

2）所求对象同本节"展开计算模板"。

3）计算结果：

① $e = \sqrt{\left[\,(1000-560)/2\,\right]^2 + 920^2} = 946$

② $f = \sqrt{[(1440-960)/2-160]^2+920^2} = 923$

③ $g = \sqrt{[(1440-960)/2+160]^2+920^2} = 1003$

④ $m = \sqrt{[(1000-560)/2]^2+923^2} = 949$

⑤ $n = \sqrt{[(1000-560)/2]^2+1003^2} = 1027$

三、平口双偏心方锥台 I（图1-7）展开

1. 展开计算模板（左后偏心）

1）已知条件（图1-8）：

① 大口内横边半长 a；

② 大口内纵边半长 b；

③ 小口内横边半长 c；

④ 小口内纵边半长 d；

⑤ 两口横向偏心距 K；

⑥ 两口纵向偏心距 g；

⑦ 两端口垂高 h。

图1-7　主体图

2）所求对象：

① 右前结合边实长 n_1；

② 左前结合边实长 n_2；

③ 右后结合边实长 n_3；

④ 左后结合边实长 n_4；

⑤ 前梯形面对角线实长 f_1；

⑥ 后梯形面对角线实长 f_2；

⑦ 右梯形面对角线实长 f_3；

⑧ 左梯形面对角线实长 f_4。

3）过渡条件公式：

① 前梯形面实高 $e_1 = \sqrt{(b-d+g)^2+h^2}$

② 后梯形面实高 $e_2 = \sqrt{(b-d-g)^2+h^2}$

③ 右梯形面实高 $e_3 = \sqrt{(a-c+K)^2+h^2}$

④ 左梯形面实高 $e_4 = \sqrt{(a-c-K)^2+h^2}$

4）计算公式：

① $n_1 = \sqrt{(b-d+g)^2+e_3^2}$

② $n_2 = \sqrt{(b-d+g)^2+e_4^2}$

③ $n_3 = \sqrt{(b-d-g)^2+e_3^2}$

④ $n_4 = \sqrt{(b-d-g)^2+e_4^2}$

⑤ $f_1 = \sqrt{(a+c-K)^2+e_1^2}$

⑥ $f_2 = \sqrt{(a+c-K)^2+e_2^2}$

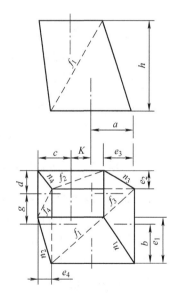

图1-8　主、俯视图

⑦ $f_3 = \sqrt{(b+d-g)^2 + e_3^2}$

⑧ $f_4 = \sqrt{(b+c-g)^2 + e_4^2}$

2. 展开计算实例（图 1-9）

1）已知条件（图 1-8）：$a = 700$，$b = 600$，$c = 550$，$d = 350$，$K = 350$，$g = 500$，$h = 1500$。

2）所求对象同本节"展开计算模板"。

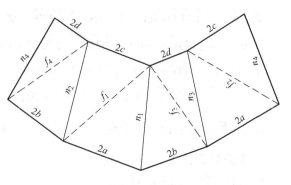

图 1-9 展开图

3）过渡条件：

① $e_1 = \sqrt{(600-350+500)^2 + 1500^2} = 1677$

② $e_2 = \sqrt{(600-350-500)^2 + 1500^2} = 1521$

③ $e_3 = \sqrt{(700-550+350)^2 + 1500^2} = 1581$

④ $e_4 = \sqrt{(700-550-350)^2 + 1500^2} = 1513$

4）计算结果：

① $n_1 = \sqrt{(600-350+500)^2 + 1581^2} = 1750$

② $n_2 = \sqrt{(600-350+500)^2 + 1513^2} = 1689$

③ $n_3 = \sqrt{(600-350-500)^2 + 1581^2} = 1601$

④ $n_4 = \sqrt{(600-350-500)^2 + 1513^2} = 1534$

⑤ $f_1 = \sqrt{(700+550-350)^2 + 1677^2} = 1903$

⑥ $f_2 = \sqrt{(700+550-350)^2 + 1521^2} = 1767$

⑦ $f_3 = \sqrt{(600+350-500)^2 + 1581^2} = 1644$

⑧ $f_4 = \sqrt{(600+550-500)^2 + 1513^2} = 1647$

四、平口双偏心方锥台 II（图 1-10）展开

1. 展开计算模板（左前偏心）

1）已知条件（图 1-11）：

① 大口内横边半长 a；

② 大口内纵边半长 b；

③ 小口内横边半长 c；

④ 小口内纵边半长 d；

⑤ 两口横向偏心距 K；

⑥ 两口纵向偏心距 g；

⑦ 两端口垂高 h。

2）所求对象：

① 右前结合边实长 n_1；

② 左前结合边实长 n_2；

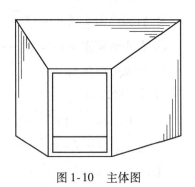

图 1-10 主体图

③ 右后结合边实长 n_3；

④ 左后结合边实长 n_4；

⑤ 前梯形面对角线实长 f_1；

⑥ 后梯形面对角线实长 f_2；

⑦ 右梯形面对角线实长 f_3；

⑧ 左梯形面对角线实长 f_4。

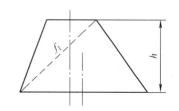

3）过渡条件公式：

① 前梯形面实高 $e_1 = \sqrt{(b-d-g)^2 + h^2}$

② 后梯形面实高 $e_2 = \sqrt{(b-d+g)^2 + h^2}$

③ 右梯形面实高 $e_3 = \sqrt{(a-c+K)^2 + h^2}$

④ 左梯形面实高 $e_4 = \sqrt{(a-c-K)^2 + h^2}$

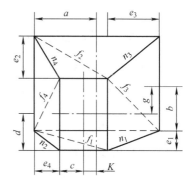

4）计算公式：

① $n_1 = \sqrt{(b-d-g)^2 + e_3^2}$

② $n_2 = \sqrt{(b-d-g)^2 + e_4^2}$

③ $n_3 = \sqrt{(b-d+g)^2 + e_3^2}$

④ $n_4 = \sqrt{(b-d+g)^2 + e_4^2}$

⑤ $f_1 = \sqrt{(a+c-K)^2 + e_1^2}$

⑥ $f_2 = \sqrt{(a+c-K)^2 + e_2^2}$

⑦ $f_3 = \sqrt{(b+d-g)^2 + e_3^2}$

⑧ $f_4 = \sqrt{(b+c-g)^2 + e_4^2}$

图 1-11 主、俯视图

2. 展开计算实例（图 1-12）

1）已知条件（图 1-11）：$a = 880$，$b = 640$，$c = 320$，$d = 480$，$K = 160$，$g = 360$，$h = 1000$。

2）所求对象同本节"展开计算模板"。

3）过渡条件：

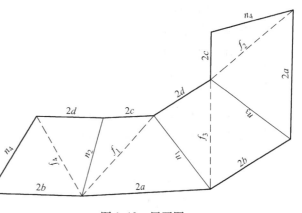

图 1-12 展开图

① $e_1 = \sqrt{(640-480-360)^2 + 1000^2} = 1020$

② $e_2 = \sqrt{(640-480+360)^2 + 1000^2} = 1127$

③ $e_3 = \sqrt{(880-320+160)^2 + 1000^2} = 1232$

④ $e_4 = \sqrt{(880-320-160)^2 + 1000^2} = 1077$

4）计算结果：

① $n_1 = \sqrt{(640-480-360)^2 + 1232^2} = 1248$

② $n_2 = \sqrt{(640-480-360)^2 + 1077^2} = 1095$

③ $n_3 = \sqrt{(640-480+360)^2 + 1232^2} = 1338$

④ $n_4 = \sqrt{(640 - 480 + 360)^2 + 1077^2} = 1196$

⑤ $f_1 = \sqrt{(880 + 320 - 160)^2 + 1020^2} = 1457$

⑥ $f_2 = \sqrt{(880 + 320 - 160)^2 + 1127^2} = 1534$

⑦ $f_3 = \sqrt{(640 + 480 - 360)^2 + 1232^2} = 1448$

⑧ $f_4 = \sqrt{(640 + 320 - 360)^2 + 1077^2} = 1233$

五、大口倾斜正心方锥台（图 1-13）展开

1. 展开计算模板（左低右高倾斜）

1）已知条件（图 1-14）：

① 大口内横边半长 a；

② 大口内纵边半长 b；

③ 小口内横边半长 c；

④ 小口内纵边半长 d；

⑤ 大口倾斜角度 Q；

⑥ 大口中至小口端高 h。

2）所求对象：

① 前后梯形面对角线实长 K；

② 左梯形面实高 f；

③ 右梯形面实高 g；

④ 左结合边实长 m；

⑤ 右结合边实长 n；

⑥ 大口横边实长 P。

3）过渡条件：

① 左梯形面垂高　$h_1 = h + a\tan Q$

② 右梯形面垂高　$h_2 = h - a\tan Q$

4）计算公式：

① $K = \sqrt{h_2^2 + (a + c)^2 + (b - d)^2}$

② $f = \sqrt{(a - c)^2 + h_1^2}$

③ $g = \sqrt{(a - c)^2 + h_2^2}$

④ $m = \sqrt{(b - d)^2 + f^2}$

⑤ $n = \sqrt{(b - d)^2 + g^2}$

⑥ $P = 2a/\cos Q$

图 1-13　立体图

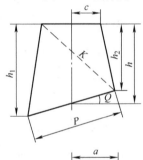

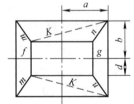

图 1-14　主、俯视图

2. 展开计算实例（图 1-15）

1）已知条件（图 1-14）：$a = 600$，$b = 480$，$c = 400$，$d = 240$，$Q = 15°$，$h = 1000$。

2）所求对象同本节"展开计算模板"。

3）过渡条件：

① $h_1 = 1000 + 600 \times \tan 15° = 1161$

② $h_2 = 1000 - 600 \times \tan 15° = 839$

4）计算结果：

① $K = \sqrt{839^2 + (600 + 400)^2 + (480 - 240)^2}$
   $= 1327$

② $f = \sqrt{(600 - 400)^2 + 1161^2} = 1178$

③ $g = \sqrt{(600 - 400)^2 + 839^2} = 863$

④ $m = \sqrt{(480 - 240)^2 + 1178^2} = 1202$

⑤ $n = \sqrt{(480 - 240)^2 + 863^2} = 895$

⑥ $P = 2 \times 600 / \cos 15° = 1242$

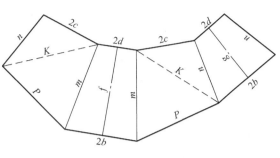

图 1-15　展开图

六、大口倾斜偏心方锥台 I （图 1-16）展开

1. 展开计算模板（左低右高倾斜，左偏心）

1）已知条件（图 1-17）：

① 大口内横边半长 a；

② 大口内纵边半长 b；

③ 小口内横边半长 c；

④ 小口内纵边半长 d；

⑤ 大口倾斜角度 Q；

⑥ 两口偏心距 K；

⑦ 大口中至小口端高 h。

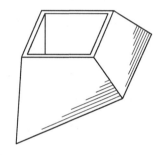

图 1-16　立体图

2）所求对象：

① 左梯形面实高 e_1；

② 右梯形面实高 e_2；

③ 左结合边实长 m；

④ 右结合边实长 n；

⑤ 前后梯形面对角线实长 L；

⑥ 大口横边实长 P。

3）过渡条件公式：

① 左梯形面垂高 $h_1 = h + a \tan Q$

② 右梯形面垂高 $h_2 = h - a \tan Q$

4）计算公式：

① $e_1 = \sqrt{(a - c - K)^2 + h_1^2}$

② $e_2 = \sqrt{(a - c + K)^2 + h_2^2}$

③ $m = \sqrt{(b - d)^2 + e_1^2}$

④ $n = \sqrt{(b - d)^2 + e_2^2}$

⑤ $L = \sqrt{(a + c + K)^2 + h_2^2 + (b - d)^2}$

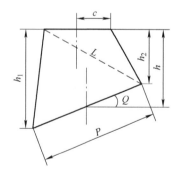

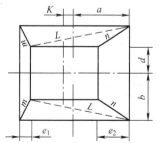

图 1-17　主、俯视图

⑥ $P = 2a/\cos Q$

2. 展开计算实例（图 1-18）

1）已知条件（图 1-17）：

$a = 760$，$b = 600$，$c = 480$，$d = 360$，$Q = 15°$，$K = 120$，$h = 1040$。

2）所求对象同本节"展开计算模板"。

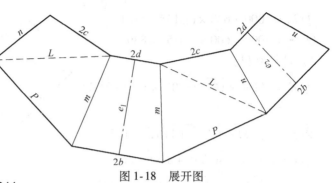

图 1-18 展开图

3）过渡条件：

① $h_1 = 1040 + 760 \times \tan 15° = 1244$

② $h_2 = 1040 - 760 \times \tan 15° = 836$

4）计算结果：

① $e_1 = \sqrt{(760 - 480 - 120)^2 + 1244^2} = 1254$

② $e_2 = \sqrt{(760 - 480 + 120)^2 + 836^2} = 927$

③ $m = \sqrt{(600 - 360)^2 + 1254^2} = 1277$

④ $n = \sqrt{(600 - 360)^2 + 927^2} = 958$

⑤ $L = \sqrt{(760 + 480 + 120)^2 + 836^2 + (600 - 360)^2} = 1615$

⑥ $P = 2 \times 760/\cos 15° = 1574$

七、大口倾斜偏心方锥台 Ⅱ （图 1-19）展开

1. 展开计算模板（左低右高倾斜，右偏心）

1）已知条件（图 1-20）：

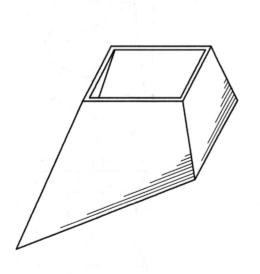

图 1-19 立体图

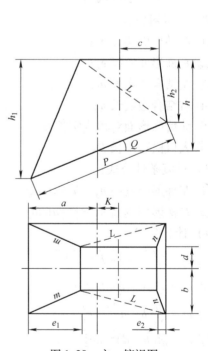

图 1-20 主、俯视图

① 大口内横边半长 a；

② 大口内纵边半长 b；

③ 小口内横边半长 c；

④ 小口内纵边半长 d；

⑤ 大口倾斜角度 Q；

⑥ 两口偏心距 K；

⑦ 大口中至小口端高 h。

2）所求对象：

① 左梯形面实高 e_1；

② 右梯形面实高 e_2；

③ 左结合边实长 m；

④ 右结合边实长 n；

⑤ 前后梯形面对角线实长 L；

⑥ 大口横边实长 P。

3）过渡条件公式：

① 左梯形面垂高 $h_1 = h + a\tan Q$

② 右梯形面垂高 $h_2 = h - a\tan Q$

4）计算公式：

① $e_1 = \sqrt{(a - c + K)^2 + h_1^2}$

② $e_2 = \sqrt{(a - c - K)^2 + h_2^2}$

③ $m = \sqrt{(b - d)^2 + e_1^2}$

④ $n = \sqrt{(b - d)^2 + e_2^2}$

⑤ $L = \sqrt{(a + c - K)^2 + h_2^2 + (b - d)^2}$

⑥ $P = 2a/\cos Q$

2. 展开计算实例（图 1-21）

1）已知条件（图 1-20）：$a = 440$，$b = 300$，$c = 260$，$d = 140$，$Q = 13°$，$K = 140$，$h = 600$。

2）所求对象同本节"展开计算模板"。

3）过渡条件：

① $h_1 = 600 + 440 \times \tan 13° = 702$

② $h_2 = 600 - 440 \times \tan 13° = 498$

4）计算结果：

① $e_1 = \sqrt{(440 - 260 + 140)^2 + 702^2}$
$= 771$

② $e_2 = \sqrt{(440 - 260 - 140)^2 + 498^2}$
$= 500$

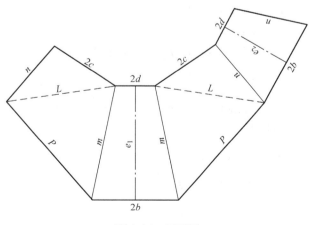

图 1-21 展开图

③ $m = \sqrt{(300-140)^2 + 771^2} = 788$

④ $n = \sqrt{(300-140)^2 + 500^2} = 525$

⑤ $L = \sqrt{(440+260-140)^2 + 498^2 + (300-140)^2} = 767$

⑥ $P = 2 \times 440/\cos13° = 903$

八、大口倾斜双偏心方锥台Ⅰ（图1-22）展开

1. 展开计算模板（左高右低倾斜，左后偏心）

1）已知条件（图1-23）：

① 大口内横边半长 a；

② 大口内纵边半长 b；

③ 小口内横边半长 c；

④ 小口内纵边半长 d；

⑤ 大口倾斜角度 Q；

⑥ 两口横偏心距 K；

⑦ 两口纵偏心距 J；

⑧ 大口中至小口端高 h。

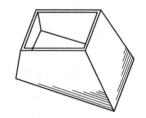

图1-22　立体图

2）所求对象：

① 左后结合边实长 f_1；

② 右后结合边实长 f_2；

③ 右前结合边实长 f_3；

④ 左前结合边实长 f_4；

⑤ 左梯形面对角线实长 L_1；

⑥ 右梯形面对角线实长 L_2；

⑦ 前梯形面对角线实长 L_3；

⑧ 后梯形面对角线实长 L_4；

⑨ 大口横边实长 P。

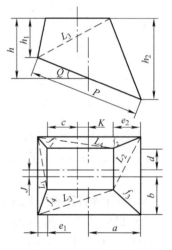

图1-23　主、俯视图

3）过渡条件公式：

① 左梯形面垂高　$h_1 = h - a\tan Q$

② 右梯形面垂高　$h_2 = h + a\tan Q$

③ 左梯形面实高　$e_1 = \sqrt{(a-c-K)^2 + h_1^2}$

④ 右梯形面实高　$e_2 = \sqrt{(a-c+K)^2 + h_2^2}$

4）计算公式：

① $f_1 = \sqrt{(b-d-J)^2 + e_1^2}$

② $f_2 = \sqrt{(b-d-J)^2 + e_2^2}$

③ $f_3 = \sqrt{(b-d+J)^2 + e_2^2}$

④ $f_4 = \sqrt{(b-d+J)^2 + e_1^2}$

⑤ $L_1 = \sqrt{(b+d-J)^2 + e_1^2}$

⑥ $L_2 = \sqrt{(b+d-J)^2+e_2^2}$

⑦ $L_3 = \sqrt{(a+c-K)^2+h_1^2+(b-d+J)^2}$

⑧ $L_4 = \sqrt{(a+c-K)^2+h_1^2+(b-d-J)^2}$

⑨ $P = 2a/\cos Q$

2. 展开计算实例（图 1-24）

1）已知条件（图 1-23）：$a=510$，$b=390$，$c=330$，$d=210$，$Q=18°$，$K=90$，$J=60$，$h=600$。

2）所求对象同本节"展开计算模板"。

3）过渡条件：

① $h_1 = 600 - 510 \times \tan18° = 434$

② $h_2 = 600 + 510 \times \tan18° = 766$

③ $e_1 = \sqrt{(510-330-90)^2+434^2} = 444$

④ $e_2 = \sqrt{(510-330+90)^2+766^2} = 812$

4）计算结果：

① $f_1 = \sqrt{(390-210-60)^2+444^2} = 460$

② $f_2 = \sqrt{(390-210-60)^2+812^2} = 821$

③ $f_3 = \sqrt{(390-210+60)^2+812^2} = 847$

④ $f_4 = \sqrt{(390-210+60)^2+444^2} = 504$

⑤ $L_1 = \sqrt{(390+210-60)^2+444^2} = 699$

⑥ $L_2 = \sqrt{(390+210-60)^2+812^2} = 975$

⑦ $L_3 = \sqrt{(510+330-90)^2+434^2+(390-210+60)^2} = 899$

⑧ $L_4 = \sqrt{(510+330-90)^2+434^2+(390-210-60)^2} = 875$

⑨ $P = 2 \times 510/\cos18° = 1072$

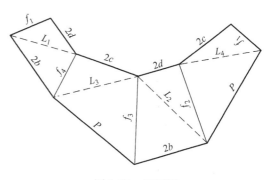

图 1-24　展开图

九、大口倾斜双偏心方锥台 Ⅱ（图 1-25）展开

1. 展开计算模板（左高右低倾斜，左前偏心）

1）已知条件（图 1-26）：

① 大口内横边半长 a；

② 大口内纵边半长 b；

③ 小口内横边半长 c；

④ 小口内纵边半长 d；

⑤ 大口倾斜角度 Q；

⑥ 两口横偏心距 K；

⑦ 两口纵偏心距 J；

⑧ 大口中至小口端高 h。

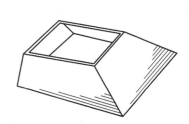

图 1-25　立体图

2）所求对象：

① 左后结合边实长 f_1；

② 右后结合边实长 f_2；

③ 右前结合边实长 f_3；

④ 左前结合边实长 f_4；

⑤ 左梯形面对角线实长 L_1；

⑥ 右梯形面对角线实长 L_2；

⑦ 前梯形面对角线实长 L_3；

⑧ 后梯形面对角线实长 L_4；

⑨ 大口横边实长 P。

3）过渡条件公式：

① 左梯形面垂高 $h_1 = h - a\tan Q$

② 右梯形面垂高 $h_2 = h + a\tan Q$

③ 左梯形面实高 $e_1 = \sqrt{(a-c-K)^2 + h_1^2}$

④ 右梯形面实高 $e_2 = \sqrt{(a-c+K)^2 + h_2^2}$

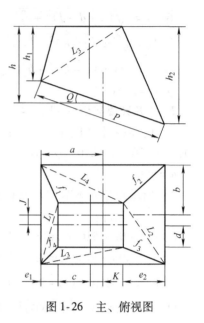

图 1-26　主、俯视图

4）计算公式：

① $f_1 = \sqrt{(b-d+J)^2 + e_1^2}$

② $f_2 = \sqrt{(b-d+J)^2 + e_2^2}$

③ $f_3 = \sqrt{(b-d-J)^2 + e_2^2}$

④ $f_4 = \sqrt{(b-d-J)^2 + e_1^2}$

⑤ $L_1 = \sqrt{(b+d-J)^2 + e_1^2}$

⑥ $L_2 = \sqrt{(b+d-J)^2 + e_2^2}$

⑦ $L_3 = \sqrt{(b+c-K)^2 + h_1^2 + (b-d-J)^2}$

⑧ $L_4 = \sqrt{(b+c-K)^2 + h_1^2 + (b-d+J)^2}$

⑨ $P = 2a/\cos Q$

2. 展开计算实例（图 1-27）

1）已知条件（图 1-26）：$a = 420$，$b = 320$，$c = 220$，$d = 160$，$Q = 13°$，$K = 80$，$J = 60$，$h = 500$。

2）所求对象同本节"展开计算模板"。

3）过渡条件：

① $h_1 = 500 - 420 \times \tan 13° = 403$

② $h_2 = 500 + 420 \times \tan 13° = 597$

③ $e_1 = \sqrt{(420-220-80)^2 + 403^2} = 421$

④ $e_2 = \sqrt{(420-220+80)^2 + 597^2} = 659$

4）计算结果：

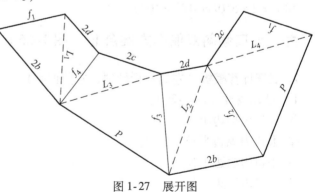

图 1-27　展开图

① $f_1 = \sqrt{(320-160+60)^2+421^2} = 475$

② $f_2 = \sqrt{(320-160+60)^2+659^2} = 695$

③ $f_3 = \sqrt{(320-160-60)^2+659^2} = 667$

④ $f_4 = \sqrt{(320-160-60)^2+421^2} = 432$

⑤ $L_1 = \sqrt{(320+160-60)^2+421^2} = 594$

⑥ $L_2 = \sqrt{(320+160-60)^2+659^2} = 782$

⑦ $L_3 = \sqrt{(420+220-80)^2+403^2+(320-160-60)^2} = 697$

⑧ $L_4 = \sqrt{(420+220-80)^2+403^2+(320-160+60)^2} = 724$

⑨ $P = 2 \times 420/\cos13° = 862$

十、大口倾斜双偏心方锥台Ⅲ（图1-28）展开

1. 展开计算模板（左高右低倾斜，右后偏心）

1）已知条件（图1-29）：

① 大口内横边半长 a；

② 大口内纵边半长 b；

③ 小口内横边半长 c；

④ 小口内纵边半长 d；

⑤ 大口倾斜角度 Q；

⑥ 两口横偏心距 K；

⑦ 两口纵偏心距 J；

⑧ 大口中至小口端高 h。

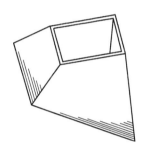

图1-28　立体图

2）所求对象：

① 左后结合边实长 f_1；

② 右后结合边实长 f_2；

③ 右前结合边实长 f_3；

④ 左前结合边实长 f_4；

⑤ 左梯形面对角线实长 L_1；

⑥ 右梯形面对角线实长 L_2；

⑦ 前梯形面对角线实长 L_3；

⑧ 后梯形面对角线实长 L_4；

⑨ 大口横边实长 P。

3）过渡条件公式：

① 左梯形面垂高 $h_1 = h - a\tan Q$

② 右梯形面垂高 $h_2 = h + a\tan Q$

③ 左梯形面实高 $e_1 = \sqrt{(a-c+K)^2+h_1^2}$

④ 右梯形面实高 $e_2 = \sqrt{(a-c-K)^2+h_2^2}$

4）计算公式：

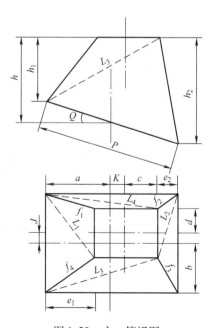

图1-29　主、俯视图

① $f_1 = \sqrt{(b-d-J)^2 + e_1^2}$

② $f_2 = \sqrt{(b-d-J)^2 + e_2^2}$

③ $f_3 = \sqrt{(b-d+J)^2 + e_2^2}$

④ $f_4 = \sqrt{(b-d+J)^2 + e_1^2}$

⑤ $L_1 = \sqrt{(b+d-J)^2 + e_1^2}$

⑥ $L_2 = \sqrt{(b+d-J)^2 + e_2^2}$

⑦ $L_3 = \sqrt{(a+c+K)^2 + h_1^2 + (b-d+J)^2}$

⑧ $L_4 = \sqrt{(a+c+K)^2 + h_1^2 + (b-d-J)^2}$

⑨ $P = 2a/\cos Q$

2. 展开计算实例（图 1-30）

1）已知条件（图 1-29）：$a = 460$，$b = 380$，$c = 220$，$d = 160$，$Q = 15°$，$K = 100$，$J = 60$，$h = 700$。

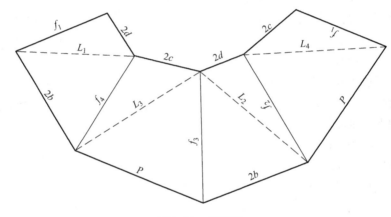

图 1-30　展开图

2）所求对象同本节"展开计算模板"。

3）过渡条件：

① $h_1 = 700 - 460 \times \tan 15° = 577$

② $h_2 = 700 + 460 \times \tan 15° = 823$

③ $e_1 = \sqrt{(460 - 220 + 100)^2 + 577^2} = 670$

④ $e_2 = \sqrt{(460 - 220 - 100)^2 + 823^2} = 835$

4）计算结果：

① $f_1 = \sqrt{(380 - 160 - 60)^2 + 670^2} = 688$

② $f_2 = \sqrt{(380 - 160 - 60)^2 + 835^2} = 850$

③ $f_3 = \sqrt{(380 - 160 + 60)^2 + 835^2} = 881$

④ $f_4 = \sqrt{(380 - 160 + 60)^2 + 670^2} = 726$

⑤ $L_1 = \sqrt{(380 + 160 - 60)^2 + 670^2} = 824$

⑥ $L_2 = \sqrt{(380 + 160 - 60)^2 + 835^2} = 963$

⑦ $L_3 = \sqrt{(460 + 220 + 100)^2 + 577^2 + (380 - 160 + 60)^2} = 1010$

⑧ $L_4 = \sqrt{(460 + 220 + 100)^2 + 577^2 + (380 - 160 - 60)^2} = 983$

⑨ $P = 2 \times 460 / \cos 15° = 953$

十一、大口倾斜双偏心方锥台Ⅳ（图1-31）展开

1. 展开计算模板（左高右低倾斜，右前偏心）

1）已知条件（图1-32）：

① 大口内横边半长 a；

② 大口内纵边半长 b；

③ 小口内横边半长 c；

④ 小口内纵边半长 d；

⑤ 大口倾斜角度 Q；

⑥ 两口横偏心距 K；

⑦ 两口纵偏心距 J；

⑧ 大口中至小口端高 h。

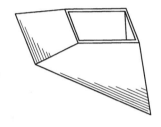

图1-31　立体图

2）所求对象：

① 左后结合边实长 f_1；

② 右后结合边实长 f_2；

③ 右前结合边实长 f_3；

④ 左前结合边实长 f_4；

⑤ 左梯形面对角线实长 L_1；

⑥ 右梯形面对角线实长 L_2；

⑦ 前梯形面对角线实长 L_3；

⑧ 后梯形面对角线实长 L_4；

⑨ 大口横边实长 P。

3）过渡条件公式：

① 左梯形面垂高 $h_1 = h - a\tan Q$

② 右梯形面垂高 $h_2 = h + a\tan Q$

③ 左梯形面实高 $e_1 = \sqrt{(a - c + K)^2 + h_1^2}$

④ 右梯形面实高 $e_2 = \sqrt{(a - c - K)^2 + h_2^2}$

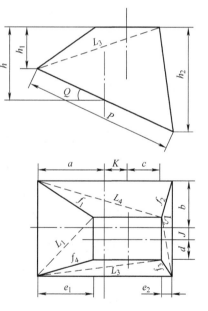

图1-32　主、俯视图

4）计算公式：

① $f_1 = \sqrt{(b - d + J)^2 + e_1^2}$

② $f_2 = \sqrt{(b - d + J)^2 + e_2^2}$

③ $f_3 = \sqrt{(b - d - J)^2 + e_2^2}$

④ $f_4 = \sqrt{(b - d - J)^2 + e_1^2}$

⑤ $L_1 = \sqrt{(b + d - J)^2 + e_1^2}$

⑥ $L_2 = \sqrt{(b+d-J)^2 + e_2^2}$

⑦ $L_3 = \sqrt{(a+c+K)^2 + h_1^2 + (b-d-J)^2}$

⑧ $L_4 = \sqrt{(a+c+K)^2 + h_1^2 + (b-d+J)^2}$

⑨ $P = 2a/\cos Q$

2. 展开计算实例（图 1-33）

1）已知条件：$a = 460$，$b = 320$，$c = 220$，$d = 140$，$Q = 16°$，$K = 160$，$J = 80$，$h = 680$。

2）所求对象同本节"展开计算模板"。

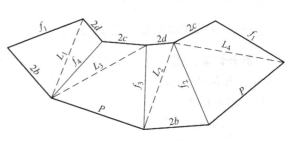

图 1-33 展开图

3）过渡条件：

① $h_1 = 680 - 460 \times \tan16° = 548$

② $h_2 = 680 + 460 \times \tan16° = 812$

③ $e_1 = \sqrt{(460-220+160)^2 + 548^2} = 679$

④ $e_2 = \sqrt{(460-220-160)^2 + 812^2} = 816$

4）计算结果：

① $f_1 = \sqrt{(320-140+80)^2 + 679^2} = 727$

② $f_2 = \sqrt{(320-140+80)^2 + 816^2} = 856$

③ $f_3 = \sqrt{(320-140-80)^2 + 816^2} = 822$

④ $f_4 = \sqrt{(320-140-80)^2 + 679^2} = 686$

⑤ $L_1 = \sqrt{(320+140-80)^2 + 679^2} = 778$

⑥ $L_2 = \sqrt{(320+140-80)^2 + 816^2} = 900$

⑦ $L_3 = \sqrt{(460+220+160)^2 + 548^2 + (320-140-80)^2} = 1008$

⑧ $L_4 = \sqrt{(460+220+160)^2 + 548^2 + (320-140+80)^2} = 1036$

⑨ $P = 2 \times 460/\cos16° = 957$

十二、小口倾斜正心方锥台（图 1-34）展开

1. 展开计算模板（左高右低倾斜）

1）已知条件（图 1-35）：

① 大口内横边半长 a；

② 大口内纵边半长 b；

③ 小口内横边半长 c；

④ 小口内纵边半长 d；

⑤ 小口倾斜角度 Q；

⑥ 小口中至大口端高 h。

2）所求对象：

① 左梯形面实高 e_1；

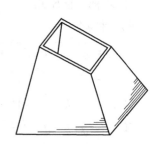

图 1-34 立体图

② 右梯形面实高 e_2；

③ 左结合边实长 f_1；

④ 右结合边实长 f_2；

⑤ 前后梯形面对角线实长 L；

⑥ 小口横边实长 P。

3）过渡条件公式：

① 左梯形面垂高 $h_1 = h + c\tan Q$

② 右梯形面垂高 $h_2 = h - c\tan Q$

4）计算公式：

① $e_1 = \sqrt{(a-c)^2 + h_1^2}$

② $e_2 = \sqrt{(a-c)^2 + h_2^2}$

③ $f_1 = \sqrt{(b-d)^2 + e_1^2}$

④ $f_2 = \sqrt{(b-d)^2 + e_2^2}$

⑤ $L = \sqrt{(a+c)^2 + (b-d)^2 + h_2^2}$

⑥ $P = 2c/\cos Q$

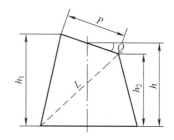

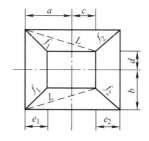

图 1-35 主、俯视图

2. 展开计算实例（图 1-36）

1）已知条件（图 1-35）：$a = 320$，$b = 270$，$c = 170$，$d = 120$，$Q = 20°$，$h = 540$。

2）所求对象同本节"展开计算模板"。

3）过渡条件：

① $h_1 = 540 + 170 \times \tan 20° = 602$

② $h_2 = 540 - 170 \times \tan 20° = 478$

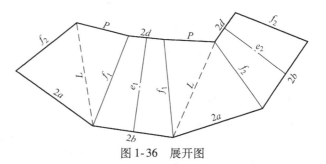

图 1-36 展开图

4）计算结果：

① $e_1 = \sqrt{(320-170)^2 + 602^2} = 620$

② $e_2 = \sqrt{(320-170)^2 + 478^2} = 501$

③ $f_1 = \sqrt{(270-120)^2 + 620^2} = 638$

④ $f_2 = \sqrt{(270-120)^2 + 501^2} = 523$

⑤ $L = \sqrt{(320+170)^2 + (270-120)^2 + 478^2} = 701$

⑥ $P = 2 \times 170/\cos 20° = 362$

十三、小口倾斜偏心方锥台 I（图 1-37）展开

1. 展开计算模板（左高右低倾斜，右偏心）

1）已知条件（图 1-38）：

① 大口内横边半长 a；

② 大口内纵边半长 b；

③ 小口内横边半长 c；

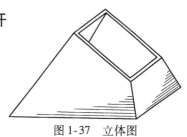

图 1-37 立体图

④ 小口内纵边半长 d；

⑤ 小口倾斜角度 Q；

⑥ 两口偏心距 K；

⑦ 小口中至大口端高 h。

2）所求对象：

① 左梯形面实高 e_1；

② 右梯形面实高 e_2；

③ 左结合边实长 f_1；

④ 右结合边实长 f_2；

⑤ 前后梯形面对角线实长 L；

⑥ 小口横边实长 P。

3）过渡条件公式：

① 左梯形面垂高 $h_1 = h + c\tan Q$

② 右梯形面垂高 $h_2 = h - c\tan Q$

4）计算公式：

① $e_1 = \sqrt{(a+K-c)^2 + h_1^2}$

② $e_2 = \sqrt{(a-K-c)^2 + h_2^2}$

③ $f_1 = \sqrt{(b-d)^2 + e_1^2}$

④ $f_2 = \sqrt{(b-d)^2 + e_2^2}$

⑤ $L = \sqrt{(a+c+K)^2 + (b-d)^2 + h_2^2}$

⑥ $P = 2c/\cos Q$

2. 展开计算实例（图 1-39）

1）已知条件（图 1-38）：$a = 480$，$b = 300$，$c = 220$，$d = 140$，$Q = 32°$，$K = 180$，$h = 500$。

2）所求对象同本节"展开计算模板"。

3）过渡条件：

① $h_1 = 500 + 220 \times \tan32° = 637$

② $h_2 = 500 - 220 \times \tan32° = 363$

4）计算结果：

① $e_1 = \sqrt{(480+180-220)^2 + 637^2} = 775$

② $e_2 = \sqrt{(480-180-220)^2 + 363^2} = 371$

③ $f_1 = \sqrt{(300-140)^2 + 775^2} = 791$

④ $f_2 = \sqrt{(300-140)^2 + 371^2} = 404$

⑤ $L = \sqrt{(480+220+180)^2 + (300-140)^2 + 363^2} = 965$

⑥ $P = 2 \times 220/\cos32° = 519$

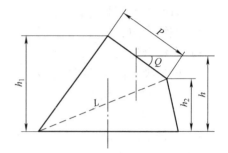

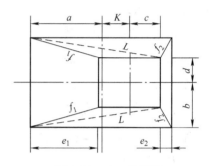

图 1-38　主、俯视图

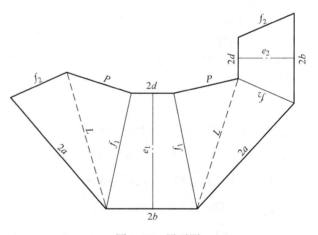

图 1-39　展开图

十四、小口倾斜偏心方锥台Ⅱ（图1-40）展开

1. 展开计算模板（左高右低倾斜，左偏心）

1）已知条件（图1-41）：

① 大口内横边半长 a；

② 大口内纵边半长 b；

③ 小口内横边半长 c；

④ 小口内纵边半长 d；

⑤ 小口倾斜角度 Q；

⑥ 两口偏心距 K；

⑦ 小口中至大口端高 h。

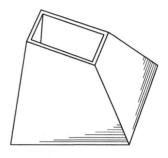

图1-40　立体图

2）所求对象：

① 左梯形面实高 e_1；

② 右梯形面实高 e_2；

③ 左结合边实长 f_1；

④ 右结合边实长 f_2；

⑤ 前后梯形面对角线实长 L；

⑥ 小口横边实长 P。

3）过渡条件公式：

① 左梯形面垂高 $h_1 = h + c\tan Q$

② 右梯形面垂高 $h_2 = h - c\tan Q$

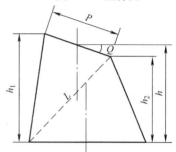

4）计算公式：

① $e_1 = \sqrt{(a-c-K)^2 + h_1^2}$

② $e_2 = \sqrt{(a-c+K)^2 + h_2^2}$

③ $f_1 = \sqrt{(b-d)^2 + e_1^2}$

④ $f_2 = \sqrt{(b-d)^2 + e_2^2}$

⑤ $L = \sqrt{(a+c-K)^2 + (b-d)^2 + h_2^2}$

⑥ $P = 2c/\cos Q$

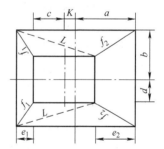

图1-41　主、俯视图

2. 展开计算实例（图1-42）

1）已知条件（图1-41）：$a = 400$，$b = 320$，$c = 220$，$d = 160$，$Q = 15°$，$K = 70$，$h = 600$。

2）所求对象同本节"展开计算模板"。

3）过渡条件：

① $h_1 = 600 + 220 \times \tan 15° = 659$

② $h_2 = 600 - 220 \times \tan 15° = 541$

4）计算结果：

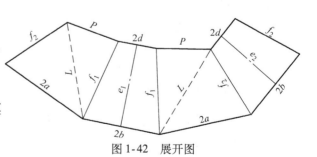

图1-42　展开图

① $e_1 = \sqrt{(400 - 220 - 70)^2 + 659^2} = 668$

② $e_2 = \sqrt{(400 - 220 + 70)^2 + 541^2} = 596$

③ $f_1 = \sqrt{(320 - 160)^2 + 668^2} = 687$

④ $f_2 = \sqrt{(320 - 160)^2 + 596^2} = 617$

⑤ $L = \sqrt{(400 + 220 - 70)^2 + (320 - 160)^2 + 541^2} = 788$

⑥ $P = 2 \times 220/\cos 15° = 456$

十五、小口倾斜双偏心方锥台 I （图1-43）展开

1. 展开计算模板（左高右低倾斜，右前偏心）

1）已知条件（图1-44）：

① 大口内横边半长 a；

② 大口内纵边半长 b；

③ 小口内横边半长 c；

④ 小口内纵边半长 d；

⑤ 小口倾斜角度 Q；

⑥ 两口横偏心距 K；

⑦ 两口纵偏心距 J；

⑧ 小口中至大口端高 h。

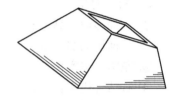

图1-43　立体图

2）所求对象：

① 左前结合边实长 f_1；

② 右前结合边实长 f_2；

③ 左后结合边实长 f_3；

④ 右后结合边实长 f_4；

⑤ 左梯形面对角线实长 L_1；

⑥ 右梯形面对角线实长 L_2；

⑦ 前梯形面对角线实长 L_3；

⑧ 后梯形面对角线实长 L_4；

⑨ 小口横边实长 P。

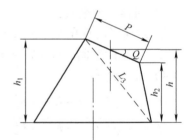

3）过渡条件公式：

① 左梯形面垂高 $h_1 = h + c\tan Q$

② 右梯形面垂高 $h_2 = h - c\tan Q$

③ 左梯形面实高 $e_1 = \sqrt{(a + K - c)^2 + h_1^2}$

④ 右梯形面实高 $e_2 = \sqrt{(a - K - c)^2 + h_2^2}$

4）计算公式：

① $f_1 = \sqrt{(b - J - d)^2 + e_1^2}$

② $f_2 = \sqrt{(b - J - d)^2 + e_2^2}$

③ $f_3 = \sqrt{(b + J - d)^2 + e_1^2}$

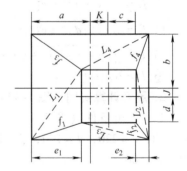

图1-44　主、俯视图

④ $f_4 = \sqrt{(b+J-d)^2 + e_2^2}$

⑤ $L_1 = \sqrt{(b+d-J)^2 + e_1^2}$

⑥ $L_2 = \sqrt{(b+d-J)^2 + e_2^2}$

⑦ $L_3 = \sqrt{(a+c-K)^2 + h_1^2 + (b-d-J)^2}$

⑧ $L_4 = \sqrt{(a+c-K)^2 + h_1^2 + (b-d+J)^2}$

⑨ $P = 2c/\cos Q$

2. 展开计算实例（图1-45）

1）已知条件（图1-44）：$a=400$，$b=340$，$c=200$，$d=160$，$Q=24°$，$K=140$，$J=60$，$h=480$。

2）所求对象同本节"展开计算模板"。

3）过渡条件：

① $h_1 = 480 + 200 \times \tan 24° = 569$

② $h_2 = 480 - 200 \times \tan 24° = 391$

③ $e_1 = \sqrt{(400+140-200)^2 + 569^2} = 663$

④ $e_2 = \sqrt{(400-140-200)^2 + 391^2} = 396$

4）计算结果：

① $f_1 = \sqrt{(340-60-160)^2 + 663^2} = 674$

② $f_2 = \sqrt{(340-60-160)^2 + 396^2} = 413$

③ $f_3 = \sqrt{(340+60-160)^2 + 663^2} = 705$

④ $f_4 = \sqrt{(340+60-160)^2 + 396^2} = 463$

⑤ $L_1 = \sqrt{(340+160-60)^2 + 663^2} = 796$

⑥ $L_2 = \sqrt{(340+160-60)^2 + 396^2} = 592$

⑦ $L_3 = \sqrt{(400+200-140)^2 + 569^2 + (340-160-60)^2} = 741$

⑧ $L_4 = \sqrt{(400+200-140)^2 + 569^2 + (340-160+60)^2} = 770$

⑨ $P = 2 \times 200/\cos 24° = 438$

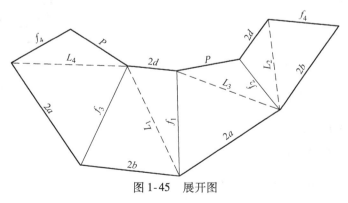

图1-45　展开图

十六、小口倾斜双偏心方锥台Ⅱ（图1-46）展开

1. 展开计算模板（左高右低倾斜，左前偏心）

1）已知条件（图1-47）：

① 大口内横边半长 a；

② 大口内纵边半长 b；

③ 小口内横边半长 c；

④ 小口内纵边半长 d；

⑤ 小口倾斜角度 Q；

⑥ 两口横偏心距 K；

⑦ 两口纵偏心距 J；

⑧ 小口中至大口端高 h。

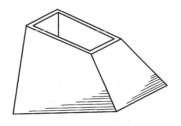

图1-46　立体图

2）所求对象：

① 左前结合边实长 f_1；

② 右前结合边实长 f_2；

③ 左后结合边实长 f_3；

④ 右后结合边实长 f_4；

⑤ 左梯形面对角线实长 L_1；

⑥ 右梯形面对角线实长 L_2；

⑦ 前梯形面对角线实长 L_3；

⑧ 后梯形面对角线实长 L_4；

⑨ 小口横边实长 P。

3）过渡条件公式：

① 左梯形面垂高 $h_1 = h + c\tan Q$

② 右梯形面垂高 $h_2 = h - c\tan Q$

③ 左梯形面实高 $e_1 = \sqrt{(a-K-c)^2 + h_1^2}$

④ 右梯形面实高 $e_2 = \sqrt{(a+K-c)^2 + h_2^2}$

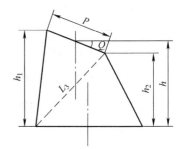

4）计算公式：

① $f_1 = \sqrt{(b-J-d)^2 + e_1^2}$

② $f_2 = \sqrt{(b-J-d)^2 + e_2^2}$

③ $f_3 = \sqrt{(b+J-d)^2 + e_1^2}$

④ $f_4 = \sqrt{(b+J-d)^2 + e_2^2}$

⑤ $L_1 = \sqrt{(b+d-J)^2 + e_1^2}$

⑥ $L_2 = \sqrt{(b+d-J)^2 + e_2^2}$

⑦ $L_3 = \sqrt{(a+c-K)^2 + h_1^2 + (b-d-J)^2}$

⑧ $L_4 = \sqrt{(a+c-K)^2 + h_1^2 + (b-d+J)^2}$

⑨ $P = 2c/\cos Q$

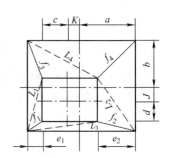

图1-47　主、俯视图

2. 展开计算实例（图 1-48）

1）已知条件（图 1-47）：

$a = 350$，$b = 300$，$c = 190$，$d = 140$，$Q = 15°$，$K = 80$，$J = 90$，$h = 560$。

2）所求对象同本节"展开计算模板"。

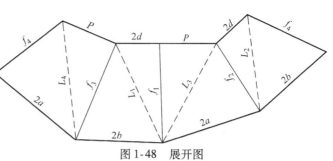

图 1-48　展开图

3）过渡条件：

① $h_1 = 560 + 190 \times \tan 15° = 611$

② $h_2 = 560 - 190 \times \tan 15° = 509$

③ $e_1 = \sqrt{(350 - 80 - 190)^2 + 611^2} = 616$

④ $e_2 = \sqrt{(350 + 80 - 190)^2 + 509^2} = 563$

4）计算结果：

① $f_1 = \sqrt{(300 - 90 - 140)^2 + 616^2} = 620$

② $f_2 = \sqrt{(300 - 90 - 140)^2 + 563^2} = 567$

③ $f_3 = \sqrt{(300 + 90 - 140)^2 + 616^2} = 665$

④ $f_4 = \sqrt{(300 + 90 - 140)^2 + 563^2} = 616$

⑤ $L_1 = \sqrt{(300 + 140 - 90)^2 + 616^2} = 709$

⑥ $L_2 = \sqrt{(300 + 140 - 90)^2 + 563^2} = 663$

⑦ $L_3 = \sqrt{(350 + 190 - 80)^2 + 611^2 + (300 - 140 - 90)^2} = 768$

⑧ $L_4 = \sqrt{(350 + 190 - 80)^2 + 611^2 + (300 - 140 + 90)^2} = 805$

⑨ $P = 2 \times 190 / \cos 15° = 393$

十七、小口倾斜双偏心方锥台Ⅲ（图 1-49）展开

1. 展开计算模板（左高右低倾斜，左后偏心）

1）已知条件（图 1-50）：

① 大口内横边半长 a；

② 大口内纵边半长 b；

③ 小口内横边半长 c；

④ 小口内纵边半长 d；

⑤ 小口倾斜角度 Q；

⑥ 两口横偏心距 K；

⑦ 两口纵偏心距 J；

⑧ 小口中至大口端高 h。

2）所求对象：

① 左前结合边实长 f_1；

② 右前结合边实长 f_2；

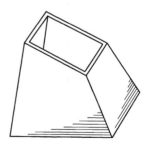

图 1-49　立体图

③ 左后结合边实长 f_3；

④ 右后结合边实长 f_4；

⑤ 左梯形面对角线实长 L_1；

⑥ 右梯形面对角线实长 L_2；

⑦ 前梯形面对角线实长 L_3；

⑧ 后梯形面对角线实长 L_4；

⑨ 小口横边实长 P。

3）过渡条件公式：

① 左梯形面垂高 $h_1 = h + c\tan Q$

② 右梯形面垂高 $h_2 = h - c\tan Q$

③ 左梯形面实高 $e_1 = \sqrt{(a - K - c)^2 + h_1^2}$

④ 右梯形面实高 $e_2 = \sqrt{(a + K - c)^2 + h_2^2}$

4）计算公式：

① $f_1 = \sqrt{(b + J - d)^2 + e_1^2}$

② $f_2 = \sqrt{(b + J - d)^2 + e_2^2}$

③ $f_3 = \sqrt{(b - J - d)^2 + e_1^2}$

④ $f_4 = \sqrt{(b - J - d)^2 + e_2^2}$

⑤ $L_1 = \sqrt{(b + d - J)^2 + e_1^2}$

⑥ $L_2 = \sqrt{(b + d - J)^2 + e_2^2}$

⑦ $L_3 = \sqrt{(a + c - K)^2 + h_1^2 + (b - d + J)^2}$

⑧ $L_4 = \sqrt{(a + c - K)^2 + h_1^2 + (b - d - J)^2}$

⑨ $P = 2c/\cos Q$

2. 展开计算实例（图 1-51）

1）已知条件（图 1-50）：$a = 330$，$b = 300$，$c = 190$，$d = 150$，$Q = 18°$，$K = 60$，$J = 80$，$h = 500$。

2）所求对象同本节"展开计算模板"。

3）过渡条件：

① $h_1 = 500 + 190 \times \tan18° = 562$

② $h_2 = 500 - 190 \times \tan18° = 438$

③ $e_1 = \sqrt{(330 - 60 - 190)^2 + 562^2} = 567$

④ $e_2 = \sqrt{(330 + 60 - 190)^2 + 438^2} = 482$

4）计算结果：

① $f_1 = \sqrt{(300 + 80 - 150)^2 + 567^2} = 612$

② $f_2 = \sqrt{(300 + 80 - 150)^2 + 482^2} = 534$

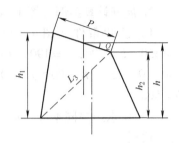

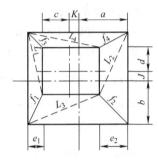

图 1-50　主、俯视图

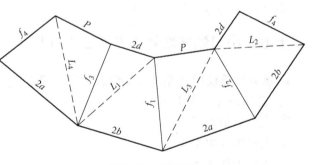

图 1-51　展开图

③ $f_3 = \sqrt{(300 - 80 - 150)^2 + 567^2} = 572$

④ $f_4 = \sqrt{(300 - 80 - 150)^2 + 482^2} = 487$

⑤ $L_1 = \sqrt{(300 + 150 - 80)^2 + 567^2} = 677$

⑥ $L_2 = \sqrt{(300 + 150 - 80)^2 + 482^2} = 607$

⑦ $L_3 = \sqrt{(330 + 190 - 60)^2 + 562^2 + (300 - 150 + 80)^2} = 762$

⑧ $L_4 = \sqrt{(330 + 190 - 60)^2 + 562^2 + (300 - 150 - 80)^2} = 729$

⑨ $P = 2 \times 190 / \cos 18° = 400$

十八、小口倾斜双偏心方锥台Ⅳ（图1-52）展开

1. 展开计算模板（左高右低倾斜，右后偏心）

1）已知条件（图1-53）：

① 大口内横边半长 a；

② 大口内纵边半长 b；

③ 小口内横边半长 c；

④ 小口内纵边半长 d；

⑤ 小口倾斜角度 Q；

⑥ 两口横偏心距 K；

⑦ 两口纵偏心距 J；

⑧ 小口中至大口端高 h。

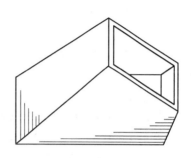

图1-52　立体图

2）所求对象：

① 左前结合边实长 f_1；

② 右前结合边实长 f_2；

③ 左后结合边实长 f_3；

④ 右后结合边实长 f_4；

⑤ 左梯形面对角线实长 L_1；

⑥ 右梯形面对角线实长 L_2；

⑦ 前梯形面对角线实长 L_3；

⑧ 后梯形面对角线实长 L_4；

⑨ 小口横边实长 P。

3）过渡条件公式：

① 左梯形面垂高 $h_1 = h + c \tan Q$

② 右梯形面垂高 $h_2 = h - c \tan Q$

③ 左梯形面实高 $e_1 = \sqrt{(a + K - c)^2 + h_1^2}$

④ 右梯形面实高 $e_2 = \sqrt{(a - K - c)^2 + h_2^2}$

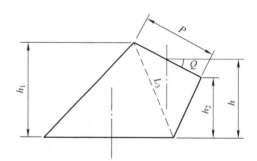

4）计算公式：

① $f_1 = \sqrt{(b + J - d)^2 + e_1^2}$

② $f_2 = \sqrt{(b + J - d)^2 + e_2^2}$

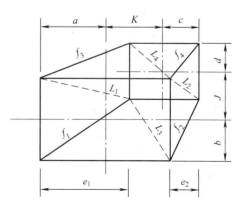

图1-53　主、俯视图

③ $f_3 = \sqrt{(b - J - d)^2 + e_1^2}$

④ $f_4 = \sqrt{(b - J - d)^2 + e_2^2}$

⑤ $L_1 = \sqrt{(b + d - J)^2 + e_1^2}$

⑥ $L_2 = \sqrt{(b + d - J)^2 + e_2^2}$

⑦ $L_3 = \sqrt{(a + c - K)^2 + h_1^2 + (b - d + J)^2}$

⑧ $L_4 = \sqrt{(a + c - K)^2 + h_1^2 + (b - d - J)^2}$

⑨ $P = 2c / \cos Q$

2. 展开计算实例（图 1-54）

1）已知条件（图 1-53）：$a = 350$，$b = 230$，$c = 190$，$d = 150$，$Q = 20°$，$K = 340$，$J = 240$，$h = 420$。

2）所求对象同本节"展开计算模板"。

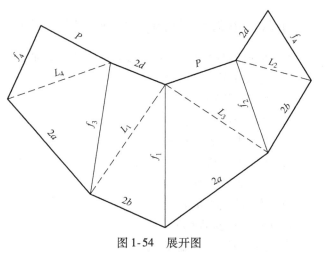

图 1-54　展开图

3）过渡条件：

① $h_1 = 420 + 190 × \tan 20° = 489$

② $h_2 = 420 - 190 × \tan 20° = 351$

③ $e_1 = \sqrt{(350 + 340 - 190)^2 + 489^2}$
　　 $= 699$

④ $e_2 = \sqrt{(350 - 340 - 190)^2 + 351^2}$
　　 $= 394$

4）计算结果：

① $f_1 = \sqrt{(230 + 240 - 150)^2 + 699^2} = 769$

② $f_2 = \sqrt{(230 + 240 - 150)^2 + 394^2} = 508$

③ $f_3 = \sqrt{(230 - 240 - 150)^2 + 699^2} = 718$

④ $f_4 = \sqrt{(230 - 240 - 150)^2 + 394^2} = 426$

⑤ $L_1 = \sqrt{(230 + 150 - 240)^2 + 699^2} = 713$

⑥ $L_2 = \sqrt{(230 + 150 - 240)^2 + 394^2} = 418$

⑦ $L_3 = \sqrt{(350 + 190 - 340)^2 + 489^2 + (230 - 150 + 240)^2} = 618$

⑧ $L_4 = \sqrt{(350 + 190 - 340)^2 + 489^2 + (230 - 150 - 240)^2} = 552$

⑨ $P = 2 × 190 / \cos 20° = 404$

十九、大小口垂直正心方锥台 I（图 1-55）展开

1. 展开计算模板（上口垂直，下口水平）

1）已知条件（图 1-56）：

① 大口内横边半长 a；

② 大口内纵边半长 b；

③ 小口内横边半长 c；

④ 小口内纵边半长 d；

⑤ 大口中至小口端水平距 K；

⑥ 小口中至大口端垂高 h。

2）所求对象：

① 左梯形面实高 e_1；

② 右梯形面实高 e_2；

③ 左结合边实长 f_1；

④ 右结合边实长 f_2；

⑤ 前后面对角折线实长 L。

3）过渡条件公式：

① 左梯形面垂高 $h_1 = h + c$

② 右梯形面垂高 $h_2 = h - c$

4）计算公式：

① $e_1 = \sqrt{(K+a)^2 + h_1^2}$

② $e_2 = \sqrt{(K-a)^2 + h_2^2}$

③ $f_1 = \sqrt{(b-d)^2 + e_1^2}$

④ $f_2 = \sqrt{(b-d)^2 + e_2^2}$

⑤ $L = \sqrt{(K-a)^2 + h_1^2 + (b-d)^2}$

2. 展开计算实例（图1-57）

1）已知条件（图1-56）：$a = 340$，$b = 200$，$c = 160$，$d = 120$，$K = 520$，$h = 540$。

2）所求对象同本节"展开计算模板"。

3）过渡条件：

① $h_1 = 540 + 160 = 700$

② $h_2 = 540 - 160 = 380$

4）计算结果：

① $e_1 = \sqrt{(520+340)^2 + 700^2} = 1109$

② $e_2 = \sqrt{(520-340)^2 + 380^2} = 420$

③ $f_1 = \sqrt{(200-120)^2 + 1109^2} = 1112$

④ $f_2 = \sqrt{(200-120)^2 + 420^2} = 428$

⑤ $L = \sqrt{(520-340)^2 + 700^2 + (200-120)^2} = 727$

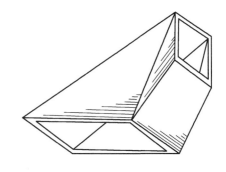

图1-55　立体图

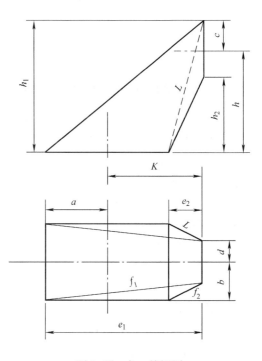

图1-56　主、俯视图

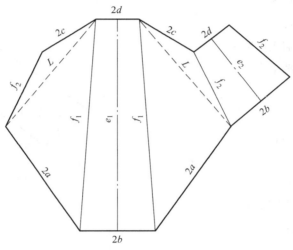

图 1-57　展开图

二十、大小口垂直正心方锥台 II （图 1-58）展开

1. 展开计算模板（上口水平，下口垂直）

1）已知条件（图 1-59）：

① 大口内横边半长 a；

② 大口内纵边半长 b；

③ 小口内横边半长 c；

④ 小口内纵边半长 d；

⑤ 大口中至小口端水平距 K；

⑥ 小口中至大口端垂高 h。

2）所求对象：

① 底梯形面实高 e；

② 底梯形面结合边实长 f_1；

③ 上侧梯形面结合边实长 f_2；

④ 前后面对角折线实长 L。

3）过渡条件公式：

① 小口底边至大口端垂高 $h_1 = h + c$

② 小口顶边至大口端垂高 $h_2 = h - c$

4）计算公式：

① $e = \sqrt{(K + a)^2 + h_1^2}$

② $f_1 = \sqrt{(b - d)^2 + e^2}$

③ $f_2 = \sqrt{(K - a)^2 + h_2^2 + (b - d)^2}$

④ $L = \sqrt{(K + a)^2 + h_2^2 + (b - d)^2}$

2. 展开计算实例（图 1-60）

1）已知条件（图 1-59）：$a = 520$，

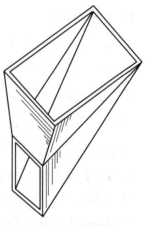

图 1-58　立体图

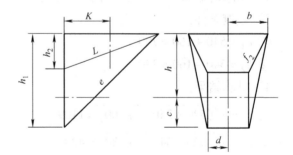

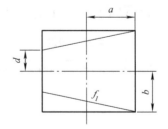

图 1-59　主、俯、侧三视图

$b = 460$，$c = 300$，$d = 220$，$K = 520$，$h = 680$。

2）所求对象同本节"展开计算模板"。

3）过渡条件：

① $h_1 = 680 + 300 = 980$

② $h_2 = 680 - 300 = 380$

4）计算结果：

① $e = \sqrt{(520 + 520)^2 + 980^2} = 1429$

② $f_1 = \sqrt{(460 - 220)^2 + 1429^2} = 1449$

③ $f_2 = \sqrt{(520 - 520)^2 + 380^2 + (460 - 220)^2}$
　　$= 449$

④ $L = \sqrt{(520 + 520)^2 + 380^2 + (460 - 220)^2} = 1133$

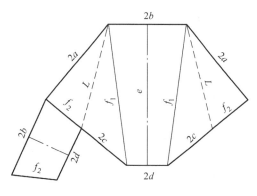

图 1-60　展开图

二十一、大小口垂直偏心方锥台 I（图 1-61）展开

1. 展开计算模板（下口垂直，右后偏心）

1）已知条件（图 1-62）：

① 大口内横边半长 a；

② 大口内纵边半长 b；

③ 小口内横边半长 c；

④ 小口内纵边半长 d；

⑤ 大口中至小口端水平距 K；

⑥ 两口偏心距 J；

⑦ 小口中至大口端垂高 h。

2）所求对象：

① 左前结合边实长 f_1；

② 右前结合边实长 f_2；

③ 左后结合边实长 f_3；

④ 右后结合边实长 f_4；

⑤ 左面对角线实长 L_1；

⑥ 右面对角线实长 L_2；

⑦ 前面对角线实长 L_3；

⑧ 后面对角线实长 L_4。

3）过渡条件公式：

① 左梯形面垂高 $h_1 = h + c$

② 右梯形面垂高 $h_2 = h - c$

③ 左梯形面实高 $e_1 = \sqrt{(K + a)^2 + h_1^2}$

④ 右梯形面实高 $e_2 = \sqrt{(K - a)^2 + h_2^2}$

4）计算公式：

① $f_1 = \sqrt{(b + J - d)^2 + e_1^2}$

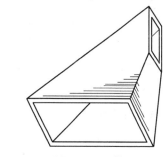

图 1-61　立体图

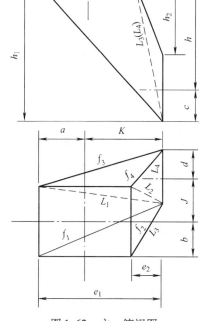

图 1-62　主、俯视图

② $f_2 = \sqrt{(b+J-d)^2 + e_2^2}$

③ $f_3 = \sqrt{(b-J-d)^2 + e_1^2}$

④ $f_4 = \sqrt{(b-J-d)^2 + e_2^2}$

⑤ $L_1 = \sqrt{(b+d-J)^2 + e_1^2}$

⑥ $L_2 = \sqrt{(b+d-J)^2 + e_2^2}$

⑦ $L_3 = \sqrt{(K-a)^2 + h_1^2 + (b+J-d)^2}$

⑧ $L_4 = \sqrt{(K-a)^2 + h_1^2 + (b-J-d)^2}$

2. 展开计算实例（图 1-63）

1）已知条件（图 1-62）：$a = 420$，$b = 300$，$c = 300$，$d = 240$，$K = 690$，$J = 390$，$h = 900$。

2）所求对象同本节"展开计算模板"。

3）过渡条件：

① $h_1 = 900 + 300 = 1200$

② $h_2 = 900 - 300 = 600$

③ $e_1 = \sqrt{(690+420)^2 + 1200^2} = 1635$

④ $e_2 = \sqrt{(690-420)^2 + 600^2} = 658$

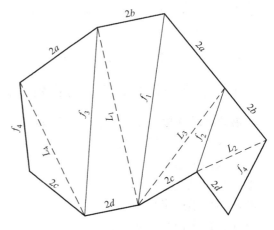

图 1-63　展开图

4）计算结果：

① $f_1 = \sqrt{(300+390-240)^2 + 1635^2} = 1696$

② $f_2 = \sqrt{(300+390-240)^2 + 658^2} = 797$

③ $f_3 = \sqrt{(300-390-240)^2 + 1635^2} = 1668$

④ $f_4 = \sqrt{(300-390-240)^2 + 658^2} = 736$

⑤ $L_1 = \sqrt{(300+240-390)^2 + 1635^2} = 1642$

⑥ $L_2 = \sqrt{(300+240-390)^2 + 658^2} = 675$

⑦ $L_3 = \sqrt{(690-420)^2 + 1200^2 + (300+390-240)^2} = 1310$

⑧ $L_4 = \sqrt{(690-420)^2 + 1200^2 + (300-390-240)^2} = 1273$

二十二、大小口垂直偏心方锥台Ⅱ（图 1-64）展开

1. 展开计算模板（下口垂直，右前偏心）

1）已知条件（图 1-65）：

① 大口内横边半长 a；

② 大口内纵边半长 b；

③ 小口内横边半长 c；

④ 小口内纵边半长 d；

⑤ 大口中至小口端水平距 K；

⑥ 两口偏心距 J；

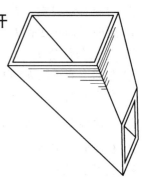

图 1-64　立体图

⑦ 小口中至大口端垂高 h。

2）所求对象：

① 左前结合边实长 f_1；

② 右前结合边实长 f_2；

③ 左后结合边实长 f_3；

④ 右后结合边实长 f_4；

⑤ 左面对角线实长 L_1；

⑥ 右面对角线实长 L_2；

⑦ 前面对角线实长 L_3；

⑧ 后面对角线实长 L_4。

3）过渡条件公式：

① 左梯形面垂高 $h_1 = h + c$

② 右梯形面垂高 $h_2 = h - c$

③ 左梯形面实高 $e_1 = \sqrt{(K+a)^2 + h_1^2}$

④ 右梯形面实高 $e_2 = \sqrt{(K-a)^2 + h_2^2}$

4）计算公式：

① $f_1 = \sqrt{(b-J-d)^2 + e_1^2}$

② $f_2 = \sqrt{(b-J-d)^2 + e_2^2}$

③ $f_3 = \sqrt{(b+J-d)^2 + e_1^2}$

④ $f_4 = \sqrt{(b+J-d)^2 + e_2^2}$

⑤ $L_1 = \sqrt{(b+d-J)^2 + e_1^2}$

⑥ $L_2 = \sqrt{(b+d-J)^2 + e_2^2}$

⑦ $L_3 = \sqrt{(K-a)^2 + h_1^2 + (b-J-d)^2}$

⑧ $L_4 = \sqrt{(K-a)^2 + h_1^2 + (b+J-d)^2}$

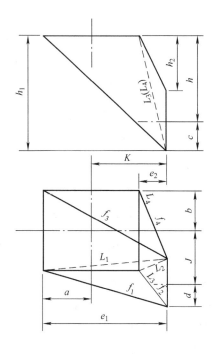

图 1-65　主、俯视图

2. 展开计算实例（图 1-66）

1）已知条件（图 1-65）：$a = 380$，$b = 240$，$c = 180$，$d = 150$，$K = 460$，$J = 320$，$h = 500$。

2）所求对象同本节"展开计算模板"。

3）过渡条件：

① $h_1 = 500 + 180 = 680$

② $h_2 = 500 - 180 = 320$

③ $e_1 = \sqrt{(460+380)^2 + 680^2}$
　　$= 1081$

④ $e_2 = \sqrt{(460-380)^2 + 320^2}$
　　$= 330$

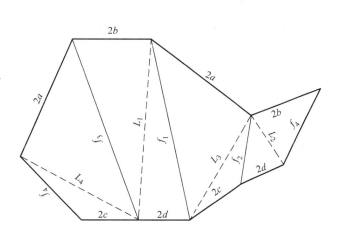

图 1-66　展开图

4）计算结果：

① $f_1 = \sqrt{(240-320-150)^2 + 1081^2} = 1105$

② $f_2 = \sqrt{(240-320-150)^2 + 330^2} = 402$

③ $f_3 = \sqrt{(240+320-150)^2 + 1081^2} = 1156$

④ $f_4 = \sqrt{(240+320-150)^2 + 330^2} = 526$

⑤ $L_1 = \sqrt{(240+150-320)^2 + 1081^2} = 1083$

⑥ $L_2 = \sqrt{(240+150-320)^2 + 330^2} = 337$

⑦ $L_3 = \sqrt{(460-380)^2 + 680^2 + (240-320-150)^2} = 722$

⑧ $L_4 = \sqrt{(460-380)^2 + 680^2 + (240+320-150)^2} = 798$

二十三、45°扭脖平口正心方锥台（图1-67）展开

1. 展开计算模板

1）已知条件（图1-68）：

① 大口内边长 a；

② 小口内边长 b；

③ 两端口垂高 h。

2）所求对象：

① 大口三角形面实高 f；

② 小口三角形面实高 e；

③ 大小三角形面结合边实长 c。

3）计算公式：

① $f = \sqrt{[(a-\sqrt{2}b)/2]^2 + h^2}$

② $e = \sqrt{[(\sqrt{2}a-b)/2]^2 + h^2}$

③ $c = \sqrt{(a/2)^2 + f^2}$ 或 $= \sqrt{(b/2)^2 + e^2}$

2. 展开计算实例（图1-69）

1）已知条件（图1-68）：$a=660$，$b=300$，$h=1020$。

2）所求对象同本节"展开计算模板"。

3）计算结果：

① $f = \sqrt{[(660-\sqrt{2}\times300)/2]^2 + 1020^2} = 1027$

② $e = \sqrt{[(\sqrt{2}\times660-300)/2]^2 + 1020^2} = 1068$

③ $c = \sqrt{(660/2)^2 + 1027^2} = 1079$ 或 $c = \sqrt{(300/2)^2 + 1068^2} = 1079$

二十四、45°扭脖平口偏心方锥台（图1-70）展开

1. 展开计算模板（右偏心）

1）已知条件（图1-71）：

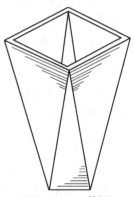

图 1-67　立体图

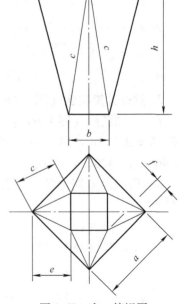

图 1-68　主、俯视图

① 大口内横边半长 a；

② 大口内纵边半长 b；

③ 小口内边半长 d；

④ 两口偏心距 K；

⑤ 两端口垂高 h。

2）所求对象：

① 左前里结合线实长 L_1；

② 左前外结合线实长 L_2；

③ 右前外结合线实长 L_3；

④ 右前里结合线实长 L_4。

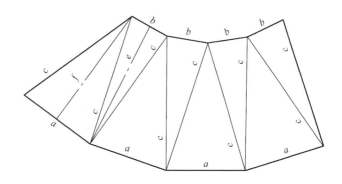

图 1-69　展开图

3）计算公式：

① $L_1 = \sqrt{(a + K - \sqrt{2}d)^2 + b^2 + h^2}$

② $L_2 = \sqrt{(a + K)^2 + (b - \sqrt{2}d)^2 + h^2}$

③ $L_3 = \sqrt{(a - K)^2 + (b - \sqrt{2}d)^2 + h^2}$

④ $L_4 = \sqrt{(a - K - \sqrt{2}d)^2 + b^2 + h^2}$

2. 展开计算实例（图 1-72）

1）已知条件（图 1-71）：$a = 540$，$b = 420$，$d = 180$，$K = 150$，$h = 840$。

2）所求对象同本节"展开计算模板"。

3）计算结果：

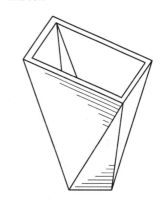

图 1-70　立体图

① $L_1 = \sqrt{(540 + 150 - \sqrt{2} \times 180)^2 + 420^2 + 840^2}$
$= 1035$

② $L_2 = \sqrt{(540 + 150)^2 + (420 - \sqrt{2} \times 180)^2 + 840^2}$
$= 1100$

③ $L_3 = \sqrt{(540 - 150)^2 + (420 - \sqrt{2} \times 180)^2 + 840^2}$
$= 941$

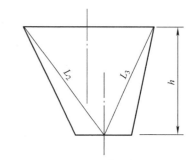

④ $L_4 = \sqrt{(540 - 150 - \sqrt{2} \times 180)^2 + 420^2 + 840^2}$
$= 949$

二十五、45°扭脖平口双偏心方锥台 I
（图 1-73）展开

1. 展开计算模板（左前偏心）

1）已知条件（图 1-74）：

① 大口内横边半长 a；

② 大口内纵边半长 b；

③ 小口内边半长 d；

④ 两口横偏心距 K；

⑤ 两口纵偏心距 J；

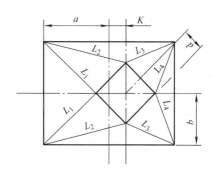

图 1-71　主、俯视图

⑥ 两端口垂高 h。

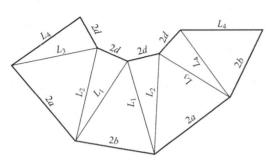

图 1-72　展开图

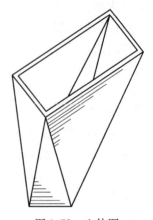

图 1-73　立体图

2）所求对象：

① 左前里结合线实长 L_1；

② 左前外结合线实长 L_2；

③ 右前外结合线实长 L_3；

④ 右前里结合线实长 L_4；

⑤ 右后外结合线实长 L_5；

⑥ 右后里结合线实长 L_6；

⑦ 左后里结合线实长 L_7；

⑧ 左后外结合线实长 L_8。

3）计算公式：

① $L_1 = \sqrt{(a-K-\sqrt{2}d)^2 + (b-J)^2 + h^2}$

② $L_2 = \sqrt{(a-K)^2 + (b-J-\sqrt{2}d)^2 + h^2}$

③ $L_3 = \sqrt{(a+K)^2 + (b-J-\sqrt{2}d)^2 + h^2}$

④ $L_4 = \sqrt{(a+K-\sqrt{2}d)^2 + (b-J)^2 + h^2}$

⑤ $L_5 = \sqrt{(a+K-\sqrt{2}d)^2 + (b+J)^2 + h^2}$

⑥ $L_6 = \sqrt{(a+K)^2 + (b+J-\sqrt{2}d)^2 + h^2}$

⑦ $L_7 = \sqrt{(a-K)^2 + (b+J-\sqrt{2}d)^2 + h^2}$

⑧ $L_8 = \sqrt{(a-K-\sqrt{2}d)^2 + (b+J)^2 + h^2}$

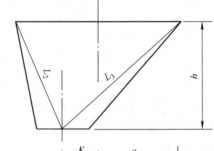

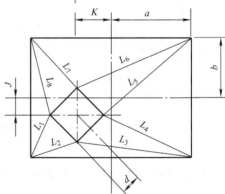

图 1-74　主、俯视图

2. 展开计算实例（图 1-75）

1）已知条件（图 1-74）：$a = 440$，$b = 320$，$d = 100$，$K = 200$，$J = 120$，$h = 560$。

2）所求对象同本节"展开计算模板"。

3）计算结果：

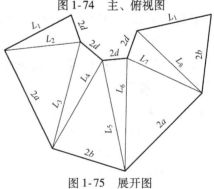

图 1-75　展开图

① $L_1 = \sqrt{(440-200-\sqrt{2}\times100)^2 + (320-120)^2 + 560^2} = 603$

② $L_2 = \sqrt{(440-200)^2 + (320-120-\sqrt{2}\times100)^2 + 560^2} = 612$

③ $L_3 = \sqrt{(440+200)^2 + (320-120-\sqrt{2}\times100)^2 + 560^2} = 852$

④ $L_4 = \sqrt{(440+200-\sqrt{2}\times100)^2 + (320-120)^2 + 560^2} = 776$

⑤ $L_5 = \sqrt{(440+200-\sqrt{2}\times100)^2 + (320+120)^2 + 560^2} = 869$

⑥ $L_6 = \sqrt{(440+200)^2 + (320+120-\sqrt{2}\times100)^2 + 560^2} = 901$

⑦ $L_7 = \sqrt{(440-200)^2 + (320+120-\sqrt{2}\times100)^2 + 560^2} = 678$

⑧ $L_8 = \sqrt{(440-200-\sqrt{2}\times100)^2 + (320+120)^2 + 560^2} = 719$

二十六、45°扭脖平口双偏心方锥台Ⅱ（图1-76）展开

1. 展开计算模板（左后偏心）

1）已知条件（图1-77）：

① 大口内横边半长 a；

② 大口内纵边半长 b；

③ 小口内边半长 d；

④ 两口横偏心距 K；

⑤ 两口纵偏心距 J；

⑥ 两端口垂高 h。

2）所求对象：

① 左前里结合线实长 L_1；

② 左前外结合线实长 L_2；

③ 右前外结合线实长 L_3；

④ 右前里结合线实长 L_4；

⑤ 右后外结合线实长 L_5；

⑥ 右后里结合线实长 L_6；

⑦ 左后里结合线实长 L_7；

⑧ 左后外结合线实长 L_8。

3）计算公式：

① $L_1 = \sqrt{(a-K-\sqrt{2}d)^2 + (b+J)^2 + h^2}$

② $L_2 = \sqrt{(a-K)^2 + (b+J-\sqrt{2}d)^2 + h^2}$

③ $L_3 = \sqrt{(a+K)^2 + (b+J-\sqrt{2}d)^2 + h^2}$

④ $L_4 = \sqrt{(a+K-\sqrt{2}d)^2 + (b+J)^2 + h^2}$

⑤ $L_5 = \sqrt{(a+K-\sqrt{2}d)^2 + (b-J)^2 + h^2}$

⑥ $L_6 = \sqrt{(a+K)^2 + (b-J-\sqrt{2}d)^2 + h^2}$

⑦ $L_7 = \sqrt{(a-K)^2 + (b-J-\sqrt{2}d)^2 + h^2}$

⑧ $L_8 = \sqrt{(a-K-\sqrt{2}d)^2 + (b-J)^2 + h^2}$

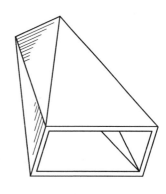

图1-76 立体图

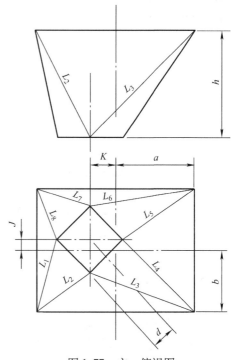

图1-77 主、俯视图

2. 展开计算实例（图 1-78）

1）已知条件（图 1-77）：$a = 660$，$b = 495$，$d = 195$，$K = 240$，$J = 90$，$h = 870$。

2）所求对象同本节"展开计算模板"。

3）计算结果：

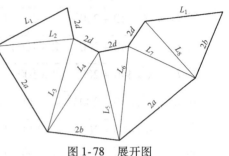

图 1-78　展开图

① $L_1 = \sqrt{(660 - 240 - \sqrt{2} \times 195)^2 + (495 + 90)^2 + 870^2}$
　　$= 1058$

② $L_2 = \sqrt{(660 - 240)^2 + (495 + 90 - \sqrt{2} \times 195)^2 + 870^2}$
　　$= 1014$

③ $L_3 = \sqrt{(660 + 240)^2 + (495 + 90 - \sqrt{2} \times 195)^2 + 870^2} = 1289$

④ $L_4 = \sqrt{(660 + 240 - \sqrt{2} \times 195)^2 + (495 + 90)^2 + 870^2} = 1220$

⑤ $L_5 = \sqrt{(660 + 240 - \sqrt{2} \times 195)^2 + (495 - 90)^2 + 870^2} = 1145$

⑥ $L_6 = \sqrt{(660 + 240)^2 + (495 - 90 - \sqrt{2} \times 195)^2 + 870^2} = 1258$

⑦ $L_7 = \sqrt{(660 - 240)^2 + (495 - 90 - \sqrt{2} \times 195)^2 + 870^2} = 975$

⑧ $L_8 = \sqrt{(660 - 240 - \sqrt{2} \times 195)^2 + (495 - 90)^2 + 870^2} = 970$

二十七、平口正心凹形曲面方锥台（图 1-79）展开

1. 展开计算模板

1）已知条件（图 1-80）：

① 大口内边半长 a；

② 小口内边半长 b；

③ 两端口垂高 h；

④ 锥台壁厚 t。

2）所求对象：

① 侧板曲面各段弧长 $S_{0 \sim n}$；

② 侧板曲面各线段半长 $K_{0 \sim n}$。

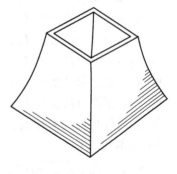

图 1-79　立体图

3）过渡条件公式：

① 侧板曲面半径 $R = (a - b)/2 + h^2 / [2(a - b)]$

② 侧板曲面各等分段夹角 $\beta_{0 \sim n} = \arcsin(h/R) \times 0 \sim n/n$

4）计算公式：

① $S_{0 \sim n} = \pi(R - t/2)\beta_{0 \sim n}/180°$

② $K_{0 \sim n} = b + R(1 - \cos\beta_{0 \sim n})$

式中　n——侧板曲面弧等分的份数；

　　$\beta_{0 \sim n}$——侧板曲面弧各等分点同圆心连线与小端口延长线的夹角。

说明：

① 公式中 β、S、K 的 $0 \sim n$ 编号均一致。

② 由于锥台上、下口是正方形，因此四块侧板展开图样均相同，所以展开图样为一块。

2. 展开计算实例（图 1-81）

1）已知条件（图 1-80）：$a = 800$，$b = 300$，$h = 1120$，$t = 6$。

2）所求对象同本节"展开计算模板"。

3）过渡条件（设 $n = 4$）：

① $R = (800 - 300)/2 + 1120^2/[2 \times (800 - 300)] = 1504$

② $\beta_0 = \arcsin(1120/1504) \times 0/4 = 0$

$\beta_1 = \arcsin(1120/1504) \times 1/4$
$= 12.028°$

$\beta_2 = \arcsin(1120/1504) \times 2/4$
$= 24.057°$

$\beta_3 = \arcsin(1120/1504) \times 3/4$
$= 36.086°$

$\beta_4 = \arcsin(1120/1504) \times 4/4$
$= 48.115°$

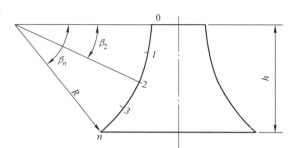

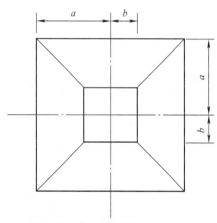

图 1-80　主、俯视图

4）计算结果：

① $S_0 = 3.1416 \times (1504 - 6/2) \times 0°/180° = 0$

$S_1 = 3.1416 \times (1504 - 6/2) \times 12.028°/180°$
$= 315$

$S_2 = 3.1416 \times (1504 - 6/2) \times 24.057°/180°$
$= 630$

$S_3 = 3.1416 \times (1504 - 6/2) \times 36.086°/180°$
$= 946$

$S_4 = 3.1416 \times (1504 - 6/2) \times 48.115°/180°$
$= 1261$

② $K_0 = 300 + 1504 \times (1 - \cos 0°) = 300$

$K_1 = 300 + 1504 \times (1 - \cos 12.028°) = 333$

$K_2 = 300 + 1504 \times (1 - \cos 24.057°) = 431$

$K_3 = 300 + 1504 \times (1 - \cos 36.086°) = 589$

$K_4 = 300 + 1504 \times (1 - \cos 48.115°) = 800$

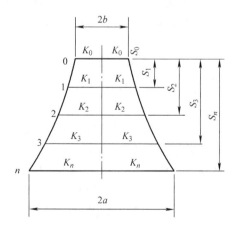

图 1-81　1/4 展开图

二十八、平口正心凸形曲面方锥台（图 1-82）展开

1. 展开计算模板

1）已知条件（图 1-83）：

① 大口内边半长 a；

② 小口内边半长 b；

③ 两端口垂高 h；

④ 锥台壁厚 t。

2）所求对象：

① 侧板曲面各段弧长 $S_{0 \sim n}$；

② 侧板曲面各线半长 $K_{0 \sim n}$。

3）过渡条件公式：

① 侧板曲面半径 $R = (a - b)/2 + h^2/[2 \times (a - b)]$

② 侧板曲面各等份段夹角 $\beta_{0 \sim n} = \arcsin(h/R) \times 0 \sim n/n$

4）计算公式：

① $S_{0 \sim n} = \pi(R + t/2) \times \beta_{0 \sim n}/180°$

② $K_{0 \sim n} = a - R(1 - \cos\beta_{0 \sim n})$

式中　n——侧板曲面弧等分的份数；

$\beta_{0 \sim n}$——侧板曲面弧各等分点同圆心连线与大端口延长线的夹角。

说明：

① 公式中 β、S、K 的 $0 \sim n$ 编号均一致。

② 由于锥台上、下口是正方形，因此四块侧板展开图样均相同，所以展开图样为一块。

2. 展开计算实例（图 1-84）

1）已知条件（图 1-83）：$a = 600$，$b = 300$，$h = 930$，$t = 8$。

2）所求对象同本节"展开计算模板"。

3）过渡条件（设 $n = 4$）：

① $R = (600 - 300)/2 + 930^2/[2 \times (600 - 300)] = 1592$

② $\beta_0 = \arcsin(930/1592) \times 0/4 = 0$

　　$\beta_1 = \arcsin(930/1592) \times 1/4 = 8.939°$

　　$\beta_2 = \arcsin(930/1592) \times 2/4 = 17.879°$

　　$\beta_3 = \arcsin(930/1592) \times 3/4 = 26.818°$

　　$\beta_4 = \arcsin(930/1592) \times 4/4 = 35.757°$

4）计算结果：

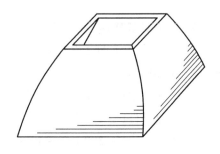

图 1-82　立体图

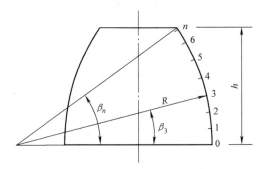

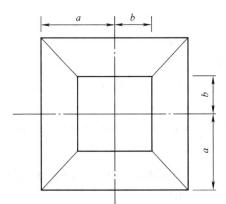

图 1-83　主、俯视图

① $S_0 = 3.1416 \times (1592 + 8/2) \times 0°/180° = 0$

　$S_1 = 3.1416 \times (1592 + 8/2) \times 8.939°/180° = 249$

　$S_2 = 3.1416 \times (1592 + 8/2) \times 17.879°/180° = 498$

　$S_3 = 3.1416 \times (1592 + 8/2) \times 26.818°/180° = 747$

　$S_4 = 3.1416 \times (1592 + 8/2) \times 35.757°/180° = 996$

② $K_0 = 600 - 1592 \times (1 - \cos 0°) = 600$

　$K_1 = 600 - 1592 \times (1 - \cos 8.939°) = 581$

　$K_2 = 600 - 1592 \times (1 - \cos 17.879°) = 523$

　$K_3 = 600 - 1592 \times (1 - \cos 26.818°) = 429$

　$K_4 = 600 - 1592 \times (1 - \cos 35.757°) = 300$

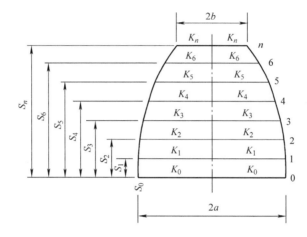

图 1-84　1/4 展开图

第二章　方形管弯头

本章主要介绍方形管弯头的展开，方形管弯头是方形管线转向所必需的过渡连接件。由于方形管线转向的位置高低、方位角度的不同，以及对接口距离远近、口径大小的不同等因素，或设计的需要，对过渡连接件方形管弯头的要求也就不同，所以，方形管弯头的种类有多样。一般大致有：两节弯头及两节以上多节弯头；直角弯头及任一角度弯头；等径弯头及变径弯头；平面弯头及曲面弯头；直向弯头及换向弯头等。对方形管弯头作展开时，应取内口尺寸计算。

一、两节直角方管弯头（图 2-1）展开

1. 展开计算模板

1）已知条件（图 2-2）：

① 弯头管口外长边 A；

② 弯头管口外短边 B；

③ 弯头垂高 h；

④ 弯头壁厚 t。

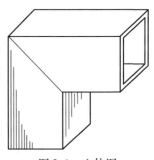

图 2-1　立体图

2）所求对象：

① 弯头管口内长边 a；

② 弯头管口内短边 b；

③ 弯头外结合边实长 E；

④ 弯头内结合边实长 e_1；

⑤ 弯头内结合边实长 e_2。

3）计算公式

① $a = A - 2t$

② $b = B - 2t$

③ $E = h - t$

④ $e_1 = h - A + t$

⑤ $e_2 = h - A$

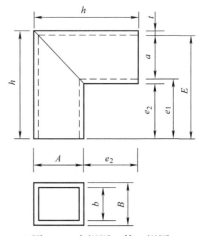

图 2-2　主视图、管口视图

2. 展开计算实例（图 2-3）

1）已知条件（图 2-2）：$A = 720$，$B = 520$，$h = 1400$，$t = 10$。

2）所求对象同本节"展开计算模板"。

3）计算结果：

① $a = 720 - 2 \times 10 = 700$

② $b = 520 - 2 \times 10 = 500$

③ $E = 1400 - 10 = 1390$

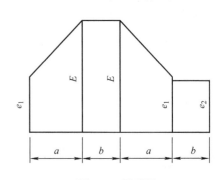

图 2-3　展开图

④ $e_1 = 1400 - 720 + 10 = 690$

⑤ $e_2 = 1400 - 720 = 680$

二、45°扭脖两节直角方管弯头（图2-4）展开

1. 展开计算模板

1）已知条件（图2-5）：

① 弯头管口外边长 A；

② 弯头上管口中至下管口端垂高 h；

③ 弯头壁厚 t。

2）所求对象：

① 弯头管口内边长 a；

② 弯头外结合边长 E；

③ 弯头内结合边长 e。

3）计算公式：

① $a = A - 2t$

② $E = h + 0.7071a$

③ $e = h - 0.7071A$

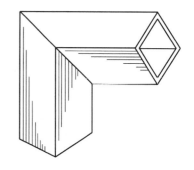

图2-4　立体图

2. 展开计算实例（图2-6）

1）已知条件（图2-5）：$A = 616$，$h = 1050$，$t = 8$。

2）所求对象同本节"展开计算模板"。

3）计算结果：

① $a = 616 - 2 \times 8 = 600$

② $E = 1050 + 0.7071 \times 600 = 1474$

③ $e = 1050 - 0.7071 \times 616 = 614$

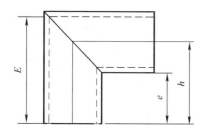

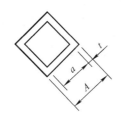

图2-5　主视图、管口视图

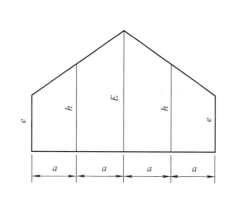

图2-6　展开图

三、直角曲面方管弯头（图2-7）展开

1. 展开计算模板

1）已知条件（图2-8）：

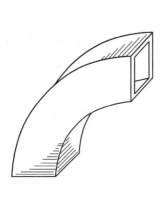

图2-7　立体图

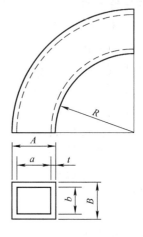

图2-8　主视图、管口视图

① 弯头管口外长边 A；

② 弯头管口外短边 B；

③ 弯头内弯半径 R；

④ 弯头壁厚 t。

2）所求对象：

① 方管长边内口边长 a；

② 方管短边内口边长 b；

③ 弯头侧板内弯半径 r；

④ 弯头内板展开实长 L；

⑤ 弯头外板展开实长 K。

3）计算公式：

① $a = A - 2t$

② $b = B - 2t$

③ $r = R + t$

④ $L = \pi(R + t/2)/2$

⑤ $K = \pi(R + A - t/2)/2$

2. 展开计算实例（图2-9）

1）已知条件（图2-8）：$A = 620$，$B = 470$，$R = 900$，$t = 10$。

2）所求对象同本节"展开计算模板"。

3）计算结果：

① $a = 620 - 2 \times 10 = 600$

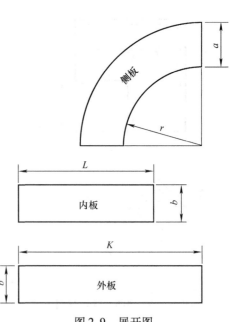

图2-9　展开图

② $b = 470 - 2 \times 10 = 450$

③ $r = 900 + 10 = 910$

④ $L = 3.1416 \times (900 + 10/2)/2 = 1422$

⑤ $K = 3.1416 \times (900 + 620 - 10/2)/2 = 2380$

四、S 形偏心曲面方管弯头 I（图 2-10）展开

1. 展开计算模板（两端弧圆心垂平距为负值）

1）已知条件（图 2-11）：

① 管口外长边 A；

② 管口外短边 B；

③ 两端口垂高 h；

④ 两端口偏心距 K；

⑤ 外弯弧半径 R；

⑥ 内弯弧半径 r；

⑦ 弯头壁厚 t。

2）所求对象：

① 管口内长边 a；

② 管口内短边 b；

③ 前后板外弧半径 R'；

④ 前后板内弧半径 r'；

⑤ 左右侧板外弯弧长 e；

⑥ 左右侧板内弯弧长 f；

⑦ 两切线间距实长 c。

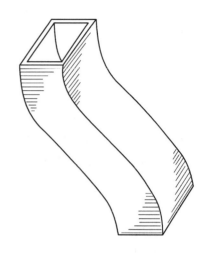

图 2-10　立体图

3）过渡条件公式：

① 两端圆心垂平距 $g = K - R - r$

② 计算夹角 1　$\alpha = \arctan(h/g)$（g 取绝对值）

③ 计算夹角 2　$Q = \arccos\left[(R+r)/\sqrt{g^2+h^2}\right]$

④ 弯曲弧所对夹角 $\beta = \alpha - Q$

4）计算公式：

① $a = A - 2t$

② $b = B - 2t$

③ $R' = R - t$

④ $r' = r + t$

⑤ $e = \pi(R - t/2)\beta/180°$

⑥ $f = \pi(r + t/2)\beta/180°$

⑦ $c = \sqrt{[h-(R+r)\sin\beta]^2 + [K-(R+r)(1-\cos\beta)]^2}$

说明：

① S 形偏心曲面方管弯头有两种：一种是两端弧圆心垂平距为负值，另一种为正值，这两种的计

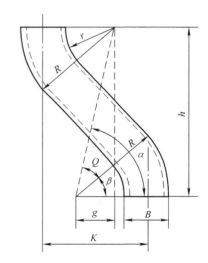

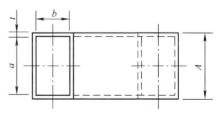

图 2-11　主、俯视图

算公式有所不同，因此，要对应选用展开计算模板。本节介绍的是前一种。

② 弯头展开图样，前后板各一件，共两件；左右侧板各一件，共两件。

2. 展开计算实例（图2-12）

1）已知条件（图2-11）：$A = 540$，$B = 360$，$h = 1350$，$K = 870$，$R = 750$，$r = 390$，$t = 10$。

2）所求对象同本节"展开计算模板"。

3）过渡条件：

① $g = 870 - 750 - 390 = -270$

② $\alpha = \arctan(1350/270) = 78.6901°$

③ $Q = \arccos\big[(750 + 390)/$

$\sqrt{(-270)^2 + 1350^2}\,\big] = 34.1015°$

④ $\beta = 78.6901° - 34.1015° = 44.5886°$

4）计算结果：

① $a = 540 - 2 \times 10 = 520$

② $b = 360 - 2 \times 10 = 340$

③ $R' = 750 - 10 = 740$

④ $r' = 390 + 10 = 400$

⑤ $e = 3.1416 \times (750 - 10/2) \times 44.5886°/180° = 580$

⑥ $f = 3.1416 \times (390 + 10/2) \times 44.5886°/180° = 307$

⑦ $c = \sqrt{[1350 - (750 + 390) \times \sin 44.5886°]^2 + [870 - (750 + 390) \times (1 - \cos 44.5886°)]^2} = 772$

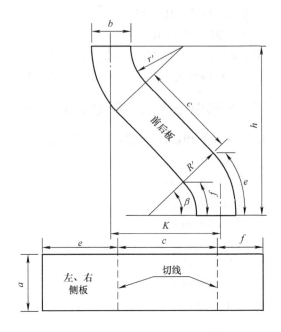

图 2-12　展开图

五、S形偏心曲面方管弯头Ⅱ（图2-13）展开

1. 展开计算模板（两端弧圆心垂平距为正值）

1）已知条件（图2-14）：

① 管口外长边 A；

② 管口外短边 B；

③ 两端口垂高 h；

④ 两端口偏心距 K；

⑤ 外弯弧半径 R；

⑥ 内弯弧半径 r；

⑦ 弯头壁厚 t。

2）所求对象：

① 管口内长边 a；

② 管口内短边 b；

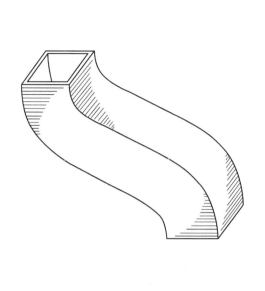

图 2-13　立体图

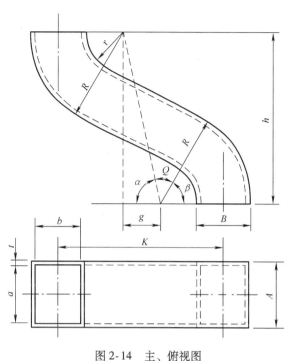

图 2-14　主、俯视图

③ 前后板外弧半径 R'；
④ 前后板内弧半径 r'；
⑤ 左右侧板外弯弧长 e；
⑥ 左右侧板内弯弧长 f；
⑦ 两切线间距实长 c。

3）过渡条件公式：

① 两端圆心垂平距 $g = K - R - r$

② 计算夹角 1　$\alpha = \arctan(h/g)$

③ 计算夹角 2　$Q = \arccos\left[(R+r)/\sqrt{g^2 + h^2}\right]$

④ 弯曲弧所对夹角 $\beta = 180° - \alpha - Q$

4）计算公式：

① $a = A - 2t$

② $b = B - 2t$

③ $R' = R - t$

④ $r' = r + t$

⑤ $e = \pi(R - t/2)\beta/180°$

⑥ $f = \pi(r + t/2)\beta/180°$

⑦ $c = \sqrt{\left[h - (R+r)\sin\beta\right]^2 + \left[K - (R+r)(1 - \cos\beta)\right]^2}$

说明：

① S 形偏心曲面方管弯头有两种：一种是两端弧圆心垂平距为负值，另一种为正值，这两种的计算公式有所不同，因此，要对应选用展开计算模板，本节介绍的是后一种。

② 弯头展开图样，前后板各一件，共两件；左右侧板各一件，共两件。

2. 展开计算实例（图2-15）

1）已知条件（图2-14）：$A = 600$，$B = 450$，$h = 1380$，$K = 1350$，$R = 750$，$r = 300$，$t = 8$。

2）所求对象同本节"展开计算模板"。

3）过渡条件：

① $g = 1350 - 750 - 300 = 300$

② $\alpha = \arctan(1380/300) = 77.7352°$

③ $Q = \arccos\left[(750 + 300)/\sqrt{300^2 + 1380^2}\right] = 41.9693°$

④ $\beta = 180° - 77.7352° - 41.9693° = 60.2955°$

4）计算结果：

① $a = 600 - 2 \times 8 = 584$

② $b = 450 - 2 \times 8 = 434$

③ $R' = 750 - 8 = 742$

④ $r' = 300 + 8 = 308$

⑤ $e = 3.1416 \times (750 - 8/2) \times 60.2955°/180° = 785$

⑥ $f = 3.1416 \times (300 + 8/2) \times 60.2955°/180° = 320$

⑦ $c = \sqrt{[1380 - (750 + 300) \times \sin60.2955°]^2 + [1350 - (750 + 300) \times (1 - \cos60.2955°)]^2} = 944$

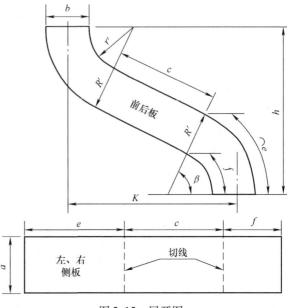

图2-15　展开图

六、直角换向三节方管弯头
（图2-16）展开

1. 展开计算模板

1）已知条件（图2-17）：

① 管口外长边 A；

② 管口外短边 B；

③ 中节下结合口内端至上节端口高 h；

④ 中节上结合口内端至上节端口高 h_1；

⑤ 中节上结合口外端至上节端口高 h_2；

⑥ 上节内板至下节端口水平距 J；

⑦ 中节下结合口内端至下节端口水平距 J_1；

⑧ 中节下结合口外端至下节端口水平距 J_2；

⑨ 弯头壁厚 t。

2）所求对象：

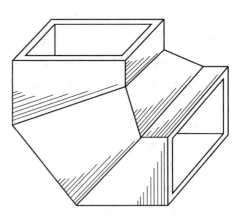

图2-16　立体图

① 管口内长边 a；

② 管口内短边 b；

③ 上节与中节前后板结合边实长 c；

④ 下节与中节前后板结合边实长 d；

⑤ 中节内板与前后板结合边实长 e；

⑥ 中节外板实高 g；

⑦ 中节前后板对角折线实长 f；

⑧ 中节内板对角线实长 L。

3）计算公式：

① $a = A - 2t$

② $b = B - 2t$

③ $c = \sqrt{a^2 + (h_2 - h_1)^2}$

④ $d = \sqrt{b^2 + (J_2 - J_1)^2}$

⑤ $e = \sqrt{[(a-b)/2]^2 + (J - J_1)^2 + (h - h_1)^2}$

⑥ $g = \sqrt{(a + J - J_2)^2 + (b + h - h_2)^2}$

⑦ $f = \sqrt{[(a-b)/2]^2 + (J_2 - J - t)^2 + (B + h - h_1 - t)^2}$

⑧ $L = \sqrt{[(a+b)/2]^2 + (J - J_1)^2 + (h - h_1)^2}$

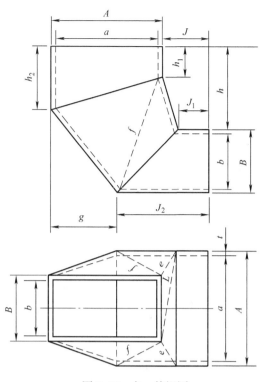

2. 展开计算实例（图 2-18）

1）已知条件（图 2-17）：$A = 600$，$B = 340$，$h = 420$，$h_1 = 160$，$h_2 = 340$，$J = 260$，$J_1 = 160$，$J_2 = 500$，$t = 10$。

2）所求对象同本节"展开计算模板"。

3）计算结果：

① $a = 600 - 2 \times 10 = 580$

② $b = 340 - 2 \times 10 = 320$

③ $c = \sqrt{580^2 + (340 - 160)^2} = 607$

④ $d = \sqrt{320^2 + (500 - 160)^2} = 467$

⑤ $e = \sqrt{[(580 - 320)/2]^2 + (260 - 160)^2 + (420 - 160)^2}$
$= 307$

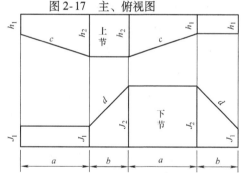

图 2-17 主、俯视图

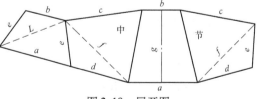

⑥ $g = \sqrt{(580 + 260 - 500)^2 + (320 + 420 - 340)^2}$
$= 525$

⑦ $f = \sqrt{[(580 - 320)/2]^2 + (500 - 260 - 10)^2 + (340 + 420 - 160 - 10)^2} = 646$

⑧ $L = \sqrt{[(580 + 320)/2]^2 + (260 - 160)^2 + (420 - 160)^2} = 529$

图 2-18 展开图

七、三节偏心方管弯头（图 2-19）展开

1. 展开计算模板

1）已知条件（图 2-20）：

① 管口外长边 A；

② 管口外短边 B；

③ 两口偏心距 K；

④ 上下两节中垂高 h；

⑤ 弯头中节垂高 H；

⑥ 弯头壁厚 t。

2）所求对象：

① 管口内长边 a；

② 管口内短边 b；

③ 上下两节内侧板实长 f；

④ 上下两节外侧板实长 e；

⑤ 弯头中节实长 c。

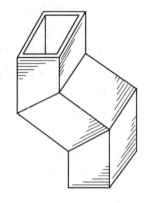

图 2-19　立体图

3）过渡条件公式：

弯头偏心夹角 $\beta = \arctan(H/K)$

4）计算公式：

① $a = A - 2t$

② $b = B - 2t$

③ $f = h - (b/2)\tan\beta$

④ $e = h + (b/2)\tan\beta$

⑤ $c = \sqrt{H^2 + K^2}$

说明：弯头展开图样，前后板各一件，共两件；左右侧板各一件，共两件。

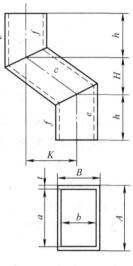

2. 展开计算实例（图 2-21）

1）已知条件（图 2-20）：$A = 760$，$B = 480$，$K = 600$，$h = 440$，$H = 520$，$t = 8$。

2）所求对象同本节"展开计算模板"。

3）过渡条件：

$\beta = \arctan(520/600) = 40.9144°$

图 2-20　主视图、管口视图

4）计算结果：

① $a = 760 - 2 \times 8 = 744$

② $b = 480 - 2 \times 8 = 464$

③ $f = 440 - (464/2) \times \tan 40.9144° = 239$

④ $e = 440 + (464/2) \times \tan 40.9144° = 641$

⑤ $c = \sqrt{520^2 + 600^2} = 794$

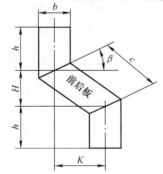

八、直角曲面变径方管弯头（图 2-22）展开

1. 展开计算模板

1）已知条件（图 2-23）：

① 弯头大端口纵边内边长 a；

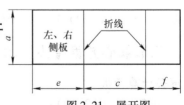

图 2-21　展开图

② 弯头大端口横边内边长 b；

③ 弯头小端口纵边内边长 c；

④ 弯头小端口横边内边长 d；

⑤ 弯头外弧弯曲半径 R；

⑥ 弯头壁厚 t。

2）所求对象：

① 外板各等分段横半距 $E_{0\sim n}$；

② 外板各等分段纵弧长 $F_{0\sim n}$；

③ 内板各等分段横半距 $e_{0\sim n}$；

④ 内板各等分段纵弧长 $f_{0\sim n}$；

⑤ 前后板外弧各素线实长 $L_{0\sim n}$；

⑥ 前后板内弧各素线实长 $K_{0\sim n}$；

⑦ 前后板外弧各等分点展开半径 $R'_{0\sim n}$；

⑧ 前后板内弧各等分点展开半径 $r'_{0\sim n}$。

3）过渡条件公式：

① 弯头外弧各等分段夹角 $\beta_{0\sim n} = 90° \times 0\sim n/n$

② 弯头内弧夹角 $\alpha = 2\arctan[(R-b)/(R-d)]$

③ 弯头内弧弯曲半径 $r = (R-d)/\sin\alpha$

④ 弯头内弧各等分段夹角 $Q_{0\sim n} = \alpha \times 0\sim n/n$

⑤ 俯视图外板各等分段投影长 $P_{0\sim n} = R(1-\cos\beta_{0\sim n})$

⑥ 俯视图内板各等分段投影长 $J_{0\sim n} = r(1-\cos Q_{0\sim n})$

4）计算公式：

① $E_{0\sim n} = a/2 - [(a-c)/2]P_{0\sim n}/R$

② $F_{0\sim n} = \pi(R+t/2) \cdot \beta_{0\sim n}/180°$

③ $e_{0\sim n} = a/2 - [(a-c)/2] \cdot J_{0\sim n}/(R-b)$

④ $f_{0\sim n} = \pi(r-t/2) \cdot Q_{0\sim n}/180°$

⑤ $L_{0\sim n} = \sqrt{[2R\sin(\beta_{0\sim n}/2)]^2 + (a/2 - E_{0\sim n})^2}$

⑥ $K_{0\sim n} = \sqrt{(r\sin Q_{0\sim n})^2 + (b + J_{0\sim n})^2 + (a/2 - e_{0\sim n})^2}$

⑦ $R'_{0\sim n} = \sqrt{R^2 + (a/2 - E_{0\sim n})^2}$

⑧ $r'_{0\sim n} = \sqrt{r^2 + (a/2 - e_{0\sim n})^2}$

式中　n——弯头内外圆弧等分份数；

$\beta_{0\sim n}$——弯头外圆弧各等分点同圆心连线与弯头底口边的夹角；

$Q_{0\sim n}$——弯头内圆弧各等分点同圆心连线与弯头底口边的夹角。

说明：

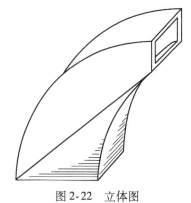

图 2-22　立体图

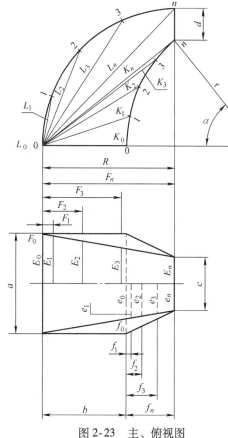

图 2-23　主、俯视图

① 公式中所有 $0 \sim n$ 编号均一致。

② 弯头前后侧板内弧素线 K_n，为弯头两端。

③ 公式中字母 β、Q、P、J 由于是过渡条件，为使图面更清晰，因此在视图中未作标示。

2. 展开计算实例（图 2-24）

1）已知条件（图 2-23）：$a = 1200$，$b = 1000$，$c = 640$，$d = 360$，$R = 1600$，$t = 8$。

2）所求对象同本节"展开计算模板"。

3）过渡条件（设 $n = 4$）：

① $\beta_0 = 90° \times 0/4 = 0°$

　$\beta_1 = 90° \times 1/4 = 22.5°$

　$\beta_2 = 90° \times 2/4 = 45°$

　$\beta_3 = 90° \times 3/4 = 67.5°$

　$\beta_4 = 90° \times 4/4 = 90°$

② $\alpha = 2\arctan\left[(1600 - 1000)/(1600 - 360)\right] = 51.642°$

③ $r = (1600 - 360)/\sin 51.642° = 1581$

④ $Q_0 = 51.642° \times 0/4 = 0°$

　$Q_1 = 51.642° \times 1/4 = 12.911°$

　$Q_2 = 51.642° \times 2/4 = 25.821°$

　$Q_3 = 51.642° \times 3/4 = 38.732°$

　$Q_4 = 51.642° \times 4/4 = 51.642$

⑤ $P_0 = 1600 \times (1 - \cos 0°) = 0$

　$P_1 = 1600 \times (1 - \cos 22.5°) = 122$

　$P_2 = 1600 \times (1 - \cos 45°) = 469$

　$P_3 = 1600 \times (1 - \cos 67.5°) = 988$

　$P_4 = 1600 \times (1 - \cos 90°) = 1600$

⑥ $J_0 = 1581 \times (1 - \cos 0°) = 0$

　$J_1 = 1581 \times (1 - \cos 12.911°) = 40$

　$J_2 = 1581 \times (1 - \cos 25.821°) = 158$

　$J_3 = 1581 \times (1 - \cos 38.732) = 348$

　$J_4 = 1581 \times (1 - \cos 51.642°) = 600$

4）计算结果：

① $E_0 = 1200/2 - \left[(1200 - 640)/2\right] \times 0/1600 = 600$

　$E_1 = 1200/2 - \left[(1200 - 640)/2\right] \times 122/1600 = 579$

　$E_2 = 1200/2 - \left[(1200 - 640)/2\right] \times 469/1600 = 518$

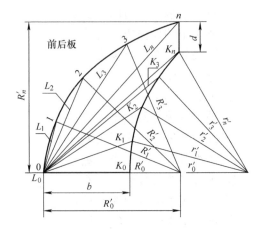

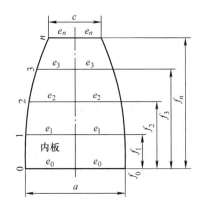

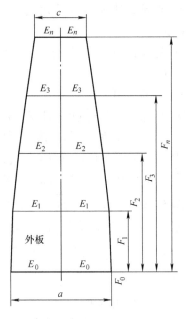

图 2-24　展开图

$$E_3 = 1200/2 - \left[(1200 - 640)/2 \right] \times 988/1600 = 427$$

$$E_4 = 1200/2 - \left[(1200 - 640)/2 \right] \times 1600/1600 = 320$$

② $F_0 = 3.1416 \times (1600 + 8/2) \times 0°/180° = 0$

　$F_1 = 3.1416 \times (1600 + 8/2) \times 22.5°/180° = 630$

　$F_2 = 3.1416 \times (1600 + 8/2) \times 45°/180° = 1260$

　$F_3 = 3.1416 \times (1600 + 8/2) \times 67.5°/180° = 1890$

　$F_4 = 3.1416 \times (1600 + 8/2) \times 90°/180° = 2520$

③ $e_0 = 1200/2 - \left[(1200 - 640)/2 \right] \times 0/(1600 - 1000) = 600$

　$e_1 = 1200/2 - \left[(1200 - 640)/2 \right] \times 40/(1600 - 1000) = 581$

　$e_2 = 1200/2 - \left[(1200 - 640)/2 \right] \times 158/(1600 - 1000) = 526$

　$e_3 = 1200/2 - \left[(1200 - 640)/2 \right] \times 348/(1600 - 1000) = 438$

　$e_4 = 1200/2 - \left[(1200 - 640)/2 \right] \times 600/(1600 - 1000) = 320$

④ $f_0 = 3.1416 \times (1581 - 8/2) \times 0°/180° = 0$

　$f_1 = 3.1416 \times (1581 - 8/2) \times 12.911°/180° = 355$

　$f_2 = 3.1416 \times (1581 - 8/2) \times 25.821°/180° = 711$

　$f_3 = 3.1416 \times (1581 - 8/2) \times 38.732°/180° = 1066$

　$f_4 = 3.1416 \times (1581 - 8/2) \times 51.642°/180° = 1422$

⑤ $L_0 = \sqrt{\left[2 \times 1600 \times \sin(0°/2) \right]^2 + (1200/2 - 600)^2} = 0$

　$L_1 = \sqrt{\left[2 \times 1600 \times \sin(22.5°/2) \right]^2 + (1200/2 - 579)^2} = 625$

　$L_2 = \sqrt{\left[2 \times 1600 \times \sin(45°/2) \right]^2 + (1200/2 - 518)^2} = 1227$

　$L_3 = \sqrt{\left[2 \times 1600 \times \sin(67.5°/2) \right]^2 + (1200/2 - 427)^2} = 1786$

　$L_4 = \sqrt{\left[2 \times 1600 \times \sin(90°/2) \right]^2 + (1200/2 - 320)^2} = 2280$

⑥ $K_0 = \sqrt{(1581 \times \sin 0°)^2 + (1000 + 0)^2 + (1200/2 - 600)^2} = 1000$

　$K_1 = \sqrt{(1581 \times \sin 12.911°)^2 + (1000 + 40)^2 + (1200/2 - 581)^2} = 1099$

　$K_2 = \sqrt{(1581 \times \sin 25.821°)^2 + (1000 + 158)^2 + (1200/2 - 526)^2} = 1349$

　$K_3 = \sqrt{(1581 \times \sin 38.732°)^2 + (1000 + 348)^2 + (1200/2 - 438)^2} = 1680$

　$K_4 = \sqrt{(1581 \times \sin 51.642°)^2 + (1000 + 600)^2 + (1200/2 - 320)^2} = 2044$

⑦ $R'_0 = \sqrt{1600^2 + (1200/2 - 600)^2} = 1600$

　$R'_1 = \sqrt{1600^2 + (1200/2 - 579)^2} = 1600$

　$R'_2 = \sqrt{1600^2 + (1200/2 - 518)^2} = 1602$

　$R'_3 = \sqrt{1600^2 + (1200/2 - 427)^2} = 1609$

　$R'_4 = \sqrt{1600^2 + (1200/2 - 320)^2} = 1624$

⑧ $r'_0 = \sqrt{1581^2 + (1200/2 - 600)^2} = 1581$

　$r'_1 = \sqrt{1581^2 + (1200/2 - 581)^2} = 1581$

　$r'_2 = \sqrt{1581^2 + (1200/2 - 526)^2} = 1583$

$$r'_3 = \sqrt{1581^2 + (1200/2 - 438)^2} = 1590$$

$$r'_4 = \sqrt{1581^2 + (1200/2 - 320)^2} = 1606$$

九、直角换向曲面方管弯头（图 2-25）展开

1. 展开计算模板

1）已知条件（图 2-26）：

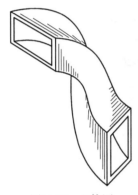

图 2-25　立体图

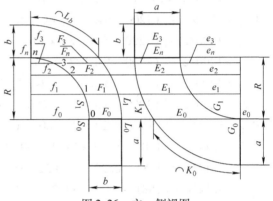

图 2-26　主、侧视图

① 弯头纵边内边长 a；

② 弯头横边内边长 b；

③ 弯头两内弯圆弧半径 R；

④ 弯头壁厚 t。

2）所求对象：

① 左侧板内圆弧各等分段弧长 $S_{0 \sim n}$；

② 右侧板外圆弧各对应段弧长 $L_{0 \sim n}$；

③ 右侧板管口 b 边对应段弧长 L_b；

④ 左、右侧板内圆弧各对应段弦长 $e_{0 \sim n}$；

⑤ 左、右侧板外圆弧各对应段弦长 $E_{0 \sim n}$；

⑥ 顶板内圆弧各对应段弧长 $G_{0 \sim n}$；

⑦ 底板外圆弧各对应段弧长 $K_{0 \sim n}$；

⑧ 顶底板内圆弧各对应段弦长 $f_{0 \sim n}$；

⑨ 顶底板外圆弧各对应段弦长 $F_{0 \sim n}$。

3）过渡条件公式：

① 左侧板内圆弧各等分段夹角 $\alpha_{0 \sim n} = 90° \times 0 \sim n/n$

② 右侧板外圆弧各对应段夹角 $\beta_{0 \sim n} = \arcsin[R\sin\alpha_{0 \sim n}/(R + b)]$

③ 顶板内圆弧各对应夹角 $Q_{0 \sim n} = \arccos(1 - \sin\alpha_{0 \sim n})$

④ 底板外圆弧各对应夹角 $W_{0 \sim n} = \arccos[R\cos Q_{0 \sim n}/(R + a)]$

4）计算公式：

① $S_{0 \sim n} = \pi(R - t/2) \cdot \alpha_{0 \sim n}/180°$

② $L_{0 \sim n} = \pi(R + b + t/2) \cdot \beta_{0 \sim n}/180°$

③ $L_b = \pi(R + b + t/2) \times (90 - \beta_n)/180°$

④ $e_{0 \sim n} = R \cdot \sin Q_{0 \sim n}$

⑤ $E_{0 \sim n} = (R + a) \cdot \sin W_{0 \sim n} - e_{0 \sim n}$

⑥ $G_{0 \sim n} = \pi (R - t/2) \cdot Q_{0 \sim n}/180°$

⑦ $K_{0 \sim n} = \pi (R + a + t/2) W_{0 \sim n}/180°$

⑧ $f_{0 \sim n} = R \cdot \cos\alpha_{0 \sim n}$

⑨ $F_{0 \sim n} = (R + b) \cdot \cos\beta_{0 \sim n} - f_{0 \sim n}$

式中　n——主视图内弯圆弧等分份数。

说明：

① 公式中所有 $0 \sim n$ 编号均一致，运算时要对应取值。

② 左侧板、顶板的弯曲圆弧半径 R，是圆心至弯头管壁的尺寸。

2. 展开计算实例（图2-27）

1）已知条件（图2-26）：$a = 560$，$b = 400$，$R = 720$，$t = 8$。

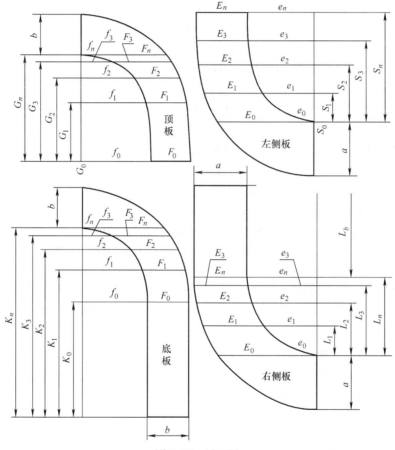

图2-27　展开图

2）所求对象同本节"展开计算实例"。

3）过渡条件（设 $n = 4$）：

① $\alpha_0 = 90° \times 0/4 = 0°$

　　$\alpha_1 = 90° \times 1/4 = 22.5°$

　　$\alpha_2 = 90° \times 2/4 = 45°$

　　$\alpha_3 = 90° \times 3/4 = 67.5°$

$\alpha_4 = 90° \times 4/4 = 90°$

② $\beta_0 = \arcsin[720 \times \sin 0°/(720° + 400)] = 0°$

$\beta_1 = \arcsin[720 \times \sin 22.5°/(720° + 400)] = 14.242°$

$\beta_2 = \arcsin[720 \times \sin 45°/(720° + 400)] = 27.037°$

$\beta_3 = \arcsin[720 \times \sin 67.5°/(720° + 400)] = 36.436°$

$\beta_4 = \arcsin[720 \times \sin 90°/(720° + 400)] = 40.005°$

③ $Q_0 = \arccos(1 - \sin 0°) = 0°$

$Q_1 = \arccos(1 - \sin 22.5°) = 51.88°$

$Q_2 = \arccos(1 - \sin 45°) = 72.969°$

$Q_3 = \arccos(1 - \sin 67.5°) = 85.634°$

$Q_4 = \arccos(1 - \sin 90°) = 90°$

④ $W_0 = \arccos[720 \times \cos 0°/(720 + 560)] = 55.771°$

$W_1 = \arccos[720 \times \cos 51.88°/(720 + 560)] = 69.681°$

$W_2 = \arccos[720 \times \cos 72.969°/(720 + 560)] = 80.517°$

$W_3 = \arccos[720 \times \cos 85.634°/(720 + 560)] = 87.546°$

$W_4 = \arccos[720 \times \cos 90°/(720 + 560)] = 90°$

4）计算结果：

① $S_0 = 3.1416 \times (720 - 8/2) \times 0°/180° = 0$

$S_1 = 3.1416 \times (720 - 8/2) \times 22.5°/180° = 281$

$S_2 = 3.1416 \times (720 - 8/2) \times 45°/180° = 562$

$S_3 = 3.1416 \times (720 - 8/2) \times 67.5°/180° = 844$

$S_4 = 3.1416 \times (720 - 8/2) \times 90°/180° = 1125$

② $L_0 = 3.1416 \times (720 + 400 + 8/2) \times 0°/180° = 0$

$L_1 = 3.1416 \times (720 + 400 + 8/2) \times 14.242°/180° = 279$

$L_2 = 3.1416 \times (720 + 400 + 8/2) \times 27.037°/180° = 530$

$L_3 = 3.1416 \times (720 + 400 + 8/2) \times 36.436°/180° = 715$

$L_4 = 3.1416 \times (720 + 400 + 8/2) \times 40.005°/180° = 785$

③ $L_b = 3.1416 \times (720 + 400 + 8/2) \times (90° - 40.005°)/180° = 984$

④ $e_0 = 720 \times \sin 0° = 0$

$e_1 = 720 \times \sin 51.88° = 566$

$e_2 = 720 \times \sin 72.969° = 688$

$e_3 = 720 \times \sin 85.634° = 718$

$e_4 = 720 \times \sin 90° = 720$

⑤ $E_0 = (720 + 560) \times \sin 55.771° - 0 = 1058$

$E_1 = (720 + 560) \times \sin 69.681° - 566 = 634$

$E_2 = (720 + 560) \times \sin 80.517° - 688 = 574$

$E_3 = (720 + 560) \times \sin 87.546° - 718 = 561$

$E_4 = (720 + 560) \times \sin 90° - 720 = 560$

⑥ $G_0 = 3.1416 \times (720 - 8/2) \times 0°/180° = 0$

$G_1 = 3.1416 \times (720 - 8/2) \times 51.88°/180° = 648$

$G_2 = 3.1416 \times (720 - 8/2) \times 72.969°/180° = 912$

$G_3 = 3.1416 \times (720 - 8/2) \times 85.634°/180° = 1070$

$G_4 = 3.1416 \times (720 - 8/2) \times 90°/180° = 1125$

⑦ $K_0 = 3.1416 \times (720 + 560 + 8/2) \times 55.771°/180° = 1250$

$K_1 = 3.1416 \times (720 + 560 + 8/2) \times 69.681°/180° = 1562$

$K_2 = 3.1416 \times (720 + 560 + 8/2) \times 80.517°/180° = 1804$

$K_3 = 3.1416 \times (720 + 560 + 8/2) \times 87.546°/180° = 1962$

$K_4 = 3.1416 \times (720 + 560 + 8/2) \times 90°/180° = 2017$

⑧ $f_0 = 720 \times \cos 0° = 720$

$f_1 = 720 \times \cos 22.5° = 665$

$f_2 = 720 \times \cos 45° = 509$

$f_3 = 720 \times \cos 67.5° = 276$

$f_4 = 720 \times \cos 90° = 0$

⑨ $F_0 = (720 + 400) \times \cos 0° - 720 = 400$

$F_1 = (720 + 400) \times \cos 14.242° - 665 = 420$

$F_2 = (720 + 400) \times \cos 27.037° - 509 = 488$

$F_3 = (720 + 400) \times \cos 36.436° - 276 = 626$

$F_4 = (720 + 400) \times \cos 40.005° - 0 = 858$

十、二节直角偏心斜方锥管渐缩变径虾米弯头（图2-28）展开

1. 展开计算模板

1）已知条件（图2-29、图2-30）：

① 弯头底方口内边长 a_0；

② 弯头顶方口内边长 a_n；

③ 弯头底口中至顶口端水平距 J；

④ 弯头顶口中至底口端垂高 h；

⑤ 弯头节数 n。

2）所求对象：

① 弯头各节内弯面实高 g；

② 弯头各接合口内边实长 $a_{1 \sim n}$；

③ 弯头各节外弯面高 $G_{1 \sim n}$；

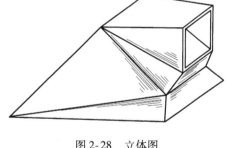

图2-28 立体图

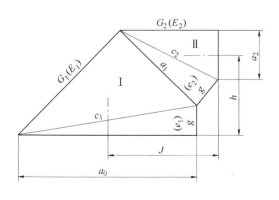

图2-29 主视图

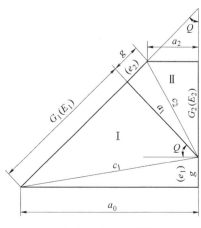

图2-30 弯头伸直图

④ 弯头内弯各接合边实长 $e_{1 \sim n}$；

⑤ 弯头外弯各接合边实长 $E_{1 \sim n}$；

⑥ 弯头各节侧面对角线实长 $c_{1 \sim n}$。

3）过渡条件公式：弯头各节顶口倾斜角 $Q = 90°/n$。

4）计算公式：

① $g = (J - a_0/2)/0.7071$ 或 $g = (h - a_n/2)/1.7071$

② $a_{1 \sim n} = (a_{0 \sim n-1} - g\tan Q)\cos Q$

③ $G_{1 \sim n} = a_{1 \sim n}\tan Q + g/\cos Q$

④ $e_{1 \sim n} = \sqrt{[(a_{0 \sim n-1} - a_{1 \sim n})/2]^2 + g^2}$

⑤ $E_{1 \sim n} = \sqrt{[(a_{0 \sim n-1} - a_{1 \sim n})/2]^2 + G_{1 \sim n}^2}$

⑥ $c_{1 \sim n} = \sqrt{a_{0 \sim n-1}^2 + e_{1 \sim n}^2}$

说明：

① 弯头节数 n 不同，求 g 公式中所用的系数也不同，本节所介绍的 $n = 2$，因此求 g 公式中所用的系数是 0.7071 或 1.7071。

② 弯头展开是以方管内口边长计算的，因此实际制作时，各节对接口必须是单面 V 形坡口，内口接触才能确保弯头成形精度。

③ 弯头各节侧面对角线是成形拆线。

2. 展开计算实例（图 2-31）

1）已知条件（图 2-29、图 2-30）：$a_0 = 1200$，$a_2 = 361$，$J = 740$，$h = 518$，$n = 2$。

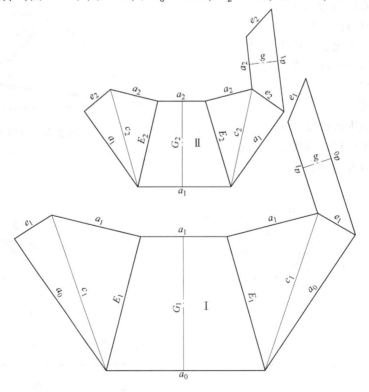

图 2-31　弯头展开图

2）所求对象同本节"展开计算模板"。

3）过渡条件：$Q = 90°/2 = 45°$

4）计算结果：

① $g = (740 - 1200/2)/0.7071 = 198$ 或 $g = (518 - 361/2)/1.7071 = 198$

② $a_1 = (1200 - 198 \times \tan45°) \times \cos45° = 709$

　　$a_2 = (709 - 198 \times \tan45°) \times \cos45° = 361$

③ $G_1 = 709 \times \tan45° + 198/\cos45° = 989$

　　$G_2 = 361 \times \tan45° + 198/\cos45° = 641$

④ $e_1 = \sqrt{[(1200 - 709)/2]^2 + 198^2} = 316$

　　$e_2 = \sqrt{[(709 - 361)/2]^2 + 198^2} = 263$

⑤ $E_1 = \sqrt{[(1200 - 709)/2]^2 + 989^2} = 1019$

　　$E_2 = \sqrt{[(709 - 361)/2]^2 + 641^2} = 664$

⑥ $c_1 = \sqrt{1200^2 + 316^2} = 1241$

　　$c_2 = \sqrt{709^2 + 263^2} = 756$

十一、三节直角偏心斜方锥管渐缩变径虾米弯头（图2-32）展开

1. 展开计算模板

1）已知条件（图2-33、图2-34）：

① 弯头底方口内边长 a_0；

② 弯头顶方口内边长 a_n；

③ 弯头底口中至顶口端水平距 J；

④ 弯头顶口中至底口端垂高 h；

⑤ 弯头节数 n。

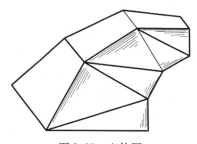

图2-32　立体图

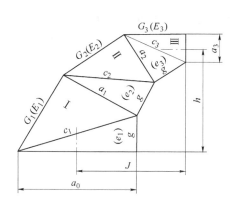

图2-33　主视图

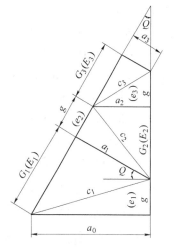

图2-34　弯头伸直图

2）所求对象：

① 弯头各节内弯面实高 g；

② 弯头各接合口内边实长 $a_{1 \sim n}$；

③ 弯头各节外弯面实高 $G_{1 \sim n}$；

④ 弯头内弯各接合边实长 $e_{1 \sim n}$；

⑤ 弯头外弯各接合边实长 $E_{1 \sim n}$；

⑥ 弯头各节侧面对角线实长 $c_{1 \sim n}$。

3）过渡条件公式：弯头各节顶口倾斜角 $Q = 90°/n$。

4）计算公式：

① $g = (J - a_0/2)/1.366$ 或 $g = (h - a_n/2)/2.366$

② $a_{1 \sim n} = (a_{0 \sim n-1} - g\tan Q)\cos Q$

③ $G_{1 \sim n} = a_{1 \sim n}\tan Q + g/\cos Q$

④ $e_{1 \sim n} = \sqrt{[(a_{0 \sim n-1} - a_{1 \sim n})/2]^2 + g^2}$

⑤ $E_{1 \sim n} = \sqrt{[(a_{0 \sim n-1} - a_{1 \sim n})/2]^2 + G_{1 \sim n}^2}$

⑥ $c_{1 \sim n} = \sqrt{a_{0 \sim n-1}^2 + e_{1 \sim n}^2}$

说明：

① 弯头节数 n 不同，求 g 公式中所用的系数也不同，本节所介绍的 $n = 3$，因此求 g 公式中所用的系数是 1.366 或 2.366。

② 弯头展开是以方管内口边长计算的，因此实际制作时，各节对接口必须是单面 V 形坡口，内口接触才能确保弯头成形精度。

③ 弯头各节侧面对角线是成形拆线。

2. 展开计算实例（图 2-35）

1）已知条件（图 2-33、图 2-34）：$a_0 = 1600$，$a_3 = 411$，$J = 1456$，$h = 1342$，$n = 3$。

2）所求对象同本节"展开计算模板"。

3）过渡条件：$Q = 90°/3 = 30°$。

4）计算结果：

① $g = (1456 - 1600/2)/1.366 = 480$ 或 $g = (1342 - 411/2)/2.366 = 480$

② $a_1 = (1600 - 480 \times \tan30°) \times \cos30° = 1146$

　　$a_2 = (1146 - 480 \times \tan30°) \times \cos30° = 752$

　　$a_3 = (752 - 480 \times \tan30°) \times \cos30° = 411$

③ $G_1 = 1146 \times \tan30° + 480/\cos30° = 1216$

　　$G_2 = 752 \times \tan30° + 480/\cos30° = 989$

　　$G_3 = 411 \times \tan30° + 482/\cos30° = 792$

④ $e_1 = \sqrt{[(1600 - 1146)/2]^2 + 480^2} = 531$

　　$e_2 = \sqrt{[(1146 - 752)/2]^2 + 480^2} = 519$

　　$e_3 = \sqrt{[(752 - 411)/2]^2 + 480^2} = 510$

⑤ $E_1 = \sqrt{[(1600 - 1146)/2]^2 + 1216^2} = 1237$

　　$E_2 = \sqrt{[(1146 - 752)/2]^2 + 989^2} = 1008$

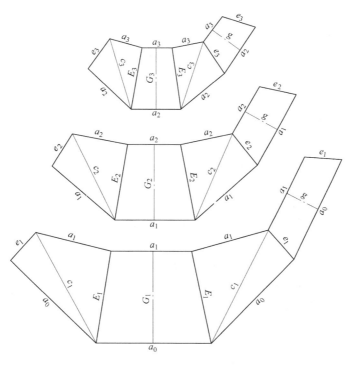

图 2-35　弯头展开图

$$E_3 = \sqrt{\left[(752-411)/2\right]^2 + 792^2} = 810$$

⑥　$c_1 = \sqrt{1600^2 + 531^2} = 1686$

　　$c_2 = \sqrt{1146^2 + 519^2} = 1258$

　　$c_3 = \sqrt{752^2 + 510^2} = 908$

十二、四节直角偏心斜方锥管渐缩变径虾米弯头（图2-36）展开

1. 展开计算模板

1）已知条件（图2-37、图2-38）：

①　弯头底方口内边长 a_0；

②　弯头顶方口内边长 a_n；

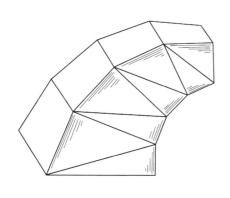

图 2-36　立体图

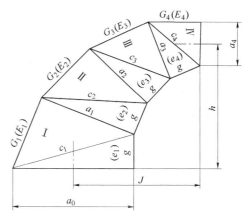

图 2-37　主视图

③ 弯头底口中至顶口端水平距 J；

④ 弯头顶口中至底口端垂高 h；

⑤ 弯头节数 n。

2) 所求对象：

① 弯头各节内弯面实高 g；

② 弯头各接合口内边实长 $a_{1 \sim n}$；

③ 弯头各节外弯面实高 $G_{1 \sim n}$；

④ 弯头内弯各接合边实长 $e_{1 \sim n}$；

⑤ 弯头外弯各接合边实长 $E_{1 \sim n}$；

⑥ 弯头各节侧面对角线实长 $c_{1 \sim n}$。

3) 过渡条件公式：弯头各节顶口倾斜角 $Q = 90°/n$。

4) 计算公式：

① $g = (J - a_0/2)/2.0137$ 或 $g = (h - a_n/2)/3.0137$

② $a_{1 \sim n} = (a_{0 \sim n-1} - g\tan Q)\cos Q$

③ $G_{1 \sim n} = a_{1 \sim n}\tan Q + g/\cos Q$

④ $e_{1 \sim n} = \sqrt{[(a_{0 \sim n-1} - a_{1 \sim n})/2]^2 + g^2}$

⑤ $E_{1 \sim n} = \sqrt{[(a_{0 \sim n-1} - a_{1 \sim n})/2]^2 + G_{1 \sim n}^2}$

⑥ $c_{1 \sim n} = \sqrt{a_{0 \sim n-1}^2 + e_{1 \sim n}^2}$

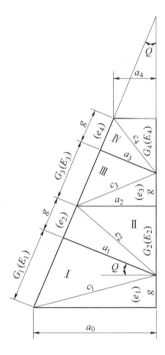

图 2-38　弯头伸直图

说明：

① 弯头节数 n 不同，求 g 公式中所用的系数也不同，本节所介绍的 $n = 4$，因此求 g 公式中所用的系数是 2.0137 或 3.0137。

② 弯头展开是以方管内口边长计算的，因此实际制作时，各节对接口必须是单面 V 形坡口，内口接触才能确保弯头成形精度。

③ 弯头各节侧面对角线是成形拆线。

2. 展开计算实例（图 2-39）

1) 已知条件（图 2-37、图 2-38）：$a_0 = 1400$，$a_4 = 471$，$J = 1510$，$h = 1448$，$n = 4$。

2) 所求对象同本节"展开计算模板"。

3) 过渡条件：$Q = 90°/4 = 22.5°$。

4) 计算结果：

① $g = (1510 - 1400/2)/2.0137 = 402$ 或 $g = (1448 - 471/2)/3.0137 = 402$

② $a_1 = (1400 - 402 \times \tan22.5°) \times \cos22.5° = 1139$

　　$a_2 = (1139 - 402 \times \tan22.5°) \times \cos22.5° = 899$

　　$a_3 = (899 - 402 \times \tan22.5°) \times \cos22.5° = 676$

　　$a_4 = (676 - 402 \times \tan22.5°) \times \cos22.5° = 471$

③ $G_1 = 1139 \times \tan22.5° + 402/\cos22.5° = 907$

　　$G_2 = 899 \times \tan22.5° + 402/\cos22.5° = 808$

　　$G_3 = 676 \times \tan22.5° + 402/\cos22.5° = 716$

　　$G_4 = 471 \times \tan22.5° + 402/\cos22.5° = 631$

④ $e_1 = \sqrt{[(1400 - 1139)/2]^2 + 402^2} = 423$

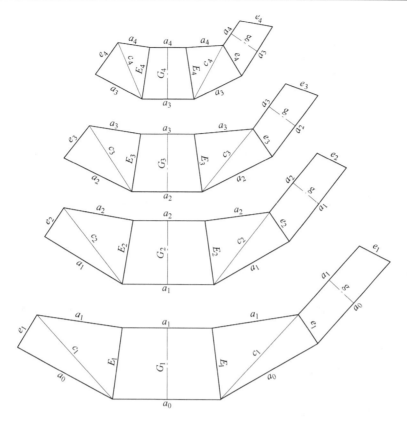

图 2-39 弯头伸直图

$$e_2 = \sqrt{[(1139-899)/2]^2 + 402^2} = 420$$

$$e_3 = \sqrt{[(899-676)/2]^2 + 402^2} = 417$$

$$e_4 = \sqrt{[(676-471)/2]^2 + 402^2} = 415$$

⑤ $E_1 = \sqrt{[(1140-1139)/2]^2 + 907^2} = 917$

$$E_2 = \sqrt{[(1139-899)/2]^2 + 808^2} = 817$$

$$E_3 = \sqrt{[(899-676)/2]^2 + 716^2} = 724$$

$$E_4 = \sqrt{[(676-471)/2]^2 + 631^2} = 639$$

⑥ $c_1 = \sqrt{1400^2 + 423^2} = 1462$

$$c_2 = \sqrt{1139^2 + 420^2} = 1214$$

$$c_3 = \sqrt{899^2 + 417^2} = 991$$

$$c_4 = \sqrt{676^2 + 415^2} = 794$$

十三、五节直角偏心斜方锥管渐缩变径虾米弯头（图 2-40）展开

1. 展开计算模板

1）已知条件（图 2-41、图 2-42）：

① 弯头底方口内边长 a_0；

② 弯头顶方口内边长 a_n；

③ 弯头底口中至顶口端水平距 J；

④ 弯头顶口中至底口端垂高 h；

⑤ 弯头节数 n。

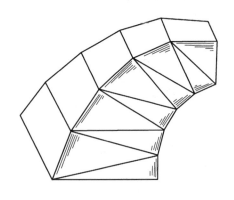

图 2-40　立体图

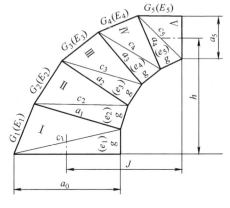

图 2-41　主视图

2）所求对象：

① 弯头各节内弯面实高 g；

② 弯头各接合口内边实长 $a_{1 \sim n}$；

③ 弯头各节外弯面实高 $G_{1 \sim n}$；

④ 弯头内弯各接合边实长 $e_{1 \sim n}$；

⑤ 弯头外弯各接合边实长 $E_{1 \sim n}$；

⑥ 弯头各节侧面对角线实长 $c_{1 \sim n}$。

3）过渡条件公式：弯头各节顶口倾斜角 $Q = 90°/n$。

4）计算公式：

① $g = (J - a_0/2)/2.657$ 或 $g = (h - a_n/2)/3.657$

② $a_{1 \sim n} = (a_{0 \sim n-1} - g\tan Q)\cos Q$

③ $G_{1 \sim n} = a_{1 \sim n}\tan Q + g/\cos Q$

④ $e_{1 \sim n} = \sqrt{[(a_{0 \sim n-1} - a_{1 \sim n})/2]^2 + g^2}$

⑤ $E_{1 \sim n} = \sqrt{[(a_{0 \sim n-1} - a_{1 \sim n})/2]^2 + G_{1 \sim n}^2}$

⑥ $c_{1 \sim n} = \sqrt{a_{0 \sim n-1}^2 + e_{1 \sim n}^2}$

说明：

① 弯头节数 n 不同，求 g 公式中所用的系数也不同，本节所介绍的 $n = 5$，因此求 g 公式中所用的系数是 2.657 或 3.657。

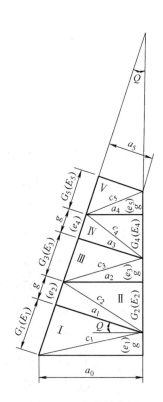

图 2-42　弯头伸直图

② 弯头展开是以方管内口边长计算的，因此实际制作时，各节对接口必须是单面 V 形坡口，内口接触才能确保弯头成形精度。

③ 弯头各节侧面对角线是成形拆线。

2. 展开计算实例（图 2-43）

1）已知条件（图 2-41、图 2-42）：$a_0 = 1650$，$a_5 = 704$，$J = 1925$，$h = 1866$，$n = 5$。

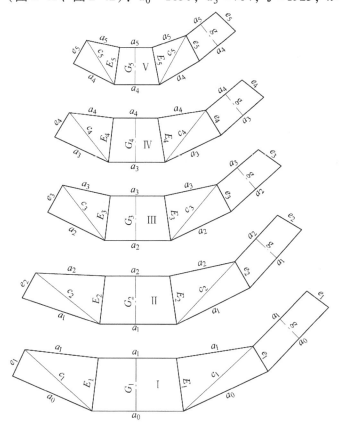

图 2-43　弯头展开图

2）所求对象同本节"展开计算模板"。

3）过渡条件：$Q = 90°/5 = 18°$。

4）计算结果：

① $g = (1925 - 1650/2)/2.657 = 414$ 或 $g = (1866 - 704/2)/3.657 = 414$

② $a_1 = (1650 - 414 \times \tan18°) \times \cos18° = 1441$

　$a_2 = (1441 - 414 \times \tan18°) \times \cos18° = 1243$

　$a_3 = (1243 - 414 \times \tan18°) \times \cos18° = 1054$

　$a_4 = (1054 - 414 \times \tan18°) \times \cos18° = 875$

　$a_5 = (875 - 414 \times \tan18°) \times \cos18° = 704$

③ $G_1 = 1441 \times \tan18° + 414/\cos18° = 904$

　$G_2 = 1243 \times \tan18° + 414/\cos18° = 839$

　$G_3 = 1054 \times \tan18° + 414/\cos18° = 778$

　$G_4 = 875 \times \tan18° + 414/\cos18° = 719$

　$G_5 = 704 \times \tan18° + 414/\cos18° = 664$

④ $e_1 = \sqrt{[(1650 - 1441)/2]^2 + 414^2} = 427$

　$e_2 = \sqrt{[(1441 - 1243)/2]^2 + 414^2} = 426$

$$e_3 = \sqrt{\left[\left(1243-1054\right)/2\right]^2 + 414^2} = 425$$

$$e_4 = \sqrt{\left[\left(1054-875\right)/2\right]^2 + 414^2} = 424$$

$$e_5 = \sqrt{\left[\left(875-704\right)/2\right]^2 + 414^2} = 423$$

⑤ $E_1 = \sqrt{\left[\left(1650-1441\right)/2\right]^2 + 904^2} = 910$

$$E_2 = \sqrt{\left[\left(1441-1243\right)/2\right]^2 + 839^2} = 845$$

$$E_3 = \sqrt{\left[\left(1243-1054\right)/2\right]^2 + 778^2} = 784$$

$$E_4 = \sqrt{\left[\left(1054-875\right)/2\right]^2 + 719^2} = 725$$

$$E_5 = \sqrt{\left[\left(875-704\right)/2\right]^2 + 664^2} = 669$$

⑥ $c_1 = \sqrt{1650^2 + 427^2} = 1704$

$$c_2 = \sqrt{1441^2 + 426^2} = 1503$$

$$c_3 = \sqrt{1243^2 + 425^2} = 1313$$

$$c_4 = \sqrt{1054^2 + 424^2} = 1136$$

$$c_5 = \sqrt{875^2 + 423^2} = 971$$

第三章 方形管三通及多通

本章主要介绍方形管三通及多通的展开，方形管三通及多通是方形管路分支的过渡连接件，它属相贯体。有些主管相贯是孔形，因此，对主管展开后的相贯孔图样也要作介绍。三通展开的壁厚处理，支管展开按内壁取值，主管相贯孔按外壁取值进行放样展开计算。由于管路的分支方位、角度的不同，分支管路口径大小的不同，以及设计的需要，对过渡连接件三通及多通的形状，式样要求也有不同，形状种类多样，大致有：直交、斜交、正心、偏心、变径三通等多种。

一、支管角向直交方管三通（图 3-1）展开

1. 展开计算模板

1）已知条件（图 3-2）：

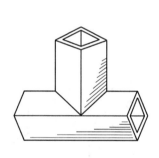

图 3-1 立体图

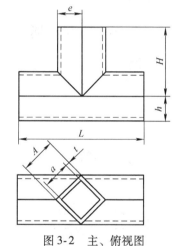

图 3-2 主、俯视图

① 方管外口边长 A；

② 主管中至支管端口高 H；

③ 主管长 L；

④ 三通方管壁厚 t。

2）所求对象：

① 方管内口边长 a；

② 支管相贯口高 h；

③ 主管相贯孔纵半距 e。

3）计算公式：

① $a = A - 2t$

② $h = 0.7071a$

③ $e = 0.7071A$

2. 展开计算实例（图 3-3、图 3-4）

1）已知条件（图 3-2）：$A = 516$，$H = 1050$，$t = 8$，$L = 1800$。

2）所求对象同本节"展开计算模板"。

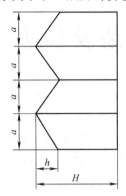

图 3-3 支管展开图

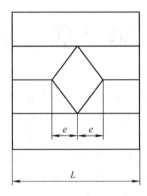

图 3-4 主管开孔图

3）计算结果：

① $a = 516 - 2 \times 8 = 500$

② $h = 0.7071 \times 500 = 354$

③ $e = 0.7071 \times 516 = 365$

二、支管角向斜交方管三通（图 3-5）展开

1. 展开计算模板

1）已知条件（图 3-6）：

① 方管外口边长 A；

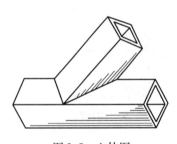

图 3-5 立体图

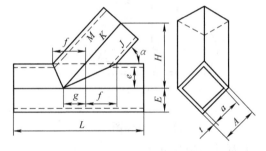

图 3-6 主、侧视图

② 主管中心至支管端口中心垂高 H；

③ 主管长 L；

④ 支管倾斜角 α；

⑤ 三通方管壁厚 t。

2）所求对象：

① 方管内口边长 a；

② 支管中棱边长 K；

③ 支管内棱边长 J；

④ 支管外棱边长 M；

⑤ 支管中棱线相交点至内外棱相贯点水平距 f；

⑥ 支管中棱线相交点与相贯点垂平距 g。

3）过渡条件公式：

① 方管内角投影半长　$e = 0.7071 \times (A - 2t)$

② 方管外角投影半长　$E = 0.7071 \times A$

4) 计算公式：

① $a = A - 2t$　② $K = H/\sin\alpha$

③ $J = (H - e - e\cos\alpha)/\sin\alpha$

④ $M = (H - e + e\cos\alpha)/\sin\alpha$

⑤ $f = E/\sin\alpha$　⑥ $g = E/\tan\alpha$

2. 展开计算实例（图 3-7、图 3-8）

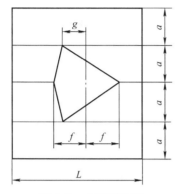

图 3-7　主管开孔图

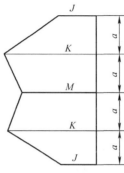

图 3-8　支管展开图

1) 已知条件（图 3-6）：$A = 616$，$H = 1150$，$L = 2000$，$\alpha = 50°$，$t = 8$。

2) 所求对象同本节"展开计算模板"。

3) 过渡条件：

① $e = 0.7071 \times (616 - 2 \times 8) = 424$

② $E = 0.7071 \times 616 = 436$

4) 计算结果：

① $a = 616 - 2 \times 8 = 600$

② $K = 1150/\sin 50° = 1501$

③ $J = (1150 - 424 - 424 \times \cos 50°)/\sin 50° = 592$

④ $M = (1150 - 424 + 424 \times \cos 50°)/\sin 50° = 1304$

⑤ $f = 436/\sin 50° = 569$

⑥ $g = 436/\tan 50° = 366$

三、支管面向直交方管三通（图 3-9）展开

1. 展开计算模板

1) 已知条件（图 3-10）：

① 支管横边外口边长 A；

② 支管纵边外口边长 B；

③ 主管外口边长 E；

④ 主管中心至支管端口高 H；

⑤ 主管长 L；

⑥ 三通方管壁厚 t。

2) 所求对象：

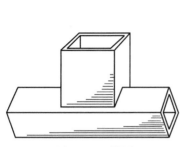

图 3-9　立体图

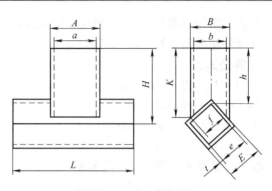

图 3-10　主、侧视图

① 支管横边内口边长 a；

② 支管纵边内口边长 b；

③ 主管内口边长 e；

④ 支管侧面中高 h；

⑤ 支管棱边长 K；

⑥ 主管孔纵边半长 f。

3）计算公式：

① $a = A - 2t$　② $b = B - 2t$

③ $e = E - 2t$　④ $h = H - 0.7071e$

⑤ $K = h + b/2$　⑥ $f = \sqrt{2}B/2$

2. 展开计算实例（图 3-11、图 3-12）

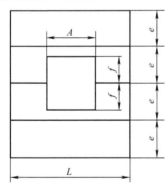

图 3-11　主管开孔图

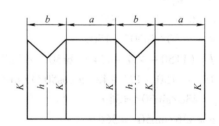

图 3-12　支管展开图

1）已知条件（图 3-10）：$A = 680$，$B = 520$，$E = 550$，$H = 1000$，$L = 1600$，$t = 10$。

2）所求对象同本节"展开计算模板"。

3）计算结果：

① $a = 680 - 2 \times 10 = 660$

② $b = 520 - 2 \times 10 = 500$

③ $e = 550 - 2 \times 10 = 530$

④ $h = 1000 - 0.7071 \times 530 = 625$

⑤ $K = 625 + 500/2 = 875$

⑥ $f = \sqrt{2} \times 520/2 = 368$

四、支管面向斜交方管三通（图3-13）展开

1. 展开计算模板

1）已知条件（图3-14）：

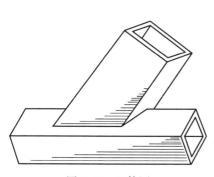

图 3-13　立体图　　　　　　　图 3-14　主、侧视图

① 支管横边外口边长 A；

② 支管纵边外口边长 B；

③ 主管外口边长 E；

④ 主管中心至支管端口中心垂高 H；

⑤ 支管倾斜角 α；

⑥ 主管长 L；

⑦ 三通方管壁厚 t。

2）所求对象：

① 支管横边内口边长 a；

② 支管纵边内口边长 b；

③ 主管内口边长 e；

④ 支管右侧板中线长 d；

⑤ 支管左侧板中线长 D；

⑥ 支管内棱边长 M；

⑦ 支管外棱边长 K；

⑧ 主管孔纵半距 J；

⑨ 中交贯两点垂平距 g；

⑩ 两棱边相贯点半距 P。

3）过渡条件公式：

① 主管内对角半长 $f = 0.7071(E - 2t)$

② 主管外对角半长 $F = 0.7071E$

4）计算公式：

① $a = A - 2t$

② $b = B - 2t$

③ $e = E - 2t$

④ $d = (H - f - a/2 \cdot \cos\alpha)/\sin\alpha$

⑤ $D = (H - f + a/2 \cdot \cos\alpha)/\sin\alpha$

⑥ $M = d + (b/2)/\sin\alpha$

⑦ $K = D + (b/2)/\sin\alpha$

⑧ $J = \sqrt{2}B/2$

⑨ $g = (B/2)/\tan\alpha$

⑩ $P = (A/2)/\sin\alpha$

2. 展开计算实例（图 3-15、图 3-16）

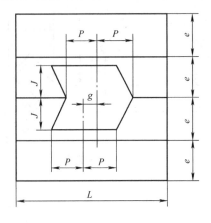

图 3-15 主管开孔图

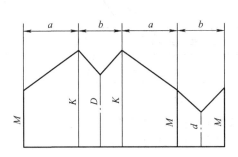

图 3-16 支管展开图

1）已知条件（图 3-14）：$A = 640$，$B = 520$，$E = 480$，$H = 840$，$\alpha = 60°$，$L = 1600$，$t = 10$。

2）所求对象同本节"展开计算模板"。

3）过渡条件：

① $f = 0.7071 \times (480 - 2 \times 10) = 325$

② $F = 0.7071 \times 480 = 339$

4）计算结果：

① $a = 640 - 2 \times 10 = 620$

② $b = 520 - 2 \times 10 = 500$

③ $e = 480 - 2 \times 10 = 460$

④ $d = (840 - 325 - 620/2 \times \cos60°)/\sin60° = 415$

⑤ $D = (840 - 325 + 620/2 \times \cos60°)/\sin60° = 773$

⑥ $M = 415 + (500/2)/\sin60° = 704$

⑦ $K = 773 + (500/2)/\sin60° = 1062$

⑧ $J = \sqrt{2} \times 520/2 = 368$

⑨ $g = (520/2)/\tan60° = 150$

⑩ $P = (640/2)/\sin60° = 370$

五、主矩支方管平口单向等偏心 V 形三通（图 3-17）展开

1. 展开计算模板

1）已知条件（图 3-18）：

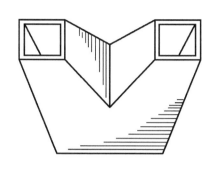

图 3-17　立体图

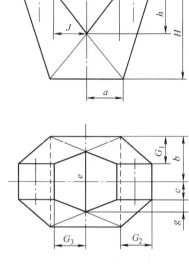

图 3-18　主、俯视图

① 主管口内横边半长 a；
② 主管口内纵边半长 b；
③ 支管口内边半长 c；
④ 上下端口垂高 H；
⑤ 主支口偏心距 P。

2）所求对象：
① 左右内侧板接合边实长 e；
② 前后板分支点至支管端口实高 g；
③ 前后板展开实高 G_1；
④ 左右外侧板展开实高 G_2；
⑤ 左右内侧板展开实高 G_3。

3）过渡条件公式：
① 分支点至支管口内端垂平距 $J = P - c$
② 分支点至支管端口垂高 $h = JH/(a+J)$

4）计算公式：
① $e = 2[c + J(b-c)/(a+J)]$
② $g = \sqrt{(e/2-c)^2 + h^2}$
③ $G_1 = \sqrt{(b-c)^2 + H^2}$
④ $G_2 = \sqrt{(P+c-a)^2 + H^2}$
⑤ $G_3 = \sqrt{J^2 + h^2}$

2. 展开计算实例（图 3-19）
1）已知条件（图 3-18）：$a = 550$，$b = 650$，

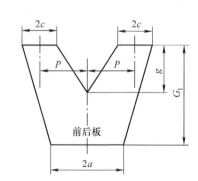

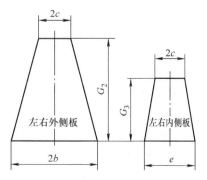

图 3-19　展开图

$c = 250$，$H = 1250$，$P = 750$。

2）所求对象同本节"展开计算模板"。

3）过渡条件：

① $J = 750 - 250 = 500$

② $h = 500 \times 1250 / (550 + 500) = 595$

4）计算结果：

① $e = 2 \times \left[250 + 500 \times (650 - 250) / (550 + 500) \right] = 881$

② $g = \sqrt{(881/2 - 250)^2 + 595^2} = 625$

③ $G_1 = \sqrt{(650 - 250)^2 + 1250^2} = 1312$

④ $G_2 = \sqrt{(750 + 250 - 550)^2 + 1250^2} = 1329$

⑤ $G_3 = \sqrt{500^2 + 595^2} = 777$

六、主矩支方管平口单向不等偏心 V 形三通（图 3-20）展开

1. 展开计算模板（左偏心）

1）已知条件（图 3-21）：

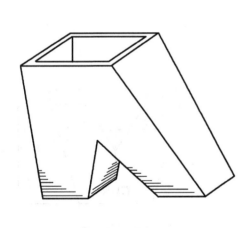

图 3-20　立体图

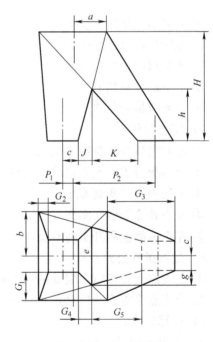

图 3-21　主、俯视图

① 主管口内横边半长 a；

② 主管口内纵边半长 b；

③ 支管口内边长 c；

④ 主支管端口垂高 H；

⑤ 主支管左偏心距 P_1；

⑥ 主支管右偏心距 P_2。

2）所求对象：

① 左右内侧板接合边实长 e；

② 前后板分支点至支管端口实高 g；

③ 前后板展开实高 G_1；

④ 左外侧板展开实高 G_2；

⑤ 右外侧板展开实高 G_3；

⑥ 左内侧板展开实高 G_4；

⑦ 右内侧板展开实高 G_5。

3）过渡条件公式：

① 分支点至左支管口内端垂半距 $J = (P_1 + P_2 - 2c)(P_1 + a - c)/(2a + P_1 + P_2 - 2c)$

② 分支点至右支管口内端垂半距 $K = (P_1 + P_2 - 2c)(P_2 + a - c)/(2a + P_1 + P_2 - 2c)$

③ 分支点至支管端口垂高 $h = (J + K)H/(2a + J + K)$

4）计算公式：

① $e = 2[c + K(b - c)/(a + P_2)]$

② $g = \sqrt{(e/2)^2 + h^2}$

③ $G_1 = \sqrt{(b - c)^2 + H^2}$

④ $G_2 = \sqrt{(P_1 + c - a)^2 + H^2}$

⑤ $G_3 = \sqrt{(P_2 + c - a)^2 + H^2}$

⑥ $G_4 = \sqrt{J^2 + h^2}$

⑦ $G_5 = \sqrt{K^2 + h^2}$

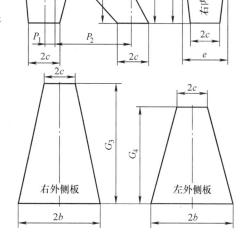

图 3-22　展开图

2. 展开计算实例（图 3-22）

1）已知条件（图 3-21）：$a = 520$，$b = 650$，$c = 250$，$H = 1600$，$P_1 = 150$，$P_2 = 1250$。

2）所求对象同本节"展开计算模板"。

3）过渡条件：

① $J = (150 + 1250 - 2 \times 250) \times (150 + 520 - 250)/(2 \times 520 + 150 + 1250 - 2 \times 250)$
$= 195$

② $K = (150 + 1250 - 2 \times 250) \times (1250 + 520 - 250)/(2 \times 520 + 150 + 1250 - 2 \times 250)$
$= 705$

③ $h = (195 + 705) \times 1600/(2 \times 520 + 195 + 705) = 742$

4）计算结果：

① $e = 2 \times [250 + 705 \times (650 - 250)/(520 + 1250)] = 819$

② $g = \sqrt{(819/2)^2 + 742^2} = 759$

③ $G_1 = \sqrt{(650 - 250)^2 + 1600^2} = 1649$

④ $G_2 = \sqrt{(150 + 250 - 520)^2 + 1600^2} = 1604$

⑤ $G_3 = \sqrt{(1250 + 250 - 520)^2 + 1600^2} = 1876$

⑥ $G_4 = \sqrt{195^2 + 742^2} = 767$

⑦ $G_5 = \sqrt{705^2 + 742^2} = 1024$

七、主矩支方管平口双向不等偏心 V 形三通（图 3-23）展开

1. 展开计算模板（左后偏心）

1）已知条件（图 3-24）：

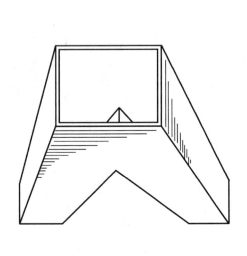

图 3-23　立体图

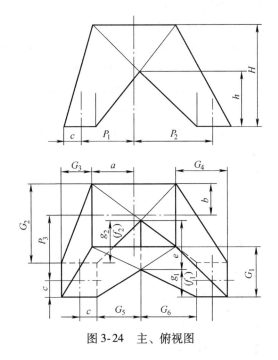

图 3-24　主、俯视图

① 主管口内横边半长 a；

② 主管口内纵边半长 b；

③ 支管口内边半长 c；

④ 主支管端口垂高 H；

⑤ 主支管口左偏心距 P_1；

⑥ 主支管口右偏心距 P_2；

⑦ 主支管口后偏心距 P_3。

2）所求对象：

① 前板分支点至支管端口垂平距 f_1；

② 后板分支点至支管端口垂平距 f_2；

③ 左右内侧板接合边实长 e；

④ 前板分支点至支管端口实高 g_1；

⑤ 后板分支点至支管端口实高 g_2；

⑥ 前板展开实高 G_1；

⑦ 后板展开实高 G_2；

⑧ 左外侧板展开实高 G_3 ；

⑨ 右外侧板展开实高 G_4 ；

⑩ 左内侧板展开实高 G_5 ；

⑪ 右内侧板展开实高 G_6 。

3）过渡条件公式：

① 分支点至左支管口内端垂平距

$$J = (P_1 + P_2 - 2c)(P_1 + a - c)/(2a + P_1 + P_2 - 2c)$$

② 分支点至右支管口内端垂平距

$$K = (P_1 + P_2 - 2c)(P_2 + a - c)/(2a + P_1 + P_2 - 2c)$$

③ 分支点至支管端口垂高

$$h = H(J + K)/(2a + J + K)$$

4）计算公式：

① $f_1 = (P_3 - b + c)(J + K)/(2a + J + K)$

② $f_2 = (P_3 + b - c)(J + K)/(2a + J + K)$

③ $e = f_2 + 2c - f_1$

④ $g_1 = \sqrt{f_1^2 + h^2}$

⑤ $g_2 = \sqrt{f_2^2 + h^2}$

⑥ $G_1 = \sqrt{(P_3 - b + c)^2 + H^2}$

⑦ $G_2 = \sqrt{(P_3 + b - c)^2 + H^2}$

⑧ $G_3 = \sqrt{(P_1 + c - a)^2 + H^2}$

⑨ $G_4 = \sqrt{(P_2 + c - a)^2 + H^2}$

⑩ $G_5 = \sqrt{J^2 + h^2}$

⑪ $G_6 = \sqrt{K^2 + h^2}$

2. 展开计算实例（图3-25）

1）已知条件（图3-24）：$a = 650$，$b = 450$，$c = 250$，$H = 1500$，$P_1 = 800$，$P_2 = 1200$，$P_3 = 950$。

2）所求对象同本节"展开计算模板"。

3）过渡条件：

① $J = (800 + 1200 - 2 \times 250) \times (800 + 650 - 250)/(2 \times 650 + 800 + 1200 - 2 \times 250) = 643$

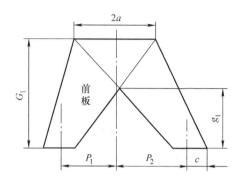

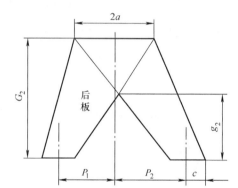

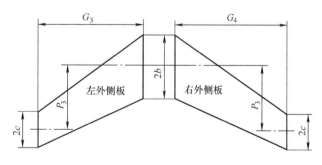

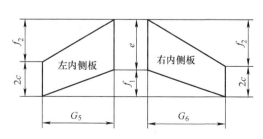

图3-25　展开图

② $K = (800 + 1200 - 2 \times 250) \times (1200 + 650 - 250)/(2 \times 650 + 800 + 1200 - 2 \times 250)$

　　$= 857$

③ $h = 1500 \times (643 + 857)/(2 \times 650 + 643 + 857)$

　　$= 804$

4）计算结果：

① $f_1 = (950 - 450 + 250) \times (643 + 857)/(2 \times 650 + 643 + 857)$

　　$= 402$

② $f_2 = (950 + 450 - 250) \times (643 + 857)/(2 \times 650 + 643 + 857)$

　　$= 616$

③ $e = 616 + 2 \times 250 - 402 = 714$

④ $g_1 = \sqrt{402^2 + 804^2} = 898$

⑤ $g_2 = \sqrt{616^2 + 804^2} = 1013$

⑥ $G_1 = \sqrt{(950 - 450 + 250)^2 + 1500^2} = 1677$

⑦ $G_2 = \sqrt{(950 + 450 - 250)^2 + 1500^2} = 1890$

⑧ $G_3 = \sqrt{(800 + 250 - 650)^2 + 1500^2} = 1552$

⑨ $G_4 = \sqrt{(1200 + 250 - 650)^2 + 1500^2} = 1700$

⑩ $G_5 = \sqrt{643^2 + 804^2} = 1029$

⑪ $G_6 = \sqrt{857^2 + 804^2} = 1175$

八、等径方管裤形三通（图 3-26）展开

1. 展开计算模板

1）已知条件（图 3-27）：

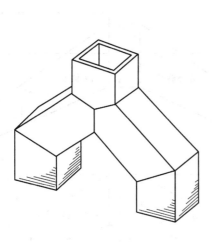

图 3-26　立体图

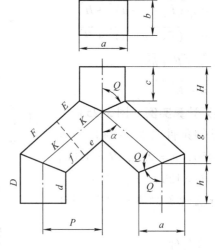

图 3-27　主视图

① 上中段相贯中心至上端口高 H；

② 中段与上下段相贯中垂高 g；

③ 中下段相贯中心至下端口高 h；

④ 方管横边内口边长 a；

⑤ 方管纵边内口边长 b；

⑥ 上下段管口偏心距 P。

2）所求对象：

① 上段侧边实长 c；

② 下段外侧边实长 D；

③ 下段内侧边实长 d；

④ 中段上端外侧边实长 E；

⑤ 中段上端内侧边实长 e；

⑥ 中段下端外侧边实长 F；

⑦ 中段下端内侧边实长 f。

3）过渡条件公式：

① 中段相贯线与中轴线夹角 $\alpha = \arctan(P/g)$

② 上中下相贯线与中轴线夹角 $Q = (180° - \alpha)/2$

③ 中段中轴线半长 $K = \sqrt{P^2 + g^2}/2$

4）计算公式：

① $c = H - 0.5a/\tan Q$

② $D = h + 0.5a/\tan Q$

③ $d = h - 0.5a/\tan Q$

④ $E = K - 0.5a/\tan Q$

⑤ $e = K - 0.5a/\tan \alpha$

⑥ $F = K + 0.5a/\tan Q$

⑦ $f = K - 0.5a/\tan Q$

2. 展开计算实例（图 3-28）

1）已知条件（图 3-27）：$H = 520$，$g = 640$，$h = 440$，$a = 560$，$b = 400$，$P = 720$。

2）所求对象同本节"展开计算模板"。

3）过渡条件：

① $\alpha = \arctan(720/640) = 48.3665°$

② $Q = (180° - 48.3665°)/2 = 65.8168°$

③ $K = \sqrt{720^2 + 640^2}/2 = 963$

4）计算结果：

① $c = 520 - 0.5 \times 560/\tan 65.8168° = 394$

② $D = 440 + 0.5 \times 560/\tan 65.8168° = 566$

③ $d = 440 - 0.5 \times 560/\tan 65.8168° = 314$

④ $E = 963 - 0.5 \times 560/\tan 65.8168° = 838$

⑤ $e = 963 - 0.5 \times 560/\tan 48.3665° = 714$

⑥ $F = 963 + 0.5 \times 560/\tan 65.8168° = 1089$

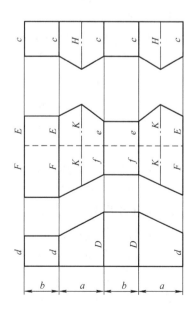

图 3-28　展开图

⑦ $f = 963 - 0.5 \times 560 / \tan 65.8168° = 838$

九、等径方管曲面人字形三通（图 3-29）展开

1. 展开计算模板

1）已知条件（图 3-30）：

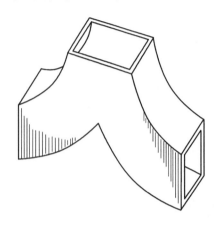

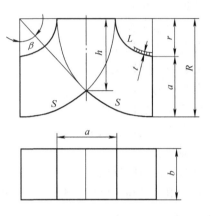

图 3-29　立体图　　　　　　图 3-30　主、俯视图

① 主支管横边内口边长 a；

② 主支管纵边内口边长 b；

③ 支管内弯半径 r；

④ 三通壁厚 t。

2）所求对象：

① 支管外弯弧展开弧长 S；

② 支管内弯弧展开弧长 L。

3）过渡条件公式：

① 支管外弯半径 $R = r + a$

② 支管外弯弧交点至主管端口高

$$h = \sqrt{R^2 - (r + a/2)^2}$$

③ 支管外弯弧所对夹角

$$\beta = 90° - \arcsin(h/R)$$

4）计算公式：

① $S = \pi(R + t/2)\beta / 180°$

② $L = \pi(r - t/2) / 2$

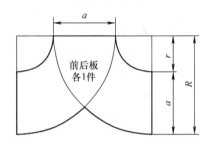

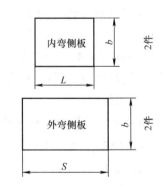

图 3-31　展开图

2. 展开计算实例（图 3-31）

1）已知条件（图 3-30）：$a = 720$，$b = 600$，$r = 330$，$t = 8$。

2）所求对象同本节"展开计算模板"。

3）过渡条件：

① $R = 330 + 720 = 1050$

② $h = \sqrt{1050^2 - (330 + 720/2)^2} = 791$

③ $\beta = 90° - \arcsin(791/1050) = 41.0823°$

4）计算结果：

① $S = 3.1416 \times (1050 + 8/2) \times 41.0823°/180° = 756$

② $L = 3.1416 \times (330 - 8/2)/2 = 512$

十、等径方管角向垂交四通（图3-32）展开

1. 展开计算模板

1）已知条件（图3-33）：

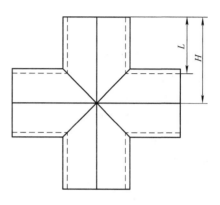

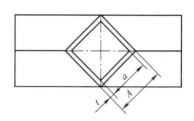

图3-32　立体图　　　　　图3-33　主、俯视图

① 方形管外口边长 A；

② 方形管端口至相贯中高 H；

③ 方形管壁厚 t。

2）所求对象：

① 方形管内口边长 a；

② 方形管内棱角接合边实长 L。

3）计算公式：

① $a = A - 2t$

② $L = H - 0.7071a$

说明：四通的四个支管几何形状均一样，因此，展开图样为一支管展开图。

2. 展开计算实例（图3-34）

1）已知条件（图3-33）：$A = 420$，$H = 500$，$t = 10$。

2）所求对象同本节"展开计算模板"。

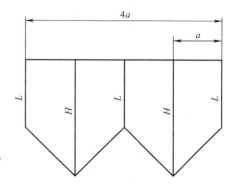

图3-34　四通一支管展开图

3）计算结果：

① $a = 420 - 2 \times 10 = 400$

② $L = 500 - 0.7071 \times 400 = 217$

十一、主支方管平口对角正五通（图3-35）展开

1. 展开计算模板

1）已知条件（图3-36）：

① 主管口内边半长 a；

② 支管口内边半长 b；

③ 主支管口偏心距 P；

④ 主支管端口垂高 H。

2）所求对象：

① 五通外侧板展开实高 G；

② 外侧板分支点至支管端口实高 g；

③ 五通内侧板展开实高 J；

④ 五通内侧板接合边实长 e；

⑤ 内侧板分支点至支管端口垂平距 L。

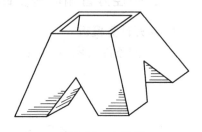

图3-35　立体图

3）过渡条件公式：

① 五通外侧板垂平距 $f = P + b - a$

② 分支点至支管端口垂高 $h = H(P-b)/(P-b+a)$

4）计算公式：

① $G = \sqrt{f^2 + H^2}$

② $g = hG/H$

③ $J = \sqrt{(P-b)^2 + h^2}$

④ $e = [1 - f/(a+P-b)]$

⑤ $L = P + b - e$

说明：五通是由四块形状、尺寸相同的外侧板和四块形状、尺寸相同的内侧板组成，因此，展开图样，外侧板、内侧板各1件。

2. 展开计算实例（图3-37）

1）已知条件（图3-36）：$a = 400$，$b = 200$，$P = 600$，$H = 1000$。

2）所求对象同本节"展开计算模板"。

3）过渡条件：

① $f = 600 + 200 - 400 = 400$

② $h = 1000 \times (600 - 200)/(600 - 200 + 400) = 500$

4）计算结果：

① $G = \sqrt{400^2 + 1000^2} = 1077$

② $g = 500 \times 1077/1000 = 539$

③ $J = \sqrt{(600-200)^2 + 500^2} = 640$

④ $e = [1 - 400/(400 + 600 - 200)] = 600$

⑤ $L = 600 + 200 - 600 = 200$

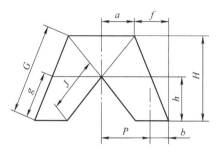

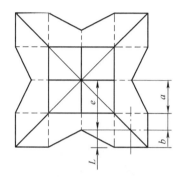

图 3-36　主、俯视图

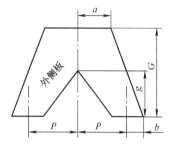

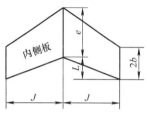

图 3-37　五通 1/4 展开图

十二、主支方管平口对边正五通（图 3-38）展开

1. 展开计算模板

1）已知条件（图 3-39）：

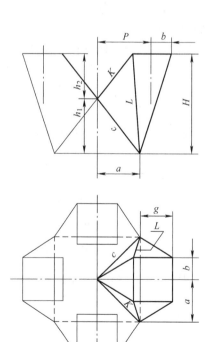

图 3-38　立体图

图 3-39　主、俯局部视图

① 主管内口边长 a；

② 支管内口边长 b；

③ 主支管口偏心距 P；

④ 主支管端口垂高 H。

2）所求对象：

① 支管外侧梯形板实高 g；

② 支管接合边1实长 L；

③ 支管接合边2实长 K；

④ 相邻支管接合边实长 c。

3）过渡条件公式：

① 五通分支点至主管端口垂高

$$h_1 = aH/(a + P - b)$$

② 五通分支点至支管端口垂高

$$h_2 = H - h_1$$

4）计算公式：

① $g = \sqrt{(P + b - a)^2 + H^2}$

② $L = \sqrt{(a - b)^2 + (P - b - a)^2 + H^2}$

③ $K = \sqrt{(P - b)^2 + b^2 + h_2^2}$

④ $c = \sqrt{(1.414a)^2 + h_1^2}$

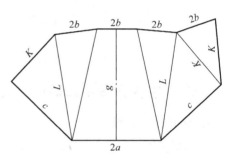

图 3-40　五通 1/4 展开图

说明：五通是由四个几何形状、尺寸相同的支管组成，展开图样均一样，因此，展开图样为一支管的展开图。

2. 展开计算实例（图 3-40）

1）已知条件（图 3-39）：$a = 260$，$b = 120$，$P = 340$，$H = 600$。

2）所求对象同本节"展开计算模板。"

3）过渡条件：

① $h_1 = 260 \times 600/(260 + 340 - 120) = 325$

② $h_2 = 600 - 325 = 275$

4）计算结果：

① $g = \sqrt{(340 + 120 - 260)^2 + 600^2} = 632$

② $L = \sqrt{(260 - 120)^2 + (340 - 120 - 260)^2 + 600^2} = 617$

③ $K = \sqrt{(340 - 120)^2 + 120^2 + 275^2} = 372$

④ $c = \sqrt{(1.414 \times 260)^2 + 325^2} = 491$

第四章　圆形管锥台（简称圆锥台）

本章主要介绍各种不同规格的圆形管的连接所必需的过渡连接件，即圆锥台的展开。由于管路的走向、所处位置、角度的不同，以及设计的需要等，对连接件圆锥台的形状要求也就不同，大致有：锥台两端口平行、倾斜、垂直、正心、偏心等多种结构形态。

对圆锥台作展开时，应按锥台口的壁中直径（中径）计算展开弧长。但是，施工图样对圆锥台口径的标注，一般规定只标注外径或者内径，不会标注中径，这就需要操作者自己解决壁厚处理问题，而壁厚处理又受圆锥台锥度的影响，如图4-1所示。

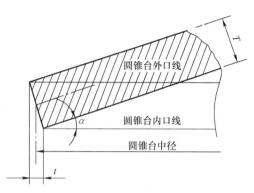

从图不难看出，若实际厚度 T 不变，底角 α 变动，角度越小，理论投影厚度 t 也就越小，而与实际厚度 T 相差值也就越大。在图中还可看出，圆锥台中径不受实际厚度 T 的干涉，而受理论投影厚度 t 的干涉。因此，必须将实际厚度 T 转换成理论投影厚度 t。也就是实际厚度 T，要依据圆锥台底角 α 的锥度，换算成理论投影厚度 t。这个换算过程就是壁厚处理，其换算公式：$t = T\sin\alpha$。为了简化，本章除第一节作壁厚处理示范外，其他各节的锥台展开，圆口直径或半径均以中径介绍。

图4-1　圆锥台局部放大图

T—圆锥台壁的实际厚度　t—圆锥台壁的理论投影厚度

α—圆锥台锥度底角

一、圆锥顶盖（图4-2）展开

1. 展开计算模板

1）已知条件（图4-3）：

图4-2　立体图

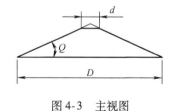

图4-3　主视图

① 锥顶盖底口内径 D；

② 锥顶盖顶口内径 d；

③ 锥顶盖底角 Q；

④ 锥顶盖壁厚 T。

2）所求对象：

① 底端口展开半径 R；

② 顶端口展开半径 r;

③ 锥顶盖斜边实长 L;

④ 展开切除缺口夹角 α;

⑤ 缺口弦长 b。

3) 过渡条件公式: 锥顶盖斜边理论投影壁厚 $t = T\sin Q$

4) 计算公式:

① $R = (D + t)/(2\cos Q)$

② $r = (d + t)/(2\cos Q)$

③ $L = R - r$

④ $\alpha = 180°(2R - D - t)/R$

⑤ $b = 2R\sin(\alpha/2)$

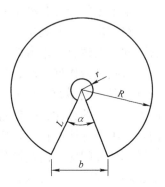

2. 展开计算实例（图 4-4）

1) 已知条件（图 4-3）: $D = 2000$, $d = 500$, $Q = 24°$, $T = 12$。

2) 所求对象同本节"展开计算模板"。

3) 过渡条件: $t = 12 \times \sin 24° = 4.88$

图 4-4　展开图

4) 计算结果:

① $R = (2000 + 4.88)/(2 \times \cos 24°) = 1097$

② $r = (500 + 4.88)/(2 \times \cos 24°) = 276$

③ $L = 1097 - 276 = 821$

④ $\alpha = 180° \times (2 \times 1097 - 2000 - 4.88)/1097 = 31.0315°$

⑤ $b = 2 \times 1097 \times \sin(31.0315°/2) = 587$

二、平口正心圆锥台（图 4-5）展开

1. 展开计算模板

1) 已知条件（图 4-6）:

① 圆锥台底口中径 D;

② 圆锥台顶口中径 d;

③ 圆锥台两端口高 h。

2) 所求对象:

① 圆锥台斜边实长 L;

② 圆锥台底端口展开半径 R;

③ 圆锥台顶端口展开半径 r;

④ 圆锥台展开扇形包角 α;

⑤ 展开扇形底端口弦长 b。

图 4-5　立体图

3) 计算公式:

① $L = \sqrt{(D/2 - d/2)^2 + h^2}$

② $R = D[L/(D - d)]$

③ $r = R - L$

④ $\alpha = 180°D/R$

⑤ $b = 2R\sin(\alpha/2)$

2. 展开计算实例（图 4-7）

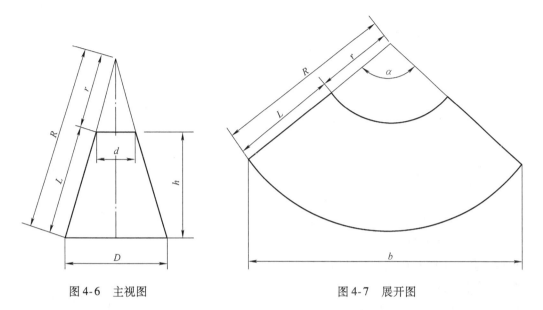

图 4-6　主视图　　　　　　　　　　　　图 4-7　展开图

1）已知条件（图 4-6）：$D = 1208$，$d = 488$，$h = 1240$。

2）所求对象同本节"展开计算模板"。

3）计算结果：

① $L = \sqrt{(1208/2 - 488/2)^2 + 1240^2}$
　　$= 1291$

② $R = 1208 \times [1291/(1208 - 488)]$
　　$= 2166$

③ $r = 2166 - 1291 = 875$

④ $\alpha = 180° \times 1208/2166 = 100.3717°$

⑤ $b = 2 \times 2166 \times \sin(100.3717°/2)$
　　$= 3328$

三、平口偏心锐角斜圆锥台（图 4-8）展开

1. 展开计算模板（右偏心）

1）已知条件（图 4-9）：

① 圆锥台底口中半径 R；

② 圆锥台顶口中半径 r；

③ 圆锥台两口偏心距 b；

④ 圆锥台两端口高 h。

2）所求对象：

① 圆锥展开底口各素线实长 $K_{0 \sim n}$；

② 圆锥展开顶口各素线实长 $J_{0 \sim n}$；

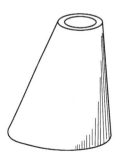

图 4-8　立体图

③ 圆锥展开斜边各素线实长 $L_{0 \sim n}$；

④ 圆锥底口各等分段中弧长 $S_{0 \sim n}$。

3）过渡条件公式：

① 锥顶至底口端高 $H = Rh/(R - r)$

② 锥顶垂足至底口中垂平距 $e = Hb/h$

③ 锥顶至顶口端高 $g = H - h$

4）计算公式：

① $K_{0 \sim n} = \sqrt{H^2 + e^2 + R^2 - 2eR\cos\beta_{0 \sim n}}$

② $J_{0 \sim n} = g(K_{0 \sim n}/H)$

③ $L_{0 \sim n} = K_{0 \sim n} - J_{0 \sim n}$

④ $S_{0 \sim n} = \pi R\beta_{0 \sim n}/180°$

式中 n——圆锥台底口半圆周等分份数；

$\beta_{0 \sim n}$——圆锥台底口圆周各等分点同圆心连线，与 0
位横半径轴的夹角。

说明：公式中所有 0 ~ 11 编号均一致。

2. 展开计算实例（图 4-10）

1）已知条件（图 4-9）：$R = 455$，$r = 205$，$b = 90$，
$h = 1020$。

2）所求对象同本节"展开计算模板"。

3）过渡条件：

① $H = 455 \times 1020/(455 - 205) = 1856$

② $e = 1856 \times 90/1020 = 164$

③ $g = 1856 - 1020 = 836$

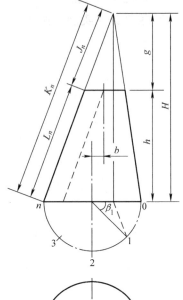

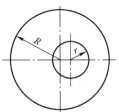

图 4-9 主、俯视图

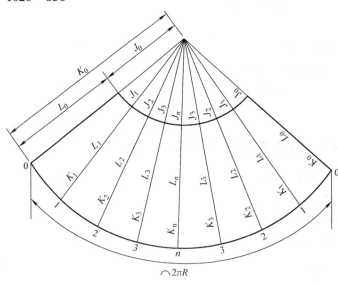

∩$2\pi R$

图 4-10 展开图

4）计算结果（设 $n = 4$）：

① $K_0 = \sqrt{1856^2 + 164^2 + 455^2 - 2 \times 164 \times 455 \times \cos0°} = 1879$

$$K_1 = \sqrt{1856^2 + 164^2 + 455^2 - 2 \times 164 \times 455 \times \cos45°} = 1891$$

$$K_2 = \sqrt{1856^2 + 164^2 + 455^2 - 2 \times 164 \times 455 \times \cos90°} = 1918$$

$$K_3 = \sqrt{1856^2 + 164^2 + 455^2 - 2 \times 164 \times 455 \times \cos135°} = 1946$$

$$K_4 = \sqrt{1856^2 + 164^2 + 455^2 - 2 \times 164 \times 455 \times \cos180°} = 1957$$

② $J_0 = 836 \times (1879/1856) = 847$　　$J_1 = 836 \times (1891/1856) = 852$

　　$J_2 = 836 \times (1918/1856) = 864$　　$J_3 = 836 \times (1946/1856) = 877$

　　$J_4 = 836 \times (1957/1856) = 882$

③ $L_0 = 1879 - 867 = 1032$　　$L_1 = 1891 - 852 = 1039$

　　$L_2 = 1918 - 864 = 1054$　　$L_3 = 1946 - 877 = 1069$

　　$L_4 = 1957 - 882 = 1075$

④ $S_0 = 3.1416 \times 455 \times 0°/180° = 0$

　　$S_1 = 3.1416 \times 455 \times 45°/180° = 357$

　　$S_2 = 3.1416 \times 455 \times 90°/180° = 714$

　　$S_3 = 3.1416 \times 455 \times 135°/180° = 1072$

　　$S_4 = 3.1416 \times 455 \times 180°/180° = 1429$

四、平口偏心直角斜圆锥台（图4-11）展开

1. 展开计算模板（右偏心）

1）已知条件（图4-12）：

① 圆锥台底口中径 D；

② 圆锥台顶口中径 d；

③ 圆锥台两端口高 h。

2）所求对象：

① 圆锥展开底口各素线实长 $K_{0 \sim n}$；

② 圆锥展开顶口各素线实长 $J_{0 \sim n}$；

③ 圆锥展开斜边各素线实长 $L_{0 \sim n}$；

④ 圆锥底口各等分段中弧长 $S_{0 \sim n}$。

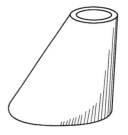

图4-11　立体图

3）过渡条件公式：

① 锥顶至底口端高 $H = D[h/(D - d)]$

② 锥顶至顶口端高 $g = H - h$

4）计算公式：

① $K_{0 \sim n} = \sqrt{[D\sin(\beta_{0 \sim n}/2)]^2 + H^2}$

② $J_{0 \sim n} = gK_{0 \sim n}/H$

③ $L_{0 \sim n} = K_{0 \sim n} - J_{0 \sim n}$

④ $S_{0 \sim n} = \pi D\beta_{0 \sim n}/360°$

式中　　n——锥台底口半圆周等分份数；

　　$\beta_{0 \sim n}$——圆锥台底口各等分点同圆心连线与0位横向半径轴的夹角。

　　说明：公式中所有 $0 \sim n$ 编号均一致。

2. 展开计算实例（图 4-13）

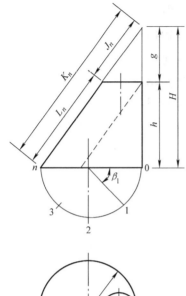

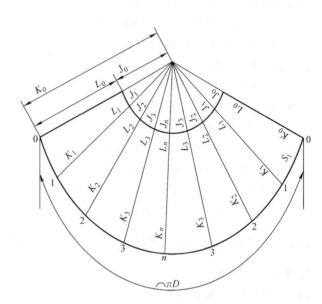

图 4-12　主、俯视图　　　　　　图 4-13　展开图

1）已知条件（图 4-12）：$D = 916$，$d = 376$，$h = 760$。

2）所求对象同本节"展开计算模板"。

3）过渡条件：

① $H = 916 \times [760/(916 - 376)] = 1289$

② $g = 1289 - 760 = 529$

4）计算结果（设 $n = 4$）：

① $K_0 = \sqrt{[916 \times \sin(0°/2)]^2 + 1289^2} = 1289$

　$K_1 = \sqrt{[916 \times \sin(45°/2)]^2 + 1289^2} = 1336$

　$K_2 = \sqrt{[916 \times \sin(90°/2)]^2 + 1289^2} = 1443$

　$K_3 = \sqrt{[916 \times \sin(135°/2)]^2 + 1289^2} = 1542$

　$K_4 = \sqrt{[916 \times \sin(180°/2)]^2 + 1289^2} = 1581$

② $J_0 = 529 \times 1289/1289 = 529$　$J_1 = 529 \times 1336/1289 = 548$

　$J_2 = 529 \times 1443/1289 = 592$　$J_3 = 529 \times 1542/1289 = 633$

　$J_4 = 529 \times 1581/1289 = 649$

③ $L_0 = 1289 - 529 = 760$

　$L_1 = 1336 - 548 = 788$　$L_2 = 1443 - 592 = 851$

　$L_3 = 1542 - 633 = 909$　$L_4 = 1581 - 649 = 932$

④ $S_0 = 3.1416 \times 916 \times 0°/360° = 0$

$S_1 = 3.1416 \times 916 \times 45°/360° = 360$

$S_2 = 3.1416 \times 916 \times 90°/360° = 719$

$S_3 = 3.1416 \times 916 \times 135°/360° = 1079$

$S_4 = 3.1416 \times 916 \times 180°/360° = 1439$

五、平口偏钝角斜圆锥台（图4-14）展开

1. 展开计算模板（右偏心）

1）已知条件（图4-15）：

① 圆锥台底口中半径 R；

② 圆锥台顶口中半径 r；

③ 圆锥台两口偏心距 b；

④ 圆锥台两端口高 h。

2）所求对象：

① 圆锥展开底口各素线实长 $K_{0 \sim n}$；

② 圆锥展开顶各素线实长 $J_{0 \sim n}$；

③ 圆锥展开斜边各素线实长 $L_{0 \sim n}$；

④ 圆锥底口各等分段中弧长 $S_{0 \sim n}$。

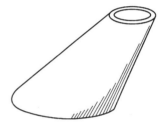

图4-14　立体图

3）过渡条件公式：

① 锥顶至底口端高 $H = Rh/(R - r)$

② 锥顶垂足至底口中垂平距 $e = Hb/h$

③ 锥顶至顶口端高 $g = H - h$

4）计算公式：

① $K_{0 \sim n} = \sqrt{H^2 + e^2 + R^2 - 2eR\cos\beta_{0 \sim n}}$

② $J_{0 \sim n} = g(K_{0 \sim n}/H)$

③ $L_{0 \sim n} = K_{0 \sim n} - J_{0 \sim n}$

④ $S_{0 \sim n} = \pi R\beta_{0 \sim n}/180°$

式中　n——圆锥台底口半圆周等分份数；

　　　$\beta_{0 \sim n}$——圆锥台底口圆周各等分点同圆心连

　　　　　　　　线，与0位横向半径轴的夹角。

说明：公式中所有 $0 \sim n$ 编号均一致。

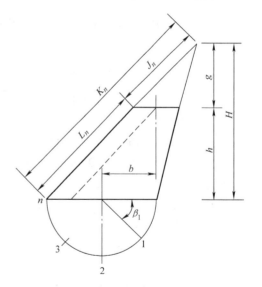

2. 展开计算实例（图4-16）

1）已知条件（图 4-15）：$R = 458$，$r = 208$，$b = 458$，$h = 720$。

2）所求对象同本节"展开计算模板"。

3）过渡条件：

① $H = 458 \times 720/(458 - 208) = 1319$

② $e = 1319 \times 458/720 = 839$

③ $g = 1319 - 720 = 599$

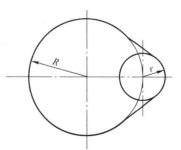

图4-15　主、俯视图

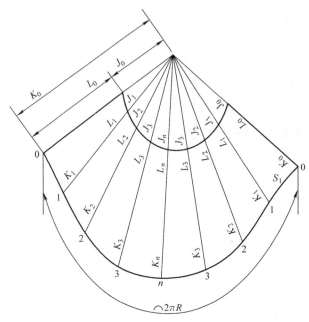

图 4-16 展开图

4）计算结果（设 $n = 4$）：

① $K_0 = \sqrt{1319^2 + 839^2 + 458^2 - 2 \times 839 \times 458 \times \cos 0°} = 1373$

 $K_1 = \sqrt{1319^2 + 839^2 + 458^2 - 2 \times 839 \times 458 \times \cos 45°} = 1453$

 $K_2 = \sqrt{1319^2 + 839^2 + 458^2 - 2 \times 839 \times 458 \times \cos 90°} = 1629$

 $K_3 = \sqrt{1319^2 + 839^2 + 458^2 - 2 \times 839 \times 458 \times \cos 135°} = 1788$

 $K_4 = \sqrt{1319^2 + 839^2 + 458^2 - 2 \times 839 \times 458 \times \cos 180°} = 1850$

② $J_0 = 599 \times (1373/1319) = 624$

 $J_1 = 599 \times (1453/1319) = 660$ $J_2 = 599 \times (1629/1319) = 740$

 $J_3 = 599 \times (1788/1319) = 812$ $J_4 = 599 \times (1850/1319) = 840$

③ $L_0 = 1373 - 624 = 749$ $L_1 = 1453 - 660 = 793$

 $L_2 = 1629 - 740 = 889$ $L_3 = 1788 - 812 = 976$

 $L_4 = 1850 - 840 = 1010$

④ $S_0 = 3.1416 \times 458 \times 0°/180° = 0$

 $S_1 = 3.1416 \times 458 \times 45°/180° = 360$

 $S_2 = 3.1416 \times 458 \times 90°/180° = 719$

 $S_3 = 3.1416 \times 458 \times 135°/180° = 1079$

 $S_4 = 3.1416 \times 458 \times 180°/180° = 1439$

六、底口倾斜正心圆锥台（图 4-17）展开

1. 展开计算模板（左低右高倾斜）

1）已知条件（图 4-18）：

① 圆锥台底口中半径 R；

② 圆锥台顶口中半径 r；

图 4-17 立体图

③ 圆锥台底口倾斜角 Q；

④ 底口中至顶口端高 h。

2）所求对象：

① 锥台展开各素线实长 $L_{0 \sim n}$；

② 各等分段对角线实长 $K_{1 \sim n}$；

③ 锥台底口各等分段中弧长 $S_{0 \sim n}$；

④ 锥台顶口各等分段中弧长 $P_{0 \sim n}$。

3）过渡条件公式：

① 底口各点至顶端口垂高 $H_{0 \sim n} = h - R\cos\beta_{0 \sim n}\sin Q$

② 底口各点至纵中轴横半距 $e_{0 \sim n} = \left| R\cos\beta_{0 \sim n}\cos Q \right|$

③ 底口各点至横中轴纵半距 $f_{0 \sim n} = R\sin\beta_{0 \sim n}$

④ 顶口各点至纵中轴横半距 $c_{0 \sim n} = \left| r\cos\beta_{0 \sim n} \right|$

⑤ 顶口各点至横中轴纵半距 $d_{0 \sim n} = r\sin\beta_{0 \sim n}$

4）计算公式：

① $L_{0 \sim n} = \sqrt{(e_{0 \sim n} - c_{0 \sim n})^2 + (f_{0 \sim n} - d_{0 \sim n})^2 + H_{0 \sim n}^2}$

② $K_{1 \sim n} = \sqrt{(e_{1 \sim n} - c_{0 \sim (n-1)})^2 + (f_{1 \sim n} - d_{0 \sim (n-1)})^2 + H_{1 \sim n}^2}$

③ $S_{0 \sim n} = \pi R\beta_{0 \sim n}/180°$

④ $P_{0 \sim n} = \pi r\beta_{0 \sim n}/180°$

式中　n——圆锥台顶底口半圆周等分份数；

　　　$\beta_{0 \sim n}$——圆锥台顶底口各自圆周等分点分别同圆心连线，
　　　　　　与 0 位半径轴的夹角。

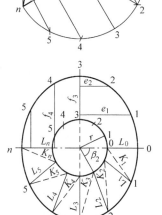

说明：

① 公式中除 K 以外，其他所有 $0 \sim n$ 编号均一致。

② K 公式中 e 和 c，f 和 d 的编号不一致，其实就是 c、d 的编号分别对应 e、f 的编号数减 1，计算时按各自对应的编号取值即可。

图 4-18　主、俯视图

2. 展开计算实例（图 4-19）

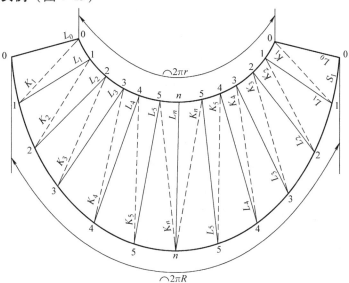

图 4-19　展开图

1）已知条件（图 4-18）：$R = 720$，$r = 280$，$Q = 30°$，$h = 1200$。

2）所求对象同本节"展开计算模板"。

3）过渡条件公式（设 $n = 6$）：

① $H_0 = 1200 - 720 \times \cos0° \times \sin30° = 840$

$H_1 = 1200 - 720 \times \cos30° \times \sin30° = 888$

$H_2 = 1200 - 720 \times \cos60° \times \sin30° = 1020$

$H_3 = 1200 - 720 \times \cos90° \times \sin30° = 1200$

$H_4 = 1200 - 720 \times \cos120° \times \sin30° = 1380$

$H_5 = 1200 - 720 \times \cos150° \times \sin30° = 1512$

$H_6 = 1200 - 720 \times \cos180° \times \sin30° = 1560$

② $e_0 = |720 \times \cos0° \times \cos30°| = 624$

$e_1 = |720 \times \cos30° \times \cos30°| = 540$　　$e_2 = |720 \times \cos60° \times \cos30°| = 312$

$e_3 = |720 \times \cos90° \times \cos30°| = 0$　　$e_4 = |720 \times \cos120° \times \cos30°| = 312$

$e_5 = |720 \times \cos150° \times \cos30°| = 540$　　$e_6 = |720 \times \cos180° \times \cos30°| = 624$

③ $f_0 = 720 \times \sin0° = 0$

$f_1 = 720 \times \sin30° = 360$　　$f_2 = 720 \times \sin60° = 624$　　$f_3 = 720 \times \sin90° = 720$

$f_4 = 720 \times \sin120° = 624$　　$f_5 = 720 \times \sin150° = 360$　　$f_6 = 720 \times \sin180° = 0$

④ $c_0 = |280 \times \cos0°| = 280$

$c_1 = |280 \times \cos30°| = 242$　　$c_2 = |280 \times \cos60°| = 140$　　$c_3 = |280 \times \cos90°| = 0$

$c_4 = |280 \times \cos120°| = 140$　　$c_5 = |280 \times \cos150°| = 242$　　$c_6 = |280 \times \cos180°| = 280$

⑤ $d_0 = 280 \times \sin0° = 0$

$d_1 = 280 \times \sin30° = 140$　　$d_2 = 280 \times \sin60° = 242$　　$d_3 = 280 \times \sin90° = 280$

$d_4 = 280 \times \sin120° = 242$　　$d_5 = 280 \times \sin150° = 140$　　$d_6 = 280 \times \sin180° = 0$

4）计算结果：

① $L_0 = \sqrt{(624 - 280)^2 + (0 - 0)^2 + 840^2} = 908$

$L_1 = \sqrt{(540 - 242)^2 + (360 - 140)^2 + 888^2} = 962$

$L_2 = \sqrt{(312 - 140)^2 + (624 - 242)^2 + 1020^2} = 1102$

$L_3 = \sqrt{(0 - 0)^2 + (720 - 280)^2 + 1200^2} = 1278$

$L_4 = \sqrt{(312 - 140)^2 + (624 - 242)^2 + 1380^2} = 1442$

$L_5 = \sqrt{(540 - 242)^2 + (360 - 140)^2 + 1512^2} = 1556$

$L_6 = \sqrt{(624 - 280)^2 + (0 - 0)^2 + 1560^2} = 1597$

② $K_1 = \sqrt{(540 - 280)^2 + (360 - 0)^2 + 888^2} = 993$

$K_2 = \sqrt{(312 - 242)^2 + (624 - 140)^2 + 1020^2} = 1131$

$K_3 = \sqrt{(0 - 140)^2 + (720 - 242)^2 + 1200^2} = 1299$

$K_4 = \sqrt{(312 - 0)^2 + (624 - 280)^2 + 1380^2} = 1456$

$K_5 = \sqrt{(540 - 140)^2 + (360 - 242)^2 + 1512^2} = 1568$

$K_6 = \sqrt{(624 - 242)^2 + (0 - 140)^2 + 1560^2} = 1612$

③ $S_0 = 3.1416 \times 720 \times 0°/180° = 0$

$S_1 = 3.1416 \times 720 \times 30°/180° = 377$　　$S_2 = 3.1416 \times 720 \times 60°/180° = 754$

$S_3 = 3.1416 \times 720 \times 90°/180° = 1131$　　$S_4 = 3.1416 \times 720 \times 120°/180° = 1508$

$S_5 = 3.1416 \times 720 \times 150°/180° = 1885$　　$S_6 = 3.1416 \times 720 \times 180°/180° = 2262$

④ $P_0 = 3.1416 \times 280 \times 0°/180° = 0$

$P_1 = 3.1416 \times 280 \times 30°/180° = 147$　　$P_2 = 3.1416 \times 280 \times 60°/180° = 293$

$P_3 = 3.1416 \times 280 \times 90°/180° = 440$　　$P_4 = 3.1416 \times 280 \times 120°/180° = 586$

$P_5 = 3.1416 \times 280 \times 150°/180° = 733$　　$P_6 = 3.1416 \times 280 \times 180°/180° = 880$

七、底口倾斜偏心斜圆锥台 I（图4-20）展开

1. 展开计算模板（左低右高倾斜，右偏心）

1）已知条件（图4-21）：

① 圆锥台底口中半径 R；

② 圆锥台顶口中半径 r；

③ 圆锥台底口倾斜角 Q；

④ 圆锥台两口偏心距 b；

⑤ 底口中至顶口端高 h。

2）所求对象：

① 圆锥台展开各实长素线 $L_{0 \sim n}$；

② 圆锥台各等分段实长对角线 $K_{1 \sim n}$；

③ 圆锥台端口各等分段中弧长 $S_{0 \sim n}$；

④ 圆锥台端口各等分段中弧长 $P_{0 \sim n}$。

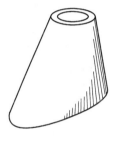

图4-20　立体图

3）过渡条件公式：

① 圆锥台底口各等分点至顶口边垂高

$$H_{0 \sim n} = h - R\cos\beta_{0 \sim n}\sin Q$$

② 俯视图底口各等分点投影横半距

$$e_{0 \sim n} = |R\cos\beta_{0 \sim n}\cos Q|$$

③ 俯视图底口各等分点投影纵半距

$$f_{0 \sim n} = R\sin\beta_{0 \sim n}$$

④ 俯视图顶口各等分点横半距

$$c_{0 \sim n} = |r\cos\beta_{0 \sim n}|$$

⑤ 俯视图顶口各等分点纵半距

$$d_{0 \sim n} = r\sin\beta_{0 \sim n}$$

4）计算公式：

① $L_{0 \sim n} = \sqrt{(e_{0 \sim n} \mp b - c_{0 \sim n})^2 + (f_{0 \sim n} - d_{0 \sim n})^2 + H_{0 \sim n}^2}$

（计算时，等分中点及其前半部分 b 前用"－"号，后半部分 b 前用"＋"号）

② $K_{1 \sim n} = \sqrt{[e_{1 \sim n} \mp b - c_{0 \sim (n-1)}]^2 + [f_{1 \sim n} - d_{0 \sim (n-1)}]^2 + H_{1 \sim n}^2}$

（计算时，等分中点及其前半部分 b 前用"－"号，后半部分 b 前用"＋"号）

③ $S_{0 \sim n} = \pi R\beta_{0 \sim n}/180°$

④ $P_{0 \sim n} = \pi r \beta_{0 \sim n}/180°$

式中　n——圆锥台顶底口半圆周等分份数；

　　　$\beta_{0 \sim n}$——圆锥台顶底口各等分点分别同各
　　　　　　自圆心连线与 0 位半径轴的
　　　　　　夹角。

说明：

① 公式中除 K 以外，其他 $0 \sim n$ 编号均一致。

② K 公式中 e 和 c，f 和 d 的编号不一致，其实是 c、d 分别对应 e、f 的编号数减 1，计算时按各自对应的编号取值即可。

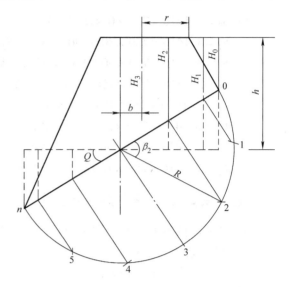

2. 展开计算实例（图 4-22）

1）已知条件（图 4-21）：$R = 608$，$r = 268$，$Q = 32°$，$b = 120$，$h = 600$。

2）所求对象同本节"展开计算模板"。

3）过渡条件（设 $n = 6$）：

① $H_0 = 600 - 608 \times \cos0° \times \sin32° = 278$
　$H_1 = 600 - 608 \times \cos30° \times \sin32° = 321$
　$H_2 = 600 - 608 \times \cos60° \times \sin32° = 439$
　$H_3 = 600 - 608 \times \cos90° \times \sin32° = 600$
　$H_4 = 600 - 608 \times \cos120° \times \sin32° = 761$
　$H_5 = 600 - 608 \times \cos150° \times \sin32° = 879$
　$H_6 = 600 - 608 \times \cos180° \times \sin32° = 922$

② $e_0 = |608 \times \cos0° \times \cos32°| = 516$
　$e_1 = |608 \times \cos30° \times \cos32°| = 447$
　$e_2 = |608 \times \cos60° \times \cos32°| = 258$
　$e_3 = |608 \times \cos90° \times \cos32°| = 0$
　$e_4 = |608 \times \cos120° \times \cos32°| = 258$
　$e_5 = |608 \times \cos150° \times \cos32°| = 447$
　$e_6 = |608 \times \cos180° \times \cos32°| = 516$

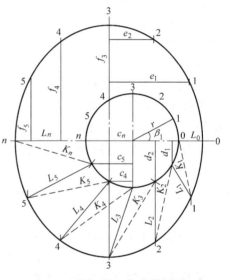

图 4-21　主、俯视图

③ $f_0 = 608 \times \sin0° = 0$
　$f_1 = 608 \times \sin30° = 304$　$f_2 = 608 \times \sin60° = 527$　$f_3 = 608 \times \sin90° = 608$
　$f_4 = 608 \times \sin120° = 527$　$f_5 = 608 \times \sin150° = 304$　$f_6 = 608 \times \sin180° = 0$

④ $c_0 = |268 \times \cos0°| = 268$
　$c_1 = |268 \times \cos30°| = 232$　$c_2 = |268 \times \cos60°| = 134$　$c_3 = |268 \times \cos90°| = 0$
　$c_4 = |268 \times \cos120°| = 134$　$c_5 = |268 \times \cos150°| = 232$　$c_6 = |268 \times \cos180°| = 268$

⑤ $d_0 = 268 \times \sin0° = 0$
　$d_1 = 268 \times \sin30° = 134$　$d_2 = 268 \times \sin60° = 232$　$d_3 = 268 \times \sin90° = 268$
　$d_4 = 268 \times \sin120° = 232$　$d_5 = 268 \times \sin150° = 134$　$d_6 = 268 \times \sin180° = 0$

4）计算结果：

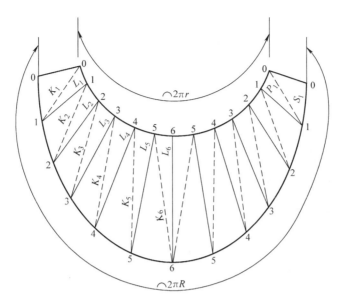

图 4-22　展开图

① $L_0 = \sqrt{(516 - 120 - 268)^2 + (0 - 0)^2 + 278^2} = 306$

$L_1 = \sqrt{(447 - 120 - 232)^2 + (304 - 134)^2 + 321^2} = 375$

$L_2 = \sqrt{(258 - 120 - 134)^2 + (527 - 232)^2 + 439^2} = 529$

$L_3 = \sqrt{(0 - 120 - 0)^2 + (608 - 268)^2 + 600^2} = 700$

$L_4 = \sqrt{(258 + 120 - 134)^3 + (527 - 232)^2 + 761^2} = 852$

$L_5 = \sqrt{(447 + 120 - 232)^2 + (304 - 134)^2 + 879^2} = 956$

$L_6 = \sqrt{(516 + 120 - 268)^2 + (0 - 0)^2 + 922^2} = 993$

② $K_1 = \sqrt{(447 - 120 - 268)^2 + (304 - 0)^2 + 321^2} = 446$

$K_2 = \sqrt{(258 - 120 - 232)^2 + (527 - 134)^2 + 439^2} = 597$

$K_3 = \sqrt{(0 - 120 - 134)^2 + (608 - 232)^2 + 600^2} = 752$

$K_4 = \sqrt{(258 + 120 - 0)^2 + (527 - 268)^2 + 761^2} = 888$

$K_5 = \sqrt{(447 + 120 - 134)^2 + (304 - 232)^2 + 879^2} = 983$

$K_6 = \sqrt{(516 + 120 - 232)^2 + (0 - 134)^2 + 922^2} = 1016$

③ $S_0 = 3.1416 \times 608 \times 0°/180° = 0$

$S_1 = 3.1416 \times 608 \times 30°/180° = 318$

$S_2 = 3.1416 \times 608 \times 60°/180° = 637$

$S_3 = 3.1416 \times 608 \times 90°/180° = 955$

$S_4 = 3.1416 \times 608 \times 120°/180° = 1273$

$S_5 = 3.1416 \times 608 \times 150°/180° = 1592$

$S_6 = 3.1416 \times 608 \times 180°/180° = 1910$

④ $P_0 = 3.1416 \times 268 \times 0°/180° = 0$

$P_1 = 3.1416 \times 268 \times 30°/180° = 140$

$P_2 = 3.1416 \times 268 \times 60°/180° = 281$

$P_3 = 3.1416 \times 268 \times 90°/180° = 421$

$P_4 = 3.1416 \times 268 \times 120°/180° = 561$

$P_5 = 3.1416 \times 268 \times 150°/180° = 702$

$P_6 = 3.1416 \times 268 \times 180°/180° = 842$

八、底口倾斜偏心斜圆锥台 II（图 4-23）展开

1. 展开计算模板（左低右高倾斜，左偏心）

1）已知条件（图 4-24）：

① 圆锥台底口中半径 R；

② 圆锥台顶口中半径 r；

③ 圆锥台底口倾斜角 Q；

④ 圆锥台两口偏心距 b；

⑤ 底口中至顶口端高 h。

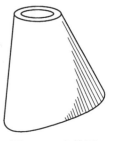

图 4-23　立体图

2）所求对象：

① 圆锥台展开各实长素线 $L_{0 \sim n}$；

② 圆锥台各等分段实长对角线 $K_{1 \sim n}$；

③ 圆锥台底端口各等分段中弧长 $S_{0 \sim n}$；

④ 圆锥台顶端口各等分段中弧长 $P_{0 \sim n}$。

3）过渡条件公式：

① 圆锥台底口各等分点至顶口边垂高

$$H_{0 \sim n} = h - R\cos\beta_{0 \sim n}\sin Q$$

② 俯视图底口各等分点投影横半距

$$e_{0 \sim n} = |R\cos\beta_{0 \sim n}\cos Q|$$

③ 俯视图底口各等分点投影纵半距

$$f_{0 \sim n} = R\sin\beta_{0 \sim n}$$

④ 俯视图顶口各等分点横半距

$$c_{0 \sim n} = |r\cos\beta_{0 \sim n}|$$

⑤ 俯视图顶口各等分点纵半距

$$d_{0 \sim n} = r\sin\beta_{0 \sim n}$$

4）计算公式：

① $L_{0 \sim n} = \sqrt{(e_{0 \sim n} \pm b - c_{0 \sim n})^2 + (f_{0 \sim n} - d_{0 \sim n})^2 + H_{0 \sim n}^2}$

（计算时，等分中点及其前半部分 b 前用 "＋" 号，后半部分 b 前用 "－" 号。）

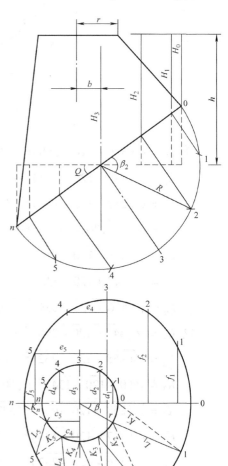

图 4-24　主、俯视图

② $K_{1 \sim n} = \sqrt{[e_{1 \sim n} \pm b - c_{0 \sim (n-1)}]^2 + [f_{1 \sim n} - d_{0 \sim (n-1)}]^2 + H_{1 \sim n}^2}$

（计算时，等分中点及其前半部分 b 前用 "＋" 号，后半部分 b 前用 "－" 号。）

③ $S_{0 \sim n} = \pi R\beta_{0 \sim n}/180°$

④ $P_{0 \sim n} = \pi r\beta_{0 \sim n}/180°$

式中　n——圆锥台顶底口半圆周等分份数；

　　$\beta_{0\sim n}$——圆锥台顶底口各等分点分别同各自圆心连线与 0 位半径轴夹角。

说明：

① 公式中除 K 以外，其他 $0\sim n$ 编号均一致。

② "K" 公式中 e 和 c，f 和 d 的编号不一致，其实是 c、d 分别对应 e、f 的编号数对应减去 1，计算时按各自的编号对应取值。

2. 展开计算实例（图 4-25）

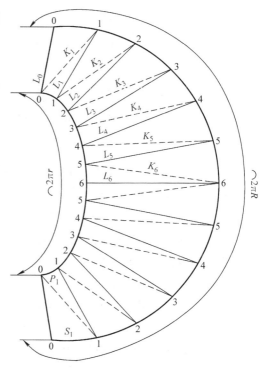

1）已知条件（图 4-24）：$R = 610$，$r = 270$，$Q = 35°$，$b = 140$，$h = 750$。

2）所求对象同本节"展开计算模板"。

3）过渡条件（设 $n = 6$）：

① $H_0 = 750 - 610 \times \cos 0° \times \sin 35° = 400$

　$H_1 = 750 - 610 \times \cos 30° \times \sin 35° = 447$

　$H_2 = 750 - 610 \times \cos 60° \times \sin 35° = 575$

　$H_3 = 750 - 610 \times \cos 90° \times \sin 35° = 750$

　$H_4 = 750 - 610 \times \cos 120° \times \sin 35° = 925$

　$H_5 = 750 - 610 \times \cos 150° \times \sin 35° = 1053$

　$H_6 = 750 - 610 \times \cos 180° \times \sin 35° = 1100$

② $e_0 = |610 \times \cos 0° \times \cos 35°| = 500$

　$e_1 = |610 \times \cos 30° \times \cos 35°| = 433$

　$e_2 = |610 \times \cos 60° \times \cos 35°| = 250$

　$e_3 = |610 \times \cos 90° \times \cos 35°| = 0$

　$e_4 = |610 \times \cos 120° \times \cos 35°| = 250$

　$e_5 = |610 \times \cos 150° \times \cos 35°| = 433$

　$e_6 = |610 \times \cos 180° \times \cos 35°| = 500$

图 4-25　展开图

③ $f_0 = 610 \times \sin 0° = 0$　$f_1 = 610 \times \sin 30° = 305$

　$f_2 = 610 \times \sin 60° = 528$　$f_3 = 610 \times \sin 90° = 610$

　$f_4 = 610 \times \sin 120° = 528$　$f_5 = 610 \times \sin 150° = 305$

　$f_6 = 610 \times \sin 180° = 0$

④ $c_0 = |270 \times \cos 0°| = 270$　$c_1 = |270 \times \cos 30°| = 234$　$c_2 = |270 \times \cos 60°| = 135$

　$c_3 = |270 \times \cos 90°| = 0$　$c_4 = |270 \times \cos 120°| = 135$　$c_5 = |270 \times \cos 150°| = 234$

　$c_6 = |270 \times \cos 180°| = 270$

⑤ $d_0 = 270 \times \sin 0° = 0$　$d_1 = 270 \times \sin 30° = 135$　$d_2 = 270 \times \sin 60° = 234$

　$d_3 = 270 \times \sin 90° = 270$　$d_4 = 270 \times \sin 120° = 234$　$d_5 = 270 \times \sin 150° = 135$

　$d_6 = 270 \times \sin 180° = 0$

4）计算结果：

① $L_0 = \sqrt{(500 + 140 - 270)^2 + (0 - 0)^2 + 400^2} = 545$

$$L_1 = \sqrt{(433 + 140 - 234)^2 + (305 - 135)^2 + 447^2} = 586$$

$$L_2 = \sqrt{(250 + 140 - 135)^2 + (528 - 234)^2 + 575^2} = 694$$

$$L_3 = \sqrt{(0 + 140 - 0)^2 + (610 - 270)^2 + 750^2} = 835$$

$$L_4 = \sqrt{(250 - 140 - 135)^2 + (528 - 234)^2 + 925^2} = 971$$

$$L_5 = \sqrt{(433 - 140 - 234)^2 + (305 - 135)^2 + 1053^2} = 1068$$

$$L_6 = \sqrt{(500 - 140 - 270)^2 + (0 - 0)^2 + 1100^2} = 1104$$

② $K_1 = \sqrt{(433 + 140 - 270)^2 + (305 - 0)^2 + 447^2} = 620$

$$K_2 = \sqrt{(250 + 140 - 234)^2 + (528 - 135)^2 + 575^2} = 714$$

$$K_3 = \sqrt{(0 + 140 - 135)^2 + (610 - 234)^2 + 750^2} = 839$$

$$K_4 = \sqrt{(250 - 140 - 0)^2 + (528 - 270)^2 + 925^2} = 967$$

$$K_5 = \sqrt{(433 - 140 - 135)^2 + (305 - 234)^2 + 1053^2} = 1067$$

$$K_6 = \sqrt{(500 - 140 - 234)^2 + (0 - 135)^2 + 1100^2} = 1115$$

③ $S_0 = 3.1416 \times 610 \times 0°/180° = 0$

$S_1 = 3.1416 \times 610 \times 30°/180° = 319$

$S_2 = 3.1416 \times 610 \times 60°/180° = 639$

$S_3 = 3.1416 \times 610 \times 90°/180° = 958$

$S_4 = 3.1416 \times 610 \times 120°/180° = 1278$

$S_5 = 3.1416 \times 610 \times 150°/180° = 1597$

$S_6 = 3.1416 \times 610 \times 180°/180° = 1916$

④ $P_0 = 3.1416 \times 270 \times 0°/180° = 0$

$P_1 = 3.1416 \times 270 \times 30°/180° = 141$

$P_2 = 3.1416 \times 270 \times 60°/180° = 283$

$P_3 = 3.1416 \times 270 \times 90°/180° = 424$

$P_4 = 3.1416 \times 270 \times 120°/180° = 565$

$P_5 = 3.1416 \times 270 \times 150°/180° = 707$

$P_6 = 3.1416 \times 270 \times 180°/180° = 848$

九、顶口倾斜正心圆锥台（图 4-26）展开

1. 展开计算模板（左高右低倾斜）

1）已知条件（图 4-27）：

① 圆锥台底口中半径 R；

② 圆锥台顶口中半径 r；

③ 圆锥台顶口倾斜角 Q；

④ 顶口中至底口端高 h。

2）所求对象：

① 圆锥台展开各实长素线 $L_{0 \sim n}$；

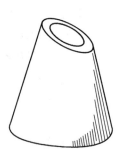

图 4-26　立体图

② 圆锥台各等分段实长对角线 $K_{1 \sim n}$；

③ 圆锥台底端口各等分段中弧长 $S_{0 \sim n}$；

④ 圆锥台顶端口各等分段中弧长 $P_{0 \sim n}$。

3）过渡条件公式：

① 圆锥台顶口各等分点至底口边垂高

$$H_{0 \sim n} = h - r\cos\beta_{0 \sim n}\sin Q$$

② 俯视图顶口各等分点投影横半距

$$c_{0 \sim n} = |r\cos\beta_{0 \sim n}\cos Q|$$

③ 俯视图顶口各等分点投影纵半距

$$d_{0 \sim n} = r\sin\beta_{0 \sim n}$$

④ 俯视图底口各等分点横半距

$$e_{0 \sim n} = |R\cos\beta_{0 \sim n}|$$

⑤ 俯视图底口各等分点纵半距

$$f_{0 \sim n} = R\sin\beta_{0 \sim n}$$

4）计算公式：

① $L_{0 \sim n} = \sqrt{(e_{0 \sim n} - c_{0 \sim n})^2 + (f_{0 \sim n} - d_{0 \sim n})^2 + H_{0 \sim n}^2}$

② $K_{1 \sim n} = \sqrt{[e_{1 \sim n} - c_{0 \sim (n-1)}]^2 + [f_{1 \sim n} - d_{0 \sim (n-1)}]^2 + H_{0 \sim (n-1)}^2}$

③ $S_{0 \sim n} = \pi R\beta_{0 \sim n}/180°$

④ $P_{0 \sim n} = \pi r\beta_{0 \sim n}/180°$

式中　n——圆锥台顶底口半圆周等分份数；

　　　$\beta_{0 \sim n}$——圆锥台顶底口圆周各等分点分别同圆心连线与 0 位半径轴的夹角。

说明：

① 公式中除 K 以外，其他 $0 \sim n$ 编号均一致。

② "K" 公式中 e 和 c、f 和 d 的编号不一致，其实是 c、d 分别对应的 e、f 的编号减去 1 即可，计算时按各自编号对应取值。

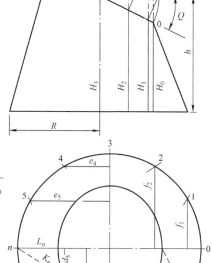

图 4-27　主、俯视图

2. 展开计算实例（图 4-28）

1）已知条件（图 4-27）：$R = 920$，$r = 600$，$Q = 20°$，$h = 1600$。

2）所求对象同本节"展开计算模板"。

3）过渡条件（设 $n = 6$）：

① $H_0 = 1600 - 600 \times \cos0° \times \sin20° = 1395$

　　$H_1 = 1600 - 600 \times \cos30° \times \sin20° = 1422$

　　$H_2 = 1600 - 600 \times \cos60° \times \sin20° = 1497$

　　$H_3 = 1600 - 600 \times \cos90° \times \sin20° = 1600$

　　$H_4 = 1600 - 600 \times \cos120° \times \sin20° = 1703$

　　$H_5 = 1600 - 600 \times \cos150° \times \sin20° = 1778$

　　$H_6 = 1600 - 600 \times \cos180° \times \sin20° = 1805$

② $c_0 = |600 \times \cos0° \times \cos20°| = 564$

　　$c_1 = |600 \times \cos30° \times \cos20°| = 488$

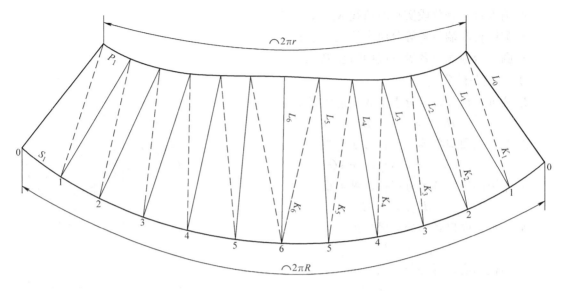

图 4-28　展开图

$$c_2 = \left| 600 \times \cos 60° \times \cos 20° \right| = 282$$

$$c_3 = \left| 600 \times \cos 90° \times \cos 20° \right| = 0$$

$$c_4 = \left| 600 \times \cos 120° \times \cos 20° \right| = 282$$

$$c_5 = \left| 600 \times \cos 150° \times \cos 20° \right| = 488$$

$$c_6 = \left| 600 \times \cos 180° \times \cos 20° \right| = 564$$

③ $d_0 = 600 \times \sin 0° = 0 \quad d_1 = 600 \times \sin 30° = 300$

$d_2 = 600 \times \sin 60° = 520 \quad d_3 = 600 \times \sin 90° = 600$

$d_4 = 600 \times \sin 120° = 520 \quad d_5 = 600 \times \sin 150° = 300$

$d_6 = 600 \times \sin 180° = 0$

④ $e_0 = \left| 920 \times \cos 0° \right| = 920 \quad e_1 = \left| 920 \times \cos 30° \right| = 797$

$e_2 = \left| 920 \times \cos 60° \right| = 460 \quad e_3 = \left| 920 \times \cos 90° \right| = 0 \quad e_4 = \left| 920 \times \cos 120° \right| = 460$

$e_5 = \left| 920 \times \cos 150° \right| = 797 \quad e_6 = \left| 920 \times \cos 180° \right| = 920$

⑤ $f_0 = 920 \times \sin 0° = 0 \quad f_1 = 920 \times \sin 30° = 460 \quad f_2 = 920 \times \sin 60° = 797$

$f_3 = 920 \times \sin 90° = 920 \quad f_4 = 920 \times \sin 120° = 797 \quad f_5 = 920 \times \sin 150° = 460$

$f_6 = 920 \times \sin 180° = 0$

4）计算结果：

① $L_0 = \sqrt{(920 - 564)^2 + (0 - 0)^2 + 1395^2} = 1440$

$L_1 = \sqrt{(797 - 488)^2 + (460 - 300)^2 + 1422^2} = 1464$

$L_2 = \sqrt{(460 - 282)^2 + (797 - 520)^2 + 1497^2} = 1533$

$L_3 = \sqrt{(0 - 0)^2 + (920 - 600)^2 + 1600^2} = 1632$

$L_4 = \sqrt{(460 - 282)^2 + (797 - 520)^2 + 1703^2} = 1735$

$L_5 = \sqrt{(797 - 488)^2 + (460 - 300)^2 + 1778^2} = 1812$

$L_6 = \sqrt{(920 - 564)^2 + (0 - 0)^2 + 1805^2} = 1840$

② $K_1 = \sqrt{(797 - 564)^2 + (460 - 0)^2 + 1395^2} = 1487$

$$K_2 = \sqrt{(460-488)^2 + (797-300)^2 + 1422^2} = 1507$$

$$K_3 = \sqrt{(0-282)^2 + (920-520)^2 + 1497^2} = 1575$$

$$K_4 = \sqrt{(460-0)^2 + (797-600)^2 + 1600^2} = 1676$$

$$K_5 = \sqrt{(797-282)^2 + (460-520)^2 + 1703^2} = 1780$$

$$K_6 = \sqrt{(920-488)^2 + (0-300)^2 + 1778^2} = 1854$$

③ $S_1 = 3.1416 \times 920 \times 30°/180° = 482$

$S_2 = 3.1416 \times 920 \times 60°/180° = 963$

$S_3 = 3.1416 \times 920 \times 90°/180° = 1445$

$S_4 = 3.1416 \times 920 \times 120°/180° = 1927$

$S_5 = 3.1416 \times 920 \times 150°/180° = 2409$

$S_6 = 3.1416 \times 920 \times 180°/180° = 2890$

④ $P_1 = 3.1416 \times 600 \times 30°/180° = 314$

$P_2 = 3.1416 \times 600 \times 60°/180° = 628$

$P_3 = 3.1416 \times 600 \times 90°/180° = 942$

$P_4 = 3.1416 \times 600 \times 120°/180° = 1257$

$P_5 = 3.1416 \times 600 \times 150°/180° = 1571$

$P_6 = 3.1416 \times 600 \times 180°/180° = 1885$

十、顶口倾斜偏心斜圆锥台 I（图4-29）展开

1. 展开计算模板（左高右低倾斜，右偏心）

1）已知条件（图4-30）：

① 圆锥台底口中半径 R；

② 圆锥台顶口中半径 r；

③ 圆锥台顶口倾斜角 Q；

④ 圆锥台两口偏心距 b；

⑤ 顶口中至底口端高 h。

图4-29　立体图

2）所求对象：

① 圆锥台展开各实长素线 $L_{0 \sim n}$；

② 圆锥台各等分段实长对角线 $K_{1 \sim n}$；

③ 圆锥台底口各等分段中弧长 $S_{0 \sim n}$；

④ 圆锥台顶口各等分段中弧长 $P_{0 \sim n}$。

3）过渡条件公式：

① 圆锥台顶口各等分点至底口边垂高

$$H_{0 \sim n} = h - r\cos\beta_{0 \sim n}\sin Q$$

② 俯视图顶口各等分点投影横半距

$$c_{0 \sim n} = |r\cos\beta_{0 \sim n}\cos Q|$$

③ 俯视图顶口各等分点投影纵半距

$$d_{0 \sim n} = r\sin\beta_{0 \sim n}$$

④ 俯视图底口各等分点横半距

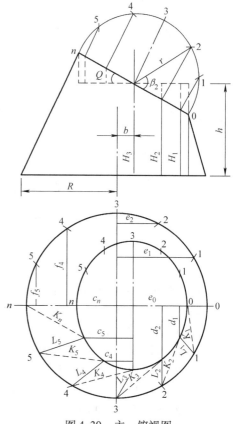

图4-30　主、俯视图

$$e_{0 \sim n} = |R\cos\beta_{0 \sim n}|$$

⑤ 俯视图底口各等分点纵半距

$$f_{0 \sim n} = R\sin\beta_{0 \sim n}$$

4）计算公式：

① $L_{0 \sim n} = \sqrt{(e_{0 \sim n} \mp b - c_{0 \sim n})^2 + (f_{0 \sim n} - d_{0 \sim n})^2 + H_{0 \sim n}^2}$

（计算时，等分中点及其前半部分 b 前用 "－" 号，后半部分 b 前用 "＋" 号。）

② $K_{1 \sim n} = \sqrt{[e_{1 \sim n} \mp b - c_{0 \sim (n-1)}]^2 + [f_{1 \sim n} - d_{0 \sim (n-1)}]^2 + H_{0 \sim (n-1)}^2}$

（计算时，等分中点及其前半部分 b 前用 "－" 号；后半部分 b 前用 "＋" 号。）

③ $S_{0 \sim n} = \pi R\beta_{0 \sim n}/180°$

④ $P_{0 \sim n} = \pi r\beta_{0 \sim n}/180°$

式中　n——圆锥台顶底口半圆周等分份数；

　　$\beta_{0 \sim n}$——圆锥台顶底口圆周各等分点分别同各自圆心连线与 0 位半径轴的夹角。

说明：

① 公式中除 K 以外，其他 $0 \sim n$ 编号均一致。

② "K" 公式中 e 和 c、f 和 d 的编号不一致，其实是 c、d 分别对应的 e、f 的编号数减去 1 即可，计算时按各自编号取值。

2. 展开计算实例（图 4-31）

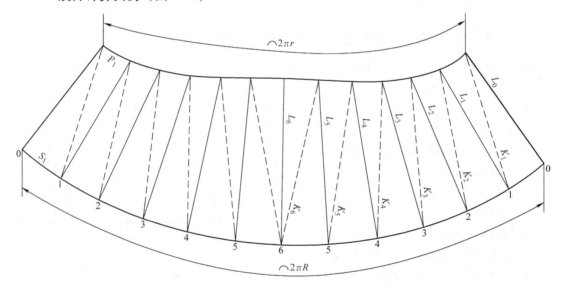

图 4-31　展开图

1）已知条件（图 4-30）：$R = 920$，$r = 600$，$Q = 20°$，$b = 250$，$h = 1600$。

2）所求对象同本节 "展开计算模板"。

3）过渡条件（设 $n = 6$）：

① $H_0 = 1600 - 600 \times \cos0° \times \sin20° = 1395$

　　$H_1 = 1600 - 600 \times \cos30° \times \sin20° = 1422$

　　$H_2 = 1600 - 600 \times \cos60° \times \sin20° = 1497$

　　$H_3 = 1600 - 600 \times \cos90° \times \sin20° = 1600$

　　$H_4 = 1600 - 600 \times \cos120° \times \sin20° = 1703$

$$H_5 = 1600 - 600 \times \cos 150° \times \sin 20° = 1778$$
$$H_6 = 1600 - 600 \times \cos 180° \times \sin 20° = 1805$$

② $c_0 = \left| 600 \times \cos 0° \times \cos 20° \right| = 564$

$c_1 = \left| 600 \times \cos 30° \times \cos 20° \right| = 488$

$c_2 = \left| 600 \times \cos 60° \times \cos 20° \right| = 282$

$c_3 = \left| 600 \times \cos 90° \times \cos 20° \right| = 0$

$c_4 = \left| 600 \times \cos 120° \times \cos 20° \right| = 282$

$c_5 = \left| 600 \times \cos 150° \times \cos 20° \right| = 488$

$c_6 = \left| 600 \times \cos 180° \times \cos 20° \right| = 564$

③ $d_0 = 600 \times \sin 0° = 0$　　$d_1 = 600 \times \sin 30° = 300$

$d_2 = 600 \times \sin 60° = 520$　　$d_3 = 600 \times \sin 90° = 600$

$d_4 = 600 \times \sin 120° = 520$　　$d_5 = 600 \times \sin 150° = 300$

$d_6 = 600 \times \sin 180° = 0$

④ $e_0 = \left| 920 \times \cos 0° \right| = 920$　　$e_1 = \left| 920 \times \cos 30° \right| = 797$

$e_2 = \left| 920 \times \cos 60° \right| = 460$　　$e_3 = \left| 920 \times \cos 90° \right| = 0$　　$e_4 = \left| 920 \times \cos 120° \right| = 460$

$e_5 = \left| 920 \times \cos 150° \right| = 797$　　$e_6 = \left| 920 \times \cos 180° \right| = 920$

⑤ $f_0 = 920 \times \sin 0° = 0$　　$f_1 = 920 \times \sin 30° = 460$　　$f_2 = 920 \times \sin 60° = 797$

$f_3 = 920 \times \sin 90° = 920$　　$f_4 = 920 \times \sin 120° = 797$　　$f_5 = 920 \times \sin 150° = 460$

$f_6 = 920 \times \sin 180° = 0$

4）计算结果：

① $L_0 = \sqrt{(920 - 250 - 564)^2 + (0 - 0)^2 + 1395^2} = 1399$

$L_1 = \sqrt{(797 - 250 - 488)^2 + (460 - 300)^2 + 1422^2} = 1432$

$L_2 = \sqrt{(460 - 250 - 282)^2 + (797 - 520)^2 + 1497^2} = 1524$

$L_3 = \sqrt{(0 - 250 - 0)^2 + (920 - 600)^2 + 1600^2} = 1651$

$L_4 = \sqrt{(460 + 250 - 282)^2 + (797 - 520)^2 + 1703^2} = 1778$

$L_5 = \sqrt{(797 + 250 - 488)^2 + (460 - 300)^2 + 1778^2} = 1871$

$L_6 = \sqrt{(920 + 250 - 564)^2 + (0 - 0)^2 + 1805^2} = 1904$

② $K_1 = \sqrt{(797 - 250 - 564)^2 + (460 - 0)^2 + 1395^2} = 1469$

$K_2 = \sqrt{(460 - 250 - 488)^2 + (797 - 300)^2 + 1422^2} = 1532$

$K_3 = \sqrt{(0 - 250 - 282)^2 + (920 - 520)^2 + 1497^2} = 1638$

$K_4 = \sqrt{(460 + 250 - 0)^2 + (797 - 600)^2 + 1600^2} = 1762$

$K_5 = \sqrt{(797 + 250 - 282)^2 + (460 - 520)^2 + 1703^2} = 1868$

$K_6 = \sqrt{(920 + 250 - 488)^2 + (0 - 300)^2 + 1778^2} = 1928$

③ $S_1 = 3.1416 \times 920 \times 30°/180° = 482$　　$S_2 = 3.1416 \times 920 \times 60°/180° = 963$

$S_3 = 3.1416 \times 920 \times 90°/180° = 1445$　　$S_4 = 3.1416 \times 920 \times 120°/180° = 1927$

$S_5 = 3.1416 \times 920 \times 150°/180° = 2409$　　$S_6 = 3.1416 \times 920 \times 180°/180° = 2890$

④ $P_1 = 3.1416 \times 600 \times 30°/180° = 314$　　$P_2 = 3.1416 \times 600 \times 60°/180° = 628$

$P_3 = 3.1416 \times 600 \times 90°/180° = 942$　　$P_4 = 3.1416 \times 600 \times 120°/180° = 1257$

$P_5 = 3.1416 \times 600 \times 150°/180° = 1571$　　$P_6 = 3.1416 \times 600 \times 180°/180° = 1885$

十一、顶口倾斜偏心斜圆锥台Ⅱ（图4-32）展开

1. 展开计算模板（左高右低倾斜，左偏心）

1）已知条件（图4-33）：

① 圆锥台底口中半径 R；

② 圆锥台顶口中半径 r；

③ 圆锥台顶口倾斜角 Q；

④ 圆锥台两口偏心距 b；

⑤ 顶口中至底口端高 h。

图 4-32　立体图

2）所求对象：

① 圆锥台展开各实长素线 $L_{0 \sim n}$；

② 圆锥台各等分段实长对角线 $K_{1 \sim n}$；

③ 圆锥台底口各等分段中弧长 $S_{0 \sim n}$；

④ 圆锥台顶口各等分段中弧长 $P_{0 \sim n}$。

3）过渡条件公式：

① 圆锥台顶口各等分点至底口边垂高

$$H_{0 \sim n} = h - r\cos\beta_{0 \sim n}\sin Q$$

② 俯视图顶口各等分点横半距

$$c_{0 \sim n} = |r\cos\beta_{0 \sim n}\cos Q|$$

③ 俯视图顶口各等分点纵半距

$$d_{0 \sim n} = r\sin\beta_{0 \sim n}$$

④ 俯视图底口各等分点横半距

$$e_{0 \sim n} = |R\cos\beta_{0 \sim n}|$$

⑤ 俯视图底口各等分点纵半距

$$f_{0 \sim n} = R\sin\beta_{0 \sim n}$$

4）计算公式：

① $L_{0 \sim n} = \sqrt{(e_{0 \sim n} \mp b - c_{0 \sim n})^2 + (f_{0 \sim n} - d_{0 \sim n})^2 + H_{0 \sim n}^2}$

（计算时，等分中点及其前半部分 b 前用 "＋" 号，后半部分 b 前用 "－" 号。）

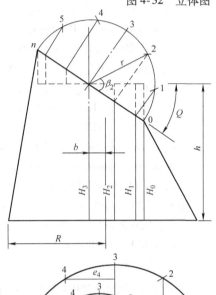

② $K_{1 \sim n} = \sqrt{[e_{1 \sim n} \mp b - c_{0 \sim (n-1)}]^2 + [f_{1 \sim n} - d_{0 \sim (n-1)}]^2 + H_{0 \sim (n-1)}^2}$

（计算时，等分中点及其前半部分 b 前用 "＋" 号，后半部分 b 前用 "－" 号。）

③ $S_{0 \sim n} = \pi R\beta_{0 \sim n}/180°$

④ $P_{0 \sim n} = \pi r\beta_{0 \sim n}/180°$

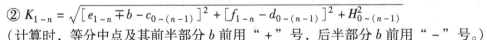

图 4-33　主、俯视图

式中　n——圆锥台顶底口半圆周等分份数；

$\beta_{0 \sim n}$——圆锥台顶底口圆周各等分点分别同各自圆心连线与 0 位半径轴的夹角。

说明：

① 公式中除 K 以外，其他 $0 \sim n$ 编号均一致。

② "K" 公式中 e 和 c、f 和 d 的编号不一致，c、d 的编号分别对应的 e、f 的编号减去 1 即可，而计算时按各自编号取值。

2. 展开计算实例（图4-34）

1）已知条件（图4-33）：$R = 608$，$r = 408$，$Q = 33°$，$b = 100$，$h = 820$。

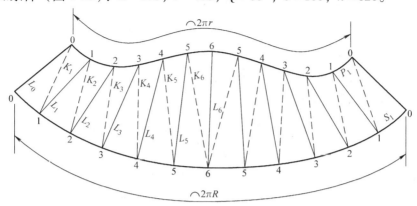

图4-34　展开图

2）所求对象同本节"展开计算模板"。

3）过渡条件（设 $n = 6$）：

① $H_0 = 820 - 408 \times \cos 0° \times \sin 33° = 598$

　$H_1 = 820 - 408 \times \cos 30° \times \sin 33° = 628$

　$H_2 = 820 - 408 \times \cos 60° \times \sin 33° = 709$

　$H_3 = 820 - 408 \times \cos 90° \times \sin 33° = 820$

　$H_4 = 820 - 408 \times \cos 120° \times \sin 33° = 931$

　$H_5 = 820 - 408 \times \cos 150° \times \sin 33° = 1012$

　$H_6 = 820 - 408 \times \cos 180° \times \sin 33° = 1042$

② $c_0 = \left| 408 \times \cos 0° \times \cos 33° \right| = 342$

　$c_1 = \left| 408 \times \cos 30° \times \cos 33° \right| = 296$

　$c_2 = \left| 408 \times \cos 60° \times \cos 33° \right| = 171$

　$c_3 = \left| 408 \times \cos 90° \times \cos 33° \right| = 0$

　$c_4 = \left| 408 \times \cos 120° \times \cos 33° \right| = 171$

　$c_5 = \left| 408 \times \cos 150° \times \cos 33° \right| = 296$

　$c_6 = \left| 408 \times \cos 180° \times \cos 33° \right| = 342$

③ $d_0 = 408 \times \sin 0° = 0$

　$d_1 = 408 \times \sin 30° = 204$　$d_2 = 408 \times \sin 60° = 353$　$d_3 = 408 \times \sin 90° = 408$

　$d_4 = 408 \times \sin 120° = 353$　$d_5 = 408 \times \sin 150° = 204$　$d_6 = 408 \times \sin 180° = 0$

④ $e_0 = \left| 608 \times \cos 0° \right| = 608$

　$e_1 = \left| 608 \times \cos 30° \right| = 527$　$e_2 = \left| 608 \times \cos 60° \right| = 304$　$e_3 = \left| 608 \times \cos 90° \right| = 0$

　$e_4 = \left| 608 \times \cos 120° \right| = 304$　$e_5 = \left| 608 \times \cos 150° \right| = 527$　$e_6 = \left| 608 \times \cos 180° \right| = 608$

⑤ $f_0 = 608 \times \sin 0° = 0$

　$f_1 = 608 \times \sin 30° = 304$　$f_2 = 608 \times \sin 60° = 527$　$f_3 = 608 \times \sin 90° = 608$

　$f_4 = 608 \times \sin 120° = 527$　$f_5 = 608 \times \sin 150° = 304$　$f_6 = 608 \times \sin 180° = 0$

4）计算结果：

① $L_0 = \sqrt{(608 + 100 - 342)^2 + (0 - 0)^2 + 598^2} = 701$

　$L_1 = \sqrt{(527 + 100 - 296)^2 + (304 - 204)^2 + 628^2} = 717$

$$L_2 = \sqrt{(304+100-171)^2 + (527-353)^2 + 709^2} = 766$$

$$L_3 = \sqrt{(0+100-0)^2 + (608-408)^2 + 820^2} = 850$$

$$L_4 = \sqrt{(304-100-171)^2 + (527-353)^2 + 931^2} = 948$$

$$L_5 = \sqrt{(527-100-296)^2 + (304-204)^2 + 1012^2} = 1025$$

$$L_6 = \sqrt{(608-100-342)^2 + (0-0)^2 + 1042^2} = 1055$$

② $K_1 = \sqrt{(527+100-342)^2 + (304-0)^2 + 598^2} = 729$

$$K_2 = \sqrt{(304+100-296)^2 + (527-204)^2 + 628^2} = 714$$

$$K_3 = \sqrt{(0+100-171)^2 + (608-353)^2 + 709^2} = 757$$

$$K_4 = \sqrt{(304-100-0)^2 + (527-408)^2 + 820^2} = 853$$

$$K_5 = \sqrt{(527-100-171)^2 + (304-353)^2 + 931^2} = 967$$

$$K_6 = \sqrt{(608-100-296)^2 + (0-204)^2 + 1012^2} = 1054$$

③ $S_0 = 3.1416 \times 608 \times 0°/180° = 0$

$S_1 = 3.1416 \times 608 \times 30°/180° = 318$

$S_2 = 3.1416 \times 608 \times 60°/180° = 637$

$S_3 = 3.1416 \times 608 \times 90°/180° = 955$

$S_4 = 3.1416 \times 608 \times 120°/180° = 1273$

$S_5 = 3.1416 \times 608 \times 150°/180° = 1592$

$S_6 = 3.1416 \times 608 \times 180°/180° = 1910$

④ $P_0 = 3.1416 \times 408 \times 0°/180° = 0$

$P_1 = 3.1416 \times 408 \times 30°/180° = 214$

$P_2 = 3.1416 \times 408 \times 60°/180° = 427$

$P_3 = 3.1416 \times 408 \times 90°/180° = 641$

$P_4 = 3.1416 \times 408 \times 120°/180° = 855$

$P_5 = 3.1416 \times 408 \times 150°/180° = 1068$

$P_6 = 3.1416 \times 408 \times 180°/180° = 1282$

十二、大小口垂直偏心斜圆锥台（图 4-35）展开

1. 展开计算模板（右偏心）

1）已知条件（图 4-36）：

① 圆锥台大口中半径 R；

② 圆锥台小口中半径 r；

③ 圆锥台两口偏心距 b；

④ 小口中至大口端高 h。

2）所求对象：

① 圆锥台展开各实长素线 $L_{0 \sim n}$；

② 圆锥台各等分段实长对角线 $K_{1 \sim n}$；

③ 圆锥台大口各等分段中弧长 $S_{0 \sim n}$；

④ 圆锥台小口各等分段中弧长 $P_{0 \sim n}$。

3）过渡条件公式：

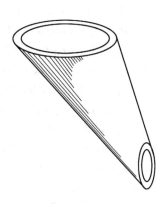

图 4-35　立体图

① 小口各等分点至大口端面垂高

$$H_{0 \sim n} = h - r\cos\beta_{0 \sim n}$$

② 俯视图大口各等分点纵半距

$$f_{0 \sim n} = R\sin\beta_{0 \sim n}$$

③ 俯视图小口各等分点纵半距

$$d_{0 \sim n} = r\sin\beta_{0 \sim n}$$

4）计算公式：

① $L_{0 \sim n} = \sqrt{(b - R\cos\beta_{0 \sim n})^2 + (f_{0 \sim n} - d_{0 \sim n})^2 + H_{0 \sim n}^2}$

② $K_{1 \sim n} = \sqrt{(b - R\cos\beta_{1 \sim n})^2 + [f_{1 \sim n} - d_{0 \sim (n-1)}]^2 + H_{0 \sim (n-1)}^2}$

③ $S_{0 \sim n} = \pi R\beta_{0 \sim n}/180°$

④ $P_{0 \sim n} = \pi r\beta_{0 \sim n}/180°$

式中　　　n——圆锥台大小口半圆周等分份数；

　　$\beta_{0 \sim n}$——圆锥台大小口圆周各等分点分别同各自圆心连线，与 0 位半径轴的夹角；

$R\cos\beta_{0 \sim n}$——俯视图大口各等分点至纵向中轴横半距。

说明：

① 公式中除 K 以外，其他 $0 \sim n$ 编号均一致。

② "K" 公式中 d 和 H 的编号比其他的编号数减 1 即可，计算时按各自编号取值。

2. 展开计算实例（图 4-37）

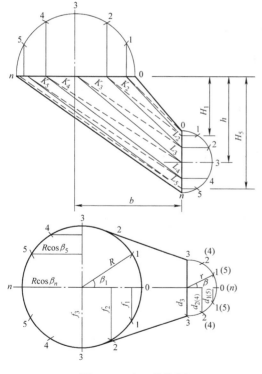

图 4-36　主、俯视图

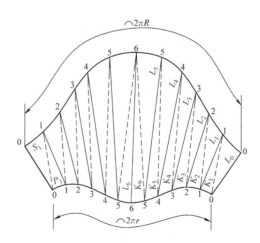

图 4-37　展开图

1）已知条件（图 4-36）：$R = 304$，$r = 154$，$b = 470$，$h = 420$。

2）所求对象同本节"展开计算模板"。

3）过渡条件（设 $n = 6$）：

① $H_0 = 420 - 154 \times \cos 0° = 266$

　$H_1 = 420 - 154 \times \cos 30° = 287$

　$H_2 = 420 - 154 \times \cos 60° = 343$

　$H_3 = 420 - 154 \times \cos 90° = 420$

　$H_4 = 420 - 154 \times \cos 120° = 497$

　$H_5 = 420 - 154 \times \cos 150° = 553$

　$H_6 = 420 - 154 \times \cos 180° = 574$

② $f_0 = 304 \times \sin 0° = 0$

　$f_1 = 304 \times \sin 30° = 152$　$f_2 = 304 \times \sin 60° = 263$　$f_3 = 304 \times \sin 90° = 304$

　$f_4 = 304 \times \sin 120° = 263$　$f_5 = 304 \times \sin 150° = 152$　$f_6 = 304 \times \sin 180° = 0$

③ $d_0 = 154 \times \sin 0° = 0$

　$d_1 = 154 \times \sin 30° = 77$　$d_2 = 154 \times \sin 60° = 133$　$d_3 = 154 \times \sin 90° = 154$

　$d_4 = 154 \times \sin 120° = 133$　$d_5 = 154 \times \sin 150° = 77$　$d_6 = 154 \times \sin 180° = 0$

4）计算结果：

① $L_0 = \sqrt{(470 - 304 \times \cos 0°)^2 + (0 - 0)^2 + 266^2} = 314$

　$L_1 = \sqrt{(470 - 304 \times \cos 30°)^2 + (152 - 77)^2 + 287^2} = 362$

　$L_2 = \sqrt{(470 - 304 \times \cos 60°)^2 + (263 - 133)^2 + 343^2} = 485$

　$L_3 = \sqrt{(470 - 304 \times \cos 90°)^2 + (304 - 154)^2 + 420^2} = 648$

　$L_4 = \sqrt{(470 - 304 \times \cos 120°)^2 + (263 - 133)^2 + 497^2} = 807$

　$L_5 = \sqrt{(470 - 304 \times \cos 150°)^2 + (152 - 77)^2 + 553^2} = 921$

　$L_6 = \sqrt{(470 - 304 \times \cos 180°)^2 + (0 - 0)^2 + 574^2} = 964$

② $K_1 = \sqrt{(470 - 304 \times \cos 30°)^2 + (152 - 0)^2 + 266^2} = 370$

　$K_2 = \sqrt{(470 - 304 \times \cos 60°)^2 + (263 - 77)^2 + 287^2} = 467$

　$K_3 = \sqrt{(470 - 304 \times \cos 90°)^2 + (304 - 133)^2 + 343^2} = 606$

　$K_4 = \sqrt{(470 - 304 \times \cos 120°)^2 + (263 - 154)^2 + 420^2} = 758$

　$K_5 = \sqrt{(470 - 304 \times \cos 150°)^2 + (152 - 133)^2 + 497^2} = 886$

　$K_6 = \sqrt{(470 - 304 \times \cos 180°)^2 + (0 - 77)^2 + 553^2} = 954$

③ $S_0 = 3.1416 \times 304 \times 0°/180° = 0$

　$S_1 = 3.1416 \times 304 \times 30°/180° = 159$

　$S_2 = 3.1416 \times 304 \times 60°/180° = 318$

　$S_3 = 3.1416 \times 304 \times 90°/180° = 478$

　$S_4 = 3.1416 \times 304 \times 120°/180° = 637$

　$S_5 = 3.1416 \times 304 \times 150°/180° = 796$

　$S_6 = 3.1416 \times 304 \times 180°/180° = 955$

④ $P_0 = 3.1416 \times 154 \times 0°/180° = 0$

　$P_1 = 3.1416 \times 154 \times 30°/180° = 81$

　$P_2 = 3.1416 \times 154 \times 60°/180° = 161$

　$P_3 = 3.1416 \times 154 \times 90°/180° = 242$

　$P_4 = 3.1416 \times 154 \times 120°/180° = 323$

$P_5 = 3.1416 \times 154 \times 150°/180° = 403$

$P_6 = 3.1416 \times 154 \times 180°/180° = 484$

十三、平口正长圆锥台（图4-38）展开

1. 展开计算模板

1）已知条件（图4-39）：

① 底长圆弧中半径 R；

② 顶长圆弧中半径 r；

③ 顶底长圆直边 b；

④ 圆锥台两端口高 h。

2）所求对象：

① 长圆锥台展开斜边实长 L；

② 圆锥台顶口端圆弧展开半径 J；

③ 圆锥台底口端圆弧展开半径 K；

④ 长圆锥台半圆弧展开包角 α；

⑤ 圆锥台底口半圆展开弧弦长 e。

3）计算公式：

① $L = \sqrt{(R-r)^2 + h^2}$

② $J = rL/(R-r)$

③ $K = L + J$

④ $\alpha = 180° \times R/K$

⑤ $e = 2K\sin(\alpha/2)$

图4-38　立体图

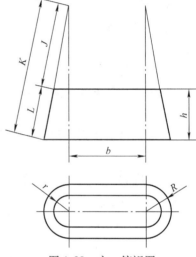

图4-39　主、俯视图

2. 展开计算实例（图4-40）

1）已知条件（图4-39）：$R = 320$，$r = 200$，$b = 1000$，$h = 650$。

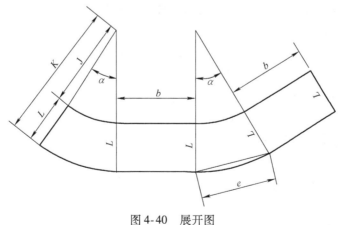

图4-40　展开图

2）所求对象同本节"展开计算模板"。

3）计算结果：

① $L = \sqrt{(320-200)^2 + 650^2} = 661$

② $J = 200 \times 661 / (320 - 200) = 1102$

③ $K = 661 + 1102 = 1763$

④ $\alpha = 180° \times 320 / 1763 = 32.6785°$

⑤ $e = 2 \times 1763 \times \sin / (32.6785° / 2) = 992$

十四、平口圆顶长圆底直角偏心等径长圆锥台（图 4-41）展开

1. 展开计算模板

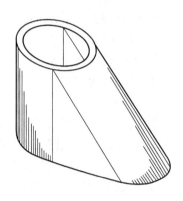

1）已知条件（图 4-42）：

① 顶底圆口中半径 r；

② 顶底偏心距 b；

③ 圆锥台两端口高 h。

2）所求对象：

① 长圆锥台斜边实长 c；

② 斜边各素线至 0 号素线端直角线距 $J_{0 \sim n}$；

③ 斜边相邻素线各间距 $e_{0 \sim n}$。

3）过渡条件公式：

① 圆锥台斜边素线与长圆底边夹角

图 4-41　立体图

$$\alpha = \arctan(h/b)$$

② 顶底圆口圆周一等分段中弧长 $S = \pi r / (2n)$

4）计算公式：

① $c = \sqrt{b^2 + h^2}$ ② $J_{0 \sim n} = r(1 - \cos\beta_{0 \sim n})\cos\alpha$

③ $e_{1 \sim n} = \sqrt{S^2 - \left[J_{1 \sim n} - J_{0 \sim (n-1)} \right]^2}$

式中　n——圆锥台顶底圆口 1/4 圆周等分份数；

$\beta_{0 \sim n}$——圆锥台顶圆周各等分点同圆心连线与 0 位半径轴的夹角。

说明：e 公式中后 J 编号比前 J 编号少 1，要对应取值。

2. 展开计算实例（图 4-43）

1）已知条件（图 4-42）：$r = 360$，$b = 420$，$h = 690$。

2）所求对象同本节"展开计算模板"。

3）过渡条件（设 $n = 4$）：

① $\alpha = \arctan(690/420) = 58.671°$

② $S = 3.1416 \times 360 / (2 \times 4) = 141.4$

4）计算结果：

① $c = \sqrt{420^2 + 690^2} = 808$

② $J_0 = 360 \times (1 - \cos 0°) \times \cos 58.671° = 0$

$J_1 = 360 \times (1 - \cos 22.5°) \times \cos 58.671° = 14$

$J_2 = 360 \times (1 - \cos 45°) \times \cos 58.671° = 55$

$J_3 = 360 \times (1 - \cos 67.5°) \times \cos 58.671° = 116$

$J_4 = 360 \times (1 - \cos 90°) \times \cos 58.671° = 187$

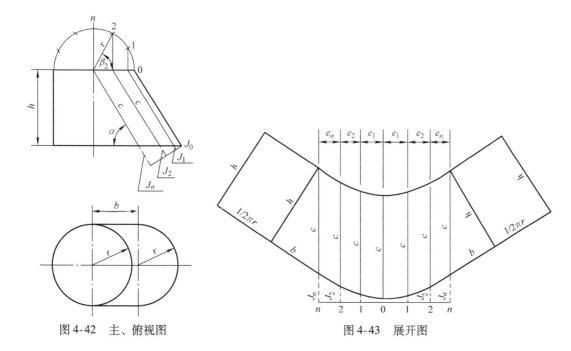

图 4-42　主、俯视图

图 4-43　展开图

③ $e_1 = \sqrt{141.4^2 - (14 - 0)^2} = 141$

$e_2 = \sqrt{141.4^2 - (55 - 14)^2} = 135$

$e_3 = \sqrt{141.4^2 - (116 - 55)^2} = 128$

$e_4 = \sqrt{141.4^2 - (187 - 116)^2} = 122$

十五、平口圆顶长圆底等偏心长圆锥台（图 4-44）展开

1. 展开计算模板

1）已知条件（图 4-45）：

① 圆锥台底口圆弧中半径 R；

② 圆锥台顶圆弧中半径 r；

③ 圆锥台两口偏心距 P；

④ 圆锥台两端口高 h。

2）所求对象：

① 圆锥顶至底圆弧各素线实长 $K_{0 \sim n}$；

② 圆锥顶至顶圆弧各素线实长 $J_{0 \sim n}$；

③ 长圆锥台展开各素线实长 $L_{0 \sim n}$；

④ 底长圆各等分段中弧长 $S_{0 \sim n}$；

⑤ 长圆锥台三角形侧板实高 f。

3）过渡条件公式：

① 圆锥顶至底长圆端口垂高

$$H = Rh/(R - r)$$

② 圆锥顶至底长圆心垂平距

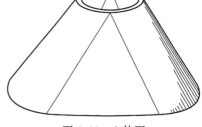

图 4-44　立体图

$$e = Rp/(R - r)$$

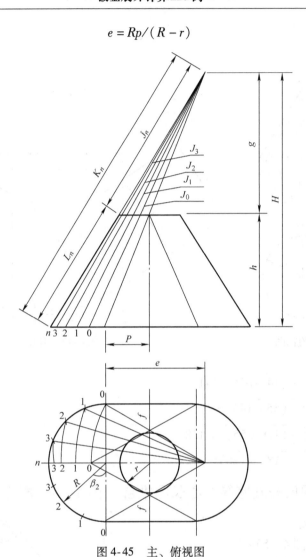

图 4-45 主、俯视图

③ 圆锥顶至顶圆端口垂高

$$g = H - h$$

4）计算公式：

① $K_{0 \sim n} = \sqrt{H^2 + e^2 + R^2 - 2eR\cos(90° + \beta_{0 \sim n})}$

② $J_{0 \sim n} = gK_{0 \sim n}/H$

③ $L_{0 \sim n} = K_{0 \sim n} - J_{0 \sim n}$

④ $S_{0 \sim n} = \pi R\beta_{0 \sim n}/180°$

⑤ $f = \sqrt{(R - r)^2 + h^2}$

式中　n——底长圆 1/4 圆周等分份数；

$\beta_{0 \sim n}$——底长圆圆周各等分点同圆心连线与 0 位半径轴的夹角。

2. 展开计算实例（图 4-46）

1）已知条件（图 4-45）：$R = 320$，$r = 180$，$P = 260$，$h = 660$。

2）所求对象同本节"展开计算模板"。

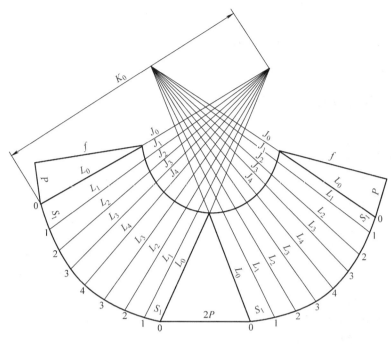

图 4-46　展开图

3）过渡条件：

① $H = 320 \times 660/(320 - 180) = 1508.6$

② $e = 320 \times 260/(320 - 180) = 594.3$

③ $g = 1508.6 - 660 = 848.6$

4）计算结果（设 $n = 4$）：

① $K_0 = \sqrt{1508.6^2 + 594.3^2 + 320^2 - 2 \times 594.3 \times 320 \times \cos(90° + 0°)} = 1653$

$K_1 = \sqrt{1508.6^2 + 594.3^2 + 320^2 - 2 \times 594.3 \times 320 \times \cos(90° + 22.5°)} = 1696$

$K_2 = \sqrt{1508.6^2 + 594.3^2 + 320^2 - 2 \times 594.3 \times 320 \times \cos(90° + 45°)} = 1732$

$K_3 = \sqrt{1508.6^2 + 594.3^2 + 320^2 - 2 \times 594.3 \times 320 \times \cos(90° + 67.5°)} = 1756$

$K_4 = \sqrt{1508.6^2 + 594.3^2 + 320^2 - 2 \times 594.3 \times 320 \times \cos(90° + 90°)} = 1764$

② $J_0 = 848.6 \times 1653/1508.6 = 930$

$J_1 = 848.6 \times 1696/1508.6 = 954$ 　 $J_2 = 848.6 \times 1732/1508.6 = 974$

$J_3 = 848.6 \times 1756/1508.6 = 988$ 　 $J_4 = 848.6 \times 1764/1508.6 = 992$

③ $L_0 = 1653 - 930 = 723$

$L_1 = 1696 - 954 = 742$

$L_2 = 1732 - 974 = 758$

$L_3 = 1756 - 988 = 768$

$L_4 = 1764 - 992 = 772$

④ $S_0 = 3.1416 \times 320 \times 0°/180° = 0$

$S_1 = 3.1416 \times 320 \times 22.5°/180° = 126$

$S_2 = 3.1416 \times 320 \times 45°/180° = 251$

$S_3 = 3.1416 \times 320 \times 67.5°/180° = 377$

$S_4 = 3.1416 \times 320 \times 90°/180° = 503$

⑤ $f = \sqrt{(320-180)^2 + 660^2} = 675$

十六、平口圆顶长圆底双偏心长圆锥台（图 4-47）展开

1. 展开计算模板

1）已知条件（图 4-48）：

① 圆锥台底圆弧中半径 R；

② 圆锥台顶圆弧中半径 r；

③ 圆锥台两口横偏心距 P；

④ 圆锥台两口纵偏心距 J；

⑤ 圆锥台两端口高 h。

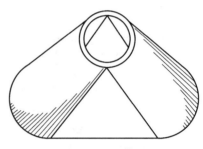

图 4-47　立体图

2）所求对象：

① 后侧板三角形实高 g；

② 圆锥台展开各素线实长 $L_{0 \sim n}$；

③ 各等分段对角线实长 $K_{1 \sim n}$；

④ 底长圆各等分段中弧长 $S_{0 \sim n}$；

⑤ 顶圆各等分段中弧长 $W_{0 \sim n}$。

3）过渡条件公式：

① 圆锥台底口各横半距 $E_{0 \sim n} = R\sin\beta_{0 \sim n}$

② 圆锥台底口各纵半距 $F_{0 \sim n} = R\cos\beta_{0 \sim n}$

③ 圆锥台顶口各横半距 $e_{0 \sim n} = r\sin\beta_{0 \sim n}$

④ 圆锥台顶口各纵半距 $f_{0 \sim n} = r\cos\beta_{0 \sim n}$

4）计算公式：

① $g = \sqrt{(J + r - R)^2 + h^2}$

② $L_{0 \sim n} = \sqrt{(P + E_{0 \sim n} - e_{0 \sim n})^2 + (J - F_{0 \sim n} + f_{0 \sim n})^2 + h^2}$

③ $K_{1 \sim n} = \sqrt{[P + E_{1 \sim n} - e_{0 \sim (n-1)}]^2 + [J - F_{1 \sim n} + f_{0 \sim (n-1)}]^2 + h^2}$

④ $S_{0 \sim n} = \pi R\beta_{0 \sim n}/180°$

⑤ $W_{0 \sim n} = \pi r\beta_{0 \sim n}/180°$

式中　n——顶底圆口半圆周等分份数；

　　　$\beta_{0 \sim n}$——顶底圆周各等分点同圆心连线，分别与各自的 0 位半径轴的夹角。

说明：

① 公式中除 K 以外，其他 $0 \sim n$ 编号均一致。

② K 公式中 E、F 所对应的 e、f 的编号减 1，并分别对应取值即可。

2. 展开计算实例（图 4-49）

1）已知条件（图 4-48）：$R = 220$，$r = 160$，$P = 300$，$J = 440$，$h = 620$。

2）所求对象同本节"展开计算模板"。

3）过渡条件（设 $n = 4$）：

① $E_0 = 220 \times \sin 0° = 0$

$E_1 = 220 \times \sin45° = 155.6 \quad E_2 = 220 \times \sin90° = 220$

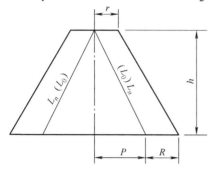

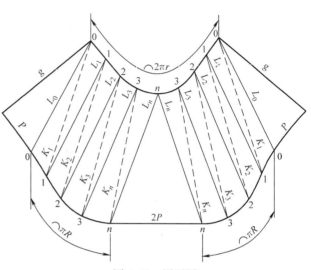

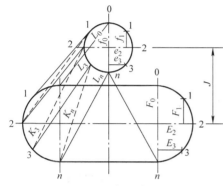

图 4-48　主、俯视图　　　　　　　　　　　图 4-49　展开图

$E_3 = 220 \times \sin135° = 155.6 \quad E_4 = 220 \times \sin180° = 0$

② $F_0 = 220 \times \cos0° = 220$

$F_1 = 220 \times \cos45° = 155.6 \quad F_2 = 220 \times \cos90° = 0$

$F_3 = 220 \times \cos135° = -155.6 \quad F_4 = 220 \times \cos180° = -220$

③ $e_0 = 160 \times \sin0° = 0$

$e_1 = 160 \times \sin45° = 113 \quad e_2 = 160 \times \sin90° = 160$

$e_3 = 160 \times \sin135° = 113 \quad e_4 = 160 \times \sin180° = 0$

④ $f_0 = 160 \times \cos0° = 160$

$f_1 = 160 \times \cos45° = 113 \quad f_2 = 160 \times \cos90° = 0$

$f_3 = 160 \times \cos135° = -113 \quad f_4 = 160 \times \cos180° = -160$

4）计算结果：

① $g = \sqrt{(440 + 160 - 220)^2 + 620^2} = 727$

② $L_0 = \sqrt{(300 + 0 - 0)^2 + (440 - 220 + 160)^2 + 620^2} = 787$

$L_1 = \sqrt{(300 + 155.6 - 113)^2 + (440 - 155.6 + 113)^2 + 620^2} = 812$

$L_2 = \sqrt{(300 + 220 - 160)^2 + (440 - 0 + 0)^2 + 620^2} = 842$

$L_3 = \sqrt{(300 + 155.6 - 113)^2 + [440 - (-155.6) + (-113)]^2 + 620^2} = 857$

$L_4 = \sqrt{(300 + 0 - 0)^2 + [440 - (-220) + (-160)]^2 + 620^2} = 851$

③ $K_1 = \sqrt{(300 + 155.6 - 0)^2 + (440 - 155.6 + 160)^2 + 620^2} = 889$

$$K_2 = \sqrt{(300 + 220 - 113)^2 + (440 - 0 + 113)^2 + 620^2} = 925$$

$$K_3 = \sqrt{(300 + 155.6 - 160)^2 + [440 - (-155.6) + 0]^2 + 620^2} = 909$$

$$K_4 = \sqrt{(300 + 0 - 113)^2 + [440 - (-220) + (-113)]^2 + 620^2} = 848$$

④ $S_0 = 3.1416 \times 220 \times 0°/180° = 0$

　　$S_1 = 3.1416 \times 220 \times 45°/180° = 173$

　　$S_2 = 3.1416 \times 220 \times 90°/180° = 346$

　　$S_3 = 3.1416 \times 220 \times 135°/180° = 518$

　　$S_4 = 3.1416 \times 220 \times 180°/180° = 691$

⑤ $W_0 = 3.1416 \times 160 \times 0°/180° = 0$

　　$W_1 = 3.1416 \times 160 \times 45°/180° = 126$

　　$W_2 = 3.1416 \times 160 \times 90°/180° = 251$

　　$W_3 = 3.1416 \times 160 \times 135°/180° = 377$

　　$W_4 = 3.1416 \times 160 \times 180°/180° = 503$

十七、小口单折边平口正圆锥台 I （图 4-50）展开

1. 展开计算模板（小口折边弧圆心垂足在大口内）

1）已知条件（图 4-51）：

① 圆锥台大口中径 D；

② 圆锥台小口中径 d；

③ 小口折边弧中半径 r；

④ 圆锥台两端口高 h；

⑤ 圆锥台小口直边 f。

2）所求对象：

① 圆锥台大口展开半径 K；

② 圆锥台小口展开半径 J；

③ 圆锥台斜边实长 L；

④ 圆锥台小口伸直后中径 d'；

⑤ 圆锥台伸直后高 H；

⑥ 圆锥台大口展开弧长 S；

⑦ 展开扇形包角 α；

⑧ 展开扇形大口弧弦长 b。

图 4-50　立体图

3）过渡条件公式：

① 拆边弧圆心垂足至大口边水平距　$g = (D - d)/2 - r$

② 计算夹角 $A = \arctan(h/g)$

③ 计算夹角 $B = \arccos(r/\sqrt{g^2 + h^2})$

④ 锥顶半角 $Q = 180° - A - B$

4）计算公式：

① $K = D/(2 \times \sin Q)$

② $J = (d/2 + r - r\cos Q)/\sin Q - \pi r Q/180° - f$

③ $L = K - J$

④ $d' = 2J\sin Q$

⑤ $H = L\cos Q$

⑥ $S = \pi D$

⑦ $\alpha = 180° \times D/K$

⑧ $b = 2K\sin(\alpha/2)$

说明：小口单折边圆锥台有两种，一种是小口单折边弧圆心垂足在大口内；另一种是在大口外。当"g"值为正值时属前一种，当"g"值为负值时属后一种。两种计算方法有所区别，因此，务必正确使用展开计算模板，本模板为前一种。

2. 展开计算实例（图4-52）

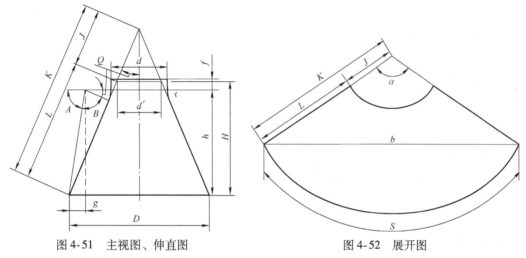

图 4-51　主视图、伸直图　　　　　图 4-52　展开图

1）已知条件（图4-51）：$D = 1350$，$d = 570$，$r = 240$，$h = 1050$，$f = 25$。

2）所求对象同本节"展开计算模板"。

3）过渡条件：

① $g = (1350 - 570)/2 - 240 = 150$

② $A = \arctan(1050/150) = 81.8699°$

③ $B = \arccos(240/\sqrt{150^2 + 1050^2}) = 76.9222°$

④ $Q = 180° - 81.8699° - 76.9222° = 21.2079°$

4）计算结果：

① $K = 1350/(2 \times \sin 21.2079°) = 1866$

② $J = (570/2 + 240 - 240 \times \cos 21.2079°)/\sin 21.2079° - 3.1416 \times 240 \times 21.2079°/180° - 25 = 719$

③ $L = 1866 - 719 = 1147$

④ $d' = 2 \times 719 \times \sin 21.2079° = 520$

⑤ $H = 1147 \times \cos 21.2079° = 1069$

⑥ $S = 3.1416 \times 1350 = 4241$

⑦ $\alpha = 180° \times 1350/1866 = 130.231°$

⑧ $b = 2 \times 1866 \times \sin/(130.231°/2) = 3385$

十八、小口单折边平口正圆锥台Ⅱ（图4-53）展开

1. 展开计算模板（小口折边弧圆心垂足在大口外）

1）已知条件（图4-54）：

① 圆锥台大口中径 D；

② 圆锥台小口中径 d；

③ 小口折边弧中半径 r；

④ 圆锥台两端口高 h；

⑤ 圆锥台小口直边 f。

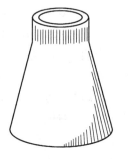

图4-53　立体图

2）所求对象：

① 圆锥台大口展开半径 K；

② 圆锥台小口展开半径 J；

③ 圆锥台斜边实长 L；

④ 圆锥台小口伸直后中径 d'；

⑤ 圆锥台伸直后高 H；

⑥ 圆锥台大口展开弧长 S；

⑦ 展开扇形包角 α；

⑧ 展开扇形大口弧弦长 b。

3）过渡条件公式：

① 拆边弧圆心垂足至大口边水平距　$g = (D-d)/2 - r$

② 计算夹角　$A = \arctan(h/g)$（g 取绝对值）

③ 计算夹角　$B = \arccos(r/\sqrt{g^2 + h^2})$

④ 锥顶半角　$Q = A - B$

4）计算公式：

① $K = D/(2 \times \sin Q)$

② $J = (d/2 + r - r\cos Q)/\sin Q - \pi r Q/180° - f$

③ $L = K - J$

④ $d' = 2J\sin Q$

⑤ $H = L\cos Q$

⑥ $S = \pi D$

⑦ $\alpha = 180° \times D/K$

⑧ $b = 2K\sin(\alpha/2)$

说明：小口单折边圆锥台有两种，一种是小口单折边弧圆心垂足在大口内；另一种是在大口外，当"g"值为正值时，属前一种，当"g"值为负值时属后一种。两种计算方法有所区别，因此，务必正确使用"展开计算模板"，本模板为后一种。

2. 展开计算实例（图4-55）

1）已知条件（图4-54）：$D = 1258$，$d = 908$，$r = 184$，$h = 800$，$f = 25$。

2）所求对象同本节"展开计算模板"。

3）过渡条件：

① $g = (1258 - 908)/2 - 184 = -9$

② $A = \arctan(800/9) = 89.3554°$

③ $B = \arccos 184/\sqrt{(-9)^2 + 800^2} = 76.7038°$

④ $Q = 89.3554° - 76.7038° = 12.6517°$

4）计算结果：

① $K = 1258/(2 \times \sin 12.6517°) = 2872$

② $J = (908/2 + 184 - 184 \times \cos 12.6517°)/\sin 12.6517°$
$\qquad - 3.1416 \times 184 \times 12.6517°/180° - 25 = 2028$

③ $L = 2872 - 2028 = 844$

④ $d' = 2 \times 2028 \times \sin 12.6517° = 888$

⑤ $H = 844 \times \cos 12.6517° = 824$

⑥ $S = 3.1416 \times 1258 = 3952$

⑦ $\alpha = 180° \times 1258/2872 = 78.8483°$

⑧ $b = 2 \times 2872 \times \sin(78.8483°/2) = 3648$

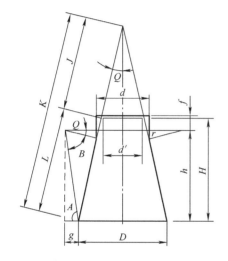

图 4-54 主视图、伸直图

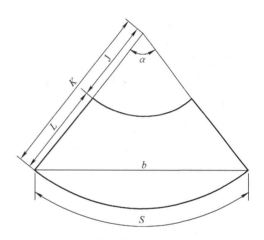

图 4-55 展开图

十九、大口单折边平口正圆锥台Ⅰ（图 4-56）展开

1. 展开计算模板（大口折边弧圆心在小口垂足外）

1）已知条件（图 4-57）：

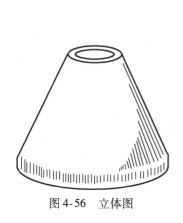

图 4-56 立体图

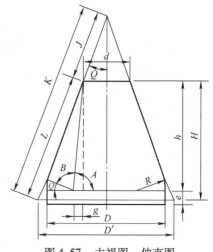

图 4-57 主视图、伸直图

① 圆锥台大口中径 D；

② 圆锥台小口中径 d；

③ 大口折边弧中半径 R；

④ 圆锥台两端口高 h；

⑤ 圆锥台大口直边 e。

2) 所求对象：

① 圆锥台小口展开半径 J；

② 圆锥台大口展开半径 K；

③ 圆锥台斜边实长 L；

④ 圆锥台大口伸直后半径 D'；

⑤ 圆锥台伸直后高 H；

⑥ 圆锥台大口展开弧长 S；

⑦ 展开扇形包角 α；

⑧ 展开扇形大口弧弦长 b。

3) 过渡条件公式：

① 大口折边弧圆至小口垂足水平距　$g = (D - d)/2 - R$

② 计算夹角　$A = \arctan(h/g)$

③ 计算夹角　$B = \arccos(R/\sqrt{g^2 + h^2})$

④ 锥顶半角　$Q = 180° - A - B$

4) 计算公式：

① $J = d/(2 \times \sin Q)$

② $K = J + e + \pi R Q/180° + \sqrt{g^2 + h^2 - R^2}$

③ $L = K - J$

④ $D' = 2K\sin Q$

⑤ $H = L\cos Q$

⑥ $S = \pi D'$

⑦ $\alpha = 180°D'/K$

⑧ $b = 2K\sin(\alpha/2)$

说明：大口单折边平口正圆锥台有两种，一种是大口折边弧圆心在小口垂足外；另一种是在小口垂足内，当"g"值是正值时属前一种，当"g"值是负值时属后一种。这两种计算方法有所不同，因此务必正确使用"展开计算模板"，本模板为前一种。

2. 展开计算实例（图 4-58）

1) 已知条件（图 4-57）：$D = 1308$，$d = 908$，$R = 110$，$h = 850$，$e = 40$。

2) 所求对象同本节"展开计算模板"。

3) 过渡条件：

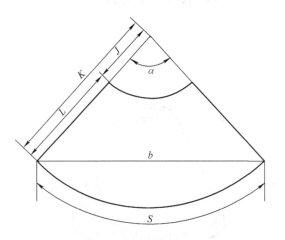

图 4-58　展开图

① $g = (1308 - 908)/2 - 110 = 90$

② $A = \arctan(850/90) = 83.9559°$

③ $B = \arccos(110/\sqrt{90^2 + 850^2}) = 82.606°$

④ $Q = 180° - 83.9559° - 82.606° = 13.4381°$

4）计算结果：

① $J = 908/(2 \times \sin 13.4381°) = 1954$

② $K = 1954 + 40 + 3.1416 \times 110 \times 13.4381°/180° + \sqrt{90^2 + 850^2 - 110^2} = 2867$

③ $L = 2867 - 1954 = 913$

④ $D' = 2 \times 2867 \times \sin 13.4381° = 1332$

⑤ $H = 913 \times \cos 13.4381° = 888$

⑥ $S = 3.1416 \times 1332 = 4186$

⑦ $\alpha = 180° \times 1332/2867 = 83.6623°$

⑧ $b = 2 \times 2867 \times \sin(83.6623°/2) = 3824$

二十、大口单折边平口正圆锥台Ⅱ（图4-59）展开

1. 展开计算模板（大口折边弧圆心在小口垂足内）

1）已知条件（图4-60）：

① 圆锥台大口中径 D；

② 圆锥台小口中径 d；

③ 大口折边弧中半径 R；

④ 圆锥台两端口高 h；

⑤ 圆锥台大口直边 e。

2）所求对象：

① 圆锥台小口展开半径 J；

② 圆锥台大口展开半径 K；

③ 圆锥台斜边实长 L；

④ 圆锥台大口伸直后中径 D'；

⑤ 圆锥台伸直后高 H；

⑥ 圆锥台大口展开弧长 S；

⑦ 展开扇形包角 α；

⑧ 展开扇形大口弧弦长 b。

3）过渡条件公式：

① 大口折边弧圆心至小口垂足水平距　$g = (D - d)/2 - R$

② 计算夹角　$A = \arctan(h/g)$（g 取绝对值）

③ 计算夹角　$B = \arccos(R/\sqrt{g^2 + h^2})$

④ 锥顶半角　$Q = A - B$

4）计算公式：

① $J = d/(2 \times \sin Q)$

② $K = J + e + \pi R Q/180° + \sqrt{g^2 + h^2 - R^2}$

③ $L = K - J$

图4-59　立体图

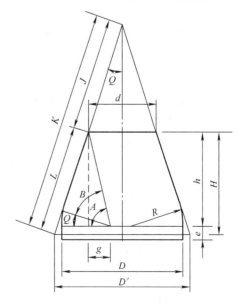

图4-60　主视图、伸直图

④ $D' = 2K\sin Q$

⑤ $H = L\cos Q$

⑥ $S = \pi D'$

⑦ $\alpha = 180°D'/K$

⑧ $b = 2K\sin(\alpha/2)$

说明：大口单折边平口正圆锥台有两种，一种是大口折边弧圆心在小口垂足外；另一种是在小口垂足内。当"g"是正值时属前一种，当"g"是负值时属后一种。这两种计算方法有所不同，因此，务必正确使用"展开计算模板"，本模板为后一种。

2. 展开计算实例（图 4-61）

1）已知条件（图 4-60）：$D = 1710$，$d = 1310$，$R = 225$，$h = 1100$，$e = 40$。

2）所求对象同本节"展开计算模板"。

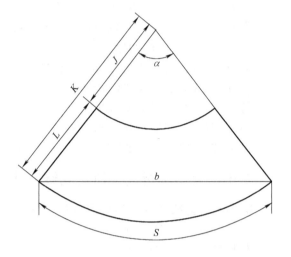

图 4-61　展开图

3）过渡条件：

① $g = (1710 - 1310)/2 - 225 = -25$

② $A = \arctan(1100/25) = 88.698°$

③ $B = \arccos\left[225/\sqrt{(-25)^2 + 1100^2}\right] = 78.2002°$

④ $Q = 88.698° - 78.2002° = 10.4978°$

4）计算结果：

① $J = 1310/(2 \times \sin10.4978°) = 3595$

② $K = 3595 + 40 + 3.1416 \times 225 \times 10.4978°/180° + \sqrt{(-25)^2 + 1100^2 - 225^2} = 4753$

③ $L = 4753 - 3595 = 1158$

④ $D' = 2 \times 4753 \times \sin10.4978° = 1732$

⑤ $H = 1158 \times \cos10.4978° = 1139$

⑥ $S = 3.1416 \times 1732 = 5441$

⑦ $\alpha = 180° \times 1732/4753 = 65.5915°$

⑧ $b = 2 \times 4753 \times \sin(65.5915°/2) = 5149$

二十一、大小口双折边平口正圆锥台 Ⅰ（图 4-62）展开

1. 展开计算模板（两心垂平距在两圆心连线内侧）

1）已知条件（图 4-63）：

① 圆锥台大口中径 D；

② 圆锥台小口中径 d；

③ 大口折边弧中半径 R；

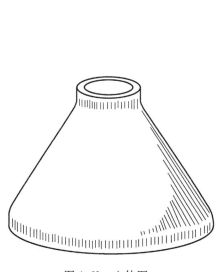

图 4-62　立体图

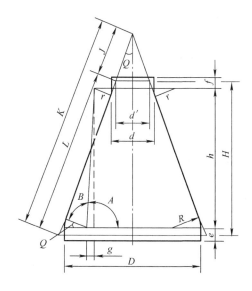

图 4-63　立视图、伸直图

④ 小口折边弧中半径 r；

⑤ 圆锥台高 h；

⑥ 圆锥台大口直边 e；

⑦ 圆锥台小口直边 f。

2）所求对象：

① 圆锥台小口展开半径 J；

② 圆锥台大口展开半径 K；

③ 圆锥台斜边实长 L；

④ 圆锥台小口伸直后中径 d'；

⑤ 圆锥台大口伸直后中径 D'；

⑥ 圆锥台伸直后高 H；

⑦ 圆锥台展开扇形包角 α；

⑧ 展开扇形大口弦长 b。

3）过渡条件公式：

① 大小折边弧两圆心垂平距 $g = (D - d)/2 - R - r$

② 计算夹角 $A = \arctan(h/g)$

③ 计算夹角 $B = \arccos\left[(R + r)/\sqrt{g^2 + h^2}\right]$

④ 锥顶半角 $Q = 180° - A - B$

4）计算公式：

① $J = (d/2 + r - r\cos Q)/\sin Q - \pi rQ/180° - f$

② $K = J + f + \pi rQ/180° + \sqrt{g^2 + h^2 - (R + r)^2} + \pi RQ/180° + e$

③ $L = K - J$

④ $d' = 2J\sin Q$

⑤ $D' = 2K\sin Q$

⑥ $H = L\cos Q$

⑦ $\alpha = 180° D'/K$

⑧ $b = 2K\sin(\alpha/2)$

说明：大小口双折边平口正圆锥台有两种，一种是两心垂平距在两圆心连线内侧；另一种是在两圆必连线的外侧。当"g"为正值时属前一种，当"g"为负值时属后一种，两种计算方法有所区别，因此，务必正确使用"展开计算模板"，本模板为前一种。

2. 展开计算实例（图 4-64）

1）已知条件（图 4-63）：$D = 1810$，$d = 1210$，$R = 180$，$r = 90$，$h = 1500$，$e = 40$，$f = 25$。

2）所求对象同本节"展开计算模板"。

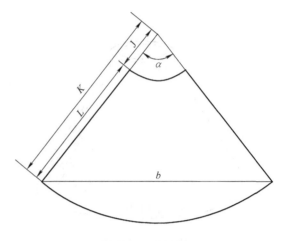

图 4-64   展开图

3）过渡条件：

① $g = (1810 - 1210)/2 - 180 - 90 = 30$

② $A = \arctan(1500/30) = 88.8542°$

③ $B = \arccos\left[(180 + 90)/\sqrt{30^2 + 1500^2}\right] = 79.6323°$

④ $Q = 180° - 88.8542° - 79.6323° = 11.5134°$

4）计算结果：

① $J = (1210/2 + 90 - 90 \times \cos11.5134°)/\sin11.5134° - 3.1416 \times 90 \times 11.5134°/180° - 25 = 2997$

② $K = 2997 + 25 + 3.1416 \times 90 \times 11.5134°/180° + \sqrt{30^2 + 1500^2 - (180 + 90)^2} + 3.1416 \times 180 \times 11.5134°/180° + 40 = 4592$

③ $L = 4592 - 2997 = 1595$

④ $d' = 2 \times 2997 \times \sin11.5134° = 1196$

⑤ $D' = 2 \times 4592 \times \sin11.5134° = 1883$

⑥ $H = 1595 \times \cos11.5134° = 1563$

⑦ $\alpha = 180° \times 1833/4592 = 71.8551°$

⑧ $b = 2 \times 4592 \times \sin(11.5134°/2) = 5389$

二十二、大小口双折边平口正圆锥台 II（图 4-65）展开

1. 展开计算模板（两心垂平距在两圆心连线外侧）

1）已知条件（图 4-66）：

① 圆锥台大口中径 D；

② 圆锥台小口中径 d；

③ 大口折边弧中半径 R；

④ 小口折边弧中半径 r；

⑤ 圆锥台高 h；

⑥ 圆锥台大口直边 e；

⑦ 圆锥台小口直边 f。

图 4-65　立体图

2）所求对象：

① 圆锥台小口展开半径 J；

② 圆锥台大口展开半径 K；

③ 圆锥台斜边实长 L；

④ 圆锥台小口伸直后中径 d'；

⑤ 圆锥台大口伸直后中径 D'；

⑥ 圆锥台伸直后高 H；

⑦ 圆锥台展开扇形包角 α；

⑧ 展开扇形大口弦长 b。

3）过渡条件公式：

① 大小折边弧两圆心垂平距 $g = (D-d)/2 - R - r$

② 计算夹角 $A = \arctan(h/g)$（g 取绝对值）

③ 计算夹角 $B = \arccos\left[(R+r)/\sqrt{g^2+h^2}\right]$

④ 锥顶半角 $Q = A - B$

4）计算公式：

① $J = (d/2 + r - r\cos Q)/\sin Q - \pi r Q/180° - f$

② $K = J + f + \pi r Q/180° + \sqrt{g^2 + h^2 - (R+r)^2} + \pi R Q/180° + e$

③ $L = K - J$

④ $d' = 2J\sin Q$

⑤ $D' = 2K\sin Q$

⑥ $H = L\cos Q$

⑦ $\alpha = 180° \times D'/K$

⑧ $b = 2K\sin(\alpha/2)$

说明：大小口双折边平口正圆锥台有两种，一种是两心垂平距在两圆心连线内侧；另一种是在两圆心连线外侧。当"g"为正值时属前一种，当"g"为负值时属后一种，两种计算方法有所不同，因此，务必正确使用"展开计算模板"，本模板为后一种。

2. 展开计算实例（图 4-67）

1）已知条件（图 4-66）：$D = 1912$，$d = 1662$，$R = 216$，$r = 106$，$h = 820$，$e = 40$，$f = 25$。

2）所求对象同本节"展开计算模板"。

3）过渡条件：

① $g = (1912 - 1662)/2 - 216 - 106 = -197$

② $A = \arctan(820/197) = 76.4911°$（$g$ 取绝对值）

③ $B = \arccos\left[(216 + 106)/\sqrt{(-197)^2 + 820^2}\right] = 67.5536°$

④ $Q = 76.4911° - 67.5536° = 8.9374°$

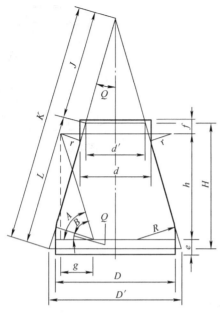

图 4-66 主视图、伸直图

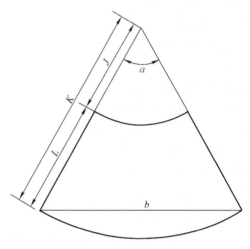

图 4-67 展开图

4）计算结果：

① $J = (1662/2 + 106 - 106 \times \cos 8.9374°)/\sin 8.9374° - 3.1416 \times 106 \times 8.9374°/180° - 25 = 5316$

② $K = 5316 + 25 + 3.1416 \times 106 \times 8.9374°/180° + \sqrt{(-197)^2 + 820^2 - (216 + 106)^2} + 3.1416 \times 216 \times 8.9374°/180° + 40 = 6210$

③ $L = 6210 - 5316 = 895$

④ $d' = 2 \times 5316 \times \sin 8.9374° = 1652$

⑤ $D' = 2 \times 6210 \times \sin 8.9374 = 1930$

⑥ $H = 895 \times \cos 8.9374° = 884$

⑦ $\alpha = 180° \times 1930/6210 = 55.9281°$

⑧ $b = 2 \times 6210 \times \sin(55.9281°/2) = 5824$

二十三、大小口双折边平口直角斜圆锥台 I （图 4-68）展开

1. 展开计算模板 I （两心垂平距在两圆心连线内侧）

1）已知条件（图 4-69）：

① 圆锥台大口中径 D；

② 圆锥台小口中径 d；

③ 圆锥台大口折边弧半径 R；

④ 圆锥台小口折边弧半径 r；

⑤ 圆锥台两端口高 h；

⑥ 圆锥台大口直边 e；

⑦ 圆锥台小口直边 f。

2）所求对象：

图 4-68 立体图

① 圆锥台小口伸直中径 d'；

② 圆锥台大口伸直中径 D'；

③ 圆锥台伸直高 H；

④ 大口伸直倾斜高差 a；

⑤ 小口伸直倾斜高差 b。

3）过渡条件公式：

① 圆锥台两圆心垂平距 $g = D - d - R - r$

② 圆锥台顶角 $Q = 180° - \arctan(h/g) - \arccos(R+r)/\sqrt{g^2+h^2}$

4）计算公式：

① $d' = \left[(d+r-r\cos Q)/\sin Q - \pi rQ/180° - f\right]\sin Q$

② $D' = \left[(d+r-r\cos Q)/\sin Q + \sqrt{g^2+h^2-(R+r)^2} + \pi RQ/180° + e\right]\sin Q$

③ $H = (D'-d')/\tan Q$

④ $a = R\sin Q + e - (\pi RQ/180° + e)\cos Q$

⑤ $b = h + e + f - H - a$

说明：大小口双折边平口直角斜圆锥台有两种，一种是两折边弧圆心垂平距在两圆心连线的内侧；另一种是在两圆心连线的外侧。当"g"为正值时属前一种，当"g"为负值时属后一种，两种的计算方法有所区别，因此，务必正确使用"计算模板"，本模板为前一种。

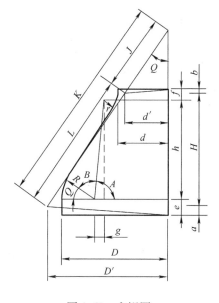

图 4-69　主视图

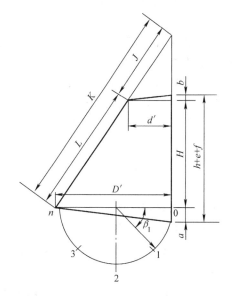

图 4-70　伸直图

2. 展开计算模板 Ⅱ（伸直后的斜口圆锥台，图 4-70）

1）已知条件（图 4-70）：

① 圆锥台小口伸直中径 d'；

② 圆锥台大口伸直中径 D'；

③ 圆锥台伸直高 H；

④ 大口伸直倾斜高差 a；

⑤ 小口伸直倾斜高差 b。

2）所求对象：

① 圆锥台大口各素线实长 $K_{0 \sim n}$；

② 圆锥台小口各素线实长 $J_{0 \sim n}$；

③ 圆锥台斜边各素线实长 $L_{0 \sim n}$；

④ 圆锥台大口各等分段中弧长 $S_{0 \sim n}$。

3）过渡条件公式：

① 大口倾斜各等分段高 $a_{0 \sim n} = a[1 - \sin(\beta_{0 \sim n}/2)]$

② 小口倾斜各等分段高 $b_{0 \sim n} = b[1 - \sin(\beta_{0 \sim n}/2)]$

4）计算公式：

① $K_{0 \sim n} = \sqrt{[D'\sin(\beta_{0 \sim n}/2)]^2 + [D'H/(D' - d')]^2} + a_{0 \sim n}$

② $J_{0 \sim n} = \sqrt{[d'\sin(\beta_{0 \sim n}/2)]^2 + [D'H/(D' - d') - H]^2} - b_{0 \sim n}$

③ $L_{0 \sim n} = K_{0 \sim n} - J_{0 \sim n}$

④ $S_{0 \sim n} = \pi D'\beta_{0 \sim n}/360°$

式中　n——圆锥台大小口半圆周等分份数；

　　$\beta_{0 \sim n}$——圆锥台大小口圆周各等分点分别同各自的圆心连线，与 0 位半径轴的夹角。

说明：

① 展开计算模板 I 是对大小口双折边平口直角斜圆锥台折边弧伸直的计算，伸直后的圆锥台是大小口倾斜的斜圆锥台（图4-70）。展开计算模板 II，是对伸直后的斜圆锥台展开的计算。展开计算模板 I 的计算结果，就是展开计算模板 II 的已知条件。

② 公式中所有 0 ~ n 编号均一致。

3. 展开计算实例（图4-71）

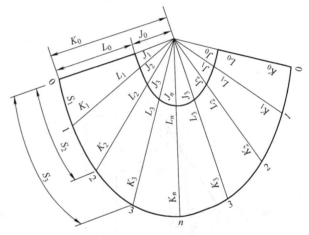

图 4-71　展开图

（1）模板 I 的实例计算

1）已知条件（图 4-69）：$D = 1210$，$d = 510$，$R = 225$，$r = 145$，$h = 800$，$e = 40$，$f = 25$。

2）所求对象 L 同本节"展开计算模板 I"。

3）过渡条件：

① $g = 1210 - 510 - 225 - 145 = 330$

② $Q = 180° - \arctan(800/330) - \arccos(225 + 145)/\sqrt{330^2 + 800^2} = 47.7285°$

4）计算结果：

① $d' = [(510 + 145 - 145 \times \cos47.7285°)/\sin47.7285° - 3.1416 \times 145 \times 47.7285°/180° - 25] \times \sin47.7285° = 450$

② $D' = [(510 + 145 - 145 \times \cos 47.7285°)/\sin 47.7285° + \sqrt{330^2 + 800^2 - (225 + 145)^2} + 3.1416 \times 225 \times 47.7285°/180° + 40] \times \sin 47.7285° = 1305$

③ $H = (1305 - 450)/\tan 47.7285° = 777$

④ $a = 225 \times \sin 47.7285° + 40 - (3.1416 \times 225 \times 47.7285°/180° + 40) \times \cos 47.7285° = 54$

⑤ $b = 800 + 40 + 25 - 777 - 54 = 34$

（2）模板Ⅱ的实例计算

1）已知条件（图4-70）：$d' = 450$，$D' = 1305$，$H = 777$，$a = 54$，$b = 34$。

2）所求对象同本节"展开计算模板Ⅱ"。

3）过渡条件（设 $n = 4$）：

① $a_0 = 54 \times [1 - \sin(0°/2)] = 54$

 $a_1 = 54 \times [1 - \sin(45°/2)] = 33$

 $a_2 = 54 \times [1 - \sin(90°/2)] = 16$

 $a_3 = 54 \times [1 - \sin(135°/2)] = 4$

 $a_4 = 54 \times [1 - \sin(180°/2)] = 0$

② $b_0 = 34 \times [1 - \sin(0°/2)] = 34$

 $b_1 = 34 \times [1 - \sin(45°/2)] = 21$

 $b_2 = 34 \times [1 - \sin(90°/2)] = 10$

 $b_3 = 34 \times [1 - \sin(135°/2)] = 3$

 $b_4 = 34 \times [1 - \sin(180°/2)] = 0$

4）计算结果：

① $K_0 = \sqrt{[1305 \times \sin(0°/2)]^2 + [1305 \times 777/(1305 - 450)]^2} + 54 = 1239$

 $K_1 = \sqrt{[1305 \times \sin(45°/2)]^2 + [1305 \times 777/(1305 - 450)]^2} + 33 = 1320$

 $K_2 = \sqrt{[1305 \times \sin(90°/2)]^2 + [1305 \times 777/(1305 - 450)]^2} + 16 = 1518$

 $K_3 = \sqrt{[1305 \times \sin(135°/2)]^2 + [1305 \times 777/(1305 - 450)]^2} + 4 = 1695$

 $K_4 = \sqrt{[1305 \times \sin(180°/2)]^2 + [1305 \times 777/(1305 - 450)]^2} + 0 = 1763$

② $J_0 = \sqrt{[450 \times \sin(0°/2)]^2 + [1305 \times 777/(1305 - 450) - 777]^2} - 34 = 374$

 $J_1 = \sqrt{[450 \times \sin(45°/2)]^2 + [1305 \times 777/(1305 - 450) - 777]^2} - 21 = 422$

 $J_2 = \sqrt{[450 \times \sin(90°/2)]^2 + [1305 \times 777/(1305 - 450) - 777]^2} - 10 = 508$

 $J_3 = \sqrt{[450 \times \sin(135°/2)]^2 + [1305 \times 777/(1305 - 450) - 777]^2} - 3 = 580$

 $J_4 = \sqrt{[450 \times \sin(180°/2)]^2 + [1305 \times 777/(1305 - 450) - 777]^2} - 0 = 608$

③ $L_0 = 1239 - 374 = 865$

 $L_1 = 1320 - 422 = 898$

 $L_2 = 1518 - 508 = 1010$

 $L_3 = 1695 - 580 = 1115$

 $L_4 = 1763 - 608 = 1155$

④ $S_0 = 3.1416 \times 1305 \times 0°/360° = 0$

 $S_1 = 3.1416 \times 1305 \times 45°/360° = 512$

$$S_2 = 3.1416 \times 1305 \times 90°/360° = 1025$$
$$S_3 = 3.1416 \times 1305 \times 135°/360° = 1537$$
$$S_4 = 3.1416 \times 1305 \times 180°/360° = 2049$$

二十四、大小口双折边平口直角斜圆锥台 II（图4-72）展开

1. 展开计算模板 I（两心垂平距在两圆心连线外侧）

1）已知条件（图4-73）：

① 圆锥台大口中径 D；

② 圆锥台小口中径 d；

③ 圆锥台大口折边弧半径 R；

④ 圆锥台小口折边弧半径 r；

⑤ 圆锥台两端口高 h；

⑥ 圆锥台大口直边 e；

⑦ 圆锥台小口直边 f。

2）所求对象：

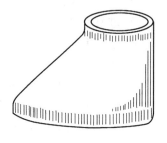

图4-72　立体图

① 圆锥台小口伸直中径 d'；

② 圆锥台大口伸直中径 D'；

③ 圆锥台伸直高 H；

④ 大口伸直倾斜高差 e；

⑤ 小口伸直倾斜高差 f。

3）过渡条件公式：

① 圆锥台两圆心垂平距 $g = D - d - R - r$

② 圆锥台顶角 $Q = \arctan(h/|g|) - \arccos[(R+r)/\sqrt{g^2+h^2}]$

4）计算公式：

① $d' = [(d+r-r\cos Q)/\sin Q - \pi rQ/180° - f]\sin Q$

② $D' = [(d+r-r\cos Q)/\sin Q + \sqrt{g^2+h^2-(R+r)^2} + \pi RQ/180° + e]\sin Q$

③ $H = (D'-d')/\tan Q$

④ $a = R\sin Q + e - (\pi RQ/180° + e)\cos Q$

⑤ $b = h + e + f - H - a$

说明：大小口双折边平口直角斜圆锥台有两种，一种是两折边弧圆心垂平距在两圆心连线的内侧；另一种是在圆心连线的外侧。当"g"为正值时属前一种，当"g"为负值时属后一种，它们的计算方法有所区别，因此，务必正确使用"计算模板"，本模板属后一种。

2. 展开计算模板 II（伸直后的斜口圆锥台，图4-74）

1）已知条件（图4-74）：

① 圆锥台小口伸直中径 d'；

② 圆锥台大口伸直中径 D'；

③ 圆锥台伸直高 H；

④ 大口伸直倾斜高差 a；

⑤ 小口伸直倾斜高差 b。

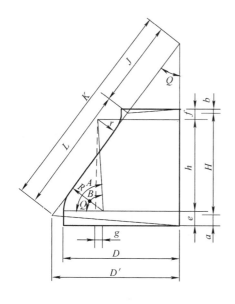

图 4-73　主视图

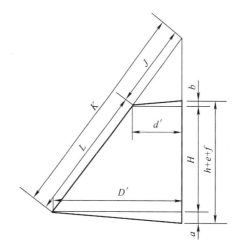

图 4-74　伸直图

2）所求对象：

① 圆锥台大口各素线实长 $K_{0 \sim n}$；

② 圆锥台小口各素线实长 $J_{0 \sim n}$；

③ 圆锥台斜边各素线实长 $L_{0 \sim n}$；

④ 圆锥台大口各等份段中弧长 $S_{0 \sim n}$。

3）过渡条件公式：

① 大口倾斜各等分段高 $a_{0 \sim n} = a[1 - \sin(\beta_{0 \sim n}/2)]$

② 小口倾斜各等分段高 $b_{0 \sim n} = b[1 - \sin(\beta_{0 \sim n}/2)]$

4）计算公式：

① $K_{0 \sim n} = \sqrt{[D'\sin(\beta_{0 \sim n}/2)]^2 + [D'H/(D' - d)]^2} + a_{0 \sim n}$

② $J_{0 \sim n} = \sqrt{[d'\sin(\beta_{0 \sim n}/2)]^2 + [D'H/(D' - d') - H]^2} - b_{0 \sim n}$

③ $L_{0 \sim n} = K_{0 \sim n} - J_{0 \sim n}$

④ $S_{0 \sim n} = \pi D'\beta_{0 \sim n}/360°$

式中　n——圆锥台大小口半圆周等分份数；

　　$\beta_{0 \sim n}$——圆锥台大小口圆周各等分点分别同各自圆心连线，与 0 位半径轴的夹角。

说明：

① 展开计算模板Ⅰ，是对大小口双折边平口直角斜圆锥台折边伸直的计算，伸直后的圆锥台是大小口倾斜的斜圆锥台（图 4-74）。展开计算模板Ⅱ，是对伸直后的斜圆锥台展开的计算。展开计算模板Ⅰ的计算结果，就是展开计算模板Ⅱ的已知条件。

② 公式中所有 $0 \sim n$ 编号均一致。

3. 展开计算实例（图 4-75）

（1）模板Ⅰ的实例计算

1）已知条件（图 4-73）：$D = 1108$，$d = 658$，$R = 324$，$r = 194$，$h = 800$，$e = 40$，$f = 25$。

2) 所求对象同本节"展开计算模板 I"。

3) 过渡条件：

① $g = 1108 - 658 - 324 - 194 = -68$

② $Q = \arctan(800/68) - \arccos[(324 + 194)/\sqrt{(-68)^2 + 800^2}] = 35.3202°$

4) 计算结果：

① $d' = [(658 + 194 - 194 \times \cos35.3202°)/\sin35.3202° - 3.1416 \times 194 \times 35.3202°/180° - 25] \times \sin35.3202° = 610$

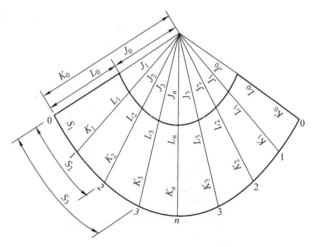

图 4-75　展开图

② $D' = [(658 + 194 - 194 \times \cos35.3202°)/\sin35.3202° + \sqrt{(-68)^2 + 800^2 - (324 + 194)^2} + 3.1416 \times 324 \times 35.3202°/180° + 40] \times \sin35.3202° = 1187$

③ $H = (1187 - 610)/\tan35.3202° = 814$

④ $a = 324 \times \sin35.3202° + 40 - (3.1416 \times 324 \times 35.3202°/180° + 40) + \cos35.3202° = 32$

⑤ $b = 800 + 40 + 25 - 814 - 32 = 19$

(2) 模板 II 的实例计算

1) 已知条件（图 4-74）：$d' = 610$，$D' = 1187$，$H = 814$，$a = 32$，$b = 19$。

2) 所求对象同本节"展开计算模板 II"。

3) 过渡条件（设 $n = 4$）：

① $a_0 = 32 \times [(1 - \sin(0°/2))] = 32$

　$a_1 = 32 \times [1 - \sin(45°/2)] = 20$

　$a_2 = 32 \times [1 - \sin(90°/2)] = 9$

　$a_3 = 32 \times [1 - \sin(135°/2)] = 3$

　$a_4 = 32 \times [1 - \sin(180°/2)] = 0$

② $b_0 = 19 \times [1 - \sin(0°/2)] = 19$

　$b_1 = 19 \times [1 - \sin(45°/2)] = 12$

　$b_2 = 19 \times [1 - \sin(90°/2)] = 6$

　$b_3 = 19 \times [1 - \sin(135°/2)] = 2$

　$b_4 = 19 \times [1 - \sin(180°/2)] = 0$

4) 计算结果：

① $K_0 = \sqrt{[1187 \times \sin(0°/2)]^2 + [1187 \times 814/(1187 - 610)]^2} + 32 = 1707$

　$K_1 = \sqrt{[1187 \times \sin(45°/2)]^2 + [1187 \times 814/(1187 - 610)]^2} + 20 = 1755$

　$K_2 = \sqrt{[1187 \times \sin(90°/2)]^2 + [1187 \times 814/(1187 - 610)]^2} + 9 = 1883$

　$K_3 = \sqrt{[1187 \times \sin(135°/2)]^2 + [1187 \times 814/(1187 - 610)]^2} + 3 = 2005$

　$K_4 = \sqrt{[1187 \times \sin(180°/2)]^2 + [1187 \times 814/(1187 - 610)]^2} + 0 = 2053$

② $J_0 = \sqrt{[610 \times \sin(0°/2)]^2 + [1187 \times 814/(1187-610)-814]^2} - 19 = 842$

$J_1 = \sqrt{[610 \times \sin(45°/2)]^2 + [1187 \times 814/(1187-610)-814]^2} - 12 = 880$

$J_2 = \sqrt{[610 \times \sin(90°/2)]^2 + [1187 \times 814/(1187-610)-814]^2} - 6 = 957$

$J_3 = \sqrt{[610 \times \sin(135°/2)]^2 + [1187 \times 814/(1187-610)-814]^2} - 2 = 1028$

$J_4 = \sqrt{[610 \times \sin(180°/2)]^2 + [1187 \times 814/(1187-610)-814]^2} - 0 = 1055$

③ $L_0 = 1707 - 842 = 865$

$L_1 = 1755 - 880 = 875$

$L_2 = 1883 - 957 = 926$

$L_3 = 2005 - 1028 = 977$

$L_4 = 2053 - 1055 = 998$

④ $S_0 = 3.1416 \times 1187 \times 0°/360° = 0$

$S_1 = 3.1416 \times 1187 \times 45°/360° = 466$

$S_2 = 3.1416 \times 1187 \times 90°/360° = 932$

$S_3 = 3.1416 \times 1187 \times 135°/360° = 1398$

$S_4 = 3.1416 \times 1187 \times 180°/360° = 1864$

第五章　圆形管弯头

本章主要介绍圆形管弯头，圆形管弯头是管线转向所用的过渡连接段，弯头有：等径圆管弯头、圆管与圆锥管对接弯头、变径渐缩圆管弯头（俗称牛角弯、虾米腰弯头）等。弯头有不同弯曲角度、弯曲半径之分，弯头有两节、两节以上多节弯头。等径圆管多节弯头有端节是中间节之半的规律，因此，只要求出弯头端节展开各素线实长，端节各素线长度分别乘以 2，就是弯头中间节各对应素线实长。变径渐缩圆管弯头有伸直后各平口小锥台高度均相等的规律，如图 5-1 所示。

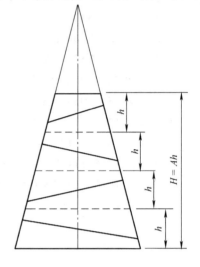

图 5-1　变径渐缩圆管弯头伸直图

弯头对接坡口形式不同，作弯头展开时所取用的弯头管径也随之不同。对接口采用 V 形单面坡口，是圆管内口接触，如图 5-2 所示，作弯头展开时，应取用圆管内径；对接口采用 X 形坡口时，是圆管壁中接触，如图 5-3 所示，作弯头展开时，应取用圆管中径计算周长，为考虑弯头对接口坡口宽度一致，弯头弯曲内侧坡口角度较大，外侧较小，而且内外侧坡口角度是逐渐变化。

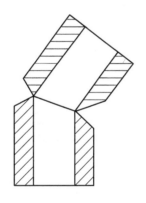

图 5-2　V 形单面坡口图

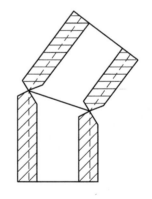

图 5-3　X 形双面坡口图

等径圆管弯头有钢板卷制管弯头和成品管弯头两种，在做弯头展开计算弧长时，钢板卷制弯头用圆管中径，成品管弯头用圆管外径。

一、两节等径圆管直角弯头（图 5-4）展开

1. 展开计算模板（对接口无坡口型）

1）已知条件（图 5-5）：

① 弯头圆管内半径 r；

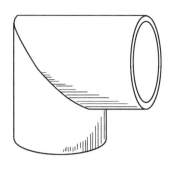

图 5-4　立体图

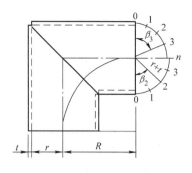

图 5-5　主视图

② 弯头中弯曲半径 R；

③ 弯头圆管壁厚 t。

2）所求对象：

① 圆管外弯展开各素线实长 $L_{0 \sim n}$；

② 圆管内弯展开各素线实长 $K_{0 \sim n}$；

③ 圆管展开各等分段中弧长 $S_{0 \sim n}$；

④ 圆管展开各等分段外弧长 $y_{0 \sim n}$。

3）过渡条件公式：

各等份段所对夹角 $\beta_{0 \sim n} = 90° \times 0 \sim n/n$

4）计算公式：

① $L_{0 \sim n} = R + r\cos\beta_{0 \sim n}$

② $K_{0 \sim n} = R - (r + t)\cos\beta_{0 \sim n}$

③ $S_{0 \sim n} = \pi(2r + t)\beta_{0 \sim n}/360°$

④ $y_{0 \sim n} = \pi(r + t)\beta_{0 \sim n}/180°$

式中　n——圆管 1/4 圆周等分份数；

　　$\beta_{0 \sim n}$——圆管圆周各等分点同圆心连线，与 0 位半径轴的夹角。

说明：

① 公式中所有 $0 \sim n$ 编号均一致。

② 弯头两节圆管展开图样相同，因此，展开图为一节图样。

2. 展开计算实例（图 5-6）

1）已知条件（图 5-5）：$r = 360$，$R = 720$，$t = 8$。

2）所求对象同本节"展开计算模板"。

3）过渡条件（设 $n = 4$）：

　　$\beta_0 = 90° \times 0/4 = 0°$

　　$\beta_1 = 90° \times 1/4 = 22.5°$

　　$\beta_2 = 90° \times 2/4 = 45°$

　　$\beta_3 = 90° \times 3/4 = 67.5°$

　　$\beta_4 = 90° \times 4/4 = 90°$

4）计算结果：

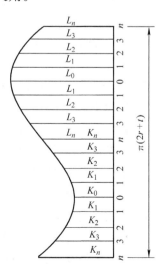

图 5-6　展开图

① $L_0 = 720 + 360 \times \cos 0° = 1080$

   $L_1 = 720 + 360 \times \cos 22.5° = 1053$

   $L_2 = 720 + 360 \times \cos 45° = 975$

   $L_3 = 720 + 360 \times \cos 67.5° = 858$

   $L_4 = 720 + 360 \times \cos 90° = 720$

② $K_0 = 720 - (360 + 8) \times \cos 0° = 352$

   $K_1 = 720 - (360 + 8) \times \cos 22.5° = 380$

   $K_2 = 720 - (360 + 8) \times \cos 45° = 460$

   $K_3 = 720 - (360 + 8) \times \cos 67.5° = 580$

   $K_4 = 720 - (360 + 8) \times \cos 90° = 720$

③ $S_0 = 3.1416 \times (2 \times 360 + 8) \times 0°/360° = 0$

   $S_1 = 3.1416 \times (2 \times 360 + 8) \times 22.5°/360° = 143$

   $S_2 = 3.1416 \times (2 \times 360 + 8) \times 45°/360° = 286$

   $S_3 = 3.1416 \times (2 \times 360 + 8) \times 67.5°/360° = 429$

   $S_4 = 3.1416 \times (2 \times 360 + 8) \times 90°/360° = 572$

④ $y_0 = 3.1416 \times (360 + 8) \times 0°/180° = 0$

   $y_1 = 3.1416 \times (360 + 8) \times 22.5°/180° = 145$

   $y_2 = 3.1416 \times (360 + 8) \times 45°/180° = 289$

   $y_3 = 3.1416 \times (360 + 8) \times 67.5°/180° = 434$

   $y_4 = 3.1416 \times (360 + 8) \times 90°/180° = 578$

二、任一弯曲度、节数等径圆管弯头（图 5-7）展开

1. 展开计算模板（四节 90°弯头）

1）已知条件（图 5-8）：

① 弯头圆管内半径 r；

② 弯头中弯曲半径 R；

③ 弯头弯曲角度 α；

④ 弯头节数 m；

⑤ 弯头圆管壁厚 t。

2）所求对象：

① 端节展开各素线实长 $L_{0 \sim n}$；

② 中节展开各素线实长 $K_{0 \sim n}$；

③ 圆管各等分段中弧长 $S_{0 \sim n}$；

④ 圆管各等分段外弧长 $y_{0 \sim n}$。

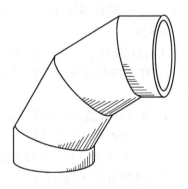

图 5-7　立体图

3）过渡条件公式：

① 各等分段夹角 $\beta_{0 \sim n} = 180° \times 0 \sim n/n$

② 端节夹角 $Q = \alpha / [2(m-1)]$

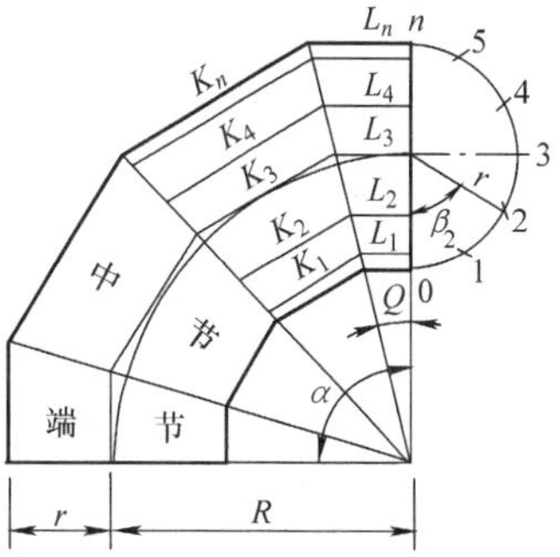

4）计算公式：

① $L_{0 \sim n} = \tan Q (R - r\cos\beta_{0 \sim n})$

② $K_{0 \sim n} = 2L_{0 \sim n}$

③ $S_{0 \sim n} = \pi(2r + t)\beta_{0 \sim n}/360°$

④ $y_{0 \sim n} = \pi(r + t)\beta_{0 \sim n}/180°$

式中　n——弯头圆管半圆周等分份数；

　　　$\beta_{0 \sim n}$——圆管圆周各等分点同圆心连线，与0位半径轴
　　　　　的夹角。

说明：

① 公式中所有 $0 \sim n$ 编号均一致。

② 任何弯曲度、节数的等径圆管弯头都可使用本模板。

③ 圆管展开弧长，板卷制管取中弧长 S 值，成品管取外弧号 y 值。

2. 展开计算实例（图5-9）

1）已知条件（图5-8）：$r = 330$，$R = 540$，$\alpha = 90°$，$m = 4$，$t = 8$。

2）所求对象同本节："展开计算模板"。

3）过渡条件（设 $n = 6$）：

① $\beta_0 = 180° \times 0/6 = 0$

　　$\beta_1 = 180° \times 1/6 = 30°$

　　$\beta_2 = 180° \times 2/6 = 60°$

　　$\beta_3 = 180° \times 3/6 = 90°$

　　$\beta_4 = 180° \times 4/6 = 120°$

　　$\beta_5 = 180° \times 5/6 = 150°$

　　$\beta_6 = 180° \times 6/6 = 180°$

② $Q = 90°/[2 \times (4 - 1)] = 15°$

4）计算结果：

① $L_0 = \tan15° \times (540 - 330 \times \cos0°) = 56$

　　$L_1 = \tan15° \times (540 - 330 \times \cos30°) = 68$

　　$L_2 = \tan15° \times (540 - 330 \times \cos60°) = 100$

　　$L_3 = \tan15° \times (540 - 330 \times \cos90°) = 145$

　　$L_4 = \tan15° \times (540 - 330 \times \cos120°) = 189$

　　$L_5 = \tan15° \times (540 - 330 \times \cos150°) = 221$

　　$L_6 = \tan15° \times (540 - 330 \times \cos180°) = 233$

② $K_0 = 2 \times 56 = 112$

　　$K_1 = 2 \times 68 = 136$

　　$K_2 = 2 \times 100 = 200$

　　$K_3 = 2 \times 145 = 290$

　　$K_4 = 2 \times 189 = 378$

　　$K_5 = 2 \times 221 = 442$

　　$K_6 = 2 \times 233 = 466$

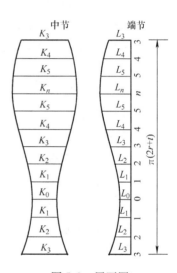

图5-8　主视图

图5-9　展开图

③ $S_0 = 3.1416 \times (2 \times 330 + 8) \times 0°/360° = 0$

$S_1 = 3.1416 \times (2 \times 330 + 8) \times 30°/360° = 175$

$S_2 = 3.1416 \times (2 \times 330 + 8) \times 60°/360° = 350$

$S_3 = 3.1416 \times (2 \times 330 + 8) \times 90°/360° = 525$

$S_4 = 3.1416 \times (2 \times 330 + 8) \times 120°/360° = 700$

$S_5 = 3.1416 \times (2 \times 330 + 8) \times 150°/360° = 874$

$S_6 = 3.1416 \times (2 \times 330 + 8) \times 180°/360° = 1049$

④ $y_0 = 3.1416 \times (330 + 8) \times 0°/180° = 0$

$y_1 = 3.1416 \times (330 + 8) \times 30°/180° = 177$

$y_2 = 3.1416 \times (330 + 8) \times 60°/180° = 354$

$y_3 = 3.1416 \times (330 + 8) \times 90°/180° = 531$

$y_4 = 3.1416 \times (330 + 8) \times 120°/180° = 708$

$y_5 = 3.1416 \times (330 + 8) \times 150°/180° = 885$

$y_6 = 3.1416 \times (330 + 8) \times 180°/180° = 1062$

三、端节平行单偏心三节蛇形圆管弯头 I （图 5-10）展开

1. 展开计算模板（中节水平）

1）已知条件（图 5-11）：

① 弯头圆管内半径 r；

② 端节横偏心距 P；

③ 弯头上节中高 h；

④ 弯头下节中高 g；

⑤ 弯头圆管壁厚 t。

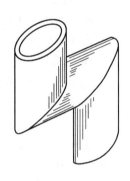

2）所求对象：

① 弯头上节展开各素线实长 $L_{0 \sim n}$；

② 弯头下节展开各素线实长 $K_{0 \sim n}$；

③ 圆管展开各等分段中弧长 $S_{0 \sim n}$；

④ 圆管展开各等分段外弧长 $y_{0 \sim n}$。

图 5-10　立体图

3）计算公式：

① $L_{0 \sim n} = h - r\cos\beta_{0 \sim n}$

② $K_{0 \sim n} = g - r\cos\beta_{0 \sim n}$

③ $S_{0 \sim n} = \pi(2r + t)(\beta_{0 \sim n}/360°)$

④ $y_{0 \sim n} = \pi(r + t)(\beta_{0 \sim n}/180°)$

式中　　n——弯头圆管半圆周等分份数；

$\beta_{0 \sim n}$——弯头圆管圆周各等分点同圆心连接与 0 位半径轴的夹角。

说明：

① 公式中 L、K、S、y、β 的 $0 \sim n$ 编号均一致。

② 弯头是板卷管以中径计算圆管展开弧长，若是成品管则以外径计算圆管展开弧长。

2. 展开计算实例（图 5-12）

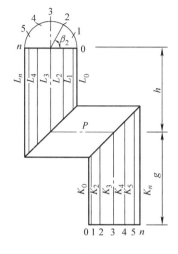

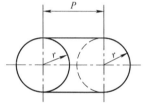

图 5-11　主俯视图

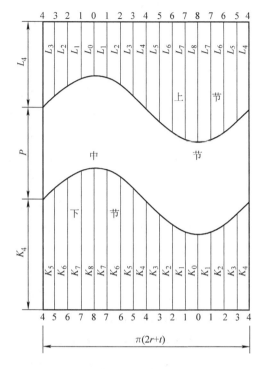

图 5-12　展开图

1）已知条件（图 5-11）：$r = 320$，$R = 700$，$h = 900$，$g = 1050$，$t = 10$。

2）所求对象同本节"展开计算模板"。

3）计算结果（设 $n = 8$）：

① $L_0 = 900 - 320 \times \cos 0° = 580$

　$L_1 = 900 - 320 \times \cos 22.5° = 604$

　$L_2 = 900 - 320 \times \cos 45° = 674$

　$L_3 = 900 - 320 \times \cos 67.5° = 778$

　$L_4 = 900 - 320 \times \cos 90° = 900$

　$L_5 = 900 - 320 \times \cos 112.5° = 1022$

　$L_6 = 900 - 320 \times \cos 135° = 1126$

　$L_7 = 900 - 320 \times \cos 157.5° = 1196$

　$L_8 = 900 - 320 \times \cos 180° = 1220$

② $K_0 = 1050 - 320 \times \cos 0° = 730$

　$K_1 = 1050 - 320 \times \cos 22.5° = 754$

　$K_2 = 1050 - 320 \times \cos 45° = 824$

　$K_3 = 1050 - 320 \times \cos 67.5° = 928$

　$K_4 = 1050 - 320 \times \cos 90° = 1050$

　$K_5 = 1050 - 320 \times \cos 112.5° = 1172$

$K_6 = 1050 - 320 \times \cos135° = 1276$

$K_7 = 1050 - 320 \times \cos157.5° = 1346$

$K_8 = 1050 - 320 \times \cos180° = 1370$

③ $S_0 = 3.1416 \times (2 \times 320 + 10) \times 0°/360° = 0$

$S_1 = 3.1416 \times (2 \times 320 + 10) \times 22.5°/360° = 128$

$S_2 = 3.1416 \times (2 \times 320 + 10) \times 45°/360° = 255$

$S_3 = 3.1416 \times (2 \times 320 + 10) \times 67.5°/360° = 383$

$S_4 = 3.1416 \times (2 \times 320 + 10) \times 90°/360° = 511$

$S_5 = 3.1416 \times (2 \times 320 + 10) \times 112.5°/360° = 638$

$S_6 = 3.1416 \times (2 \times 320 + 10) \times 135°/360° = 766$

$S_7 = 3.1416 \times (2 \times 320 + 10) \times 157.5°/360° = 893$

$S_8 = 3.1416 \times (2 \times 320 + 10) \times 180°/360° = 1021$

④ $y_0 = 3.1416 \times (320 + 10) \times 0°/180° = 0$

$y_1 = 3.1416 \times (320 + 10) \times 22.5°/180° = 130$

$y_2 = 3.1416 \times (320 + 10) \times 45°/180° = 259$

$y_3 = 3.1416 \times (320 + 10) \times 67.5°/180° = 389$

$y_4 = 3.1416 \times (320 + 10) \times 90°/180° = 518$

$y_5 = 3.1416 \times (320 + 10) \times 112.5°/180° = 648$

$y_6 = 3.1416 \times (320 + 10) \times 135°/180° = 778$

$y_7 = 3.1416 \times (320 + 10) \times 157.5°/180° = 907$

$y_8 = 3.1416 \times (320 + 10) \times 180°/180° = 1037$

四、端节平行单偏心三节蛇形圆管弯头Ⅱ（图5-13）展开

1. 展开计算模板（中节倾斜）

1）已知条件（图5-14）：

① 弯头圆管内半径 r；

② 端节横偏心距 P；

③ 弯头上节中高 h；

④ 弯头中节两端相贯中垂高 H；

⑤ 弯头下节中高 g；

⑥ 弯头圆管壁厚 t。

2）所求对象：

① 弯头上节展开各素线实长 $L_{0 \sim n}$；

② 弯头下节展开各素线实长 $K_{0 \sim n}$；

③ 弯头中节展开素线实长 c；

④ 圆管展开各等分段中弧长 $S_{0 \sim n}$。

3）过渡条件公式：弯头上下节端口与相贯线夹角 $Q = \arctan(P/H)/2$。

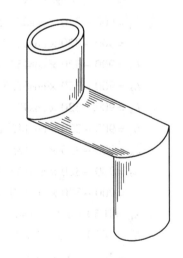

图5-13 立体图

4）计算公式：

① $L_{0 \sim n} = h - r\cos\beta_{0 \sim n}\tan Q$

② $K_{0 \sim n} = g - r\cos\beta_{0 \sim n}\tan Q$

③ $c = \sqrt{P^2 + H^2}$

④ $S_{0 \sim n} = \pi(2r + t)(\beta_{0 \sim n}/360°)$

式中　n——弯头圆管半圆周等分份数；

$\beta_{0 \sim n}$——弯头圆管圆周各等分点同圆心连线与
0 位半径轴的夹角。

说明：

① 公式中 L、K、S、β 的 $0 \sim n$ 编号均一致；

② 弯头是板卷管以中径计算圆管展开弧长，
是成品管则以外径计算圆管展开弧长。

2. 展开计算实例（图 5-15）

1）已知条件（图 5-14）：$r = 360$，$P = 1120$，
$h = 800$，$H = 560$，$g = 1040$，$t = 8$。

2）所求对象同本节"展开计算模板"。

3）过渡条件：$Q = \arctan(1120/560)/2$
$= 31.7175°$。

4）计算结果（设 $n = 8$）：

① $L_0 = 800 - 360 \times \cos0° \times \tan31.7175° = 578$

　　$L_1 = 800 - 360 \times \cos22.5° \times \tan31.7175° = 594$

　　$L_2 = 800 - 360 \times \cos45° \times \tan31.7175° = 643$

　　$L_3 = 800 - 360 \times \cos67.5° \times \tan31.7175° = 715$

　　$L_4 = 800 - 360 \times \cos90° \times \tan31.7175° = 800$

　　$L_5 = 800 - 360 \times \cos112.5° \times \tan31.7175° = 885$

　　$L_6 = 800 - 360 \times \cos135° \times \tan31.7175°$
　　　　$= 957$

　　$L_7 = 800 - 360 \times \cos157.5° \times \tan31.7175°$
　　　　$= 1006$

　　$L_8 = 800 - 360 \times \cos180° \times \tan31.7175°$
　　　　$= 1022$

② $K_0 = 1040 - 360 \times \cos0° \times \tan31.7175° = 818$

　　$K_1 = 1040 - 360 \times \cos22.5° \times \tan31.7175°$
　　　　$= 834$

　　$K_2 = 1040 - 360 \times \cos45° \times \tan31.7175°$
　　　　$= 883$

　　$K_3 = 1040 - 360 \times \cos67.5° \times \tan31.7175°$
　　　　$= 955$

　　$K_4 = 1040 - 360 \times \cos90° \times \tan31.7175°$
　　　　$= 1040$

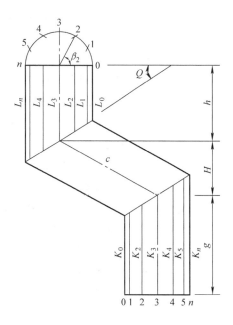

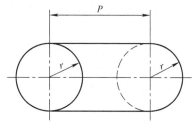

图 5-14　主、俯视图

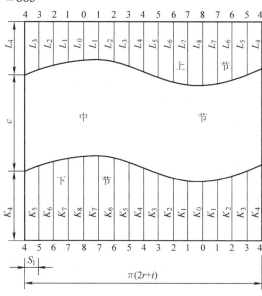

图 5-15　展开图

$K_5 = 1040 - 360 \times \cos 112.5° \times \tan 31.7175° = 1125$

$K_6 = 1040 - 360 \times \cos 135° \times \tan 31.7175° = 1197$

$K_7 = 1040 - 360 \times \cos 157.5° \times \tan 31.7175° = 1246$

$K_8 = 1040 - 360 \times \cos 180° \times \tan 31.7175° = 1262$

③ $c = \sqrt{1120^2 + 560^2} = 1252$

④ $S_0 = 3.1416 \times (2 \times 360 + 8) \times 0°/360° = 0$

$S_1 = 3.1416 \times (2 \times 360 + 8) \times 22.5°/360° = 143$

$S_2 = 3.1416 \times (2 \times 360 + 8) \times 45°/360° = 286$

$S_3 = 3.1416 \times (2 \times 360 + 8) \times 67.5°/360° = 429$

$S_4 = 3.1416 \times (2 \times 360 + 8) \times 90°/360° = 572$

$S_5 = 3.1416 \times (2 \times 360 + 8) \times 112.5°/360° = 715$

$S_6 = 3.1416 \times (2 \times 360 + 8) \times 135°/360° = 858$

$S_7 = 3.1416 \times (2 \times 360 + 8) \times 157.5°/360° = 1001$

$S_8 = 3.1416 \times (2 \times 360 + 8) \times 180°/360° = 1144$

五、端节平行双偏心三节蛇形圆管弯头 I（图 5-16）展开

1. 展开计算模板（中节水平）

1）已知条件（图 5-17）：

① 弯头圆管内半径 r；

② 端节横偏心距 P；

③ 端节纵偏心距 J；

④ 弯头上节中高 h；

⑤ 弯头下节中高 g；

⑥ 弯头圆管壁厚 t。

2）所求对象：

① 弯头上节展开各素线实长 $L_{0 \sim n}$；

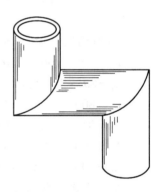

图 5-16　立体图

② 弯头下节展开各素线实长 $K_{0 \sim n}$；

③ 弯头中节展开素线实长 c；

④ 圆管展开各段中弧长 $S_{0 \sim n}$。

3）计算公式：

① $L_{0 \sim n} = h - r\cos\beta_{0 \sim n}$

② $K_{0 \sim n} = g - r\cos\beta_{0 \sim n}$

③ $c = \sqrt{P^2 + J^2}$

④ $S_{0 \sim n} = \pi(2r + t)\beta_{0 \sim n}/360°$

式中　n——弯头圆管半圆周等分份数；

$\beta_{0 \sim n}$——弯头圆管圆周各等分点同圆心连线与 0 位半径轴的夹角。

说明：

① 公式中 L、K、S、β 的 $0 \sim n$ 编号均一致；

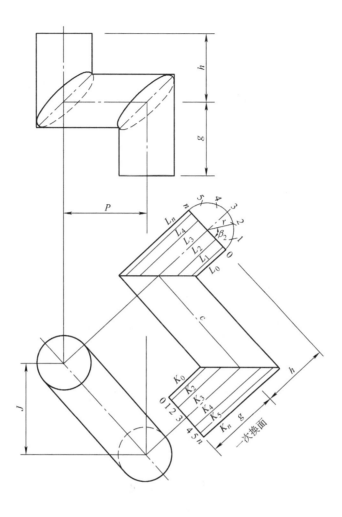

图 5-17　主、俯视图

② 弯头是板卷管以中径计算圆管展开弧长，若是成品管则以外径计算圆管展开弧长。

2. 展开计算实例（图 5-18）

1）已知条件（图 5-17）：$r = 450$，$P = 1200$，$J = 1800$，$h = 1000$，$g = 1100$，$t = 8$。

2）所求对象同本节"展开计算模板"。

3）计算结果（设 $n = 8$）：

① $L_0 = 1000 - 450 \times \cos 0° = 550$

$L_1 = 1000 - 450 \times \cos 22.5° = 584$

$L_2 = 1000 - 450 \times \cos 45° = 682$

$L_3 = 1000 - 450 \times \cos 67.5° = 828$

$L_4 = 1000 - 450 \times \cos 90° = 1000$

$L_5 = 1000 - 450 \times \cos 112.5° = 1172$

$L_6 = 1000 - 450 \times \cos 135° = 1318$

$L_7 = 1000 - 450 \times \cos 157.5° = 1416$

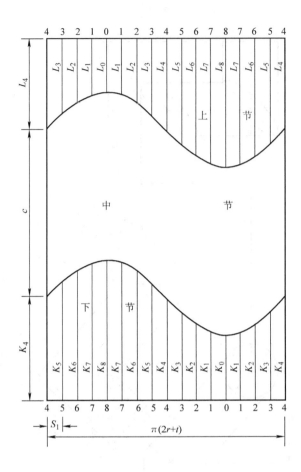

图 5-18　展开图

$$L_8 = 1000 - 450 \times \cos180° = 1450$$

② $K_0 = 1100 - 450 \times \cos0° = 650$

$K_1 = 1100 - 450 \times \cos22.5° = 684$

$K_2 = 1100 - 450 \times \cos45° = 782$

$K_3 = 1100 - 450 \times \cos67.5° = 928$

$K_4 = 1100 - 450 \times \cos90° = 1100$

$K_5 = 1100 - 450 \times \cos112.5° = 1272$

$K_6 = 1100 - 450 \times \cos135° = 1418$

$K_7 = 1100 - 450 \times \cos157.5° = 1516$

$K_8 = 1100 - 450 \times \cos180° = 1550$

③ $c = \sqrt{1200^2 + 1800^2} = 2163$

④ $S_0 = 3.1416 \times (2 \times 450 + 8) \times 0°/360° = 0$

$S_1 = 3.1416 \times (2 \times 450 + 8) \times 22.5°/360° = 178$

$S_2 = 3.1416 \times (2 \times 450 + 8) \times 45°/360° = 357$

$S_3 = 3.1416 \times (2 \times 450 + 8) \times 67.5°/360° = 535$

$S_4 = 3.1416 \times (2 \times 450 + 8) \times 90°/360° = 713$

$S_5 = 3.1416 \times (2 \times 450 + 8) \times 112.5°/360° = 891$

$S_6 = 3.1416 \times (2 \times 450 + 8) \times 135°/360° = 1070$

$S_7 = 3.1416 \times (2 \times 450 + 8) \times 157.5°/360° = 1248$

$S_8 = 3.1416 \times (2 \times 450 + 8) \times 180°/360° = 1426$

六、端节平行双偏心三节蛇形圆管弯头Ⅱ（图5-19）展开

1. 展开计算模板（中节倾斜）

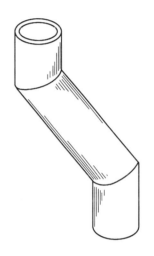

1）已知条件（图5-20）：

① 弯头圆管内半径 r；

② 端节横偏心距 P；

③ 端节纵偏心距 J；

④ 弯头上节中高 h；

⑤ 弯头中节中高 H；

⑥ 弯头下节中高 g；

⑦ 弯头圆管壁厚 t。

2）所求对象：

① 弯头上节展开各素线实长 $L_{0 \sim n}$；

② 弯头下节展开各素线实长 $K_{0 \sim n}$；

③ 弯头中节展开素线实长 c；

④ 圆管展开各等分段中弧长 $S_{0 \sim n}$。

图5-19　立体图

3）过渡条件公式：弯头上下节端口与相贯线夹角 $Q = \arctan(\sqrt{P^2 + J^2}/H)/2$。

4）计算公式：

① $L_{0 \sim n} = h - r\cos\beta_{0 \sim n}\tan Q$

② $K_{0 \sim n} = g - r\cos\beta_{0 \sim n}\tan Q$

③ $c = \sqrt{P^2 + J^2 + H^2}$

④ $S_{0 \sim n} = \pi(2r + t)\beta_{0 \sim n}/360°$

式中　n——弯头圆管半圆周等分份数；

　　$\beta_{0 \sim n}$——弯头圆管圆周各等分点同圆心连线与0位半径轴的夹角。

说明：

① 公式中 L、K、S、β 的 $0 \sim n$ 编号均一致。

② 弯头是板卷圆以中径计算圆管展开弧长，若是成品管则以外径计算圆管展开弧长。

2. 展开计算实例（图5-21）

1）已知条件（图5-20）：$r = 400$，$P = 850$，$J = 700$，$h = 750$，$H = 1200$，$g = 900$，$t = 8$。

2）所求对象同本节"展开计算模板"。

3）过渡条件公式：$Q = \arctan(\sqrt{850^2 + 700^2}/1200)/2 = 21.27°$。

4）计算结果（设 $n = 8$）：

① $L_0 = 750 - 400 \times \cos0° \times \tan21.27° = 594$

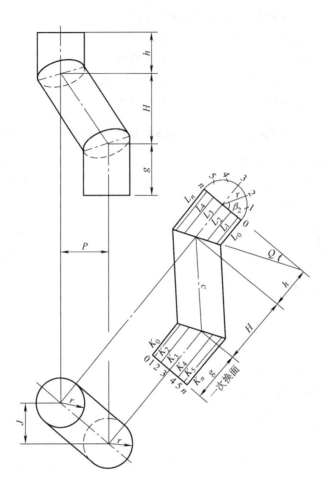

图 5-20　主、俯视图

$L_1 = 750 - 400 \times \cos 22.5° \times \tan 21.27° = 606$

$L_2 = 750 - 400 \times \cos 45° \times \tan 21.27° = 640$

$L_3 = 750 - 400 \times \cos 67.5° \times \tan 21.27° = 690$

$L_4 = 750 - 400 \times \cos 90° \times \tan 21.27° = 750$

$L_5 = 750 - 400 \times \cos 112.5° \times \tan 21.27° = 810$

$L_6 = 750 - 400 \times \cos 135° \times \tan 21.27° = 860$

$L_7 = 750 - 400 \times \cos 157.5° \times \tan 21.27° = 894$

$L_8 = 750 - 400 \times \cos 180° \times \tan 21.27° = 906$

② $K_0 = 900 - 400 \times \cos 0° \times \tan 21.27° = 744$

$K_1 = 900 - 400 \times \cos 22.5° \times \tan 21.27° = 756$

$K_2 = 900 - 400 \times \cos 45° \times \tan 21.27° = 790$

$K_3 = 900 - 400 \times \cos 67.5° \times \tan 21.27° = 840$

$K_4 = 900 - 400 \times \cos 90° \times \tan 21.27° = 900$

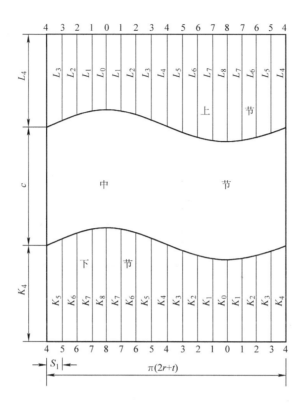

图 5-21　展开图

$K_5 = 900 - 400 \times \cos 112.5° \times \tan 21.27° = 960$

$K_6 = 900 - 400 \times \cos 135° \times \tan 21.27° = 1010$

$K_7 = 900 - 400 \times \cos 157.5° \times \tan 21.27° = 1044$

$K_8 = 900 - 400 \times \cos 180° \times \tan 21.27° = 1056$

③ $c = \sqrt{850^2 + 700^2 + 1200^2} = 1629$

④ $S_0 = 3.1416 \times (2 \times 400 + 8) \times 0° / 360° = 0$

$S_1 = 3.1416 \times (2 \times 400 + 8) \times 22.5° / 360° = 159$

$S_2 = 3.1416 \times (2 \times 400 + 8) \times 45° / 360° = 317$

$S_3 = 3.1416 \times (2 \times 400 + 8) \times 67.5° / 360° = 476$

$S_4 = 3.1416 \times (2 \times 400 + 8) \times 90° / 360° = 635$

$S_5 = 3.1416 \times (2 \times 400 + 8) \times 112.5° / 360° = 793$

$S_6 = 3.1416 \times (2 \times 400 + 8) \times 135° / 360° = 952$

$S_7 = 3.1416 \times (2 \times 400 + 8) \times 157.5° / 360° = 1111$

$S_8 = 3.1416 \times (2 \times 400 + 8) \times 180° / 360° = 1269$

七、端节垂直单偏心三节蛇形圆管弯头 I （图5-22）展开

1. 展开计算模板（中节水平）

1）已知条件（图5-23）：

① 圆管内半径 r；

② 端节横偏心距 P；

③ 弯头左节端口至相贯中高 h；

④ 弯头右节端口至相贯中距 g；

⑤ 弯头圆管壁厚 t。

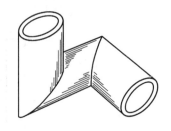

图5-22　立体图

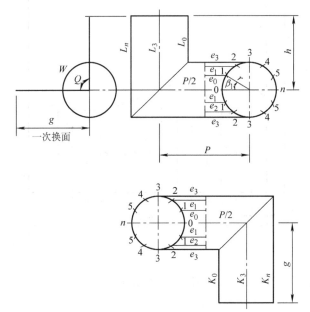

图5-23　主、俯视图

2）所求对象：

① 左节展开各素线实长 $L_{0 \sim n}$；

② 右节展开各素线实长 $K_{0 \sim n}$；

③ 中节左、右半段展开各素线实长 $e_{0 \sim n}$；

④ 中节两端错位弧长 W；

⑤ 圆管展开各等分段中弧长 $S_{0 \sim n}$。

3）过渡条件公式：两端节错位夹角 $Q = 90°$。

4）计算公式：

① $L_{0 \sim n} = h - r\cos\beta_{0 \sim n}$

② $K_{0 \sim n} = g - r\cos\beta_{0 \sim n}$

③ $e_{0 \sim n} = P/2 - r\cos\beta_{0 \sim n}$

④ $W = \pi(2r + t)Q/360°$

⑤ $S_{0 \sim n} = \pi(2r + t)\beta_{0 \sim n}/360°$

式中　n——弯头圆管半圆周等分份数；

　　$\beta_{0 \sim n}$——圆管圆周各等分点同圆心连线与 0 位半径轴的夹角。

说明：

① 公式中 L、K、e、S、β 的 $0 \sim n$ 编号均一致。

② 两端节与中节相贯夹角均为 90°，因此两端口与相贯线的夹角分别为 45°，两端节错位夹角为 90°。

③ 弯头是板卷管以中径计算圆管展开弧长，是成品管则以外径计算圆管展开弧长。

2. 展开计算实例（图 5-24）

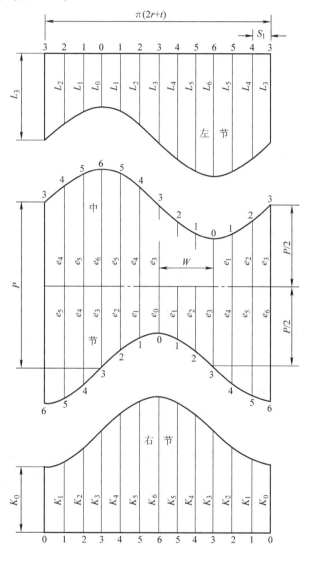

图 5-24　展开图

1）已知条件（图 5-23）：$r = 260$，$P = 900$，$h = 750$，$g = 800$，$t = 6$。

2）所求对象同本节"展开计算模板"。

3）过渡条件：$Q = 90°$。

4）计算结果（设 $n = 6$）。

① $L_0 = 750 - 260 \times \cos 0° = 490$

　$L_1 = 750 - 260 \times \cos 30° = 525$

$$L_2 = 750 - 260 \times \cos 60° = 620$$

$$L_3 = 750 - 260 \times \cos 90° = 750$$

$$L_4 = 750 - 260 \times \cos 120° = 880$$

$$L_5 = 750 - 260 \times \cos 150° = 975$$

$$L_6 = 750 - 260 \times \cos 180° = 1010$$

② $K_0 = 800 - 260 \times \cos 0° = 540$

$$K_1 = 800 - 260 \times \cos 30° = 575$$

$$K_2 = 800 - 260 \times \cos 60° = 670$$

$$K_3 = 800 - 260 \times \cos 90° = 800$$

$$K_4 = 800 - 260 \times \cos 120° = 930$$

$$K_5 = 800 - 260 \times \cos 150° = 1025$$

$$K_6 = 800 - 260 \times \cos 180° = 1060$$

③ $e_0 = 900/2 - 260 \times \cos 0° = 190$

$$e_1 = 900/2 - 260 \times \cos 30° = 225$$

$$e_2 = 900/2 - 260 \times \cos 60° = 320$$

$$e_3 = 900/2 - 260 \times \cos 90° = 450$$

$$e_4 = 900/2 - 260 \times \cos 120° = 580$$

$$e_5 = 900/2 - 260 \times \cos 150° = 675$$

$$e_6 = 900/2 - 260 \times \cos 180° = 710$$

④ $W = 3.1416 \times (2 \times 260 + 6) \times 90°/360° = 413$

⑤ $S_0 = 3.1416 \times (2 \times 260 + 6) \times 0°/360° = 0$

$$S_1 = 3.1416 \times (2 \times 260 + 6) \times 30°/360° = 138$$

$$S_2 = 3.1416 \times (2 \times 260 + 6) \times 60°/360° = 275$$

$$S_3 = 3.1416 \times (2 \times 260 + 6) \times 90°/360° = 413$$

$$S_4 = 3.1416 \times (2 \times 260 + 6) \times 120°/360° = 551$$

$$S_5 = 3.1416 \times (2 \times 260 + 6) \times 150°/360° = 689$$

$$S_6 = 3.1416 \times (2 \times 260 + 6) \times 180°/360° = 826$$

八、端节垂直单偏心三节蛇形圆管弯头 Ⅱ（图 5-25）展开

1. 展开计算模板（中节倾斜）

1）已知条件（图 5-26）：

① 圆管内半径 r；

② 端节横偏心距 P；

③ 弯头左节端口至相贯中高 h；

④ 弯头中节两端相贯中垂高 H；

⑤ 弯头右节端口至相贯中距 g；

⑥ 弯头圆管壁厚 t。

2）所求对象：

① 左节展开各素线实长 $L_{0 \sim n}$；

② 右节展开各素线实长 $K_{0 \sim n}$；

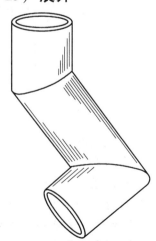

图 5-25　立体图

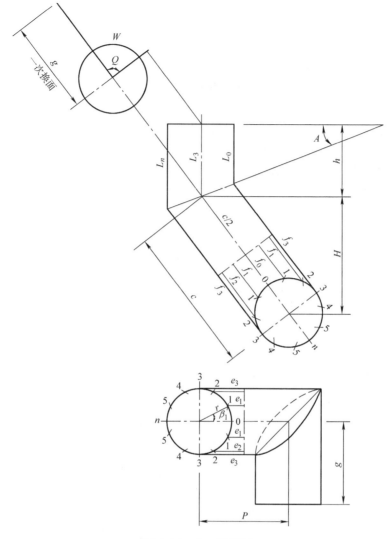

图 5-26　主、俯视图

③ 中节左半段展开各素线实长 $e_{0 \sim n}$；

④ 中节右半段展开各素线实长 $f_{0 \sim n}$；

⑤ 中节两端错位弧长 W；

⑥ 圆管展开各等分段中弧长 $S_{0 \sim n}$。

3）过渡条件公式：

① 中节中轴线实长 $c = \sqrt{P^2 + H^2}$

② 左端节口与相贯线夹角 $A = \arctan(P/H)/2$

③ 两端节错位夹角 $Q = 90°$

4）计算公式：

① $L_{0 \sim n} = h - r\cos\beta_{0 \sim n}\tan A$

② $K_{0 \sim n} = g - r\cos\beta_{0 \sim n}$

③ $e_{0 \sim n} = c/2 - r\cos\beta_{0 \sim n}\tan A$

④ $f_{0 \sim n} = c/2 - r\cos\beta_{0 \sim n}$

⑤ $W = \pi(2r + t)Q/360°$

⑥ $S_{0 \sim n} = \pi(2r + t)\beta_{0 \sim n}/360°$

式中　n——弯头圆管半圆周等分份数；

　　　$\beta_{0 \sim n}$——圆管圆周各等分点同圆心连线与 0 位半径轴的夹角。

说明：

① 公式中 L、K、e、f、S、β 的 $0 \sim n$ 编号均一致。

② 右端节与中节相贯夹角为 90°，两端节错位夹角也为 90°。

③ 弯头是板卷管以中径计算圆管展开弧长，是成品管则以外径计算圆管展开弧长。

2. 展开计算实例（图 5-27）

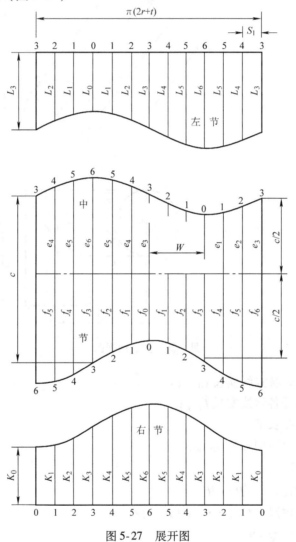

图 5-27　展开图

1）已知条件（图 5-26）：$r = 300$，$P = 720$，$h = 570$，$H = 930$，$g = 750$，$t = 8$。

2）所求对象同本节"展开计算模板"。

3）过渡条件：

① $c = \sqrt{720^2 + 930^2} = 1176$

② $A = \arctan(720/930)/2 = 18.8734°$

③ $Q = 90°$

4）计算结果（设 $n = 6$）：

① $L_0 = 570 - 300 \times \cos0° \times \tan18.8734° = 467$

$L_1 = 570 - 300 \times \cos30° \times \tan18.8734° = 481$

$L_2 = 570 - 300 \times \cos60° \times \tan18.8734° = 519$

$L_3 = 570 - 300 \times \cos90° \times \tan18.8734° = 570$

$L_4 = 570 - 300 \times \cos120° \times \tan18.8734° = 621$

$L_5 = 570 - 300 \times \cos150° \times \tan18.8734° = 659$

$L_6 = 570 - 300 \times \cos180° \times \tan18.8734° = 673$

② $K_0 = 750 - 300 \times \cos0° = 450$

$K_1 = 750 - 300 \times \cos30° = 490$

$K_2 = 750 - 300 \times \cos60° = 600$

$K_3 = 750 - 300 \times \cos90° = 750$

$K_4 = 750 - 300 \times \cos120° = 900$

$K_5 = 750 - 300 \times \cos150° = 1010$

$K_6 = 750 - 300 \times \cos180° = 1050$

③ $e_0 = 1176/2 - 300 \times \cos0° \times \tan18.8734° = 486$

$e_1 = 1176/2 - 300 \times \cos30° \times \tan18.8734° = 499$

$e_2 = 1176/2 - 300 \times \cos60° \times \tan18.8734° = 537$

$e_3 = 1176/2 - 300 \times \cos90° \times \tan18.8734° = 588$

$e_4 = 1176/2 - 300 \times \cos120° \times \tan18.8734° = 639$

$e_5 = 1176/2 - 300 \times \cos150° \times \tan18.8734° = 677$

$e_6 = 1176/2 - 300 \times \cos180° \times \tan18.8734° = 691$

④ $f_0 = 1176/2 - 300 \times \cos0° = 288$

$f_1 = 1176/2 - 300 \times \cos30° = 328$

$f_2 = 1176/2 - 300 \times \cos60° = 438$

$f_3 = 1176/2 - 300 \times \cos90° = 588$

$f_4 = 1176/2 - 300 \times \cos120° = 738$

$f_5 = 1176/2 - 300 \times \cos150° = 848$

$f_6 = 1176/2 - 300 \times \cos180° = 888$

⑤ $W = 3.1416 \times (2 \times 300 + 8) \times 90°/360° = 478$

⑥ $S_0 = 3.1416 \times (2 \times 300 + 8) \times 0°/360° = 0$

$S_1 = 3.1416 \times (2 \times 300 + 8) \times 30°/360° = 159$

$S_2 = 3.1416 \times (2 \times 300 + 8) \times 60°/360° = 318$

$S_3 = 3.1416 \times (2 \times 300 + 8) \times 90°/360° = 478$

$S_4 = 3.1416 \times (2 \times 300 + 8) \times 120°/360° = 637$

$S_5 = 3.1416 \times (2 \times 300 + 8) \times 150°/360° = 796$

$S_6 = 3.1416 \times (2 \times 300 + 8) \times 180°/360° = 955$

九、端节垂直双偏心三节蛇形圆管弯头 I（图 5-28）展开

1. 展开计算模板（中节水平）

1）已知条件（图 5-29）：

① 圆管内半径 r；

② 端节横偏心距 P；

③ 端节纵偏心距 J；

④ 弯头左节端口至相贯中高 h；

⑤ 弯头右节端口至相贯中距 g；

⑥ 弯头圆管壁厚 t。

2）所求对象：

① 左节展开各素线实长 $L_{0\sim n}$；

图 5-28　立体图

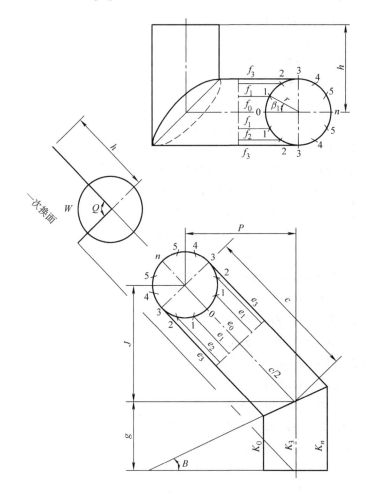

图 5-29　主、俯视图

② 右节展开各素线实长 $K_{0\sim n}$；

③ 中节左半段展开各素线实长 $e_{0\sim n}$；

④ 中节右半段展开各素线实长 $f_{0\sim n}$；

⑤ 中节两端错位弧长 W；

⑥ 圆管展开各等分段中弧长 $S_{0 \sim n}$。

3）过渡条件公式：

① 中节中轴线实长 $c = \sqrt{P^2 + J^2}$

② 右节端口与相贯线夹角 $B = \arctan(P/J)/2$

③ 两端节错位夹角 $Q = 90°$

4）计算公式：

① $L_{0 \sim n} = h - r\cos\beta_{0 \sim n}$

② $K_{0 \sim n} = g - r\cos\beta_{0 \sim n}\tan B$

③ $e_{0 \sim n} = c/2 - r\cos\beta_{0 \sim n}$

④ $f_{0 \sim n} = c/2 - r\cos\beta_{0 \sim n}\tan B$

⑤ $W = \pi(2r + t)Q/360°$

⑥ $S_{0 \sim n} = \pi(2r + t)\beta_{0 \sim n}/360°$

式中　n——弯头圆管半圆周等分份数；

　$\beta_{0 \sim n}$——圆管圆周各等分点同圆心连线与 0 位半径轴的夹角。

说明：

① 公式中 L、K、e、f、S、β 的 $0 \sim n$ 编号均一致。

② 由于中节是水平位置，因此左节与中节始终处于垂直状态，其夹角为 90°，而且两端节错位夹角也为 90°。

③ 弯头是板卷管以中径计算圆管展开弧长，是成品管则以外径计算圆管展开弧长。

2. 展开计算实例（图 5-30）

1）已知条件（图 5-29）：$r = 360$，$P = 1200$，$J = 1240$，$h = 920$，$g = 720$，$t = 6$。

2）所求对象同本节"展开计算模板"。

3）过渡条件：

① $c = \sqrt{1200^2 + 1240^2} = 1726$

② $B = \arctan(1200/1240)/2 = 22.0304°$

③ $Q = 90°$

4）计算结果（设 $n = 6$）：

① $L_0 = 920 - 360 \times \cos0° = 560$

　$L_1 = 920 - 360 \times \cos30° = 608$

　$L_2 = 920 - 360 \times \cos60° = 740$

　$L_3 = 920 - 360 \times \cos90° = 920$

　$L_4 = 920 - 360 \times \cos120° = 1100$

　$L_5 = 920 - 360 \times \cos150° = 1232$

　$L_6 = 920 - 360 \times \cos180° = 1280$

② $K_0 = 720 - 360 \times \cos0° \times \tan22.0304° = 574$

　$K_1 = 720 - 360 \times \cos30° \times \tan22.0304° = 594$

　$K_2 = 720 - 360 \times \cos60° \times \tan22.0304° = 647$

　$K_3 = 720 - 360 \times \cos90° \times \tan22.0304° = 720$

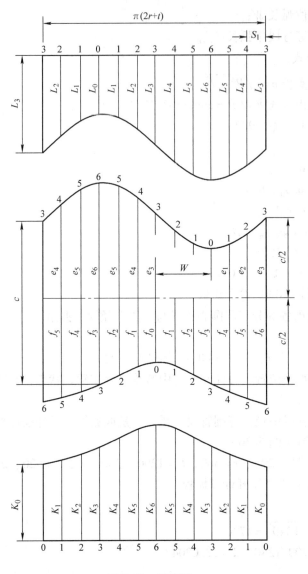

图 5-30　展开图

$$K_4 = 720 - 360 \times \cos 120° \times \tan 22.0304° = 793$$

$$K_5 = 720 - 360 \times \cos 150° \times \tan 22.0304° = 846$$

$$K_6 = 720 - 360 \times \cos 180° \times \tan 22.0304° = 866$$

③ $e_0 = 1726/2 - 360 \times \cos 0° = 503$

$e_1 = 1726/2 - 360 \times \cos 30° = 551$

$e_2 = 1726/2 - 360 \times \cos 60° = 683$

$e_3 = 1726/2 - 360 \times \cos 90° = 863$

$e_4 = 1726/2 - 360 \times \cos 120° = 1043$

$e_5 = 1726/2 - 360 \times \cos 150° = 1175$

$e_6 = 1726/2 - 360 \times \cos 180° = 1223$

④ $f_0 = 1726/2 - 360 \times \cos 0° \times \tan 22.0304° = 717$

$$f_1 = 1726/2 - 360 \times \cos 30° \times \tan 22.0304° = 737$$

$$f_2 = 1726/2 - 360 \times \cos 60° \times \tan 22.0304° = 790$$

$$f_3 = 1726/2 - 360 \times \cos 90° \times \tan 22.0304° = 863$$

$$f_4 = 1726/2 - 360 \times \cos 120° \times \tan 22.0304° = 936$$

$$f_5 = 1726/2 - 360 \times \cos 150° \times \tan 22.0304° = 989$$

$$f_6 = 1726/2 - 360 \times \cos 180° \times \tan 22.0304° = 1008$$

⑤ $W = 3.1416 \times (2 \times 360 + 6) \times 90°/360° = 570$

⑥ $S_0 = 3.1416 \times (2 \times 360 + 6) \times 0°/360° = 0$

$S_1 = 3.1416 \times (2 \times 360 + 6) \times 30°/360° = 190$

$S_2 = 3.1416 \times (2 \times 360 + 6) \times 60°/360° = 380$

$S_3 = 3.1416 \times (2 \times 360 + 6) \times 90°/360° = 570$

$S_4 = 3.1416 \times (2 \times 360 + 6) \times 120°/360° = 760$

$S_5 = 3.1416 \times (2 \times 360 + 6) \times 150°/360° = 950$

$S_6 = 3.1416 \times (2 \times 360 + 6) \times 180°/360° = 1140$

十、端节垂直双偏心三节蛇形圆管弯头 II （图 5-31）展开

1. 展开计算模板（中节倾斜）

1）已知条件（图 5-32）：

① 圆管内半径 r；

② 端节横偏心距 P；

③ 端节纵偏心距 J；

④ 弯头左节端口至相贯中高 h；

⑤ 弯头中节两端相贯中垂高 H；

⑥ 弯头右节端口至相贯中距 g；

⑦ 弯头圆管壁厚 t。

2）所求对象：

① 左节展开各素线实长 $L_{0 \sim n}$；

② 右节展开各素线实长 $K_{0 \sim n}$；

③ 中节左半段展开各素线实长 $e_{0 \sim n}$；

④ 中节右半段展开各素线实长 $f_{0 \sim n}$；

⑤ 中节两端错位弧长 W；

⑥ 圆管展开各等分段中弧长 $S_{0 \sim n}$。

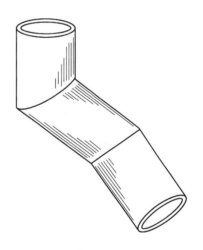

图 5-31 立体图

3）过渡条件公式：

① 中节中轴线实长 $c = \sqrt{P^2 + J^2 + H^2}$

② 左节端口与相贯线夹角 $A = \arccos(H/c)/2$

③ 右节端口与相贯线夹角 $B = \arccos(J/c)/2$

④ 两端节错位夹角 $Q = \arctan[P \times c/(JH)]$

4）计算公式：

① $L_{0 \sim n} = h - r\cos\beta_{0 \sim n}\tan A$

② $K_{0 \sim n} = g - r\cos\beta_{0 \sim n}\tan B$

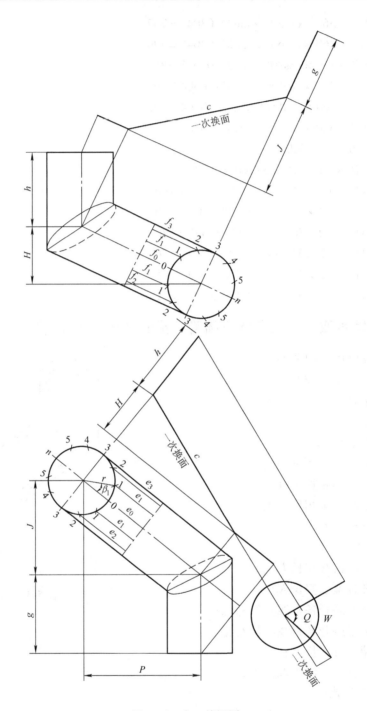

图 5-32　主、俯视图

③ $e_{0 \sim n} = c/2 - r\cos\beta_{0 \sim n}\tan A$

④ $f_{0 \sim n} = c/2 - r\cos\beta_{0 \sim n}\tan B$

⑤ $W = \pi(2r + t)Q/360°$

⑥ $S_{0 \sim n} = \pi(2r + t)\beta_{0 \sim n}/360°$

式中　n——弯头圆管半圆周等分份数；

　　$\beta_{0 \sim n}$——圆管圆周各等分点同圆心连线与 0 位半径轴的夹角。

说明:

① 公式中 L、K、e、f、S、β 的 $0 \sim n$ 编号均一致。

② 弯头是板卷管以中径计算展开弧长,是成品管则以外径计算展开弧长。

2. 展开计算实例 (图 5-33)

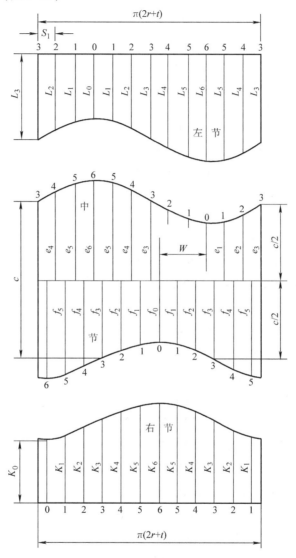

图 5-33　展开图

1) 已知条件 (图 5-32): $r = 270$, $P = 930$, $J = 750$, $h = 600$, $H = 460$, $g = 620$, $t = 8$。

2) 所求对象同本节"展开计算模板"。

3) 过渡条件:

① $c = \sqrt{930^2 + 750^2 + 460^2} = 1280$

② $A = \arccos(460/1280)/2 = 34.47°$

③ $B = \arccos(750/1280)/2 = 27.07°$

④ $Q = \arctan[930 \times 1280/(750 \times 460)] = 73.84°$

4）计算结果（设 $n = 6$）：

① $L_0 = 600 - 270 \times \cos 0° \times \tan 34.47° = 415$

　$L_1 = 600 - 270 \times \cos 30° \times \tan 34.47° = 439$

　$L_2 = 600 - 270 \times \cos 60° \times \tan 34.47° = 507$

　$L_3 = 600 - 270 \times \cos 90° \times \tan 34.47° = 600$

　$L_4 = 600 - 270 \times \cos 120° \times \tan 34.47° = 693$

　$L_5 = 600 - 270 \times \cos 150° \times \tan 34.47° = 761$

　$L_6 = 600 - 270 \times \cos 180° \times \tan 34.47° = 785$

② $K_0 = 620 - 270 \times \cos 0° \times \tan 27.07° = 482$

　$K_1 = 620 - 270 \times \cos 30° \times \tan 27.07° = 501$

　$K_2 = 620 - 270 \times \cos 60° \times \tan 27.07° = 551$

　$K_3 = 620 - 270 \times \cos 90° \times \tan 27.07° = 620$

　$K_4 = 620 - 270 \times \cos 120° \times \tan 27.07° = 689$

　$K_5 = 620 - 270 \times \cos 150° \times \tan 27.07° = 739$

　$K_6 = 620 - 270 \times \cos 180° \times \tan 27.07° = 758$

③ $e_0 = 1280/2 - 270 \times \cos 0° \times \tan 34.47° = 455$

　$e_1 = 1280/2 - 270 \times \cos 30° \times \tan 34.47° = 480$

　$e_2 = 1280/2 - 270 \times \cos 60° \times \tan 34.47° = 547$

　$e_3 = 1280/2 - 270 \times \cos 90° \times \tan 34.47° = 640$

　$e_4 = 1280/2 - 270 \times \cos 120° \times \tan 34.47° = 733$

　$e_5 = 1280/2 - 270 \times \cos 150° \times \tan 34.47° = 801$

　$e_6 = 1280/2 - 270 \times \cos 180° \times \tan 34.47° = 825$

④ $f_0 = 1280/2 - 270 \times \cos 0° \times \tan 27.07° = 502$

　$f_1 = 1280/2 - 270 \times \cos 30° \times \tan 27.07° = 521$

　$f_2 = 1280/2 - 270 \times \cos 60° \times \tan 27.07° = 571$

　$f_3 = 1280/2 - 270 \times \cos 90° \times \tan 27.07° = 640$

　$f_4 = 1280/2 - 270 \times \cos 120° \times \tan 27.07° = 709$

　$f_5 = 1280/2 - 270 \times \cos 150° \times \tan 27.07° = 760$

　$f_6 = 1280/2 - 270 \times \cos 180° \times \tan 27.07° = 778$

⑤ $W = 3.1416 \times (2 \times 270 + 8) \times 73.84°/360° = 353$

⑥ $S_0 = 3.1416 \times (2 \times 270 + 8) \times 0°/360° = 0$

　$S_1 = 3.1416 \times (2 \times 270 + 8) \times 30°/360° = 143$

　$S_2 = 3.1416 \times (2 \times 270 + 8) \times 60°/360° = 287$

　$S_3 = 3.1416 \times (2 \times 270 + 8) \times 90°/360° = 430$

　$S_4 = 3.1416 \times (2 \times 270 + 8) \times 120°/360° = 574$

　$S_5 = 3.1416 \times (2 \times 270 + 8) \times 150°/360° = 717$

　$S_6 = 3.1416 \times (2 \times 270 + 8) \times 180°/360° = 861$

十一、双直角转向五节蛇形圆管弯头（图 5-34）展开

1. 展开计算模板

1）已知条件（图 5-35）：

① 弯头圆管内半径 r；

② 弯头中弯曲半径 R；

③ 弯头弯曲角度 A；

④ 弯头转向角度 B；

⑤ 弯头节数 m；

⑥ 弯头圆管壁厚 t。

2）所求对象：

① Ⅲ节上下半段转向错位弧长 e；

② Ⅰ、Ⅴ节各等分段展开素线实长 $L_{0 \sim n}$；

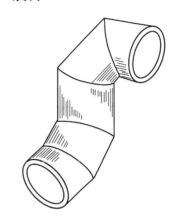

图 5-34　立体图

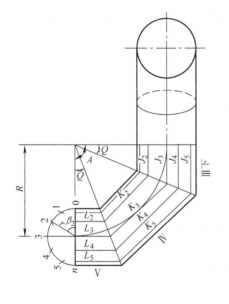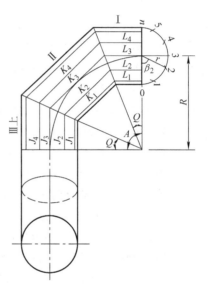

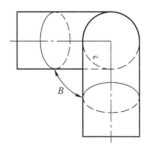

图 5-35　主、俯、侧三视图

③ Ⅱ、Ⅳ节各等分段展开素线实长 $K_{0 \sim n}$；

④ Ⅲ节上下半段各等分段展开素线实长 $J_{0 \sim n}$；

⑤ 圆管展开各等分段中弧长 $S_{0 \sim n}$。

3）过渡条件公式：弯头端节口与相贯线夹角 $Q = 2 \times A / [2 \times (m-1)]$。

4）计算公式：

① $e = \pi(2r + t)B/360°$

② $L_{0 \sim n} = (R - r\cos\beta_{0 \sim n})\tan Q$

③ $K_{0 \sim n} = 2 \times L_{0 \sim n}$

④ $J_{0 \sim n} = L_{0 \sim n}$

⑤ $S_{0 \sim n} = \pi(2r + t)\beta_{0 \sim n}/360°$

式中　n——弯头圆管半圆周等分份数；

　　$\beta_{0 \sim n}$——弯头圆管各等分点同圆心连线与 0 位半径轴的夹角。

说明：

① 公式中 L、K、J、S、β 的 $0 \sim n$ 编号均一致。

② 因为弯头第Ⅲ节上、下半段的弯曲夹角 Q 与端节Ⅰ、Ⅴ节弯曲夹角相同，所以其等分段素线展开实长 $J_{0 \sim n}$ 与弯头Ⅰ、Ⅴ节各等分段素线展开实长 $L_{0 \sim n}$ 也相同。

2. 展开计算实例（图 5-36）

1）已知条件（图 5-35）：$r = 400$，$R = 1250$，$A = 90°$，$B = 90°$，$m = 5$，$t = 10$。

2）所求对象同本节"展开计算模板"。

3）过渡条件：$Q = 2 \times 90°/[2 \times (5 - 1)] = 22.5°$。

4）计算结果（设 $n = 8$）：

① $e = 3.1416 \times (2 \times 400 + 10) \times 90°/360° = 636$

② $L_0 = (1250 - 400 \times \cos0°) \times \tan22.5° = 352$

　　$L_1 = (1250 - 400 \times \cos22.5°) \times \tan22.5° = 365$

　　$L_2 = (1250 - 400 \times \cos45°) \times \tan22.5° = 401$

　　$L_3 = (1250 - 400 \times \cos67.5°) \times \tan22.5° = 454$

　　$L_4 = (1250 - 400 \times \cos90°) \times \tan22.5° = 518$

　　$L_5 = (1250 - 400 \times \cos112.5°) \times \tan22.5° = 581$

　　$L_6 = (1250 - 400 \times \cos135°) \times \tan22.5° = 635$

　　$L_7 = (1250 - 400 \times \cos157.5°) \times \tan22.5° = 671$

　　$L_8 = (1250 - 400 \times \cos180°) \times \tan22.5° = 683$

③ $K_0 = 2 \times 352 = 704$

　　$K_1 = 2 \times 365 = 730$

　　$K_2 = 2 \times 401 = 802$

　　$K_3 = 2 \times 454 = 908$

　　$K_4 = 2 \times 518 = 1036$

　　$K_5 = 2 \times 581 = 1162$

　　$K_6 = 2 \times 635 = 1270$

　　$K_7 = 2 \times 671 = 1342$

　　$K_8 = 2 \times 683 = 1366$

④ $J_0 = 352$　$J_1 = 365$　$J_2 = 401$　$J_3 = 454$　$J_4 = 518$

　　$J_5 = 581$　$J_6 = 635$　$J_7 = 671$　$J_8 = 683$

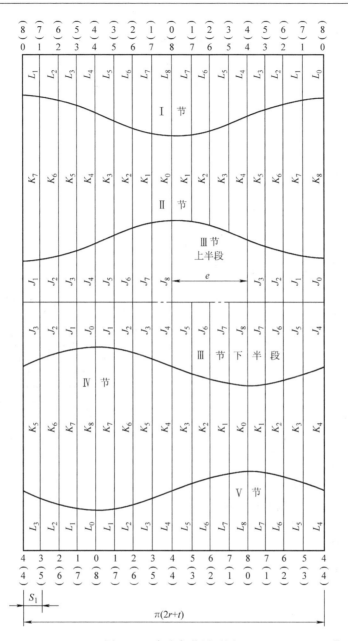

图 5-36　弯头各节展开图

⑤ $S_0 = 3.1416 \times (2 \times 400 + 10) \times 0°/360° = 0$

$S_1 = 3.1416 \times (2 \times 400 + 10) \times 22.5°/360° = 159$

$S_2 = 3.1416 \times (2 \times 400 + 10) \times 45°/360° = 318$

$S_3 = 3.1416 \times (2 \times 400 + 10) \times 67.5°/360° = 477$

$S_4 = 3.1416 \times (2 \times 400 + 10) \times 90°/360° = 636$

$S_5 = 3.1416 \times (2 \times 400 + 10) \times 112.5°/360° = 795$

$S_6 = 3.1416 \times (2 \times 400 + 10) \times 135°/360° = 954$

$S_7 = 3.1416 \times (2 \times 400 + 10) \times 157.5°/360° = 1113$

$S_8 = 3.1416 \times (2 \times 400 + 10) \times 180°/360° = 1272$

十二、五节偏心直角斜圆锥渐缩变径虾米弯头（图 5-37）展开

这类弯头展开分两步：第一步是对弯头各节相关尺寸的计算；第二步是根据第一步对弯头各节有关尺寸所计算出的结果，作为已知条件，对弯头各节分别进行对应展开的计算。

第一步

1. 展开计算模板

1）已知条件（图 5-38、图 5-39）：

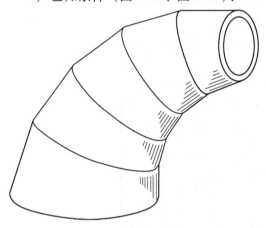

图 5-37 立体图

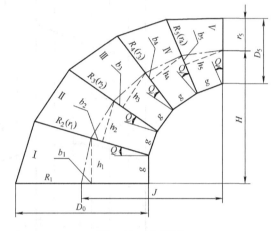

图 5-38 主视图

① 弯头底口内径 D_0；

② 弯头顶口内径 D_5；

③ 弯头底口中至顶口端面水平距 J；

④ 弯头顶口中至底口端面垂高 H；

⑤ 弯头壁厚 T；

⑥ 弯头节数 m。

2）所求对象：

① 弯头各节小口倾斜角 Q；

② 弯头各节内弯边高 g；

③ 弯头各接合口内径 $D_{1\sim5}$；

④ 弯头各节两口偏心距 $b_{1\sim5}$；

⑤ 弯头各节小口中至大口端面垂高 $h_{1\sim5}$；

⑥ 处理壁厚 t；

⑦ 弯头各节大口中半径 $R_{1\sim5}$；

⑧ 弯头各节小口中半径 $r_{1\sim5}$。

3）计算公式：

① $Q = 90°/m$

② $g = (J - D_0/2)/2.657$ 或 $g = (H - D_5/2)/3.657$

③ $D_{1\sim5} = (D_{0\sim4} - g\tan Q)\cos Q$

④ $b_{1 \sim 5} = (D_{0 \sim 4} - D_{1 \sim 5} \cos Q)/2$

⑤ $h_{1 \sim 5} = g + D_{1 \sim 5} \sin Q/2$

⑥ $t = (T + T \cos Q)/2$

⑦ $R_{1 \sim 5} = (D_{0 \sim 4} + t)/2$

⑧ $r_{1 \sim 5} = (D_{1 \sim 5} + t)/2$

说明：

① 弯头各节斜圆锥台展开是以管壁中尺寸计算的，因此实际制作时，各节对接口必须是双面坡口，壁中接触才能保证弯头成形精度。

② 书中介绍的弯头各节斜圆锥台展开图样是在 0 号素线位剖开的，而在实际生产中，为避免出现十字焊缝，实物展开应在 $n/2$ 号素线位剖开作为拼缝（n 为斜圆锥台大小口半圆周等份数）。

2. 展开计算实例

1）已知条件（图 5-38、图 5-39）：$D_0 = 860$，$D_5 = 452$，$J = 842$，$H = 793$，$T = 22$，$m = 5$。

2）所求对象同本节"展开计算模板"。

3）计算结果：

① $Q = 90°/5 = 18°$

② $g = (842 - 860/2)/2.657 = 155$，或 $g = (793 - 452/2)/3.657 = 155$

③ $D_1 = (860 - 155 \times \tan 18°) \times \cos 18° = 770$

　　$D_2 = (770 - 155 \times \tan 18°) \times \cos 18° = 684$

　　$D_3 = (684 - 155 \times \tan 18°) \times \cos 18° = 603$

　　$D_4 = (603 - 155 \times \tan 18°) \times \cos 18° = 526$

　　$D_5 = (526 - 155 \times \tan 18°) \times \cos 18° = 452$

④ $b_1 = (860 - 770 \times \cos 18°)/2 = 64$

　　$b_2 = (770 - 684 \times \cos 18°)/2 = 60$

　　$b_3 = (684 - 603 \times \cos 18°)/2 = 55$

　　$b_4 = (603 - 526 \times \cos 18°)/2 = 52$

　　$b_5 = (526 - 452 \times \cos 18°)/2 = 48$

⑤ $h_1 = 155 + 770 \times \sin 18°/2 = 274$

　　$h_2 = 155 + 684 \times \sin 18°/2 = 261$

　　$h_3 = 155 + 603 \times \sin 18°/2 = 248$

　　$h_4 = 155 + 526 \times \sin 18°/2 = 236$

　　$h_5 = 155 + 452 \times \sin 18°/2 = 225$

⑥ $t = (22 + 22 \times \cos 18°)/2 = 21.5$

⑦ $R_1 = (860 + 21.5)/2 = 441$

　　$R_2 = (770 + 21.5)/2 = 396$

　　$R_3 = (684 + 21.5)/2 = 353$

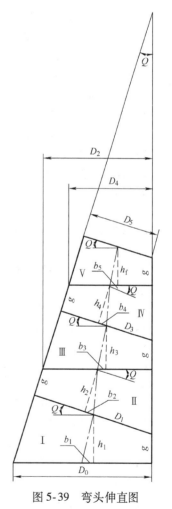

图 5-39　弯头伸直图

$$R_4 = (603 + 21.5)/2 = 312$$

$$R_5 = (526 + 21.5)/2 = 274$$

⑧ $r_1 = (770 + 21.5)/2 = 396$

　　$r_2 = (684 + 21.5)/2 = 353$

　　$r_3 = (603 + 21.5)/2 = 312$

　　$r_4 = (526 + 21.5)/2 = 274$

　　$r_5 = (452 + 21.5)/2 = 237$

第二步

1. 展开计算模板

见第四章第十节"顶口倾斜偏心斜圆锥台展开 I"的"展开计算模板"。

2. 展开计算实例（图 5-40）

1）已知条件（第一步对弯头各节有关尺寸所计算的结果）（图 4-30）：

第一节：$R_1 = 441$，$r_1 = 396$，$Q = 18°$，$b_1 = 64$，$h_1 = 274$。

第二节：$R_2 = 396$，$r_2 = 353$，$Q = 18°$，$b_2 = 60$，$h_2 = 261$。

第三节：$R_3 = 353$，$r_3 = 312$，$Q = 18°$，$b_3 = 55$，$h_3 = 248$。

第四节：$R_4 = 312$，$r_4 = 274$，$Q = 18°$，$b_4 = 52$，$h_4 = 236$。

第五节：$R_5 = 274$，$r_5 = 237$，$Q = 18°$，$b_5 = 48$，$h_5 = 225$。

2）过渡条件（略）。

3）计算结果（设 $n = 6$，计算过程略）：

第一节：

$L_{10} = 152$　$L_{11} = 170$　$L_{12} = 219$　$L_{13} = 285$　$L_{14} = 351$　$L_{15} = 399$　$L_{16} = 417$

$K_{11} = 274$　$K_{12} = 301$　$K_{13} = 344$　$K_{14} = 395$　$K_{15} = 440$　$K_{16} = 464$

$S_{11} = 231$　$S_{12} = 462$　$S_{13} = 693$　$S_{14} = 924$　$S_{15} = 1155$　$S_{16} = 1385$

$P_{11} = 207$　$P_{12} = 415$　$P_{13} = 622$　$P_{14} = 829$　$P_{15} = 1037$　$P_{16} = 1244$

第二节：

$L_{20} = 152$　$L_{21} = 168$　$L_{22} = 212$　$L_{23} = 271$　$L_{24} = 330$　$L_{25} = 373$　$L_{26} = 389$

$K_{21} = 255$　$K_{22} = 281$　$K_{23} = 320$　$K_{24} = 367$　$K_{25} = 408$　$K_{26} = 430$

$S_{21} = 207$　$S_{22} = 415$　$S_{23} = 622$　$S_{24} = 829$　$S_{25} = 1037$　$S_{26} = 1244$

$P_{21} = 185$　$P_{22} = 370$　$P_{23} = 554$　$P_{24} = 739$　$P_{25} = 924$　$P_{26} = 1109$

第三节：

$L_{30} = 152$　$L_{31} = 166$　$L_{32} = 205$　$L_{33} = 257$　$L_{34} = 310$　$L_{35} = 348$　$L_{36} = 362$

$K_{31} = 237$　$K_{32} = 260$　$K_{33} = 297$　$K_{34} = 339$　$K_{35} = 376$　$K_{36} = 396$

$S_{31} = 185$　$S_{32} = 370$　$S_{33} = 554$　$S_{34} = 739$　$S_{35} = 924$　$S_{36} = 1109$

$P_{31} = 163$　$P_{32} = 327$　$P_{33} = 490$　$P_{34} = 653$　$P_{35} = 817$　$P_{36} = 980$

第四节：

$L_{40} = 152$　$L_{41} = 164$　$L_{42} = 198$　$L_{43} = 245$　$L_{44} = 291$　$L_{45} = 325$　$L_{46} = 337$

$K_{41} = 221$　$K_{42} = 243$　$K_{43} = 276$　$K_{44} = 315$　$K_{45} = 348$　$K_{46} = 365$

$S_{41} = 163$　$S_{42} = 327$　$S_{43} = 490$　$S_{44} = 653$　$S_{45} = 817$　$S_{46} = 980$

$P_{41} = 143$　$P_{42} = 287$　$P_{43} = 430$　$P_{44} = 574$　$P_{45} = 717$　$P_{46} = 861$

第五节：

$L_{50} = 152$　$L_{51} = 163$　$L_{52} = 193$　$L_{53} = 233$　$L_{54} = 273$　$L_{55} = 303$　$L_{56} = 313$

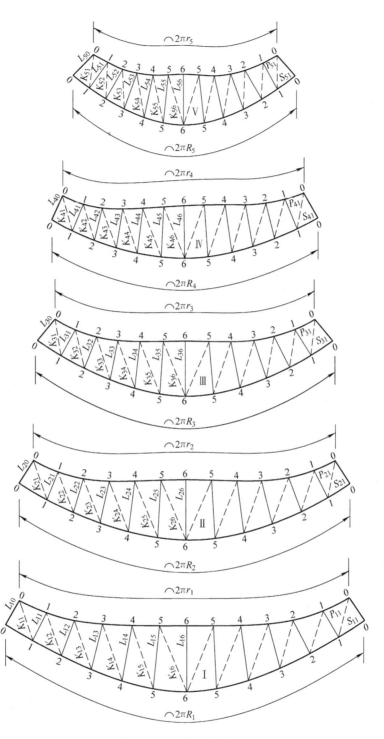

图 5-40　弯头各节展开图

$K_{51} = 208$　　$K_{52} = 227$　　$K_{53} = 257$　　$K_{54} = 291$　　$K_{55} = 321$　　$K_{56} = 337$

$S_{51} = 143$　　$S_{52} = 287$　　$S_{53} = 430$　　$S_{54} = 574$　　$S_{55} = 717$　　$S_{56} = 861$

$P_{51} = 124$　　$P_{52} = 248$　　$P_{53} = 372$　　$P_{54} = 496$　　$P_{55} = 620$　　$P_{56} = 745$

十三、四节偏心直角斜圆锥渐缩变径虾米弯头展开（图 5-41）

第一步

1. 展开计算模板

1）已知条件（图 5-42、图 5-43）：

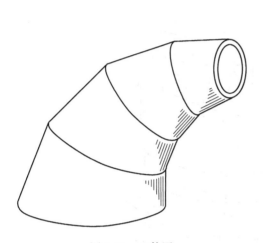

图 5-41　立体图

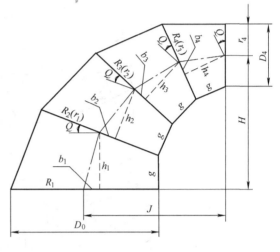

图 5-42　主视图

① 弯头底口内径 D_0；

② 弯头顶口内径 D_4；

③ 弯头底口中至顶口端面水平距 J；

④ 弯头顶口中至底口端面垂高 H；

⑤ 弯头壁厚 T；

⑥ 弯头节数 m。

2）所求对象：

① 弯头各节小口倾斜角 Q；

② 弯头各节内弯边高 g；

③ 弯头各接合口内径 $D_{1\sim4}$；

④ 弯头各节两口偏心距 $b_{1\sim4}$；

⑤ 弯头各节小口中至大口端面垂高 $h_{1\sim4}$；

⑥ 处理壁厚 t；

⑦ 弯头各节大口中半径 $R_{1\sim4}$；

⑧ 弯头各节小口中半径 $r_{1\sim4}$。

3）计算公式：

① $Q = 90°/m$

② $g = (J - D_0/2)/2.0137$ 或 $g = (H - D_4/2)/3.0137$

③ $D_{1\sim4} = (D_{0\sim3} - g\tan Q)\cos Q$

④ $b_{1\sim4} = (D_{0\sim3} - D_{1\sim4}\cos Q)/2$

⑤ $h_{1\sim4} = g + D_{1\sim4}\sin Q/2$

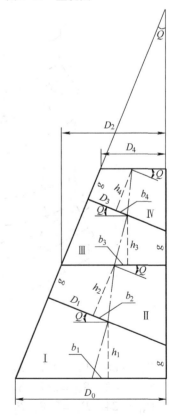

图 5-43　弯头伸直图

⑥ $t = (T + T\cos Q)/2$

⑦ $R_{1 \sim 4} = (D_{0 \sim 3} + t)/2$

⑧ $r_{1 \sim 4} = (D_{1 \sim 4} + t)/2$

说明：

① 弯头各节斜圆锥台展开是以管壁中尺寸计算的，因此实际制作时，各节对接口必须是双面坡口，壁中接触才能保证弯头成形精度。

② 书中介绍的弯头各节斜圆锥台展开图样，是在 0 号线位剖开的，而在实际生产中，为避免出现十字焊缝，实物展开应在 $n/2$ 号素线位剖开作为拼缝（n 为斜圆锥台大小口半圆周等分份数）。

2. 展开计算实例

1）已知条件（图 5-42、图 5-43）：$D_0 = 1100$，$D_4 = 508$，$J = 983$，$H = 902$，$T = 20$，$m = 4$。

2）所求对象同本节"展开计算模板"。

3）计算结果：

① $Q = 90°/4 = 22.5°$

② $g = (983 - 1100/2)/2.0137 = 215$ 或 $g = (902 - 508/2)/3.0137 = 215$

③ $D_1 = (1100 - 215 \times \tan22.5°) \times \cos22.5° = 934$

　　$D_2 = (934 - 215 \times \tan22.5°) \times \cos22.5° = 781$

　　$D_3 = (781 - 215 \times \tan22.5°) \times \cos22.5° = 639$

　　$D_4 = (639 - 215 \times \tan22.5°) \times \cos22.5° = 508$

④ $b_1 = (1100 - 934 \times \cos22.5°)/2 = 119$

　　$b_2 = (934 - 781 \times \cos22.5°)/2 = 106$

　　$b_3 = (781 - 639 \times \cos22.5°)/2 = 95$

　　$b_4 = (639 - 508 \times \cos22.5°)/2 = 85$

⑤ $h_1 = 215 + 934 \times \sin22.5°/2 = 394$

　　$h_2 = 215 + 781 \times \sin22.5°/2 = 364$

　　$h_3 = 215 + 639 \times \sin22.5°/2 = 337$

　　$h_4 = 215 + 508 \times \sin22.5°/2 = 312$

⑥ $t = (20 + 20 \times \cos22.5°)/2 = 19.2$

⑦ $R_1 = (1100 + 19.2)/2 = 560$

　　$R_2 = (934 + 19.2)/2 = 477$

　　$R_3 = (781 + 19.2)/2 = 400$

　　$R_4 = (639 + 19.2)/2 = 329$

⑧ $r_1 = (934 + 19.2)/2 = 477$

　　$r_2 = (781 + 19.2)/2 = 400$

　　$r_3 = (639 + 19.2)/2 = 329$

　　$r_4 = (508 + 19.2)/2 = 264$

第二步

1. 展开计算模板

见第四章第十节"顶口倾斜偏心斜圆锥台展开 I"的"展开计算模板"。

2. 展开计算实例（图 5-44）

1）已知条件（第一步对弯头各节有关尺寸所计算的结果）（图 4-30）：

第一节：$R_1 = 560$，$r_1 = 477$，$Q = 22.5°$，$b_1 = 119$，$h_1 = 394$。

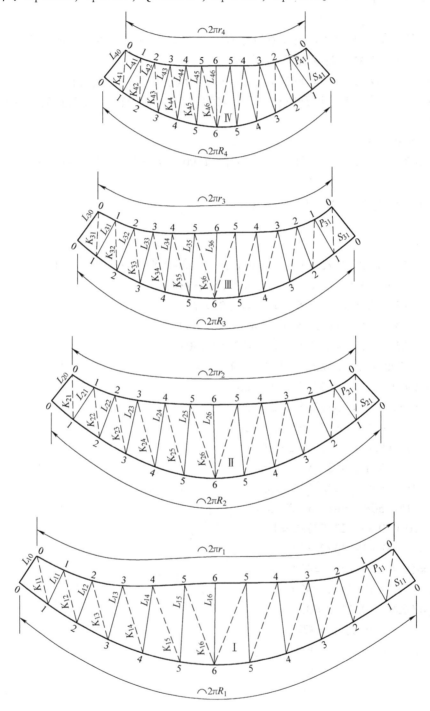

图 5-44　弯头各节展开图

第二节：$R_2 = 477$，$r_2 = 400$，$Q = 22.5°$，$b_2 = 106$，$h_2 = 364$。

第三节：$R_3 = 400$，$r_3 = 329$，$Q = 22.5°$，$b_3 = 95$，$h_3 = 337$。

第四节：$R_4 = 329$，$r_4 = 264$，$Q = 22.5°$，$b_4 = 85$，$h_4 = 312$。

2）过渡条件：（略）。

3）计算结果（设 $n = 6$，计算过程略）：

第一节：

$L_{10} = 211$　　$L_{11} = 240$　　$L_{12} = 317$　　$L_{13} = 420$　　$L_{14} = 522$　　$L_{15} = 597$　　$L_{16} = 624$

$K_{11} = 359$　　$K_{12} = 406$　　$K_{13} = 478$　　$K_{14} = 561$　　$K_{15} = 633$　　$K_{16} = 671$

$S_{11} = 293$　　$S_{12} = 586$　　$S_{13} = 880$　　$S_{14} = 1173$　　$S_{15} = 1466$　　$S_{16} = 1759$

$P_{11} = 250$　　$P_{12} = 500$　　$P_{13} = 749$　　$P_{14} = 999$　　$P_{15} = 1249$　　$P_{16} = 1499$

第二节：

$L_{20} = 211$　　$L_{21} = 235$　　$L_{22} = 300$　　$L_{23} = 387$　　$L_{24} = 473$　　$L_{25} = 536$　　$L_{26} = 559$

$K_{21} = 324$　　$K_{22} = 366$　　$K_{23} = 429$　　$K_{24} = 501$　　$K_{25} = 563$　　$K_{26} = 596$

$S_{21} = 250$　　$S_{22} = 500$　　$S_{23} = 749$　　$S_{24} = 999$　　$S_{25} = 1249$　　$S_{26} = 1499$

$P_{21} = 209$　　$P_{22} = 419$　　$P_{23} = 628$　　$P_{24} = 838$　　$P_{25} = 1047$　　$P_{26} = 1257$

第三节：

$L_{30} = 211$　　$L_{31} = 231$　　$L_{32} = 285$　　$L_{33} = 357$　　$L_{34} = 429$　　$L_{35} = 482$　　$L_{36} = 501$

$K_{31} = 296$　　$K_{32} = 332$　　$K_{33} = 386$　　$K_{34} = 448$　　$K_{35} = 501$　　$K_{36} = 529$

$S_{31} = 209$　　$S_{32} = 419$　　$S_{33} = 628$　　$S_{34} = 838$　　$S_{35} = 1047$　　$S_{36} = 1257$

$P_{31} = 172$　　$P_{32} = 345$　　$P_{33} = 517$　　$P_{34} = 689$　　$P_{35} = 861$　　$P_{36} = 1034$

第四节：

$L_{40} = 211$　　$L_{41} = 227$　　$L_{42} = 271$　　$L_{43} = 330$　　$L_{44} = 388$　　$L_{45} = 431$　　$L_{46} = 447$

$K_{41} = 271$　　$K_{42} = 302$　　$K_{43} = 348$　　$K_{44} = 400$　　$K_{45} = 444$　　$K_{46} = 467$

$S_{41} = 172$　　$S_{42} = 345$　　$S_{43} = 517$　　$S_{44} = 689$　　$S_{45} = 861$　　$S_{46} = 1034$

$P_{41} = 138$　　$P_{42} = 276$　　$P_{43} = 415$　　$P_{44} = 553$　　$P_{45} = 691$　　$P_{46} = 829$

十四、三节偏心直角斜圆锥渐缩变径虾米弯头（图5-45）展开

第一步

1. 展开计算模板

1）已知条件（图5-46、图5-47）：

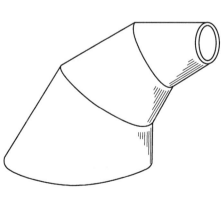

图5-45　立体图

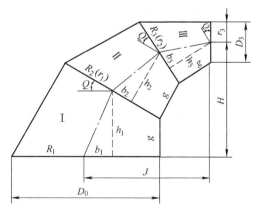

图5-46　主视图

① 弯头底口内径 D_0；

② 弯头顶口内径 D_3；

③ 弯头底口中至顶口端面水平距 J；

④ 弯头顶口中至底口端面垂高 H；

⑤ 弯头壁厚 T；

⑥ 弯头节数 m。

2）所求对象：

① 弯头各节小口倾斜角 Q；

② 弯头各节内弯边高 g；

③ 弯头各接合口内径 $D_{1\sim3}$；

④ 弯头各节两口偏心距 $b_{1\sim3}$；

⑤ 弯头各节小口中至大口端面垂高 $h_{1\sim3}$；

⑥ 处理壁厚 t；

⑦ 弯头各节大口中半径 $R_{1\sim3}$；

⑧ 弯头各节小口中半径 $r_{1\sim3}$。

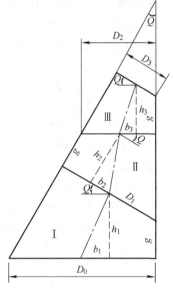

图 5-47　弯头伸直图

3）计算公式：

① $Q = 90°/m$

② $g = (J - D_0/2)/1.366$ 或 $g = (H - D_3/2)/2.366$

③ $D_{1\sim3} = (D_{0\sim2} - g\tan Q)\cos Q$

④ $b_{1\sim3} = (D_{0\sim2} - D_{1\sim3}\cos Q)/2$

⑤ $h_{1\sim3} = g + D_{1\sim3}\sin Q/2$

⑥ $t = (T + T\cos Q)/2$

⑦ $R_{1\sim3} = (D_{0\sim2} + t)/2$

⑧ $r_{1\sim3} = (D_{1\sim3} + t)/2$

说明：

① 弯头各节斜圆锥台展开，是以管壁中尺寸计算的，因此实际制作时，各节对接口必须是双面坡口，壁中接触才能保证弯头成形精度。

② 书中介绍的弯头各节斜圆锥台展开图样，是在 0 号线位剖开的，而在实际生产中，为避免出现十字焊缝，实物展开应在 $n/2$ 号线位剖开作为拼缝（n 为斜圆锥台大小口半圆周等分份数）。

2. 展开计算实例

1）已知条件（图 5-46、图 5-47）：$D_0 = 1300$，$D_3 = 500$，$J = 1010$，$H = 872$，$T = 18$，$m = 3$。

2）所求对象同本节"展开计算模板"。

3）计算结果：

① $Q = 90°/3 = 30°$

② $g = (1010 - 1300/2)/1.366 = 263$ 或 $g = (872 - 500/2)/2.366 = 263$

③ $D_1 = (1300 - 263 \times \tan30°) \times \cos30° = 994$

　　$D_2 = (994 - 263 \times \tan30°) \times \cos30° = 729$

　　$D_3 = (729 - 263 \times \tan30°) \times \cos30° = 500$

④ $b_1 = (1300 - 994 \times \cos30°)/2 = 220$

　　$b_2 = (994 - 729 \times \cos30°)/2 = 181$

　　$b_3 = (729 - 500 \times \cos30°)/2 = 148$

⑤ $h_1 = 263 + 994 \times \sin30°/2 = 512$

　　$h_2 = 263 + 729 \times \sin30°/2 = 446$

　　$h_3 = 263 + 500 \times \sin30°/2 = 388$

⑥ $t = (18 + 18 \times \cos30°)/2 = 16.8$

⑦ $R_1 = (1300 + 16.8)/2 = 658$

　　$R_2 = (994 + 16.8)/2 = 505$

　　$R_3 = (729 + 16.8)/2 = 373$

⑧ $r_1 = (994 + 16.8)/2 = 505$

　　$r_2 = (729 + 16.8)/2 = 373$

　　$r_3 = (500 + 16.8)/2 = 258$

第二步

1. 展开计算模板

第四章第十节"顶口倾斜偏心斜圆锥台展开Ⅰ"中的"展开计算模板"。

2. 展开计算实例（图5-48）

1）已知条件（第一步对弯头各节有关尺寸所计算的结果）（图4-30）

第一节：$R_1 = 658$，$r_1 = 505$，$Q = 30°$，$b_1 = 220$，$h_1 = 512$。

第二节：$R_2 = 505$，$r_2 = 373$，$Q = 30°$，$b_2 = 181$，$h_2 = 446$。

第三节：$R_3 = 373$，$r_3 = 258$，$Q = 30°$，$b_3 = 148$，$h_3 = 388$。

2）过渡条件（略）。

3）计算结果（设 $n = 6$，计算过程略）：

第一节：

$L_{10} = 259$　$L_{11} = 305$　$L_{12} = 422$　$L_{13} = 578$　$L_{14} = 731$　$L_{15} = 842$　$L_{16} = 882$

$K_{11} = 428$　$K_{12} = 509$　$K_{13} = 624$　$K_{14} = 753$　$K_{15} = 863$　$K_{16} = 920$

$S_{11} = 345$　$S_{12} = 689$　$S_{13} = 1034$　$S_{14} = 1378$　$S_{15} = 1723$　$S_{16} = 2067$

$P_{11} = 264$　$P_{12} = 529$　$P_{13} = 793$　$P_{14} = 1058$　$P_{15} = 1322$　$P_{16} = 1587$

第二节：

$L_{20} = 259$　$L_{21} = 293$　$L_{22} = 382$　$L_{23} = 499$　$L_{24} = 615$　$L_{25} = 699$　$L_{26} = 729$

$K_{21} = 368$　$K_{22} = 433$　$K_{23} = 524$　$K_{24} = 625$　$K_{25} = 710$　$K_{26} = 754$

$S_{21} = 264$　$S_{22} = 529$　$S_{23} = 793$　$S_{24} = 1058$　$S_{25} = 1322$　$S_{26} = 1587$

$P_{21} = 195$　$P_{22} = 391$　$P_{23} = 586$　$P_{24} = 781$　$P_{25} = 977$　$P_{26} = 1172$

第三节：

$L_{30} = 259$　$L_{31} = 283$　$L_{32} = 346$　$L_{33} = 431$　$L_{34} = 514$　$L_{35} = 574$　$L_{36} = 597$

$K_{31} = 323$　$K_{32} = 371$　$K_{33} = 441$　$K_{34} = 516$　$K_{35} = 579$　$K_{36} = 611$

$S_{31} = 195$　$S_{32} = 391$　$S_{33} = 586$　$S_{34} = 781$　$S_{35} = 977$　$S_{36} = 1172$

$P_{31} = 135$　$P_{32} = 270$　$P_{33} = 405$　$P_{34} = 540$　$P_{35} = 675$　$P_{36} = 811$

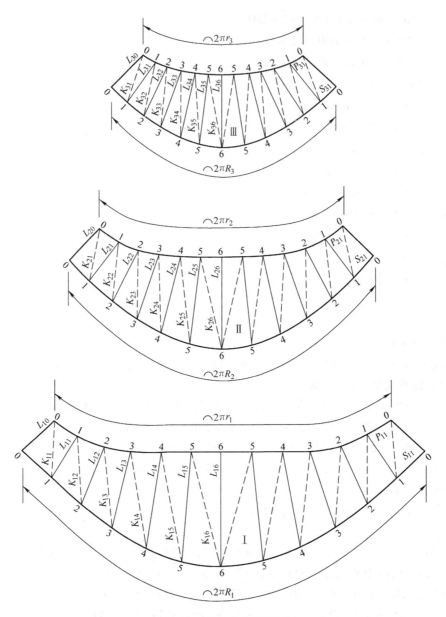

图 5-48　弯头各节展开图

十五、二节偏心直角斜圆锥渐缩变径虾米弯头（图 5-49）展开

第一步

1. 展开计算模板

1）已知条件（图 5-50、图 5-51）：

① 弯头底口内径 D_0；

② 弯头顶口内径 D_2；

③ 弯头底口中至顶口端面水平距 J；

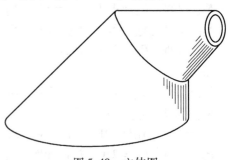

图 5-49　立体图

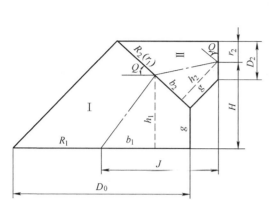

图 5-50 主视图

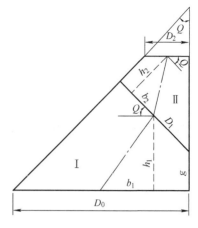

图 5-51 弯头伸直图

④ 弯头顶口中至底口端面垂高 H；

⑤ 弯头壁厚 T；

⑥ 弯头节数 m。

2）所求对象：

① 弯头各节小口倾斜角 Q；

② 弯头各节内弯边高 g；

③ 弯头各接合口内径 $D_{1 \sim 2}$；

④ 弯头各节两口偏心距 $b_{1 \sim 2}$；

⑤ 弯头各节小口中至大口端面垂高 $h_{1 \sim 2}$；

⑥ 处理壁厚 t；

⑦ 弯头各节大口中半径 $R_{1 \sim 2}$；

⑧ 弯头各节小口中半径 $r_{1 \sim 2}$。

3）计算公式：

① $Q = 90°/m$

② $g = (J - D_0/2)/0.7071$ 或 $g = (H - D_2/2)/1.7071$

③ $D_{1 \sim 2} = (D_{0 \sim 1} - g\tan Q)\cos Q$

④ $b_{1 \sim 2} = (D_{0 \sim 1} - D_{1 \sim 2}\cos Q)/2$

⑤ $h_{1 \sim 2} = g + D_{1 \sim 2}\sin Q/2$

⑥ $t = (T + T\cos Q)/2$

⑦ $R_{1 \sim 2} = (D_{0 \sim 1} + t)/2$

⑧ $r_{1 \sim 2} = (D_{1 \sim 2} + t)/2$

说明：

① 弯头各节斜圆锥台展开是以管壁中尺寸计算的，因此实际操作时，各节对接口必须是双面坡口，壁中接触才能保证弯头成形精度。

② 书中介绍的弯头各节斜圆锥台展开图样是在 0 号线位剖开的，而在实际生产中，为避免出现十字焊缝，实物展开应在 $n/2$ 号线位剖开作为拼缝（n 为斜圆锥台大小口半圆周等分份数）。

2. 展开计算实例

1）已知条件（图 5-50、图 5-51）：$D_0 = 1600$，$D_2 = 450$，$J = 1005$，$H = 720$，$T = 24$，$m = 2$。

2）所求对象同本节"展开计算模板"。

3）计算结果：

① $Q = 90°/2 = 45°$

② $g = (1005 - 1600/2)/0.7071 = 290$ 或 $g = (720 - 450/2)/1.7071 = 290$

③ $D_1 = (1600 - 290 \times \tan45°) \times \cos45° = 926$
　　$D_2 = (926 - 290 \times \tan45°) \times \cos45° = 450$

④ $b_1 = (1600 - 926 \times \cos45°)/2 = 472$
　　$b_2 = (926 - 450 \times \cos45°)/2 = 304$

⑤ $h_1 = 290 + 926 \times \sin45°/2 = 617$
　　$h_2 = 290 + 450 \times \sin45°/2 = 449$

⑥ $t = (24 + 24 \times \cos45°)/2 = 20.5$

⑦ $R_1 = (1600 + 20.5)/2 = 810$
　　$R_2 = (926 + 20.5)/2 = 473$

⑧ $r_1 = (926 + 20.5)/2 = 473$
　　$r_2 = (450 + 20.5)/2 = 235$

第二步

1. 展开计算模板

见第四章第十节"顶口倾斜偏心斜圆锥台展开Ⅰ"的"展开计算模板"。

2. 展开计算实例（图 5-52）

1）已知条件（第一步对弯头各节有关尺寸所计算的结果）（图 4-30）：

第一节：$R_1 = 810$，$r_1 = 473$，$Q = 45°$，$b_1 = 472$，$h_1 = 617$。

第二节：$R_2 = 473$，$r_2 = 235$，$Q = 45°$，$b_2 = 304$，$h_2 = 449$。

2）过渡条件（略）。

3）计算结果（设 $n = 6$，计算过程略）：

第一节：

$L_{10} = 283$　$L_{11} = 373$　$L_{12} = 585$　$L_{13} = 847$　$L_{14} = 1097$　$L_{15} = 1277$　$L_{16} = 1343$

$K_{11} = 505$　$K_{12} = 671$　$K_{13} = 878$　$K_{14} = 1096$　$K_{15} = 1276$　$K_{16} = 1365$

$S_{11} = 424$　$S_{12} = 848$　$S_{13} = 1272$　$S_{14} = 1697$　$S_{15} = 2121$　$S_{16} = 2545$

$P_{11} = 248$　$P_{12} = 495$　$P_{13} = 743$　$P_{14} = 991$　$P_{15} = 1238$　$P_{16} = 1486$

第二节：

$L_{20} = 283$　$L_{21} = 330$　$L_{22} = 446$　$L_{23} = 592$　$L_{24} = 731$　$L_{25} = 831$　$L_{26} = 867$

$K_{21} = 374$　　$K_{22} = 472$　　$K_{23} = 597$　　$K_{24} = 724$　　$K_{25} = 826$　　$K_{26} = 875$

$S_{21} = 248$　　$S_{22} = 495$　　$S_{23} = 743$　　$S_{24} = 991$　　$S_{25} = 1238$　　$S_{26} = 1486$

$P_{21} = 123$　　$P_{22} = 246$　　$P_{23} = 369$　　$P_{24} = 492$　　$P_{25} = 615$　　$P_{26} = 738$

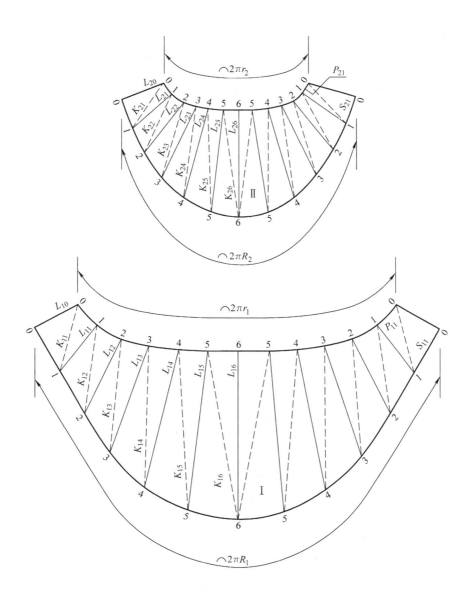

图 5-52　弯头各节展开图

十六、任一弯曲度、节数渐缩变径圆管虾米弯头Ⅰ（图 5-53）展开

1. 展开计算模板（90°五节弯头）

1）已知条件（图 5-54、图 5-55）：

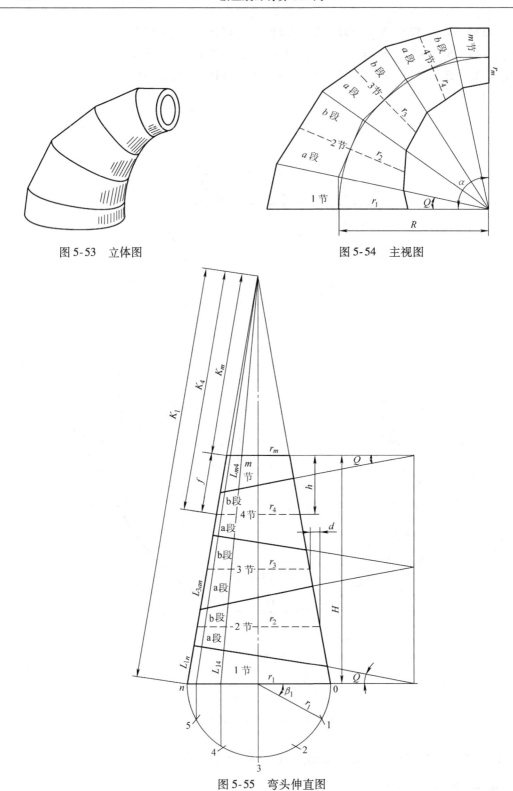

图 5-53　立体图

图 5-54　主视图

图 5-55　弯头伸直图

① 弯头底口内半径 r_1；

② 弯头顶口内半径 r_m；

③ 弯头中弯曲半径 R；

④ 弯头弯曲角度 α；

⑤ 弯头节数 m；

⑥ 弯头壁厚 t。

2）所求对象：

① 弯头伸直各平口段展开半径 $K_{1 \sim m}$。

② 弯头伸直各节展开素线实长 $L_{(1 \sim m)(0 \sim n)}$（$1 \sim m$ 为弯头各节编号，$0 \sim n$ 为弯头各节素线编号）。

③ 弯头伸直底口各等份段中弧长 $S_{0 \sim n}$。

3）过渡条件公式：

① 弯头端节夹角 $Q = \alpha / [2(m-1)]$

② 弯头伸直任一平口小锥台高 $h = 2R\tan Q$

③ 弯头伸直整锥台高 $H = h(m-1)$

④ 相邻平口小锥台断面半径差 $d = (r_1 - r_m)/(m-1)$，从弯头底口半径 r_1 起，每个平口小锥台断面半径依次递减而得：$r_2 = r_1 - d$、$r_3 = r_2 - d \cdots$

⑤ 弯头伸直任一平口小锥台斜边实长 $f = \sqrt{h^2 + d^2}$

4）计算公式：

① $K_{1 \sim m} = r_{1 \sim m}(f/d)$

② $L_{(1 \sim m)(0 \sim n)} = \dfrac{f(R + r_{1 \sim m}\cos\beta_{0 \sim n})}{(R + r_{1 \sim m}\cos\beta_{0 \sim n}) + (R - r_{(1 \sim m)} \mp 1\cos\beta_{0 \sim n})}$

$\qquad\qquad = f(R + r_{1 \sim m}\cos\beta_{0 \sim n})/[2R + (r_{1 \sim m} - r_{(1 \sim m)} \mp 1)\cos\beta_{0 \sim n}]$

公式分解（每节段计算公式）：

$L_{1(0 \sim n)} = f - L_{2a(0 \sim n)}$

$L_{2a(0 \sim n)} = f(R + r_2\cos\beta_{0 \sim n})/[2R + (r_2 - r_1)\cos\beta_{0 \sim n}]$

$L_{2b(0 \sim n)} = f(R + r_2\cos\beta_{0 \sim n})/[2R + (r_2 - r_3)\cos\beta_{0 \sim n}]$

$L_{3a(0 \sim n)} = f - L_{2b(0 \sim n)}$

$L_{3b(0 \sim n)} = f - L_{4a(0 \sim n)}$

$L_{4a(0 \sim n)} = f(R + r_4\cos\beta_{0 \sim n})/[2R + (r_4 - r_3)\cos\beta_{0 \sim n}]$

$L_{4b(0 \sim n)} = f(R + r_4\cos\beta_{0 \sim n})/[2R + (r_4 - r_5)\cos\beta_{0 \sim n}]$

$L_{5(0 \sim n)} = f - L_{4b(0 \sim n)}$

③ $S_{0 \sim n} = \pi(2r_1 + t)(\beta_{0 \sim n}/360°)$

式中　n——弯头伸直各节断面口半圆周等分份数；

$\beta_{0 \sim n}$——弯头伸直各节断面口圆周各等分点分别同各自圆心连线与 0 位半径轴的夹角。

说明：

① 公式中 L、S、β 的 $0 \sim n$ 编号均一致。

② 公式中 L、r 的 $1 \sim m$ 编号均一致，不过唯有 $r_{(1 \sim m)} \mp 1$，表示在同一公式中 r 所取编号基础上减去 1 个或增加 1 个编号，则弯头中间节 a 段减 1 个号，b 段加 1 个号，并对应取值。

③ 公式中 L_1、L_m 端节是短节，而 L_2、$L_3 \cdots$ 等中间节是长节，分别由各自 a、b 段组成。即 $L_2 = L_{2a} + L_{2b} \cdots$。

2. 展开计算实例（图 5-56）

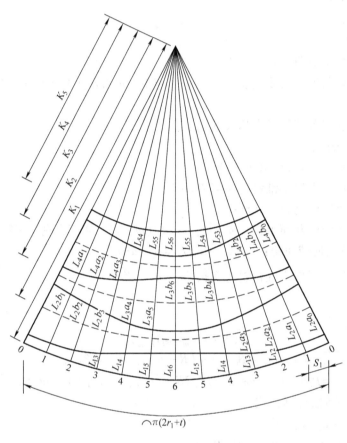

图 5-56　展开图

1）已知条件（图 5-54、图 5-55）：$r_1 = 700$，$r_5 = 300$，$R = 1100$，$\alpha = 90°$，$m = 5$，$t = 10$。

2）所求对象同本节"展开计算模板"。

3）过渡条件：

① $Q = 90°/[2 \times (5-1)] = 11.25°$

② $h = 2 \times 1100 \times \tan 11.25° = 437.6$

③ $H = 437.6 \times (5-1) = 1750$

④ $d = (700-300)/(5-1) = 100$，则：$r_2 = 700-100 = 600$，$r_3 = 600-100 = 500$，$r_4 = 500-100 = 400$

⑤ $f = \sqrt{437.6^2 + 100^2} = 449$

4）计算结果（设 $n = 6$）：

① $K_1 = 700 \times 449/100 = 3143$

　$K_2 = 600 \times 449/100 = 2694$

　$K_3 = 500 \times 449/100 = 2245$

$K_4 = 400 \times 449/100 = 1796$

$K_5 = 300 \times 449/100 = 1347$

② $L_{2a0} = 449 \times (1100 + 600 \times \cos 0°)/[2 \times 1100 + (600 - 700) \times \cos 0°] = 363$

$L_{2a1} = 449 \times (1100 + 600 \times \cos 30°)/[2 \times 1100 + (600 - 700) \times \cos 30°] = 344$

$L_{2a2} = 449 \times (1100 + 600 \times \cos 60°)/[2 \times 1100 + (600 - 700) \times \cos 60°] = 292$

$L_{2a3} = 449 \times (1100 + 600 \times \cos 90°)/[2 \times 1100 + (600 - 700) \times \cos 90°] = 224.5$

$L_{2a4} = 449 \times (1100 + 600 \times \cos 120°)/[2 \times 1100 + (600 - 700) \times \cos 120°] = 160$

$L_{2a5} = 449 \times (1100 + 600 \times \cos 150°)/[2 \times 1100 + (600 - 700) \times \cos 150°] = 114$

$L_{2a6} = 449 \times (1100 + 600 \times \cos 180°)/[2 \times 1100 + (600 - 700) \times \cos 180°] = 98$

$L_{2b0} = 449 \times (1100 + 600 \times \cos 0°)/[2 \times 1100 + (600 - 500) \times \cos 0°] = 332$

$L_{2b1} = 449 \times (1100 + 600 \times \cos 30°)/[2 \times 1100 + (600 - 500) \times \cos 30°] = 318$

$L_{2b2} = 449 \times (1100 + 600 \times \cos 60°)/[2 \times 1100 + (600 - 500) \times \cos 60°] = 279$

$L_{2b3} = 449 \times (1100 + 600 \times \cos 90°)/[2 \times 1100 + (600 - 500) \times \cos 90°] = 224.5$

$L_{2b4} = 449 \times (1100 + 600 \times \cos 120°)/[2 \times 1100 + (600 - 500) \times \cos 120°] = 167$

$L_{2b5} = 449 \times (1100 + 600 \times \cos 150°)/[2 \times 1100 + (600 - 500) \times \cos 150°] = 123$

$L_{2b6} = 449 \times (1100 + 600 \times \cos 180°)/[2 \times 1100 + (600 - 500) \times \cos 180°] = 107$

$L_{4a0} = 449 \times (1100 + 400 \times \cos 0°)/[2 \times 1100 + (400 - 500) \times \cos 0°] = 321$

$L_{4a1} = 449 \times (1100 + 400 \times \cos 30°)/[2 \times 1100 + (400 - 500) \times \cos 30°] = 307$

$L_{4a2} = 449 \times (1100 + 400 \times \cos 60°)/[2 \times 1100 + (400 - 500) \times \cos 60°] = 271$

$L_{4a3} = 449 \times (1100 + 400 \times \cos 90°)/[2 \times 1100 + (400 - 500) \times \cos 90°] = 224.5$

$L_{4a4} = 449 \times (1100 + 400 \times \cos 120°)/[2 \times 1100 + (400 - 500) \times \cos 120°] = 180$

$L_{4a5} = 449 \times (1100 + 400 \times \cos 150°)/[2 \times 1100 + (400 - 500) \times \cos 150°] = 148$

$L_{4a6} = 449 \times (1100 + 400 \times \cos 180°)/[2 \times 1100 + (400 - 500) \times \cos 180°] = 137$

$L_{4b0} = 449 \times (1100 + 400 \times \cos 0°)/[2 \times 1100 + (400 - 300) \times \cos 0°] = 293$

$L_{4b1} = 449 \times (1100 + 400 \times \cos 30°)/[2 \times 1100 + (400 - 300) \times \cos 30°] = 284$

$L_{4b2} = 449 \times (1100 + 400 \times \cos 60°)/[2 \times 1100 + (400 - 300) \times \cos 60°] = 259$

$L_{4b3} = 449 \times (1100 + 400 \times \cos 90°)/[2 \times 1100 + (400 - 300) \times \cos 90°] = 224.5$

$L_{4b4} = 449 \times (1100 + 400 \times \cos 120°)/[2 \times 1100 + (400 - 300) \times \cos 120°] = 188$

$L_{4b5} = 449 \times (1100 + 400 \times \cos 150°)/[2 \times 1100 + (400 - 300) \times \cos 150°] = 160$

$L_{4b6} = 449 \times (1100 + 400 \times \cos 180°)/[2 \times 1100 + (400 - 300) \times \cos 180°] = 150$

$L_{10} = 449 - 363 = 86$

$L_{11} = 449 - 344 = 105$

$L_{12} = 449 - 292 = 157$

$L_{13} = 449 - 224.5 = 224.5$

$L_{14} = 449 - 160 = 289$

$L_{15} = 449 - 114 = 335$

$L_{16} = 449 - 98 = 351$

$L_{3a0} = 449 - 332 = 117$

$L_{3a1} = 449 - 318 = 131$

$L_{3a2} = 449 - 279 = 170$

$L_{3a3} = 449 - 224.5 = 224.5$

$L_{3a4} = 449 - 167 = 282$

$L_{3a5} = 449 - 123 = 326$

$L_{3a6} = 449 - 107 = 342$

$L_{3b0} = 449 - 321 = 128$

$L_{3b1} = 449 - 307 = 142$

$L_{3b2} = 449 - 271 = 178$

$L_{3b3} = 449 - 224.5 = 224.5$

$L_{3b4} = 449 - 180 = 269$

$L_{3b5} = 449 - 148 = 301$

$L_{3b6} = 449 - 137 = 312$

$L_{50} = 449 - 293 = 156$

$L_{51} = 449 - 248 = 165$

$L_{52} = 449 - 259 = 190$

$L_{53} = 449 - 224.5 = 224.5$

$L_{54} = 449 - 188 = 261$

$L_{55} = 449 - 160 = 289$

$L_{56} = 449 - 150 = 299$

③ $S_0 = 3.1416 \times (2 \times 700 + 10) \times 0°/360° = 0$

$S_1 = 3.1416 \times (2 \times 700 + 10) \times 30°/360° = 369$

$S_2 = 3.1416 \times (2 \times 700 + 10) \times 60°/360° = 738$

$S_3 = 3.1416 \times (2 \times 700 + 10) \times 90°/360° = 1107$

$S_4 = 3.1416 \times (2 \times 700 + 10) \times 120°/360° = 1477$

$S_5 = 3.1416 \times (2 \times 700 + 10) \times 150°/360° = 1846$

$S_6 = 3.1416 \times (2 \times 700 + 10) \times 180°/360° = 2215$

90° 五节弯头展开各节素线实长一览表

素线编号	节　号				
	1	2	3	4	5
		a 段 + b 段	a 段 + b 段	a 段 + b 段	
0	86	363 + 332 = 695	117 + 128 = 245	321 + 293 = 614	156
1	105	344 + 318 = 662	131 + 142 = 273	307 + 284 = 591	165
2	157	292 + 279 = 571	170 + 178 = 348	271 + 259 = 530	190
3	224.5	224.5 + 224.5 = 449	224.5 + 224.5 = 449	224.5 + 224.5 = 449	224.5
4	289	160 + 167 = 327	282 + 269 = 551	180 + 188 = 368	261
5	335	114 + 123 = 237	326 + 301 = 627	148 + 160 = 308	289
6	351	98 + 107 = 205	342 + 312 = 654	137 + 150 = 287	299

十七、任一弯曲度、节数渐缩变径圆管虾米弯头Ⅱ（图 5-57）展开

1. 展开计算模板（90°四节弯头）

见本章第十六节"展开计算模板"。

计算结果公式②的公式分解：

$$L_{1(0 \sim n)} = f - L_{2a(0 \sim n)}$$

$$L_{2a(0 \sim n)} = f(R + r_2 \cos\beta_{0 \sim n}) / [2R + (r_2 - r_1)\cos\beta_{0 \sim n}]$$

$$L_{2b(0 \sim n)} = f(R + r_2 \cos\beta_{0 \sim n}) / [2R + (r_2 - r_3)\cos\beta_{0 \sim n}]$$

$$L_{3a(0 \sim n)} = f - L_{2b(0 \sim n)}$$

$$L_{3b(0 \sim n)} = f - L_{4(0 \sim n)}$$

$$L_{4(0 \sim n)} = f(R + r_4 \cos\beta_{0 \sim n}) / [2R + (r_4 - r_3)\cos\beta_{0 \sim n}]$$

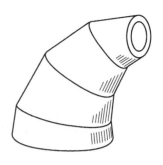

图 5-57　立体图

2. 展开计算实例（图 5-58）

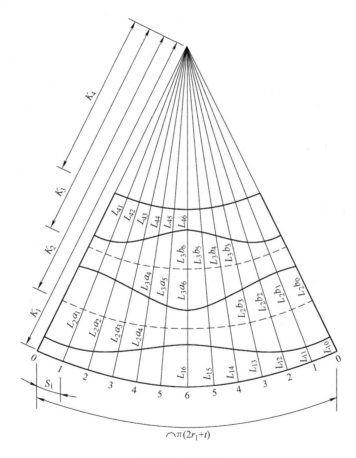

图 5-58　展开图

1）已知条件（图 5-54、图 5-55）：$r_1 = 600$，$r_4 = 360$，$R = 1200$，$\alpha = 90°$，$m = 4$，$t = 8$。

2）所求对象同本章第十六节"展开计算模板"。

3）过渡条件：

① $Q = 90° / [2 \times (4 - 1)] = 15°$

② $h = 2 \times 1200 \times \tan 15° = 643$

③ $H = 643 \times (4-1) = 1929$

④ $d = (600-360)/(4-1) = 80$, 则 $r_2 = 600-80 = 520$, $r_3 = 520-80 = 440$

⑤ $f = \sqrt{643^2 + 80^2} = 648$

4) 计算结果（设 $n = 6$）：

① $K_1 = 600 \times 648/80 = 4860$

$K_2 = 520 \times 648/80 = 4212$

$K_3 = 440 \times 648/80 = 3564$

$K_4 = 360 \times 648/80 = 2916$

② $L_{2a0} = 648 \times (1200 + 520 \times \cos 0°)/[2 \times 1200 + (520-600) \times \cos 0°] = 480$

$L_{2a1} = 648 \times (1200 + 520 \times \cos 30°)/[2 \times 1200 + (520-600) \times \cos 30°] = 459$

$L_{2a2} = 648 \times (1200 + 520 \times \cos 60°)/[2 \times 1200 + (520-600) \times \cos 60°] = 401$

$L_{2a3} = 648 \times (1200 + 520 \times \cos 90°)/[2 \times 1200 + (520-600) \times \cos 90°] = 324$

$L_{2a4} = 648 \times (1200 + 520 \times \cos 120°)/[2 \times 1200 + (520-600) \times \cos 120°] = 250$

$L_{2a5} = 648 \times (1200 + 520 \times \cos 150°)/[2 \times 1200 + (520-600) \times \cos 150°] = 197$

$L_{2a6} = 648 \times (1200 + 520 \times \cos 180°)/[2 \times 1200 + (520-600) \times \cos 180°] = 178$

$L_{2b0} = 648 \times (1200 + 520 \times \cos 0°)/[2 \times 1200 + (520-440) \times \cos 0°] = 449$

$L_{2b1} = 648 \times (1200 + 520 \times \cos 30°)/[2 \times 1200 + (520-440) \times \cos 30°] = 433$

$L_{2b2} = 648 \times (1200 + 520 \times \cos 60°)/[2 \times 1200 + (520-440) \times \cos 60°] = 388$

$L_{2b3} = 648 \times (1200 + 520 \times \cos 90°)/[2 \times 1200 + (520-440) \times \cos 90°] = 324$

$L_{2b4} = 648 \times (1200 + 520 \times \cos 120°)/[2 \times 1200 + (520-440) \times \cos 120°] = 258$

$L_{2b5} = 648 \times (1200 + 520 \times \cos 150°)/[2 \times 1200 + (520-440) \times \cos 150°] = 208$

$L_{2b6} = 648 \times (1200 + 520 \times \cos 180°)/[2 \times 1200 + (520-440) \times \cos 180°] = 190$

$L_{40} = 648 \times (1200 + 360 \times \cos 0°)/[2 \times 1200 + (360-440) \times \cos 0°] = 436$

$L_{41} = 648 \times (1200 + 360 \times \cos 30°)/[2 \times 1200 + (360-440) \times \cos 30°] = 420$

$L_{42} = 648 \times (1200 + 360 \times \cos 60°)/[2 \times 1200 + (360-440) \times \cos 60°] = 379$

$L_{43} = 648 \times (1200 + 360 \times \cos 90°)/[2 \times 1200 + (360-440) \times \cos 90°] = 324$

$L_{44} = 648 \times (1200 + 360 \times \cos 120°)/[2 \times 1200 + (360-440) \times \cos 120°] = 271$

$L_{45} = 648 \times (1200 + 360 \times \cos 150°)/[2 \times 1200 + (360-440) \times \cos 150°] = 233$

$L_{46} = 648 \times (1200 + 360 \times \cos 180°)/[2 \times 1200 + (360-440) \times \cos 180°] = 219$

$L_{10} = 648 - 480 = 168$

$L_{11} = 648 - 459 = 189$

$L_{12} = 648 - 401 = 247$

$L_{13} = 648 - 324 = 324$

$L_{14} = 648 - 250 = 398$

$L_{15} = 648 - 197 = 451$

$L_{16} = 648 - 178 = 470$

$L_{3a0} = 648 - 449 = 199$

$L_{3a1} = 648 - 433 = 215$

$L_{3a2} = 648 - 388 = 260$

$L_{3a3} = 648 - 324 = 324$

$L_{3a4} = 648 - 258 = 390$

$L_{3a5} = 648 - 208 = 440$

$L_{3a6} = 648 - 190 = 458$

$L_{3b0} = 648 - 436 = 212$

$L_{3b1} = 648 - 420 = 228$

$L_{3b2} = 648 - 379 = 269$

$L_{3b3} = 648 - 324 = 324$

$L_{3b4} = 648 - 271 = 377$

$L_{3b5} = 648 - 233 = 415$

$L_{3b6} = 648 - 219 = 429$

③ $S_0 = 3.1416 \times (2 \times 600 + 8) \times 0°/360° = 0$

$S_1 = 3.1416 \times (2 \times 600 + 8) \times 30°/360° = 316$

$S_2 = 3.1416 \times (2 \times 600 + 8) \times 60°/360° = 633$

$S_3 = 3.1416 \times (2 \times 600 + 8) \times 90°/360° = 949$

$S_4 = 3.1416 \times (2 \times 600 + 8) \times 120°/360° = 1265$

$S_5 = 3.1416 \times (2 \times 600 + 8) \times 150°/360° = 1581$

$S_6 = 3.1416 \times (2 \times 600 + 8) \times 180°/360° = 1898$

90°四节弯头展开各节素线实长一览表

素线编号	节　号			
	1	2	3	4
		a 段 + b 段	a 段 + b 段	
0	168	480 + 449 = 929	199 + 212 = 411	436
1	189	459 + 433 = 892	215 + 228 = 443	420
2	247	401 + 388 = 789	260 + 269 = 529	379
3	324	324 + 324 = 648	324 + 324 = 648	324
4	398	250 + 258 = 508	390 + 377 = 767	271
5	451	197 + 208 = 405	440 + 415 = 855	233
6	470	178 + 190 = 368	458 + 429 = 887	219

十八、任一弯曲度、节数渐缩变径圆管虾米弯头Ⅲ（图 5-59）展开

1. 展开计算模板（75°四节弯头）

见本章第十六节"展开计算模板"。

计算结果公式②的公式分解：

$L_{1(0 \sim n)} = f - L_{2a(0 \sim n)}$

$L_{2a(0 \sim n)} = f(R + r_2 \cos\beta_{0 \sim n}) / [2R + (r_2 - r_1)\cos\beta_{0 \sim n}]$

$L_{2b(0 \sim n)} = f(R + r_2 \cos\beta_{0 \sim n}) / [2R + (r_2 - r_3)\cos\beta_{0 \sim n}]$

$L_{3a(0 \sim n)} = f - L_{2b(0 \sim n)}$

图 5-59　立体图

$$L_{3b(0 \sim n)} = f - L_{4(0 \sim n)}$$

$$L_{4(0 \sim n)} = f(R + r_4 \cos\beta_{0 \sim n}) / [2R + (r_4 - r_3)\cos\beta_{0 \sim n}]$$

2. 展开计算实例（图 5-60）

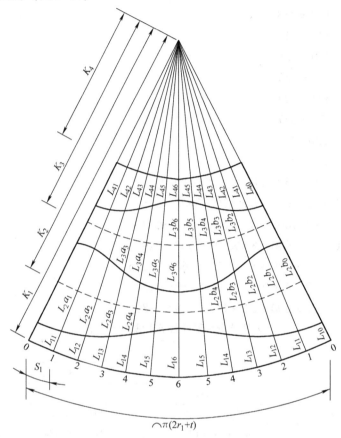

图 5-60　展开图

1）已知条件（图 5-54、图 5-55）：$r_1 = 540$，$r_4 = 300$，$R = 1050$，$\alpha = 75°$，$m = 4$，$t = 8$。

2）所求对象同本章第十六节"展开计算模板"。

3）过渡条件：

① $Q = 75° / [2 \times (4 - 1)] = 12.5°$

② $h = 2 \times 1050 \times \tan 12.5° = 465.6$

③ $H = 465.6 \times (4 - 1) = 1397$

④ $d = (540 - 300) / (4 - 1) = 80$，则：$r_2 = 540 - 80 = 460$，$r_3 = 460 - 80 = 380$

⑤ $f = \sqrt{465.6^2 + 80^2} = 472$

4）计算结果：

① $K_1 = 540 \times 472 / 80 = 3186$

　$K_2 = 460 \times 472 / 80 = 2714$

　$K_3 = 380 \times 472 / 80 = 2242$

　$K_4 = 300 \times 472 / 80 = 1770$

② $L_{2a0} = 472 \times (1050 + 460 \times \cos 0°) / [2 \times 1050 + (460 - 540) \times \cos 0°] = 353$

　$L_{2a1} = 472 \times (1050 + 460 \times \cos 30°) / [2 \times 1050 + (460 - 540) \times \cos 30°] = 337$

$$L_{2a2} = 472 \times (1050 + 460 \times \cos60°)/[2 \times 1050 + (460 - 540) \times \cos60°] = 293$$

$$L_{2a3} = 472 \times (1050 + 460 \times \cos90°)/[2 \times 1050 + (460 - 540) \times \cos90°] = 236$$

$$L_{2a4} = 472 \times (1050 + 460 \times \cos120°)/[2 \times 1050 + (460 - 540) \times \cos120°] = 181$$

$$L_{2a5} = 472 \times (1050 + 460 \times \cos150°)/[2 \times 1050 + (460 - 540) \times \cos150°] = 142$$

$$L_{2a6} = 472 \times (1050 + 460 \times \cos180°)/[2 \times 1050 + (460 - 540) \times \cos180°] = 128$$

$$L_{2b0} = 472 \times (1050 + 460 \times \cos0°)/[2 \times 1050 + (460 - 380) \times \cos0°] = 327$$

$$L_{2b1} = 472 \times (1050 + 460 \times \cos30°)/[2 \times 1050 + (460 - 380) \times \cos30°] = 315$$

$$L_{2b2} = 472 \times (1050 + 460 \times \cos60°)/[2 \times 1050 + (460 - 380) \times \cos60°] = 282$$

$$L_{2b3} = 472 \times (1050 + 460 \times \cos90°)/[2 \times 1050 + (460 - 380) \times \cos90°] = 236$$

$$L_{2b4} = 472 \times (1050 + 460 \times \cos120°)/[2 \times 1050 + (460 - 380) \times \cos120°] = 188$$

$$L_{2b5} = 472 \times (1050 + 460 \times \cos150°)/[2 \times 1050 + (460 - 380) \times \cos150°] = 151$$

$$L_{2b6} = 472 \times (1050 + 460 \times \cos180°)/[2 \times 1050 + (460 - 380) \times \cos180°] = 138$$

$$L_{40} = 472 \times (1050 + 300 \times \cos0°)/[2 \times 1050 + (300 - 380) \times \cos0°] = 315$$

$$L_{41} = 472 \times (1050 + 300 \times \cos30°)/[2 \times 1050 + (300 - 380) \times \cos30°] = 304$$

$$L_{42} = 472 \times (1050 + 300 \times \cos60°)/[2 \times 1050 + (300 - 380) \times \cos60°] = 275$$

$$L_{43} = 472 \times (1050 + 300 \times \cos90°)/[2 \times 1050 + (300 - 380) \times \cos90°] = 236$$

$$L_{44} = 472 \times (1050 + 300 \times \cos120°)/[2 \times 1050 + (300 - 380) \times \cos120°] = 199$$

$$L_{45} = 472 \times (1050 + 300 \times \cos150°)/[2 \times 1050 + (300 - 380) \times \cos150°] = 172$$

$$L_{46} = 472 \times (1050 + 300 \times \cos180°)/[2 \times 1050 + (300 - 380) \times \cos180°] = 162$$

$$L_{10} = 472 - 353 = 119$$

$$L_{11} = 472 - 337 = 135$$

$$L_{12} = 472 - 293 = 179$$

$$L_{13} = 472 - 236 = 236$$

$$L_{14} = 472 - 181 = 291$$

$$L_{15} = 472 - 142 = 330$$

$$L_{16} = 472 - 128 = 344$$

$$L_{3a0} = 472 - 327 = 145$$

$$L_{3a1} = 472 - 315 = 157$$

$$L_{3a2} = 472 - 282 = 190$$

$$L_{3a3} = 472 - 236 = 236$$

$$L_{3a4} = 472 - 188 = 284$$

$$L_{3a5} = 472 - 151 = 321$$

$$L_{3a6} = 472 - 138 = 334$$

$$L_{3b0} = 472 - 315 = 157$$

$$L_{3b1} = 472 - 304 = 168$$

$$L_{3b2} = 472 - 275 = 197$$

$$L_{3b3} = 472 - 236 = 236$$

$$L_{3b4} = 472 - 199 = 273$$

$L_{3b5} = 472 - 172 = 300$

$L_{3b6} = 472 - 162 = 310$

③ $S_0 = 3.1416 \times (2 \times 300 + 8) \times 0°/360° = 0$

$S_1 = 3.1416 \times (2 \times 300 + 8) \times 30°/360° = 285$

$S_2 = 3.1416 \times (2 \times 300 + 8) \times 60°/360° = 570$

$S_3 = 3.1416 \times (2 \times 300 + 8) \times 90°/360° = 855$

$S_4 = 3.1416 \times (2 \times 300 + 8) \times 120°/360° = 1139$

$S_5 = 3.1416 \times (2 \times 300 + 8) \times 150°/360° = 1424$

$S_6 = 3.1416 \times (2 \times 300 + 8) \times 180°/360° = 1709$

75°四节弯头展开各素线实长一览表

素线编号	节　号			
	1	2	3	4
		a 段 + b 段	a 段 + b 段	
0	119	353 + 327 = 680	145 + 157 = 302	315
1	135	337 + 315 = 652	157 + 168 = 325	304
2	179	293 + 282 = 575	190 + 197 = 387	275
3	236	236 + 236 = 472	236 + 236 = 472	236
4	291	181 + 188 = 369	284 + 273 = 557	199
5	330	142 + 151 = 293	321 + 300 = 621	172
6	344	128 + 138 = 266	334 + 310 = 644	162

十九、任一弯曲度、节数渐缩变径圆管虾米弯头Ⅳ（图5-61）展开

1. 展开计算模板（75°三节弯头）

见本章第十六节"展开计算模板"。

计算结果公式②的公式分解：

$L_{1(0 \sim n)} = f - L_{2a(0 \sim n)}$

$L_{2a(0 \sim n)} = f(R + r_2 \cos\beta_{0 \sim n})/[2R + (r_2 - r_1)\cos\beta_{0 \sim n}]$

$L_{2b(0 \sim n)} = f(R + r_2 \cos\beta_{0 \sim n})/[2R + (r_2 - r_3)\cos\beta_{0 \sim n}]$

$L_{3(0 \sim n)} = f - L_{2b(0 \sim n)}$

2. 展开计算实例（图5-62）

1）已知条件（图5-54、图5-55）：$r_1 = 490$，$r_3 = 240$，$R = 900$，$\alpha = 75°$，$m = 3$，$t = 10$。

图5-61　立体图

2）所求对象同本章第十六节"展开计算模板"。

3）过渡条件：

① $Q = 75°/[2 \times (3 - 1)] = 18.75°$

② $h = 2 \times 900 \times \tan18.75° = 611$

③ $H = 611 \times (3 - 1) = 1222$

④ $d = (490 - 240)/(3 - 1) = 125$，则 $r_2 = 490 - 125 = 365$

⑤ $f = \sqrt{611^2 + 125^2} = 624$

4）计算结果：

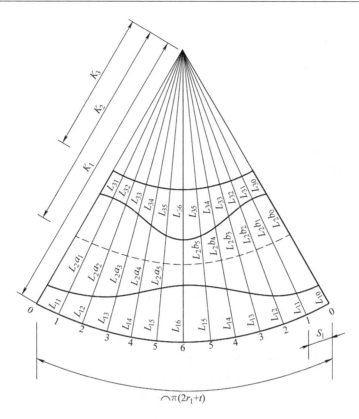

图 5-62　展开图

① $K_1 = 490 \times 624/125 = 2446$

$K_2 = 365 \times 624/125 = 1822$

$K_3 = 240 \times 624/125 = 1198$

② $L_{2a0} = 624 \times (900 + 365 \times \cos 0°)/[2 \times 900 + (365 - 490) \times \cos 0°] = 471$

$L_{2a1} = 624 \times (900 + 365 \times \cos 30°)/[2 \times 900 + (365 - 490) \times \cos 30°] = 448$

$L_{2a2} = 624 \times (900 + 365 \times \cos 60°)/[2 \times 900 + (365 - 490) \times \cos 60°] = 389$

$L_{2a3} = 624 \times (900 + 365 \times \cos 90°)/[2 \times 900 + (365 - 490) \times \cos 90°] = 312$

$L_{2a4} = 624 \times (900 + 365 \times \cos 120°)/[2 \times 900 + (365 - 490) \times \cos 120°] = 240$

$L_{2a5} = 624 \times (900 + 365 \times \cos 150°)/[2 \times 900 + (365 - 490) \times \cos 150°] = 191$

$L_{2a6} = 624 \times (900 + 365 \times \cos 180°)/[2 \times 900 + (365 - 490) \times \cos 180°] = 173$

$L_{2b0} = 624 \times (900 + 365 \times \cos 0°)/[2 \times 900 + (365 - 240) \times \cos 0°] = 410$

$L_{2b1} = 624 \times (900 + 365 \times \cos 30°)/[2 \times 900 + (365 - 240) \times \cos 30°] = 397$

$L_{2b2} = 624 \times (900 + 365 \times \cos 60°)/[2 \times 900 + (365 - 240) \times \cos 60°] = 362$

$L_{2b3} = 624 \times (900 + 365 \times \cos 90°)/[2 \times 900 + (365 - 240) \times \cos 90°] = 312$

$L_{2b4} = 624 \times (900 + 365 \times \cos 120°)/[2 \times 900 + (365 - 240) \times \cos 120°] = 258$

$L_{2b5} = 624 \times (900 + 365 \times \cos 150°)/[2 \times 900 + (365 - 240) \times \cos 150°] = 215$

$L_{2b6} = 624 \times (900 + 365 \times \cos 180°)/[2 \times 900 + (365 - 240) \times \cos 180°] = 199$

$L_{10} = 624 - 471 = 153$

$L_{11} = 624 - 448 = 176$

$L_{12} = 624 - 389 = 235$

$$L_{13} = 624 - 312 = 312$$
$$L_{14} = 624 - 240 = 384$$
$$L_{15} = 624 - 191 = 433$$
$$L_{16} = 624 - 173 = 451$$
$$L_{30} = 624 - 410 = 214$$
$$L_{31} = 624 - 397 = 227$$
$$L_{32} = 624 - 362 = 262$$
$$L_{33} = 624 - 312 = 312$$
$$L_{34} = 624 - 258 = 366$$
$$L_{35} = 624 - 215 = 409$$
$$L_{36} = 624 - 199 = 425$$

③ $S_0 = 3.1416 \times (2 \times 490 + 10) \times 0°/360° = 0$
$S_1 = 3.1416 \times (2 \times 490 + 10) \times 30°/360° = 259$
$S_2 = 3.1416 \times (2 \times 490 + 10) \times 60°/360° = 518$
$S_3 = 3.1416 \times (2 \times 490 + 10) \times 90°/360° = 778$
$S_4 = 3.1416 \times (2 \times 490 + 10) \times 120°/360° = 1037$
$S_5 = 3.1416 \times (2 \times 490 + 10) \times 150°/360° = 1296$
$S_6 = 3.1416 \times (2 \times 490 + 10) \times 180°/360° = 1555$

75°三节弯头展开各素线实长一览表

素线编号	节　号		
	1	2 a 段 + b 段	3
0	153	471 + 410 = 881	214
1	176	448 + 397 = 845	227
2	235	389 + 362 = 751	262
3	312	312 + 312 = 624	312
4	384	240 + 258 = 498	366
5	433	191 + 215 = 406	409
6	451	173 + 199 = 372	425

二十、任一弯曲度、节数渐缩变径圆管虾米弯头Ⅴ（图 5-63）展开

1. 展开计算模板（60°二节弯头）

见本章第十六节"展开计算模板"。

计算结果公式②的公式分解：

$$L_{1(0 \sim n)} = f - L_{2(0 \sim n)}$$
$$L_{2(0 \sim n)} = f(R + r_2 \cos\beta_{0 \sim n}) / [2R + (r_2 - r_1)\cos\beta_{0 \sim n}]$$

2. 展开计算实例（图 5-64）

1）已知条件（图 5-54、图 5-55）：$r_1 = 450$，$r_2 = 220$，$R = 700$，$\alpha = 60°$，$m = 2$，$t = 8$。

2）所求对象同本章第十六节"展开计算模板"。

图 5-63　立体图

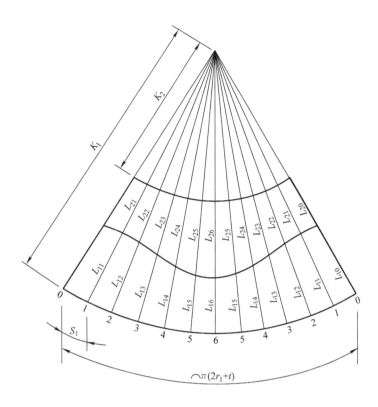

图 5-64　展开图

3）过渡条件：

① $Q = 60°/[2 \times (2-1)] = 30°$

② $h = 2 \times 700 \times \tan30° = 808$

③ $H = 808 \times (2-1) = 808$

④ $d = (450 - 220)/(2-1) = 230$

⑤ $f = \sqrt{808^2 + 230^2} = 840$

4）计算结果（设 $n = 6$）：

① $K_1 = 450 \times 840/230 = 1644$

　　$K_2 = 220 \times 840/230 = 804$

② $L_{20} = 840 \times (700 + 200 \times \cos0°)/[2 \times 700 + (220 - 450) \times \cos0°] = 661$

　　$L_{21} = 840 \times (700 + 200 \times \cos30°)/[2 \times 700 + (220 - 450) \times \cos30°] = 623$

　　$L_{22} = 840 \times (700 + 200 \times \cos60°)/[2 \times 700 + (220 - 450) \times \cos60°] = 530$

　　$L_{23} = 840 \times (700 + 200 \times \cos90°)/[2 \times 700 + (220 - 450) \times \cos90°] = 420$

　　$L_{24} = 840 \times (700 + 200 \times \cos120°)/[2 \times 700 + (220 - 450) \times \cos120°] = 327$

　　$L_{25} = 840 \times (700 + 200 \times \cos150°)/[2 \times 700 + (220 - 450) \times \cos150°] = 268$

　　$L_{26} = 840 \times (700 + 200 \times \cos180°)/[2 \times 700 + (220 - 450) \times \cos180°] = 247$

　　$L_{10} = 840 - 661 = 179$

　　$L_{11} = 840 - 623 = 217$

　　$L_{12} = 840 - 530 = 310$

$L_{13} = 840 - 420 = 420$

$L_{14} = 840 - 327 = 513$

$L_{15} = 840 - 268 = 572$

$L_{16} = 840 - 247 = 593$

③ $S_0 = 3.1416 \times (2 \times 450 + 8) \times 0°/360° = 0$

$S_1 = 3.1416 \times (2 \times 450 + 8) \times 30°/360° = 238$

$S_2 = 3.1416 \times (2 \times 450 + 8) \times 60°/360° = 475$

$S_3 = 3.1416 \times (2 \times 450 + 8) \times 90°/360° = 713$

$S_4 = 3.1416 \times (2 \times 450 + 8) \times 120°/360° = 951$

$S_5 = 3.1416 \times (2 \times 450 + 8) \times 150°/360° = 1189$

$S_6 = 3.1416 \times (2 \times 450 + 8) \times 180°/360° = 1426$

第六章　圆形管三通及多通

　　本章主要介绍等径圆形管三通及多通的展开，它是圆形管线分支的过渡连接件，属相贯体，凡是两件及其以上几何体交合为一体就是相贯体。有些相贯体主管是孔形，因此，对主管孔的展开，以及孔形图样本章都要作详细介绍。由于受现场安装位置、角度的影响、管径大小的变化，以及设计的需要，三通及多通形状也有多样，大致有：直交、斜交、Y形、裤形、变径三通及多通等。直交、斜交等径圆管三通，支管展开按管内径计算，主管孔展开按管外径计算，主、支管展开弧长，钢板卷管按管中径计算，成品管按管外径计算。

一、等径圆管直交三通（图6-1）展开

1. 展开计算模板

1）已知条件（图6-2）：

① 主、支管内半径 r；

② 主、支管外半径 R；

③ 支管端口至主管中高 h；

④ 圆管壁厚 t。

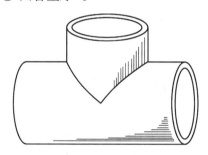

图6-1　立体图

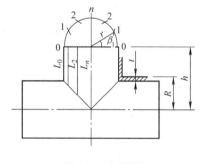

图6-2　主视图

2）所求对象：

① 支管展开各素线实长 $L_{0 \sim n}$；

② 主管开孔各纵向半距 $P_{0 \sim n}$；

③ 主管开孔各横向半弧长 $M_{0 \sim n}$；

④ 主、支管展开各等分段中弧长 $S_{0 \sim n}$。

3）计算公式：

① $L_{0 \sim n} = h - r\cos\beta_{0 \sim n}$

② $P_{0 \sim n} = R\cos\beta_{0 \sim n}$

③ $M_{0 \sim n} = \pi R\beta_{0 \sim n}/180°$

④ $S_{0 \sim n} = \pi(2r + t)\beta_{0 \sim n}/360°$

式中　n——主支管1/4圆周等分份数；

　　　$\beta_{0 \sim n}$——主支管圆周各等分点同圆心连线与0位半径轴的夹角。

说明：公式中所有 $0 \sim n$ 编号均一致。

2. 展开计算实例（图6-3、图6-4）

1）已知条件（图6-2）：$r = 360$，$R = 368$，$h = 760$，$t = 8$。

2）所求对象同本节"展开计算模板"。

3）计算结果（设 $n = 3$）：

① $L_0 = 760 - 360 \times \cos 0° = 400$

$L_1 = 760 - 360 \times \cos 30° = 448$

$L_2 = 760 - 360 \times \cos 60° = 580$

$L_3 = 760 - 360 \times \cos 90° = 760$

② $P_0 = 368 \times \cos 0° = 368$

$P_1 = 368 \times \cos 30° = 319$

$P_2 = 368 \times \cos 60° = 184$

$P_3 = 368 \times \cos 90° = 0$

③ $M_0 = 3.1416 \times 368 \times 0°/180° = 0$

$M_1 = 3.1416 \times 368 \times 30°/180° = 193$

$M_2 = 3.1416 \times 368 \times 60°/180° = 385$

$M_3 = 3.1416 \times 368 \times 90°/180° = 578$

④ $S_0 = 3.1416 \times (2 \times 360 + 8) \times 0°/360° = 0$

$S_1 = 3.1416 \times (2 \times 360 + 8) \times 30°/360° = 191$

$S_2 = 3.1416 \times (2 \times 360 + 8) \times 60°/360° = 381$

$S_3 = 3.1416 \times (2 \times 360 + 8) \times 90°/360° = 572$

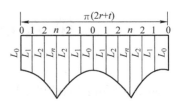

图6-3　支管展开图

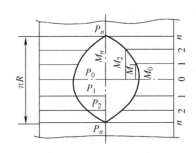

图6-4　主管开孔图

二、等径圆管直交角补过渡三通（图6-5）展开

1. 展开计算模板

1）已知条件（图6-6）：

① 主、支管内半径 r；

② 主、支管外半径 R；

③ 支管过渡三通形板底边半长 b；

④ 支管端口至主管中高 h；

⑤ 圆管壁厚 t。

2）所求对象：

① 支管展开各素线实长 $L_{0 \sim n}$；

② 过渡段半圆管展开各素线半长 $K_{0 \sim n}$；

③ 主管开孔各纵向半距 $P_{0 \sim n}$；

④ 主管开孔各横向半弧长 $M_{0 \sim n}$；

⑤ 支管展开各等分段中弧长 $S_{0 \sim n}$。

3）计算公式：

① $L_{0 \sim n} = h - b - r\cos\beta_{0 \sim n}\tan Q$

② $K_{0 \sim n} = \sqrt{2}b/2 - r\cos\beta_{0 \sim n}\tan Q$

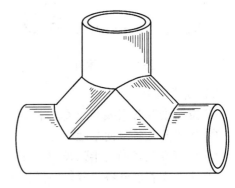

图6-5　立体图

③ $P_{0 \sim n} = b + r\cos\beta_{0 \sim n}\tan Q$

④ $M_{0 \sim n} = \pi R\beta_{0 \sim n}/180°$

⑤ $S_{0 \sim n} = \pi(2r + t)\beta_{0 \sim n}/360°$

式中　n——主、支管 1/4 圆周等分份数；

$\quad\quad\beta_{0 \sim n}$——主、支管圆周各等分点同各自圆心
连线分别与 0 位半径轴的夹角。

说明：

① 三通各相贯线与圆管半径轴的夹角 Q 为
定值，角度是 22.5°。

② 三通过渡三角形底边半长 b 的取值一般是
主、支管半径的 1.25 倍，不过，若图样有具体
尺寸，就必须按图样要求作展开计算。

③ 公式中所有 0 ~ n 编号均一致。

2. 展开计算实例（图 6-7 ~ 图 6-9）

1）已知条件（图 6-6）：$r = 360$，$R = 370$，$b = 450$，$h = 950$，$t = 10$。

2）所求对象同本节"展开计算模板"。

3）计算结果（设 $n = 3$）：

① $L_0 = 950 - 450 - 360 \times \cos0° \times \tan22.5° = 351$

$\quad L_1 = 950 - 450 - 360 \times \cos30° \times \tan22.5° = 371$

$\quad L_2 = 950 - 450 - 360 \times \cos60° \times \tan22.5° = 425$

$\quad L_3 = 950 - 450 - 360 \times \cos90° \times \tan22.5° = 500$

② $K_0 = \sqrt{2} \times 450/2 - 360 \times \cos0° \times \tan22.5° = 169$

$\quad K_1 = \sqrt{2} \times 450/2 - 360 \times \cos30° \times \tan22.5° = 189$

$\quad K_2 = \sqrt{2} \times 450/2 - 360 \times \cos60° \times \tan22.5° = 244$

$\quad K_3 = \sqrt{2} \times 450/2 - 360 \times \cos90° \times \tan22.5° = 318$

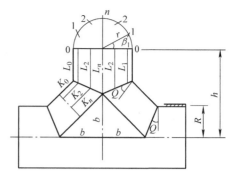

图 6-6　主视图

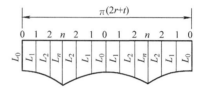

图 6-7　支管展开图

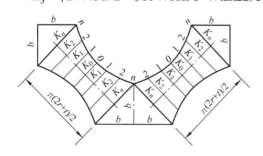
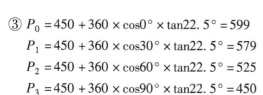

图 6-8　过渡段展开图

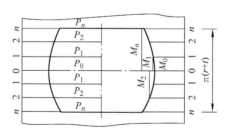

图 6-9　主管开孔图

③ $P_0 = 450 + 360 \times \cos0° \times \tan22.5° = 599$

$\quad P_1 = 450 + 360 \times \cos30° \times \tan22.5° = 579$

$\quad P_2 = 450 + 360 \times \cos60° \times \tan22.5° = 525$

$\quad P_3 = 450 + 360 \times \cos90° \times \tan22.5° = 450$

④ $M_0 = 3.1416 \times 370 \times 0°/180° = 0$

$M_1 = 3.1416 \times 370 \times 30°/180° = 194$

$M_2 = 3.1416 \times 370 \times 60°/180° = 387$

$M_3 = 3.1416 \times 370 \times 90°/180° = 581$

⑤ $S_0 = 3.1416 \times (2 \times 360 + 10) \times 0°/360° = 0$

$S_1 = 3.1416 \times (2 \times 360 + 10) \times 30°/360° = 191$

$S_2 = 3.1416 \times (2 \times 360 + 10) \times 60°/360° = 382$

$S_3 = 3.1416 \times (2 \times 360 + 10) \times 90°/360° = 573$

三、等径圆管斜交三通（图6-10）展开

1. 展开计算模板

1）已知条件（图6-11）：

① 主、支管内半径 r；

② 主、支管外半径 R；

③ 支管端口中至主管中高 h；

④ 主、支管斜交夹角 Q；

⑤ 圆管壁厚 t。

图6-10　立体图

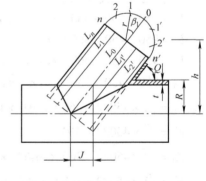

图6-11　主视图

2）所求对象：

① 主、支管相贯两中偏心距 J；

② 支管展开各素线实长 $L_{0 \sim n}$、$L_{0 \sim n'}$；

③ 主管相贯孔各纵向半距 $P_{0 \sim n}$、$P_{0 \sim n'}$；

④ 主管相贯孔各横向半弧长 $M_{0 \sim n}$、$M_{0 \sim n'}$；

⑤ 支管展开各等分段中弧长 $S_{0 \sim n}$。

3）计算公式：

① $J = R/\tan Q$

② $L_{0 \sim n} = h/\sin Q - r\sin\beta_{0 \sim n}\tan(Q/2)$

$L_{0 \sim n'} = h/\sin Q - r\sin\beta_{0 \sim n'}/\tan(Q/2)$

③ $P_{0 \sim n} = R\sin\beta_{0 \sim n}\tan(Q/2)$

$P_{0 \sim n'} = R\sin\beta_{0 \sim n'}/\tan(Q/2)$

④ $M_{0 \sim n}^{0 \sim n'} = \pi R(90° - \beta_{0 \sim n}^{0 \sim n'})/180°$

⑤ $S_{0 \sim n} = \pi(2r + t)\beta_{0 \sim n}/360°$

式中　n——主支管 1/4 圆周等分份数；

$\beta_{0 \sim n}$、$\beta_{0 \sim n'}$——主、支管圆周等分点分别同各自圆心连线与 0 位半径轴的夹角。

说明：

① 公式中所有 $0 \sim n$、$0 \sim n'$ 的编号均一致。

② 主视图中所有辅助三角形均为相似形，因此，对应角相等，而且三角形短边所对的角是斜交角 Q 的一半。

2. 展开计算实例（图 6-12、图 6-13）

1）已知条件（图 6-11）：$r = 450$，$R = 460$，$h = 1100$，$Q = 60°$，$t = 10$。

2）所求对象同本节"展开计算模板"。

3）计算结果（设 $n = 3$）：

① $J = 460/\tan60° = 266$

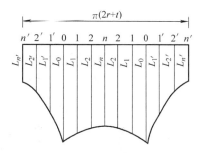

图 6-12　支管展开图

② $L_0 = 1100/\sin60° - 450 \times \sin0° \times \tan(60°/2) = 1270$

　$L_1 = 1100/\sin60° - 450 \times \sin30° \times \tan(60°/2) = 1140$

　$L_2 = 1100/\sin60° - 450 \times \sin60° \times \tan(60°/2) = 1045$

　$L_3 = 1100/\sin60° - 450 \times \sin90° \times \tan(60°/2) = 1010$

　$L_{1'} = 1100/\sin60° - 450 \times \sin30°/\tan(60°/2) = 880$

　$L_{2'} = 1100/\sin60° - 450 \times \sin60°/\tan(60°/2) = 595$

　$L_{3'} = 1100/\sin60° - 450 \times \sin90°/\tan(60°/2) = 491$

③ $P_0 = 460 \times \sin0° \times \tan(60°/2) = 0$

　$P_1 = 460 \times \sin30° \times \tan(60°/2) = 133$

　$P_2 = 460 \times \sin60° \times \tan(60°/2) = 230$

　$P_3 = 460 \times \sin90° \times \tan(60°/2) = 266$

　$P_{1'} = 460 \times \sin30°/\tan(60°/2) = 398$

　$P_{2'} = 460 \times \sin60°/\tan(60°/2) = 690$

　$P_{3'} = 460 \times \sin90°/\tan(60°/2) = 797$

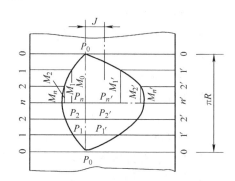

图 6-13　主管开孔图

④ $M_0 = 3.1416 \times 460 \times (90° - 0°)/180° = 723$

　$M_1 = 3.1416 \times 460 \times (90° - 30°)/180° = 482$

　$M_2 = 3.1416 \times 460 \times (90° - 60°)/180° = 241$

　$M_3 = 3.1416 \times 460 \times (90° - 90°)/180° = 0$

　$M_{1'} = 3.1416 \times 460 \times (90° - 30°)/180° = 482$

　$M_{2'} = 3.1416 \times 460 \times (90° - 60°)/180° = 241$

　$M_{3'} = 3.1416 \times 460 \times (90° - 90°)/180° = 0$

⑤ $S_0 = 3.1416 \times (2 \times 450 + 10) \times 0°/360° = 0$

　$S_1 = 3.1416 \times (2 \times 450 + 10) \times 30°/360° = 238$

　$S_2 = 3.1416 \times (2 \times 450 + 10) \times 60°/360° = 476$

　$S_3 = 3.1416 \times (2 \times 450 + 10) \times 90°/360° = 715$

四、等径圆管斜交角补过渡三通（图 6-14）展开

1. 展开计算模板

1）已知条件（图 6-15）：

① 主、支管内半径 r；

② 主管长 a；

③ 相贯中至主管端口距 b；

④ 角补三角形腰长 c；

图 6-14　立体图

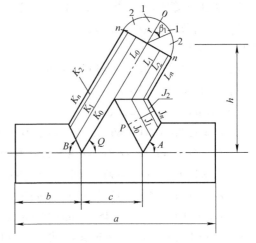

图 6-15　主视图

⑤ 支管倾斜角 Q；

⑥ 支管端口中至主管中垂高 h；

⑦ 主、支管壁厚 t。

2）所求对象：

① 角补三角形底边长 P；

② 角补半管各展半长 $J_{0 \sim n}$；

③ 支管展开内侧各素线实长 $L_{0 \sim n}$；

④ 支管展开外侧各素线实长 $K_{0 \sim n}$；

⑤ 主管孔内侧各纵半距 $e_{0 \sim n}$；

⑥ 主管孔外侧各纵半距 $f_{0 \sim n}$；

⑦ 主、支管展开各等分段中弧长 $S_{0 \sim n}$。

3）过渡条件公式：

① 支管内侧相贯夹角 $A = 45° + Q/4$

② 支管外侧相贯夹角 $B = (180° - Q)/2$

4）计算公式：

① $P = 2c\sin(Q/2)$

② $J_{0 \sim n} = P/2 - r\sin\beta_{0 \sim n}/\tan A$

③ $L_{0 \sim n} = h/\sin Q - c - r\sin\beta_{0 \sim n}/\tan A$

④ $K_{0 \sim n} = h/\sin Q - r\sin\beta_{0 \sim n}/\tan B$

⑤ $e_{0 \sim n} = c/2 + (r + t) \sin\beta_{0 \sim n}/\tan A$

⑥ $f_{0 \sim n} = c/2 + (r + t) \sin\beta_{0 \sim n}/\tan B$

⑦ $S_{0 \sim n} = \pi(2r + t)(\beta_{0 \sim n}/360°)$

式中　n——主、支管 1/4 圆周等分份数；

　　　$\beta_{0 \sim n}$——主、支管圆周各等分点同圆心连线与 0 位半径轴的夹角。

说明：

① 公式中 J、L、K、e、f、S、β 的 $0 \sim n$ 编号均一致。

② 三通是板卷管的，以中径计算圆管展开弧长，若是成品管则以外径计算圆管展开弧长。

2. 展开计算实例（图 6-16 ~ 图 6-18）

1）已知条件（图 6-15）：$r = 240$，$a = 1500$，$b = 500$，$c = 490$，$Q = 56°$，$h = 900$，$t = 6$。

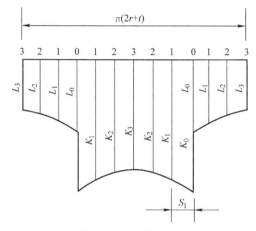

图 6-16　支管展开图

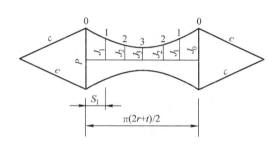

图 6-17　角补过渡段展开图

2）所求对象同本节"展开计算模板"。

3）过渡条件：

$A = 45° + 56°/4 = 59°$

$B = (180° - 56°)/2 = 62°$

4）计算结果（设 $n = 3$）：

① $P = 2 \times 490 \times \sin(56°/2) = 460$

② $J_0 = 460/2 - 240 \times \sin0°/\tan59° = 230$

　$J_1 = 460/2 - 240 \times \sin30°/\tan59° = 158$

　$J_2 = 460/2 - 240 \times \sin60°/\tan59° = 105$

　$J_3 = 460/2 - 240 \times \sin90°/\tan59° = 86$

③ $L_0 = 900/\sin56° - 490 - 240 \times \sin0°/\tan59° = 596$

　$L_1 = 900/\sin56° - 490 - 240 \times \sin30°/\tan59° = 523$

　$L_2 = 900/\sin56° - 490 - 240 \times \sin60°/\tan59° = 471$

　$L_3 = 900/\sin56° - 490 - 240 \times \sin90°/$

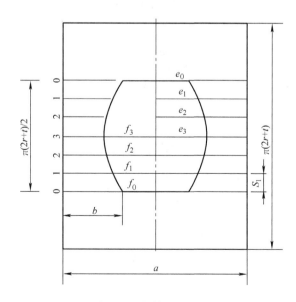

图 6-18　主管开孔图

$\tan 59° = 451$

④ $K_0 = 900/\sin 56° - 240 \times \sin 0°/\tan 62° = 1086$

　$K_1 = 900/\sin 56° - 240 \times \sin 30°/\tan 62° = 1022$

　$K_2 = 900/\sin 56° - 240 \times \sin 60°/\tan 62° = 975$

　$K_3 = 900/\sin 56° - 240 \times \sin 90°/\tan 62° = 958$

⑤ $e_0 = 490/2 + (240 + 6) \times \sin 0°/\tan 59° = 245$

　$e_1 = 490/2 + (240 + 6) \times \sin 30°/\tan 59° = 319$

　$e_2 = 490/2 + (240 + 6) \times \sin 60°/\tan 59° = 373$

　$e_3 = 490/2 + (240 + 6) \times \sin 90°/\tan 59° = 393$

⑥ $f_0 = 490/2 + (240 + 6) \times \sin 0°/\tan 62° = 245$

　$f_1 = 490/2 + (240 + 6) \times \sin 30°/\tan 62° = 310$

　$f_2 = 490/2 + (240 + 6) \times \sin 60°/\tan 62° = 358$

　$f_3 = 490/2 + (240 + 6) \times \sin 90°/\tan 62° = 376$

⑦ $S_0 = 3.1416 \times (2 \times 240 + 6) \times 0°/360° = 0$

　$S_1 = 3.1416 \times (2 \times 240 + 6) \times 30°/360° = 127$

　$S_2 = 3.1416 \times (2 \times 240 + 6) \times 60°/360° = 254$

　$S_3 = 3.1416 \times (2 \times 240 + 6) \times 90°/360° = 382$

五、等径圆管 Y 形三通（图 6-19）展开

1. 展开计算模板

1）已知条件（图 6-20）：

① 主、支管内半径 r；

② 主、支管相贯中点至主管端口高 h；

③ 主、支管相贯中点至支管端口中垂高 H；

④ 支管端口中至主管中水平距 P；

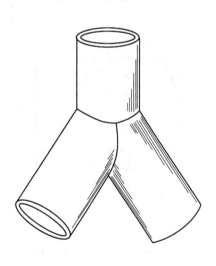

图 6-19　立体图

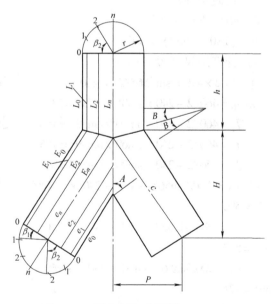

图 6-20　主视图

⑤ 圆管壁厚 t。

2）所求对象：

① 主管展开各素线实长 $L_{0\sim n}$；

② 支管内半圆展开各素线实长 $e_{0\sim n}$；

③ 支管外半圆展开各素线实长 $E_{0\sim n}$；

④ 主、支管展开各等分段中弧长 $S_{0\sim n}$。

3）过渡条件公式：

① 支管中轴线实长 $c = \sqrt{P^2 + H^2}$

② 支管相贯线与支管端口边夹角 $A = \arctan(H/P)$

③ 主、支管相贯线分别与主、支管端口边夹角 $B = (90° - A)/2$

4）计算公式：

① $L_{0\sim n} = h - r\cos\beta_{0\sim n}\tan B$

② $e_{0\sim n} = c - r\cos\beta_{0\sim n}\tan A$

③ $E_{0\sim n} = c - r\cos\beta_{0\sim n}\tan B$

④ $S_{0\sim n} = \pi(2r + t)(\beta_{0\sim n}/360°)$

式中　n——主、支管 1/4 圆周等分份数；

　　$\beta_{0\sim n}$——主、支管圆周各等分点分别同各自圆心连线与 0 位半径轴的夹角。

说明：公式中 L、e、E、S、β 的 $0\sim n$ 编号均一致。

2. 展开计算实例（图 6-21、图 6-22）

1）已知条件（图 6-20）：$r = 360$，$h = 1000$，$H = 1200$，$P = 800$，$t = 8$。

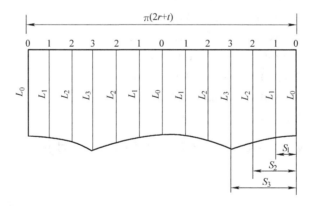

图 6-21　主管展开图

2）所求对象同本节"展开计算模板"。

3）过渡条件：

① $c = \sqrt{800^2 + 1200^2} = 1442$

② $A = \arctan(1200/800) = 56.3099°$

③ $B = (90° - 56.3099°)/2 = 16.8451°$

4）计算结果（设 $n = 3$）：

① $L_0 = 1000 - 360 \times \cos0° \times \tan16.8451° = 891$

　　$L_1 = 1000 - 360 \times \cos30° \times \tan16.8451° = 906$

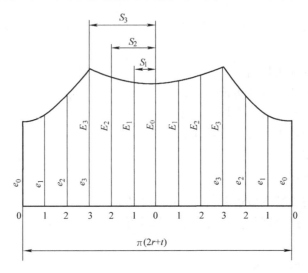

图 6-22　一支管展开图

$$L_2 = 1000 - 360 \times \cos60° \times \tan16.8451° = 946$$

$$L_3 = 1000 - 360 \times \cos90° \times \tan16.8451° = 1000$$

② $e_0 = 1442 - 360 \times \cos0° \times \tan56.3099° = 902$

$e_1 = 1442 - 360 \times \cos30° \times \tan56.3099° = 974$

$e_2 = 1442 - 360 \times \cos60° \times \tan56.3099° = 1172$

$e_3 = 1442 - 360 \times \cos90° \times \tan56.3099° = 1442$

③ $E_0 = 1442 - 360 \times \cos0° \times \tan16.8451° = 1333$

$E_1 = 1442 - 360 \times \cos30° \times \tan16.8451° = 1348$

$E_2 = 1442 - 360 \times \cos60° \times \tan16.8451° = 1388$

$E_3 = 1442 - 360 \times \cos90° \times \tan16.8451° = 1442$

④ $S_0 = 3.1416 \times (2 \times 360 + 8) \times 0°/360° = 0$

$S_1 = 3.1416 \times (2 \times 360 + 8) \times 30°/360° = 191$

$S_2 = 3.1416 \times (2 \times 360 + 8) \times 60°/360° = 381$

$S_3 = 3.1416 \times (2 \times 360 + 8) \times 90°/360° = 572$

六、等径圆管 Y 形一角补过渡三通（图6-23）展开

1. 展开计算模板

1）已知条件（图6-24）：

① 主、支管内半径 r；

② 相贯中至主管端口高 H；

③ 三角形角补垂高 h；

④ 相贯中至支管端口距 J；

⑤ 两支管夹角 α；

⑥ 圆管壁厚 t。

2）所求对象：

① 三角形角补腰边实长 b；

② 三角形角补底边实长 c；

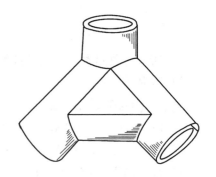

图 6-23　立体图

③ 半圆管角补各素线实长 $K_{0 \sim n}$；

④ 主管展开各素线实长 $L_{0 \sim n}$；

⑤ 支管外侧展开各素线实长 $E_{0 \sim n}$；

⑥ 支管内侧展开各素线实长 $e_{0 \sim n}$；

⑦ 主、支管各等分段中弧长 $S_{0 \sim n}$。

3）过渡条件公式：

① 主、支接合边夹角　$A = (180° - \alpha/2)/2$

② 支补接合边夹角　$B = (180° + \alpha)/4$

4）计算公式：

① $b = h/\cos(\alpha/2)$

② $c = 2h\tan(\alpha/2)$

③ $K_{0 \sim n} = c/2 - r\cos\beta_{0 \sim n}/\tan B$

④ $L_{0 \sim n} = H - r\cos\beta_{0 \sim n}/\tan A$

⑤ $E_{0 \sim n} = J - r\cos\beta_{0 \sim n}/\tan A$

⑥ $e_{0 \sim n} = J - b - r\cos\beta_{0 \sim n}/\tan B$

⑦ $S_{0 \sim n} = \pi(2r + t)\beta_{0 \sim n}/360°$

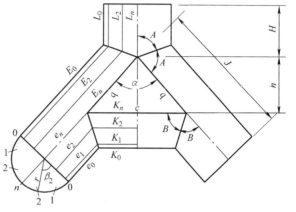

图 6-24　主视图

式中　n——三通主、支管 1/4 圆周等分份数；

　　　$\beta_{0 \sim n}$——主、支管圆周各等分点分别同各自圆心连线与 0 位半径轴的夹角。

2. 展开计算实例（图 6-25 ~ 图 6-27）

1）已知条件（图 6-24）：$r = 360$，$H = 560$，$h = 600$，$J = 1480$，$\alpha = 86°$，$t = 8$。

2）所求对象同本节"展开计算模板"。

3）过渡条件：

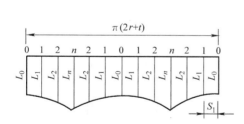

图 6-25　主管展开图

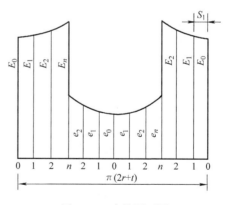

图 6-26　支管展开图

① $A = (180° - 86°/2)/2 = 68.5°$

② $B = (180° + 86°)/4 = 66.5°$

4）计算结果（设 $n = 3$）：

① $b = 600/\cos(86°/2) = 820$

② $c = 2 \times 600 \times \tan(86°/2) = 1119$

③ $K_0 = 1119/2 - 360 \times \cos 0°/\tan 66.5° = 403$

　　$K_1 = 1119/2 - 360 \times \cos 30°/\tan 66.5° = 424$

$K_2 = 1119/2 - 360 \times \cos 60° / \tan 66.5° = 481$

$K_3 = 1119/2 - 360 \times \cos 90° / \tan 66.5° = 560$

④ $L_0 = 560 - 360 \times \cos 0° / \tan 68.5° = 418$

$L_1 = 560 - 360 \times \cos 30° / \tan 68.5° = 437$

$L_2 = 560 - 360 \times \cos 60° / \tan 68.5° = 489$

$L_3 = 560 - 360 \times \cos 90° / \tan 68.5° = 560$

⑤ $E_0 = 1480 - 360 \times \cos 0° / \tan 68.5° = 1338$

$E_1 = 1480 - 360 \times \cos 30° / \tan 68.5° = 1357$

$E_2 = 1480 - 360 \times \cos 60° / \tan 68.5° = 1409$

$E_3 = 1480 - 360 \times \cos 90° / \tan 68.5° = 1480$

⑥ $e_0 = 1480 - 820 - 360 \times \cos 0° / \tan 66.5° = 503$

$e_1 = 1480 - 820 - 360 \times \cos 30° / \tan 66.5° = 524$

$e_2 = 1480 - 820 - 360 \times \cos 60° / \tan 66.5° = 581$

$e_3 = 1480 - 820 - 360 \times \cos 90° / \tan 66.5° = 660$

⑦ $S_0 = 3.1416 \times (2 \times 360 + 8) \times 0° / 360° = 0$

$S_1 = 3.1416 \times (2 \times 360 + 8) \times 30° / 360° = 191$

$S_2 = 3.1416 \times (2 \times 360 + 8) \times 60° / 360° = 381$

$S_3 = 3.1416 \times (2 \times 360 + 8) \times 90° / 360° = 572$

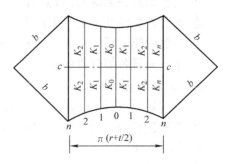

图 6-27　角补过渡段展开图

七、等径圆管 Y 形三角补过渡正三通（图 6-28）展开

1. 展开计算模板

1）已知条件（图 6-29）：

① 支管内半径 r；

② 两支管相贯中弦距 J；

③ 支管端口至相中高 h；

④ 支管壁厚 t。

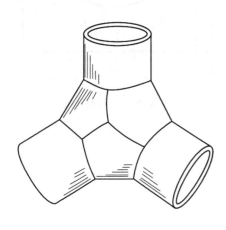

图 6-28　立体图

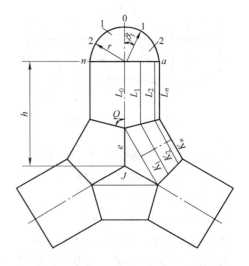

图 6-29　主视图

2）所求对象：

① 角补相贯口实长 e；

② 支管展开各素线实长 $L_{0 \sim n}$；

③ 角补半圆展开各素线半长 $K_{0 \sim n}$；

④ 圆管展开各等分段中弧长 $S_{0 \sim n}$。

3）计算公式：

① $e = 0.5774J$

② $L_{0 \sim n} = h - e - r\sin\beta_{0 \sim n}/\tan Q$

③ $K_{0 \sim n} = J/2 - r\sin\beta_{0 \sim n}/\tan Q$

④ $S_{0 \sim n} = \pi(2r + t)\beta_{0 \sim n}/360°$

式中　n——支管 1/4 圆周等分份数；

　　$\beta_{0 \sim n}$——支管圆周各等分点同圆心连线与 0 位半径轴的夹角。

说明：

① 公式中 L、K、S、β 的 $0 \sim n$ 编号均一致。

② 由于是正三通，因此支管同角补的相贯线与支管中轴线的夹角 Q 是一个定值 75°。

③ 角补相贯口实长 e，与两支管相贯中弦距 J 也有一个定值比 0.5774。

④ 板卷管以中径计算圆管展开弧长，若是成品管则以外径计算圆管展开弧长。

2. 展开计算实例（图 6-30、图 6-31）

1）已知条件（图 6-29）：$r = 400$，$J = 710$，$h = 1200$，$t = 8$。

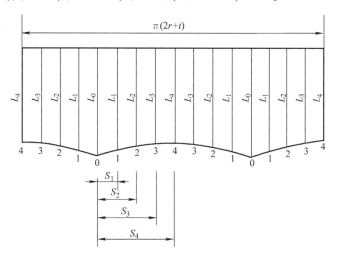

图 6-30　一支管展开图

2）所求对象同本节"展开计算模板"。

3）计算结果（设 $n = 4$）：

① $e = 0.5774 \times 710 = 410$

② $L_0 = 1200 - 410 - 400 \times \sin 0°/\tan 75° = 790$

　　$L_1 = 1200 - 410 - 400 \times \sin 22.5°/\tan 75° = 749$

　　$L_2 = 1200 - 410 - 400 \times \sin 45°/\tan 75° = 714$

　　$L_3 = 1200 - 410 - 400 \times \sin 67.5°/\tan 75° = 691$

$L_4 = 1200 - 410 - 400 \times \sin 90° / \tan 75° = 683$

③ $K_0 = 710/2 - 400 \times \sin 0° / \tan 75° = 355$

　$K_1 = 710/2 - 400 \times \sin 22.5° / \tan 75° = 314$

　$K_2 = 710/2 - 400 \times \sin 45° / \tan 75° = 279$

　$K_3 = 710/2 - 400 \times \sin 67.5° / \tan 75° = 256$

　$K_4 = 710/2 - 400 \times \sin 90° / \tan 75° = 248$

④ $S_0 = 3.1416 \times (2 \times 400 + 8) \times 0° / 360° = 0$

　$S_1 = 3.1416 \times (2 \times 400 + 8) \times 22.5° / 360°$
　　$= 159$

　$S_2 = 3.1416 \times (2 \times 400 + 8) \times 45° / 360°$
　　$= 317$

　$S_3 = 3.1416 \times (2 \times 400 + 8) \times 67.5° / 360° = 476$

　$S_4 = 3.1416 \times (2 \times 400 + 8) \times 90° / 360° = 635$

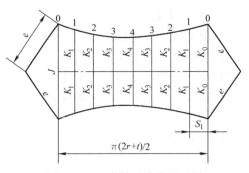

图 6-31　一角补过渡段展开图

八、变径圆管 Y 形正三通（图 6-32）展开

1. 展开计算模板

1）已知条件（图 6-33）：

① 支管端内半径 r；

② 支管相贯口内半径 R；

③ 支管相贯中至端口高 h；

④ 支管壁厚 t。

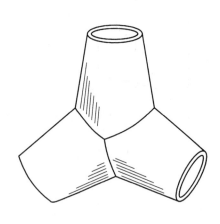

图 6-32　立体图

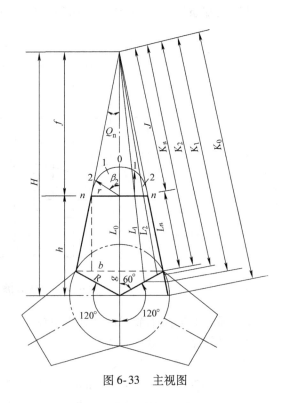

图 6-33　主视图

2）所求对象：

① 锥顶至支管端口展开半径 J；

② 锥顶至支管相贯口各素线实长 $K_{0 \sim n}$；

③ 支管展开各素线实长 $L_{0 \sim n}$；

④ 支管端口展开各段中弧长 $S_{0 \sim n}$。

3）过渡条件公式：

① 支管相贯两端点半弦长 $b = R\sin 60°$

② 支管相贯中至弦高 $g = R\cos 60°$

③ 锥顶至支管相贯中垂高 $H = b(h - g)/(b - r) + g$

④ 锥顶至支管端口垂高 $f = H - h$

⑤ 锥顶至支管端口各点连线与中轴线的夹角 $Q_{0 \sim n} = \arctan(r\sin\beta_{0 \sim n}/f)$

⑥ 锥顶至支管相贯口各素线长 $e_{0 \sim n} = H\sin 60°/\sin(120° - Q_{0 \sim n})$

⑦ 锥顶至支管相贯口各素线垂高 $G_{0 \sim n} = e_{0 \sim n}\cos Q_{0 \sim n}$

4）计算公式：

① $J = f/\cos Q_n$

② $K_{0 \sim n} = G_{0 \sim n}/\cos Q_n$

③ $L_{0 \sim n} = K_{0 \sim n} - J$

④ $S_{0 \sim n} = \pi(2r + t)(\beta_{0 \sim n}/360°)$

式中　n ——支管端口 1/4 圆周等分份数；

　　　$\beta_{0 \sim n}$ ——支管端口圆周各等分点同圆心连线与 0 位半径轴的夹角。

2. 展开计算实例（图 6-34）

1）已知条件（图 6-33）：$r = 200$，$R = 360$，$h = 700$，$t = 6$。

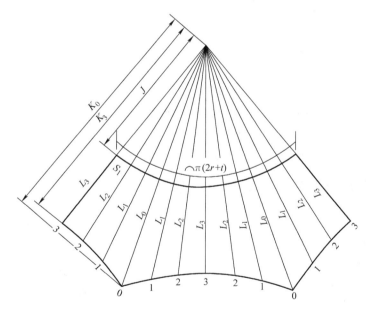

图 6-34　一支管展开图

2）所求对象同本节"展开计算模板"。

3）过渡条件（设 $n = 3$）：

① $b = 360 \times \sin 60° = 311.8$

② $g = 360 \times \cos 60° = 180$

③ $H = 311.8 \times (700 - 180)/(311.8 - 200) + 180 = 1630.2$

④ $f = 1630.2 - 700 = 930.2$

⑤ $Q_0 = \arctan(200 \times \sin0°/930.2) = 0°$

　　$Q_1 = \arctan(200 \times \sin30°/930.2) = 6.1359°$

　　$Q_2 = \arctan(200 \times \sin60°/930.2) = 10.5478°$

　　$Q_3 = \arctan(200 \times \sin90°/930.2) = 12.1343°$

⑥ $e_0 = 1630.2 \times \sin60°/\sin(120° - 0°) = 1630.2$

　　$e_1 = 1630.2 \times \sin60°/\sin(120° - 6.1359°) = 1543.8$

　　$e_2 = 1630.2 \times \sin60°/\sin(120° - 10.5478°) = 1497.3$

　　$e_3 = 1630.2 \times \sin60°/\sin(120° - 12.1343°) = 1483.3$

⑦ $G_0 = 1630.2 \times \cos0° = 1630.2$

　　$G_1 = 1543.8 \times \cos6.1359° = 1535$

　　$G_2 = 1497.3 \times \cos10.5478° = 1472$

　　$G_3 = 1483.3 \times \cos12.1343° = 1450.2$

4）计算结果：

① $J = 930.2/\cos12.1343° = 951$

② $K_0 = 1630.2/\cos12.1343° = 1667$

　　$K_1 = 1535/\cos12.1343° = 1570$

　　$K_2 = 1472/\cos12.1343° = 1506$

　　$K_3 = 1450.2/\cos12.1343° = 1483$

③ $L_0 = 1667 - 951 = 716$

　　$L_1 = 1570 - 951 = 619$

　　$L_2 = 1506 - 951 = 555$

　　$L_3 = 1483 - 951 = 532$

④ $S_0 = 3.1416 \times (2 \times 200 + 6) \times 0°/360° = 0$

　　$S_1 = 3.1416 \times (2 \times 200 + 6) \times 30°/360° = 106$

　　$S_2 = 3.1416 \times (2 \times 200 + 6) \times 60°/360° = 213$

　　$S_3 = 3.1416 \times (2 \times 200 + 6) \times 90°/360° = 319$

九、等径圆管裤形三通（图 6-35）展开

1. 展开计算模板

1）已知条件（图 6-36）：

① 上节管中高 H；

② 中节管中垂高 g；

③ 下节管中高 h；

④ 下节管偏心距 b；

⑤ 圆管内半径 r；

⑥ 圆管壁厚 t。

2）所求对象：

① 上节管展开各素线实长 $L_{0 \sim n}$；

② 中节上段外展开各素线实长 $A_{0 \sim n}$；

③ 中节上段内展开各素线实长 $A_{0 \sim n'}$；

④ 中节下段外展开各素线实长 $a_{0 \sim n}$；

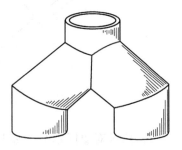

图 6-35　立体图

⑤ 中节下段内展开各素线实长 $a_{0\sim n'}$；

⑥ 下节外半圆展开各素线实长 $K_{0\sim n}$；

⑦ 下节内半圆展开各素线实长 $K_{0\sim n'}$；

⑧ 圆管各等分段中弧长 $S_{0\sim n}$。

3）过渡条件公式：

① 中节相贯线与管中轴线夹角 $\alpha = \arctan\ (b/g)$

② 中下、中上节相贯线与管中轴线夹角 $Q = （180° - \alpha）/2$

③ 中节中轴线半长 $e = \sqrt{b^2 + g^2}/2$

4）计算公式：

① $L_{0\sim n} = H - r\sin\beta_{0\sim n}/\tan Q$

② $A_{0\sim n} = e - r\sin\beta_{0\sim n}/\tan Q$

③ $A_{0\sim n'} = e - r\sin\beta_{0\sim n}/\tan\alpha$

④ $a_{0\sim n} = e + r\sin\beta_{0\sim n}/\tan Q$

⑤ $a_{0\sim n'} = e - r\sin\beta_{0\sim n}/\tan Q$

⑥ $K_{0\sim n} = h + r\sin\beta_{0\sim n}/\tan Q$

⑦ $K_{0\sim n'} = h - r\sin\beta_{0\sim n}/\tan Q$

⑧ $S_{0\sim n} = \pi(2r + t)\beta_{0\sim n}/360°$

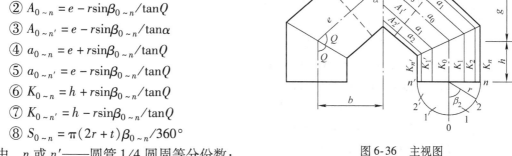

图 6-36　主视图

式中　n 或 n'——圆管 1/4 圆周等分份数；

$\beta_{0\sim n}$ 或 $\beta_{0\sim n'}$——圆管圆周各等分点同圆心连线，分别与 0 位半径轴的夹角。

说明：公式中所有 $0\sim n$ 或 $0\sim n'$ 的编号均一致。

2. 展开计算实例（图 6-37 ~ 图 6-39）

1）已知条件（图 6-36）：$H = 400$，$g = 600$，$h = 450$，$b = 720$，$r = 350$，$t = 8$。

2）所求对象同本节"展开计算模板"。

3）过渡条件：

① $\alpha = \arctan(720/600) = 50.1944°$

② $Q = （180° - 50.1944）/2 = 64.9028°$

③ $e = \sqrt{720^2 + 600^2}/2 = 469$

4）计算结果（设 n 或 $n' = 3$）：

① $L_0 = 400 - 350 \times \sin0°/\tan64.9028° = 400$

$L_1 = 400 - 350 \times \sin30°/\tan64.9028° = 318$

$L_2 = 400 - 350 \times \sin60°/\tan64.9028° = 258$

$L_3 = 400 - 350 \times \sin90°/\tan64.9028° = 236$

② $A_0 = 469 - 350 \times \sin0°/\tan64.9028° = 469$

$A_1 = 469 - 350 \times \sin30°/\tan64.9028° = 387$

$A_2 = 469 - 350 \times \sin60°/\tan64.9028° = 327$

$A_3 = 469 - 350 \times \sin90°/\tan64.9028° = 305$

③ $A_0 = 469 - 350 \times \sin0°/\tan50.1944° = 469$

$A_{1'} = 469 - 350 \times \sin30°/\tan50.1944° = 323$

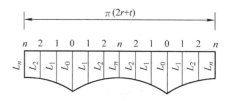

图 6-37　上节管展开图

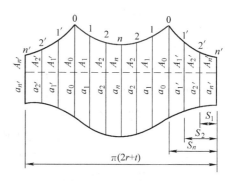

图 6-38　中节管展开图

$A_{2'} = 469 - 350 \times \sin60°/\tan50.1944° = 216$

$A_{3'} = 469 - 350 \times \sin90°/\tan50.1944° = 177$

④ $a_0 = 469 + 350 \times \sin0°/\tan64.9028° = 469$

$a_1 = 469 + 350 \times \sin30°/\tan64.9028° = 551$

$a_2 = 469 + 350 \times \sin60°/\tan64.9028° = 611$

$a_3 = 469 + 350 \times \sin90°/\tan64.9028° = 633$

⑤ $a_0 = 469 - 350 \times \sin0°/\tan64.9028° = 469$

$a_{1'} = 469 - 350 \times \sin30°/\tan64.9028° = 387$

$a_{2'} = 469 - 350 \times \sin60°/\tan64.9028° = 327$

$a_{3'} = 469 - 350 \times \sin90°/\tan64.9028° = 305$

⑥ $K_0 = 450 + 350 \times \sin0°/\tan64.9028° = 450$

$K_1 = 450 + 350 \times \sin30°/\tan64.9028° = 532$

$K_2 = 450 + 350 \times \sin60°/\tan64.9028° = 592$

$K_3 = 450 + 350 \times \sin90°/\tan64.9028° = 614$

⑦ $K_0 = 450 - 350 \times \sin0°/\tan64.9028° = 450$

$K_{1'} = 450 - 350 \times \sin30°/\tan64.9028° = 368$

$K_{2'} = 450 - 350 \times \sin60°/\tan64.9028° = 308$

$K_{3'} = 450 - 350 \times \sin90°/\tan64.9028° = 286$

⑧ $S_0 = 3.1416 \times (2 \times 350 + 8) \times 0°/360° = 0$

$S_1 = 3.1416 \times (2 \times 350 + 8) \times 30°/360° = 185$

$S_2 = 3.1416 \times (2 \times 350 + 8) \times 60°/360° = 371$

$S_3 = 3.1416 \times (2 \times 350 + 8) \times 90°/360° = 556$

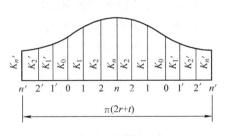

图 6-39　下节管展开图

十、变径圆管裤形三通（图 6-40）展开

1. 展开计算模板

1）已知条件（图 6-41）：

① 主管口内半径 R；

② 支管口内半径 r；

③ 主、支管中偏心距 b；

④ 主、支管端口垂高 h；

⑤ 三通壁厚 t。

2）所求对象：

① 锥顶至主管口各等分点距 $K_{0 \sim n}$；

② 锥顶至支管口各等分点距 $e_{0 \sim n}$；

③ 锥顶至相贯口各投影素线交点距 $P_{n/2 \sim n}$；

④ 主管口半圆锥管展开各素线实长 $L_{0 \sim n/2}$；

⑤ 相贯口半圆锥管展开各素线实长 $L_{n/2 \sim n}$；

⑥ 主管口各等分段中弧长 $S_{0 \sim n}$。

3）过渡条件公式：

① 锥顶至主管口垂高 $H = Rh/(R - r)$

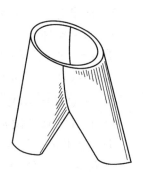

图 6-40　立体图

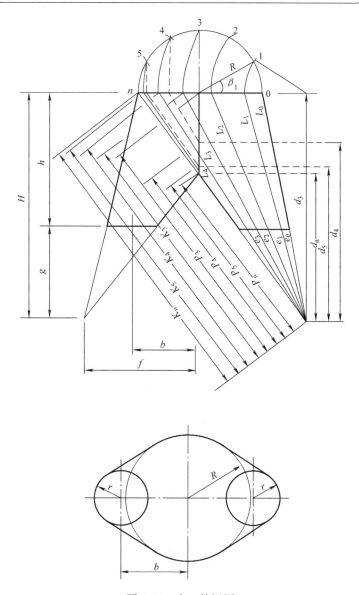

图 6-41　主、俯视图

② 锥顶至支管口垂高 $g = H - h$

③ 锥顶至相贯口水平距 $f = Hb/h$

④ 锥顶至相贯口各投影素线交点垂高

$$d_{n/2 \sim n} = H + R\cos\beta_{n/2 \sim n} \cdot H/(f - R\cos\beta_{n/2 \sim n})$$

4）计算公式：

① $K_{0 \sim n} = \sqrt{R^2 + f^2 - 2Rf\cos\beta_{0 \sim n} + H^2}$

② $e_{0 \sim n} = \sqrt{r^2 + (f - b)^2 - 2r(f - b)\cos\beta_{0 \sim n} + g^2}$

③ $P_{n/2 \sim n} = d_{n/2 \sim n} \cdot K_{n/2 \sim n}/H$

④ $L_{0 \sim n/2} = K_{0 \sim n/2} - e_{0 \sim n/2}$

⑤ $L_{n/2 \sim n} = P_{n/2 \sim n} - e_{n/2 \sim n}$

⑥ $S_{0 \sim n} = \pi(2R + t)\beta_{0 \sim n}/360°$

式中　n——主管口半圆周等分份数；

　　$\beta_{0 \sim n}$——圆周各等分点同圆心连线与 0 位半径轴的夹角。

说明：公式中所有 $0 \sim n$ 编号均一致。

2. 展开计算实例（图 6-42）

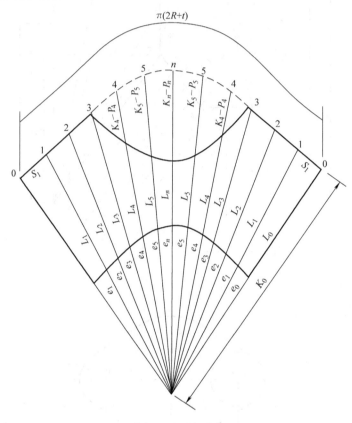

图 6-42　展开图

1）已知条件（图 6-41）：$R = 510$，$r = 210$，$b = 540$，$h = 1050$，$t = 10$。

2）所求对象同本节"展开计算模数"。

3）过渡条件（设 $n = 6$）：

① $H = 510 \times 1050/(510 - 210) = 1785$

② $g = 1785 - 1050 = 735$

③ $f = 1785 \times 540/1050 = 918$

④ $d_3 = 1785 + 510 \times \cos 90° \times 1785/(918 - 510 \times \cos 90°) = 1785$

　　$d_4 = 1785 + 510 \times \cos 120° \times 1785/(918 - 510 \times \cos 120°) = 1397$

　　$d_5 = 1785 + 510 \times \cos 150° \times 1785/(918 - 510 \times \cos 150°) = 1205$

　　$d_6 = 1785 + 510 \times \cos 180° \times 1785/(918 - 510 \times \cos 180°) = 1148$

4）计算结果：

① $K_0 = \sqrt{510^2 + 918^2 - 2 \times 510 \times 918 \times \cos 0° + 1785^2} = 1831$

　　$K_1 = \sqrt{510^2 + 918^2 - 2 \times 510 \times 918 \times \cos 30° + 1785^2} = 1865$

$$K_2 = \sqrt{510^2 + 918^2 - 2 \times 510 \times 918 \times \cos 60° + 1785^2} = 1955$$

$$K_3 = \sqrt{510^2 + 918^2 - 2 \times 510 \times 918 \times \cos 90° + 1785^2} = 2071$$

$$K_4 = \sqrt{510^2 + 918^2 - 2 \times 510 \times 918 \times \cos 120° + 1785^2} = 2181$$

$$K_5 = \sqrt{510^2 + 918^2 - 2 \times 510 \times 918 \times \cos 150° + 1785^2} = 2258$$

$$K_6 = \sqrt{510^2 + 918^2 - 2 \times 510 \times 918 \times \cos 180° + 1785^2} = 2286$$

② $e_0 = \sqrt{210^2 + (918-540)^2 - 2 \times 210 \times (918-540) \times \cos 0° + 735^2} = 754$

$e_1 = \sqrt{210^2 + (918-540)^2 - 2 \times 210 \times (918-540) \times \cos 30° + 735^2} = 768$

$e_2 = \sqrt{210^2 + (918-540)^2 - 2 \times 210 \times (918-540) \times \cos 60° + 735^2} = 805$

$e_3 = \sqrt{210^2 + (918-540)^2 - 2 \times 210 \times (918-540) \times \cos 90° + 735^2} = 853$

$e_4 = \sqrt{210^2 + (918-540)^2 - 2 \times 210 \times (918-540) \times \cos 120° + 735^2} = 898$

$e_5 = \sqrt{210^2 + (918-540)^2 - 2 \times 210 \times (918-540) \times \cos 150° + 735^2} = 930$

$e_6 = \sqrt{210^2 + (918-540)^2 - 2 \times 210 \times (918-540) \times \cos 180° + 735^2} = 941$

③ $P_3 = 1785 \times 2071/1785 = 2071$

$P_4 = 1397 \times 2181/1785 = 1707$

$P_5 = 1205 \times 2258/1785 = 1525$

$P_6 = 1148 \times 2286/1785 = 1470$

④ $L_0 = 1831 - 754 = 1077$

$L_1 = 1865 - 768 = 1097$

$L_2 = 1955 - 805 = 1150$

$L_3 = 2071 - 853 = 1218$

⑤ $L_3 = 2071 - 853 = 1218$

$L_4 = 1707 - 898 = 809$

$L_5 = 1525 - 930 = 595$

$L_6 = 1470 - 941 = 529$

⑥ $S_0 = 3.1416 \times (2 \times 510 + 10) \times 0°/360° = 0$

$S_1 = 3.1416 \times (2 \times 510 + 10) \times 30°/360° = 270$

$S_2 = 3.1416 \times (2 \times 510 + 10) \times 60°/360° = 539$

$S_3 = 3.1416 \times (2 \times 510 + 10) \times 90°/360° = 809$

$S_4 = 3.1416 \times (2 \times 510 + 10) \times 120°/360° = 1079$

$S_5 = 3.1416 \times (2 \times 510 + 10) \times 150°/360° = 1348$

$S_6 = 3.1416 \times (2 \times 510 + 10) \times 180°/360° = 1618$

十一、圆筒内嵌正圆锥裤形三通（图6-43）展开

1. 展开计算模板

1）已知条件（图6-44）：

① 圆筒内半径 R；

② 圆锥管外半径 r；

③ 圆锥管侧边与中线夹角 Q；

④ 圆锥管与圆筒偏心距 J；

⑤ 圆锥管壁厚 t。

2）所求对象：

① 圆锥管端口展开半径 e；

② 圆锥管与圆筒相嵌部位各展素线实长 $F_{0 \sim n}$；

③ 两圆锥管相贯部位各展素线实长 $K_{0 \sim m}$；

④ 圆锥管与圆筒相嵌弧所对锥端口各段中弧长 $S_{0 \sim n}$；

⑤ 锥管相贯线所对端口各等分段中弧长 $y_{0 \sim m}$。

3）过渡条件公式：

① 锥管相贯线所对圆心夹角 $A = \arctan\ (R/J)$

② 俯视图圆锥管与圆筒相嵌口各等分角 $B_{0 \sim n} = 90° \times 0 \sim n/n$

③ 俯视图圆锥管与圆筒相嵌口各等分段弦长 $b_{0 \sim n} = 2R\sin (B_{0 \sim n}/2)$

④ 俯视图圆锥管与圆筒相嵌口各投影素线长 $f_{0 \sim n} = \sqrt{R^2 + J^2 - 2RJ\cos B_{0 \sim n}}$

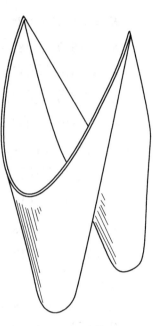

图 6-43　立体图

⑤ 俯视图圆锥管相贯线所对圆心各等分角 $A_{0 \sim m} = A \times 0 \sim m/m$

4）计算公式：

① $e = r/\sin Q$

② $F_{0 \sim n} = f_{0 \sim n}/\sin Q$

③ $K_{0 \sim m} = J/(\cos A_{0 \sim m}\sin Q)$

④ $S_{0 \sim n} = \pi(2r - t)\arccos\{[f_{0 \sim n}^2 + (R - J)^2 - b_{0 \sim n}^2]/[2f_{0 \sim n}(R - J)]\}/360°$

⑤ $y_{0 \sim m} = \pi(2r - t)A_{0 \sim m}/360°$

式中　n——圆锥管与圆筒相嵌口 1/4 圆周等分份数；

　　　m——圆锥管相贯线所对端口等分数；

$B_{0 \sim n}$——圆锥管与圆筒相嵌口各等分点同锥管圆心连线与 0 号线的夹角；

$A_{0 \sim m}$——圆锥管相贯线各交点同圆心连线与 0 号线的夹角。

说明：

① 公式中 B、b、f、F、S 的 $0 \sim n$ 编号均一致。

② 公式中 A、k、y 的 $0 \sim m$ 编号均一致。

③ 因裤衩三通两相贯圆锥管相同，所以展开图为一圆锥管展开图。

2. 展开计算实例（图 6-45）

1）已知条件（图 6-44）：$R = 1600$，$r = 520$，$Q = 15°$，$J = 800$，$t = 8$。

2）所求对象同本节"展开计算模板"。

3）过渡条件（设：$n = 6$、$m = 4$）：

① $A = \arctan(1600/800) = 63.4349°$

② $B_0 = 90° \times 0/6 = 0°$

$B_1 = 90° \times 1/6 = 15°$

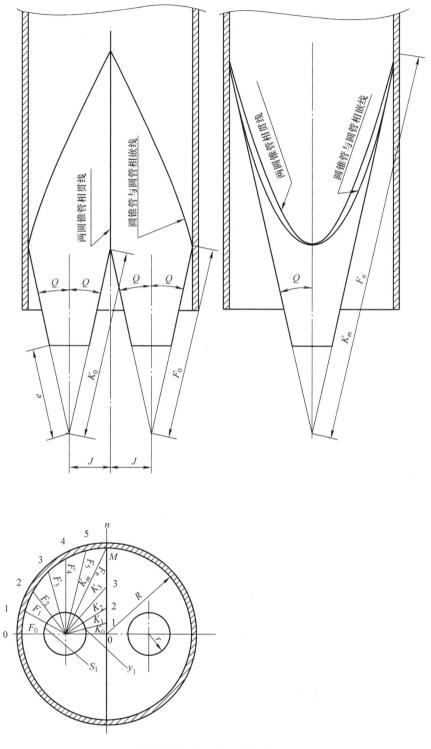

图 6-44　主、俯、侧三视图

$B_2 = 90° \times 2/6 = 30°$

$B_3 = 90° \times 3/6 = 45°$

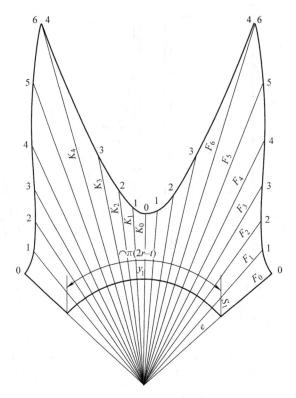

图 6-45　1/2 裤管三通展开图

$B_4 = 90° \times 4/6 = 60°$

$B_5 = 90° \times 5/6 = 75°$

$B_6 = 90° \times 6/6 = 90°$

③ $b_0 = 2 \times 1600 \times \sin(0°/2) = 0$

$b_1 = 2 \times 1600 \times \sin(15°/2) = 417.7$

$b_2 = 2 \times 1600 \times \sin(30°/2) = 828.2$

$b_3 = 2 \times 1600 \times \sin(45°/2) = 1224.6$

$b_4 = 2 \times 1600 \times \sin(60°/2) = 1600$

$b_5 = 2 \times 1600 \times \sin(75°/2) = 1948$

$b_6 = 2 \times 1600 \times \sin(90°/2) = 2262.7$

④ $f_0 = \sqrt{1600^2 + 800^2 - 2 \times 1600 \times 800 \times \cos0°} = 800$

$f_1 = \sqrt{1600^2 + 800^2 - 2 \times 1600 \times 800 \times \cos15°} = 852.8$

$f_2 = \sqrt{1600^2 + 800^2 - 2 \times 1600 \times 800 \times \cos30°} = 991.5$

$f_3 = \sqrt{1600^2 + 800^2 - 2 \times 1600 \times 800 \times \cos45°} = 1178.9$

$f_4 = \sqrt{1600^2 + 800^2 - 2 \times 1600 \times 800 \times \cos60°} = 1385.6$

$f_5 = \sqrt{1600^2 + 800^2 - 2 \times 1600 \times 800 \times \cos75°} = 1592.9$

$f_6 = \sqrt{1600^2 + 800^2 - 2 \times 1600 \times 800 \times \cos90°} = 1788.9$

⑤ $A_0 = 63.4349° \times 0/4 = 0°$

$A_1 = 63.4349° \times 1/4 = 15.8587°$

$A_2 = 63.4349° \times 2/4 = 31.7175°$

$A_3 = 63.4349° \times 3/4 = 47.5762°$

$A_4 = 63.4349° \times 4/4 = 63.4349°$

4）计算结果：

① $e = 520/\sin15° = 2009$

② $F_0 = 800/\sin15° = 3091$

    $F_1 = 852.8/\sin15° = 3295$

    $F_2 = 991.5/\sin15° = 3831$

    $F_3 = 1178.9/\sin15° = 4555$

    $F_4 = 1385.6/\sin15° = 5354$

    $F_5 = 1592.9/\sin15° = 6155$

    $F_6 = 1788.9/\sin15° = 6912$

③ $K_0 = 800/(\cos0° \times \sin15°) = 3091$

    $K_1 = 800/(\cos15.8587° \times \sin15°) = 3213$

    $K_2 = 800/(\cos31.7175° \times \sin15°) = 3634$

    $K_3 = 800/(\cos47.5762° \times \sin15°) = 4582$

    $K_4 = 800/(\cos63.4349° \times \sin15°) = 6912$

④ $S_0 = 3.1416 \times (2 \times 520 - 8) \times \arccos\{[800^2 + (1600 - 800)^2 - 0^2]/[2 \times 800 \times (1600 - 800)]\}/360° = 0$

    $S_1 = 3.1416 \times (2 \times 520 - 8) \times \arccos\{[852.8^2 + (1600 - 800)^2 - 417.7^2]/[2 \times 852.8 \times (1600 - 800)]\}/360° = 262$

    $S_2 = 3.1416 \times (2 \times 520 - 8) \times \arccos\{[991.5^2 + (1600 - 800)^2 - 828.2^2]/[2 \times 991.5 \times (1600 - 800)]\}/360° = 484$

    $S_3 = 3.1416 \times (2 \times 520 - 8) \times \arccos\{[1178.9^2 + (1600 - 800)^2 - 1224.6^2]/[2 \times 1178.9^2 \times (1600 - 800)]\}/360° = 664$

    $S_4 = 3.1416 \times (2 \times 520 - 8) \times \arccos\{[1385.6^2 + (1600 - 800)^2 - 1600^2]/[2 \times 1385.6 \times (1600 - 800)]\}/360° = 811$

    $S_5 = 3.1416 \times (2 \times 520 - 8) \times \arccos\{[1592.9^2 + (1600 - 800)^2 - 1948^2]/[2 \times 1592.9 \times (1600 - 800)]\}/360° = 937$

    $S_6 = 3.1416 \times (2 \times 520 - 8) \times \arccos\{[1788.9^2 + (1600 - 800)^2 - 2262.7^2]/[2 \times 1788.9 \times (1600 - 800)]\}/360° = 1050$

⑤ $y_0 = 3.1416 \times (2 \times 520 - 8) \times 0°/360° = 0$

    $y_1 = 3.1416 \times (2 \times 520 - 8) \times 15.8587°/360° = 143$

    $y_2 = 3.1416 \times (2 \times 520 - 8) \times 31.7175°/360° = 286$

    $y_3 = 3.1416 \times (2 \times 520 - 8) \times 47.5762°/360° = 428$

    $y_4 = 3.1416 \times (2 \times 520 - 8) \times 63.4349°/360° = 571$

十二、锥形补料支管正交等径圆管三通（图6-46）展开

1. 展开计算模板

1）已知条件（图6-47）：

① 三通主管长 a；

② 支管三角形平板底边半长 b；

③ 主、支管相贯顶至主管端口距 c；

④ 主、支管端口外半径 r；

⑤ 主管中至支管端口高 h；

⑥ 三通壁厚 t。

2）所求对象：

① 支管端口正投影半椭圆周各段弧长 $e_{1\sim n}$；

② 支管端口半椭圆柱各段素线实长 $E_{1\sim n}$；

③ 补料相贯口正投影半椭圆周各段弧长 $f_{1\sim n}$；

④ 补料相贯口端半椭圆柱各段素线实长 $F_{1\sim n}$；

⑤ 主管开孔各等分段素线纵半距 $L_{0\sim n}$；

⑥ 主管开孔各等分段横弧长 $S_{0\sim n}$。

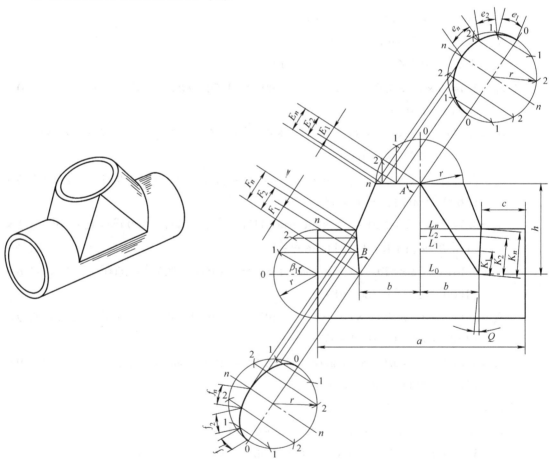

图 6-46　立体图　　　　　　　　　　　图 6-47　主视图

3）过渡条件公式：

① 补料同主管相贯线与主管端口夹角 $Q = \arctan[(0.5a - b - c)/r]$

② 支管结合线与端夹角 $A = \arctan(h/b)$

③ 支管结合线与补料同主管相贯线夹角 $B = 90° - A + Q$

④ 补料与主管相贯线各段实长 $K_{0 \sim n} = r\sin\beta_{0 \sim n}/\cos Q$

4）计算公式：

① $e_{1 \sim n} = \sqrt{(r\sin\beta_{1 \sim n}\sin A - r\sin\beta_{0 \sim n-1}\sin A)^2 + (r\cos\beta_{0 \sim n-1} - r\cos\beta_{1 \sim n})^2} \times 1.015$

② $E_{1 \sim n} = r\sin\beta_{1 \sim n}\cos A$

③ $f_{1 \sim n} = \sqrt{(K_{1 \sim n}\sin B - K_{0 \sim n-1}\sin B)^2 + (r\cos\beta_{0 \sim n-1} - r\cos\beta_{1 \sim n})^2} \times 1.015$

④ $F_{1 \sim n} = K_{1 \sim n}\cos B$

⑤ $L_{0 \sim n} = b + K_{0 \sim n}\sin Q$

⑥ $S_{0 \sim n} = \pi(2r - t)(\beta_{0 \sim n}/360°)$

式中　n——三通主、支管 1/4 圆周等分份数；

　　　$\beta_{0 \sim n}$——三通主、支管圆周各等分点同圆心连线与 0 位半径轴的夹角。

说明：

① 公式中 K、e、E、f、F、L、S 的 $0 \sim n$ 编号均一致。

② 此三通的展开关键在锥形补料曲板，因为在主视图中不能反映锥形补料曲板的实形，它的端口和相贯口的正投影是长轴相同、短轴不同的两个半椭圆图形。因此在展开前，首先把锥形补料曲板看成两端口是分别不同的半椭圆柱，各自被斜切一刀后的图形，然后采用平行线法展开即可。

2. 展开计算实例（图 6-48、图 6-49）

1）已知条件（图 6-47）：$a = 1400$，$b = 400$，$c = 240$，$r = 300$，$h = 600$，$t = 8$。

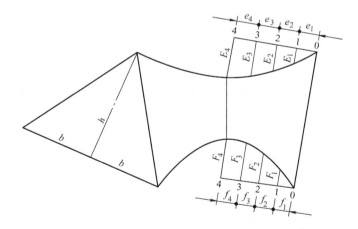

图 6-48　1/2 支管展开图

2）所求对象同本节"展开计算模板"。

3）过渡条件（设 $n = 4$）：

① $Q = \arctan[(0.5 \times 1400 - 400 - 240)/300] = 11.3099°$

② $A = \arctan(600/400) = 56.3099°$

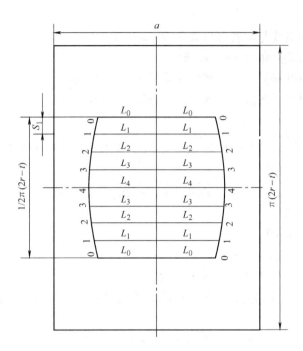

图 6-49　主管展开开孔图

③ $B = 90° - 56.3099° + 11.3099° = 45°$

④ $K_0 = 300 \times \sin 0° / \cos 11.3099° = 0$

$K_1 = 300 \times \sin 22.5° / \cos 11.3099° = 117.1$

$K_2 = 300 \times \sin 45° / \cos 11.3099° = 216.3$

$K_3 = 300 \times \sin 67.5° / \cos 11.3099° = 282.7$

$K_4 = 300 \times \sin 90° / \cos 11.3099° = 305.9$

4）计算结果：

① $e_1 = \sqrt{(300 \times \sin 22.5° \times \sin 56.3099° - 300 \times \sin 0° \times \sin 56.3099°)^2 + (300 \times \cos 0° - 300 \times \cos 22.5°)^2} \times 1.015 = 100$

$e_2 = \sqrt{(300 \times \sin 45° \times \sin 56.3099° - 300 \times \sin 22.5° \times \sin 56.3099°)^2 + (300 \times \cos 22.5° - 300 \times \cos 45°)^2} \times 1.015 = 105$

$e_3 = \sqrt{(300 \times \sin 67.5° \times \sin 56.3099° - 300 \times \sin 45° \times \sin 56.3099°)^2 + (300 \times \cos 45° - 300 \times \cos 67.5°)^2} \times 1.015 = 113$

$e_4 = \sqrt{(300 \times \sin 90° \times \sin 56.3099° - 300 \times \sin 67.5° \times \sin 56.3099°)^2 + (300 \times \cos 67.5° - 300 \times \cos 90°)^2} \times 1.015 = 118$

② $E_1 = 300 \times \sin 22.5° \times \cos 56.3099° = 64$

$E_2 = 300 \times \sin 45° \times \cos 56.3099° = 118$

$E_3 = 300 \times \sin 67.5° \times \cos 56.3099° = 154$

$E_4 = 300 \times \sin 90° \times \cos 56.3099° = 166$

③ $f_1 = \sqrt{(117.1 \times \sin 45° - 0 \times \sin 45°)^2 + (300 \times \cos 0° - 300 \times \cos 22.5°)^2} = 87$

$f_2 = \sqrt{(216.3 \times \sin 45° - 117.1 \times \sin 45°)^2 + (300 \times \cos 22.5° - 300 \times \cos 45°)^2} = 97$

$f_3 = \sqrt{(282.7 \times \sin 45° - 216.3 \times \sin 45°)^2 + (300 \times \cos 45° - 300 \times \cos 67.5°)^2} = 110$

$f_4 = \sqrt{(305.9 \times \sin 45° - 282.7 \times \sin 45°)^2 + (300 \times \cos 67.5° - 300 \times \cos 90°)^2} = 118$

④ $F_1 = 117.1 \times \cos 45° = 83$

$$F_2 = 216.3 \times \cos45° = 153$$

$$F_3 = 282.7 \times \cos45° = 200$$

$$F_4 = 305.9 \times \cos45° = 216$$

⑤ $L_0 = 400 + 0 \times \sin11.3099° = 400$

$L_1 = 400 + 117.1 \times \sin11.3099° = 423$

$L_2 = 400 + 216.3 \times \sin11.3099° = 442$

$L_3 = 400 + 282.7 \times \sin11.3099° = 455$

$L_4 = 400 + 305.9 \times \sin11.3099° = 460$

⑥ $S_0 = 3.1416 \times (2 \times 300 - 8) \times 0°/360° = 0$

$S_1 = 3.1416 \times (2 \times 300 - 8) \times 22.5°/360° = 116$

$S_2 = 3.1416 \times (2 \times 300 - 8) \times 45°/360° = 232$

$S_3 = 3.1416 \times (2 \times 300 - 8) \times 67.5°/360° = 349$

$S_4 = 3.1416 \times (2 \times 300 - 8) \times 90°/360° = 465$

十三、圆锥小口直交圆管三通（图6-50）展开

1. 展开计算模板

1）已知条件（图6-51）：

① 圆锥大口端外半径 R；

② 圆管外半径 r；

③ 圆锥大口端至圆管中高 h；

④ 三通壁厚 t。

2）所求对象：

① 圆锥大口端展开半径 K；

② 圆锥展开各素线实长 $L_{0 \sim n}$；

③ 圆锥展开扇形包角 α；

④ 圆锥大口端展开弧弦长 b；

⑤ 圆管开孔各横向半弧长 $e_{0 \sim n}$；

⑥ 圆管开孔各纵向半距 $f_{0 \sim n}$；

⑦ 圆锥与圆管相交中点至相贯中点弧长 J'；

⑧ 圆锥大口端中径展开各段弧长 $S_{0 \sim n}$。

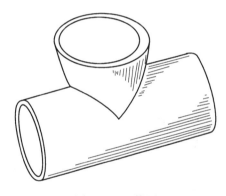

图6-50　立体图

3）过渡条件公式：

① 主视图圆锥大口端点至与圆管相交中点距 $c = \sqrt{R^2 + h^2}$

② 圆锥大端底角 $A = \arctan(h/R) + \arcsin(r/c)$

③ 圆锥与圆管相交中点至相贯中点距 $J = r\cos A$

④ 圆锥顶至圆锥大口端高 $H = R\tan A$

⑤ 圆锥与圆管侧边交点至圆锥中轴水平距 $P = R(H - h + r)/H$

⑥ 圆锥大口端边延长线与相贯边延长线相交夹角 $B = \arctan[(r + J)/P]$

⑦ 圆锥大口端边延长线与相贯边延长线相交点至圆锥中轴水平距 $g = (h + J)/\tan B$

⑧ 圆锥大口圆周各等份投影点至锥连线分别与圆锥大口边的夹角 $Q_{0 \sim n} = \arctan[H/(R\cos\beta_{0 \sim n})]$

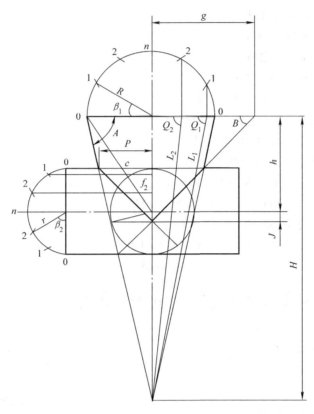

图 6-51　主视图

4）计算公式：

① $K = \sqrt{R^2 + H^2}$

② $L_{0 \sim n} = \sin Q_{0 \sim n} \sin B (g - R\cos\beta_{0 \sim n}) / [\sin A \sin (Q_{0 \sim n} - B)]$

③ $\alpha = 360° R / k$

④ $b = 2K\sin(\alpha / 2)$

⑤ $e_{0 \sim n} = \pi r \beta_{0 \sim n} / 180°$

⑥ $f_{0 \sim n} = P (r\cos\beta_{0 \sim n} + J) / (r + J)$

⑦ $J' = \pi r (90° - A) / 180°$

⑧ $S_{0 \sim n} = \pi (2R - t) \beta_{0 \sim n} / 360°$

式中　n——圆管、圆锥大口端 1/4 圆周等分份数；

　　$\beta_{0 \sim n}$——圆管、圆锥大口端圆周各等分点分别同各

　　　　　自的圆心连线与 0 位半径轴的夹角。

说明：公式中所有 0 ~ n 编号均一致。

2. 展开计算实例（图 6-52、图 6-53）：

1）已知条件（图 6-51）：$R = 350$，$r = 220$，$h = 520$，$t = 8$。

2）所求对象同本节"展开计算模板"。

3）过渡条件：（设 $n = 3$）：

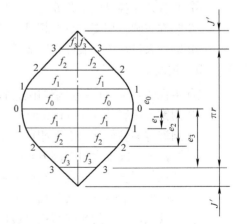

图 6-52　圆管开孔图

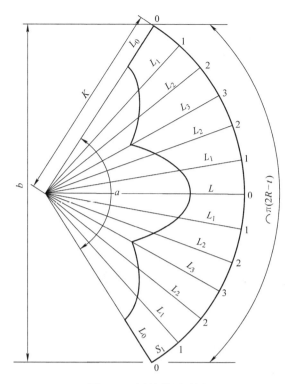

图 6-53　圆锥管展开图

① $c = \sqrt{350^2 + 520^2} = 626.8$

② $A = \arctan(520/350) + \arcsin(220/626.8) = 76.604°$

③ $J = 220 \times \cos76.604° = 51$

④ $H = 350 \times \tan76.604° = 1470$

⑤ $P = 350 \times (1470 - 520 + 220)/1470 = 279$

⑥ $B = \arctan[(220 + 51)/279] = 44.2°$

⑦ $g = (520 + 51)/\tan44.2° = 587$

⑧ $Q_0 = \arctan[1470/(350 \times \cos0°)] = 76.604°$

　　$Q_1 = \arctan[1470/(350 \times \cos30°)] = 78.346°$

　　$Q_2 = \arctan[1470/(350 \times \cos60°)] = 83.209°$

　　$Q_3 = \arctan[1470/(350 \times \cos90°)] = 90°$

4）计算结果：

① $K = \sqrt{350^2 + 1470^2} = 1511$

② $L_0 = \sin76.604° \times \sin44.2° \times (587 - 350 \times \cos0°)/[\sin76.604° \times \sin(76.604° - 44.2°)] = 308$

　　$L_1 = \sin78.346° \times \sin44.2° \times (587 - 350 \times \cos30°)/[\sin76.604° \times \sin(78.346° - 44.2°)] = 355$

　　$L_2 = \sin83.209° \times \sin44.2° \times (587 - 350 \times \cos60°)/[\sin76.604° \times \sin(83.209° - 44.2°)] = 466$

　　$L_3 = \sin90° \times \sin44.2° \times (587 - 350 \times \cos90°)/[\sin76.604° \times \sin(90° - 44.2°)] = 587$

③ $\alpha = 360° \times 350/1511 = 83.407°$

④ $b = 2 \times 1511 \times \sin(83.407°/2) = 2010$

⑤ $e_0 = 3.1416 \times 220 \times 0°/180° = 0$

$$e_1 = 3.1416 \times 220 \times 30°/180° = 115$$

$$e_2 = 3.1416 \times 220 \times 60°/180° = 230$$

$$e_3 = 3.1416 \times 220 \times 90°/180° = 346$$

⑥ $f_0 = 279 \times (220 \times \cos0° + 51)/(220 + 51) = 279$

　　$f_1 = 279 \times (220 \times \cos30° + 51)/(220 + 51) = 248$

　　$f_2 = 279 \times (220 \times \cos60° + 51)/(220 + 51) = 165$

　　$f_3 = 279 \times (220 \times \cos90° + 51)/(220 + 51) = 52$

⑦ $J' = 3.1416 \times 220 \times (90° - 76.604°)/180° = 51$

⑧ $S_0 = 3.1416 \times (2 \times 350 - 8) \times 0°/360° = 0$

　　$S_1 = 3.1416 \times (2 \times 350 - 8) \times 30°/360° = 181$

　　$S_2 = 3.1416 \times (2 \times 350 - 8) \times 60°/360° = 362$

　　$S_3 = 3.1416 \times (2 \times 350 - 8) \times 90°/360° = 543$

十四、等径圆管垂交四通（图6-54）展开

1. 展开计算模板

1）已知条件（图6-55）：

① 四通支管内半径 r；

② 支管端口至相贯中高 h；

③ 圆管壁厚 t。

2）所求对象：

① 支管展开各素线实长 $L_{0 \sim n}$；

② 圆管展开各段中弧长 $S_{0 \sim n}$。

3）计算公式：

① $L_{0 \sim n} = h - r\cos\beta_{0 \sim n}$

② $S_{0 \sim n} = \pi(2r + t)(\beta_{0 \sim n}/360°)$

式中　n——支管 1/4 圆周等分份数；

　　　$\beta_{0 \sim n}$——支管圆周各等分点同圆心连线与 0 位半径轴的夹角。

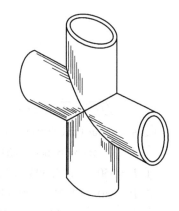

图 6-54　立体图

说明：

① 公式中 L、S 的 $0 \sim n$ 编号均一致。

② 四通四支管形状均一样，因此展开图样也一样。

2. 展开计算实例（图6-56）

1）已知条件（图6-55）：$r = 300$，$h = 850$，$t = 6$。

2）计算结果（设 $n = 4$）：

① $L_0 = 850 - 300 \times \cos0° = 550$

　　$L_1 = 850 - 300 \times \cos22.5° = 573$

　　$L_2 = 850 - 300 \times \cos45° = 638$

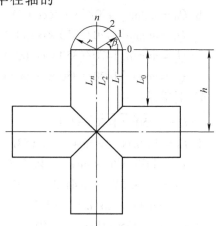

图 6-55　主视图

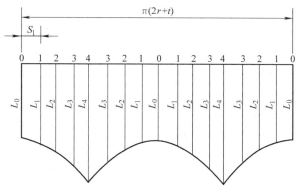

图 6-56　一支管展开图

$L_3 = 850 - 300 \times \cos 67.5° = 735$

$L_4 = 850 - 300 \times \cos 90° = 850$

② $S_0 = 3.1416 \times (2 \times 300 + 6) \times 0°/360° = 0$

$S_1 = 3.1416 \times (2 \times 300 + 6) \times 22.5°/360° = 119$

$S_2 = 3.1416 \times (2 \times 300 + 6) \times 45°/360° = 238$

$S_3 = 3.1416 \times (2 \times 300 + 6) \times 67.5°/360° = 357$

$S_4 = 3.1416 \times (2 \times 300 + 6) \times 90°/360° = 476$

十五、等径圆管斜交四通（图 6-57）展开

1. 展开计算模板

1）已知条件（图 6-58）：

① 圆管内半径 r；

② 上主管端口至相贯中高 h；

③ 相贯中至下主管端口高 H；

④ 支管与下主管夹角 Q；

⑤ 支管端口中至主管中水平距 P；

⑥ 四通圆管壁厚 t。

2）所求对象：

① 上主管展开各素线实长 $L_{0 \sim n}$；

② 下主管展开各素线实长 $K_{0 \sim n}$；

③ 支管上半圆展开各素线实长 $E_{0 \sim n}$；

④ 支管下半圆展开各素线实长 $e_{0 \sim n}$；

⑤ 圆管展开各段中弧长 $S_{0 \sim n}$。

3）过渡条件公式：

① 支管中轴实长 $c = P/\sin Q$

② 相贯线与上主管中轴线的夹角 $A = (180° - Q)/2$

③ 相贯线与下主管中轴线的夹角 $B = Q/2$

4）计算公式：

图 6-57　立体图

① $L_{0\sim n} = h - r\cos\beta_{0\sim n}/\tan A$

② $K_{0\sim n} = H - r\cos\beta_{0\sim n}/\tan B$

③ $E_{0\sim n} = c - r\cos\beta_{0\sim n}/\tan A$

④ $e_{0\sim n} = c - r\cos\beta_{0\sim n}/\tan B$

⑤ $S_{0\sim n} = \pi\,(2r+t)\,(\beta_{0\sim n}/360°)$

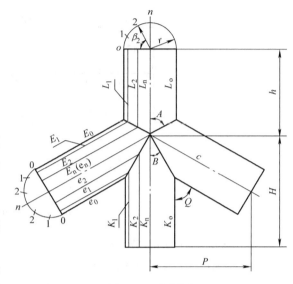

式中　n——主、支管 1/4 圆周等分份数；

　　　$\beta_{0\sim n}$——主、支管圆周各等分点分别
　　　　　同各自圆心连线与 0 位半径
　　　　　轴的夹角。

说明：

① 公式中 L、K、E、e、S 的 $0\sim n$ 编号均一致。

② 四通管是板制管时，展开以中径计算弧长；若是成品管时，则应以外径计算弧长。

图 6-58　主视图

③ 四通两侧支管形状一样，因此，展开图样也相同。

2. 展开计算实例（图 6-59 ~ 图 6-61）

1）已知条件（图 6-58）：$r = 210$，$h = 520$，$H = 660$，$Q = 58°$，$P = 600$，$t = 8$。

2）所求对象同本节"展开计算模板"。

3）过渡条件（设 $n = 3$）：

$c = 600/\sin 58° = 707.5$

$A = (180° - 58°)/2 = 61°$

$B = 58°/2 = 29°$

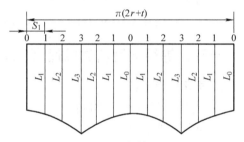

图 6-59　上主管展开图

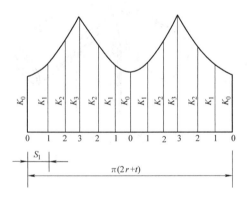

图 6-60　下主管展开图

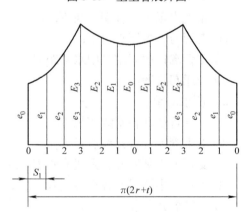

图 6-61　一支管展开图

4）计算公式：

① $L_0 = 520 - 210 \times \cos 0°/\tan 61° = 404$

　$L_1 = 520 - 210 \times \cos 30°/\tan 61° = 419$

$$L_2 = 520 - 210 \times \cos 60° / \tan 61° = 462$$

$$L_3 = 520 - 210 \times \cos 90° / \tan 61° = 520$$

② $K_0 = 660 - 210 \times \cos 0° / \tan 29° = 281$

　$K_1 = 660 - 210 \times \cos 30° / \tan 29° = 332$

　$K_2 = 660 - 210 \times \cos 60° / \tan 29° = 471$

　$K_3 = 660 - 210 \times \cos 90° / \tan 29° = 660$

③ $E_0 = 707.5 - 210 \times \cos 0° / \tan 61° = 591$

　$E_1 = 707.5 - 210 \times \cos 30° / \tan 61° = 607$

　$E_2 = 707.5 - 210 \times \cos 60° / \tan 61° = 649$

　$E_3 = 707.5 - 210 \times \cos 90° / \tan 61° = 708$

④ $e_0 = 707.5 - 210 \times \cos 0° / \tan 29° = 329$

　$e_1 = 707.5 - 210 \times \cos 30° / \tan 29° = 379$

　$e_2 = 707.5 - 210 \times \cos 60° / \tan 29° = 518$

　$e_3 = 707.5 - 210 \times \cos 90° / \tan 29° = 708$

⑤ $S_0 = 3.1416 \times (2 \times 210 + 8) \times 0° / 360° = 0$

　$S_1 = 3.1416 \times (2 \times 210 + 8) \times 30° / 360° = 112$

　$S_2 = 3.1416 \times (2 \times 210 + 8) \times 60° / 360° = 224$

　$S_3 = 3.1416 \times (2 \times 210 + 8) \times 90° / 360° = 336$

十六、等径圆管垂直半交四通（图 6-62）展开

1. 展开计算模板

1）已知条件（图 6-63）：

① 圆管外半径 r；

② 圆管长 L；

③ 圆管壁厚 t。

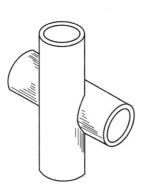

图 6-62　立体图

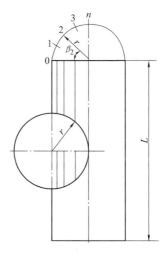

图 6-63　主视图

2）所求对象：

① 圆管相贯孔各纵半距 $e_{0 \sim n}$；

② 圆管展开各段中弧长 $S_{0 \sim n}$；

③ 圆管展开各段外弧长 $y_{0 \sim n}$。

3）计算公式：

① $e_{0 \sim n} = \sqrt{r^2 - (r - r\cos\beta_{0 \sim n})^2}$

② $S_{0 \sim n} = \pi(2r - t)\beta_{0 \sim n}/360$

③ $y_{0 \sim n} = \pi r \beta_{0 \sim n}/180°$

式中　n——圆管 1/4 圆周等分份数；

　　$\beta_{0 \sim n}$——圆管圆各等分点同圆心连线与 0 位半径轴的夹角。

说明：

① 板制卷管圆管展开以中径计算弧长，成品管圆管展开以外径计算弧长。

② 两圆管展开孔样相同。

2. 展开计算实例（图 6-64）

1）已知条件（图 6-63）：$r = 300$，$L = 1100$，$t = 6$。

2）所求对象同本节"展开计算模板"。

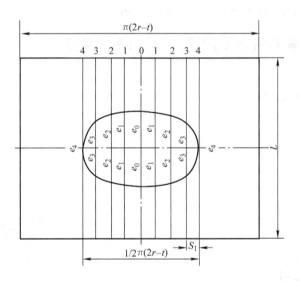

图 6-64　一圆管展开开孔图

3）计算结果（设 $n = 4$）：

① $e_0 = \sqrt{300^2 - (300 - 300 \times \cos 0°)^2} = 300$

$e_1 = \sqrt{300^2 - (300 - 300 \times \cos 22.5°)^2} = 299$

$e_2 = \sqrt{300^2 - (300 - 300 \times \cos 45°)^2} = 287$

$e_3 = \sqrt{300^2 - (300 - 300 \times \cos 67.5°)^2} = 236$

$e_4 = \sqrt{300^2 - (300 - 300 \times \cos 90°)^2} = 0$

② $S_0 = 3.1416 \times (2 \times 300 - 6) \times 0°/360° = 0$

　$S_1 = 3.1416 \times (2 \times 300 - 6) \times 22.5°/360° = 117$

　$S_2 = 3.1416 \times (2 \times 300 - 6) \times 45°/360° = 233$

　$S_3 = 3.1616 \times (2 \times 300 - 6) \times 67.5°/360° = 350$

　$S_4 = 3.1416 \times (2 \times 300 - 6) \times 90°/360° = 467$

③ $y_0 = 3.1416 \times 300 \times 0°/180° = 0$

　$y_1 = 3.1416 \times 300 \times 22.5°/180° = 118$

　$y_2 = 3.1416 \times 300 \times 45°/180° = 236$

　$y_3 = 3.1416 \times 300 \times 67.5°/180° = 353$

　$y_4 = 3.1416 \times 300 \times 90°/180° = 471$

十七、等径圆管倾斜半交四通（图6-65）展开

1. 展开计算模板

1）已知条件（图6-66）：

① 圆管外半径 r；

② 圆管长 L；

③ 圆管斜交夹角 Q；

④ 圆管壁厚 t。

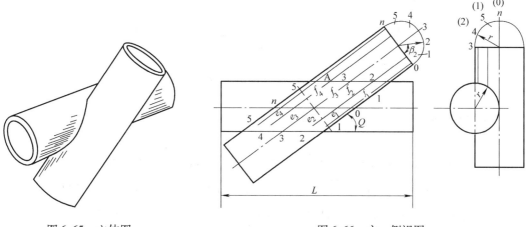

图6-65　立体图　　　　　　　　图6-66　主、侧视图

2）所求对象：

① 圆管相贯孔下半段纵半距 $e_{0 \sim n}$；

② 圆管相贯孔上半段纵半距 $f_{0 \sim n}$；

③ 圆管展开各段中弧长 $S_{0 \sim n}$；

④ 圆管展开各段外弧长 $y_{0 \sim n}$。

3）计算公式：

① $e_{0 \sim n} = \sqrt{r^2 - (r - r\sin\beta_{0 \sim n})^2}/\sin Q + r \times \cos\beta_{0 \sim n}/\tan Q$

② $f_{0 \sim n} = \sqrt{r^2 - (r - r\sin\beta_{0 \sim n})^2}/\sin Q - r(\cos\beta_{0 \sim n}/\tan Q)$

③ $S_{0 \sim n} = \pi(2r - t)\beta_{0 \sim n}/360°$

④ $y_{0 \sim n} = \pi r\beta_{0 \sim n}/180°$

式中　n——圆管半圆周等分份数；

　　$\beta_{0 \sim n}$——圆管圆周各等分点同圆心连线与 0 位半径轴的夹角。

说明：

① 卷制管圆管展开以中径计算弧长，成品管圆管展开以外径计算弧长。

② 两圆管展开孔样相同。

2. 展开计算实例（图 6-67）

1）已知条件（图 6-66）：$r = 360$，$L = 1900$，$Q = 43°$，$t = 8$。

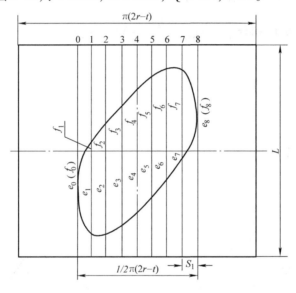

图 6-67　圆管展开开孔图

2）所求对象同本节"展开计算模板"。

3）计算结果（设 $n = 8$）：

① $e_0 = \sqrt{360^2 - (360 - 360 \times \sin0°)^2}/\sin43° + 360 \times \cos0°/\tan43° = 386$

$e_1 = \sqrt{360^2 - (360 - 360 \times \sin22.5°)^2}/\sin43° + 360 \times \cos22.5°/\tan43° = 772$

$e_2 = \sqrt{360^2 - (360 - 360 \times \sin45°)^2}/\sin43° + 360 \times \cos45°/\tan43° = 778$

$e_3 = \sqrt{360^2 - (360 - 360 \times \sin67.5°)^2}\sin43° + 360 \times \cos67.5°/\tan43° = 674$

$e_4 = \sqrt{360^2 - (360 - 360 \times \sin90°)^2}/\sin43° + 360 \times \cos90°/\tan43° = 528$

$e_5 = \sqrt{360^2 - (360 - 360 \times \sin112.5°)^2}/\sin43° + 360 \times \cos112.5°/\tan43° = 379$

$e_6 = \sqrt{360^2 - (360 - 360 \times \sin135°)^2}/\sin43° + 360 \times \cos135°/\tan43° = 232$

$e_7 = \sqrt{360^2 - (360 - 360 \times \sin157.5°)^2}/\sin43° + 360 \times \cos157.5°/\tan43° = 59$

$e_8 = \sqrt{360^2 - (360 - 360 \times \sin180°)^2}/\sin43° + 360 \times \cos180°/\tan43° = -386$

② $f_0 = \sqrt{360^2 - (360 - 360 \times \sin0°)^2}/\sin43° - 360 \times \cos0°/\tan43° = -386$

$$f_1 = \sqrt{360^2 - (360 - 360 \times \sin22.5°)^2}/\sin43° - 360 \times \cos22.5°/\tan43° = 59$$

$$f_2 = \sqrt{360^2 - (360 - 360 \times \sin45°)^2}/\sin43° - 360 \times \cos45°/\tan43° = 232$$

$$f_3 = \sqrt{360^2 - (360 - 360 \times \sin67.5°)^2}/\sin43° - 360 \times \cos67.5°/\tan43° = 379$$

$$f_4 = \sqrt{360^2 - (360 - 360 \times \sin90°)^2}/\sin43° - 360 \times \cos90°/\tan43° = 528$$

$$f_5 = \sqrt{360^2 - (360 - 360 \times \sin112.5°)^2}/\sin43° - 360 \times \cos112.5°/\tan43° = 674$$

$$f_6 = \sqrt{360^2 - (360 - 360 \times \sin135°)^2}/\sin43° - 360 \times \cos135°/\tan43° = 778$$

$$f_7 = \sqrt{360^2 - (360 - 360 \times \sin157.5°)^2}/\sin43° - 360 \times \cos157.5°/\tan43° = 772$$

$$f_8 = \sqrt{360^2 - (360 - 360 \times \sin180°)^2}/\sin43° - 360 \times \cos180°/\tan43° = 386$$

③ $S_0 = 3.1416 \times (2 \times 360 - 8) \times 0°/360° = 0$

$S_1 = 3.1416 \times (2 \times 360 - 8) \times 22.5°/360° = 140$

$S_2 = 3.1416 \times (2 \times 360 - 8) \times 45°/360° = 280$

$S_3 = 3.1416 \times (2 \times 360 - 8) \times 67.5°/360° = 419$

$S_4 = 3.1416 \times (2 \times 360 - 8) \times 90°/360° = 559$

$S_5 = 3.1416 \times (2 \times 360 - 8) \times 112.5°/360° = 699$

$S_6 = 3.1416 \times (2 \times 360 - 8) \times 135°/360° = 839$

$S_7 = 3.1416 \times (2 \times 360 - 8) \times 157.5°/360° = 979$

$S_8 = 3.1416 \times (2 \times 360 - 8) \times 180°/360° = 1118$

④ $y_0 = 3.1416 \times 360 \times 0°/180° = 0$

$y_1 = 3.1416 \times 360 \times 22.5°/180° = 141$

$y_2 = 3.1416 \times 360 \times 45°/180° = 283$

$y_3 = 3.1416 \times 360 \times 67.5°/180° = 424$

$y_4 = 3.1416 \times 360 \times 90°/180° = 565$

$y_5 = 3.1416 \times 360 \times 112.5°/180° = 707$

$y_6 = 3.1416 \times 360 \times 135°/180° = 848$

$y_7 = 3.1416 \times 360 \times 157.5°/180° = 990$

$y_8 = 3.1416 \times 360 \times 180°/180° = 1131$

十八、圆锥管山字形四通（图6-68）展开

1. 展开计算模板

1）已知条件（图6-69）：

① 四通主管口内半径 R；

② 四通支管口内半径 r；

③ 旁支管偏心距 P；

④ 支管口端至主管口端垂高 h；

⑤ 四通壁厚 t。

2）所求对象：

① 旁支管锥顶至主管口展开各素线实长 $K_{0 \sim n}$；

② 旁支管锥顶至支管口展开各素线实长 $e_{0 \sim n}$；

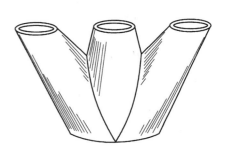

图6-68　立体图

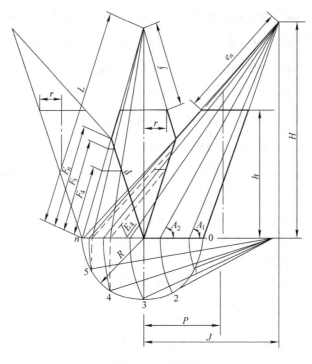

图 6-69　主视图

③ 旁支管相贯部展开各素线实长 $E_{n/2 \sim n}$；

④ 中支管锥顶至主管口展开半径 L；

⑤ 中支管锥顶至支管口展开半径 f；

⑥ 中支管相贯部展开各素线实长 $F_{n/2 \sim n}$；

⑦ 四通主管口展开各段中弧长 $S_{0 \sim n}$。

3）过渡条件公式：

① 支管锥顶至主管口垂高 $H = R[h/(R - r)]$

② 锥顶垂足至主管口中水平距 $J = H(P/h)$

③ 旁支管各素线与主管口底边夹角 $A_{0 \sim n} = \arctan(H/\sqrt{R^2 + J^2 - 2RJ\cos\beta_{0 \sim n}})$

④ 中支管各素线与主管口底边夹角 $B_{n/2 \sim n} = \arctan(H/|R\cos\beta_{n/2 \sim n}|)$

⑤ 相贯线端点至主管口端点距离 $c = 2R\sin A_n/\sin(180° - A_n - B_n)$

⑥ 支管相贯线长 $d = \sqrt{R^2 + c^2 - 2Rc\cos B_n}$

⑦ 相贯线与主管口边夹角 $Q = \arcsin(c\sin B_n/d)$

⑧ 支管各素线与相贯线交点至主管口垂高

$\qquad g_{n/2} = |R\cos\beta_{n/2 \sim n}|\sin B_{n/2 \sim n}/\sin(180° - Q - B_{n/2 \sim n})\sin Q$

4）计算公式：

① $K_{0 \sim n} = H/\sin A_{0 \sim n}$

② $e_{0 \sim n} = rK_{0 \sim n}/R$

③ $E_{n/2 \sim n} = g_{n/2 \sim n}/\sin A_{n/2 \sim n}$

④ $L = H/\sin B_n$

⑤ $f = rL/R$

⑥ $F_{n/2 \sim n} = g_{n/2 \sim n}/\sin B_n$

⑦ $S_{0 \sim n} = \pi(2R + t)\beta_{0 \sim n}/360°$

式中　　　　n——四通主管口半圆周等分份数；

$\beta_{0 \sim n}$ 或 $\beta_{n/2 \sim n}$——四通主管口圆周各等分点同圆心连线与 0 位半径轴的夹角。

说明：

① 公式中 A、K、e、S 的 $0 \sim n$ 编号均一致，B、g、E、F 的 $n/2 \sim n$ 的编号均一致。

② 四通两旁支管是相同的，因此展开图样也相同。

2. 展开计算实例（图 6-70、图 6-71）

1）已知条件（图 6-69）：$R = 400$，$r = 160$，$P = 520$，$h = 880$，$t = 6$。

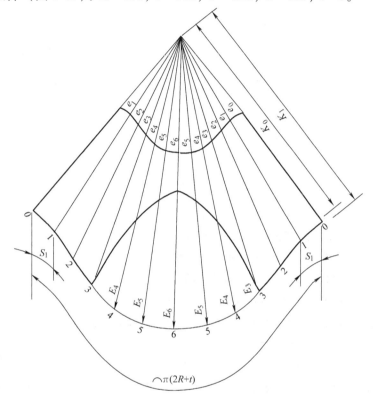

图 6-70　旁支管展开图

2）所求对象同本节"展开计算模板"。

3）过渡条件（设 $n = 6$）：

① $H = 400 \times 880/(400 - 160) = 1466.7$

② $J = 1466.7 \times 520/880 = 866.7$

③ $A_0 = \arctan(1466.7/\sqrt{400^2 + 866.7^2 - 2 \times 400 \times 866.7 \times \cos 0°}) = 72.3499°$

$A_1 = \arctan(1466.7/\sqrt{400^2 + 866.7^2 - 2 \times 400 \times 866.7 \times \cos 30°}) = 69.1918°$

$A_2 = \arctan(1466.7/\sqrt{400^2 + 866.7^2 - 2 \times 400 \times 866.7 \times \cos 60°}) = 62.8764°$

$A_3 = \arctan(1466.7/\sqrt{400^2 + 866.7^2 - 2 \times 400 \times 866.7 \times \cos 90°}) = 56.9435°$

$A_4 = \arctan(1466.7/\sqrt{400^2 + 866.7^2 - 2 \times 400 \times 866.7 \times \cos 120°}) = 52.5962°$

$A_5 = \arctan(1466.7/\sqrt{400^2 + 866.7^2 - 2 \times 400 \times 866.7 \times \cos 150°}) = 50.0281°$

$A_6 = \arctan(1466.7/\sqrt{400^2 + 866.7^2 - 2 \times 400 \times 866.7 \times \cos 180°}) = 49.1849°$

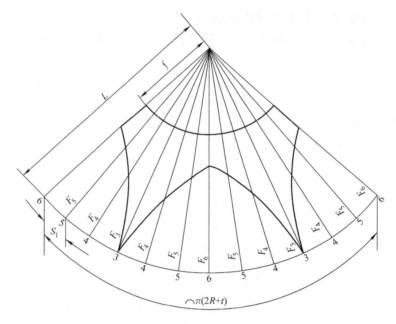

图 6-71　中支管展开图

④ $B_3 = \arctan(1466.7 / |400 \times \cos90°|) = 90°$

$B_4 = \arctan(1466.7 / |400 \times \cos120°|) = 82.2348°$

$B_5 = \arctan(1466.7 / |400 \times \cos150°|) = 76.7109°$

$B_6 = \arctan(1466.7 / |400 \times \cos180°|) = 74.7449°$

⑤ $c = 2 \times 400 \times \sin49.1849° / \sin(180° - 49.1849° - 74.7449°) = 729.7$

⑥ $d = \sqrt{400^2 + 729.7^2 - 2 \times 400 \times 729.7 \times \cos74.7449} = 734$

⑦ $Q = \arcsin(729.7 \times \sin74.7449° / 734) = 73.54°$

⑧ $g_3 = |400 \times \cos90°| \times \sin90° / \sin(180° - 73.54° - 90°) \times \sin73.54° = 0$

$g_4 = |400 \times \cos120°| \times \sin82.2348° / \sin(180° - 73.54° - 82.2348°) \times \sin73.54° = 463.2$

$g_5 = |400 \times \cos150°| \times \sin76.7109° / \sin(180° - 73.54° - 76.7109°) \times \sin73.54° = 651.6$

$g_6 = |400 \times \cos180°| \times \sin74.7449° / \sin(180° - 73.54° - 74.7449°) \times \sin73.54° = 704$

4）计算结果：

① $K_0 = 1466.7 / \sin72.3499° = 1539$

$K_1 = 1466.7 / \sin69.1918° = 1569$

$K_2 = 1466.7 / \sin62.8764° = 1648$

$K_3 = 1466.7 / \sin56.9435° = 1750$

$K_4 = 1466.7 / \sin52.5962° = 1846$

$K_5 = 1466.7 / \sin50.0281° = 1914$

$K_6 = 1466.7 / \sin49.1849° = 1938$

② $e_0 = 160 \times 1539 / 400 = 616$

$e_1 = 160 \times 1569 / 400 = 628$

$e_2 = 160 \times 1648 / 400 = 659$

$e_3 = 160 \times 1750 / 400 = 700$

$e_4 = 160 \times 1846/400 = 739$

$e_5 = 160 \times 1914/400 = 766$

$e_6 = 160 \times 1938/400 = 775$

③ $E_3 = 0/\sin56.9435° = 0$

$E_4 = 463.2/\sin52.5962° = 583$

$E_5 = 651.6/\sin50.0281° = 850$

$E_6 = 704/\sin49.1849° = 930$

④ $L = 1466.7/\sin74.7449° = 1520$

⑤ $f = 160 \times 1520/400 = 608$

⑥ $F_3 = 0/\sin74.7449° = 0$

$F_4 = 463.2/\sin74.7449° = 480$

$F_5 = 651.6/\sin74.7449° = 675$

$F_6 = 704/\sin74.7449° = 730$

⑦ $S_0 = 3.1416 \times (2 \times 400 + 6) \times 0°/360° = 0$

$S_1 = 3.1416 \times (2 \times 400 + 6) \times 30°/360° = 211$

$S_2 = 3.1416 \times (2 \times 400 + 6) \times 60°/360° = 422$

$S_3 = 3.1416 \times (2 \times 400 + 6) \times 90°/360° = 633$

$S_4 = 3.1416 \times (2 \times 400 + 6) \times 120°/360° = 844$

$S_5 = 3.1416 \times (2 \times 400 + 6) \times 150°/360° = 1055$

$S_6 = 3.1416 \times (2 \times 400 + 6) \times 180°/360° = 1266$

十九、等径圆管放射形正四通（图6-72）展开

1. 展开计算模板

1）已知条件（图6-73）：

① 四通主、支管内半径 r；

② 主管口端至相贯中高 h；

③ 相贯中至支管口中垂高 H；

④ 主、支管端口偏心距 P；

⑤ 圆管壁厚 t。

2）所求对象：

① 支管展开各素线实长 $L_{0\sim m}$；

② 支管展开各素线实长 $L_{m\sim n}$；

③ 主管展开各素线实长 $K_{m\sim n}$；

④ 圆管展开各段中弧长 $S_{0\sim n}$。

3）过渡条件公式：

① 四通相贯中点至支管口端长 $c = \sqrt{H^2 + P^2}$

② 支管与主管中相贯夹角 $Q = \arctan(P/H)$

③ 支管各素线在俯视图的投影长 $b_{0\sim m} = P - r\sin\beta_{0\sim m}\tan30° - r\cos\beta_{0\sim m}\cos Q$

④ 支管各素线在俯视图的投影长 $b_{m\sim n} = P + r\cos\beta_{m\sim n}(1 - \cos Q)$。

图6-72　立体图

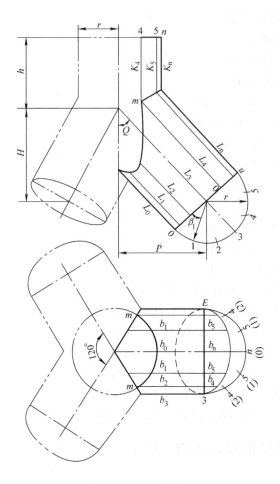

图6-73　主、俯视图

4）计算公式：

① $L_{0 \sim m} = b_{0 \sim m}/\sin Q$

② $L_{m \sim n} = b_{m \sim n}/\sin Q$

③ $K_{m \sim n} = h + r\cos\beta_{m \sim n}\tan(Q/2)$

④ $S_{0 \sim n} = \pi(2r+t)\beta_{0 \sim n}/360°$

式中　n——主、支管半圆周等分份数；

　　$\beta_{0 \sim n}$——主、支管圆周各等分点同圆心连线与0位半径轴的夹角。

说明：

① "m" 是主、支管相贯端点，纬圆120°，因此 $\beta_{0 \sim m}$ 是0°~120°之间各对应的夹角；$\beta_{m \sim n}$ 是120°~180°之间各对应的夹角，它们的编号均一致，对应使用公式。

② 四通圆管是板制管，展开弧长用中径计算；若是成品管，展开弧长则用外径计算。

③ 四通三个支管形状均一样，因此其展开图样也相同。

2. 展开计算实例（图6-74、图6-75）

1）已知条件（图6-73）：$r=280$，$h=500$，$H=650$，$P=600$，$t=6$。

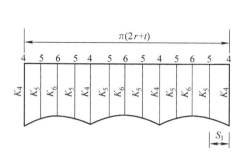

图 6-74　主管展开图

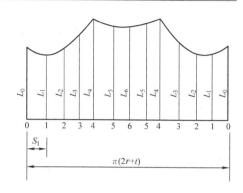

图 6-75　支管展开图

2）所求对象同本节"展开计算模板"。

3）过渡条件（设 $n=6$）：

① $c = \sqrt{650^2 + 600^2} = 884.6$

② $Q = \arctan\ (600/650)\ = 42.7094°$

③ $b_0 = 600 - 280 \times \sin0° \times \tan30° - 280 \times \cos0° \times \cos42.7094° = 394.3$

　　$b_1 = 600 - 280 \times \sin30° \times \tan30° - 280 \times \cos30° \times \cos42.7094° = 341$

　　$b_2 = 600 - 280 \times \sin60° \times \tan30° - 280 \times \cos60° \times \cos42.7094° = 357.1$

　　$b_3 = 600 - 280 \times \sin90° \times \tan30° - 280 \times \cos90° \times \cos42.7094° = 438.3$

④ $b_4 = 600 + 280 \times \cos120° \times (1 - \cos42.7094°) = 562.9$

　　$b_5 = 600 + 280 \times \cos150° \times (1 - \cos42.7094°) = 535.7$

　　$b_6 = 600 + 280 \times \cos180° \times (1 - \cos42.7094°) = 525.7$

4）计算结果：

① $L_0 = 394.3/\sin42.7094° = 581$

　　$L_1 = 341/\sin42.7094° = 503$

　　$L_2 = 357.1/\sin42.7094° = 527$

　　$L_3 = 438.3/\sin42.7094° = 646$

② $L_4 = 562.9/\sin42.7094° = 830$

　　$L_5 = 535.7/\sin42.7094° = 790$

　　$L_6 = 525.7/\sin42.7094° = 775$

③ $K_4 = 500 + 280 \times \cos120° \times \tan(42.7094°/2) = 445$

　　$K_5 = 500 + 280 \times \cos150° \times \tan(42.7094°/2) = 405$

　　$K_6 = 500 + 280 \times \cos180° \times \tan(42.7094°/2) = 391$

④ $S_0 = 3.1416 \times (2 \times 280 + 6) \times 0°/360° = 0$

　　$S_1 = 3.1416 \times (2 \times 280 + 6) \times 30°/360° = 148$

　　$S_2 = 3.1416 \times (2 \times 280 + 6) \times 60°/360° = 296$

　　$S_3 = 3.1416 \times (2 \times 280 + 6) \times 90°/360° = 445$

　　$S_4 = 3.1416 \times (2 \times 280 + 6) \times 120°/360° = 593$

　　$S_5 = 3.1416 \times (2 \times 280 + 6) \times 150°/360° = 741$

　　$S_6 = 3.1416 \times (2 \times 280 + 6) \times 180°/360° = 889$

二十、圆锥管放射形正四通（图 6-76）展开

1. 展开计算模板

1）已知条件（图 6-77）：

① 主管口内半径 R；

② 支管口内半径 r；

③ 主支管口偏心距 P；

④ 支管端口至主管端口垂高 h；

⑤ 四通壁厚 t。

2）所求对象：

① 锥顶至主管口各展开素线实长 $K_{0 \sim n}$；

图 6-76　立体图

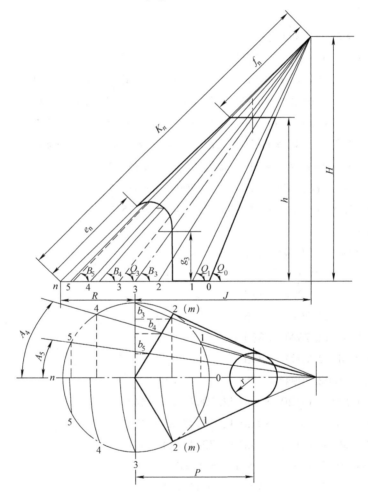

图 6-77　局部主、俯视图

② 锥顶至支管口各展开素线实长 $f_{0 \sim n}$；

③ 支管相贯部位各展开素线实长 $e_{m \sim n}$；

④ 主管口展开各等份段中弧长 $S_{0 \sim n}$。

3）过渡条件公式：

① 锥顶至主管口垂高 $H = R[h/(R-r)]$

② 锥顶垂足至主管中水平距 $J = H(P/h)$

③ 俯视图锥顶同主管口各点连线与水平中轴的夹角

$$A_{0\sim n} = \arctan[R\sin\beta_{0\sim n}/(J - R\cos\beta_{0\sim n})]$$

④ 俯视图锥顶同主管口各点连线与相贯线各交点至主管口垂直中轴水平距

$$b_{m\sim n} = 0.5 \times [J\sin A_{m\sim n}/\sin(120° - A_{m\sim n})]$$

⑤ 主视图锥顶同主管口各直线投影点连线与主管口边的夹角

$$B_{m\sim n} = \arctan[H/(J - R\cos\beta_{m\sim n})]$$

⑥ 主视图各相贯点至主管口垂高

$$g_{m\sim n} = (b_{m\sim n} - R\cos\beta_{m\sim n})\tan B_{m\sim n}$$

⑦ 主视图锥顶同主管口各弧线投影点连线与主管口边的夹角

$$Q_{0\sim n} = \arctan\{H/[(J - R\cos\beta_{0\sim n})/\cos A_{0\sim n}]\}$$

4）计算公式：

① $K_{0\sim n} = H/\sin Q_{0\sim n}$

② $f_{0\sim n} = (H - h)/\sin Q_{0\sim n}$

③ $e_{m\sim n} = g_{m\sim n}/\sin Q_{m\sim n}$

④ $S_{0\sim n} = \pi(2R + t)\beta_{0\sim n}/360°$

式中　n——四通主管口半圆周等分份数；

　　　$\beta_{0\sim n}$——四通主管口圆周各等分点同圆心连线与 0 位半径轴的夹角；

　　　m——四通支管相贯线端点，是主管口圆周上的一个点。

说明：

① 公式 A、Q、K、f、S 的 $0\sim n$ 编号均一致，B、b、g、e 的 $m\sim n$ 编号均一致。

② 本节所介绍的是正四通，因此三个斜圆锥支管均相同，展开图样也相同。

2. 展开计算实例（图 6-78）

1）已知条件（图 6-77）：$R = 380$，$r = 160$，$P = 638$，$h = 660$，$t = 6$。

2）所求对象同本节"展开计算模板"。

3）过渡条件（设 $n = 6$）：

① $H = 380 \times 660/(380 - 160) = 1140$

② $J = 1140 \times 638/660 = 1102$

③ $A_0 = \arctan[380 \times \sin0°/(1102 - 380 \times \cos0°)] = 0°$

　　$A_1 = \arctan[380 \times \sin30°/(1102 - 380 \times \cos30°)] = 13.8108°$

　　$A_2 = \arctan[380 \times \sin60°/(1102 - 380 \times \cos60)] = 19.8417°$

　　$A_3 = \arctan[380 \times \sin90°/(1102 - 380 \times \cos90°)] = 19.0256°$

　　$A_4 = \arctan[380 \times \sin120°/(1102 - 380 \times \cos120°)] = 14.2901°$

　　$A_5 = \arctan[380 \times \sin150°/(1102 - 380 \times \cos150°)] = 7.5627°$

　　$A_6 = \arctan[380 \times \sin180°/(1102 - 380 \times \cos180°)] = 0°$

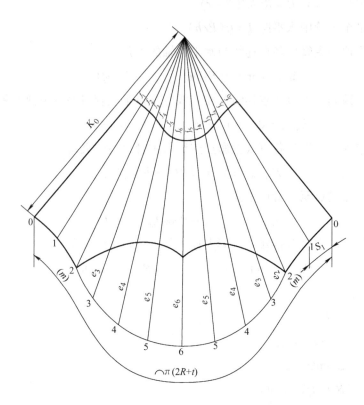

图 6-78　一支管展开图

④ $b_2 = 0.5 \times [1102 \times \sin 19.8417° / \sin(120° - 19.8417°)] = 190$

$b_3 = 0.5 \times [1102 \times \sin 19.0256° / \sin(120° - 19.0256°)] = 183$

$b_4 = 0.5 \times [1102 \times \sin 14.2901° / \sin(120° - 14.2901°)] = 141.3$

$b_5 = 0.5 \times [1102 \times \sin 7.5627° / \sin(120° - 7.5627°)] = 78.5$

$b_6 = 0.5 \times [1102 \times \sin 0° / \sin(120° - 0°)] = 0$

⑤ $B_2 = \arctan[1140 / (1102 - 380 \times \cos 60°)] = 51.3402°$

$B_3 = \arctan[1140 / (1102 - 380 \times \cos 90°)] = 45.971°$

$B_4 = \arctan[1140 / (1102 - 380 \times \cos 120°)] = 41.4237°$

$B_5 = \arctan[1140 / (1102 - 380 \times \cos 150°)] = 38.5407°$

$B_6 = \arctan[1140 / (1102 - 380 \times \cos 180°)] = 37.5686°$

⑥ $g_2 = (190 - 380 \times \cos 60°) \times \tan 51.3402° = 0$

$g_3 = (183 - 380 \times \cos 90°) \times \tan 45.971° = 189.3$

$g_4 = (141.3 - 380 \times \cos 120°) \times \tan 41.4237° = 292.3$

$g_5 = (78.5 - 380 \times \cos 150°) \times \tan 38.5407° = 324.7$

$g_6(0 - 380 \times \cos 180°) \times \tan 37.5686° = 292.3$

⑦ $Q_0 = \arctan\{1140 / [(1102 - 380 \times \cos 0°) / \cos 0°]\} = 57.6526°$

$Q_1 = \arctan\{1140 / [(1102 - 380 \times \cos 30°) / \cos 13.8108°]\} = 55.0782°$

$Q_2 = \arctan\{1140 / [(1102 - 380 \times \cos 60°) / \cos 19.8417°]\} = 49.6192°$

$$Q_3 = \arctan\{1140/[(1102 - 380 \times \cos90°)/\cos19.0256°]\} = 44.3619°$$

$$Q_4 = \arctan\{1140/[(1102 - 380 \times \cos120°)/\cos14.2901°]\} = 40.5321°$$

$$Q_5 = \arctan\{1140/[(1102 - 380 \times \cos150°)/\cos7.5627°]\} = 38.297°$$

$$Q_6 = \arctan\{1140/[(1102 - 380 \times \cos180°)/\cos0°]\} = 37.5686°$$

4）计算结果：

① $K_0 = 1140/\sin57.6526° = 1349$

$K_1 = 1140/\sin55.0782° = 1390$

$K_2 = 1140/\sin49.6192° = 1497$

$K_3 = 1140/\sin44.3619° = 1630$

$K_4 = 1140/\sin40.5321° = 1754$

$K_5 = 1140/\sin38.297° = 1839$

$K_6 = 1140/\sin37.5686° = 1870$

② $f_0 = (1140 - 660)/\sin57.6526° = 568$

$f_1 = (1140 - 660)/\sin55.0782° = 585$

$f_2 = (1140 - 660)/\sin49.6192° = 630$

$f_3 = (1140 - 660)/\sin44.3619° = 687$

$f_4 = (1140 - 660)/\sin40.5321° = 739$

$f_5 = (1140 - 660)/\sin38.297° = 775$

$f_6 = (1140 - 660)/\sin37.5686° = 787$

③ $e_2 = 0/\sin49.6192° = 0$

$e_3 = 189.3/\sin44.3619° = 271$

$e_4 = 292.3/\sin40.5321° = 450$

$e_5 = 324.7/\sin38.297° = 524$

$e_6 = 292.3/\sin37.5686° = 479$

④ $S_0 = 3.1416 \times (2 \times 380 + 6) \times 0°/360° = 0$

$S_1 = 3.1416 \times (2 \times 380 + 6) \times 30°/360° = 201$

$S_2 = 3.1416 \times (2 \times 380 + 6) \times 60°/360° = 401$

$S_3 = 3.1416 \times (2 \times 380 + 6) \times 90°/360° = 602$

$S_4 = 3.1416 \times (2 \times 380 + 6) \times 120°/360° = 802$

$S_5 = 3.1416 \times (2 \times 380 + 6) \times 150°/360° = 1003$

$S_6 = 3.1416 \times (2 \times 380 + 6) \times 180°/360° = 1203$

二十一、圆锥管放射形正五通（图6-79）展开

1. 展开计算模板

1）已知条件（图6-80）：

① 主管口内半径 R；

② 支管口内半径 r；

③ 主支管口偏心距 P；

④ 支管端口至主管端口垂高 h；

⑤ 四通壁厚 t。

2）所求对象：

① 锥顶至主管口各展开素线实长 $K_{0 \sim n}$；

② 锥顶至支管口各展开素线实长 $f_{0 \sim n}$；

③ 支管相贯部位各展开素线实长 $e_{c \sim n}$；

④ 主管口展开各等份段中弧长 $S_{0 \sim n}$。

3）过渡条件公式：

① 锥顶至主管口垂高 $H = R\left[\, h/(R - r)\,\right]$

② 锥顶垂足至主管中水平距 $J = H\,(P/h)$

图 6-79　立体图

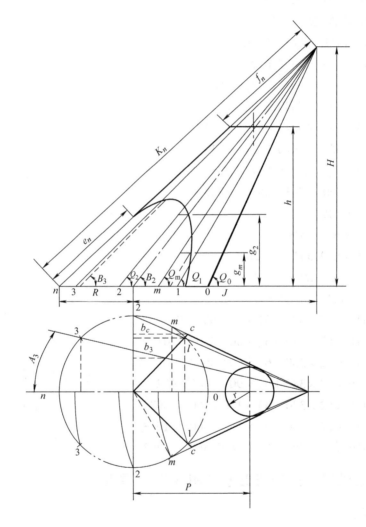

图 6-80　局部主、俯视图

③ 俯视图主管口圆切点 m 同圆心连线与 0 位半径轴的夹角

$$\beta_m = \arccos(R/J)$$

④ 俯视图锥顶同主管口各点连线与水平中轴的夹角

$$A_{0 \sim n} = \arctan\left[\, R\sin\beta_{0 \sim n}/(J - R\cos\beta_{0 \sim n})\,\right]$$

⑤ 俯视图锥顶同主管口各点连线与相贯线各交点至主管口垂直中轴水平距

$$b_{c \sim n} = 0.7071 \times [J\sin A_{c \sim n}/\sin(135° - A_{c \sim n})]$$

⑥ 主视图锥顶同主管口各直线投影点连线与主管口边的夹角

$$B_{c \sim n} = \arctan[H/(J - R\cos\beta_{c \sim n})]$$

⑦ 主视图各相贯点至主管口垂高 $g_{c \sim n} = \tan B_{c \sim n}(b_{c \sim n} - R\cos\beta_{c \sim n})$

⑧ 主视图锥顶同主管口各弧线投影点连线与主管口边的夹角

$$Q_{0 \sim n} = \arctan\{H/[(J - R\cos\beta_{0 \sim n})/\cos A_{0 \sim n}]\}$$

4）计算公式：

① $K_{0 \sim n} = H/\sin Q_{0 \sim n}$

② $f_{0 \sim n} = (H - h)/\sin Q_{0 \sim n}$

③ $e_{c \sim n} = g_{c \sim n}/\sin Q_{0 \sim n}$

④ $S_{0 \sim n} = \pi(2R + t)\beta_{0 \sim n}/360°$

式中　n——四通主管口半圆周等分份数；

　　$\beta_{0 \sim n}$——四通主管口圆周各等分点同圆心连线与 0 位半径轴的夹角；

　　　　c——四通支管相贯线端点，是主管口圆周上的一个点；

　　　　m——俯视图锥顶至主管口圆的切点。

说明：

① 公式中 A、Q、K、f、S 的 $0 \sim n$ 编号均一致，B、b、g、e 的 $c \sim n$ 编号均一致。

② 本节所介绍的是正五通，因此四个斜圆锥支管均相同，展开图样也相同。

2. 展开计算实例（图 6-81）

1）已知条件（图 6-80）：$R = 1050$，$r = 350$，$P = 1600$，$h = 2100$，$t = 8$。

2）所求对象同本节"展开计算模板"。

3）过渡条件（设 $n = 8$）：

① $H = 1050 \times 2100/(1050 - 350) = 3150$

② $J = 3150 \times 1600/2100 = 2400$

③ $\beta_m = \arccos(1050/2400) = 64.0555°$

④ $A_0 = \arctan[1050 \times \sin0°/(2400 - 1050 \times \cos0°)] = 0°$

$A_1 = \arctan[1050 \times \sin22.5°/(2400 - 1050 \times \cos22.5)] = 15.6957°$

$A_2 = \arctan[1050 \times \sin45°/(2400 - 1050 \times \cos45°)] = 24.1291°$

$A_m = \arctan[1050 \times \sin64.0555°/(2400 - 1050 \times \cos64.0555°)] = 25.9445°$

$A_3 = \arctan[1050 \times \sin67.5°/(2400 - 1050 \times \cos67.5)] = 25.8956°$

$A_4 = \arctan[1050 \times \sin90°/(2400 - 1050 \times \cos90°)] = 23.6294°$

$A_5 = \arctan[1050 \times \sin112.5/(2400 - 1050 \times \cos112.5°)] = 19.0974°$

$A_6 = \arctan[1050 \times \sin135°/(2400 - 1050 \times \cos135°)] = 13.2934°$

$A_7 = \arctan[1050 \times \sin157.5°/(2400 - 1050 \times \cos157.5°)] = 6.7993°$

$A_8 = \arctan[1050 \times \sin180°/(2400 - 1050 \times \cos180°)] = 0°$

⑤ $b_2 = 0.7071 \times [2400 \times \sin24.1291°/\sin(1350° - 24.1291°)] = 742.5$

$b_m = 0.7071 \times [2400 \times \sin25.9445°/\sin(135° - 25.9445°)] = 785.5$

$b_3 = 0.7071 \times [2400 \times \sin25.8956°/\sin(135° - 25.8956°)] = 784.4$

$b_4 = 0.7071 \times [2400 \times \sin23.6294°/\sin(135° - 23.6294°)] = 730.4$

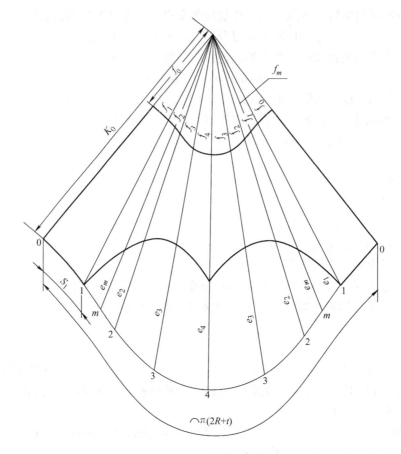

图 6-81　一支管展开图

$b_5 = 0.7071 \times [2400 \times \sin19.0974°/\sin(135° - 19.0974°)] = 617.2$

$b_6 = 0.7071 \times [2400 \times \sin13.2934°/\sin(135° - 13.2934°)] = 458.7$

$b_7 = 0.7071 \times [2400 \times \sin6.7993°/\sin(135° - 6.7993°)] = 255.7$

$b_8 = 0.7071 \times [2400 \times \sin0°/\sin(135° - 0°)] = 0$

⑥ $B_2 = \arctan[3150/(2400 - 1050 \times \cos45°)] = 62.2465°$

$B_m = \arctan[3150/(2400 - 1050 \times \cos64.0555°)] = 58.364°$

$B_3 = \arctan[3150/(2400 - 1050 \times \cos67.5°)] = 57.6113°$

$B_4 = \arctan[3150/(2400 - 1050 \times \cos90°)] = 52.6961°$

$B_5 = \arctan[3150/(2400 - 1050 \times \cos112.5°)] = 48.348°$

$B_6 = \arctan[3150/(2400 - 1050 \times \cos135°)] = 45.0686°$

$B_7 = \arctan[3150/(2400 - 1050 \times \cos157.5°)] = 43.0668°$

$B_8 = \arctan[3150/(2400 - 1050 \times \cos180°)] = 42.3974°$

⑦ $g_2 = \tan62.2465° \times (742.5 - 1050 \times \cos45°) = 0$

$g_m = \tan58.364° \times (785.5 - 1050 \times \cos64.0555°) = 529.4$

$g_3 = \tan57.6113° \times (784.4 - 1050 \times \cos67.5°) = 603$

$g_4 = \tan52.6961° \times (730.4 - 1050 \times \cos90°) = 958.7$

$g_5 = \tan48.348° \times (617.2 - 1050 \times \cos112.5°) = 1145.7$

$$g_6 = \tan 45.0686° \times (458.7 - 1050 \times \cos 135°) = 1204$$

$$g_7 = \tan 43.0668° \times (255.7 - 1050 \times \cos 157.5°) = 1145.7$$

$$g_8 = \tan 42.3974° \times (0 - 1050 \times \cos 180°) = 958.7$$

⑧ $Q_0 = \arctan\{3150/[(2400 - 1050 \times \cos 0°)/\cos 0°]\} = 66.8014°$

$Q_1 = \arctan\{3150/[(2400 - 1050 \times \cos 22.5°)/\cos 15.6957°]\} = 64.7549°$

$Q_2 = \arctan\{3150/[(2400 - 1050 \times \cos 45°)/\cos 24.1291°]\} = 60.0331°$

$Q_m = \arctan\{3150/[(2400 - 1050 \times \cos 64.0555°)/\cos 25.9445°]\} = 55.5842°$

$Q_3 = \arctan\{3150/[(2400 - 1050 \times \cos 67.5°)/\cos 25.8956°]\} = 54.8106°$

$Q_4 = \arctan\{3150/[(2400 - 1050 \times \cos 90°)/\cos 23.6294°]\} = 50.252°$

$Q_5 = \arctan\{3150/[(2400 - 1050 \times \cos 112.5°)/\cos 19.0974°]\} = 46.7329°$

$Q_6 = \arctan\{3150/[(2400 - 1050 \times \cos 135°)/\cos 13.2934°]\} = 44.2906°$

$Q_7 = \arctan\{3150/[(2400 - 1050 \times \cos 157.5°)/\cos 6.7993°]\} = 42.8651°$

$Q_8 = \arctan\{3150/[(2400 - 1050 \times \cos 180°)/\cos 0°]\} = 42.3974°$

4）计算结果：

① $K_0 = 3150/\sin 66.8014° = 3427$

$K_1 = 3150/\sin 64.7549° = 3483$

$K_2 = 3150/\sin 60.0331° = 3636$

$K_m = 3150/\sin 55.5842° = 3818$

$K_3 = 3150/\sin 54.8106° = 3854$

$K_4 = 3150/\sin 50.252° = 4097$

$K_5 = 3150/\sin 46.7329° = 4326$

$K_6 = 3150/\sin 44.2906° = 4511$

$K_7 = 3150/\sin 42.8651° = 4630$

$K_8 = 3150/\sin 42.3974° = 4672$

② $f_0 = (3150 - 2100)/\sin 66.8014° = 1142$

$f_1 = (3150 - 2100)/\sin 64.7549° = 1161$

$f_2 = (3150 - 2100)/\sin 60.0331° = 1212$

$f_m = (3150 - 2100)/\sin 55.5842° = 1273$

$f_3 = (3150 - 2100)/\sin 54.8106° = 1285$

$f_4 = (3150 - 2100)/\sin 50.252° = 1366$

$f_5 = (3150 - 2100)/\sin 46.7329° = 1442$

$f_6 = (3150 - 2100)/\sin 44.2906° = 1504$

$f_7 = (3150 - 2100)/\sin 42.8651° = 1543$

$f_8 = (3150 - 2100)/\sin 42.3974° = 1557$

③ $e_2 = 0/\sin 60.0331° = 0$

$e_m = 529.4/\sin 55.5842° = 642$

$e_3 = 603/\sin 54.8106° = 738$

$e_4 = 958.7/\sin 50.252° = 1247$

$e_5 = 1145.7/\sin 46.7329° = 1573$

$e_6 = 1204/\sin 44.2906° = 1724$

$e_7 = 1145.7/\sin 42.8651° = 1684$

$e_8 = 958.7/\sin 42.3974° = 1422$

④ $S_0 = 3.1416 \times (2 \times 1050 + 8) \times 0°/360° = 0$

$S_1 = 3.1416 \times (2 \times 1050 + 8) \times 22.5°/360° = 414$

$S_2 = 3.1416 \times (2 \times 1050 + 8) \times 45°/360° = 828$

$S_m = 3.1416 \times (2 \times 1050 + 8) \times 64.0555°/360° = 1178$

$S_3 = 3.1416 \times (2 \times 1050 + 8) \times 67.5°/360° = 1242$

$S_4 = 3.1416 \times (2 \times 1050 + 8) \times 90°/360° = 1656$

$S_5 = 3.1416 \times (2 \times 1050 + 8) \times 112.5°/360° = 2070$

$S_6 = 3.1416 \times (2 \times 1050 + 8) \times 135°/360° = 2483$

$S_7 = 3.1416 \times (2 \times 1050 + 8) \times 157.5°/360° = 2897$

$S_8 = 3.1416 \times (2 \times 1050 + 8) \times 180°/360° = 3311$

第七章 方圆过渡锥台

本章主要介绍方圆过渡锥台（方圆锥台）的展开，它是方形管、圆形管的连接所必需的过渡连接件。由于受安装位置、方位角度限制，或出于设计的需要，方圆锥台形状各异，可有两端口平行、倾斜、垂直、正心、偏心、双偏心等多种结构。偏心又分多种情况，特别是两端口倾斜双偏心就有四种：左前偏心、左后偏心、右前偏心、右后偏心。这四种方圆锥台其展开原理是一致的，只是计算公式略有变化，因此作者只对其中一种作详细介绍。展开方圆锥台时，取锥台内口尺寸计算各素线实长，但是锥台圆口进行弧长计算时，应取圆口中径，才能确保方圆锥台展开准度。顶圆底方过渡锥台，简称圆方锥台；顶方底圆过渡锥台，简称方圆锥台。

一、平口正心圆方锥台（图7-1）展开

1. 展开计算模板

1）已知条件（图7-2）：

① 锥台方口纵边内半长 a；

② 锥台方口横边内半长 b；

③ 锥台圆口内半径 r；

④ 锥台两端口高 h；

⑤ 锥台壁厚 t。

2）所求对象：

① 锥台纵边三角形面实高 e_1；

② 锥台横边三角形面实高 e_2；

③ 锥台展开各素线实长 $L_{0\sim n}$；

④ 圆口各等分段中弧长 $S_{0\sim n}$。

3）计算公式：

① $e_1 = \sqrt{(b-r)^2 + h^2}$

② $e_2 = \sqrt{(a-r)^2 + h^2}$

③ $L_{0\sim n} = \sqrt{(a - r\sin\beta_{0\sim n})^2 + (b - r\cos\beta_{0\sim n})^2 + h^2}$

④ $S_{0\sim n} = \pi(2r+t)\beta_{0\sim n}/360°$

式中　n——锥台圆口 1/4 圆周等分份数；

　　　$\beta_{0\sim n}$——圆周各等分点同圆心连线与 0 位半径轴的夹角。

说明：公式中所有 $0\sim n$ 编号均一致。

2. 展开计算实例（图7-3）

1）已知条件（图7-2）：$a = 550$，$b = 700$，$r = 400$，

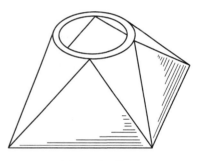

图 7-1　立体图

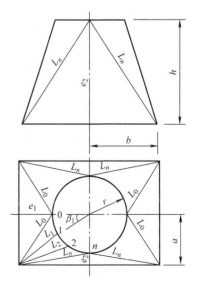

图 7-2　主、俯视图

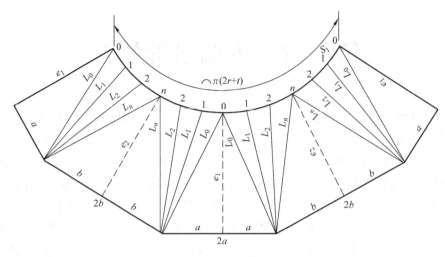

图 7-3　展开图

$h = 1100$，$t = 8$。

2）所求对象同本节"展开计算模板"。

3）计算结果（设 $n = 3$）：

① $e_1 = \sqrt{(700 - 400)^2 + 1100^2} = 1140$

② $e_2 = \sqrt{(550 - 400)^2 + 1100^2} = 1110$

③ $L_0 = \sqrt{(550 - 400 \times \sin 0°)^2 + (700 - 400 \times \cos 0°)^2 + 1100^2} = 1266$

$\quad L_1 = \sqrt{(550 - 400 \times \sin 30°)^2 + (700 - 400 \times \cos 30°)^2 + 1100^2} = 1207$

$\quad L_2 = \sqrt{(550 - 400 \times \sin 60°)^2 + (700 - 400 \times \cos 60°)^2 + 1100^2} = 1225$

$\quad L_3 = \sqrt{(550 - 400 \times \sin 90°)^2 + (700 - 400 \times \cos 90°)^2 + 1100^2} = 1312$

④ $S_0 = 3.1416 \times (2 \times 400 + 8) \times 0° / 360° = 0$

$\quad S_1 = 3.1416 \times (2 \times 400 + 8) \times 30° / 360° = 212$

$\quad S_2 = 3.1416 \times (2 \times 400 + 8) \times 60° / 360° = 423$

$\quad S_3 = 3.1416 \times (2 \times 400 + 8) \times 90° / 360° = 635$

二、平口偏心圆方锥台（图 7-4）展开

1. 展开计算模板（左偏心）

1）已知条件（图 7-5）：

① 锥台方口纵边内半长 a；

② 锥台方口横边内半长 b；

③ 锥台圆口内半径 r；

④ 锥台两口偏心距 g；

⑤ 锥台两端口高 h；

⑥ 锥台壁厚 t。

2）所求对象：

① 锥台左纵边三角形面实高 e_1；

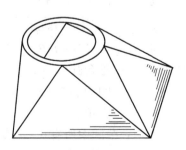

图 7-4　立体图

② 锥台右纵边三角形面实高 e_2；

③ 锥台横边三角形面实高 e_3；

④ 锥台左部展开各素线实长 $L_{0 \sim n}$；

⑤ 锥台右部展开各素线实长 $K_{0 \sim n}$；

⑥ 圆口各等分段中弧长 $S_{0 \sim n}$。

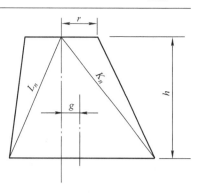

3）计算公式：

① $e_1 = \sqrt{(b - g - r)^2 + h^2}$

② $e_2 = \sqrt{(b + g - r)^2 + h^2}$

③ $e_3 = \sqrt{(a - r)^2 + h^2}$

④ $L_{0 \sim n} = \sqrt{(a - r\sin\beta_{0 \sim n})^2 + (b - g - r\cos\beta_{0 \sim n})^2 + h^2}$

⑤ $K_{0 \sim n} = \sqrt{(a - r\sin\beta_{0 \sim n})^2 + (b + g - r\cos\beta_{0 \sim n})^2 + h^2}$

⑥ $S_{0 \sim n} = \pi(2r + t)\beta_{0 \sim n}/360°$

式中　n——锥台圆口 1/4 圆周等分份数；

$\beta_{0 \sim n}$——圆周各等分点同圆心连续与 0 位半径轴的
　　　　夹角。

　　说明：公式中所有 0～n 编号均一致。

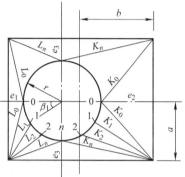

图 7-5　主、俯视图

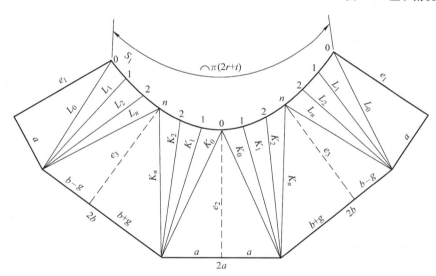

图 7-6　展开图

2. 展开计算实例（图 7-4）

1）已知条件（图 7-5）：$a = 450$，$b = 600$，$r = 300$，$g = 180$，$h = 950$，$t = 8$。

2）所求对象同本节"展开计算模板"。

3）计算结果（设 $n = 3$）：

① $e_1 = \sqrt{(600 - 180 - 300)^2 + 950^2} = 958$

② $e_2 = \sqrt{(600 + 180 - 300)^2 + 950^2} = 1064$

③ $e_3 = \sqrt{(450-300)^2 + 950^2} = 962$

④ $L_0 = \sqrt{(450-300 \times \sin 0°)^2 + (600-180-300 \times \cos 0°)^2 + 950^2} = 1058$

$L_1 = \sqrt{(450-300 \times \sin 30°)^2 + (600-180-300 \times \cos 30°)^2 + 950^2} = 1009$

$L_2 = \sqrt{(450-300 \times \sin 60°)^2 + (600-180-300 \times \cos 60°)^2 + 950^2} = 1006$

$L_3 = \sqrt{(450-300 \times \sin 90°)^2 + (600-180-300 \times \cos 90°)^2 + 950^2} = 1049$

⑤ $K_0 = \sqrt{(450-300 \times \sin 0°)^2 + (600+180-300 \times \cos 0°)^2 + 950^2} = 1156$

$K_1 = \sqrt{(450-300 \times \sin 30°)^2 + (600+180-300 \times \cos 30°)^2 + 950^2} = 1124$

$K_2 = \sqrt{(450-300 \times \sin 60°)^2 + (600+180-300 \times \cos 60°)^2 + 950^2} = 1156$

$K_3 = \sqrt{(450-300 \times \sin 90°)^2 + (600+180-300 \times \cos 90°)^2 + 950^2} = 1238$

⑥ $S_0 = 3.1416 \times (2 \times 300+8) \times 0°/360° = 0$

$S_1 = 3.1416 \times (2 \times 300+8) \times 30°/360° = 159$

$S_2 = 3.1416 \times (2 \times 300+8) \times 60°/360° = 318$

$S_3 = 3.1416 \times (2 \times 300+8) \times 90°/360° = 478$

三、平口双偏心圆方锥台（图7-7）展开

1. 展开计算模板（左后偏心）

1）已知条件（图7-8）：

① 锥台方口纵边内半长 a；

② 锥台方口横边内半长 b；

③ 锥台圆口内半径 r；

④ 锥台两口纵偏心距 d；

⑤ 锥台两口横偏心距 g；

⑥ 锥台两端口高 h；

⑦ 锥台壁厚 t。

2）所求对象：

① 锥台左纵面实高 e_1；

② 锥台右纵面实高 e_2；

③ 锥台前横面实高 e_3；

④ 锥台后横面实高 e_4；

⑤ 锥台左前部展开各素线实长 $L_{0 \sim n}$；

⑥ 锥台右前部展开各素线实长 $K_{0 \sim n}$；

⑦ 锥台左后部展开各素线实长 $M_{0 \sim n}$；

⑧ 锥台右后部展开各素线实长 $J_{0 \sim n}$；

⑨ 锥台圆口各等分段中弧长 $S_{0 \sim n}$。

3）计算公式：

① $e_1 = \sqrt{(b-g-r)^2 + h^2}$

② $e_2 = \sqrt{(b+g-r)^2 + h^2}$

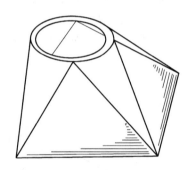

图7-7 立体图

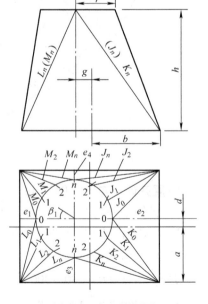

图7-8 主、俯视图

③ $e_3 = \sqrt{(a+d-r)^2 + h^2}$

④ $e_4 = \sqrt{(a-d-r)^2 + h^2}$

⑤ $L_{0 \sim n} = \sqrt{(a+d-r\sin\beta_{0 \sim n})^2 + (b-g-r\cos\beta_{0 \sim n})^2 + h^2}$

⑥ $K_{0 \sim n} = \sqrt{(a+d-r\sin\beta_{0 \sim n})^2 + (b+g-r\cos\beta_{0 \sim n})^2 + h^2}$

⑦ $M_{0 \sim n} = \sqrt{(a-d-r\sin\beta_{0 \sim n})^2 + (b-g-r\cos\beta_{0 \sim n})^2 + h^2}$

⑧ $J_{0 \sim n} = \sqrt{(a-d-r\sin\beta_{0 \sim n})^2 + (b+g-r\cos\beta_{0 \sim n})^2 + h^2}$

⑨ $S_{0 \sim n} = \pi(2r+t)\beta_{0 \sim n}/360°$

式中　n——锥台圆口 1/4 圆周等分份数；

　　$\beta_{0 \sim n}$——锥台圆周各等分点同圆心连线，分别与 0 位半径轴的夹角。

说明：公式中所有 $0 \sim n$ 编号均一致。

2. 展开计算实例（图 7-9）

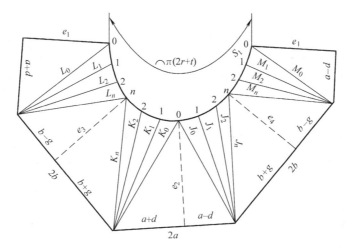

图 7-9　展开图

1）已知条件（图 7-8）：$a = 450$，$b = 570$，$r = 330$，$d = 80$，$g = 150$，$h = 900$，$t = 8$。

2）所求对象同本节"展开计算模板"。

3）计算结果（设 $n = 3$）：

① $e_1 = \sqrt{(570-150-330)^2 + 900^2} = 904$

② $e_2 = \sqrt{(570+150-330)^2 + 900^2} = 981$

③ $e_3 = \sqrt{(450+80-330)^2 + 900^2} = 922$

④ $e_4 = \sqrt{(450-80-330)^2 + 900^2} = 901$

⑤ $L_0 = \sqrt{(450+80-330 \times \sin0°)^2 + (570-150-330 \times \cos0°)^2 + 900^2} = 1048$

　　$L_1 = \sqrt{(450+80-330 \times \sin30°)^2 + (570-150-330 \times \cos30°)^2 + 900^2} = 980$

　　$L_2 = \sqrt{(450+80-330 \times \sin60°)^2 + (570-150-330 \times \cos60°)^2 + 900^2} = 967$

　　$L_3 = \sqrt{(450+80-330 \times \sin90°)^2 + (570-150-330 \times \cos90°)^2 + 900^2} = 1013$

⑥ $K_0 = \sqrt{(450+80-330 \times \sin0°)^2 + (570+150-330 \times \cos0°)^2 + 900^2} = 1115$

$$K_1 \quad \sqrt{(450+80-330\times\sin30°)^2+(570+150-330\times\cos30°)^2+900^2}=1064$$

$$K_2=\sqrt{(450+80-330\times\sin60°)^2+(570+150-330\times\cos60°)^2+900^2}=1085$$

$$K_3=\sqrt{(450+80-330\times\sin90°)^2+(570+150-330\times\cos90°)^2+900^2}=1170$$

⑦ $M_0=\sqrt{(450-80-330\times\sin0°)^2+(570-150-330\times\cos0°)+900^2}=977$

$$M_1=\sqrt{(450-80-330\times\sin30°)^2+(570-150-330\times\cos30°)^2+900^2}=933$$

$$M_2=\sqrt{(450-80-330\times\sin60°)^2+(570-150-330\times\cos60°)^2+900^2}=939$$

$$M_3=\sqrt{(450-80-330\times\sin90°)^2+(570-150-330\times\cos90°)^2+900^2}=994$$

⑧ $J_0=\sqrt{(450-80-330\times\sin0°)^2+(570+150-330\times\cos0°)^2+900^2}=1048$

$$J_1=\sqrt{(450-80-330\times\sin30°)^2+(570+150-330\times\cos30°)^2+900^2}=1020$$

$$J_2=\sqrt{(450-80-330\times\sin60°)^2+(570+150-330\times\cos60°)^2+900^2}=1061$$

$$J_3=\sqrt{(450-80-330\times\sin90°)^2+(570+150-330\times\cos90°)^2+900^2}=1153$$

⑨ $S_0=3.1416\times(2\times330+8)\times0°/360°=0$

$S_1=3.1416\times(2\times330+8)\times30°/360°=175$

$S_2=3.1416\times(2\times330+8)\times60°/360°=350$

$S_3=3.1416\times(2\times330+8)\times90°/360°=525$

四、方口倾斜正心圆方锥台（图7-10）展开

1. 展开计算模板（左低右高倾斜）

1）已知条件（图7-11）：

① 锥台方口纵边半长 a；

② 锥台方口横边半长 b；

③ 锥台圆口内半径 r；

④ 锥台方口倾斜角 Q；

⑤ 锥台方口中至圆口端高 h；

⑥ 锥台壁厚 t。

2）所求对象：

① 锥台左纵面实高 e_1；

② 锥台右纵面实高 e_2；

③ 锥台方口横边实长 c；

④ 锥台左部展开各素线实长 $L_{0\sim n}$；

⑤ 锥台右部展开各素线实长 $K_{0\sim n}$；

⑥ 锥台圆口等分段中弧长 $S_{0\sim n}$。

3）过渡条件公式：

① 锥台左纵面垂高 $h_1=h+b\tan Q$

② 锥台右纵面垂高 $h_2=h-b\tan Q$

4）计算公式：

① $e_1=\sqrt{(b-r)^2+h_1^2}$

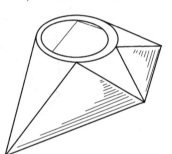

图7-10　立体图

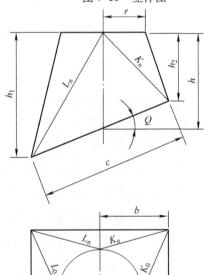

图7-11　主、俯视图

② $e_2 = \sqrt{(b-r)^2 + h_2^2}$

③ $c = 2b/\cos Q$

④ $L_{0 \sim n} = \sqrt{(a - r\sin\beta_{0 \sim n})^2 + (b - r\cos\beta_{0 \sim n})^2 + h_1^2}$

⑤ $K_{0 \sim n} = \sqrt{(a - r\sin\beta_{0 \sim n})^2 + (b - r\cos\beta_{0 \sim n})^2 + h_2^2}$

⑥ $S_{0 \sim n} = \pi(2r + t)\beta_{0 \sim n}/360°$

式中　n——锥台圆口 1/4 圆周等分份数；

　　　$\beta_{0 \sim n}$——锥台圆口圆周各等分点同圆心连线分别与 0 位半径轴的夹角。

2. 展开计算实例（图 7-12）

1）已知条件（图 7-11）：$a = 480$，$b = 640$，$r = 320$，$Q = 22°$，$h = 800$，$t = 8$。

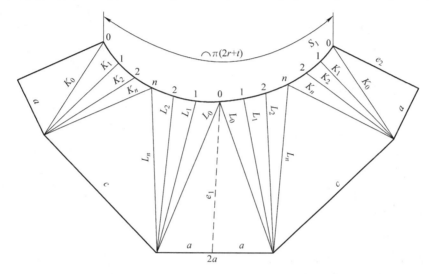

图 7-12　展开图

2）所求对象同本书"展开计算模板"。

3）过渡条件：

① $h_1 = 800 + 640 \times \tan 22° = 1059$

② $h_2 = 800 - 640 \times \tan 22° = 541$

4）计算结果（设 $n = 3$）：

① $e_1 = \sqrt{(640 - 320)^2 + 1059^2} = 1106$

② $e_2 = \sqrt{(640 - 320)^2 + 541^2} = 629$

③ $c = 2 \times 640/\cos 22° = 1381$

④ $L_0 = \sqrt{(480 - 320 \times \sin 0°)^2 + (640 - 320 \times \cos 0°)^2 + 1059^2} = 1206$

　$L_1 = \sqrt{(480 - 320 \times \sin 30°)^2 + (640 - 320 \times \cos 30°)^2 + 1059^2} = 1164$

　$L_2 = \sqrt{(480 - 320 \times \sin 60°)^2 + (640 - 320 \times \cos 60°)^2 + 1059^2} = 1180$

　$L_3 = \sqrt{(480 - 320 \times \sin 90°)^2 + (640 - 320 \times \cos 90°)^2 + 1059^2} = 1247$

⑤ $K_0 = \sqrt{(480 - 320 \times \sin 0°)^2 + (640 - 320 \times \cos 0°)^2 + 541^2} = 791$

　$K_1 = \sqrt{(480 - 320 \times \sin 30°)^2 + (640 - 320 \times \cos 30°)^2 + 541^2} = 726$

$$K_2 = \sqrt{(480 - 320 \times \sin60°)^2 + (640 - 320 \times \cos60°)^2 + 541^2} = 751$$

$$K_3 = \sqrt{(480 - 320 \times \sin90°)^2 + (640 - 320 \times \cos90°)^2 + 541^2} = 853$$

⑥ $S_0 = 3.1416 \times (2 \times 320 + 8) \times 0°/360° = 0$

　$S_1 = 3.1416 \times (2 \times 320 + 8) \times 30°/360° = 170$

　$S_2 = 3.1416 \times (2 \times 320 + 8) \times 60°/360° = 339$

　$S_3 = 3.1416 \times (2 \times 320 + 8) \times 90°/360° = 509$

五、方口倾斜偏心圆方锥台（图7-13）展开

1. 展开计算模板（左低右高倾斜，右偏心）

1）已知条件（图7-14）：

① 锥台方口纵边内半长 a；

② 锥台方口横边内半长 b；

③ 锥台圆口内半径 r；

④ 锥台方口倾斜角 Q；

⑤ 锥台两口偏心距 g；

⑥ 锥台方口中至圆口端高 h；

⑦ 锥台壁厚 t。

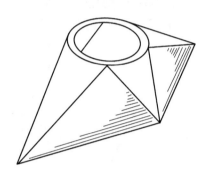

图7-13　立体图

2）所求对象：

① 锥台左纵面实高 e_1；

② 锥台右纵面实高 e_2；

③ 锥台方口横边实长 c；

④ 锥台左部展开各素线实长 $L_{0 \sim n}$；

⑤ 锥台右部展开各素线实长 $K_{0 \sim n}$；

⑥ 锥台圆口各等分段中弧长 $S_{0 \sim n}$。

3）过渡条件公式：

① 锥台左纵面垂高 $h_1 = h + b\tan Q$

② 锥台右纵面垂高 $h_2 = h - b\tan Q$

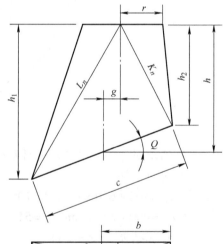

4）计算公式：

① $e_1 = \sqrt{(b + g - r)^2 + h_1^2}$

② $e_2 = \sqrt{(b - g - r)^2 + h_2^2}$

③ $c = 2b/\cos Q$

④ $L_{0 \sim n} = \sqrt{(a - r\sin\beta_{0 \sim n})^2 + (b + g - r\cos\beta_{0 \sim n})^2 + h_1^2}$

⑤ $K_{0 \sim n} = \sqrt{(a - r\sin\beta_{0 \sim n})^2 + (b - g - r\cos\beta_{0 \sim n})^2 + h_2^2}$

⑥ $S_{0 \sim n} = \pi(2r + t)\beta_{0 \sim n}/360°$

式中　n——锥台圆口1/4圆周等分份数；

　$\beta_{0 \sim n}$——锥台圆口圆周各等分点同圆心连线，分别
　　　　与0位半径轴的夹角。

说明：公式中所有 $0 \sim n$ 编号均一致。

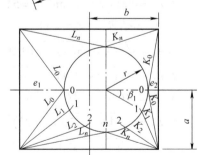

图7-14　主、俯视图

2. 展开计算实例（图 7-15）

1）已知条件（图 7-14）：$a = 640$，$b = 760$，$r = 450$，$Q = 20°$，$g = 200$，$h = 1300$，$t = 10$。

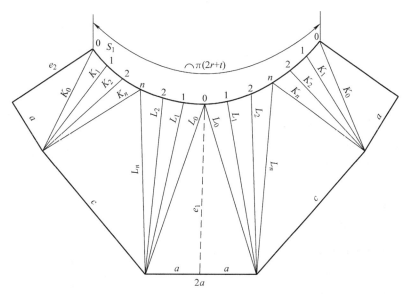

图 7-15 展开图

2）所求对象同本书"展开计算模板"。

3）过渡条件：

① $h_1 = 1300 + 760 \times \tan20° = 1577$

② $h_2 = 1300 - 760 \times \tan20° = 1023$

4）计算结果（设 $n = 3$）：

① $e_1 = \sqrt{(760 + 200 - 450)^2 + 1577^2} = 1657$

② $e_2 = \sqrt{(760 - 200 - 450)^2 + 1023^2} = 1029$

③ $c = 2 \times 760 / \cos20° = 1618$

④ $L_0 = \sqrt{(640 - 450 \times \sin0°)^2 + (760 + 200 - 450 \times \cos0°)^2 + 1577^2} = 1776$

$\quad L_1 = \sqrt{(640 - 450 \times \sin30°)^2 + (760 + 200 - 450 \times \cos30°)^2 + 1577^2} = 1727$

$\quad L_2 = \sqrt{(640 - 450 \times \sin60°)^2 + (760 + 200 - 450 \times \cos60°)^2 + 1577^2} = 1757$

$\quad L_3 = \sqrt{(640 - 450 \times \sin90°)^2 + (760 + 200 - 450 \times \cos90°)^2 + 1577^2} = 1856$

⑤ $K_0 = \sqrt{(640 - 450 \times \sin0°)^2 + (760 - 200 - 450 \times \cos0°)^2 + 1023^2} = 1212$

$\quad K_1 = \sqrt{(640 - 450 \times \sin30°)^2 + (760 - 200 - 450 \times \cos30°)^2 + 1023^2} = 1117$

$\quad K_2 = \sqrt{(640 - 450 \times \sin60°)^2 + (760 - 200 - 450 \times \cos60°)^2 + 1023^2} = 1106$

$\quad K_3 = \sqrt{(640 - 450 \times \sin90°)^2 + (760 - 200 - 450 \times \cos90°)^2 + 1023^2} = 1182$

⑥ $S_0 = 3.1416 \times (2 \times 450 + 10) \times 0° / 360° = 0$

$\quad S_1 = 3.1416 \times (2 \times 450 + 10) \times 30° / 360° = 238$

$\quad S_2 = 3.1416 \times (2 \times 450 + 10) \times 60° / 360° = 476$

$\quad S_3 = 3.1416 \times (2 \times 450 + 10) \times 90° / 360° = 715$

六、方口倾斜双偏心圆方锥台（图 7-16）展开

1. 展开计算模板（左高右低倾斜，左后偏心）

1）已知条件（图 7-17）：

① 锥台方口纵边内半长 a；

② 锥台方口横边内半长 b；

③ 锥台圆口内半径 r；

④ 锥台两口纵偏心距 d；

⑤ 锥台两口横偏心距 g；

⑥ 锥台方口中至圆口端高 h；

⑦ 锥台方口倾斜角 Q；

⑧ 锥台壁厚 t。

2）所求对象：

① 锥台左纵面实高 e_1；

② 锥台右纵面实高 e_2；

③ 锥台方口横边实长 c；

④ 锥台左前部展开各素线实长 $L_{0 \sim n}$；

⑤ 锥台右前部展开各素线实长 $K_{0 \sim n}$；

⑥ 锥台左后部展开各素线实长 $M_{0 \sim n}$；

⑦ 锥台右后部展开各素线实长 $J_{0 \sim n}$；

⑧ 锥台圆口各等分段中弧长 $S_{0 \sim n}$。

3）过渡条件公式：

① 锥台左纵面垂高 $h_1 = h - b\tan Q$

② 锥台右纵面垂高 $h_2 = h + b\tan Q$

4）计算公式：

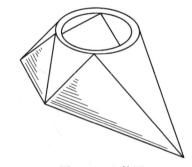

图 7-16　立体图

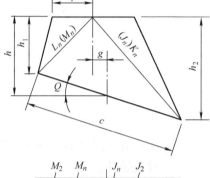

图 7-17　主、俯视图

① $e_1 = \sqrt{(b - g - r)^2 + h_1^2}$

② $e_2 = \sqrt{(b + g - r)^2 + h_2^2}$

③ $c = 2b/\cos Q$

④ $L_{0 \sim n} = \sqrt{(a + d - r\sin\beta_{0 \sim n})^2 + (b - g - r\cos\beta_{0 \sim n})^2 + h_1^2}$

⑤ $K_{0 \sim n} = \sqrt{(a + d - r\sin\beta_{0 \sim n})^2 + (b + g - r\cos\beta_{0 \sim n})^2 + h_2^2}$

⑥ $M_{0 \sim n} = \sqrt{(a - d - r\sin\beta_{0 \sim n})^2 + (b - g - r\cos\beta_{0 \sim n})^2 + h_1^2}$

⑦ $J_{0 \sim n} = \sqrt{(a - d - r\sin\beta_{0 \sim n})^2 + (b + g - r\cos\beta_{0 \sim n})^2 + h_2^2}$

⑧ $S_{0 \sim n} = \pi(2r + t)\beta_{0 \sim n}/360°$

式中　n——锥台圆口 1/4 圆周等分份数；

$\beta_{0 \sim n}$——锥台圆口圆周各等分点同圆心连线，分别与 0 位半径轴的夹角。

说明：

① 公式中所有 $0 \sim n$ 编号均一致。

② 这种锥台有四种偏心形态、左前偏心、右前偏心、左后偏心、右后偏心。由于偏心

形态不同其计算公式也略有不同。

2. 展开计算实例（图7-18）

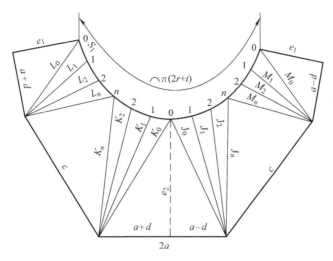

图7-18　展开图

1）已知条件（图7-17）：$a = 680$，$b = 760$，$r = 440$，$d = 200$，$g = 160$，$h = 850$，$Q = 15°$，$t = 10$。

2）所求对象同本节"展开计算模板"。

3）过渡条件：

① $h_1 = 850 - 760 \times \tan15° = 646$

② $h_2 = 850 + 760 \times \tan15° = 1054$

4）计算结果（设 $n = 3$）：

① $e_1 = \sqrt{(760 - 160 - 440)^2 + 646^2} = 666$

② $e_2 = \sqrt{(760 + 160 - 440)^2 + 1054^2} = 1158$

③ $c = 2 \times 760 / \cos15° = 1574$

④ $L_0 = \sqrt{(680 + 200 - 440 \times \sin0°)^2 + (760 - 160 - 440 \times \cos0°)^2 + 646^2} = 1104$

$L_1 = \sqrt{(680 + 200 - 440 \times \sin30°)^2 + (760 - 160 - 440 \times \cos30°)^2 + 646^2} = 949$

$L_2 = \sqrt{(680 + 200 - 440 \times \sin60°)^2 + (760 - 160 - 440 \times \cos60°)^2 + 646^2} = 901$

$L_3 = \sqrt{(680 + 200 - 440 \times \sin90°)^2 + (760 - 160 - 440 \times \cos90°)^2 + 646^2} = 986$

⑤ $K_0 = \sqrt{(680 + 200 - 440 \times \sin0°)^2 + (760 + 160 - 440 \times \cos0°)^2 + 1054^2} = 1454$

$K_1 = \sqrt{(680 + 200 - 440 \times \sin30°)^2 + (760 + 160 - 440 \times \cos30°)^2 + 1054^2} = 1355$

$K_2 = \sqrt{(680 + 200 - 440 \times \sin60°)^2 + (760 + 160 - 440 \times \cos60°)^2 + 1054^2} = 1360$

$K_3 = \sqrt{(680 + 200 - 440 \times \sin90°)^2 + (760 + 160 - 440 \times \cos90°)^2 + 1054^2} = 1466$

⑥ $M_0 = \sqrt{(680 - 200 - 440 \times \sin0°)^2 + (760 - 160 - 440 \times \cos0°)^2 + 646^2} = 821$

$M_1 = \sqrt{(680 - 200 - 440 \times \sin30°)^2 + (760 - 160 - 440 \times \cos30°)^2 + 646^2} = 730$

$M_2 = \sqrt{(680 - 200 - 440 \times \sin60°)^2 + (760 - 160 - 440 \times \cos60°)^2 + 646^2} = 756$

$$M_3 = \sqrt{(680 - 200 - 440 \times \sin90°)^2 + (760 - 160 - 440 \times \cos90°)^2 + 646^2} = 883$$

⑦ $J_0 = \sqrt{(680 - 200 - 440 \times \sin0°)^2 + (760 + 160 - 440 \times \cos0°)^2 + 1054^2} = 1253$

$J_1 = \sqrt{(680 - 200 - 440 \times \sin30°)^2 + (760 + 160 - 440 \times \cos30°)^2 + 1054^2} = 1212$

$J_2 = \sqrt{(680 - 200 - 440 \times \sin60°)^2 + (760 + 160 - 440 \times \cos60°)^2 + 1054^2} = 1269$

$J_3 = \sqrt{(680 - 200 - 440 \times \sin90°)^2 + (760 + 160 - 440 \times \cos90°)^2 + 1054^2} = 1399$

⑧ $S_0 = 3.1416 \times (2 \times 440 + 10) \times 0°/360° = 0$

$S_1 = 3.1416 \times (2 \times 440 + 10) \times 30°/360° = 233$

$S_2 = 3.1416 \times (2 \times 440 + 10) \times 60°/360° = 466$

$S_3 = 3.1416 \times (2 \times 440 + 10) \times 90°/360° = 699$

七、圆口倾斜正心圆方锥台（图 7-19）展开

1. 展开计算模板（左高右低倾斜）

1）已知条件（图 7-20）：

① 锥台方口纵边内半长 a；

② 锥台方口横边内半长 b；

③ 锥台圆口内半径 r；

④ 锥台圆口倾斜角 Q；

⑤ 锥台圆口中至方口端高 h；

⑥ 锥台壁厚 t。

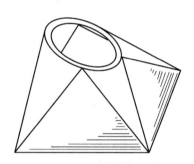

图 7-19　立体图

2）所求对象：

① 锥台右纵边实高 e_1；

② 锥台左纵边实高 e_2；

③ 锥台展开各素线实长 $L_{0 \sim n}$；

④ 锥台圆口各等分段中弧长 $S_{0 \sim n}$。

3）过渡条件公式：

① 锥台圆口各等分点至方口端垂高

$$H_{0 \sim n} = h - r\cos\beta_{0 \sim n}\sin Q$$

② 锥台圆口各等分点横半距

$$d_{0 \sim n} = | r\cos\beta_{0 \sim n}\cos Q |$$

③ 锥台圆口各等分点纵半距

$$f_{0 \sim n} = r\sin\beta_{0 \sim n}$$

4）计算公式：

① $e_1 = \sqrt{(b - d_0)^2 + H_0^2}$

② $e_2 = \sqrt{(b - d_n)^2 + H_n^2}$

③ $L_{0 \sim n} = \sqrt{(b - d_{0 \sim n})^2 + (a - f_{0 \sim n})^2 + H_{0 \sim n}^2}$

④ $S_{0 \sim n} = \pi(2r + t)\beta_{0 \sim n}/360°$

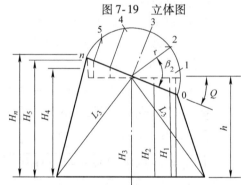

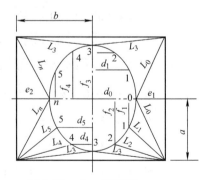

图 7-20　主、俯视图

式中　n——锥台圆口半圆周等分份数；

　　$\beta_{0 \sim n}$——锥台圆口圆周各等分点同圆心连线，与 0 位半径轴的夹角。

说明：

① 公式中所有 $0 \sim n$ 编号均一致。

② 锥台圆口等分中点至方口两端角素线长度相等。

2. 展开计算实例（图 7-21）

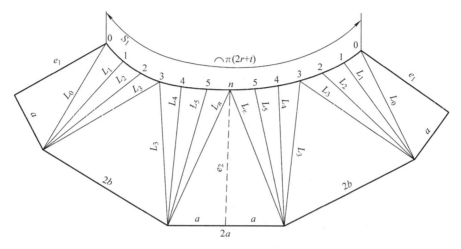

图 7-21 展开图

1）已知条件（图 7-20）：$a = 480$，$b = 800$，$r = 520$，$Q = 22°$，$h = 1050$，$t = 8$。

2）所求对象同本节"展开计算模板"。

3）过渡条件（设 $n = 6$）：

① $H_0 = 1050 - 520 \times \cos0° \times \sin22° = 855$

$H_1 = 1050 - 520 \times \cos30° \times \sin22° = 881$

$H_2 = 1050 - 520 \times \cos60° \times \sin22° = 953$

$H_3 = 1050 - 520 \times \cos90° \times \sin22° = 1050$

$H_4 = 1050 - 520 \times \cos120° \times \sin22° = 1147$

$H_5 = 1050 - 520 \times \cos150° \times \sin22° = 1219$

$H_6 = 1050 - 520 \times \cos180° \times \sin22° = 1245$

② $d_0 = |520 \times \cos0° \times \cos22°| = 482$

$d_1 = |520 \times \cos30° \times \cos22°| = 418$

$d_2 = |520 \times \cos60° \times \cos22°| = 241$

$d_3 = |520 \times \cos90° \times \cos22°| = 0$

$d_4 = |520 \times \cos120° \times \cos22°| = 241$

$d_5 = |520 \times \cos150° \times \cos22°| = 418$

$d_6 = |520 \times \cos180° \times \cos22°| = 482$

③ $f_0 = 520 \times \sin0° = 0$

$f_1 = 520 \times \sin30° = 260$

$f_2 = 520 \times \sin60° = 450$

$f_3 = 520 \times \sin90° = 520$

$f_4 = 520 \times \sin120° = 450$

$$f_5 = 520 \times \sin150° = 260$$
$$f_6 = 520 \times \sin180° = 0$$

4）计算结果：

① $e_1 = \sqrt{(800-482)^2 + 855^2} = 912$

② $e_2 = \sqrt{(800-482)^2 + 1245^2} = 1285$

③ $L_0 = \sqrt{(800-482)^2 + (480-0)^2 + 855^2} = 1031$

$L_1 = \sqrt{(800-418)^2 + (480-260)^2 + 881^2} = 986$

$L_2 = \sqrt{(800-241)^2 + (480-450)^2 + 953^2} = 1105$

$L_3 = \sqrt{(800-0)^2 + (480-520)^2 + 1050^2} = 1321$

$L_4 = \sqrt{(800-241)^2 + (480-450)^2 + 1147^2} = 1277$

$L_5 = \sqrt{(800-418)^2 + (480-260)^2 + 1219^2} = 1296$

$L_6 = \sqrt{(800-482)^2 + (480-0)^2 + 1245^2} = 1371$

④ $S_0 = 3.1416 \times (2 \times 520 + 8) \times 0°/360° = 0$

$S_1 = 3.1416 \times (2 \times 520 + 8) \times 30°/360° = 274$

$S_2 = 3.1416 \times (2 \times 520 + 8) \times 60°/360° = 549$

$S_3 = 3.1416 \times (2 \times 520 + 8) \times 90°/360° = 823$

$S_4 = 3.1416 \times (2 \times 520 + 8) \times 120°/360° = 1097$

$S_5 = 3.1416 \times (2 \times 520 + 8) \times 150°/360° = 1372$

$S_6 = 3.1416 \times (2 \times 520 + 8) \times 180°/360° = 1646$

八、圆口倾斜偏心圆方锥台（图 7-22）展开

1. 展开计算模板（左高右低倾斜，右偏心）

1）已知条件（图 7-23）：

① 锥台方口纵边内半长 a；

② 锥台方口横边内半长 b；

③ 锥台圆口内半径 r；

④ 锥台圆口倾斜角 Q；

⑤ 锥台两口偏心距 g；

⑥ 锥台圆口中至方口端高 h；

⑦ 锥台壁厚 t。

2）所求对象：

① 锥台左纵面实高 e_1；

② 锥台右纵面实高 e_2；

③ 锥台左部展开各素线实长 $L_{0 \sim n}$；

④ 锥台右部展开各素线实长 $K_{0 \sim n}$；

⑤ 锥台圆口各等分段中弧长 $S_{0 \sim n}$。

3）过渡条件公式：

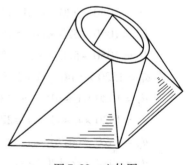

图 7-22　立体图

① 左半圆周各等分点至方口端垂高

$$H_{0 \sim n} = h + r\cos\beta_{0 \sim n}\sin Q$$

② 右半圆周各等分点至方口端垂高

$$P_{0 \sim n} = h - r\cos\beta_{0 \sim n}\sin Q$$

③ 锥台圆口各等分点横半距

$$d_{0 \sim n} = r\cos\beta_{0 \sim n}\cos Q$$

④ 锥台圆口各等分点纵半距

$$f_{0 \sim n} = r\sin\beta_{0 \sim n}$$

4）计算公式：

① $e_1 = \sqrt{(b+g-d_0)^2 + H^2}$

② $e_2 = \sqrt{(b-g-d_0)^2 + P_0^2}$

③ $L_{0 \sim n} = \sqrt{(b+g-d_{0 \sim n})^2 + (a-f_{0 \sim n})^2 + H_{0 \sim n}^2}$

④ $K_{0 \sim n} = \sqrt{(b-g-d_{0 \sim n})^2 + (a-f_{0 \sim n})^2 + P_{0 \sim n}^2}$

⑤ $S_{0 \sim n} = \pi(2r+t)\beta_{0 \sim n}/360°$

式中　n——锥台圆口 1/4 圆周等分份数。

　　　$\beta_{0 \sim n}$——锥台圆口圆周各等分点同圆心连线，分别
　　　　　　与 0 位半径轴的夹角。

说明：公式中所有 $0 \sim n$ 编号均一致。

2. 展开计算实例（图 7-24）

1）已知条件（图 7-23）：$a = 850$，$b = 1000$，$r = 650$，$Q = 25°$，$g = 250$，$h = 1400$，$t = 12$。

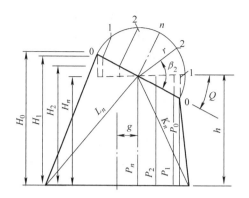

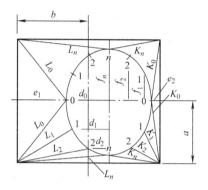

图 7-23　主、俯视图

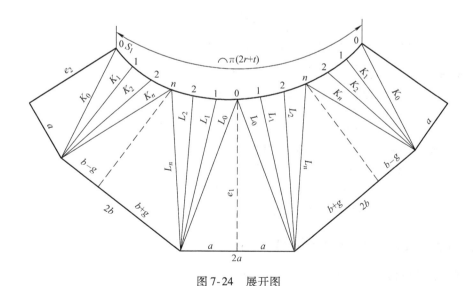

图 7-24　展开图

2）所求对象同本节"展开计算模板"。

3）过渡条件（设 $n = 3$）：

① $H_0 = 1400 + 650 \times \cos0° \times \sin25° = 1675$

$$H_1 = 1400 + 650 \times \cos30° \times \sin25° = 1638$$

$$H_2 = 1400 + 650 \times \cos60° \times \sin25° = 1537$$

$$H_3 = 1400 + 650 \times \cos90° \times \sin25° = 1400$$

② $P_0 = 1400 - 650 \times \cos0° \times \sin25° = 1125$

$\quad P_1 = 1400 - 650 \times \cos30° \times \sin25° = 1162$

$\quad P_2 = 1400 - 650 \times \cos60° \times \sin25° = 1263$

$\quad P_3 = 1400 - 650 \times \cos90° \times \sin25° = 1400$

③ $d_0 = 650 \times \cos0° \times \cos25° = 589$

$\quad d_1 = 650 \times \cos30° \times \cos25° = 510$

$\quad d_2 = 650 \times \cos60° \times \cos25° = 295$

$\quad d_3 = 650 \times \cos90° \times \cos25° = 0$

④ $f_0 = 650 \times \sin0° = 0$

$\quad f_1 = 650 \times \sin30° = 325$

$\quad f_2 = 650 \times \sin60° = 563$

$\quad f_3 = 650 \times \sin90° = 650$

4）计算结果：

① $e_1 = \sqrt{(1000 + 250 - 589)^2 + 1675^2} = 1800$

② $e_2 = \sqrt{(1000 - 250 - 589)^2 + 1125^2} = 1137$

③ $L_0 = \sqrt{(1000 + 250 - 589)^2 + (850 - 0)^2 + 1675^2} = 1991$

$\quad L_1 = \sqrt{(1000 + 250 - 510)^2 + (850 - 325)^2 + 1638^2} = 1872$

$\quad L_2 = \sqrt{(1000 + 250 - 295)^2 + (850 - 563)^2 + 1537^2} = 1833$

$\quad L_3 = \sqrt{(1000 + 250 - 0)^2 + (850 - 650)^2 + 1400^2} = 1887$

④ $K_0 = \sqrt{(1000 - 250 - 589)^2 + (850 - 0)^2 + 1125^2} = 1419$

$\quad K_1 = \sqrt{(1000 - 250 - 510)^2 + (850 - 325)^2 + 1162^2} = 1298$

$\quad K_2 = \sqrt{(1000 - 250 - 295)^2 + (850 - 563)^2 + 1263^2} = 1373$

$\quad K_3 = \sqrt{(1000 - 250 - 0)^2 + (850 - 650)^2 + 1400^2} = 1601$

⑤ $S_0 = 3.1416 \times (2 \times 650 + 12) \times 0°/360° = 0$

$\quad S_1 = 3.1416 \times (2 \times 650 + 12) \times 30°/360° = 343$

$\quad S_2 = 3.1416 \times (2 \times 650 + 12) \times 60°/360° = 687$

$\quad S_3 = 3.1416 \times (2 \times 650 + 12) \times 90°/360° = 1030$

九、圆口倾斜双偏心圆方锥台（图 7-25）展开

1. 展开计算模板（左高右低倾斜，右后偏心）

1）已知条件（图 7-26）：

① 锥台方口纵边内半长 a；

② 锥台方口横边内半长 b；

③ 锥台圆口内半径 r；

④ 锥台圆口倾斜角 Q；

⑤ 锥台两口纵偏心距 c；

⑥ 锥台两口横偏心距 g；

⑦ 圆口中至方口端高 h；

⑧ 锥台壁厚 t。

2）所求对象：

① 锥台左纵面实高 e_1；

② 锥台右纵面实高 e_2；

③ 锥台左前部展开各素线实长 $L_{0 \sim n}$；

④ 锥台右前部展开各素线实长 $K_{0 \sim n}$；

⑤ 锥台左后部展开各素线实长 $M_{0 \sim n}$；

⑥ 锥台右后部展开各素线实长 $J_{0 \sim n}$；

⑦ 锥台圆口各等分段中弧长 $S_{0 \sim n}$。

3）过渡条件公式：

① 左半圆周各等分点至方口端垂高

$$H_{0 \sim n} = h + r\cos\beta_{0 \sim n}\sin Q$$

② 右半圆周各等分点至方口端垂高

$$P_{0 \sim n} = h - r\cos\beta_{0 \sim n}\sin Q$$

③ 锥台圆口各等分点横半距

$$d_{0 \sim n} = r\cos\beta_{0 \sim n}\cos Q$$

④ 锥台圆口各等分点纵半距

$$f_{0 \sim n} = r\sin\beta_{0 \sim n}$$

4）计算公式：

① $e_1 = \sqrt{(b + g - d_0)^2 + H_0^2}$

② $e_2 = \sqrt{(b - g - d_0)^2 + P_0^2}$

③ $L_{0 \sim n} = \sqrt{(b + g - d_{0 \sim n})^2 + (a + c - f_{0 \sim n})^2 + H_{0 \sim n}^2}$

④ $K_{0 \sim n} = \sqrt{(b - g - d_{0 \sim n})^2 + (a + c - f_{0 \sim n})^2 + P_{0 \sim n}^2}$

⑤ $M_{0 \sim n} = \sqrt{(b + g - d_{0 \sim n})^2 + (a - c - f_{0 \sim n})^2 + H_{0 \sim n}^2}$

⑥ $J_{0 \sim n} = \sqrt{(b - g - d_{0 \sim n})^2 + (a - c - f_{0 \sim n})^2 + P_{0 \sim n}^2}$

⑦ $S_{0 \sim n} = \pi(2r + t)\beta_{0 \sim n}/360°$

式中　n——锥台圆口 1/4 圆周等份数；

　　$\beta_{0 \sim n}$——锥台圆口圆周各等分点同圆心连线，分别与 0 位半径轴的夹角。

说明：

① 公式中所有 $0 \sim n$ 编号均一致。

② 这种锥台有四种偏心形态，左前偏心、右前偏心、左后偏心、右后偏心。由于偏心形态不同，其计算公式也略有不同。

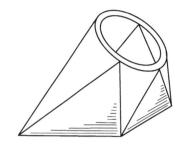

图 7-25　立体图

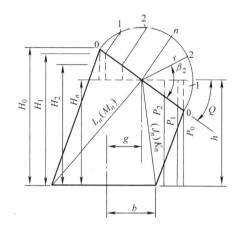

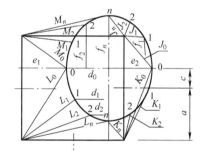

图 7-26　主、俯视图

2. 展开计算实例（图 7-27）

1）已知条件（图 7-26）：$a = 560$，$b = 520$，$r = 550$，$Q = 35°$，$c = 200$，$g = 360$，$h = 1120$，$t = 80$。

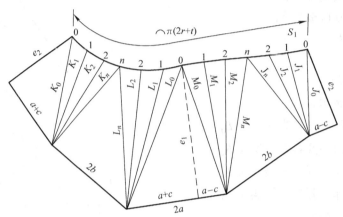

图 7-27 展开图

2）所求对象同本节"展开计算模板"。

3）过渡条件（设 $n = 3$）：

① $H_0 = 1120 + 550 \times \cos0° \times \sin35° = 1435$

　　$H_1 = 1120 + 550 \times \cos30° \times \sin35° = 1393$

　　$H_2 = 1120 + 550 \times \cos60° \times \sin35° = 1278$

　　$H_3 = 1120 + 550 \times \cos90° \times \sin35° = 1120$

② $P_0 = 1120 - 550 \times \cos0° \times \sin35° = 805$

　　$P_1 = 1120 - 550 \times \cos30° \times \sin35° = 847$

　　$P_2 = 1120 - 550 \times \cos60° \times \sin35° = 962$

　　$P_3 = 1120 - 550 \times \cos90° \times \sin35° = 1120$

③ $d_0 = 550 \times \cos0° \times \cos35° = 451$

　　$d_1 = 550 \times \cos30° \times \cos35° = 390$

　　$d_2 = 550 \times \cos60° \times \cos35° = 225$

　　$d_3 = 550 \times \cos90° \times \cos35° = 0$

④ $f_0 = 550 \times \sin0° = 0$

　　$f_1 = 550 \times \sin30° = 275$

　　$f_2 = 550 \times \sin60° = 476$

　　$f_3 = 550 \times \sin90° = 550$

4）计算结果：

① $e_1 = \sqrt{(520 + 360 - 451)^2 + 1435^2} = 1498$

② $e_2 = \sqrt{(520 - 360 - 451)^2 + 805^2} = 855$

③ $L_0 = \sqrt{(520 + 360 - 451)^2 + (560 + 200 - 0)^2 + 1435^2} = 1680$

　　$L_1 = \sqrt{(520 + 360 - 390)^2 + (560 + 200 - 275)^2 + 1393^2} = 1554$

　　$L_2 = \sqrt{(520 + 360 - 225)^2 + (560 + 200 - 476)^2 + 1278^2} = 1463$

$$L_3 = \sqrt{(520+360-0)^2 + (560+200-550)^2 + 1120^2} = 1440$$

④ $K_0 = \sqrt{(520-360-451)^2 + (560+200-0)^2 + 805^2} = 1144$

$K_1 = \sqrt{(520-360-390)^2 + (560+200-275)^2 + 847^2} = 1003$

$K_2 = \sqrt{(520-360-225)^2 + (560+200-476)^2 + 962^2} = 1005$

$K_3 = \sqrt{(520-360-0)^2 + (560+200-550)^2 + 1120^2} = 1151$

⑤ $M_0 = \sqrt{(520+360-451)^2 + (560-200-0)^2 + 1435^2} = 1541$

$M_1 = \sqrt{(520+360-390)^2 + (560-200-275)^2 + 1393^2} = 1479$

$M_2 = \sqrt{(520+360-225)^2 + (560-200-476)^2 + 1278^2} = 1440$

$M_3 = \sqrt{(520+360-0)^2 + (560-200-550)^2 + 1120^2} = 1437$

⑥ $J_0 = \sqrt{(520-360-451)^2 + (560-200-0)^2 + 805^2} = 928$

$J_1 = \sqrt{(520-360-390)^2 + (560-200-275)^2 + 847^2} = 882$

$J_2 = \sqrt{(520-360-225)^2 + (560-200-476)^2 + 962^2} = 971$

$J_3 = \sqrt{(520-360-0)^2 + (560-200-550)^2 + 1120^2} = 1147$

⑦ $S_0 = 3.1416 \times (2 \times 550+8) \times 0°/360° = 0$

$S_1 = 3.1416 \times (2 \times 550+8) \times 30°/360° = 290$

$S_2 = 3.1416 \times (2 \times 550+8) \times 60°/360° = 580$

$S_3 = 3.1416 \times (2 \times 550+8) \times 90°/360° = 870$

十、两口垂直偏心圆方锥台（图7-28）展开

1. 展开计算模板（右偏心）

1）已知条件（图7-29）：

① 锥台方口纵边内半长 a；

② 锥台方口横边内半长 b；

③ 锥台圆口内半径 r；

④ 锥台两口偏心距 g；

⑤ 锥台圆口中至方口端高 h；

⑥ 锥台壁厚 t。

2）所求对象：

① 锥台左纵面实高 e_1；

② 锥台右纵面实高 e_2；

③ 锥台左部展开各素线实长 $L_{0 \sim n}$；

④ 锥台右部展开各素线实长 $K_{0 \sim n}$；

⑤ 锥台圆口各等分段中弧长 $S_{0 \sim n}$。

3）过渡条件公式：

① 上半圆周各等分点至方口端垂高 $H_{0 \sim n} = h + r\cos\beta_{0 \sim n}$

② 下半圆周各等分点至方口端垂高 $P_{0 \sim n} = h - r\cos\beta_{0 \sim n}$

③ 锥台圆口各等分点纵半距 $d_{0 \sim n} = r\sin\beta_{0 \sim n}$

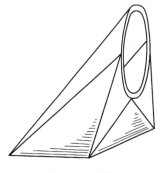

图 7-28　立体图

4) 计算公式：

① $e_1 = \sqrt{(b+g)^2 + H_0^2}$

② $e_2 = \sqrt{(b-g)^2 + P_0^2}$

③ $L_{0 \sim n} = \sqrt{(b+g)^2 + (a - d_{0 \sim n})^2 + H_{0 \sim n}^2}$

④ $K_{0 \sim n} = \sqrt{(b-g)^2 + (a - d_{0 \sim n})^2 + P_{0 \sim n}^2}$

⑤ $S_{0 \sim n} = \pi(2r+t)\beta_{0 \sim n}/360°$

式中　n——锥台圆口1/4圆周等分份数；

　　　$\beta_{0 \sim n}$——锥台圆口圆周各等分点同圆心连线与0位

　　　　　　半径轴的夹角。

说明：公式中所有 $0 \sim n$ 编号均一致。

2. 展开计算实例（图7-30）

1) 已知条件（图7-29）：$a = 700$，$b = 500$，$r = 450$，$g = 800$，$h = 1000$，$t = 10$。

2) 所求对象同本节"展开计算模板"。

3) 过渡条件（设 $n = 3$）：

① $H_0 = 1000 + 450 \times \cos0° = 1450$

　 $H_1 = 1000 + 450 \times \cos30° = 1390$

　 $H_2 = 1000 + 450 \times \cos60° = 1225$

　 $H_3 = 1000 + 450 \times \cos90° = 1000$

② $P_0 = 1000 - 450 \times \cos0° = 550$

　 $P_1 = 1000 - 450 \times \cos30° = 610$

　 $P_2 = 1000 - 450 \times \cos60° = 775$

　 $P_3 = 1000 - 450 \times \cos90° = 1000$

③ $d_0 = 450 \times \sin0° = 0$

　 $d_1 = 450 \times \sin30° = 225$

　 $d_2 = 450 \times \sin60° = 390$

　 $d_3 = 450 \times \sin90° = 450$

4) 计算结果：

① $e_1 = \sqrt{(500 + 800)^2 + 1450^2} = 1947$

② $e_2 = \sqrt{(500 - 800)^2 + 550^2} = 626$

③ $L_0 = \sqrt{(500 + 800)^2 + (700 - 0)^2 + 1450^2} = 2069$

　 $L_1 = \sqrt{(500 + 800)^2 + (700 - 225)^2 + 1390^2} = 1961$

　 $L_2 = \sqrt{(500 + 800)^2 + (700 - 390)^2 + 1225^2} = 1813$

　 $L_3 = \sqrt{(500 + 800)^2 + (700 - 450)^2 + 1000^2} = 1659$

④ $K_0 = \sqrt{(500 - 800)^2 + (700 - 0)^2 + 550^2} = 939$

　 $K_1 = \sqrt{(500 - 800)^2 + (700 - 225)^2 + 610^2} = 830$

　 $K_2 = \sqrt{(500 - 800)^2 + (700 - 390)^2 + 775^2} = 887$

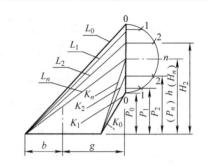

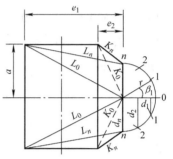

图7-29　主、俯视图

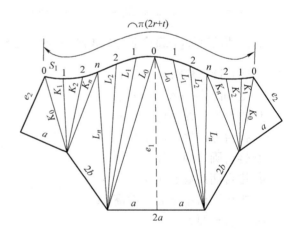

图7-30　展开图

$$K_3 = \sqrt{(500-800)^2 + (700-450)^2 + 1000^2} = 1074$$

⑤ $S_0 = 3.1416 \times (2 \times 450 + 10) \times 0°/360° = 0$

　　$S_1 = 3.1416 \times (2 \times 450 + 10) \times 30°/360° = 238$

　　$S_2 = 3.1416 \times (2 \times 450 + 10) \times 60°/360° = 476$

　　$S_3 = 3.1416 \times (2 \times 450 + 10) \times 90°/360° = 715$

十一、两口垂直双偏心圆方锥台（图7-31）展开

1. 展开计算模板（右后偏心）

1）已知条件（图7-32）：

① 锥台方口纵边内半长 a；

② 锥台方口横边内半长 b；

③ 锥台圆口内半径 r；

④ 锥台两口横偏心距 g；

⑤ 锥台两口纵偏心距 c；

⑥ 圆口中至方口端高 h；

⑦ 锥台壁厚 t。

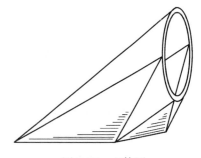

图 7-31　立体图

2）所求对象：

① 锥台左纵面实高 e_1；

② 锥台右纵面实高 e_2；

③ 锥台左前部展开各素线实长 $L_{0 \sim n}$；

④ 锥台右前部展开各素线实长 $K_{0 \sim n}$；

⑤ 锥台左后部展开各素线实长 $M_{0 \sim n}$；

⑥ 锥台右后部展开各素线实长 $J_{0 \sim n}$；

⑦ 锥台圆口各等分段中弧长 $S_{0 \sim n}$。

3）过渡条件公式：

① 上半圆周各等分点至方口端垂高

$$H_{0 \sim n} = h + r\cos\beta_{0 \sim n}$$

② 下半圆周各等分点至方口端垂高

$$P_{0 \sim n} = h - r\cos\beta_{0 \sim n}$$

③ 锥台圆口各等分点纵半距

$$d_{0 \sim n} = r\sin\beta_{0 \sim n}$$

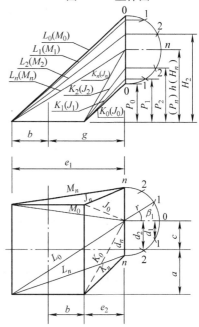

图 7-32　主、俯视图

4）计算公式：

① $e_1 = \sqrt{(b+g)^2 + H_0^2}$

② $e_2 = \sqrt{(b-g)^2 + P_0^2}$

③ $L_{0 \sim n} = \sqrt{(b+g)^2 + (a+c-d_{0 \sim n})^2 + H_{0 \sim n}^2}$

④ $K_{0 \sim n} = \sqrt{(b-g)^2 + (a+c-d_{0 \sim n})^2 + P_{0 \sim n}^2}$

⑤ $M_{0 \sim n} = \sqrt{(b+g)^2 + (a-c-d_{0 \sim n})^2 + H_{0 \sim n}^2}$

⑥ $J_{0 \sim n} = \sqrt{(b-g)^2 + (a-c-d_{0 \sim n})^2 + P_{0 \sim n}^2}$

⑦ $S_{0 \sim n} = \pi(2r+t)\beta_{0 \sim n}/360°$

式中　n——锥台圆口 1/4 圆周等分份数；

　　$\beta_{0 \sim n}$——锥台圆口圆周各等分点同圆心连线，与 0 位半径轴的夹角。

说明：公式中所有 $0 \sim n$ 编号均一致。

2. 展开计算实例（图 7-33）

1）已知条件（图 7-32）：$a = 650$，$b = 550$，$r = 500$，$g = 1150$，$c = 400$，$h = 1300$，$t = 8$。

2）所求对象同本节"展开计算模板"。

3）过渡条件（设 $n = 3$）：

① $H_0 = 1300 + 500 \times \cos0° = 1800$

　　$H_1 = 1300 + 500 \times \cos30° = 1733$

　　$H_2 = 1300 + 500 \times \cos60° = 1550$

　　$H_3 = 1300 + 500 \times \cos90° = 1300$

② $P_0 = 1300 - 500 \times \cos0° = 800$

　　$P_1 = 1300 - 500 \times \cos30° = 867$

　　$P_2 = 1300 - 500 \times \cos60° = 1050$

　　$P_3 = 1300 - 500 \times \cos90° = 1300$

③ $d_0 = 500 \times \sin0° = 0$

　　$d_1 = 500 \times \sin30° = 250$

　　$d_2 = 500 \times \sin60° = 433$

　　$d_3 = 500 \times \sin90° = 500$

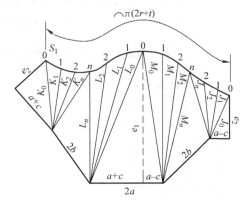

图 7-33　展开图

4）计算结果：

① $e_1 = \sqrt{(550+1150)^2 + 1800^2} = 2476$

② $e_2 = \sqrt{(550-1150)^2 + 800^2} = 1000$

③ $L_0 = \sqrt{(550+1150)^2 + (650+400-0)^2 + 1800^2} = 2689$

　　$L_1 = \sqrt{(550+1150)^2 + (650+400-250)^2 + 1733^2} = 2556$

　　$L_2 = \sqrt{(550+1150)^2 + (650+400-433)^2 + 1550^2} = 2382$

　　$L_3 = \sqrt{(550+1150)^2 + (650+400-500)^2 + 1300^2} = 2210$

④ $K_0 = \sqrt{(550-1150)^2 + (650+400-0)^2 + 800^2} = 1450$

　　$K_1 = \sqrt{(550-1150)^2 + (650+400-250)^2 + 867^2} = 1324$

　　$K_2 = \sqrt{(550-1150)^2 + (650+400-433)^2 + 1050^2} = 1358$

　　$K_3 = \sqrt{(550-1150)^2 + (650+400-500)^2 + 1300^2} = 1534$

⑤ $M_0 = \sqrt{(550+1150)^2 + (650-400-0)^2 + 1800^2} = 2488$

　　$M_1 = \sqrt{(550+1150)^2 + (650-400-250)^2 + 1733^2} = 2428$

　　$M_2 = \sqrt{(550+1150)^2 + (650-400-433)^2 + 1550^2} = 2308$

　　$M_3 = \sqrt{(550+1150)^2 + (650-400-500)^2 + 1300^2} = 2155$

⑥ $J_0 = \sqrt{(550-1150)^2 + (650-400-0)^2 + 800^2} = 1031$

$J_1 = \sqrt{(550-1150)^2 + (650-400-250)^2 + 867^2} = 1054$

$J_2 = \sqrt{(550-1150)^2 + (650-400-433)^2 + 1050^2} = 1223$

$J_3 = \sqrt{(550-1150)^2 + (650-400-500)^2 + 1300^2} = 1453$

⑦ $S_0 = 3.1416 \times (2 \times 500 + 8) \times 0°/360° = 0$

$S_1 = 3.1416 \times (2 \times 500 + 8) \times 30°/360° = 264$

$S_2 = 3.1416 \times (2 \times 500 + 8) \times 60°/360° = 528$

$S_3 = 3.1416 \times (2 \times 500 + 8) \times 90°/360° = 792$

十二、平口正心方圆锥台（图7-34）展开

1. 展开计算模板

1）已知条件（图7-35）：

① 锥台方口内边半长 b；

② 锥台圆口内半径 r；

③ 锥台两端口高 h；

④ 锥台壁厚 t。

2）所求对象：

① 锥台三角形面实高 e；

② 锥台展开各素线实长 $L_{0 \sim n}$；

③ 锥台圆口各等分段中弧长 $S_{0 \sim n}$。

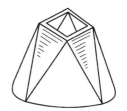

图7-34　立体图

3）过渡条件公式：锥台方口对角线半长 $K = \sqrt{2}b$。

4）计算公式：

① $e = \sqrt{(r-b)^2 + h^2}$

② $L_{0 \sim n} = \sqrt{r^2 + K^2 - 2rK\cos\beta_{0 \sim n} + h^2}$

③ $S_{0 \sim n} = \pi(2r + t)\beta_{0 \sim n}/360°$

式中　n——锥台圆口 1/8 圆周等分份数；

$\beta_{0 \sim n}$——锥台圆口圆周各等分点同圆心连线，与方口半对角线的夹角。

说明：公式中所有 $0 \sim n$ 编号均一致。

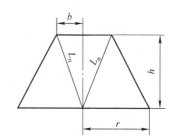

2. 展开计算实例（图7-36）

1）已知条件（图7-35）：$b = 450$，$r = 1050$，$h = 1100$，$t = 8$。

2）所求对象同本节"展开计算模板"。

3）过渡条件：$K = \sqrt{2} \times 450 = 636.3$

4）计算结果（设 $n = 3$）：

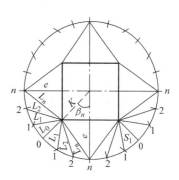

图7-35　主、俯视图

① $e = \sqrt{(1050-450)^2 + 1100^2} = 1253$

② $L_0 = \sqrt{1050^2 + 636.3^2 - 2 \times 1050 \times 636.3 \times \cos0° + 1100^2} = 1175$

$L_1 = \sqrt{1050^2 + 636.3^2 - 2 \times 1050 \times 636.3 \times \cos15° + 1100^2} = 1194$

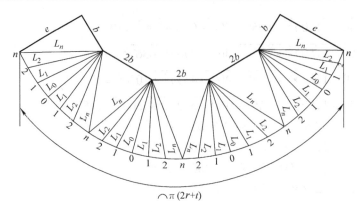

$$\frown \pi(2r+t)$$

图 7-36 展开图

$$L_2 = \sqrt{1050^2 + 636.3^2 - 2 \times 1050 \times 636.3 \times \cos 30° + 1100^2} = 1249$$

$$L_3 = \sqrt{1050^2 + 636.3^2 - 2 \times 1050 \times 636.3 \times \cos 45° + 1100^2} = 1331$$

③ $S_0 = 3.1416 \times (2 \times 1050 + 8) \times 0°/360° = 0$

$S_1 = 3.1416 \times (2 \times 1050 + 8) \times 15°/360° = 276$

$S_2 = 3.1416 \times (2 \times 1050 + 8) \times 30°/360° = 552$

$S_3 = 3.1416 \times (2 \times 1050 + 8) \times 45°/360° = 828$

十三、平口偏心方圆锥台（图 7-37）展开

1. 展开计算模板（左偏心）

1）已知条件（图 7-38）：

① 锥台方口纵边内半长 a；

② 锥台方口横边内半长 b；

③ 锥台圆口内半径 r；

④ 锥台两口偏心距 g；

⑤ 锥台两端口高 h；

⑥ 锥台壁厚 t。

图 7-37 立体图

2）所求对象：

① 锥台左纵面实高 e_1；

② 锥台右纵面实高 e_2；

③ 锥台左部展开各素线实长 $L_{0 \sim n}$；

④ 锥台右部展开各素线实长 $K_{0 \sim n}$；

⑤ 锥台圆口各等分段中弧长 $S_{0 \sim n}$。

3）过渡条件公式：

① 锥台方口左角至圆心距 $M = \sqrt{a^2 + (b+g)^2}$

② 锥台方口右角至圆心距 $J = \sqrt{a^2 + (b-g)^2}$

③ 左角 M 线与 0 位半径轴的夹角 $A = \arcsin(a/M)$

④ 右角 J 线与 0 位半径轴的夹角 $B = \arcsin(a/J)$

4）计算公式：

① $e_1 = \sqrt{(r - g - b)^2 + h^2}$

② $e_2 = \sqrt{(r + g - b)^2 + h^2}$

③ $L_{0 \sim n} = \sqrt{M^2 + r^2 - 2Mr\cos(A - \beta_{0 \sim n}) + h^2}$

④ $K_{0 \sim n} = \sqrt{J^2 + r^2 - 2Jr\cos(B - \beta_{0 \sim n}) + h^2}$

⑤ $S_{0 \sim n} = \pi(2r + t)\beta_{0 \sim n}/360°$

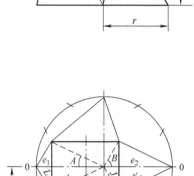

式中　n——锥台圆口 1/4 圆周等分份数；

　　$\beta_{0 \sim n}$——锥台圆口圆周各等分点同圆心连线，与 0
　　　　　位半径轴的夹角。

说明：公式中所有 $0 \sim n$ 编号均一致。

2. 展开计算实例（图 7-39）

1）已知条件（图 7-38）：$a = 450$，$b = 620$，$r = 1200$，$g = 300$，$h = 1450$，$t = 10$。

2）所求对象同本节"展开计算模板"。

3）过渡条件：

① $M = \sqrt{450^2 + (620 + 300)^2} = 1024$

② $J = \sqrt{450^2 + (620 - 300)^2} = 552$

③ $A = \arcsin(450/1024) = 26.0647°$

图 7-38　主、俯视图

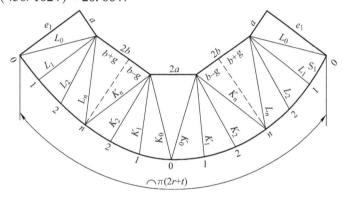

图 7-39　展开图

④ $B = \arcsin(450/552) = 54.5829°$

4）计算结果（设 $n = 3$）：

① $e_1 = \sqrt{(1200 - 300 - 620)^2 + 1450^2} = 1477$

② $e_2 = \sqrt{(1200 + 300 - 620)^2 + 1450^2} = 1696$

③ $L_0 = \sqrt{1024^2 + 1200^2 - 2 \times 1024 \times 1200 \times \cos(26.0647° - 0°) + 1450^2} = 1544$

　　$L_1 = \sqrt{1024^2 + 1200^2 - 2 \times 1024 \times 1200 \times \cos(26.0647° - 30°) + 1450^2} = 1463$

　　$L_2 = \sqrt{1024^2 + 1200^2 - 2 \times 1024 \times 1200 \times \cos(26.0647° - 60°) + 1450^2} = 1598$

　　$L_3 = \sqrt{1024^2 + 1200^2 - 2 \times 1024 \times 1200 \times \cos(26.0647° - 90°) + 1450^2} = 1874$

④ $K_0 = \sqrt{552^2 + 1200^2 - 2 \times 552 \times 1200 \times \cos(54.5829° - 0°) + 1450^2} = 1755$

　　$K_1 = \sqrt{552^2 + 1200^2 - 2 \times 552 \times 1200 \times \cos(54.5829° - 30°) + 1450^2} = 1626$

$$K_2 = \sqrt{552^2 + 1200^2 - 2 \times 552 \times 1200 \times \cos(54.5829° - 60°) + 1450^2} = 1590$$

$$K_3 = \sqrt{552^2 + 1200^2 - 2 \times 552 \times 1200 \times \cos(54.5829° - 90°) + 1450^2} = 1664$$

⑤ $S_0 = 3.1416 \times (2 \times 1200 + 10) \times 0°/360° = 0$

　$S_1 = 3.1416 \times (2 \times 1200 + 10) \times 30°/360° = 631$

　$S_2 = 3.1416 \times (2 \times 1200 + 10) \times 60°/360° = 1262$

　$S_3 = 3.1416 \times (2 \times 1200 + 10) \times 90°/360° = 1893$

十四、平口双偏心方圆锥台（图7-40）展开

1. 展开计算模板（左后偏心）

1）已知条件（图7-41）：

① 方口纵边内半长 a；

② 方口横边内半长 b；

③ 锥台圆口内半径 r；

④ 锥台两口横偏心距 g；

⑤ 锥台两口纵偏心距 c；

⑥ 锥台两端口高 h；

⑦ 锥台壁厚 t。

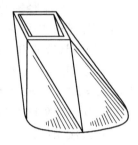

图7-40　立体图

2）所求对象：

① 锥台左纵面实高 e_1；

② 锥台右纵面实高 e_2；

③ 左前部展开各素线实长 $L_{0 \sim n}$；

④ 右前部展开各素线实长 $K_{0 \sim n}$；

⑤ 左后部展开各素线实长 $M_{0 \sim n}$；

⑥ 右后部展开各素线实长 $J_{0 \sim n}$；

⑦ 圆口各等分段中弧长 $S_{0 \sim n}$。

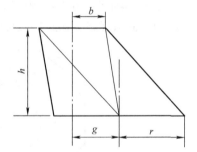

3）过渡条件公式：

① 方口左前角至圆心距 $d_1 = \sqrt{(b+g)^2 + (a-c)^2}$

② 方口右前角至圆心距 $d_2 = \sqrt{(b-g)^2 + (a-c)^2}$

③ 方口左后角至圆心距 $d_3 = \sqrt{(b+g)^2 + (a+c)^2}$

④ 方口右后角至圆心距 $d_4 = \sqrt{(b-g)^2 + (a+c)^2}$

⑤ d_1 线段与0位半径轴夹角 $A_1 = \arcsin[(a-c)/d_1]$

⑥ d_2 线段与0位半径轴夹角 $A_2 = \arcsin[(a-c)/d_2]$

"当（$b-g$）为正值时，用此公式"

$A_2 = 180° - \arcsin[(a-c)/d_2]$

"当（$b-g$）为负值时，用此公式"

⑦ d_3 线段与0位半径轴夹角 $A_3 = \arcsin[(a+c)/d_3]$

⑧ d_4 线段与0位半径轴夹角 $A_4 = \arcsin[(a+c)/d_4]$

"当（$b-g$）为正值时，用此公式"

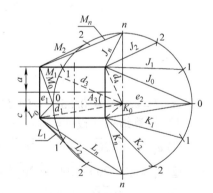

图7-41　主、俯视图

$A_4 = 180° - \arcsin\left[(a+c)/d_4\right]$

"当（$b-g$）为负值时，用此公式"

4）计算公式：

① $e_1 = \sqrt{(r-g-b)^2 + h^2}$

② $e_2 = \sqrt{(r+g-b)^2 + h^2}$

③ $L_{0\sim n} = \sqrt{d_1^2 + r^2 - 2d_1 r \cos(A_1 - \beta_{0\sim n}) + h^2}$

④ $K_{0\sim n} = \sqrt{d_2^2 + r^2 - 2d_2 r \cos(A_2 - \beta_{0\sim n}) + h^2}$

⑤ $M_{0\sim n} = \sqrt{d_3^2 + r^2 - 2d_3 r \cos(A_3 - \beta_{0\sim n}) + h^2}$

⑥ $J_{0\sim n} = \sqrt{d_4^2 + r^2 - 2d_3 r \cos(A_4 - \beta_{0\sim n}) + h^2}$

⑦ $S_{0\sim n} = \pi(2r+t)\beta_{0\sim n}/360°$

式中　n——锥台圆口 1/4 圆周等分份数；

$\beta_{0\sim n}$——锥台圆口圆周各等分点同圆心连线，分别与 0 位半径轴的夹角。

说明：

① 公式中所有 $0\sim n$ 编号均一致。

② 公式中（$b-g$）为正值或负值的求角公式有所不同，因此，要正确选用求角公式，不过，其他公式通用。

2. 展开计算实例（图 7-42）（$b-g$ 为负值）

1）已知条件（图 7-41）：$a = 420$，$b = 600$，$r = 1200$，$g = 850$，$c = 180$，$h = 1500$，$t = 10$。

2）所求对象同本节"展开计算模板"。

3）过渡条件：

① $d_1 = \sqrt{(600+850)^2 + (420-180)^2} = 1469.7$

② $d_2 = \sqrt{(600-850)^2 + (420-180)^2} = 346.6$

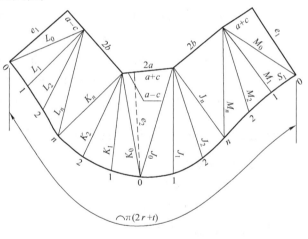

图 7-42　展开图

③ $d_3 = \sqrt{(600+850)^2 + (420+180)^2} = 1569.2$

④ $d_4 = \sqrt{(600-850)^2 + (420+180)^2} = 650$

⑤ $A_1 = \arcsin\left[(420-180)/1469.7\right] = 9.3982°$

⑥ $A_2 = 180° - \arcsin\left[(420-180)/346.6\right] = 136.169°$

⑦ $A_3 = \arcsin\left[(420+180)/1569.2\right] = 22.4794°$

⑧ $A_4 = 180° - \arcsin\left[(420+180)/650\right] = 112.62°$

4）计算结果（设 $n = 3$）：

① $e_1 = \sqrt{(1200-850-600)^2 + 1500^2} = 1521$

② $e_2 = \sqrt{(1200+850-600)^2 + 1500^2} = 2086$

③ $L_0 = \sqrt{1469.7^2 + 1200^2 - 2 \times 1469.7 \times 1200 \times \cos(9.3982° - 0°) + 1500^2} = 1540$

$L_1 = \sqrt{1469.7^2 + 1200^2 - 2 \times 1469.7 \times 1200 \times \cos(9.3982° - 30°) + 1500^2} = 1596$

$L_2 = \sqrt{1469.7^2 + 1200^2 - 2 \times 1469.7 \times 1200 \times \cos(9.3982° - 60°) + 1500^2} = 1900$

$L_3 = \sqrt{1469.7^2 + 1200^2 - 2 \times 1469.7 \times 1200 \times \cos(9.3982° - 90°) + 1500^2} = 2297$

④ $K_0 = \sqrt{346.6^2 + 1200^2 - 2 \times 346.6 \times 1200 \times \cos(136.169° - 0°) + 1500^2} = 2100$

$K_1 = \sqrt{346.6^2 + 1200^2 - 2 \times 346.6 \times 1200 \times \cos(136.169° - 30°) + 1500^2} = 2010$

$K_2 = \sqrt{346.6^2 + 1200^2 - 2 \times 346.6 \times 1200 \times \cos(136.169° - 60°) + 1500^2} = 1900$

$K_3 = \sqrt{346.6^2 + 1200^2 - 2 \times 346.6 \times 1200 \times \cos(136.169° - 90°) + 1500^2} = 1798$

⑤ $M_0 = \sqrt{1569.2^2 + 1200^2 - 2 \times 1569.2 \times 1200 \times \cos(22.4794° - 0°) + 1500^2} = 1635$

$M_1 = \sqrt{1569.2^2 + 1200^2 - 2 \times 1569.2 \times 1200 \times \cos(22.4794° - 30°) + 1500^2} = 1555$

$M_2 = \sqrt{1569.2^2 + 1200^2 - 2 \times 1569.2 \times 1200 \times \cos(22.4794° - 60°) + 1500^2} = 1779$

$M_3 = \sqrt{1569.2^2 + 1200^2 - 2 \times 1569.2 \times 1200 \times \cos(22.4794° - 90°) + 1500^2} = 2171$

⑥ $J_0 = \sqrt{650^2 + 1200^2 - 2 \times 650 \times 1200 \times \cos(112.62° - 0°) + 1500^2} = 2171$

$J_1 = \sqrt{650^2 + 1200^2 - 2 \times 650 \times 1200 \times \cos(112.62° - 30°) + 1500^2} = 1978$

$J_2 = \sqrt{650^2 + 1200^2 - 2 \times 650 \times 1200 \times \cos(112.62° - 60°) + 1500^2} = 1779$

$J_3 = \sqrt{650^2 + 1200^2 - 2 \times 650 \times 1200 \times \cos(112.62° - 90°) + 1500^2} = 1635$

⑦ $S_0 = 3.1416 \times (2 \times 1200 + 10) \times 0°/360° = 0$

$S_1 = 3.1416 \times (2 \times 1200 + 10) \times 30°/360° = 631$

$S_2 = 3.1416 \times (2 \times 1200 + 10) \times 60°/360° = 1262$

$S_3 = 3.1416 \times (2 \times 1200 + 10) \times 90°/360° = 1893$

十五、平口正心顶长圆底方锥台（图 7-43）展开

1. 展开计算模板

1）已知条件（图 7-44）：

① 锥台方口纵边半长 a；

② 锥台方口横边半长 b；

③ 锥台长圆口内半径 r；

④ 锥台长圆口直边半长 g；

⑤ 锥台两端口高 h；

⑥ 锥台壁厚 t。

2）所求对象

① 锥台左右侧面实高 e；

② 锥台前后正面实高 d；

③ 锥台梯形面对角线实长 c；

④ 锥台展开各素线实长 $L_{0 \sim n}$；

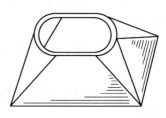

图 7-43　立体图

⑤ 两半圆口各等分段中弧长 $S_{0 \sim n}$。

3）计算公式：

① $e = \sqrt{(b - g - r)^2 + h^2}$

② $d = \sqrt{(a - r)^2 + h^2}$

③ $c = \sqrt{(b + g)^2 + h^2}$

④ $L_{0 \sim n} = \sqrt{(a - r\sin\beta_{0 \sim n})^2 + (b - g - r\cos\beta_{0 \sim n})^2 + h^2}$

⑤ $S_{0 \sim n} = \pi(2r + t)\beta_{0 \sim n}/360°$

式中　n——锥台圆口 1/4 圆周等分份数；

　　　$\beta_{0 \sim n}$——锥台圆口部位圆周各等分点同圆心连线与 0 位半径轴的夹角。

说明：公式中所有 $0 \sim n$ 编号均一致。

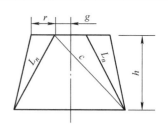
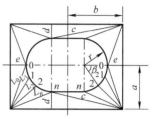

图 7-44　主、俯视图

2. 展开计算实例（图 7-45）

1）已知条件（图 7-44）：$a = 600$，$b = 800$，$r = 350$，$g = 200$，$h = 1100$，$t = 8$。

2）所求对象同本节"展开计算模板"。

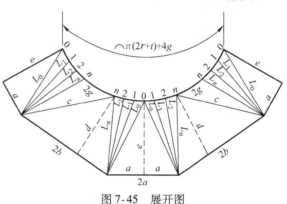

图 7-45　展开图

3）计算结果（设 $n = 3$）：

① $e = \sqrt{(800 - 200 - 350)^2 + 1100^2} = 1128$

② $d = \sqrt{(600 - 350)^2 + 1100^2} = 1128$

③ $c = \sqrt{(800 + 200)^2 + 1100^2} = 1507$

④ $L_0 = \sqrt{(600 - 350 \times \sin0°)^2 + (800 - 200 - 350 \times \cos0°)^2 + 1100^2} = 1278$

　　$L_1 = \sqrt{(600 - 350 \times \sin30°)^2 + (800 - 200 - 350 \times \cos30°)^2 + 1100^2} = 1216$

　　$L_2 = \sqrt{(600 - 350 \times \sin60°)^2 + (800 - 200 - 350 \times \cos60°)^2 + 1100^2} = 1216$

　　$L_3 = \sqrt{(600 - 350 \times \sin90°)^2 + (800 - 200 - 350 \times \cos90°)^2 + 1100^2} = 1278$

⑤ $S_0 = 3.1416 \times (2 \times 350 + 8) \times 0°/360° = 0$

　　$S_1 = 3.1416 \times (2 \times 350 + 8) \times 30°/360° = 185$

　　$S_2 = 3.1416 \times (2 \times 350 + 8) \times 60°/360° = 371$

　　$S_3 = 3.1416 \times (2 \times 350 + 8) \times 90°/360° = 556$

十六、方顶 U 形底口偏心斜漏斗（图 7-46）展开

1. 展开计算模板

1）已知条件（图 7-47）：

① 漏斗方口横边内半长 a；

② 漏斗方口纵边内半长 b；

③ U 形口直边内半长圆弧内半径 r；

④ 漏斗两端口中偏心距 K；

⑤ U 形口中至方口端垂高 h；

⑥ 漏斗壁厚 t。

2）所求对象：

① 漏斗左面板实高 e；

② 漏斗右面板实高 e_2；

③ 侧板与右面板接合边实长 f；

④ 漏斗侧板折线实长 f；

⑤ 漏斗圆弧段展开各素线实长 $L_{0 \sim n}$；

⑥ 漏斗圆弧口各等分段中弧长 $S_{0 \sim n}$。

3）过渡条件公式：

① 漏斗 U 形口倾斜角度 $\alpha = \arctan\ (K/h)$

② U 形口圆弧各等分点至方口端垂高

$$H_{0 \sim n} = h + r\sin\beta_{0 \sim n}\sin\alpha$$

③ 漏斗右面板垂高 $g = h - r\sin a$

④ 漏斗 U 形口各等分段横半距

$$d_{0 \sim 0} = r\sin\beta_{0 \sim n}\cos\alpha$$

⑤ 漏斗 U 形口各等分段纵半距

$$c_{0 \sim n} = r\cos\beta_{0 \sim n}$$

4）计算公式：

① $e_1 = \sqrt{(a + K - d_n)^2 + H_n^2}$

② $e_2 = \sqrt{(K - a + d_n)^2 + g^2}$

③ $f = \sqrt{(b - r)^2 + e_2^2}$

④ $J = \sqrt{(K - a)^2 + (b - r)^2 + h^2}$

⑤ $L_{0 \sim n} = \sqrt{(a + K - d_{0 \sim n})^2 + (b - c_{0 \sim n})^2 + H_{0 \sim n}^2}$

⑥ $S_{0 \sim n} = \pi(r + t/2)\beta_{0 \sim n}/180°$

式中　n——漏斗 U 形口半圆弧 1/4 圆周等分份数；

$\beta_{0 \sim n}$——漏斗 U 形口半圆周各等分点同圆心连线与 0 位半径轴的夹角。

说明：

① 公式中所有 $0 \sim n$ 编号均一致。

② 漏斗 U 形口各直边段长度与圆弧段内半径 r 均相同。

2. 展开计算实例（图 7-48）

1）已知条件（图 7-47）：$a = 800$，$b = 1000$，$r = 480$，$K = 1200$，$h = 1800$，$t = 8$。

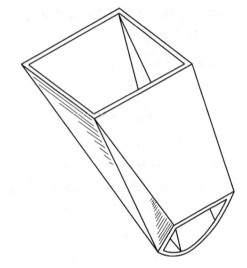

图 7-46　立体图

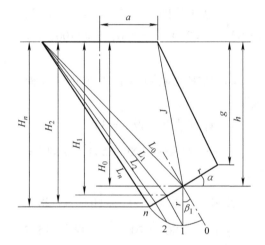

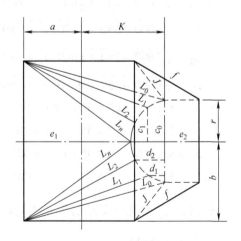

图 7-47　主、俯视图

2）所求对象同本节"展开计算模板"。

3）过渡条件（设 $n = 6$）：

① $\alpha = \arctan(1200/1800) = 33.6901°$

② $H_0 = 1800 + 480 \times \sin0° \times \sin33.6901° = 1800$

$H_1 = 1800 + 480 \times \sin15° \times \sin33.6901° = 1869$

$H_2 = 1800 + 480 \times \sin30° \times \sin33.6901° = 1933$

$H_3 = 1800 + 480 \times \sin45° \times \sin33.6901° = 1988$

$H_4 = 1800 + 480 + \sin60° \times \sin33.6901° = 2031$

$H_5 = 1800 + 480 \times \sin75° \times \sin33.6901° = 2057$

$H_6 = 1800 + 480 \times \sin90° \times \sin33.6901° = 2066$

③ $g = 1800 - 480 \times \sin33.6901° = 1534$

④ $d_0 = 480 \times \sin0° \times \cos33.6901° = 0$

$d_1 = 480 \times \sin15° \times \cos33.6901° = 103$

$d_2 = 480 \times \sin30° \times \cos33.6901° = 200$

$d_3 = 480 \times \sin45° \times \cos33.6901° = 282$

$d_4 = 480 \times \sin60° \times \cos33.6901° = 346$

$d_5 = 480 \times \sin75° \times \cos33.6901° = 386$

$d_6 = 480 \times \sin90° \times \cos33.6901° = 399$

⑤ $c_0 = 480 \times \cos0° = 480$

$c_1 = 480 \times \cos15° = 464$

$c_2 = 480 \times \cos30° = 416$

$c_3 = 480 \times \cos45° = 339$

$c_4 = 480 \times \cos60° = 240$

$c_5 = 480 \times \cos75° = 124$

$c_6 = 480 \times \cos90° = 0$

4）计算结果：

① $e_1 = \sqrt{(800 + 1200 - 399)^2 + 2066^2} = 2614$

② $e_2 = \sqrt{(1200 - 800 + 399)^2 + 1534^2} = 1730$

③ $f = \sqrt{(1000 - 480)^2 + 1730^2} = 1806$

④ $J = \sqrt{(1200 - 800)^2 + (1000 - 480)^2 + 1800^2} = 1916$

⑤ $L_0 = \sqrt{(800 + 1200 - 0)^2 + (1000 - 480)^2 + 1800^2} = 2741$

$L_1 = \sqrt{(800 + 1200 - 103)^2 + (1000 - 464)^2 + 1869^2} = 2716$

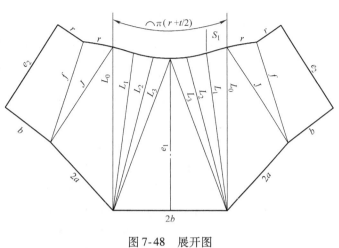

图 7-48　展开图

$$L_2 = \sqrt{(800 + 1200 - 200)^2 + (1000 - 416)^2 + 1933^2} = 2705$$

$$L_3 = \sqrt{(800 + 1200 - 282)^2 + (1000 - 339)^2 + 1988^2} = 2709$$

$$L_4 = \sqrt{(800 + 1200 - 346)^2 + (1000 - 240)^2 + 2031^2} = 2727$$

$$L_5 = \sqrt{(800 + 1200 - 386)^2 + (1000 - 124)^2 + 2057^2} = 2758$$

$$L_6 = \sqrt{(800 + 1200 - 399)^2 + (1000 - 0)^2 + 2066^2} = 2798$$

⑥ $S_0 = 3.1416 \times (480 + 8/2) \times 0°/180° = 0$

$S_1 = 3.1416 \times (480 + 8/2) \times 15°/180° = 127$

$S_2 = 3.1416 \times (480 + 8/2) \times 30°/180° = 253$

$S_3 = 3.1416 \times (480 + 8/2) \times 45°/180° = 380$

$S_4 = 3.1416 \times (480 + 8/2) \times 60°/180° = 507$

$S_5 = 3.1416 \times (480 + 8/2) \times 75°/180° = 634$

$S_6 = 3.1416 \times (480 + 8/2) \times 90°/180° = 760$

第八章 方圆过渡管弯头

本章主要介绍各种不同规格的方形管、圆形管的连接，所必需的转向过渡连接段，即方圆过渡管弯头。这种弯头分两大类：一类是方形管向圆管过渡，称"头方尾圆渐变过渡虾米弯头"；另一类是圆形管向方形管过渡，称"头圆尾方渐变过渡虾米弯头"。由于对接方形管、圆形管所处安装位置不同，弯头有不同弯曲角度、弯曲半径之分，而且还有弯头节数不同，有两节、两节以上多节弯头之分。

按常规方形管展开是内口尺寸计算，圆形管展开是以中径尺寸计算。由于方圆过渡管弯头较特殊，为确保弯头展开精度，对接口应采用 V 形单面坡口，里口接触，因此，弯头做展开求有关素线实长时，方形口和圆形口均以内口尺寸计算，只有对弯头各节圆弧部分做展开弧长计算时，才按圆口中径计算。

一、任一弯曲度、节数头方尾圆渐变过渡虾米弯头 I （图8-1）展开

1. 展开计算模板（90°四节弯头）

1）已知条件（图8-2、图8-3）：

① 弯头方口内半长 a_1；

② 弯头圆口内半径 r_n；

③ 弯头中弯曲半径 R；

④ 弯头弯曲角度 α；

⑤ 弯头节数 n；

⑥ 弯头壁厚 t。

2）所求对象：

① 弯头各节底口方边半长 $a_{2 \sim n}$；

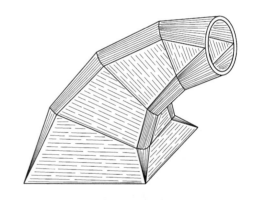

图 8-1 立体图

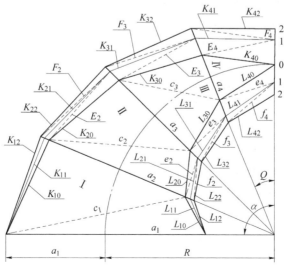

图 8-2 主视图

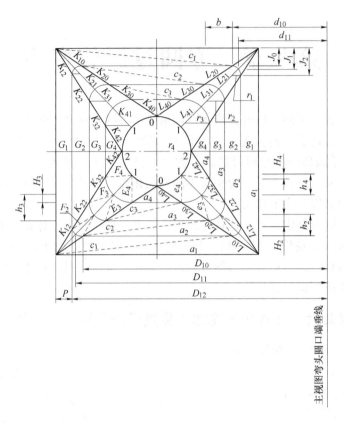

图 8-3　重叠俯视图

② 弯头各节内弯角弧各素线实长 $L_{1\sim n,0\sim 2}$；
③ 弯头各节外弯角弧各素线实长 $K_{1\sim n,0\sim 2}$；
④ 弯头各节梯形侧平面对角线实长 $c_{1\sim n-1}$；
⑤ 弯头各节内弯角内对角线实长 $e_{2\sim n}$；
⑥ 弯头各节内弯角外对角线实长 $f_{2\sim n}$；
⑦ 弯头各节外弯角内对角线实长 $E_{2\sim n}$；
⑧ 弯头各节外弯角外对角线实长 $F_{2\sim n}$；
⑨ 弯头各节内弯平面实高 $g_{1\sim n}$；
⑩ 弯头各节外弯平面实高 $G_{1\sim n}$；
⑪ 弯头各节顶口角圆弧每等分段中弧长 $S_{1\sim n}$。

3）过渡条件公式：

① 弯头平均每节弯曲角度 $Q = \alpha / n$

② 弯头各节顶口角圆弧内半径 $r_{1\sim(n-1)} = r_n[1\sim(n-1)]/n$

③ 重叠俯视图弯头各节顶底两口方边投影距 $P = (a_1 - r_n)/n$

④ 重叠俯视图弯头各节底口方边半长平均差 $b = a_1/n$

⑤ 重叠俯视图弯头各节内外角圆弧各素线投影纵距

$$J_{0\sim 2} = P + r_1(1 - \cos\beta_{0\sim 2})$$

⑥ 重叠俯视图弯头各节内弯角圆弧各等分点至弯曲圆心纵轴水平距

$$d_{1 \sim n, 0 \sim 2} = R - \left[a_1 - b(1 \sim n) + r_{1 \sim n} \sin\beta_{0 \sim n} \right]$$

⑦ 重叠俯视图弯头各节外弯角圆弧各等分点至弯曲圆心纵轴水平距

$$D_{1 \sim n, 0 \sim 2} = R + \left[a_1 - b(1 \sim n) + r_{1 \sim n} \sin\beta_{0 \sim n} \right]$$

⑧ 重叠俯视图弯头各节内外弯角弧内对角线投影纵距

$$h_{2 \sim n} = P + 0.293 \times r_{2 \sim n}$$

⑨ 重叠俯视图弯头各节内外弯角弧外对角线投影纵距

$$H_{2 \sim n} = \left| h_{2 \sim n} - r_{1 \sim n - 1} \right|$$

4）计算公式：

① $a_{2 \sim n} = a_1 + b - b \times (2 \sim n)$

② $L_{1, 0 \sim 2} = \sqrt{d_{1, 0 \sim 2}^2 + (R - a_1)^2 - 2d_{1, 0 \sim 2}(R - a_1)\cos Q + J_{0 \sim 2}^2}$

$L_{2 \sim n, 0 \sim 2} = \sqrt{d_{2 \sim n, 0 \sim 2}^2 + d_{1 \sim n - 1, 0 \sim 2}^2 - 2d_{2 \sim n, 0 \sim 2}d_{1 \sim n - 1, 0 \sim 2}\cos Q + J_{0 \sim 2}^2}$

③ $K_{1, 0 \sim 2} = \sqrt{D_{1, 0 \sim 2}^2 + (R + a_1)^2 - 2D_{1, 0 \sim 2}(R + a_1)\cos Q + J_{0 \sim 2}^2}$

$K_{2 \sim n, 0 \sim 2} = \sqrt{D_{2 \sim n, 0 \sim 2}^2 + D_{1 \sim n - 1, 0 \sim 2}^2 - 2D_{2 \sim n, 0 \sim 2}D_{1 \sim n - 1, 0 \sim 2}\cos Q + J_{0 \sim 2}^2}$

④ $c_1 = \sqrt{d_{1, 0}^2 + (R + a_1)^2 - 2d_{1, 0}(R + a_1)\cos Q + P^2}$

$c_{2 \sim n - 1} = \sqrt{d_{2 \sim n - 1, 0}^2 + D_{1 \sim n - 2, 0}^2 - 2d_{2 \sim n - 1, 0}D_{1 \sim n - 2, 0}\cos Q + P^2}$

⑤ $e_{2 \sim n} = \sqrt{d_{2 \sim n, 1}^2 + d_{1 \sim n - 1, 0}^2 - 2d_{2 \sim n, 1}d_{1 \sim n - 1, 0}\cos Q + h_{2 \sim n}^2}$

⑥ $f_{2 \sim n} = \sqrt{d_{2 \sim n, 1}^2 + d_{1 \sim n - 1, 2}^2 - 2d_{2 \sim n, 1}d_{1 \sim n - 1, 2}\cos Q + H_{2 \sim n}^2}$

⑦ $E_{2 \sim n} = \sqrt{D_{2 \sim n, 1}^2 + D_{1 \sim n - 1, 0}^2 - 2D_{2 \sim n, 1}D_{1 \sim n - 1, 0}\cos Q + h_{2 \sim n}^2}$

⑧ $F_{2 \sim n} = \sqrt{D_{2 \sim n, 1}^2 + D_{1 \sim n - 1, 2}^2 - 2D_{2 \sim n, 1}D_{1 \sim n - 1, 2}\cos Q + H_{2 \sim n}^2}$

⑨ $g_{1 \sim n} = \sqrt{L_{1 \sim n, 2}^2 - J_2^2}$

⑩ $G_{1 \sim n} = \sqrt{K_{1 \sim n, 2}^2 - J_2^2}$

⑪ $S_{1 \sim n} = \pi(2r_{1 \sim n} + t)/8$

式中　$\beta_{0 \sim 2}$——弯头各节内外角圆弧各等分点同圆心连线与 0 位半径轴的夹角。

说明：

① 弯头各节顶口内外角圆弧为本节 1/4 圆周。

② 弯头各节角圆弧分为 2 等份，式中 0～2 为角圆弧各等分点编号。

2. 展开计算实例（图 8-4）

1）已知条件（图 8-2、图 8-3）：$a_1 = 480$，$r_4 = 280$，$R = 900$，$\alpha = 90°$，$n = 4$，$t = 8$。

2）所求对象同本节"展开计算模板"。

3）过渡条件：

① $Q = 90°/4 = 22.5°$

② $r_1 = 280 \times 1/4 = 70$

　 $r_2 = 280 \times 2/4 = 140$

　 $r_3 = 280 \times 3/4 = 210$

③ $P = (480 - 280)/4 = 50$

④ $b = 480/4 = 120$

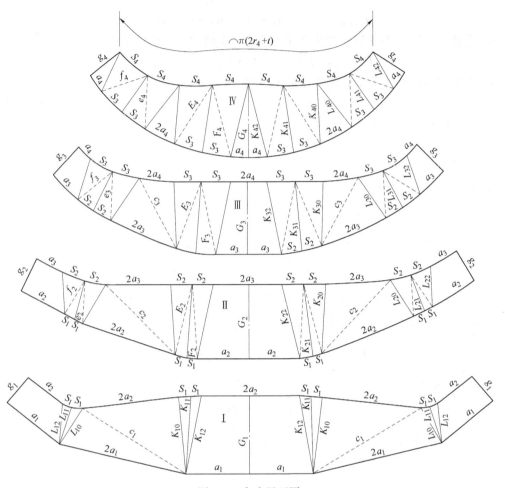

图 8-4　弯头展开图

⑤ $J_0 = 50 + 70 \times (1 - \cos0°) = 50$

$J_1 = 50 + 70 \times (1 - \cos45°) = 70.5$

$J_2 = 50 + 70 \times (1 - \cos90°) = 120$

⑥ $d_{10} = 900 - (480 - 120 \times 1 + 70 \times \sin0°) = 540$

$d_{11} = 900 - (480 - 120 \times 1 + 70 \times \sin45°) = 490.5$

$d_{12} = 900 - (480 - 120 \times 1 + 70 \times \sin90°) = 470$

$d_{20} = 900 - (480 - 120 \times 2 + 140 \times \sin0°) = 660$

$d_{21} = 900 - (480 - 120 \times 2 + 140 \times \sin45°) = 561$

$d_{22} = 900 - (480 - 120 \times 2 + 140 \times \sin90°) = 520$

$d_{30} = 900 - (480 - 120 \times 3 + 210 \times \sin0°) = 780$

$d_{31} = 900 - (480 - 120 \times 3 + 210 \times \sin45°) = 631.5$

$d_{32} = 900 - (480 - 120 \times 3 + 210 \times \sin90°) = 570$

$d_{40} = 900 - (480 - 120 \times 4 + 280 \times \sin0°) = 900$

$d_{41} = 900 - (480 - 120 \times 4 + 280 \times \sin45°) = 702$

$d_{42} = 900 - (480 - 120 \times 4 + 280 \times \sin90°) = 620$

⑦ $D_{10} = 900 + (480 - 120 \times 1 + 70 \times \sin0°) = 1260$

$$D_{11} = 900 + (480 - 120 \times 1 + 70 \times \sin45°) = 1309.5$$

$$D_{12} = 900 + (480 - 120 \times 1 + 70 \times \sin90°) = 1330$$

$$D_{20} = 900 + (480 - 120 \times 2 + 140 \times \sin0°) = 1140$$

$$D_{21} = 900 + (480 - 120 \times 2 + 140 \times \sin45°) = 1239$$

$$D_{22} = 900 + (480 - 120 \times 2 + 140 \times \sin90°) = 1280$$

$$D_{30} = 900 + (480 - 120 \times 3 + 210 \times \sin0°) = 1020$$

$$D_{31} = 900 + (480 - 120 \times 3 + 210 \times \sin45°) = 1168.5$$

$$D_{32} = 900 + (480 - 120 \times 3 + 210 \times \sin90°) = 1230$$

$$D_{40} = 900 + (480 - 120 \times 4 + 280 \times \sin0°) = 900$$

$$D_{41} = 900 + (480 - 120 \times 4 + 280 \times \sin45°) = 1098$$

$$D_{42} = 900 + (480 - 120 \times 4 + 280 \times \sin90°) = 1180$$

⑧ $h_2 = 50 + 0.293 \times 140 = 91$

$h_3 = 50 + 0.293 \times 210 = 111.5$

$h_4 = 50 + 0.293 \times 280 = 132$

⑨ $H_2 = |91 - 70| = 21$

$H_3 = |111.5 - 140| = 28.5$

$H_4 = |132 - 210| = 78$

4）计算结果：

① $a_2 = 480 + 120 - 120 \times 2 = 360$

$a_3 = 480 + 120 - 120 \times 3 = 240$

$a_4 = 480 + 120 - 120 \times 4 = 120$

② $L_{10} = \sqrt{540^2 + (900-480)^2 - 2 \times 540 \times (900-480) \times \cos22.5° + 50^2} = 227$

$L_{11} = \sqrt{490.5^2 + (900-480)^2 - 2 \times 490.5 \times (900-480) \times \cos22.5° + 70.5^2} = 203$

$L_{12} = \sqrt{470^2 + (900-480)^2 - 2 \times 470 \times (900-480) \times \cos22.5° + 120^2} = 217$

$L_{20} = \sqrt{660^2 + 540^2 - 2 \times 660 \times 540 \times \cos22.5° + 50^2} = 267$

$L_{21} = \sqrt{561^2 + 490.5^2 - 2 \times 561 \times 490.5 \times \cos22.5° + 70.5^2} = 228$

$L_{22} = \sqrt{520^2 + 470^2 - 2 \times 520 \times 470 \times \cos22.5° + 120^2} = 233$

$L_{30} = \sqrt{780^2 + 660^2 - 2 \times 780 \times 660 \times \cos22.5° + 50^2} = 309$

$L_{31} = \sqrt{631.5^2 + 561^2 - 2 \times 631.5 \times 561 \times \cos22.5° + 70.5^2} = 253$

$L_{32} = \sqrt{570^2 + 520^2 - 2 \times 570 \times 520 \times \cos22.5° + 120^2} = 249$

$L_{40} = \sqrt{900^2 + 780^2 - 2 \times 900 \times 780 \times \cos22.5° + 50^2} = 352$

$L_{41} = \sqrt{702^2 + 631.5^2 - 2 \times 702 \times 631.5 \times \cos22.5° + 70.5^2} = 278$

$L_{42} = \sqrt{620^2 + 570^2 - 2 \times 620 \times 570 \times \cos22.5° + 120^2} = 266$

③ $K_{10} = \sqrt{1260^2 + (900+480)^2 - 2 \times 1260 \times (900+480) \times \cos22.5° + 50^2} = 531$

$K_{11} = \sqrt{1309.5^2 + (900+480)^2 - 2 \times 1309.5 \times (900+480) \times \cos22.5° + 70.5^2} = 534$

$K_{12} = \sqrt{1330^2 + (900+480)^2 - 2 \times 1330 \times (900+480) \times \cos22.5° + 120^2} = 544$

$$K_{20} = \sqrt{1140^2 + 1260^2 - 2 \times 1140 \times 1260 \times \cos22.5° + 50^2} = 485$$

$$K_{21} = \sqrt{1239^2 + 1309.5^2 - 2 \times 1239 \times 1309.5 \times \cos22.5° + 70.5^2} = 507$$

$$K_{22} = \sqrt{1280^2 + 1330^2 - 2 \times 1280 \times 1330 \times \cos22.5° + 120^2} = 525$$

$$K_{30} = \sqrt{1020^2 + 1140^2 - 2 \times 1020 \times 1140 \times \cos22.5° + 50^2} = 440$$

$$K_{31} = \sqrt{1168.5^2 + 1239^2 - 2 \times 1168.5 \times 1239 \times \cos22.5° + 70.5^2} = 480$$

$$K_{32} = \sqrt{1230^2 + 1280^2 - 2 \times 1230 \times 1280 \times \cos22.5° + 120^2} = 507$$

$$K_{40} = \sqrt{900^2 + 1020^2 - 2 \times 900 \times 1020 \times \cos22.5° + 50^2} = 396$$

$$K_{41} = \sqrt{1098^2 + 1168.5^2 - 2 \times 1098 \times 1168.5 \times \cos22.5° + 70.5^2} = 453$$

$$K_{42} = \sqrt{1180^2 + 1230^2 - 2 \times 1180 \times 1230 \times \cos22.5° + 120^2} = 488$$

④ $c_1 = \sqrt{540^2 + (900 + 480)^2 - 2 \times 540 \times (900 + 480) \times \cos22.5° + 50^2} = 906$

$$c_2 = \sqrt{660^2 + 1260^2 - 2 \times 660 \times 1260 \times \cos22.5° + 50^2} = 699$$

$$c_3 = \sqrt{780^2 + 1140^2 - 2 \times 780 \times 1140 \times \cos22.5° + 50^2} = 517$$

⑤ $e_2 = \sqrt{561^2 + 540^2 - 2 \times 561 \times 540 \times \cos22.5° + 91^2} = 234$

$$e_3 = \sqrt{631.5^2 + 660^2 - 2 \times 631.5 \times 660 \times \cos22.5° + 111.5^2} = 277$$

$$e_4 = \sqrt{702^2 + 780^2 - 2 \times 702 \times 780 \times \cos22.5° + 132^2} = 327$$

⑥ $f_2 = \sqrt{561^2 + 470^2 - 2 \times 561 \times 470 \times \cos22.5° + 21^2} = 221$

$$f_3 = \sqrt{631.5^2 + 520^2 - 2 \times 631.5 \times 520 \times \cos22.5° + 28.5^2} = 251$$

$$f_4 = \sqrt{702^2 + 570^2 - 2 \times 702 \times 570 \times \cos22.5° + 78^2} = 291$$

⑦ $E_2 = \sqrt{1239^2 + 1260^2 - 2 \times 1239 \times 1260 \times \cos22.5° + 91^2} = 496$

$$E_3 = \sqrt{1168.5^2 + 1140^2 - 2 \times 1168.5 \times 1140 \times \cos22.5° + 111.5^2} = 465$$

$$E_4 = \sqrt{1098^2 + 1020^2 - 2 \times 1098 \times 1020 \times \cos22.5° + 132^2} = 440$$

⑧ $F_2 = \sqrt{1239^2 + 1330^2 - 2 \times 1239 \times 1330 \times \cos22.5° + 21^2} = 510$

$$F_3 = \sqrt{1168.5^2 + 1280^2 - 2 \times 1168.5 \times 1280 \times \cos22.5° + 28.5^2} = 491$$

$$F_4 = \sqrt{1098^2 + 1230^2 - 2 \times 1098 \times 1230 \times \cos22.5° + 78^2} = 479$$

⑨ $g_1 = \sqrt{217^2 - 120^2} = 181$

$$g_2 = \sqrt{233^2 - 120^2} = 200$$

$$g_3 = \sqrt{249^2 - 120^2} = 218$$

$$g_4 = \sqrt{266^2 - 120^2} = 237$$

⑩ $G_1 = \sqrt{544^2 - 120^2} = 531$

$$G_2 = \sqrt{525^2 - 120^2} = 511$$

$$G_3 = \sqrt{507^2 - 120^2} = 493$$

$$G_4 = \sqrt{488^2 - 120^2} = 473$$

⑪ $S_1 = 3.1416 \times (2 \times 70 + 8)/8 = 58$

　　$S_2 = 3.1416 \times (2 \times 140 + 8)/8 = 113$

　　$S_3 = 3.1416 \times (2 \times 210 + 8)/8 = 168$

　　$S_4 = 3.1416 \times (2 \times 280 + 8)/8 = 223$

二、任一弯曲度、节数头方尾圆渐变过渡虾米弯头Ⅱ（图8-5）展开

1. 展开计算模板（75°三节弯头）

见本章第一节"展开计算模板"。

2. 展开计算实例（图8-6）

1）已知条件（图8-7、图8-8）：$a_1 = 510$，$r_3 = 225$，

$R = 910$，$\alpha = 75°$，$n = 3$，$t = 8$。

2）所求对象同本章第一节"展开计算模板"。

3）过渡条件：

① $Q = 75°/3 = 25°$

② $r_1 = 225 \times 1/3 = 75$

　　$r_2 = 225 \times 2/3 = 150$

图8-5　立体图

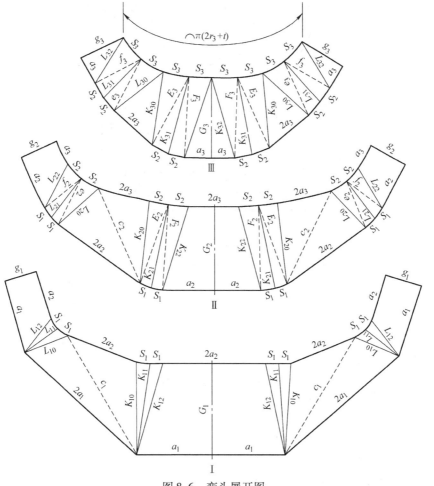

图8-6　弯头展开图

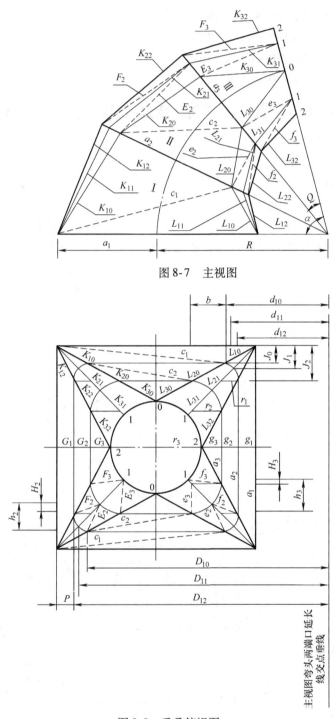

图 8-7　主视图

图 8-8　重叠俯视图

③ $P = (510 - 225)/3 = 95$

④ $b = 510/3 = 170$

⑤ $J_0 = 95 + 75 \times (1 - \cos 0°) = 95$

　　$J_1 = 95 + 75 \times (1 - \cos 45°) = 117$

　　$J_2 = 95 + 75 \times (1 - \cos 90°) = 170$

⑥ $d_{10} = 910 - (510 - 170 \times 1 + 75 \times \sin 0°) = 570$

　$d_{11} = 910 - (510 - 170 \times 1 + 75 \times \sin 45°) = 517$

　$d_{12} = 910 - (510 - 170 \times 1 + 75 \times \sin 90°) = 495$

　$d_{20} = 910 - (510 - 170 \times 2 + 150 \times \sin 0°) = 740$

　$d_{21} = 910 - (510 - 170 \times 2 + 150 \times \sin 45°) = 634$

　$d_{22} = 910 - (510 - 170 \times 2 + 150 \times \sin 90°) = 590$

　$d_{30} = 910 - (510 - 170 \times 3 + 225 \times \sin 0°) = 910$

　$d_{31} = 910 - (510 - 170 \times 3 + 225 \times \sin 45°) = 751$

　$d_{32} = 910 - (510 - 170 \times 3 + 225 \times \sin 90°) = 685$

⑦ $D_{10} = 910 + (510 - 170 \times 1 + 75 \times \sin 0°) = 1250$

　$D_{11} = 910 + (510 - 170 \times 1 + 75 \times \sin 45°) = 1303$

　$D_{12} = 910 + (510 - 170 \times 1 + 75 \times \sin 90°) = 1325$

　$D_{20} = 910 + (510 - 170 \times 2 + 150 \times \sin 0°) = 1080$

　$D_{21} = 910 + (510 - 170 \times 2 + 150 \times \sin 45°) = 1186$

　$D_{22} = 910 + (510 - 170 \times 2 + 150 \times \sin 90°) = 1230$

　$D_{30} = 910 + (510 - 170 \times 3 + 225 \times \sin 0°) = 910$

　$D_{31} = 910 + (510 - 170 \times 3 + 225 \times \sin 45°) = 1069$

　$D_{32} = 910 + (510 - 170 \times 3 + 225 \times \sin 90°) = 1135$

⑧ $h_2 = 95 + 0.293 \times 150 = 139$

　$h_3 = 95 + 0.293 \times 225 = 161$

⑨ $H_2 = |139 - 75| = 64$

　$H_3 = |161 - 150| = 11$

4）计算结果：

① $a_2 = 510 + 170 - 170 \times 2 = 340$

　$a_3 = 510 + 170 - 170 \times 3 = 170$

② $L_{10} = \sqrt{570^2 + (910 - 510)^2 - 2 \times 570 \times (910 - 510) \times \cos 25° + 95^2} = 284$

　$L_{11} = \sqrt{517^2 + (910 - 510)^2 - 2 \times 517 \times (910 - 510) \times \cos 25° + 117^2} = 257$

　$L_{12} = \sqrt{495^2 + (910 - 510)^2 - 2 \times 495 \times (910 - 510) \times \cos 25° + 170^2} = 274$

　$L_{20} = \sqrt{740^2 + 570^2 - 2 \times 740 \times 570 \times \cos 25° + 95^2} = 342$

　$L_{21} = \sqrt{634^2 + 517^2 - 2 \times 634 \times 517 \times \cos 25° + 117^2} = 298$

　$L_{22} = \sqrt{590^2 + 495^2 - 2 \times 590 \times 495 \times \cos 25° + 170^2} = 304$

　$L_{30} = \sqrt{910^2 + 740^2 - 2 \times 910 \times 740 \times \cos 25° + 95^2} = 405$

　$L_{31} = \sqrt{751^2 + 634^2 - 2 \times 751 \times 634 \times \cos 25° + 117^2} = 341$

　$L_{32} = \sqrt{685^2 + 590^2 - 2 \times 685 \times 590 \times \cos 25° + 170^2} = 337$

③ $K_{10} = \sqrt{1250^2 + (910 + 510)^2 - 2 \times 1250 \times (910 + 510) \times \cos 25° + 95^2} = 609$

　$K_{11} = \sqrt{1303^2 + (910 + 510)^2 - 2 \times 1303 \times (910 + 510) \times \cos 25° + 117^2} = 612$

　$K_{12} = \sqrt{1325^2 + (910 + 510)^2 - 2 \times 1325 \times (910 + 510) \times \cos 25° + 170^2} = 625$

$$K_{20} = \sqrt{1080^2 + 1250^2 - 2 \times 1080 \times 1250 \times \cos 25° + 95^2} = 539$$

$$K_{21} = \sqrt{1186^2 + 1303^2 - 2 \times 1186 \times 1303 \times \cos 25° + 117^2} = 563$$

$$K_{22} = \sqrt{1230^2 + 1325^2 - 2 \times 1230 \times 1325 \times \cos 25° + 170^2} = 586$$

$$K_{30} = \sqrt{910^2 + 1080^2 - 2 \times 910 \times 1080 \times \cos 25° + 95^2} = 471$$

$$K_{31} = \sqrt{1069^2 + 1186^2 - 2 \times 1069 \times 1186 \times \cos 25° + 117^2} = 515$$

$$K_{32} = \sqrt{1135^2 + 1230^2 - 2 \times 1135 \times 1230 \times \cos 25° + 170^2} = 547$$

④ $c_1 = \sqrt{570^2 + (910 + 510)^2 - 2 \times 570 \times (910 + 510) \times \cos 25° + 95^2} = 940$

$c_2 = \sqrt{740^2 + 1250^2 - 2 \times 740 \times 1250 \times \cos 25° + 95^2} = 665$

⑤ $e_2 = \sqrt{634^2 + 570^2 - 2 \times 634 \times 570 \times \cos 25° + 139^2} = 302$

$e_3 = \sqrt{751^2 + 740^2 - 2 \times 751 \times 740 \times \cos 25° + 161^2} = 361$

⑥ $f_2 = \sqrt{634^2 + 495^2 - 2 \times 634 \times 495 \times \cos 25° + 64^2} = 287$

$f_3 = \sqrt{751^2 + 590^2 - 2 \times 751 \times 590 \times \cos 25° + 11^2} = 330$

⑦ $E_2 = \sqrt{1186^2 + 1250^2 - 2 \times 1186 \times 1250 \times \cos 25° + 139^2} = 549$

$E_3 = \sqrt{1069^2 + 1080^2 - 2 \times 1069 \times 1080 \times \cos 25° + 161^2} = 492$

⑧ $F_2 = \sqrt{1186^2 + 1325 - 2 \times 1186 \times 1325 \times \cos 25° + 64^2} = 564$

$F_3 = \sqrt{1069^2 + 1230^2 - 2 \times 1069 \times 1230 \times \cos 25° + 11^2} = 522$

⑨ $g_1 = \sqrt{274^2 - 170^2} = 215$

$g_2 = \sqrt{304^2 - 170^2} = 252$

$g_3 = \sqrt{337^2 - 170^2} = 291$

⑩ $G_1 = \sqrt{625^2 - 170^2} = 601$

$G_2 = \sqrt{586^2 - 170^2} = 561$

$G_3 = \sqrt{547^2 - 170^2} = 520$

⑪ $S_1 = 3.1416 \times (2 \times 75 + 8)/8 = 62$

$S_2 = 3.1416 \times (2 \times 150 + 8)/8 = 121$

$S_3 = 3.1416 \times (2 \times 225 + 8)/8 = 180$

三、任一弯曲度、节数头方尾圆渐变过渡虾米弯头Ⅲ（图 8-9）展开

1. 展开计算模板（60°二节弯头）

见本章第一节"展开计算模板"。

2. 展开计算实例（图 8-10）

1）已知条件（图 8-11、图 8-12）：$a_1 = 280$，$r_2 = 150$，$R = 465$，$\alpha = 60°$，$n = 2$，$t = 6$。

2）所求对象同本章第一节"展开计算模板"。

3）过渡条件：

① $Q = 60°/2 = 30°$

② $r_1 = 150 \times 1/2 = 75$

图 8-9　立体图

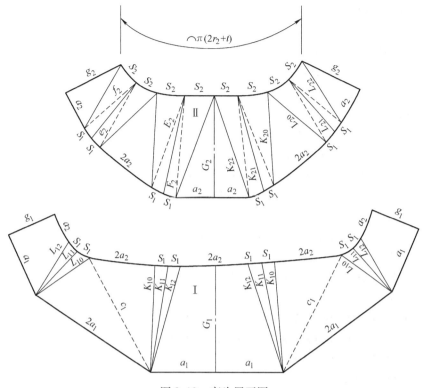

图 8-10　弯头展开图

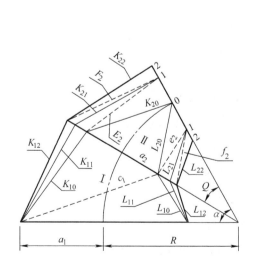

图 8-11　主视图

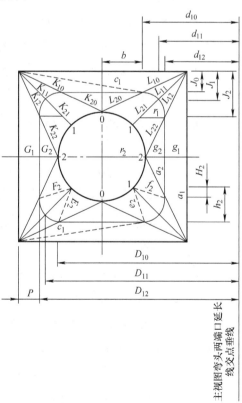

图 8-12　重叠俯视图

③ $P = (280 - 150)/2 = 65$

④ $b = 280/2 = 140$

⑤ $J_0 = 65 + 75 \times (1 - \cos 0°) = 65$

$J_1 = 65 + 75 \times (1 - \cos 45°) = 87$

$J_2 = 65 + 75 \times (1 - \cos 90°) = 140$

⑥ $d_{10} = 465 - (280 - 140 \times 1 + 75 \times \sin 0°) = 325$

$d_{11} = 465 - (280 - 140 \times 1 + 75 \times \sin 45°) = 272$

$d_{12} = 465 - (280 - 140 \times 1 + 75 \times \sin 90°) = 250$

$d_{20} = 465 - (280 - 140 \times 2 + 150 \times \sin 0°) = 465$

$d_{21} = 465 - (280 - 140 \times 2 + 150 \times \sin 45°) = 359$

$d_{22} = 465 - (480 - 140 \times 2 + 150 \times \sin 90°) = 315$

⑦ $D_{10} = 465 + (280 - 140 \times 1 + 75 \times \sin 0°) = 605$

$D_{11} = 465 + (280 - 140 \times 1 + 75 \times \sin 45°) = 658$

$D_{12} = 465 + (280 - 140 \times 1 + 75 \times \sin 90°) = 680$

$D_{20} = 465 + (280 - 140 \times 2 + 150 \times \sin 0°) = 465$

$D_{21} = 465 + (280 - 140 \times 2 + 150 \times \sin 45°) = 571$

$D_{22} = 465 + (280 - 140 \times 2 + 150 \times \sin 90°) = 615$

⑧ $h_2 = 65 + 0.293 \times 150 = 109$

⑨ $H_2 = |109 - 75| = 34$

4）计算结果：

① $a_2 = 280 + 140 - 140 \times 2 = 140$

② $L_{10} = \sqrt{325^2 + (465 - 280)^2 - 2 \times 325 \times (465 - 280) \times \cos 30° + 65^2} = 200$

$L_{11} = \sqrt{272^2 + (465 - 280)^2 - 2 \times 272 \times (465 - 280) \times \cos 30° + 87^2} = 169$

$L_{12} = \sqrt{250^2 + (465 - 280)^2 - 2 \times 250 \times (465 - 280) \times \cos 30° + 140^2} = 190$

$L_{20} = \sqrt{465^2 + 325^2 - 2 \times 465 \times 325 \times \cos 30° + 65^2} = 254$

$L_{21} = \sqrt{359^2 + 272^2 - 2 \times 359 \times 272 \times \cos 30° + 87^2} = 203$

$L_{22} = \sqrt{315^2 + 250^2 - 2 \times 315 \times 250 \times \cos 30° + 140^2} = 212$

③ $K_{10} = \sqrt{605^2 + (465 + 280)^2 - 2 \times 605 \times (465 + 280) \times \cos 30° + 65^2} = 380$

$K_{11} = \sqrt{658^2 + (465 + 280)^2 - 2 \times 658 \times (465 + 280) \times \cos 30° + 87^2} = 383$

$K_{12} = \sqrt{680^2 + (465 + 280)^2 - 2 \times 680 \times (465 + 280) \times \cos 30° + 140^2} = 399$

$K_{20} = \sqrt{465^2 + 605^2 - 2 \times 465 \times 605 \times \cos 30° + 65^2} = 315$

$K_{21} = \sqrt{571^2 + 658^2 - 2 \times 571 \times 658 \times \cos 30° + 87^2} = 340$

$K_{22} = \sqrt{615^2 + 680^2 - 2 \times 615 \times 680 \times \cos 30° + 140^2} = 369$

④ $c_1 = \sqrt{325^2 + (465 + 280)^2 - 2 \times 325 \times (465 + 280) \times \cos 30° + 65^2} = 495$

⑤ $e_2 = \sqrt{359^2 + 325^2 - 2 \times 359 \times 325 \times \cos 30° + 109^2} = 210$

⑥ $f_2 = \sqrt{359^2 + 250^2 - 2 \times 359 \times 250 \times \cos 30° + 34^2} = 193$

⑦ $E_2 = \sqrt{571^2 + 605^2 - 2 \times 571 \times 605 \times \cos 30° + 109^2} = 325$

⑧ $F_2 = \sqrt{571^2 + 680^2 - 2 \times 571 \times 680 \times \cos 30° + 34^2} = 342$

⑨ $g_1 = \sqrt{190^2 - 140^2} = 128$

$g_2 = \sqrt{212^2 - 140^2} = 159$

⑩ $G_1 = \sqrt{399^2 - 140^2} = 374$

$G_2 = \sqrt{369^2 - 140^2} = 341$

⑪ $S_1 = 3.1416 \times (2 \times 75 + 6)/8 = 61$

$S_2 = 3.1416 \times (2 \times 150 + 6)/8 = 120$

四、任一弯曲度、节数头圆尾方渐变过渡虾米弯头 I（图 8-13）展开

1. 展开计算模板（90°四节弯头）

1）已知条件（图 8-14、图 8-15）：

① 弯头圆口中半径 r_1；

② 弯头方口内半径长 a_n；

③ 弯头中弯曲半径 R；

④ 弯头弯曲角度 α；

⑤ 弯头节数 n。

2）所求对象：

① 弯头各节顶口方边内半长 $a_{1 \sim (n-1)}$；

② 弯头各节内弯弧各素线实长 $e_{1 \sim n, 0 \sim 3}$；

③ 弯头各节外弯弧各素线实长 $E_{1 \sim n, 0 \sim 3}$；

④ 弯头各节梯形侧面对角线实长 $c_{2 \sim n}$；

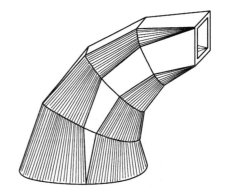

图 8-13 立体图

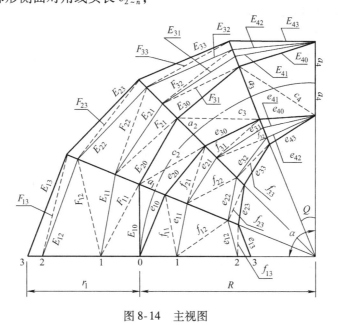

图 8-14 主视图

⑤ 弯头各节内弯弧各对角线实长 $f_{1 \sim (n-1), 1 \sim 3}$；

⑥ 弯头各节外弯弧各对角线实长 $F_{1 \sim (n-1), 1 \sim 3}$；

⑦ 弯头各节内弯面实高 $g_{1 \sim n}$；

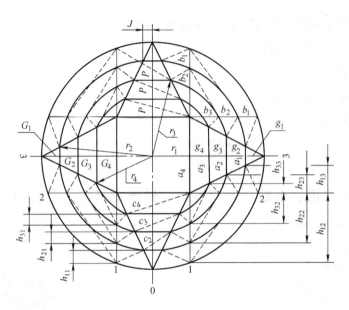

图 8-15　重叠俯视图

⑧ 弯头各节外弯面实高 $G_{1 \sim n}$；

⑨ 弯头各节底口圆弧八分段每份弧长 $S_{1 \sim n}$；

⑩ 弯头各节底口圆弧四分段每份弧长 $m_{1 \sim n}$。

3）过渡条件公式：

① 弯头各节两口夹角 $Q = \alpha / n$

② 弯头各节顶底方口重叠投影距 $P = (r_1 - a_n) / n$

③ 弯头各节顶口方边半长差 $J = a_n / n$

④ 弯头各节底口圆弧中半径 $r_{2 \sim n} = \sqrt{\{J[1 \sim (n-1)]\}^2 + \{r_1 - P[1 \sim (n-1)]\}^2}$

⑤ 弯头各节纵横素线俯视投影长

$$b_{1 \sim (n-1)} = \sqrt{r_{1 \sim (n-1)}^2 - a_n^2} - \sqrt{r_{2 \sim n}^2 - a_n^2}$$

$$b_n = \sqrt{r_n^2 - a_n^2} - a_n$$

⑥ 弯头各节内外角圆弧各对角线俯视投影纵距

$$h_{1 \sim (n-1),1} = \sqrt{r_{1 \sim (n-1)}^2 - a_n^2} - r_1 + P[1 \sim (n-1)]$$

$$h_{1 \sim (n-1),2} = \sqrt{r_{1 \sim (n-1)}^2 - a_n^2} - a_n$$

$$h_{1 \sim (n-1),3} = a_n - J[1 \sim (n-1)]$$

⑦ 弯头各节内角弧各点至弯曲圆心垂轴水平距

$$d_{0 \sim n,0} = R - J \times (0 \sim n)$$

$$d_{0 \sim n,1} = R - a_n$$

$$d_{0 \sim (n-1),2} = R - \sqrt{r_{1 \sim n}^2 - a_n^2}$$

$$d_{n,2} = R - a_n$$

$$d_{0 \sim n,3} = R - r_1 + P \times (0 \sim n)$$

⑧ 弯头各节外角弧各点至弯曲圆心垂轴水平距

$$D_{0 \sim n \backslash 0} = R + J \times (0 \sim n)$$

$$D_{0 \sim n \backslash 1} = R + a_n$$

$$D_{0 \sim (n-1) \backslash 2} = R + \sqrt{r_{1 \sim n}^2 - a_n^2}$$

$$D_{n \backslash 2} = R + a_n$$

$$D_{0 \sim n \backslash 3} = R + r_1 - P \times (0 \sim n)$$

4）计算公式：

① $a_{1 \sim n-1} = a_n [1 \sim (n-1)]/n$

② $e_{1 \sim n \backslash 0} = \sqrt{d_{1 \sim n \backslash 0}^2 + d_{0 \sim (n-1) \backslash 0}^2 - 2 d_{1 \sim n \backslash 0} d_{0 \sim (n-1) \backslash 0} \cos Q + P^2}$

$e_{1 \sim n \backslash 1} = \sqrt{d_{1 \sim n \backslash 1}^2 + d_{0 \sim (n-1) \backslash 1}^2 - 2 d_{1 \sim n \backslash 1} d_{0 \sim (n-1) \backslash 1} \cos Q + b_{1 \sim n}^2}$

$e_{1 \sim n \backslash 2} = \sqrt{d_{1 \sim n \backslash 2}^2 + d_{0 \sim (n-1) \backslash 2}^2 - 2 d_{1 \sim n \backslash 2} d_{0 \sim (n-1) \backslash 2} \cos Q}$

$e_{1 \sim n \backslash 3} = \sqrt{d_{1 \sim n \backslash 3}^2 + d_{0 \sim (n-1) \backslash 3}^2 - 2 d_{1 \sim n \backslash 3} d_{0 \sim (n-1) \backslash 3} \cos Q + J^2}$

③ $E_{1 \sim n \backslash 0} = \sqrt{D_{1 \sim n \backslash 0}^2 + D_{0 \sim (n-1) \backslash 0}^2 - 2 D_{1 \sim n \backslash 0} D_{0 \sim (n-1) \backslash 0} \cos Q + P^2}$

$E_{1 \sim n \backslash 1} = \sqrt{D_{1 \sim n \backslash 1}^2 + D_{0 \sim (n-1) \backslash 1}^2 - 2 D_{1 \sim n \backslash 1} D_{0 \sim (n-1) \backslash 1} \cos Q + b_{1 \sim n}^2}$

$E_{1 \sim n \backslash 2} = \sqrt{D_{1 \sim n \backslash 2}^2 + D_{0 \sim (n-1) \backslash 2}^2 - 2 D_{1 \sim n \backslash 2} D_{0 \sim (n-1) \backslash 2} \cos Q}$

$E_{1 \sim n \backslash 3} = \sqrt{D_{1 \sim n \backslash 3}^2 + D_{0 \sim (n-1) \backslash 3}^2 - 2 D_{1 \sim n \backslash 3} D_{0 \sim (n-1) \backslash 3} \cos Q + J^2}$

④ $c_{2 \sim n} = \sqrt{d_{2 \sim n \backslash 0}^2 + D_{1 \sim (n-1) \backslash 0}^2 - 2 d_{2 \sim n \backslash 0} D_{1 \sim (n-1) \backslash 0} \cos Q + P^2}$

⑤ $f_{1 \sim (n-1) \backslash 1} = \sqrt{d_{1 \sim n \backslash 0}^2 + d_{0 \sim (n-1) \backslash 1}^2 - 2 d_{1 \sim n \backslash 0} d_{0 \sim (n-1) \backslash 1} \cos Q + h_{1 \sim (n-1) \backslash 1}^2}$

$f_{1 \sim (n-1) \backslash 2} = \sqrt{d_{1 \sim n \backslash 2}^2 + d_{0 \sim (n-1) \backslash 1}^2 - 2 d_{1 \sim n \backslash 2} d_{0 \sim (n-1) \backslash 1} \cos Q + h_{1 \sim (n-1) \backslash 2}^2}$

$f_{1 \sim (n-1) \backslash 3} = \sqrt{d_{1 \sim n \backslash 3}^2 + d_{0 \sim (n-1) \backslash 2}^2 - 2 d_{1 \sim n \backslash 3} d_{0 \sim (n-1) \backslash 2} \cos Q + h_{1 \sim (n-1) \backslash 3}^2}$

⑥ $F_{1 \sim (n-1) \backslash 1} = \sqrt{D_{1 \sim n \backslash 0}^2 + D_{0 \sim n-1 \backslash 1}^2 - 2 D_{1 \sim n \backslash 0} D_{0 \sim n-1 \backslash 1} \cos Q + h_{1 \sim (n-1) \backslash 1}^2}$

$F_{1 \sim (n-1) \backslash 2} = \sqrt{D_{1 \sim n \backslash 2}^2 + D_{0 \sim (n-1) \backslash 1}^2 - 2 D_{1 \sim n \backslash 2} D_{0 \sim (n-1) \backslash 1} \cos Q + h_{1 \sim (n-1) \backslash 2}^2}$

$F_{1 \sim (n-1) \backslash 3} = \sqrt{D_{1 \sim n \backslash 3}^2 + D_{0 \sim (n-1) \backslash 2}^2 - 2 D_{1 \sim n \backslash 3} D_{0 \sim (n-1) \backslash 2} \cos Q + h_{1 \sim (n-1) \backslash 3}^2}$

⑦ $g_{1 \sim n} = \sqrt{d_{1 \sim n \backslash 3}^2 + d_{0 \sim (n-1) \backslash 3}^2 - 2 d_{1 \sim n \backslash 3} d_{0 \sim (n-1) \backslash 3} \cos Q}$

⑧ $G_{1 \sim n} = \sqrt{D_{1 \sim n \backslash 3}^2 + D_{0 \sim (n-1) \backslash 3}^2 - 2 D_{1 \sim n \backslash 3} D_{0 \sim (n-1) \backslash 3} \cos Q}$

⑨ $S_{1 \sim n} = [\arcsin(a_n/r_{1 \sim n}) - \arcsin(J \times 0 \sim n-1/r_{1 \sim n})] \times \pi(r_{1 \sim n}/180°)$

⑩ $m_{1 \sim n} = 2 \times [\pi(r_{1 \sim n}/4) - \arcsin(a_n/r_{1 \sim n}) \times \pi(r_{1 \sim n}/180°)]$

说明：

① 弯头各节底口角圆弧划分三段，不是等分段，但第 1 段与第 3 段的弧长一致。

② 书中所介绍的弯头各节展开图样是在 g 线位割开的，但在实际生产中，为避免出现十字焊缝，实物展开应在其他素线位各节对称切割，作为拼缝。

2. 展开计算实例（图 8-16）

1）已知条件（图 8-14、图 8-15）：$r_1 = 760$，$a_4 = 300$，$R = 1350$，$\alpha = 90°$，$n = 4$。

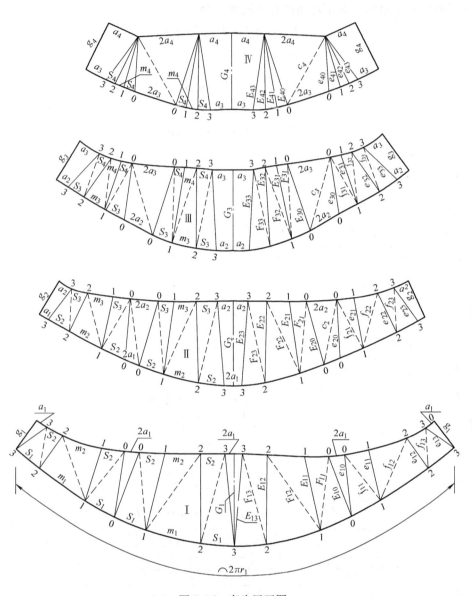

图 8-16　弯头展开图

2）所求对象同本节"展开计算模板"。

3）过渡条件：

① $Q = 90°/4 = 22.5°$

② $P = (760 - 300)/4 = 115$

③ $J = 300/4 = 75$

④ $r_2 = \sqrt{(75 \times 1)^2 + (760 - 115 \times 1)^2} = 649.3$

$r_3 = \sqrt{(75 \times 2)^2 + (760 - 115 \times 2)^2} = 550.8$

$r_4 = \sqrt{(75 \times 3)^2 + (760 - 115 \times 3)^2} = 472.1$

⑤ $b_1 = \sqrt{760^2 - 300^2} - \sqrt{649.3^2 - 300^2} = 122.4$

$$b_2 = \sqrt{649.3^2 - 300^2} - \sqrt{550.8^2 - 300^2} = 113.9$$

$$b_3 = \sqrt{550.8^2 - 300^2} - \sqrt{472.1^2 - 300^2} = 97.4$$

$$b_4 = \sqrt{472.1^2 - 300^2} - 300 = 64.5$$

⑥ $h_{11} = \sqrt{760^2 - 300^2} - 760 + 115 \times 1 = 53.3$

$h_{12} = \sqrt{760^2 - 300^2} - 300 = 398.3$

$h_{13} = 300 - 75 \times 1 = 225$

$h_{21} = \sqrt{649.3^2 - 300^2} - 760 + 115 \times 2 = 45.8$

$h_{22} = \sqrt{649.3^2 - 300^2} - 300 = 275.8$

$h_{23} = 300 - 75 \times 2 = 150$

$h_{31} = \sqrt{550.8^2 - 300^2} - 760 + 115 \times 3 = 47$

$h_{32} = \sqrt{550.8^2 - 300^2} - 300 = 162$

$h_{33} = 300 - 75 \times 3 = 75$

⑦ $d_{00} = 1350 - 75 \times 0 = 1350$

$d_{01} = 1350 - 300 = 1050$

$d_{02} = 1350 - \sqrt{760^2 - 300^2} = 651.7$

$d_{03} = 1350 - 760 + 115 \times 0 = 590$

$d_{10} = 1350 - 75 \times 1 = 1275$

$d_{11} = 1350 - 300 = 1050$

$d_{12} = 1350 - \sqrt{649.3^2 - 300^2} = 774.1$

$d_{13} = 1350 - 760 + 115 \times 1 = 705$

$d_{20} = 1350 - 75 \times 2 = 1200$

$d_{21} = 1350 - 300 = 1050$

$d_{22} = 1350 - \sqrt{550.8^2 - 300^2} = 888$

$d_{23} = 1350 - 760 + 115 \times 2 = 820$

$d_{30} = 1350 - 75 \times 3 = 1125$

$d_{31} = 1350 - 300 = 1050$

$d_{32} = 1350 - \sqrt{472.1^2 - 300^2} = 985.5$

$d_{33} = 1350 - 760 + 115 \times 3 = 935$

$d_{40} = 1350 - 75 \times 4 = 1050$

$d_{41} = 1350 - 300 = 1050$

$d_{42} = 1350 - 300 = 1050$

$d_{43} = 1350 - 760 + 115 \times 4 = 1050$

⑧ $D_{00} = 1350 + 75 \times 0 = 1350$

$D_{01} = 1350 + 300 = 1650$

$D_{02} = 1350 + \sqrt{760^2 - 300^2} = 2048$

$D_{03} = 1350 + 760 - 115 \times 0 = 2110$

$D_{10} = 1350 + 75 \times 1 = 1425$

$$D_{11} = 1350 + 300 = 1650$$

$$D_{12} = 1350 + \sqrt{649.3^2 - 300^2} = 1925.8$$

$$D_{13} = 1350 + 760 - 115 \times 1 = 1995$$

$$D_{20} = 1350 + 75 \times 2 = 1500$$

$$D_{21} = 1350 + 300 = 1650$$

$$D_{22} = 1350 + \sqrt{550.8^2 - 300^2} = 1812$$

$$D_{23} = 1350 + 760 - 115 \times 2 = 1880$$

$$D_{30} = 1350 + 75 \times 3 = 1575$$

$$D_{31} = 1350 + 300 = 1650$$

$$D_{32} = 1350 + \sqrt{472.1^2 - 300^2} = = 1714.5$$

$$D_{33} = 1350 + 760 - 115 \times 3 = 1765$$

$$D_{40} = 1350 + 75 \times 4 = 1650$$

$$D_{41} = 1350 + 300 = 1650$$

$$D_{42} = 1350 + 300 = 1650$$

$$D_{43} = 1350 + 760 - 115 \times 4 = 1650$$

4）计算结果：

① $a_1 = 300 \times 1/4 = 75$

$a_2 = 300 \times 2/4 = 150$

$a_3 = 300 \times 3/4 = 225$

② $e_{10} = \sqrt{1275^2 + 1350^2 - 2 \times 1275 \times 1350 \times \cos 22.5° + 115^2} = 530$

$e_{11} = \sqrt{1050^2 + 1050^2 - 2 \times 1050 \times 1050 \times \cos 22.5° + 122.4^2} = 428$

$e_{12} = \sqrt{774.1^2 + 651.7^2 - 2 \times 774.1 \times 651.7 \times \cos 22.5°} = 303$

$e_{13} = \sqrt{705^2 + 590^2 - 2 \times 705 \times 590 \times \cos 22.5° + 75^2} = 287$

$e_{20} = \sqrt{1200^2 + 1275^2 - 2 \times 1200 \times 1275 \times \cos 22.5° + 115^2} = 502$

$e_{21} = \sqrt{1050^2 + 1050^2 - 2 \times 1050 \times 1050 \times \cos 22.5° + 113.9^2} = 425$

$e_{22} = \sqrt{888^2 + 774.1^2 - 2 \times 888 \times 774.1 \times \cos 22.5°} = 343$

$e_{23} = \sqrt{820^2 + 705^2 - 2 \times 820 \times 705 \times \cos 22.5° + 75^2} = 327$

$e_{30} = \sqrt{1125^2 + 1200^2 - 2 \times 1125 \times 1200 \times \cos 22.5° + 115^2} = 474$

$e_{31} = \sqrt{1050^2 + 1050^2 - 2 \times 1050 \times 1050 \times \cos 22.5° + 97.4^2} = 421$

$e_{32} = \sqrt{985.5^2 + 888^2 - 2 \times 985.5 \times 888 \times \cos 22.5°} = 378$

$e_{33} = \sqrt{935^2 + 820^2 - 2 \times 935 \times 820 \times \cos 22.5° + 75^2} = 368$

$e_{40} = \sqrt{1050^2 + 1125^2 - 2 \times 1050 \times 1125 \times \cos 22.5° + 115^2} = 446$

$e_{41} = \sqrt{1050^2 + 1050^2 - 2 \times 1050 \times 1050 \times \cos 22.5° + 64.5^2} = 415$

$e_{42} = \sqrt{1050^2 + 985.5^2 - 2 \times 1050 \times 985.5 \times \cos 22.5°} = 402$

$e_{43} = \sqrt{1050^2 + 935^2 - 2 \times 1050 \times 935 \times \cos 22.5° + 75^2} = 410$

③ $E_{10} = \sqrt{1425^2 + 1350^2 - 2 \times 1425 \times 1350 \times \cos 22.5° + 115^2} = 558$

$E_{11} = \sqrt{1650^2 + 1650^2 - 2 \times 1650 \times 1650 \times \cos 22.5° + 122.4^2} = 655$

$E_{12} = \sqrt{1925.8^2 + 2048^2 - 2 \times 1925.8 \times 2048 \times \cos 22.5°} = 785$

$E_{13} = \sqrt{1995^2 + 2110^2 - 2 \times 1995 \times 2110 \times \cos 22.5° + 75^2} = 812$

$E_{20} = \sqrt{1500^2 + 1425^2 - 2 \times 1500 \times 1425 \times \cos 22.5° + 115^2} = 587$

$E_{21} = \sqrt{1650^2 + 1650^2 - 2 \times 1650 \times 1650 \times \cos 22.5° + 113.9^2} = 654$

$E_{22} = \sqrt{1812^2 + 1925.8^2 - 2 \times 1812 \times 1925.8 \times \cos 22.5°} = 738$

$E_{23} = \sqrt{1880^2 + 1995^2 - 2 \times 1880 \times 1995 \times \cos 22.5° + 75^2} = 768$

$E_{30} = \sqrt{1575 + 1500^2 - 2 \times 1575 \times 1500 \times \cos 22.5° + 115^2} = 615$

$E_{31} = \sqrt{1650^2 + 1650^2 - 2 \times 1650 \times 1650 \times \cos 22.5° + 97.4^2} = 651$

$E_{32} = \sqrt{1714.5^2 + 1812^2 - 2 \times 1714.5 \times 1812 \times \cos 22.5°} = 695$

$E_{33} = \sqrt{1765^2 + 1880^2 - 2 \times 1765 \times 1880 \times \cos 22.5° + 75^2} = 724$

$E_{40} = \sqrt{1650^2 + 1575^2 - 2 \times 1650 \times 1575 \times \cos 22.5° + 115^2} = 644$

$E_{41} = \sqrt{1650^2 + 1650^2 - 2 \times 1650 \times 1650 \times \cos 22.5° + 64.5^2} = 647$

$E_{42} = \sqrt{1650^2 + 1714.5^2 - 2 \times 1650 \times 1714.5 \times \cos 22.5} = 659$

$E_{43} = \sqrt{1650^2 + 1765^2 - 2 \times 1650 \times 1765 \times \cos 22.5° + 75^2} = 680$

④ $c_2 = \sqrt{1200^2 + 1425^2 - 2 \times 1200 \times 1425 \times \cos 22.5° + 115^2} = 569$

$c_3 = \sqrt{1125^2 + 1500^2 - 2 \times 1125 \times 1500 \times \cos 22.5° + 115^2} = 641$

$c_4 = \sqrt{1050^2 + 1575^2 - 2 \times 1050 \times 1575 \times \cos 22.5° + 115^2} = 735$

⑤ $f_{11} = \sqrt{1275^2 + 1050^2 - 2 \times 1275 \times 1050 \times \cos 22.5° + 53.3^2} = 507$

$f_{12} = \sqrt{774.1^2 + 1050^2 - 2 \times 774.1 \times 1050 \times \cos 22.5° + 398.3^2} = 599$

$f_{13} = \sqrt{705^2 + 651.7^2 - 2 \times 705 \times 651.7 \times \cos 22.5° + 225^2} = 351$

$f_{21} = \sqrt{1200^2 + 1050^2 - 2 \times 1200 \times 1050 \times \cos 22.5° + 45.8^2} = 465$

$f_{22} = \sqrt{888^2 + 1050^2 - 2 \times 888 \times 1050 \times \cos 22.5° + 275.8^2} = 494$

$f_{23} = \sqrt{820^2 + 774.1^2 - 2 \times 820 \times 774.1 \times \cos 22.5° + 150^2} = 348$

$f_{31} = \sqrt{1125^2 + 1050^2 - 2 \times 1125 \times 1050 \times \cos 22.5° + 47^2} = 433$

$f_{32} = \sqrt{985.5^2 + 1050^2 - 2 \times 985.5 \times 1050 \times \cos 22.5° + 162^2} = 434$

$f_{33} = \sqrt{935^2 + 888^2 - 2 \times 935 \times 888 \times \cos 22.5° + 75^2} = 366$

⑥ $F_{11} = \sqrt{1425^2 + 1650^2 - 2 \times 1425 \times 1650 \times \cos 22.5° + 53.3^2} = 641$

$F_{12} = \sqrt{1925.8^2 + 1650^2 - 2 \times 1925.8 \times 1650 \times \cos 22.5° + 398.3^2} = 848$

$F_{13} = \sqrt{1995^2 + 2048^2 - 2 \times 1995 \times 2048 \times \cos 22.5° + 225^2} = 822$

$F_{21} = \sqrt{1500^2 + 1650^2 - 2 \times 1500 \times 1650 \times \cos 22.5° + 45.8^2} = 634$

$$F_{22} = \sqrt{1812^2 + 1650^2 - 2 \times 1812 \times 1650 \times \cos 22.5° + 275.8^2} = 747$$

$$F_{23} = \sqrt{1880^2 + 1925.8^2 - 2 \times 1880 \times 1925.8 \times \cos 22.5° + 150^2} = 759$$

$$F_{31} = \sqrt{1575^2 + 1650 - 2 \times 1575 \times 1650 \times \cos 22.5° + 47^2} = 635$$

$$F_{32} = \sqrt{1714.5^2 + 1650^2 - 2 \times 1714.5 \times 1650 \times \cos 22.5° + 162^2} = 679$$

$$F_{33} = \sqrt{1765^2 + 1812^2 - 2 \times 1765 \times 1812 \times \cos 22.5° + 75^2} = 703$$

⑦ $g_1 = \sqrt{705^2 + 590^2 - 2 \times 705 \times 590 \times \cos 22.5°} = 277$

$g_2 = \sqrt{820^2 + 705^2 - 2 \times 820 \times 705 \times \cos 22.5°} = 318$

$g_3 = \sqrt{935^2 + 820^2 - 2 \times 935 \times 820 \times \cos 22.5°} = 360$

$g_4 = \sqrt{1050^2 + 935^2 - 2 \times 1050 \times 935 \times \cos 22.5°} = 403$

⑧ $G_1 = \sqrt{1995^2 + 2110^2 - 2 \times 1995 \times 2110 \times \cos 22.5°} = 809$

$G_2 = \sqrt{1880^2 + 1995^2 - 2 \times 1880 \times 1995 \times \cos 22.5°} = 764$

$G_3 = \sqrt{1765^2 + 1880^2 - 2 \times 1765 \times 1880 \times \cos 22.5°} = 720$

$G_4 = \sqrt{1650^2 + 1765^2 - 2 \times 1650 \times 1765 \times \cos 22.5°} = 676$

⑨ $S_1 = [\arcsin(300/760) - \arcsin(75 \times 0/760)] \times 3.1416 \times 760/180° = 308$

$S_2 = [\arcsin(300/649.3) - \arcsin(75 \times 1/649.3)] \times 3.1416 \times 649.3/180° = 237$

$S_3 = [\arcsin(300/550.8) - \arcsin(75 \times 2/550.8)] \times 3.1416 \times 550.8/180° = 165$

$S_4 = [\arcsin(300/472.1) - \arcsin(75 \times 3/472.1)] \times 3.1416 \times 472.1/180° = 91$

⑩ $m_1 = 2 \times [3.1416 \times 760/4 - \arcsin(300/760) \times 3.1416 \times 760/180°] = 577$

$m_2 = 2 \times [3.1416 \times 649.3/4 - \arcsin(300/649.3) \times 3.1416 \times 649.3/180°] = 396$

$m_3 = 2 \times [3.1416 \times 550.8/4 - \arcsin(300/550.8) \times 3.1416 \times 550.8/180°] = 231$

$m_4 = 2 \times [3.1416 \times 472.1/4 - \arcsin(300/472.1) \times 3.1416 \times 472.1/180°] = 91$

五、任一弯曲度、节数头圆尾方渐变过渡虾米弯头Ⅱ（图 8-17）展开

1. 展开计算模板（75°三节弯头）

见本章第四节"展开计算模板"。

2. 展开计算实例（图 8-18）

1）已知条件（图 8-19、图 8-20）：$r_1 = 525$，$a_3 = 255$，$R = 1100$，$\alpha = 75°$，$n = 3$。

2）所求对象同本章第四节"展开计算模板"。

3）过渡条件：

① $Q = 75°/3 = 25°$

② $P = (525 - 255)/3 = 90$

③ $J = 255/3 = 85$

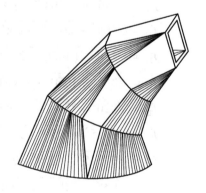

图 8-17　立体图

④ $r_2 = \sqrt{(85 \times 1)^2 + (525 - 90 \times 1)^2} = 443.2$

$r_3 = \sqrt{(85 \times 2)^2 + (525 - 90 \times 2)^2} = 384.6$

⑤ $b_1 = \sqrt{525^2 - 255^2} - \sqrt{443.2^2 - 255^2} = 96.4$

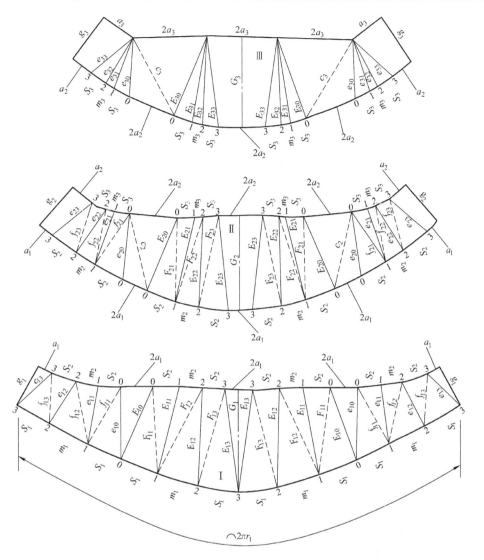

图 8-18 弯头展开图

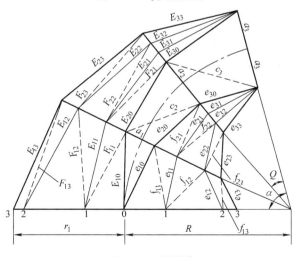

图 8-19 主视图

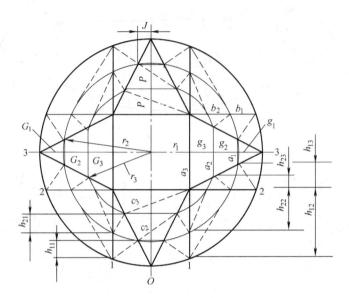

图 8-20　重叠俯视图

$$b_2 = \sqrt{443.2^2 - 255^2} - \sqrt{384.6^2 - 255^2} = 74.6$$

$$b_3 = \sqrt{384.6^2 - 255^2} - 255 = 32.9$$

⑥ $h_{11} = \sqrt{525^2 - 255^2} - 525 + 90 \times 1 = 23.9$

$h_{12} = \sqrt{525^2 - 255^2} - 255 = 203.9$

$h_{13} = 255 - 85 \times 1 = 170$

$h_{21} = \sqrt{443.2^2 - 255^2} - 525 + 90 \times 2 = 17.5$

$h_{22} = \sqrt{443.2^2 - 255^2} - 255 = 107.5$

$h_{23} = 255 - 85 \times 2 = 85$

⑦ $d_{00} = 1100 - 85 \times 0 = 1100$

$d_{01} = 1100 - 255 = 845$

$d_{02} = 1100 - \sqrt{525^2 - 255^2} = 641.1$

$d_{03} = 1100 - 525 + 90 \times 0 = 575$

$d_{10} = 1100 - 85 \times 1 = 1015$

$d_{11} = 1100 - 255 = 845$

$d_{12} = 1100 - \sqrt{443.2^2 - 255^2} = 737.5$

$d_{13} = 1100 - 525 + 90 \times 1 = 665$

$d_{20} = 1100 - 85 \times 2 = 930$

$d_{21} = 1100 - 255 = 845$

$d_{22} = 1100 - \sqrt{384.6^2 - 255^2} = 812.1$

$d_{23} = 1100 - 525 + 90 \times 2 = 755$

$d_{30} = 1100 - 85 \times 3 = 845$

$d_{31} = 1100 - 255 = 845$

$d_{32} = 1100 - 255 = 845$

$d_{33} = 1100 - 525 + 90 \times 3 = 845$

⑧ $D_{00} = 1100 + 85 \times 0 = 1100$

$D_{01} = 1100 + 255 = 1355$

$D_{02} = 1100 + \sqrt{525^2 - 255^2} = 1558.9$

$D_{03} = 1100 + 525 - 90 \times 0 = 1625$

$D_{10} = 1100 + 85 \times 1 = 1185$

$D_{11} = 1100 + 255 = 1355$

$D_{12} = 1100 + \sqrt{443.2^2 - 255^2} = 1462.5$

$D_{13} = 1100 + 525 - 90 \times 1 = 1535$

$D_{20} = 1100 + 85 \times 2 = 1270$

$D_{21} = 1100 + 255 = 1355$

$D_{22} = 1100 + \sqrt{384.6^2 - 255^2} = 1387.9$

$D_{23} = 1100 + 525 - 90 \times 2 = 1445$

$D_{30} = 1100 + 85 \times 3 = 1355$

$D_{31} = 1100 + 255 = 1355$

$D_{32} = 1100 + 255 = 1355$

$D_{33} = 1100 + 525 - 90 \times 3 = 1355$

4）计算结果：

① $a_1 = 255 \times 1/3 = 85$

$a_2 = 255 \times 2/3 = 170$

$a_3 = 255 \times 3/3 = 255$

② $e_{10} = \sqrt{1015^2 + 1100^2 - 2 \times 1015 \times 1100 \times \cos25° + 90^2} = 474$

$e_{11} = \sqrt{845^2 + 845^2 - 2 \times 845 \times 845 \times \cos25° + 96.4^2} = 378$

$e_{12} = \sqrt{737.5^2 + 641.1^2 - 2 \times 737.5 \times 641.1 \times \cos25°} = 313$

$e_{13} = \sqrt{665^2 + 575^2 - 2 \times 665 \times 575 \times \cos25° + 85^2} = 295$

$e_{20} = \sqrt{930^2 + 1015^2 - 2 \times 930 \times 1015 \times \cos25° + 90^2} = 438$

$e_{21} = \sqrt{845^2 + 845^2 - 2 \times 845 \times 845 \times \cos25° + 74.6^2} = 373$

$e_{22} = \sqrt{812.1^2 + 737.5^2 - 2 \times 812.1 \times 737.5 \times \cos25°} = 343$

$e_{23} = \sqrt{755^2 + 665^2 - 2 \times 755 \times 665 \times \cos25° + 85^2} = 331$

$e_{30} = \sqrt{845^2 + 930^2 - 2 \times 845 \times 930 \times \cos25° + 90^2} = 403$

$e_{31} = \sqrt{845^2 + 845^2 - 2 \times 845 \times 845 \times \cos25° + 32.9^2} = 367$

$e_{32} = \sqrt{845^2 + 812.1^2 - 2 \times 845 \times 812.1 \times \cos25°} = 360$

$e_{33} = \sqrt{845^2 + 755^2 - 2 \times 845 \times 755 \times \cos25° + 85^2} = 367$

③ $E_{10} = \sqrt{1185^2 + 1100^2 - 2 \times 1185 \times 1100 \times \cos25° + 90^2} = 509$

$E_{11} = \sqrt{1355^2 + 1355^2 - 2 \times 1355 \times 1355 \times \cos25° + 96.4^2} = 594$

$$E_{12} = \sqrt{1462.5^2 + 1558.9^2 - 2 \times 1462.5 \times 1558.9 \times \cos25°} = 661$$

$$E_{13} = \sqrt{1535^2 + 1625^2 - 2 \times 1535 \times 1625 \times \cos25° + 85^2} = 695$$

$$E_{20} = \sqrt{1270^2 + 1185^2 - 2 \times 1270 \times 1185 \times \cos25° + 90^2} = 545$$

$$E_{21} = \sqrt{1355^2 + 1355^2 - 2 \times 1355 \times 1355 \times \cos25° + 74.6^2} = 591$$

$$E_{22} = \sqrt{1387.9^2 + 1462.5^2 - 2 \times 1387.9 \times 1462.5 \times \cos25°} = 621$$

$$E_{23} = \sqrt{1445^2 + 1535^2 - 2 \times 1445 \times 1535 \times \cos25° + 85^2} = 656$$

$$E_{30} = \sqrt{1355^2 + 1270^2 - 2 \times 1355 \times 1270 \times \cos25° + 90^2} = 581$$

$$E_{31} = \sqrt{1355^2 + 1355^2 - 2 \times 1355 \times 1355 \times \cos25° + 32.9^2} = 587$$

$$E_{32} = \sqrt{1355^2 + 1387.9^2 - 2 \times 1355 \times 1387.9 \times \cos25°} = 595$$

$$E_{33} = \sqrt{1355^2 + 1445^2 - 2 \times 1355 \times 1445 \times \cos25° + 85^2} = 618$$

④ $c_2 = \sqrt{930^2 + 1185^2 - 2 \times 930 \times 1185 \times \cos25° + 90^2} = 529$

$$c_3 = \sqrt{845^2 + 1270^2 - 2 \times 845 \times 1270 \times \cos25° + 90^2} = 624$$

⑤ $f_{11} = \sqrt{1015^2 + 845^2 - 2 \times 1015 \times 845 \times \cos25° + 23.9^2} = 436$

$$f_{12} = \sqrt{737.5^2 + 845^2 - 2 \times 737.5 \times 845 \times \cos25° + 203.9^2} = 412$$

$$f_{13} = \sqrt{665^2 + 641.1^2 - 2 \times 665 \times 641.1 \times \cos25° + 170^2} = 331$$

$$f_{21} = \sqrt{930^2 + 845^2 - 2 \times 930 \times 845 \times \cos25° + 17.5^2} = 393$$

$$f_{22} = \sqrt{812.1^2 + 845^2 - 2 \times 812.1 \times 845 \times \cos25° + 107.5^2} = 376$$

$$f_{23} = \sqrt{755^2 + 737.5^2 - 2 \times 755 \times 737.5 \times \cos25° + 85^2} = 334$$

⑥ $F_{11} = \sqrt{1185^2 + 1355^2 - 2 \times 1185 \times 1355 \times \cos25° + 23.9^2} = 575$

$$F_{12} = \sqrt{1462.5^2 + 1355^2 - 2 \times 1462.5 \times 1355 \times \cos25° + 203.9^2} = 652$$

$$F_{13} = \sqrt{1535^2 + 1558.9^2 - 2 \times 1535 \times 1558.9 \times \cos25° + 170^2} = 691$$

$$F_{21} = \sqrt{1270^2 + 1355^2 - 2 \times 1270 \times 1355 \times \cos25° + 17.5^2} = 574$$

$$F_{22} = \sqrt{1387.9^2 + 1355 - 2 \times 1387.9 \times 1355 \times \cos25° + 107.5^2} = 604$$

$$F_{23} = \sqrt{1445^2 + 1462.5^2 - 2 \times 1445 \times 1462.5 \times \cos25° + 85^2} = 635$$

⑦ $g_1 = \sqrt{665^2 + 575^2 - 2 \times 665 \times 575 \times \cos25°} = 282$

$$g_2 = \sqrt{755^2 + 665^2 - 2 \times 755 \times 665 \times \cos25°} = 320$$

$$g_3 = \sqrt{845^2 + 755^2 - 2 \times 845 \times 755 \times \cos25°} = 357$$

⑧ $G_1 = \sqrt{1535^2 + 1625^2 - 2 \times 1535 \times 1625 \times \cos25°} = 690$

$$G_2 = \sqrt{1445^2 + 1535^2 - 2 \times 1445 \times 1535 \times \cos25°} = 651$$

$$G_3 = \sqrt{1355^2 + 1445^2 - 2 \times 1355 \times 1445 \times \cos25°} = 612$$

⑨ $S_1 = [\arcsin(255/525) - \arcsin(85 \times 0/525)] \times 3.1416 \times 525/180° = 266$

$$S_2 = [\arcsin(255/443.2) - \arcsin(85 \times 1/443.2)] \times 3.1416 \times 443.2/180° = 186$$

$$S_3 = [\arcsin(255/384.6) - \arcsin(85 \times 2/384.6)] \times 3.1416 \times 384.6/180° = 103$$

⑩ $m_1 = 2 \times [3.1416 \times 525/4 - \arcsin(255/525) \times 3.1416 \times 525/180°] = 292$

　　$m_2 = 2 \times [3.1416 \times 443.2/4 - \arcsin(255/443.2) \times 3.1416 \times 443.2/180°] = 153$

　　$m_3 = 2 \times [3.1416 \times 384.6/4 - \arcsin(255/384.6) \times 3.1416 \times 384.6/180°] = 47$

六、任一弯曲度、节数头圆尾方渐变过渡虾米弯头Ⅲ（图 8-21）展开

1. 展开计算模板（60°二节弯头）

见本章第四节"展开计算模板"。

2. 展开计算实例（图 8-22）

1）已知条件（图 8-23、图 8-24）：$r_1 = 540$，$a_2 = 220$，

$R = 800$，$\alpha = 60°$，$n = 2$。

2）所求对象同本章第四节"展开计算模板"。

3）过渡条件：

① $Q = 60°/2 = 30°$

② $P = (540 - 220)/2 = 160$

③ $J = 220/2 = 110$

④ $r_2 = \sqrt{(110 \times 1)^2 + (540 - 160 \times 1)^2} = 395.6$

⑤ $b_1 = \sqrt{540^2 - 220^2} - \sqrt{395.6^2 - 220^2} = 164.4$

　　$b_2 = \sqrt{395.6^2 - 220^2} - 220 = 108.8$

图 8-21　立体图

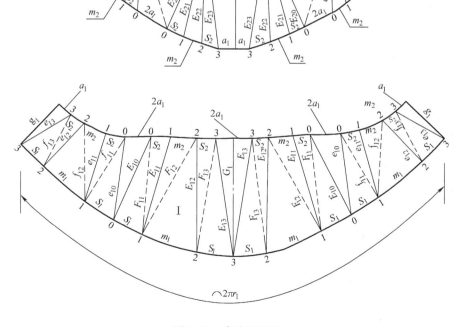

图 8-22　弯头展开图

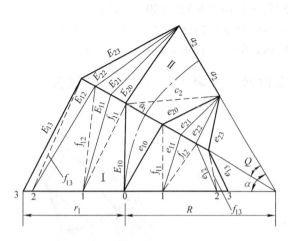

图 8-23　主视图

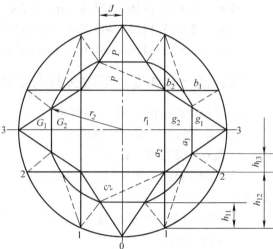

图 8-24　重叠俯视图

⑥ $h_{11} = \sqrt{540^2 - 220^2} - 540 + 160 \times 1 = 113.2$

$h_{12} = \sqrt{540^2 - 220^2} - 220 = 273.2$

$h_{13} = 220 - 110 \times 1 = 110$

⑦ $d_{00} = 800 - 110 \times 0 = 800$

$d_{01} = 800 - 220 = 580$

$d_{02} = 800 - \sqrt{540^2 - 220^2} = 306.8$

$d_{03} = 800 - 540 + 160 \times 0 = 260$

$d_{10} = 800 - 110 \times 1 = 690$

$d_{11} = 800 - 220 = 580$

$d_{12} = 800 - \sqrt{395.6^2 - 220^2} = 471.2$

$d_{13} = 800 - 540 + 160 \times 1 = 420$

$d_{20} = 800 - 110 \times 2 = 580$

$d_{21} = 800 - 220 = 580$

$d_{22} = 800 - 220 = 580$

$d_{23} = 800 - 540 + 160 \times 2 = 580$

⑧ $D_{00} = 800 + 110 \times 0 = 800$

$D_{01} = 800 + 220 = 1020$

$D_{02} = 800 + \sqrt{540^2 - 220^2} = 1293.2$

$D_{03} = 800 + 540 - 160 \times 0 = 1340$

$D_{10} = 800 + 110 \times 1 = 910$

$D_{11} = 800 + 220 = 1020$

$D_{12} = 800 + \sqrt{395.6^2 - 220^2} = 1128.8$

$D_{13} = 800 + 540 - 160 \times 1 = 1180$

$D_{20} = 800 + 110 \times 2 = 1020$

$D_{21} = 800 + 220 = 1020$

$D_{22} = 800 + 220 = 1020$

$D_{23} = 800 + 540 - 160 \times 2 = 1020$

4）计算结果：

① $a_1 = 220 \times 1/2 = 110$

② $e_{10} = \sqrt{690^2 + 800^2 - 2 \times 690 \times 800 \times \cos30° + 160^2} = 431$

　$e_{11} = \sqrt{580^2 + 580^2 - 2 \times 580 \times 580 \times \cos30° + 164.4^2} = 342$

　$e_{12} = \sqrt{471.2^2 + 306.8^2 - 2 \times 471.2 \times 306.8 \times \cos30°} = 256$

　$e_{13} = \sqrt{420^2 + 260^2 - 2 \times 420 \times 260 \times \cos30° + 110^2} = 259$

　$e_{20} = \sqrt{580^2 + 690^2 - 2 \times 580 \times 690 \times \cos30° + 160^2} = 381$

　$e_{21} = \sqrt{580^2 + 580^2 - 2 \times 580 \times 580 \times \cos30° + 108.8^2} = 319$

　$e_{22} = \sqrt{580^2 + 471.2^2 - 2 \times 580 \times 471.2 \times \cos30°} = 292$

　$e_{23} = \sqrt{580^2 + 420^2 - 2 \times 580 \times 420 \times \cos30° + 110^2} = 321$

③ $E_{10} = \sqrt{910^2 + 800^2 - 2 \times 910 \times 800 \times \cos30° + 160^2} = 483$

　$E_{11} = \sqrt{1020^2 + 1020^2 - 2 \times 1020 \times 1020 \times \cos30° + 164.4^2} = 553$

　$E_{12} = \sqrt{1128.8^2 + 1293.2^2 - 2 \times 1128.8 \times 1293.2 \times \cos30°} = 647$

　$E_{13} = \sqrt{1180^2 + 1340^2 - 2 \times 1180 \times 1340 \times \cos30° + 110^2} = 679$

　$E_{20} = \sqrt{1020^2 + 910^2 - 2 \times 1020 \times 910 \times \cos30° + 160^2} = 535$

　$E_{21} = \sqrt{1020^2 + 1020^2 - 2 \times 1020 \times 1020 \times \cos30° + 108.8^2} = 539$

　$E_{22} = \sqrt{1020^2 + 1128.8^2 - 1020 \times 1128.8 \times \cos30°} = 566$

　$E_{23} = \sqrt{1020^2 + 1180^2 - 2 \times 1020 \times 1180 \times \cos30° + 110^2} = 600$

④ $c_2 = \sqrt{580^2 + 910^2 - 2 \times 580 \times 910 \times \cos30° + 160^2} = 525$

⑤ $f_{11} = \sqrt{690^2 + 580^2 - 2 \times 690 \times 580 \times \cos30° + 113.2^2} = 364$

　$f_{12} = \sqrt{471.2^2 + 580^2 - 2 \times 471.2 \times 580 \times \cos30° + 273.2^2} = 400$

　$f_{13} = \sqrt{420^2 + 306.8^2 - 2 \times 420 \times 306.8 \times \cos30° + 110^2} = 244$

⑥ $F_{11} = \sqrt{910^2 + 1020^2 - 2 \times 910 \times 1020 \times \cos30° + 113.2^2} = 523$

　$F_{12} = \sqrt{1128.8^2 + 1020^2 - 2 \times 1128.8 \times 1020 \times \cos30° + 273.2^2} = 628$

　$F_{13} = \sqrt{1180^2 + 1293.2^2 - 2 \times 1180 \times 1293.2 \times \cos30° + 110^2} = 659$

⑦ $g_1 = \sqrt{420^2 + 260^2 - 2 \times 420 \times 260 \times \cos30°} = 234$

　$g_2 = \sqrt{580^2 + 420^2 - 2 \times 580 \times 420 \times \cos30°} = 301$

⑧ $G_1 = \sqrt{1180^2 + 1340^2 - 2 \times 1180 \times 1340 \times \cos30°} = 670$

　$G_2 = \sqrt{1020^2 + 1180^2 - 2 \times 1020 \times 1180 \times \cos30°} = 590$

⑨ $S_1 = [\arcsin(220/540) - \arcsin(110 \times 0/540)] \times 3.1416 \times 540/180° = 227$

　$S_2 = [\arcsin(220/395.6) - \arcsin(110 \times 1/395.6)] \times 3.1416 \times 395.6/180° = 122$

⑩ $m_1 = 2 \times [3.1416 \times 540/4 - \arcsin(220/540) \times 3.1416 \times 540/180°] = 395$

　$m_2 = 2 \times [3.1416 \times 395.6/4 - \arcsin(220/395.6) \times 3.1416 \times 395.6/180°] = 155$

第九章　方圆过渡管三通及多通

本章主要介绍方管分支与两个及多个圆管连接，或圆管分支与两个及多个方管连接，所必需的过渡连接件，方圆管过渡三通及多通的展开。由于管线分支的方位、角度、管径大小的不同，以及设计的需要，连接件的形态各异，因此，本章就着重介绍各种形态的 V 形三通以及多通的展开。

一、主方支圆平口等偏心 V 形三通（图 9-1）展开

1. 展开计算模板

1）已知条件（图 9-2）：

① 主管口纵边内半长 a；

② 主管口横边内半长 b；

③ 支管口内半径 r；

④ 两支管口偏心距 P；

⑤ 主支两端口高 H；

⑥ 支端口至内接合边垂高 h；

⑦ 三通壁厚 t。

2）所求对象：

① 两支管内接合边半长 e；

② 支管内侧三角形面实高 g；

③ 三通前后板三角形面实高 F；

④ 三通主支接合折线实长 c；

⑤ 三通支管口内半圆各素线实长 $L_{0\sim n}$；

⑥ 三通支管口外半圆各素线实长 $K_{0\sim n}$；

⑦ 支管口各等分段中弧长 $S_{0\sim n}$。

3）过渡条件公式：三通前后板三角形面投影高

$$f=(a-r)(H-h)/H$$

4）计算公式：

① $e=a-f$

② $g=\sqrt{(P-r)^2+h^2}$

③ $F=\sqrt{(H-h)^2+f^2}$

④ $c=\sqrt{b^2+F^2}$

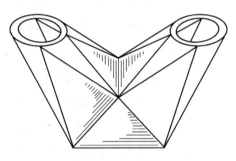

图 9-1　立体图

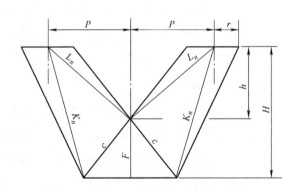

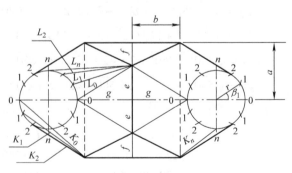

图 9-2　主、俯视图

⑤ $L_{0\sim n} = \sqrt{(e - r\sin\beta_{0\sim n})^2 + (P - r\cos\beta_{0\sim n})^2 + h^2}$

⑥ $K_{0\sim n} = \sqrt{(a - r\sin\beta_{0\sim n})^2 + (P - b + r\cos\beta_{0\sim n})^2 + H^2}$

⑦ $S_{0\sim n} = \pi(2r + t)\beta_{0\sim n}/360°$

式中　n——三通支管端口 1/4 圆周等分份数；

　　　$\beta_{0\sim n}$——三通支管端口圆周各等分点同圆心连线分别与内外 0 位半径轴的夹角。

说明：

① 公式中所有 0～11 编号均一致。

② 展开图样是从前后板三角形面中高线下处剖开，而实际操作时，应保留三角形面整片，在主支接合折线 c 处剖开为宜。

2. 展开计算实例（图 9-3）

1）已知条件（图 9-2）：$a = 450$，$b = 360$，$r = 210$，$P = 660$，$H = 1050$，$h = 600$，$t = 8$。

2）所求对象同本节"展开计算模板"。

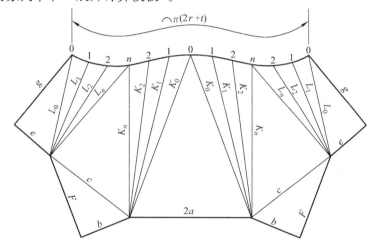

图 9-3　三通一支管展开图

3）过渡条件：

$$f = (450 - 210) \times (1050 - 600)/1050 = 103$$

4）计算结果（设 $n = 4$）：

① $e = 450 - 103 = 347$

② $g = \sqrt{(660 - 210)^2 + 600^2} = 750$

③ $F = \sqrt{(1050 - 600)^2 + 103^2} = 462$

④ $c = \sqrt{360^2 + 462^2} = 585$

⑤ $L_0 = \sqrt{(347 - 210 \times \sin0°)^2 + (660 - 210 \times \cos0°)^2 + 600^2} = 826$

$L_1 = \sqrt{(347 - 210 \times \sin22.5°)^2 + (660 - 210 \times \cos22.5°)^2 + 600^2} = 805$

$L_2 = \sqrt{(347 - 210 \times \sin45°)^2 + (660 - 210 \times \cos45°)^2 + 600^2} = 813$

$L_3 = \sqrt{(347 - 210 \times \sin67.5°)^2 + (660 - 210 \times \cos67.5°)^2 + 600^2} = 848$

$L_4 = \sqrt{(347 - 210 \times \sin90°)^2 + (660 - 210 \times \cos90°)^2 + 600^2} = 902$

⑥ $K_0 = \sqrt{(450 - 210 \times \sin0°)^2 + (660 - 360 + 210 \times \cos0°)^2 + 1050^2} = 1251$

$$K_1 = \sqrt{(450 - 210 \times \sin22.5°)^2 + (660 - 360 + 210 \times \cos22.5°)^2 + 1050^2} = 1218$$

$$K_2 = \sqrt{(450 - 210 \times \sin45°)^2 + (660 - 360 + 210 \times \cos45°)^2 + 1050^2} = 1181$$

$$K_3 = \sqrt{(450 - 210 \times \sin67.5°)^2 + (660 - 360 + 210 \times \cos67.5°)^2 + 1050^2} = 1146$$

$$K_4 = \sqrt{(450 - 216 \times \sin90°)^2 + (660 - 360 + 210 \times \cos90°)^2 + 1050^2} = 1118$$

⑦ $S_0 = 3.1416 \times (2 \times 210 + 8) \times 0°/360° = 0$

$S_1 = 3.1416 \times (2 \times 210 + 8) \times 22.5°/360° = 84$

$S_2 = 3.1416 \times (2 \times 210 + 8) \times 45°/360° = 168$

$S_3 = 3.1416 \times (2 \times 210 + 8) \times 67.5°/360° = 252$

$S_4 = 3.1416 \times (2 \times 210 + 8) \times 90°/360° = 336$

二、主方支圆平口不等偏心 V 形三通（图9-4）展开

1. 展开计算模板

1）已知条件（图9-5）：

① 主管口纵边内半长 a；

② 主管口横边内半长 b；

③ 支管口内半径 r；

④ 左支管口偏心距 P_1；

⑤ 右支管口偏心距 P_2；

⑥ 主支两端口高 H；

⑦ 支端口至接合边垂高 h；

⑧ 三通壁厚 t。

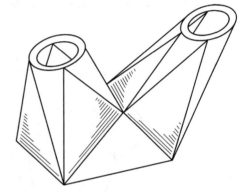

图9-4　立体图

2）所求对象：

① 两支管内接合边半长 e；

② 左支管内三角面实高 g；

③ 右支管内三角面实高 G；

④ 三通主支接合折线实长 c；

⑤ 左支管口内半圆各素线实长 $L_{0\sim n}$；

⑥ 左支管口外半圆各素线实长 $K_{0\sim n}$；

⑦ 右支管口内半圆各素线实长 $M_{0\sim n}$；

⑧ 右支管口外半圆各素线实长 $J_{0\sim n}$；

⑨ 支管圆口各等分段中弧长 $S_{0\sim n}$。

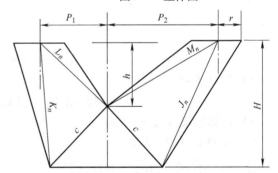

3）过渡条件公式：三通前后板三角形面投影高

$$f = (a - r)(H - h)/H$$

4）计算公式：

① $e = a - f$

② $g = \sqrt{(P_1 - r)^2 + h^2}$

③ $G = \sqrt{(P_2 - r)^2 + h^2}$

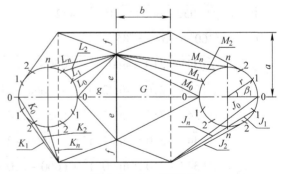

图9-5　主、俯视图

④ $c = \sqrt{(H-h)^2 + b^2 + f^2}$

⑤ $L_{0\sim n} = \sqrt{(e - r\sin\beta_{0\sim n})^2 + (P_1 - r\cos\beta_{0\sim n})^2 + h^2}$

⑥ $K_{0\sim n} = \sqrt{(a - r\sin\beta_{0\sim n})^2 + (P_1 - b + r\cos\beta_{0\sim n})^2 + H^2}$

⑦ $M_{0\sim n} = \sqrt{(e - r\sin\beta_{0\sim n})^2 + (P_2 - r\cos\beta_{0\sim n})^2 + h^2}$

⑧ $J_{0\sim n} = \sqrt{(a - r\sin\beta_{0\sim n})^2 + (P_2 - b + r\cos\beta_{0\sim n})^2 + H^2}$

⑨ $S_{0\sim n} = \pi(2r + t)\beta_{0\sim n}/360°$

式中　n——三通支管端口 1/4 圆周等分份数；

　　　$\beta_{0\sim n}$——三通支管端口圆周各等分点同圆心连线分别与内外 0 位半径轴的夹角。

　　说明：公式中所有 $0\sim n$ 编号均一致。

2. 展开计算实例（图 9-6、图 9-7）

1）已知条件（图 9-5）：$a = 540$，$b = 450$，$r = 330$，$P_1 = 600$，$P_2 = 1000$，$H = 1200$，$h = 560$，$t = 8$。

2）所求对象同本节"展开计算模板"。

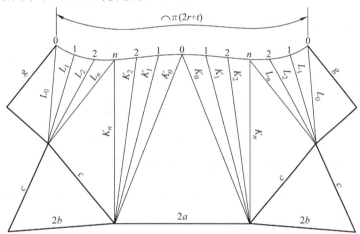

图 9-6　三通左支管展开图

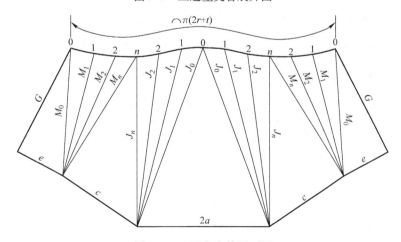

图 9-7　三通右支管展开图

3）过渡条件：

$$f = (540 - 330) \times (1200 - 560)/1200 = 112$$

4）计算结果（设 $n = 4$）：

① $e = 540 - 112 = 428$

② $g = \sqrt{(600 - 330)^2 + 560^2} = 622$

③ $G = \sqrt{(1000 - 330)^2 + 560^2} = 873$

④ $c = \sqrt{(1200 - 560)^2 + 450^2 + 112^2} = 790$

⑤ $L_0 = \sqrt{(428 - 330 \times \sin0°)^2 + (600 - 330 \times \cos0°)^2 + 560^2} = 755$

$L_1 = \sqrt{(428 - 330 \times \sin22.5°)^2 + (600 - 330 \times \cos22.5°)^2 + 560^2} = 701$

$L_2 = \sqrt{(428 - 330 \times \sin45°)^2 + (600 - 330 \times \cos45°)^2 + 560^2} = 697$

$L_3 = \sqrt{(428 - 330 \times \sin67.5°)^2 + (600 - 330 \times \cos67.5°)^2 + 560^2} = 744$

$L_4 = \sqrt{(428 - 330 \times \sin90°)^2 + (600 - 330 \times \cos90°)^2 + 560^2} = 827$

⑥ $K_0 = \sqrt{(540 - 330 \times \sin0°)^2 + (600 - 450 + 330 \times \cos0°)^2 + 1200^2} = 1401$

$K_1 = \sqrt{(540 - 330 \times \sin22.5°)^2 + (600 - 450 + 330 \times \cos22.5°)^2 + 1200^2} = 1348$

$K_2 = \sqrt{(540 - 330 \times \sin45°)^2 + (600 - 450 + 330 \times \cos45°)^2 + 1200^2} = 1297$

$K_3 = \sqrt{(540 - 330 \times \sin67.5°)^2 + (600 - 450 + 330 \times \cos67.5°)^2 + 1200^2} = 1254$

$K_4 = \sqrt{(5400 - 330 \times \sin90°)^2 + (600 - 450 + 330 \times \cos90°)^2 + 1200^2} = 1227$

⑦ $M_0 = \sqrt{(428 - 330 \times \sin0°)^2 + (1000 - 330 \times \cos0°)^2 + 560^2} = 972$

$M_1 = \sqrt{(428 - 330 \times \sin22.5°)^2 + (1000 - 330 \times \cos22.5°)^2 + 560^2} = 942$

$M_2 = \sqrt{(428 - 330 \times \sin45°)^2 + (1000 - 330 \times \cos45°)^2 + 560^2} = 969$

$M_3 = \sqrt{(428 - 330 \times \sin67.5°)^2 + (1000 - 330 \times \cos67.5°)^2 + 560^2} = 1045$

$M_4 = \sqrt{(428 - 330 \times \sin90°)^2 + (1000 - 330 \times \cos90°)^2 + 560^2} = 1150$

⑧ $J_0 = \sqrt{(540 - 330 \times \sin0°)^2 + (1000 - 450 + 330 \times \cos0°)^2 + 1200^2} = 1583$

$J_1 = \sqrt{(540 - 330 \times \sin22.5°)^2 + (1000 - 450 + 330 \times \cos22.5°)^2 + 1200^2} = 1530$

$J_2 = \sqrt{(540 - 330 \times \sin45°)^2 + (1000 - 450 + 330 \times \cos45°)^2 + 1200^2} = 1465$

$J_3 = \sqrt{(540 - 330 \times \sin67.5°)^2 + (1000 - 450 + 330 \times \cos67.5°)^2 + 1200^2} = 1397$

$J_4 = \sqrt{(540 - 330 \times \sin90°)^2 + (1000 - 450 + 330 \times \cos90°)^2 + 1200^2} = 1337$

⑨ $S_0 = 3.1416 \times (2 \times 330 + 8) \times 0°/360° = 0$

$S_1 = 3.1416 \times (2 \times 330 + 8) \times 22.5°/360° = 131$

$S_2 = 3.1416 \times (2 \times 330 + 8) \times 45°/360° = 262$

$S_3 = 3.1416 \times (2 \times 330 + 8) \times 67.5°/360° = 393$

$S_4 = 3.1416 \times (2 \times 330 + 8) \times 90°/360° = 525$

三、主圆支方平口等偏心 V 形三通（图9-8）展开

1. 展开计算模板

1）已知条件（图9-9）：

① 支管口纵边内半长 a；

② 支管口横边内半长 b；

③ 主管口内半径 r；

④ 两支管偏心距 P；

⑤ 主支两端口高 H；

⑥ 三通壁厚 t。

2）所求对象：

① 支管内侧三角形面实高 g；

② 支管外侧展开各素线实长 $L_{0 \sim n}$；

③ 支管内侧展开各素线实长 $K_{0 \sim n}$；

④ 主管圆口各等分段中弧长 $S_{0 \sim n}$。

3）过渡条件公式：支管内侧相贯口各等分段投影点垂高

$$h_{0 \sim n} = H - r\cos\beta_{0 \sim n}$$

4）计算公式：

① $g = \sqrt{(P-b)^2 + (H-r)^2}$

② $L_{0 \sim n} = \sqrt{(a - r\sin\beta_{0 \sim n})^2 + (P + b - r\cos\beta_{0 \sim n})^2 + H^2}$

③ $K_{0 \sim n} = \sqrt{(a - r\sin\beta_{0 \sim n})^2 + (P - b)^2 + h_{0 \sim n}^2}$

④ $S_{0 \sim n} = \pi(2r + t)\beta_{0 \sim n}/360°$

式中　n——三通主管口 1/4 圆周等分份数；

$\beta_{0 \sim n}$——三通主管口圆周各等分点同圆心连线与 0 位半径轴的夹角。

说明：公式中所有 $0 \sim n$ 编号均一致。

2. 展开计算实例（图9-10）

1）已知条件（图9-9）：$a = 300$，$b = 240$，$r = 400$，$P = 660$，$H = 1200$，$t = 10$。

2）所求对象同本节"展开计算模板"。

3）过渡条件（设 $n = 5$）：

$h_0 = 1200 - 400 \times \cos0° = 800$

$h_1 = 1200 - 400 \times \cos18° = 820$

$h_2 = 1200 - 400 \times \cos36° = 876$

$h_3 = 1200 - 400 \times \cos54° = 965$

$h_4 = 1200 - 400 \times \cos72° = 1076$

$h_5 = 1200 - 240 \times \cos90° = 1200$

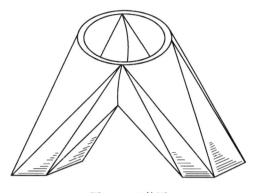

图9-8　立体图

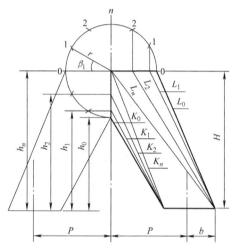

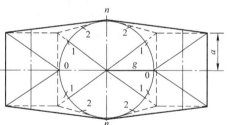

图9-9　主、俯视图

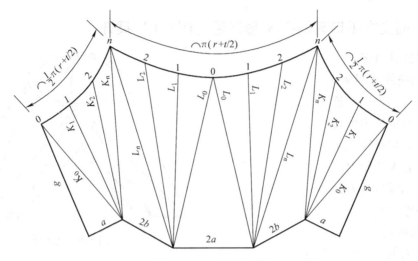

图 9-10　一支管展开图

4）计算结果：

① $g = \sqrt{(660-240)^2 + (1200-400)^2} = 904$

② $L_0 = \sqrt{(300-400 \times \sin 0°)^2 + (660+240-400 \times \cos 0°)^2 + 1200^2} = 1334$

$L_1 = \sqrt{(300-400 \times \sin 18°)^2 + (660+240-400 \times \cos 18°)^2 + 1200^2} = 1319$

$L_2 = \sqrt{(300-400 \times \sin 36°)^2 + (660+240-400 \times \cos 36°)^2 + 1200^2} = 1333$

$L_3 = \sqrt{(300-400 \times \sin 54°)^2 + (660+240-400 \times \cos 54°)^2 + 1200^2} = 1372$

$L_4 = \sqrt{(300-400 \times \sin 72°)^2 + (660+240-400 \times \cos 72°)^2 + 1200^2} = 1432$

$L_5 = \sqrt{(300-400 \times \sin 90°)^2 + (660+240-400 \times \cos 90°)^2 + 1200^2} = 1503$

③ $K_0 = \sqrt{(300-400 \times \sin 0°)^2 + (660-240)^2 + 800^2} = 952$

$K_1 = \sqrt{(300-400 \times \sin 180°)^2 + (660-240)^2 + 820^2} = 938$

$K_2 = \sqrt{(300-400 \times \sin 36°)^2 + (660-240)^2 + 876^2} = 974$

$K_3 = \sqrt{(300-400 \times \sin 54°)^2 + (660-240)^2 + 965^2} = 1053$

$K_4 = \sqrt{(300-400 \times \sin 72°)^2 + (660-240)^2 + 1076^2} = 1158$

$K_5 = \sqrt{(300-400 \times \sin 90°)^2 + (660-240)^2 + 1200^2} = 1275$

④ $S_0 = 3.1416 \times (2 \times 400 + 10) \times 0°/360° = 0$

$S_1 = 3.1416 \times (2 \times 400 + 10) \times 18°/360° = 127$

$S_2 = 3.1416 \times (2 \times 400 + 10) \times 36°/360° = 254$

$S_3 = 3.1416 \times (2 \times 400 + 10) \times 54°/360° = 382$

$S_4 = 3.1416 \times (2 \times 400 + 10) \times 72°/360° = 509$

$S_5 = 3.1416 \times (2 \times 400 + 10) \times 90°/360° = 636$

四、主圆支方平口不等偏心 V 形三通（图 9-11）展开

1. 展开计算模板

1）已知条件（图 9-12）：

① 支管口纵边内半长 a；

② 支管口横边内半长 b；

③ 主管口内半径 r；

④ 左支管口偏心距 P_1；

⑤ 右支管偏心距 P_2；

⑥ 主支两端口垂高 H；

⑦ 三通壁厚 t。

2）所求对象：

① 左支管内侧三角形面实高 g；

② 右支管内侧二角形面实高 G；

③ 左支管外侧展开各素线实长 $L_{0 \sim n}$；

④ 左支管内侧展开各素线实长 $K_{0 \sim n}$；

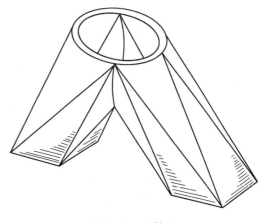

图 9-11　立体图

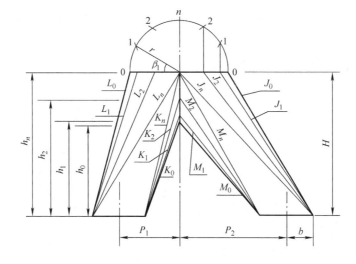

图 9-12　主、俯视图

⑤ 右支管外侧展开各素线实长 $J_{0 \sim n}$；

⑥ 右支管内侧展开各素线实长 $M_{0 \sim n}$；

⑦ 主管口各等分段中弧长 $S_{0 \sim n}$。

3）过渡条件公式：支管口内侧相贯口各等分段投影点垂高

$$h_{0 \sim n} = H - r\cos\beta_{0 \sim n}$$

4）计算公式：

① $g = \sqrt{(P_1 - b)^2 + (H - r)^2}$

② $G = \sqrt{(P_2 - b)^2 + (H - r)^2}$

③ $L_{0 \sim n} = \sqrt{(a - r\sin\beta_{0 \sim n})^2 + (P_1 + b - r\cos\beta_{0 \sim n})^2 + H^2}$

④ $K_{0 \sim n} = \sqrt{(a - r\sin\beta_{0 \sim n})^2 + (P_1 - b)^2 + h_{0 \sim n}^2}$

⑤ $J_{0 \sim n} = \sqrt{(a - r\sin\beta_{0 \sim n})^2 + (P_2 + b - r\cos\beta_{0 \sim n})^2 + H^2}$

⑥ $M_{0 \sim n} = \sqrt{(a - r\sin\beta_{0 \sim n})^2 + (P_2 - b)^2 + h_{0 \sim n}^2}$

⑦ $S_{0 \sim n} = \pi(2r + t)\beta_{0 \sim n} / 360°$

式中　n——三通主管口 1/4 圆周等分份数；

　　　$\beta_{0 \sim n}$——三通主管口圆周各等分点同圆心连线与 0 位半径轴的夹角。

说明：公式中所有 $0 \sim n$ 编号均一致。

2. 展开计算实例（图 9-13、图 9-14）

1）已知条件（图 9-12）：$a = 320$，$b = 220$，$r = 410$，$P_1 = 480$，$P_2 = 950$，$H = 1000$，$t = 8$。

2）所求对象同本节"展开计算模板"。

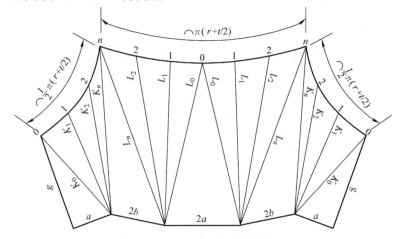

图 9-13　三通左支管展开图

3）过渡条件（设 $n = 4$）：

$h_0 = 1000 - 410 \times \cos 0° = 590$

$h_1 = 1000 - 410 \times \cos 22.5° = 621$

$h_2 = 1000 - 410 \times \cos 45° = 710$

$h_3 = 1000 - 410 \times \cos 67.5° = 843$

$h_4 = 1000 - 410 \times \cos 90° = 1000$

4）计算结果：

① $g = \sqrt{(480 - 220)^2 + (1000 - 410)^2} = 645$

② $G = \sqrt{(950 - 220)^2 + (1000 - 410)^2} = 939$

③ $L_0 = \sqrt{(320 - 410 \times \sin 0°)^2 + (480 + 220 - 410 \times \cos 0°)^2 + 1000^2} = 1089$

$\quad L_1 = \sqrt{(320 - 410 \times \sin 22.5°)^2 + (480 + 220 - 410 \times \cos 22.5°)^2 + 1000^2} = 1063$

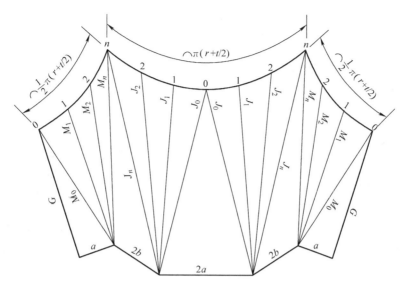

图 9-14　三通右支管展开图

$$L_2 = \sqrt{(320 - 410 \times \sin45°)^2 + (480 + 220 - 410 \times \cos45°)^2 + 1000^2} = 1081$$

$$L_3 = \sqrt{(320 - 410 \times \sin67.5°)^2 + (480 + 220 - 410 \times \cos67.5°)^2 + 1000^2} = 1139$$

$$L_4 = \sqrt{(320 - 410 \times \sin90°)^2 + (480 + 220 - 450 \times \cos90°)^2 + 1000^2} = 1224$$

④ $K_0 = \sqrt{(320 - 410 \times \sin0°)^2 + (480 - 220)^2 + 590^2} = 720$

　　$K_1 = \sqrt{(320 - 410 \times \sin22.5°)^2 + (480 - 220)^2 + 621^2} = 693$

　　$K_2 = \sqrt{(320 - 410 \times \sin45°)^2 + (480 - 220)^2 + 710^2} = 757$

　　$K_3 = \sqrt{(320 - 410 \times \sin67.5°)^2 + (480 - 220)^2 + 843^2} = 884$

　　$K_4 = \sqrt{(320 - 410 \times \sin90°)^2 + (480 - 220)^2 + 1000^2} = 1037$

⑤ $J_0 = \sqrt{(320 - 410 \times \sin0°)^2 + (950 + 220 - 410 \times \cos0°)^2 + 1000^2} = 1296$

　　$J_1 = \sqrt{(320 - 410 \times \sin22.5°)^2 + (950 + 220 - 410 \times \cos22.5°)^2 + 1000^2} = 1286$

　　$J_2 = \sqrt{(320 - 410 \times \sin45°)^2 + (950 + 220 - 410 \times \cos45°)^2 + 1000^2} = 1332$

　　$J_3 = \sqrt{(320 - 410 \times \sin67.5°)^2 + (950 + 220 - 410 \times \cos67.5°)^2 + 1000^2} = 1425$

　　$J_4 = \sqrt{(320 - 410 \times \sin90°)^2 + (950 + 220 - 410 \times \cos90°)^2 + 1000^2} = 1542$

⑥ $M_0 = \sqrt{(320 - 410 \times \sin0°)^2 + (950 - 220)^2 + 590^2} = 992$

　　$M_1 = \sqrt{(320 - 410 \times \sin22.5°)^2 + (950 - 220)^2 + 621^2} = 972$

　　$M_2 = \sqrt{(320 - 410 \times \sin45°)^2 + (950 - 220)^2 + 710^2} = 1019$

　　$M_3 = \sqrt{(320 - 410 \times \sin67.5°)^2 + (950 - 220)^2 + 843^2} = 1117$

　　$M_4 = \sqrt{(320 - 410 \times \sin90°)^2 + (950 - 220)^2 + 1000^2} = 1241$

⑦ $S_0 = 3.1416 \times (2 \times 410 + 8) \times 0°/360° = 0$

　　$S_1 = 3.1416 \times (2 \times 410 + 8) \times 22.5°/360° = 163$

　　$S_2 = 3.1416 \times (2 \times 410 + 8) \times 45°/360° = 325$

$$S_3 = 3.1416 \times (2 \times 410 + 8) \times 67.5°/360° = 488$$
$$S_4 = 3.1416 \times (2 \times 410 + 8) \times 90°/360° = 650$$

五、主圆支方平口放射形正四通（图 9-15）展开

1. 展开计算模板

1）已知条件（图 9-16）：

① 主管口内半径 r；

② 支管口内半长 a；

③ 主、支端口偏心距 P；

④ 支管口至主管口垂高 H；

⑤ 四通壁厚 t。

2）所求对象：

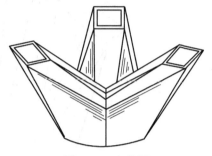

图 9-15　立体图

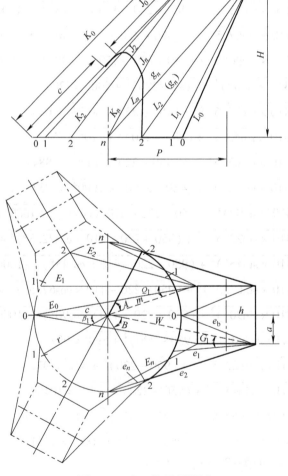

图 9-16　主、俯局部视图

① 支管方口内角点至主管口外半圆弧各等分点素线实长 $K_{0 \sim n}$；

② 支管方口外角点至主管口内半圆弧各等分点素线实长 $L_{0 \sim n}$；

③ 支管方口内角点至相贯线各点素线实长 $J_{0 \sim n}$；

④ 支管方口外角点至相贯线各点素线实长 $g_{n/2 \sim n}$；

⑤ 支管相贯端点至主管口外半圆弧 0 位点距 c；

⑥ 支管外侧三角形实高 h。

⑦ 主管口各等分段中弧长 $S_{0 \sim n}$。

3）过渡条件公式：

① 支管方口内角点至主管口外半圆弧各点水平距 $D_{0 \sim n} = P - a + r\cos\beta_{0 \sim n}$

② 支管方口外角点至主管口内半圆弧各点水平距 $d_{0 \sim n} = P + a - r\cos\beta_{0 \sim n}$

③ 支管方口内角点至主管口外半圆弧各点距 $E_{0 \sim n} = \sqrt{D_{0 \sim n}^2 + (r\sin\beta_{0 \sim n} - a)^2}$

④ 支管方口外角点至主管口内半圆弧各点距 $e_{0 \sim n} = \sqrt{d_{0 \sim n}^2 + (r\sin\beta_{0 \sim n} - a)^2}$

⑤ 支管方口内角点至主管口圆心距 $m = \sqrt{a^2 + (P - a)^2}$

⑥ 支管方口外角点至主管口圆心距 $W = \sqrt{a^2 + (P + a)^2}$

⑦ 圆心距 m 与相贯线的夹角 $A = 60° - \arctan[a/(P - a)]$

⑧ 圆心距 W 与相贯线的夹角 $B = 60° - \arctan[a/(P + a)]$

⑨ 支管方口内角点同主管口外半圆弧各点连线与 m 线夹角
$$Q_{0 \sim n} = \arcsin[r\sin(120° + A - \beta_{0 \sim n})/E_{0 \sim n}]$$

⑩ 支管方口内角点至相贯线各点距 $F_{0 \sim n} = m\sin A/\sin(180° - A - Q_{0 \sim n})$

⑪ 支管方口外角点同主管口内半圆弧各点连线与 w 线夹角
$$G_{n/2 \sim n} = \arcsin[r\sin(B + \beta_{n/2 \sim n} - 60°)/e_{n/2 \sim n}]$$

⑫ 支管方口外角点至相贯线各点距 $f_{n/2 \sim n} = W\sin B/\sin(180° - B - G_{n/2 \sim n})$

4）计算公式：

① $K_{0 \sim n} = \sqrt{H^2 + E_{0 \sim n}^2}$

② $L_{0 \sim n} = \sqrt{H^2 + e_{0 \sim n}^2}$

③ $J_{0 \sim n} = F_{0 \sim n}(K_{0 \sim n}/E_{0 \sim n})$

④ $g_{n/2 \sim n} = f_{n/2 \sim n}(L_{n/2 \sim n}/e_{n/2 \sim n})$

⑤ $c = \sqrt{r^2 + [r \times H/(P - a + r)]^2}$

⑥ $h = \sqrt{(P + a - r)^2 + H^2}$

⑦ $S_{0 \sim n} = \pi(2r + t)(\beta_{0 \sim n}/360°)$

式中　n——四通主管口 1/4 圆周等分份数；

　　　$\beta_{0 \sim n}$——主管口圆周各等分点同圆心连线与 0 位半径轴的夹角。

说明：

① 公式中 D、d、E、e、Q、F、K、L、J、S、β 的 $0 \sim n$ 编号均一致，G、f、g、β 的 $n/2 \sim n$ 编号均一致。

② 被展支管相贯线端点在主管口内半圆周 60° 位置，因此划分 1/4 主管口圆周等分数时，要考虑有一个等分点在 60° 上为宜。

③ 由于被展体是正四通，三个支管形状均一样，因此展开图样也相同，本节所介绍的展开图，为一支管展开图样。

2. 展开计算实例（图 9-17）

1）已知条件（图 9-16）：$r = 500$，$a = 210$，$P = 860$，$H = 1150$，$t = 6$。

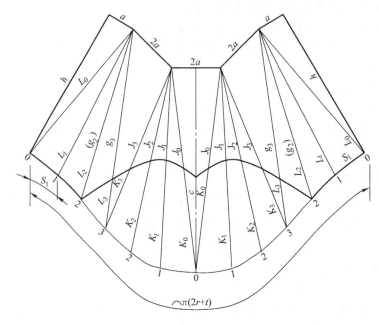

图 9-17　四通一支管展开图

2）所求对象同本节"展开计算模板"。

3）过渡条件（设 $n = 3$）：

① $D_0 = 860 - 210 + 500 \times \cos 0° = 1150$

　$D_1 = 860 - 210 + 500 \times \cos 30° = 1083$

　$D_2 = 860 - 210 + 500 \times \cos 60° = 900$

　$D_3 = 860 - 210 + 500 \times \cos 90° = 650$

② $d_0 = 860 + 210 - 500 \times \cos 0° = 570$

　$d_1 = 860 + 210 - 500 \times \cos 30° = 637$

　$d_2 = 860 + 210 - 500 \times \cos 60° = 820$

　$d_3 = 860 + 210 - 500 \times \cos 90° = 1070$

③ $E_0 = \sqrt{1150^2 + (500 \times \sin 0° - 210)^2} = 1169$

　$E_1 = \sqrt{1083^3 + (500 \times \sin 30° - 210)^2} = 1084$

　$E_2 = \sqrt{900^2 + (500 \times \sin 60° - 210)^2} = 927$

　$E_3 = \sqrt{650^2 + (500 \times \sin 90° - 210)^2} = 712$

④ $e_0 = \sqrt{570^2 + (500 \times \sin 0° - 210)^2} = 607$

　$e_1 = \sqrt{637^2 + (500 \times \sin 30° - 210)^2} = 638$

　$e_2 = \sqrt{820^2 + (500 \times \sin 60° - 210)^2} = 850$

　$e_3 = \sqrt{1070^2 + (500 \times \sin 90° - 210)^2} = 1109$

⑤ $m = \sqrt{210^2 + (860 - 210)^2} = 683$

⑥ $W = \sqrt{210^2 + (860 + 210)^2} = 1090$

⑦ $A = 60° - \arctan[210/(860 - 210)] = 42.0956°$

⑧ $B = 60° - \arctan[210/(860 + 210)] = 48.8962°$

⑨ $Q_0 = \arcsin[500 \times \sin(120° + 42.0956° - 0°)/1169] = 7.5558°$

$Q_1 = \arcsin[500 \times \sin(120° + 42.0956° - 30°)/1084] = 20.0196°$

$Q_2 = \arcsin[500 \times \sin(120° + 42.0956° - 60°)/927] = 31.8216°$

$Q_3 = \arcsin[500 \times \sin(120° + 42.0956° - 90°)/712] = 41.9487°$

⑩ $F_0 = 683 \times \sin42.0956°/\sin(180° - 42.0956° - 7.5558°) = 601$

$F_1 = 683 \times \sin42.0956°/\sin(180° - 42.0956° - 20.0196°) = 518$

$F_2 = 683 \times \sin42.0956°/\sin(180° - 42.0956° - 31.8216°) = 477$

$F_3 = 683 \times \sin42.0956°/\sin(180° - 42.0956 - 41.9487°) = 460$

⑪ $G_2 = \arcsin[500 \times \sin(48.8962° + 60° - 60°)/850] = 26.3184°$

$G_3 = \arcsin[500 \times \sin(48.8962° + 90° - 60°)/1109] = 26.2683°$

⑫ $f_2 = 1090 \times \sin48.8962°/\sin(180° - 48.8962° - 26.3184°) = 849$

$f_3 = 1090 \times \sin48.8962°/\sin(180° - 48.8962° - 26.2683°) = 850$

4）计算结果：

① $K_0 = \sqrt{1150^2 + 1169^2} = 1640$

$K_1 = \sqrt{1150^2 + 1084^2} = 1580$

$K_2 = \sqrt{1150^2 + 927^2} = 1477$

$K_3 = \sqrt{1150^2 + 712^2} = 1352$

② $L_0 = \sqrt{1150^2 + 607^2} = 1301$

$L_1 = \sqrt{1150^2 + 638^2} = 1315$

$L_2 = \sqrt{1150^2 + 850^2} = 1430$

$L_3 = \sqrt{1150^2 + 1109^2} = 1597$

③ $J_0 = 601 \times 1640/1169 = 843$

$J_1 = 518 \times 1580/1084 = 755$

$J_2 = 477 \times 1477/927 = 759$

$J_3 = 460 \times 1352/712 = 875$

④ $g_2 = 849 \times 1430/850 = 1429$

$g_3 = 850 \times 1597/1109 = 1224$

⑤ $c = \sqrt{500^2 + [500 \times 1150/(860 - 210 + 500)]^2} = 707$

⑥ $h = \sqrt{(860 + 210 - 500)^2 + 1150^2} = 1284$

⑦ $S_0 = 3.1416 \times (2 \times 500 + 6) \times 0°/360° = 0$

$S_1 = 3.1416 \times (2 \times 500 + 6) \times 30°/360° = 263$

$S_2 = 3.1416 \times (2 \times 500 + 6) \times 60°/360° = 527$

$S_3 = 3.1416 \times (2 \times 500 + 6) \times 90°/360° = 790$

六、主方支圆平口放射形正五通（图 9-18）展开

1. 展开计算模板

1）已知条件（图 9-19）：

① 主管口内边半长 a；

② 支管口内半径 r；

③ 支管偏心距 P；

④ 主支管两端口垂高 H；

⑤ 五通壁厚 t。

2）所求对象：

① 支管相贯边实长 c；

② 支管外侧展开各素线实长 $L_{0 \sim n}$；

③ 支管内侧展开各素线实长 $K_{0 \sim n}$；

④ 支管口各等分段中弧长 $S_{0 \sim n}$。

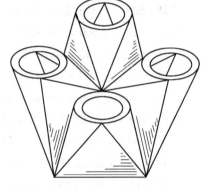

图 9-18　立体图

3）过渡条件公式：支管内侧相贯中点至支管端口垂高

$$h = H(P - r)/(a + P - r)$$

4）计算公式：

① $c = \sqrt{2a^2 + (H - h)^2}$

② $L_{0 \sim n} = \sqrt{(a - r\sin\beta_{0 \sim n})^2 + (P - a + r\cos\beta_{0 \sim n})^2 + H^2}$

③ $K_{0 \sim n} = \sqrt{(r\sin\beta_{0 \sim n})^2 + (P - r\cos\beta_{0 \sim n})^2 + h^2}$

④ $S_{0 \sim n} = \pi(2r + t)\beta_{0 \sim n}/360°$

式中　n——支管端口 1/4 圆周等分份数；

　　　$\beta_{0 \sim n}$——支管端口圆周各等分点同圆心连线与 0 位
　　　　　半径轴的夹角。

说明：公式中所有 $0 \sim n$ 编号均相等。

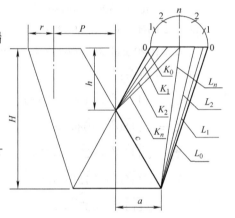

2. 展开计算实例（图 9-20）

1）已知条件（图 9-19）：$a = 600$，$r = 300$，$P = 750$，$H = 1150$，$t = 8$。

2）所求对象同本节"展开计算模板"。

3）过渡条件：

$h = 1150 \times (750 - 300)/(600 + 750 - 300) = 493$

4）计算结果（设 $n = 5$）：

① $c = \sqrt{2 \times 600^2 + (1150 - 493)^2} = 1073$

图 9-19　主、俯视图

② $L_0 = \sqrt{(600 - 300 \times \sin0°)^2 + (750 - 600 + 300 \times \cos0°)^2 + 1150^2} = 1373$

$L_1 = \sqrt{(600 - 300 \times \sin18°)^2 + (750 - 600 + 300 \times \cos18°)^2 + 1150^2} = 1330$

$L_2 = \sqrt{(600 - 300 \times \sin36°)^2 + (750 - 600 + 300 \times \cos36°)^2 + 1150^2} = 1287$

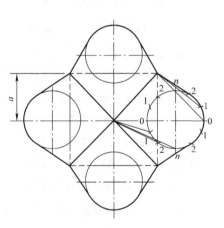

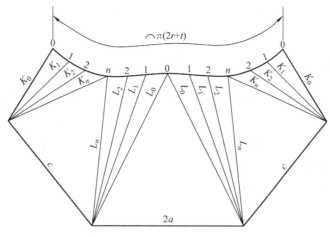

图 9-20 一支管展开图

$$L_3 = \sqrt{(600 - 300 \times \sin54°)^2 + (750 - 600 + 300 \times \cos54°)^2 + 1150^2} = 1248$$

$$L_4 = \sqrt{(600 - 300 \times \sin72°)^2 + (750 - 600 + 300 \times \cos72°)^2 + 1150^2} = 1217$$

$$L_5 = \sqrt{(600 - 300 \times \sin90°)^2 + (750 - 600 + 300 \times \cos90°)^2 + 1150^2} = 1198$$

③ $K_0 = \sqrt{(300 \times \sin0°)^2 + (750 - 300 \times \cos0°)^2 + 493^2} = 667$

$K_1 = \sqrt{(300 \times \sin18°)^2 + (750 - 300 \times \cos18°)^2 + 493^2} = 684$

$K_2 = \sqrt{(300 \times \sin36°)^2 + (750 - 300 \times \cos36°)^2 + 493^2} = 729$

$K_3 = \sqrt{(300 \times \sin54°)^2 + (750 - 300 \times \cos54°)^2 + 493^2} = 794$

$K_4 = \sqrt{(300 \times \sin72°)^2 + (750 - 300 \times \cos72°)^2 + 493^2} = 870$

$K_5 = \sqrt{(300 \times \sin90°)^2 + (750 - 300 \times \cos90°)^2 + 493^2} = 946$

④ $S_0 = 3.1416 \times (2 \times 300 + 8) \times 0°/360° = 0$

$S_1 = 3.1416 \times (2 \times 300 + 8) \times 18°/360° = 96$

$S_2 = 3.1416 \times (2 \times 300 + 8) \times 36°/360° = 191$

$S_3 = 3.1416 \times (2 \times 300 + 8) \times 54°/360° = 287$

$S_4 = 3.1416 \times (2 \times 300 + 8) \times 72°/360° = 382$

$S_5 = 3.1416 \times (2 \times 300 + 8) \times 90°/360° = 478$

七、主圆支方平口放射形正五通（图 9-21）展开

1. 展开计算模板

1）已知条件（图 9-22）：

① 主管口内半径 r；

② 支管口内半长 a；

③ 主、支端口偏心距 P；

④ 支管口至主管口垂高 H；

⑤ 五通管壁厚 t。

2）所求对象：

① 支管方口内角点至主管口外半圆弧各等分点素线实长 $K_{0 \sim n}$；

② 支管方口外角点至主管口内半圆弧各等分点素线实长 $L_{0 \sim n}$；

③ 支管方口内角点至相贯线各点素线实长 $J_{0 \sim n}$；

④ 支管方口外角点至相贯线各点素线实长 $g_{n/2 \sim n}$；

⑤ 支管相贯端点至主管口外半圆弧 0 位点距 c；

⑥ 支管外侧三角形实高 h；

⑦ 主管口圆周各等分段中弧长 $S_{0 \sim n}$。

图 9-21　立体图

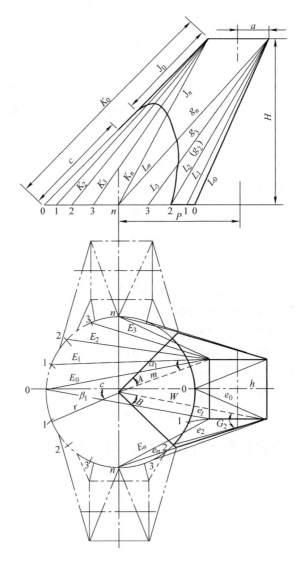

图 9-22　主、俯局部视图

3）过渡条件公式：

① 支管方口内角点至主管口外半圆弧各点水平距 $D_{0 \sim n} = P - a + r\cos\beta_{0 \sim n}$

② 支管方口外角点至主管口内半圆弧各点水平距 $d_{0 \sim n} = P + a - r\cos\beta_{0 \sim n}$

③ 支管方口内角点至主管口外半圆弧点距 $E_{0 \sim n} = \sqrt{D_{0 \sim n}^2 + (r\sin\beta_{0 \sim n} - a)^2}$

④ 支管方口外角点至主管口内半圆弧各点距 $e_{0 \sim n} = \sqrt{d_{0 \sim n}^2 + (r\sin\beta_{0 \sim n} - a)^2}$

⑤ 支管方口内角点至主管口圆心距 $m = \sqrt{a^2 + (P - a)^2}$

⑥ 支管方口外角点至主管口圆心距 $W = \sqrt{a^2 + (P + a)^2}$

⑦ 圆心距 m 与相贯线的夹角 $A = 45° - \arctan[a/(P - a)]$

⑧ 圆心距 W 与相贯线的夹角 $B = 45° - \arctan[a/(P + a)]$

⑨ 支管方口内角点同主管口外半圆弧各点连线与 m 线夹角

$$Q_{0 \sim n} = \arcsin[r\sin(135° + A - \beta_{0 \sim n})/E_{0 \sim n}]$$

⑩ 支管方口内角点至相贯线各点距 $F_{0 \sim n} = m\sin A/\sin(180° - A - Q_{0 \sim n})$

⑪ 支管方口外角点同主管口内半圆弧各点连线与 w 线夹角

$$G_{n/2 \sim n} = \arcsin[r\sin(B + \beta_{n/2 \sim n} - 45°)/e_{n/2 \sim n}]$$

⑫ 支管方口外角点至相贯线各点距 $f_{n/2 \sim n} = W\sin B/\sin(180° - B - G_{n/2 \sim n})$

4）计算公式：

① $K_{0 \sim n} = \sqrt{H^2 + E_{0 \sim n}^2}$

② $L_{0 \sim n} = \sqrt{H^2 + e_{0 \sim n}^2}$

③ $J_{0 \sim n} = F_{0 \sim n}K_{0 \sim n}/E_{0 \sim n}$

④ $g_{n/2 \sim n} = f_{n/2 \sim n}L_{n/2 \sim n}/e_{n/2 \sim n}$

⑤ $c = \sqrt{r^2 + [rH/(P - a + r)]^2}$

⑥ $h = \sqrt{(P + a - r)^2 + H^2}$

⑦ $S_{0 \sim n} = \pi(2r + t)\beta_{0 \sim n}/360°$

式中　n——五通主管口 1/4 圆周等分份数；

　　　$\beta_{0 \sim n}$——主管口圆周各等分点同圆心连线与 0 位半径轴的夹角。

说明：

① 公式中 D、d、E、e、Q、F、K、L、J、S、β 的 0～n 编号均一致，G、f、g 的 $n/2 \sim$ n 编号均一致。

② 被展支管相贯线端点在主管口内半圆周 45°位置，因此划分 1/4 主管口圆周等分数时，要考虑有一个等份点在 45°上为宜。

③ 由于被展体是正五通，四个支管形状均一样，因此展开图样也相同，本节所介绍的展开图为一支管展开图样。

2. 展开计算实例（图 9-23）

1）已知条件（图 9-22）：$r = 750$，$a = 300$，$P = 1200$，$H = 1650$，$t = 8$。

2）所求对象同本节"展开计算模板"。

3）过渡条件（设 $n = 4$）：

① $D_0 = 1200 - 300 + 750 \times \cos0° = 1650$

　　$D_1 = 1200 - 300 + 750 \times \cos22.5° = 1593$

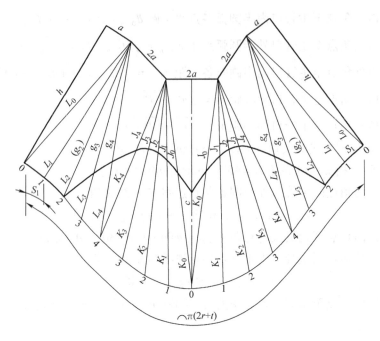

图 9-23　五通一支管展开图

$$D_2 = 1200 - 300 + 750 \times \cos45° = 1430$$

$$D_3 = 1200 - 300 + 750 \times \cos67.5° = 1187$$

$$D_4 = 1200 - 300 + 750 \times \cos90° = 900$$

② $d_0 = 1200 + 300 - 750 \times \cos0° = 750$

$$d_1 = 1200 + 300 - 750 \times \cos22.5° = 807$$

$$d_2 = 1200 + 300 - 750 \times \cos45° = 970$$

$$d_3 = 1200 + 300 - 750 \times \cos67.5° = 1213$$

$$d_4 = 1200 + 300 - 750 \times \cos90° = 1500$$

③ $E_0 = \sqrt{1650^2 + (750 \times \sin0° - 300)^2} = 1677$

$$E_1 = \sqrt{1593^2 + (750 \times \sin22.5° - 300)^2} = 1593$$

$$E_2 = \sqrt{1430^2 + (750 \times \sin45° - 300)^2} = 1449$$

$$E_3 = \sqrt{1187^2 + (750 \times \sin67.5° - 300)^2} = 1250$$

$$E_4 = \sqrt{900^2 + (750 \times \sin90° - 300)^2} = 1006$$

④ $e_0 = \sqrt{750^2 + (750 \times \sin0° - 300)^2} = 808$

$$e_1 = \sqrt{807^2 + (750 \times \sin22.5° - 300)^2} = 807$$

$$e_2 = \sqrt{970^2 + (750 \times \sin45° - 300)^2} = 997$$

$$e_3 = \sqrt{1213^2 + (750 \times \sin67.5° - 300)^2} = 1275$$

$$e_4 = \sqrt{1500^2 + (750 \times \sin90° - 300)^2} = 1566$$

⑤ $m = \sqrt{300^2 + (1200 - 300)^2} = 949$

⑥ $W = \sqrt{300^2 + (1200 + 300)^2} = 1530$

⑦ $A = 45° - \arctan[300/(1200 - 300)] = 26.5651°$

⑧ $B = 45° - \arctan[300/(1200 + 300)] = 33.6901°$

⑨ $Q_0 = \arcsin[750 \times \sin(135° + 26.5651° - 0°)/1677] = 8.1301°$

$Q_1 = \arcsin[750 \times \sin(135° + 26.5651° - 22.5°)/1593] = 17.9678°$

$Q_2 = \arcsin[750 \times \sin(135° + 26.5651° - 45°)/1449] = 27.5829°$

$Q_3 = \arcsin[750 \times \sin(135° + 26.5651° - 67.5°)/1250] = 36.7499°$

$Q_4 = \arcsin[750 \times \sin(135° + 26.5651° - 90°)/1006] = 45°$

⑩ $F_0 = 949 \times \sin26.5651°/\sin(180° - 26.5651° - 8.1301°) = 745$

$F_1 = 949 \times \sin26.5651°/\sin(180° - 26.5651° - 17.9678°) = 605$

$F_2 = 949 \times \sin26.5651°/\sin(180° - 26.5651° - 27.5829°) = 523$

$F_3 = 949 \times \sin26.5651°/\sin(180° - 26.5651° - 36.7499°) = 475$

$F_4 = 949 \times \sin26.5651°/\sin(180° - 26.5651° - 45°) = 447$

⑪ $G_2 = \arcsin[750 \times \sin(33.6901° + 45° - 45°)/997] = 24.672°$

$G_3 = \arcsin[750 \times \sin(33.6901° + 67.5° - 45°)/1275] = 29.2581°$

$G_4 = \arcsin[750 \times \sin(33.6901° + 90° - 45°)/1566] = 28.0092°$

⑫ $f_2 = 1530 \times \sin33.6901°/\sin(180° - 33.6901° - 24.672°) = 997$

$f_3 = 1530 \times \sin33.6901°/\sin(180° - 33.6901° - 29.2581°) = 953$

$f_4 = 1530 \times \sin33.6901°/\sin(180° - 33.6901° - 28.0092°) = 964$

4）计算结果：

① $K_0 = \sqrt{1650^2 + 1677^2} = 2353$

$K_1 = \sqrt{1650^2 + 1593^2} = 2293$

$K_2 = \sqrt{1650^2 + 1449^2} = 2196$

$K_3 = \sqrt{1650^2 + 1250^2} = 2070$

$K_4 = \sqrt{1650^2 + 1006^2} = 1933$

② $L_0 = \sqrt{1650^2 + 808^2} = 1837$

$L_1 = \sqrt{1650^2 + 807^2} = 1837$

$L_2 = \sqrt{1650^2 + 997^2} = 1928$

$L_3 = \sqrt{1650^2 + 1275^2} = 2085$

$L_4 = \sqrt{1650^2 + 1566^2} = 2275$

③ $J_0 = 745 \times 2353/1677 = 1045$

$J_1 = 605 \times 2293/1593 = 871$

$J_2 = 523 \times 2196/1449 = 793$

$J_3 = 475 \times 2070/1250 = 786$

$J_4 = 447 \times 1933/1006 = 859$

④ $g_2 = 997 \times 1928/997 = 1928$

$g_3 = 953 \times 2085/1275 = 1558$

$g_4 = 964 \times 2275/1566 = 1400$

⑤ $c = \sqrt{750^2 + [750 \times 1650/(1200 - 300 + 750)]^2} = 1061$

⑥ $h = \sqrt{(1200 + 300 - 750)^2 + 1650^2} = 1812$

⑦ $S_0 = 3.1416 \times (2 \times 750 + 8) \times 0°/360° = 0$

$S_1 = 3.1416 \times (2 \times 750 + 8) \times 22.5°/360° = 296$

$S_2 = 3.1416 \times (2 \times 750 + 8) \times 45°/360° = 592$

$S_3 = 3.1416 \times (2 \times 750 + 8) \times 67.5°/360° = 888$

$S_4 = 3.1416 \times (2 \times 750 + 8) \times 90°/360° = 1184$

第十章　不可展曲面体

何谓曲面体，以曲线旋转面而构成的曲面，称为球面，构成的几何体，称为球体。按螺旋线运动规律，将平面扭曲成曲面，称为螺旋面，扭曲成几何体，就称为螺旋体，统称曲面体。球体、螺旋体表面均属不可展曲面。不可展曲面，是指不能将被展体表面展开，摊成一个平面的曲面。因此，对这类被展体的展开，只能将其分成若干个小块，把每个小块看成是可展的，再将各小块近似成一个小平面去展开。如"分瓣带极帽封头"的展开，就是把整个封头分成若干个小瓣去展开，当然这又存在分瓣多少为宜的问题，笔者认为应依据被展体封头直径大小来确定，大则多、小则少的原则办，不过分瓣越多，则越精确。

对不可展曲面体的展开，因为是近似展，要确保被展体的精确度，必须做到在画好展开图样后，加放一定的余量。如"分瓣带极帽封头"的展开，在板料画好每瓣的展开图样后，因"钣金展开计算模板"是净尺寸展开，所以必须在展开图样周边加放一定的余量，待封头瓣压制成形后，再用相对应的封头瓣立体样模套画好周边线，最后切割多余量，这样才能确保封头制作的精确度。

本章对球体表面的展开，球形封头的展开，标准椭圆封头的展开以及各种螺旋管、螺旋叶片的展开都作了详细的介绍，而且对螺旋溜槽也作了较详细的介绍。

一、球面（图 10-1）展开

1. 展开计算模板

1）已知条件（图 10-2）：

① 球体半径 R；

② 球面经线等分瓣数 m。

2）所求对象：

① 球瓣展开各纬圆素线横半弧 $b_{0 \sim n}$；

② 球瓣展开各经线素线纵半弧 $S_{0 \sim n}$。

3）过渡条件公式：

① 每瓣球心夹角

$$\alpha = 360°/m$$

② 球面展开半径

$$r = R\cos(\alpha/2)$$

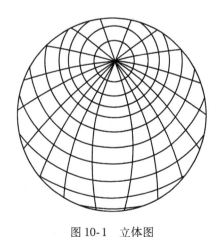

图 10-1　立体图

4）计算公式：

① $b_{0 \sim n} = r\sin(90° \times 0 \sim n/n)\tan(\alpha/2)$

② $S_{0 \sim n} = \pi r \times 0 \sim n/(2n)$

式中　n——球体 1/4 球面圆周等分份数；

　　　$0 \sim n$——球瓣经纬线 S、b 各素线编号。

说明：

① 此展开计算模板，只适用于球形设备保温层表面外包装薄板的展开。

② 被展球面分瓣多少为宜，应根据球径大小而定，大则多、小则少的原则办理。不过，球面分瓣数越多，被展圆度就越精确。

③ 此模板计算结果，均为展开净尺寸，因此，在实际工作中，需另加扣边量。

④ 展开图为球面展开一瓣的图样。

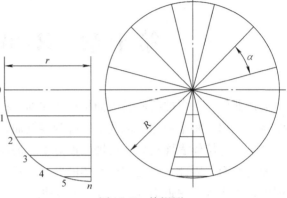

图 10-2　俯视图

2. 展开计算实例（图 10-3）

1）已知条件（图 10-2）：$R = 3880$，$m = 24$。

2）所求对象同本节"展开计算模板"。

3）过渡条件：

① $\alpha = 360°/24 = 15°$

② $r = 3880 \times \cos(15°/2) = 3847$

4）计算结果（设 $n = 16$）：

① $b_0 = 3847 \times \sin(90° \times 0/16) \times \tan(15°/2) = 0$

   $b_1 = 3847 \times \sin(90° \times 1/16) \times \tan(15°/2) = 50$

   $b_2 = 3847 \times \sin(90° \times 2/16) \times \tan(15°/2) = 99$

   $b_3 = 3847 \times \sin(90° \times 3/16) \times \tan(15°/2) = 147$

   $b_4 = 3847 \times \sin(90° \times 4/16) \times \tan(15°/2) = 194$

   $b_5 = 3847 \times \sin(90° \times 5/16) \times \tan(15°/2) = 239$

   $b_6 = 3847 \times \sin(90° \times 6/16) \times \tan(15°/2) = 281$

   $b_7 = 3847 \times \sin(90° \times 7/16) \times \tan(15°/2) = 321$

   $b_8 = 3847 \times \sin(90° \times 8/16) \times \tan(15°/2) = 358$

   $b_9 = 3847 \times \sin(90° \times 9/16) \times \tan(15°/2) = 391$

   $b_{10} = 3847 \times \sin(90° \times 10/16) \times \tan(15°/2) = 421$

   $b_{11} = 3847 \times \sin(90° \times 11/16) \times \tan(15°/2) = 447$

   $b_{12} = 3847 \times \sin(90° \times 12/16) \times \tan(15°/2) = 468$

   $b_{13} = 3847 \times \sin(90° \times 13/16) \times \tan(15°/2) = 485$

   $b_{14} = 3847 \times \sin(90° \times 14/16) \times \tan(15°/2) = 497$

   $b_{15} = 3847 \times \sin(90° \times 15/16) \times \tan(15°/2) = 504$

   $b_{16} = 3847 \times \sin(90° \times 16/16) \times \tan(15°/2) = 506$

② $S_0 = 3.1416 \times 3847 \times 0/(2 \times 16) = 0$

   $S_1 = 3.1416 \times 3847 \times 1/(2 \times 16) = 378$

   $S_2 = 3.1416 \times 3847 \times 2/(2 \times 16) = 755$

   $S_3 = 3.1416 \times 3847 \times 3/(2 \times 16) = 1133$

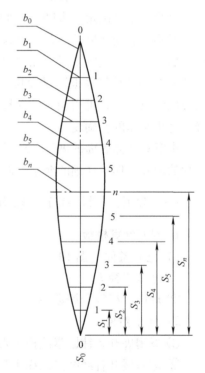

图 10-3　展开图

$S_4 = 3.1416 \times 3847 \times 4/(2 \times 16) = 1511$

$S_5 = 3.1416 \times 3847 \times 5/(2 \times 16) = 1888$

$S_6 = 3.1416 \times 3847 \times 6/(2 \times 16) = 2266$

$S_7 = 3.1416 \times 3847 \times 7/(2 \times 16) = 2644$

$S_8 = 3.1416 \times 3847 \times 8/(2 \times 16) = 3021$

$S_9 = 3.1416 \times 3847 \times 9/(2 \times 16) = 3399$

$S_{10} = 3.1416 \times 3847 \times 10/(2 \times 16) = 3777$

$S_{11} = 3.1416 \times 3847 \times 11/(2 \times 16) = 4154$

$S_{12} = 3.1416 \times 3847 \times 12/(2 \times 16) = 4532$

$S_{13} = 3.1416 \times 3847 \times 13/(2 \times 16) = 4910$

$S_{14} = 3.1416 \times 3847 \times 14/(2 \times 16) = 5287$

$S_{15} = 3.1416 \times 3847 \times 15/(2 \times 16) = 5665$

$S_{16} = 3.1416 \times 3847 \times 16/(2 \times 16) = 6043$

二、分瓣带极帽球形封头（图10-4）展开

1. 展开计算模板

1）已知条件（图10-5）：

① 封头内径 D；

② 封头壁厚 t；

③ 极帽直径 d；

④ 封头分瓣数 m。

2）所求对象：

① 封头极帽展开半径 r；

② 封头瓣经线各等分段弧长 $e_{0 \sim n}$；

③ 封头瓣各纬圆素线弧长 $S_{0 \sim n}$；

④ 封头瓣展开各纬圆弧半径 $R_{0 \sim n}$。

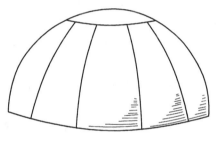

图10-4 立体图

3）过渡条件公式：

① 极帽半球心角

$$\beta = \arcsin\left[d/(D+t) \right]$$

② 封头瓣经线各等份点同球心连线与中轴线夹角

$$\alpha_{0 \sim n} = \beta + (90° - \beta) \times 0 \sim n/n$$

③ 封头每分瓣圆心角

$$f = 360°/m$$

4）计算公式：

① $r = (D+t)\sin(\beta/2)$

② $e_{0 \sim n} = \pi(D+t)(\alpha_{0 \sim n} - \beta)/360°$

③ $S_{0 \sim n} = \pi(D+t)\sin\alpha_{0 \sim n} \cdot f/360°$

④ $R_{0 \sim n} = (D+t)/2 \cdot \tan\alpha_{0 \sim n}$

式中　n——封头分瓣经线等分份数。

说明：

① 公式中所有 $0 \sim n$ 编号均一致。

② 封头分瓣数多少应依据封头直径大小而定，大则多，小则少的原则办理，不过，分瓣越多，则越精确。

③ 因为是近似展开，而且计算结果均为净尺寸，因此，为确保被展体精度，要做到画好展开样后，周边需另放一定的余量，待封头瓣压制成形后，用立体样模套画好周边线，再切割多余量。

2. 展开计算实例（图 10-6）

1）已知条件（图 10-5）：$D = 4500$，$t = 32$，$d = 2000$，$m = 8$。

2）所求对象同本节"展开计算模板"。

3）过渡条件（设 $n = 6$）：

① $\beta = \arcsin\left[2000/(4500 + 32)\right] = 26.1873°$

② $\alpha_0 = 26.1873° + (90° - 26.1873°) \times 0/6 = 26.1873°$

$\alpha_1 = 26.1873° + (90° - 26.1873°) \times 1/6 = 36.8227°$

$\alpha_2 = 26.1873° + (90° - 26.1873°) \times 2/6 = 47.4582°$

$\alpha_3 = 26.1873° + (90° - 26.1873°) \times 3/6 = 58.0936°$

$\alpha_4 = 26.1873° + (90° - 26.1873°) \times 4/6 = 68.7291°$

$\alpha_5 = 26.1873° + (90° - 26.1873°) \times 5/6 = 79.3645°$

$\alpha_6 = 26.1873° + (90° - 26.1873°) \times 6/6 = 90°$

③ $f = 360°/8 = 45°$

4）计算结果：

① $r = (4500 + 32) \times \sin(26.1873°/2) = 1027$

② $e_0 = 3.1416 \times (4500 + 32) \times (26.1873° - 26.1873°)/360° = 0$

$e_1 = 3.1416 \times (4500 + 32) \times (36.8227° - 26.1873°)/360° = 421$

$e_2 = 3.1416 \times (4500 + 32) \times (47.4582° - 26.1873°)/360° = 841$

$e_3 = 3.1416 \times (4500 + 32) \times (58.0936° - 26.1873°)/360° = 1262$

$e_4 = 3.1416 \times (4500 + 32) \times (68.7291° - 26.1873°)/360° = 1682$

$e_5 = 3.1416 \times (4500 + 32) \times (79.3645° - 26.1873°)/360° = 2103$

$e_6 = 3.1416 \times (4500 + 32) \times (90° - 26.1873°)/360° = 2524$

③ $S_0 = 3.1416 \times (4500 + 32) \times \sin 26.1873° \times 45°/360° = 785$

$S_1 = 3.1416 \times (4500 + 32) \times \sin 36.8227° \times 45°/360° = 1067$

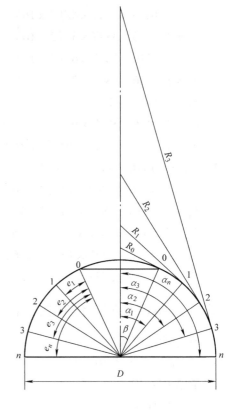

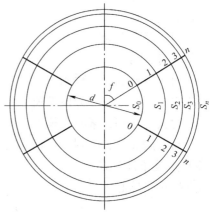

图 10-5　主、俯视图

$S_2 = 3.1416 \times (4500 + 32) \times \sin 47.4582° \times 45°/360° = 1311$

$S_3 = 3.1416 \times (4500 + 32) \times \sin 58.0936° \times 45°/360° = 1511$

$S_4 = 3.1416 \times (4500 + 32) \times \sin 68.7291° \times 45°/360° = 1658$

$S_5 = 3.1416 \times (4500 + 32) \times \sin 79.3645° \times 45°/360° = 1749$

$S_6 = 3.1416 \times (4500 + 32) \times \sin 90° \times 45°/360° = 1780$

④ $R_0 = (4500 + 32)/2 \times \tan 26.1873° = 1114$

$R_1 = (4500 + 32)/2 \times \tan 36.8227° = 1697$

$R_2 = (4500 + 32)/2 \times \tan 47.4582° = 2469$

$R_3 = (4500 + 32)/2 \times \tan 58.0936° = 3640$

$R_4 = (4500 + 32)/2 \times \tan 68.7291° = 5821$

$R_5 = (4500 + 32)/2 \times \tan 79.3645° = 12067$

$R_6 = (4500 + 32)/2 \times \tan 90° = \infty$

三、分瓣带极帽椭圆封头（图10-7）展开

1. 展开计算模板

1）已知条件（图10-8）：

① 封头内径 D；

② 封头直边 K；

③ 封头壁厚 t；

④ 极帽直径 d；

⑤ 封头分瓣数 m。

2）所求对象：

① 封头极帽展开半径 L；

② 封头瓣大弧经线各等分段弧长 $B_{0 \sim n}$；

③ 封头瓣小弧经线各等分段弧长 $b_{0 \sim v}$；

④ 封头瓣大弧各纬圆展开半径 $R_{0 \sim n}$；

⑤ 封头瓣小弧各纬圆展开半径 $r_{0 \sim v}$；

⑥ 封头瓣大弧各纬圆弧长 $E_{0 \sim n}$；

⑦ 封头瓣大弧各纬圆弦长 $e_{0 \sim n}$；

⑧ 封头瓣小弧各纬圆弧长 $F_{0 \sim v}$；

⑨ 封头瓣小弧各纬圆弦长 $f_{0 \sim v}$。

3）过渡条件公式：

① 封头大弧内半径 $G = 3.618 \times D/4$

② 封头小弧内半径 $g = 0.691 \times D/4$

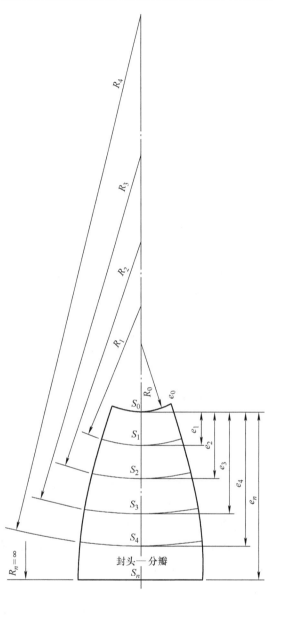

图 10-6 展开图

③ 封头极帽半角 $Q = \arcsin[d/(2G)]$

④ 封头瓣大弧各等分段夹角 $\alpha_{0 \sim n} = Q + (26.565° - Q) \times 0 \sim n/n$

⑤ 封头瓣小弧各等分段夹角 $\beta_{0 \sim v} = 63.435° \times 0 \sim v/v$

⑥ 封头瓣大弧各纬圆半径 $H_{0 \sim n} = (G + t/2) \sin\alpha_{0 \sim n}$

⑦ 封头瓣小弧各纬圆半径

$h_{0 \sim v} = 1.309 \times D/4 + (g + t/2)\cos(63.435° - \beta_{0 \sim v})$

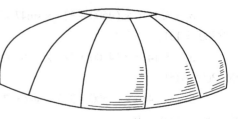

图 10-7　立体图

4）计算公式：

① $L = \pi(G + t/2)Q/180°$

② $B_{0 \sim n} = \pi(G + t/2)\alpha_{0 \sim n}/180° - L$

③ $b_{0 \sim v} = \pi(g + t/2) \times 63.435°/180° \times 0 \sim v/v$

④ $R_{0 \sim n} = H_{0 \sim n}/\sin(90° - \alpha_{0 \sim n})$

⑤ $r_{0 \sim v} = h_{0 \sim v}/\sin(90° - 26.565° - \beta_{0 \sim v})$

⑥ $E_{0 \sim n} = 2\pi H_{0 \sim n}/m$

⑦ $e_{0 \sim n} = 2R_{0 \sim n}\sin[90° \times E_{0 \sim n}/(\pi R_{0 \sim n})]$

⑧ $F_{0 \sim v} = 2\pi h_{0 \sim v}/m$

⑨ $f_{0 \sim v} = 2r_{0 \sim v}\sin[90° \times F_{0 \sim v}/(\pi r_{0 \sim v})]$

式中　n——封头大弧等分份数；

　　　v——封头小弧等分份数。

说明：

① 公式中的 $0 \sim n$、$0 \sim v$ 是各线编号，这两种编号要分别对应一致。

② 椭圆封头内高是封头内径的 1/4，不含直边。因此，封头各线之间就有一定的比例关系，为简化公式，在公式中所用的系数就是封头其中一些线条之间的对应比例定值。

③ 计算公式中未考虑封头直边，因此，画封头瓣展开图样时，要加画上封头直边 K。

④ 因为是近似展开，而且计算结果均为净尺寸，所以，为确保被展体精度，画好展开样后，周边需另放一定的余量，待封头瓣压制成形后，用立体样模套画好周边线，再切割多余量。

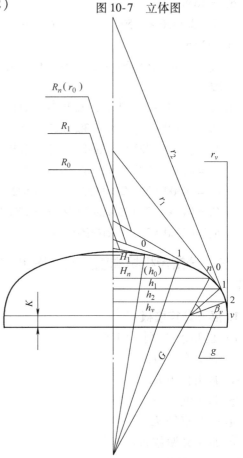

2. 展开计算实例（图 10-9）

1）已知条件（图 10-8）：$D = 5300$，$K = 80$，$t = 65$，$d = 2800$，$m = 8$。

2）所求对象同本节"展开计算模板"。

3）过渡条件（设 $n = 2$、$v = 3$）：

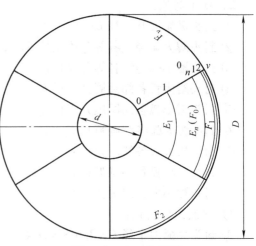

图 10-8　主、俯视图

① $G = 3.618 \times 5300/4 = 4794$

② $g = 0.691 \times 5300/4 = 916$

③ $Q = \arcsin[2800/(2 \times 4794)] = 16.9802°$

④ $\alpha_0 = 16.9802° + (26.565° - 16.9802°) \times 0/2 = 16.9802°$

$\alpha_1 = 16.9802° + (26.565° - 16.9802°) \times 1/2 = 21.7726°$

$\alpha_2 = 16.9802° + (26.565° - 16.9802°) \times 2/2 = 26.565°$

⑤ $\beta_0 = 63.435° \times 0/3 = 0°$

$\beta_1 = 63.435° \times 1/3 = 21.145°$

$\beta_2 = 63.435° \times 2/3 = 42.29°$

$\beta_3 = 63.435° \times 3/3 = 63.435°$

⑥ $H_0 = (4794 + 65/2) \times \sin 16.9802° = 1409$

$H_1 = (4794 + 65/2) \times \sin 21.7726° = 1790$

$H_2 = (4794 + 65/2) \times \sin 26.565° = 2158$

⑦ $h_0 = 1.309 \times 5300/4 + (916 + 65/2) \times \cos(63.435° - 0°) = 2158$

$h_1 = 1.309 \times 5300/4 + (916 + 65/2) \times \cos(63.435° - 21.145°) = 2436$

$h_2 = 1.309 \times 5300/4 + (916 + 65/2) \times \cos(63.435° - 42.29°) = 2619$

$h_3 = 1.309 \times 5300/4 + (916 + 65/2) \times \cos(63.435° - 63.435°) = 2683$

4) 计算结果:

① $L = 3.1416 \times (4794 + 65/2) \times 16.9802°/180° = 1430$

② $B_0 = 3.1416 \times (4794 + 65/2) \times 16.9802°/180° - 1430 = 0$

$B_1 = 3.1416 \times (4794 + 65/2) \times 21.7726°/180° - 1430 = 404$

$B_2 = 3.1416 \times (4794 + 65/2) \times 26.565°/180° - 1430 = 807$

③ $b_0 = 3.1416 \times (916 + 65/2) \times 63.435°/180° \times 0/3 = 0$

$b_1 = 3.1416 \times (916 + 65/2) \times 63.435°/180° \times 1/3 = 350$

$b_2 = 3.1416 \times (916 + 65/2) \times 63.435°/180° \times 2/3 = 700$

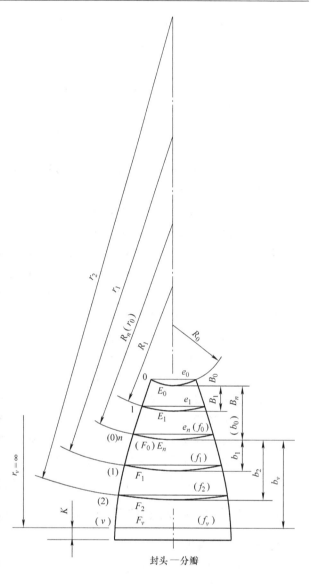

封头一分瓣

封头   极帽

图 10-9 展开图

$b_3 = 3.1416 \times (916 + 65/2) \times 63.435°/180° \times 3/3 = 1050$

④ $R_0 = 1409/\sin(90° - 16.9802°) = 1474$

$R_1 = 1790/\sin(90° - 21.7726°) = 1928$

$R_2 = 2158/\sin(90° - 26.565°) = 2413$

⑤ $r_0 = 2158/\sin(90° - 26.565° - 0°) = 2413$

$r_1 = 2436/\sin(90° - 26.565° - 21.145°) = 3620$

$r_2 = 2619/\sin(90° - 26.565° - 42.29°) = 7259$

$r_3 = 2683/\sin(90° - 26.565° - 63.435°) = \infty$

⑥ $E_0 = 2 \times 3.1416 \times 1409/8 = 1107$

$E_1 = 2 \times 3.1416 \times 1790/8 = 1406$

$E_2 = 2 \times 3.1416 \times 2158/8 = 1695$

⑦ $e_0 = 2 \times 1474 \times \sin[90° \times 1107/(3.1416 \times 1474)] = 1081$

$e_1 = 2 \times 1928 \times \sin[90° \times 1406/(3.1416 \times 1928)] = 1375$

$e_2 = 2 \times 2413 \times \sin[90° \times 1695/(3.1416 \times 2413)] = 1661$

⑧ $F_0 = 2 \times 3.1416 \times 2158/8 = 1695$

$F_1 = 2 \times 3.1416 \times 2436/8 = 1913$

$F_2 = 2 \times 3.1416 \times 2619/8 = 2057$

$F_3 = 2 \times 3.1416 \times 2683/8 = 2107$

⑨ $f_0 = 2 \times 2413 \times \sin[90° \times 1695/(3.1416 \times 2413)] = 1661$

$f_1 = 2 \times 3620 \times \sin[90° \times 1913/(3.1416 \times 3620)] = 1891$

$f_2 = 2 \times 7259 \times \sin[90° \times 2057/(3.1416 \times 7259)] = 2050$

$f_3 = 2 \times \infty \times \sin[90° \times 2107/(3.1416 \times \infty)] =$ 此公式不能求值

（因为此公式中的半径 r_v 是无穷大，因此 F_v 弧长就是一条直线，所以 $f_v = F_v = 2107$）

四、弯曲 90° 矩形螺旋管（图 10-10）展开

1. 展开计算模板

1）已知条件（图 10-11）：

① 管口内横边长 a；

② 管口内纵边长 b；

③ 螺旋管螺高 h；

④ 螺旋管内弯半径 r；

⑤ 螺旋管壁厚 t。

2）所求对象：

① 顶底板展开内圆弧半径 R；

② 顶底板展开外圆弧弦长 c；

③ 内侧板展开实长 E；

④ 内侧板展开实宽 e；

⑤ 内侧板端边水平差 G；

⑥ 外侧板展开实长 F；

⑦ 外侧板展开实宽 f；

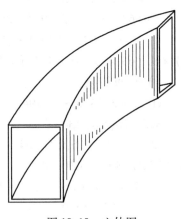

图 10-10 立体图

⑧ 外侧板端边水平差 g。

3）过渡条件公式：

① 顶底板内圆弧实长

$$S = \sqrt{(\pi r/2)^2 + h^2}$$

② 顶底板外圆弧实长

$$L = \sqrt{[\pi(r+a)/2]^2 + h^2}$$

③ 内侧板展开端边与底边夹角

$$\alpha = \arccos(h/S)$$

④ 外侧板展开端边与底边夹角

$$\beta = \arccos(h/L)$$

4）计算公式：

① $R = Sa/(L - S)$

② $c = 2(R+a)\sin\{90°L/[\pi(R+a)]\}$

③ $E = \sqrt{[\pi(r - t/2)/2]^2 + h^2}$

④ $e = b\sin\alpha$

⑤ $G = b\cos\alpha$

⑥ $F = \sqrt{[\pi(r + a + t/2)/2]^2 + h^2}$

⑦ $f = b\sin\beta$

⑧ $g = b\cos\beta$

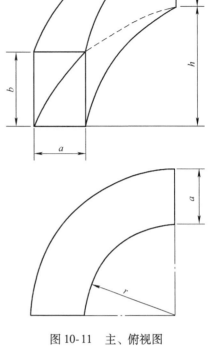

图 10-11 主、俯视图

说明：螺旋管内弯半径 r，是弯曲弧圆心至管内壁的尺寸。

2. 展开计算实例（图 10-12）

1）已知条件（图 10-11）：$a = 300$，$b = 400$，$h = 650$，$r = 500$，$t = 8$。

2）所求对象同本节"展开计算模板"。

3）过渡条件：

① $S = \sqrt{(3.1416 \times 500/2)^2 + 650^2} = 1020$

② $L = \sqrt{[3.1416 \times (500 + 300)/2]^2 + 650^2} = 1415$

③ $\alpha = \arccos(650/1020) = 50.3887°$

④ $\beta = \arccos(650/1415) = 62.6496°$

4）计算结果：

① $R = 1020 \times 300/(1415 - 1020) = 774$

② $c = 2 \times (774 + 300) \times \sin\{90° \times 1415/[3.1416 \times (774 + 300)]\} = 1315$

③ $E = \sqrt{[3.1416 \times (500 - 8/2)/2]^2 + 650^2} = 1015$

④ $e = 400 \times \sin 50.3887° = 308$

⑤ $G = 400 \times \cos 50.3887° = 255$

⑥ $F = \sqrt{[3.1416 \times (500 + 300 + 8/2)/2]^2 + 650^2} = 1420$

⑦ $f = 400 \times \sin 62.6496° = 355$

⑧ $g = 400 \times \cos 62.6496° = 184$

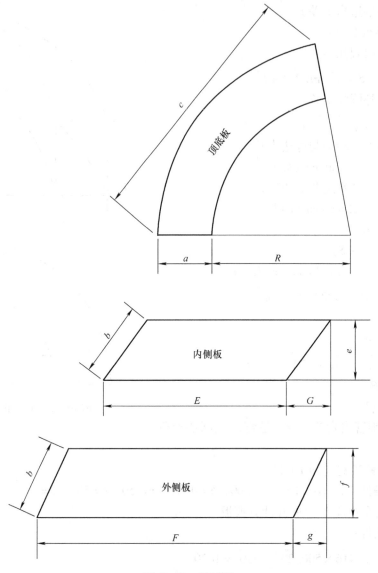

图 10-12　展开图

五、弯曲 90°方矩形螺旋管（图 10-13）展开

1. 展开计算模板

1）已知条件（图 10-14）：

① 方口边、矩形口横边内边长 a；

② 矩形口纵边内边长 b；

③ 螺旋管底板螺高 h；

④ 螺旋管内弯半径 r；

⑤ 螺旋管壁厚 t。

2）所求对象：

① 底板展开内圆弧半径 R_1；

② 顶板展开内圆弧半径 R_2；

③ 底板展开外圆弧弦长 c_1；

④ 顶板展开外圆弧弦长 c_2；

⑤ 螺旋管内侧板展开水平投影长 L；

⑥ 螺旋管外侧板展开水平投影长 K。

3）过渡条件公式：

① 螺旋管底板内圆弧实长

$$E = \sqrt{(\pi r/2)^2 + h^2}$$

② 螺旋管底板外圆弧实长

$$F = \sqrt{[\pi(r+a)/2]^2 + h^2}$$

③ 螺旋管顶板内圆弧实长

$$e = \sqrt{(\pi r/2)^2 + (h-a+b)^2}$$

④ 螺旋管顶板外圆弧实长

$$f = \sqrt{[\pi(r+a)/2]^2 + (h-a+b)^2}$$

4）计算公式：

① $R_1 = Ea/(F - E)$

② $R_2 = ea/(f - e)$

③ $c_1 = 2(R_1 + a)\sin\{90°F/[\pi(R_1 + a)]\}$

④ $c_2 = 2(R_2 + a)\sin\{90°f/[\pi(R_2 + a)]\}$

⑤ $L = \pi(r - t/2)/2$

⑥ $K = \pi(r + a - t/2)/2$

说明：螺旋管内弯半径 r，是弯曲弧圆心至管内壁的尺寸。

2. 展开计算实例（图 10-15）

1）已知条件（图 10-14）：$a = 400$，$b = 240$，$h = 700$，$r = 600$，$t = 8$。

2）所求对象同本节"展开计算模板"。

3）过渡条件：

① $E = \sqrt{(3.1416 \times 600/2)^2 + 700^2} = 1174$

② $F = \sqrt{[3.1416 \times (600 + 400)/2]^2 + 700^2} = 1720$

③ $e = \sqrt{(3.1416 \times 600/2)^2 + (700 - 400 + 240)^2} = 1086$

④ $f = \sqrt{[3.1416 \times (600 + 400)/2]^2 + (700 - 400 + 240)^2} = 1661$

4）计算结果：

① $R_1 = 1174 \times 400/(1720 - 1174) = 861$

② $R_2 = 1086 \times 400/(1661 - 1086) = 756$

③ $c_1 = 2 \times (861 + 400) \times \sin\{90° \times 1720/[3.1416 \times (861 + 400)]\} = 1589$

④ $c_2 = 2 \times (756 + 400) \times \sin\{90° \times 1661/[3.1416 \times (756 + 400)]\} = 1522$

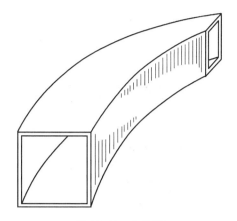

图 10-13 立体图

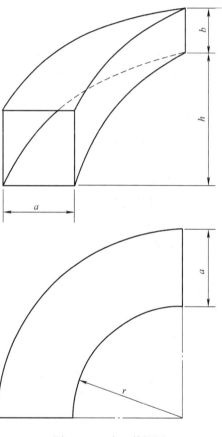

图 10-14 主、俯视图

⑤ $L = 3.1416 \times (600 - 8/2)/2 = 936$

⑥ $K = 3.1416 \times (600 + 400 - 8/2)/2 = 1577$

六、弯曲 180°方形螺旋管（图 10-16）展开

1. 展开计算模板

1）已知条件（图 10-17）：

① 螺旋管内边长 a；

② 螺旋管螺高 h；

③ 螺旋管内弯半径 r；

④ 螺旋管壁厚 t。

2）所求对象：

① 顶底板展开内圆弧半径 R；

② 顶底板展开内圆弧半圆缺口弦长 c；

③ 内侧板展开实长 E；

④ 内侧板展开实宽 e；

⑤ 内侧板端边水平差 G；

⑥ 外侧板展开实长 F；

⑦ 外侧板展开实宽 f；

⑧ 外侧板端边水平差 g。

3）过渡条件公式：

① 顶底板内圆弧实长

$$S = \sqrt{(\pi r)^2 + h^2}$$

② 顶底板外圆弧实长

$$L = \sqrt{\left[\pi(r+a)\right]^2 + h^2}$$

③ 内侧板展开端边与底边夹角

$$\alpha = \arccos(h/S)$$

④ 外侧板展开端边与底边夹角

$$\beta = \arccos(h/L)$$

4）计算公式：

① $R = Sa/(L-S)$

② $c = 2R\sin\{90°[1 - S/(\pi R)]\}$

③ $E = \sqrt{\left[\pi(r - t/2)\right]^2 + h^2}$

④ $e = a\sin\alpha$

⑤ $G = a\cos\alpha$

⑥ $F = \sqrt{\left[\pi(r + a + t/2)\right]^2 + h^2}$

⑦ $f = a\sin\beta$

⑧ $g = a\cos\beta$

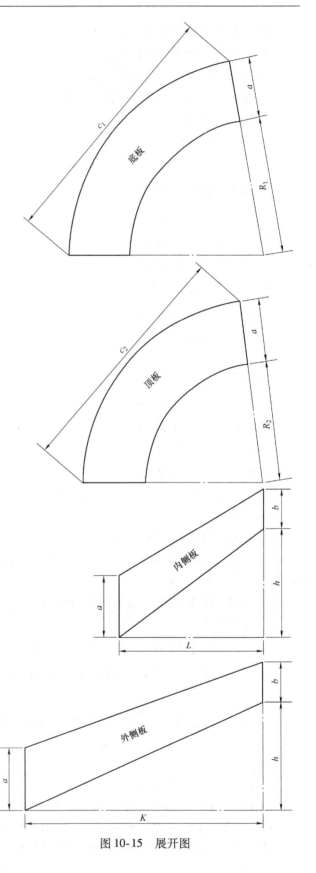

图 10-15　展开图

说明：螺旋管内弯半径 r 是弯曲弧圆心至管内壁的尺寸。

2. 展开计算实例（图 10-18）

1）已知条件（图 10-17）：$a = 500$，$h = 1400$，$r = 650$，$t = 10$。

2）所求对象同本节"展开计算模板"。

3）过渡条件：

① $S = \sqrt{(3.1416 \times 650)^2 + 1400^2} = 2476$

② $L = \sqrt{[3.1416 \times (650 + 500)]^2 + 1400^2} = 3875$

③ $\alpha = \arccos(1400/2476) = 55.5659°$

④ $\beta = \arccos(1400/3875) = 68.8183°$

4）计算结果：

① $R = 2476 \times 500/(3875 - 2476) = 885$

② $c = 2 \times 885 \times \sin\{90° \times [1 - 2476/(3.1416 \times 885)]\} = 303$

③ $E = \sqrt{[3.1416 \times (650 - 10/2)]^2 + 1400^2} = 2463$

④ $e = 500 \times \sin 55.5659° = 412$

⑤ $G = 500 \times \cos 55.5659° = 283$

⑥ $F = \sqrt{[3.1416 \times (650 + 500 + 10/2)]^2 + 1400^2} = 3889$

⑦ $f = 500 \times \sin 68.8183° = 466$

⑧ $g = 500 \times \cos 68.8183° = 181$

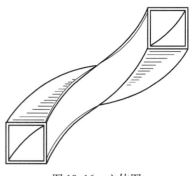

图 10-16　立体图

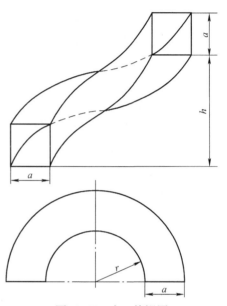

图 10-17　主、俯视图

七、弯曲180°矩形螺旋管Ⅰ(图 10-19) 展开

1. 展开计算模板（矩形口竖置）

1）已知条件（图 10-20）：

① 管口内横边长 a；

② 管口内纵边长 b；

③ 螺旋管螺高 h；

④ 螺旋管内弯半径 r；

⑤ 螺旋管壁厚 t。

2）所求对象：

① 顶底板展开内圆弧半径 R；

② 顶底板展开内圆弧半圆缺口弦长 c；

③ 内侧板展开实长 E；

④ 内侧板展开实宽 e；

⑤ 内侧板端边水平差 G；

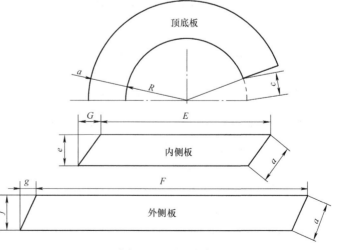

图 10-18　展开图

⑥外侧板展开实长 F；

⑦外侧板展开实宽 f；

⑧外侧板端边水平差 g。

3）过渡条件公式：

①顶底板内圆弧实长

$$S = \sqrt{(\pi r)^2 + h^2}$$

②顶底板外圆弧实长

$$L = \sqrt{[\pi(r+a)]^2 + h^2}$$

③内侧板展开端边与底边夹角

$$\alpha = \arccos(h/S)$$

④外侧板展开端边与底边夹角

$$\beta = \arccos(h/L)$$

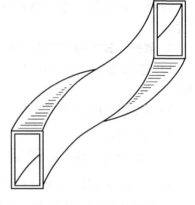

图 10-19　立体图

4）计算公式：

① $R = Sa/(L-S)$

② $c = 2R\sin\{90°[1 - S/(\pi R)]\}$

③ $E = \sqrt{[\pi(r-t/2)]^2 + h^2}$

④ $e = b\sin\alpha$

⑤ $G = b\cos\alpha$

⑥ $F = \sqrt{[\pi(r+a+t/2)]^2 + h^2}$

⑦ $f = b\sin\beta$

⑧ $g = b\cos\beta$

说明：

①螺旋管内弯半径 r 是弯曲弧圆心至管内壁的尺寸。

②螺旋管矩形口竖置或卧置，均适用此计算模板。

2. 展开计算实例（图 10-21）

1）已知条件（图 10-20）：$a = 300$，$b = 540$，$h = 1200$，$r = 550$，$t = 8$。

2）所求对象同本节"展开计算模板"。

3）过渡条件：

① $S = \sqrt{(3.1416 \times 550)^2 + 1200^2} = 2104$

② $L = \sqrt{[3.1416 \times (550+300)^2 + 1200^2]} = 2928$

③ $\alpha = \arccos(1200/2104) = 55.2203°$

④ $\beta = \arccos(1200/2928) = 65.8019°$

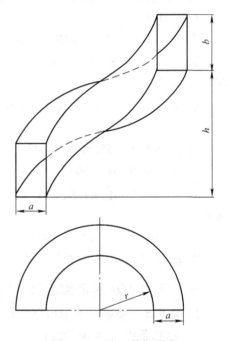

图 10-20　主、俯视图

4）计算结果：

① $R = 2104 \times 300/(2928 - 2104) = 766$

② $c = 2 \times 766 \times \sin\{90°[1 - 2104/(3.1416 \times 766)]\} = 301$

③ $E = \sqrt{[3.1416 \times (550 - 8/2)]^2 + 1200^2} = 2093$

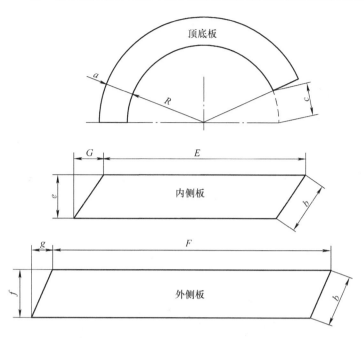

图 10-21　展开图

④ $e = 540 \times \sin 55.2203° = 444$

⑤ $G = 540 \times \cos 55.2203° = 308$

⑥ $F = \sqrt{[3.1416 \times (550 + 300 + 8/2)]^2 + 1200^2} = 2939$

⑦ $f = 540 \times \sin 65.8019° = 493$

⑧ $g = 540 \times \cos 65.8019° = 221$

八、弯曲180°矩形螺旋管Ⅱ（图10-22）展开

1. 展开计算模板（矩形口卧置）

见本章第七节"展开计算模板"。

2. 展开计算实例（图10-24）

1）已知条件（图10-23）：$a = 560$，$b = 320$，$h = 1200$，$r = 390$，$t = 8$。

2）所求对象同本章第七节"展开计算模板"。

3）过渡条件：

① $S = \sqrt{(3.1416 \times 390)^2 + 1200^2} = 1715$

② $L = \sqrt{[3.1416 \times (390 + 560)]^2 + 1200^2} = 3217$

③ $\alpha = \arccos(1200/1715) = 45.5959°$

④ $\beta = \arccos(1200/3217) = 68.0962°$

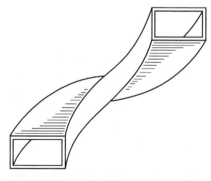

图 10-22　立体图

4）计算结果：

① $R = 1715 \times 560/(3217 - 1715) = 640$

② $c = 2 \times 640 \times \sin\{90°[1 - 1715/(3.1416 \times 640)]\} = 292$

③ $E = \sqrt{[3.1416 \times (390 - 8/2)]^2 + 1200^2} = 1706$

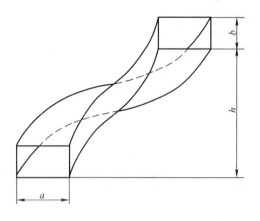
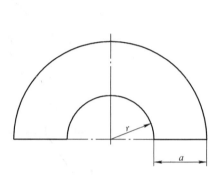

图 10-23　主、俯视图

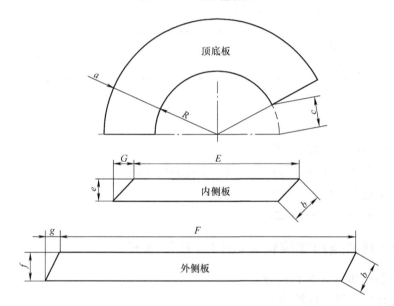

图 10-24　展开图

④ $e = 320 \times \sin 45.5959° = 229$

⑤ $G = 320 \times \cos 45.5959° = 224$

⑥ $F = \sqrt{[3.1416 \times (390 + 560 + 8/2)]^2 + 1200^2} = 3228$

⑦ $f = 320 \times \sin 68.0962° = 297$

⑧ $g = 320 \times \cos 68.0962° = 119$

九、弯曲 180°方矩形螺旋管 I（图 10-25）展开

1. 展开计算模板（矩形口卧置）

1）已知条件（图 10-26）：

① 方形口边、矩形口横边内边长 a；

② 矩形口纵边内边长 b；

③ 螺旋管底板螺高 h；

④ 螺旋管内弯半径 r；

⑤ 螺旋管壁厚 t。

2）所求对象：

① 底板展开内圆弧半径 R_1；

② 顶板展开内圆弧半径 R_2；

③ 底板展开内圆弧半圆缺口弦长 c_1；

④ 顶板展开内圆弧半圆缺口弦长 c_2；

⑤ 螺旋管内侧板展开水平投影长 L；

⑥ 螺旋管外侧板展开水平投影长 K。

3）过渡条件公式：

① 螺旋管底板内圆弧实长

$$E = \sqrt{(\pi r)^2 + h^2}$$

② 螺旋管底板外圆弧实长

$$F = \sqrt{[\pi(r+a)]^2 + h^2}$$

③ 螺旋管顶板内圆弧实长

$$e = \sqrt{(\pi r)^2 + (h - a + b)^2}$$

④ 螺旋管顶板外圆弧实长

$$f = \sqrt{[\pi(r+a)]^2 + (h - a + b)^2}$$

4）计算公式：

① $R_1 = Ea/(F - E)$

② $R_2 = ea/(f - e)$

③ $c_1 = 2R_1 \sin\{90° \times [1 - E/(\pi R_1)]\}$

④ $c_2 = 2R_2 \sin\{90° \times [1 - e/(\pi R_2)]\}$

⑤ $L = \pi(r - t/2)$

⑥ $K = \pi(r + a + t/2)$

说明：螺旋管内弯半径 r 是弯曲弧圆心至管内壁的尺寸。

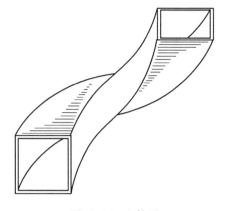

图 10-25　立体图

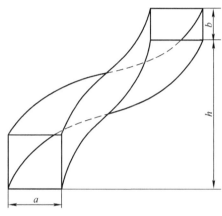

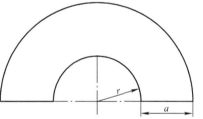

图 10-26　主、俯视图

2. 展开计算实例（图 10-27）

1）已知条件（图 10-26）：$a = 340$，$b = 200$，$h = 900$，$r = 280$，$t = 8$。

2）所求对象同本节"展开计算模板"。

3）过渡条件：

① $E = \sqrt{(3.1416 \times 280)^2 + 900^2} = 1258$

② $F = \sqrt{[3.1416 \times (280 + 340)]^2 + 900^2} = 2146$

③ $e = \sqrt{(3.1416 \times 280)^2 + (900 - 340 + 200)^2} = 1162$

④ $f = \sqrt{[3.1416 \times (280 + 340)]^2 + (900 - 340 + 200)^2} = 2091$

4）计算结果：

① $R_1 = 1258 \times 340/(2146 - 1258) = 482$

② $R_2 = 1162 \times 340/(2091 - 1162) = 426$

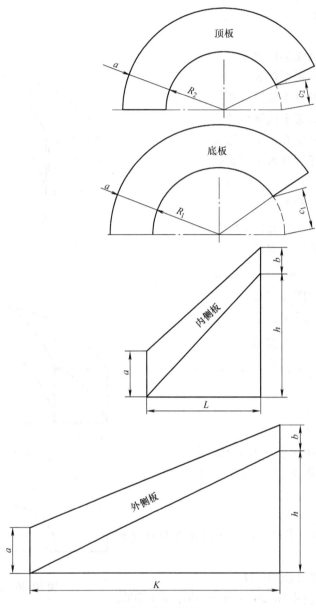

图 10-27　展开图

③ $c_1 = 2 \times 482 \times \sin\{90° \times [1 - 1258/(3.1416 \times 482)]\} = 254$

④ $c_2 = 2 \times 426 \times \sin\{90° \times [1 - 1162/(3.1416 \times 426)]\} = 174$

⑤ $L = 3.1416 \times (280 - 8/2) = 867$

⑥ $K = 3.1416 \times (280 + 340 + 8/2) = 1960$

十、弯曲 180°方矩形螺旋管 Ⅱ（图 10-28）展开

1. 展开计算模板（矩形口竖置）

1）已知条件（图 10-29）：

① 方形口边、矩形口横边内边长 a；

② 矩形口纵边内边长 b；

③ 螺旋管底板螺高 h；

④ 螺旋管内弯半径 r；

⑤ 螺旋管壁厚 t。

2）所求对象：

① 顶底板展开内圆弧半径 R；

② 顶底板展开内圆弧半圆缺口弦长 c；

③ 顶底板展开外圆弧各等份段半径 $W_{0 \sim n}$；

④ 螺旋管内侧板展开实长 E；

⑤ 螺旋管内侧板展开实宽 e；

⑥ 螺旋管内侧板端边水平差 G；

⑦ 外侧板展开水平投影各等分段长 $x_{0 \sim n}$；

⑧ 外侧板展开垂直投影各等分段高 $y_{0 \sim n}$。

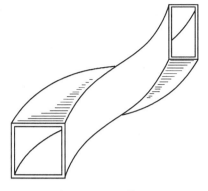

图 10-28　立体图

3）过渡条件公式：

① 顶底板内圆弧实长 $S = \sqrt{(\pi r)^2 + h^2}$

② 顶底板外圆弧实长 $K = \sqrt{[\pi(r+a)]^2 + h^2}$

③ 俯视图内圆弧每等分段弧长 $f = S/n$

④ 俯视图内圆弧每等分段圆心角 $\beta = 180°/n$

⑤ 俯视图外圆弧各等分段渐缩半径差

$$F_{0 \sim n} = (a - b) \times 0 \sim n/n$$

⑥ 俯视图外圆弧各等分段半径

$$L_{0 \sim n} = r + b + t/2 + F_{0 \sim n}$$

⑦ 俯视图外圆弧各等分段弦长

$$m_{1 \sim n} = \sqrt{L_{0 \sim n-1}^2 + L_{1 \sim n}^2 - 2L_{0 \sim n-1}L_{1 \sim n}\cos\beta}$$

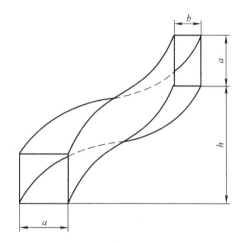

4）计算公式：

① $R = Sa/(K - S)$

② $c = 2R\sin\{90°[1 - S/(\pi R)]\}$

③ $W_{0 \sim n} = R + b + F_{0 \sim n}$

④ $E = \sqrt{[\pi(r - t/2)]^2 + h^2}$

⑤ $e = a\sin[\arccos(h/S)]$

⑥ $G = a\cos[\arccos(h/S)]$

⑦ $x_0 = 0$

$$x_{1 \sim n} = \pi L_{1 \sim n}\arcsin[m_{1 \sim n}/(2L_{1 \sim n})]/90° + x_{0 \sim n-1}$$

⑧ $y_{0 \sim n} = h \times 0 \sim n/n$

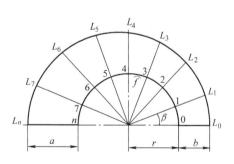

图 10-29　主、俯视图

式中　n——螺旋管内圆弧等分份数。

说明：

① 公式中所有 $0 \sim n$ 编号均一致。

② 螺旋管内弯半径 r 是弯曲弧圆心至管内壁的尺寸。

③ $x_{0 \sim n}$ 是螺旋管外侧板展开的横坐标值，$y_{0 \sim n}$ 是纵坐标值。作展开时，将横坐标 $x_{0 \sim n}$ 各点向上引垂直平行线，纵坐标 $y_{0 \sim n}$ 引水平平行线，这两组平行线分别对应相交各点。再将这

些相交点连成一条曲线，这条曲线就是螺旋管外侧板展开的底边线，然后在这条曲线的上方，按纵坐标走向取管口边长 a，再画一条等宽的曲条，由这两条曲线所围合成的图形，即为螺旋管外侧板的展开图样。

2. 展开计算实例（图 10-30）

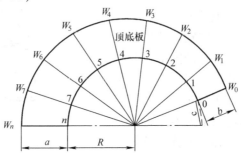

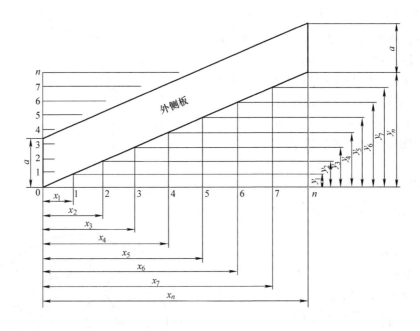

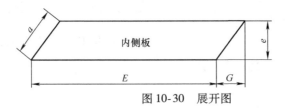

图 10-30 展开图

1）已知条件（图 10-29）：$a=510$，$b=300$，$h=1200$，$r=500$，$t=10$。

2）所求对象同本节"展开计算模板"。

3）过渡条件（设 $n=6$）：

① $S = \sqrt{(3.1416 \times 500)^2 + 1200^2} = 1977$

② $K = \sqrt{[3.1416 \times (500 + 510)]^2 + 1200^2} = 3392$

③ $f = 1977/6 = 329.5$

④ $\beta = 180°/6 = 30°$

⑤ $F_0 = (510 - 300) \times 0/6 = 0$

$F_1 = (510 - 300) \times 1/6 = 35$

$F_2 = (510 - 300) \times 2/6 = 70$

$F_3 = (510 - 300) \times 3/6 = 105$

$F_4 = (510 - 300) \times 4/6 = 140$

$F_5 = (510 - 300) \times 5/6 = 175$

$F_6 = (510 - 300) \times 6/6 = 210$

⑥ $L_0 = 500 + 300 + 10/2 + 0 = 805$

$L_1 = 500 + 300 + 10/2 + 35 = 840$

$L_2 = 500 + 300 + 10/2 + 70 = 875$

$L_3 = 500 + 300 + 10/2 + 105 = 910$

$L_4 = 500 + 300 + 10/2 + 140 = 945$

$L_5 = 500 + 300 + 10/2 + 175 = 980$

$L_6 = 500 + 300 + 10/2 + 210 = 1015$

⑦ $m_1 = \sqrt{805^2 + 840^2 - 2 \times 805 \times 840 \times \cos 30°} = 427$

$m_2 = \sqrt{840^2 + 875^2 - 2 \times 840 \times 875 \times \cos 30°} = 445$

$m_3 = \sqrt{875^2 + 910^2 - 2 \times 875 \times 910 \times \cos 30°} = 463$

$m_4 = \sqrt{910^2 + 945^2 - 2 \times 910 \times 945 \times \cos 30°} = 481$

$m_5 = \sqrt{945^2 + 980^2 - 2 \times 945 \times 980 \times \cos 30°} = 499$

$m_6 = \sqrt{980^2 + 1015^2 - 2 \times 980 \times 1015 \times \cos 30°} = 517$

4）计算结果：

① $R = 1977 \times 510/(3392 - 1977) = 712$

② $c = 2 \times 712 \times \sin\{90° \times [1 - 1977/(3.1416 \times 712)]\} = 259$

③ $W_0 = 712 + 300 + 0 = 1012$

$W_1 = 712 + 300 + 35 = 1047$

$W_2 = 712 + 300 + 70 = 1082$

$W_3 = 712 + 300 + 105 = 1117$

$W_4 = 712 + 300 + 140 = 1152$

$W_5 = 712 + 300 + 175 = 1187$

$W_6 = 712 + 300 + 210 = 1222$

④ $E = \sqrt{[3.1416 \times (500 - 10/2)]^2 + 1200^2} = 1964$

⑤ $e = 510 \times \sin[\arccos(1200/1977)] = 405$

⑥ $G = 510 \times \cos[\arccos(1200/1977)] = 310$

⑦ $x_0 = 0$

$x_1 = 3.1416 \times 840 \times \arcsin[427/(2 \times 840)]/90° + 0 = 432$

$x_2 = 3.1416 \times 875 \times \arcsin[445/(2 \times 875)]/90° + 432 = 882$

$$x_3 = 3.1416 \times 910 \times \arcsin[463/(2 \times 910)]/90° + 882 = 1350$$

$$x_4 = 3.1416 \times 945 \times \arcsin[481/(2 \times 945)]/90° + 1350 = 1837$$

$$x_5 = 3.1416 \times 980 \times \arcsin[499/(2 \times 980)]/90° + 1837 = 2342$$

$$x_6 = 3.1416 \times 1015 \times \arcsin[517/(2 \times 1015)]/90° + 2342 = 2865$$

⑧ $y_0 = 1200 \times 0/6 = 0$

$y_1 = 1200 \times 1/6 = 200$

$y_2 = 1200 \times 2/6 = 400$

$y_3 = 1200 \times 3/6 = 600$

$y_4 = 1200 \times 4/6 = 800$

$y_5 = 1200 \times 5/6 = 1000$

$y_6 = 1200 \times 6/6 = 1200$

十一、弯曲 180°矩形变向螺旋管（图 10-31）展开

1. 展开计算模板

1）已知条件（图 10-32）：

① 螺旋管短边内长 a；

② 螺旋管长边内长 b；

③ 螺旋管底板螺高 h；

④ 螺旋管内弯半径 r；

⑤ 螺旋管壁厚 t。

2）所求对象：

① 底板展开内圆弧半径 R；

② 底板展开内圆弧缺口弦长 c；

③ 顶板展开内圆弧半径 R'；

④ 顶板展开内圆弧半圆缺口弦长 c'；

⑤ 底板展开外圆弧各等分段半径 $G_{0 \sim n}$；

⑥ 顶板展开外圆弧各等分段半径 $g_{0 \sim n}$；

⑦ 内侧板展开水平投影长 e；

⑧ 外侧板展开水平投影各等分段长 $x_{0 \sim n}$；

⑨ 外侧板展开下边垂直投影各等分段长 $y_{0 \sim n}$；

⑩ 外侧板展开上边垂直投影各等分段长 $y'_{0 \sim n}$。

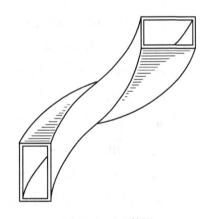

图 10-31　立体图

3）过渡条件公式：

① 底板内圆弧实长 $S = \sqrt{(\pi r)^2 + h^2}$

② 底板外圆弧实长 $K = \sqrt{[\pi(r+b)]^2 + h^2}$

③ 顶板内圆弧实长 $S' = \sqrt{(\pi r)^2 + (h-b+a)^2}$

④ 顶板外圆弧实长 $K' = \sqrt{[\pi(r+b)]^2 + (h-b+a)^2}$

⑤ 俯视图内圆弧每等分段圆心角 $\beta = 180°/n$

⑥ 俯视图外圆弧各段渐缩半径差 $F_{0 \sim n} = (b-a) \times 0 \sim n/n$

⑦ 俯视图外圆弧各等分段半径 $L_{0 \sim n} = r + a + t/2 + F_{0 \sim n}$

⑧ 俯视图外圆弧各等分段弦长 $m_{1 \sim n} = \sqrt{L_{0 \sim n-1}^2 + L_{1 \sim n}^2 - 2L_{0 \sim n-1}L_{1 \sim n}\cos\beta}$

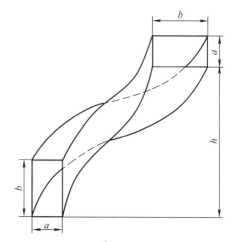

4) 计算公式：

① $R = Sb/(K - S)$

② $c = 2R\sin\{90°[1 - S/(\pi R)]\}$

③ $R' = S'b/(K' - S')$

④ $c' = 2R'\sin\{90°[1 - S'/(\pi R')]\}$

⑤ $G_{0 \sim n} = R + a + F_{0 \sim n}$

⑥ $g_{0 \sim n} = R' + a + F_{0 \sim n}$

⑦ $e = \pi(r - t/2)$

⑧ $x_0 = 0$

$x_{1 \sim n} = \pi L_{1 \sim n}\arcsin[m_{1 \sim n}/(2 \times L_{1 \sim n})]/90° + x_{0 \sim n-1}$

⑨ $y_{0 \sim n} = h \times 0 \sim n/n$

⑩ $y'_{0 \sim n} = (h - b + a) \times 0 \sim n/n$

式中　n——螺旋管内圆弧等分份数。

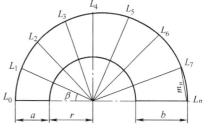

图 10-32　主、俯视图

说明：

① 公式中所有 $0 \sim n$ 编号均一致。

② 螺旋管内弯半径 r 是弯曲弧圆心至管内壁的尺寸。

③ $x_{0 \sim n}$ 是螺旋管外侧板展开的横坐标值，$y_{0 \sim n}$ 是外侧板下边线的纵坐标值，$y'_{0 \sim n}$ 是外侧板上边线的纵坐标值。$y_{0 \sim n}$ 坐标在外侧板短边 a 端，$y'_{0 \sim n}$ 坐标在外侧板长边 b 端，而且 $(y_n + a)$ 与 $(b + y'_n)$ 标高相等。

对螺旋管外侧板作展开时，先将横坐标 $x_{0 \sim n}$ 各点向上引垂直平行线，再将 $y_{0 \sim n}$、$y'_{0 \sim n}$ 两组纵坐标引水平平行线，分别与横坐标 $x_{0 \sim n}$ 所引的一组平行线对相交各点，然后将两组相交点分别连成两条曲线，这两条曲条所围合成的图形，即为螺旋管外侧板的展开图样。

2. 展开计算实例（图 10-33）

1) 已知条件（图 10-32）：$a = 300$，$b = 480$，$h = 1400$，$r = 420$，$t = 8$。

2) 所求对象同本节"展开计算模板"。

3) 过渡条件（设 $n = 6$）：

① $S = \sqrt{(3.1416 \times 420)^2 + 1400^2} = 1924$

② $K = \sqrt{[3.1416 \times (420 + 480)^2 + 1400^2]} = 3155$

③ $S' = \sqrt{(3.1416 \times 420)^2 + (1400 - 480 + 300)^2} = 1797$

④ $K' = \sqrt{[3.1416 \times (420 + 480)]^2 + (1400 - 480 + 300)^2} = 3079$

⑤ $\beta = 180°/6 = 30°$

⑥ $F_0 = (480 - 300) \times 0/6 = 0$

$F_1 = (480 - 300) \times 1/6 = 30$

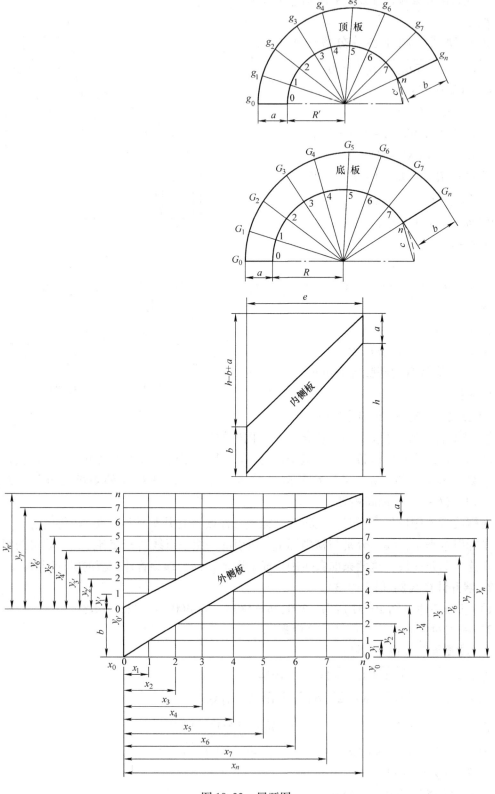

图 10-33　展开图

$$F_2 = (480 - 300) \times 2/6 = 60$$

$$F_3 = (480 - 300) \times 3/6 = 90$$

$$F_4 = (480 - 300) \times 4/6 = 120$$

$$F_5 = (480 - 300) \times 5/6 = 150$$

$$F_6 = (480 - 300) \times 6/6 = 180$$

⑦ $L_0 = 420 + 300 + 8/2 + 0 = 724$

$L_1 = 420 + 300 + 8/2 + 30 = 754$

$L_2 = 420 + 300 + 8/2 + 60 = 784$

$L_3 = 420 + 300 + 8/2 + 90 = 814$

$L_4 = 420 + 300 + 8/2 + 120 = 844$

$L_5 = 420 + 300 + 8/2 + 150 = 874$

$L_6 = 420 + 300 + 8/2 + 180 = 904$

⑧ $m_1 = \sqrt{724 + 754 - 2 \times 724 \times 754 \times \cos30°} = 384$

$m_2 = \sqrt{754 + 784 - 2 \times 754 \times 784 \times \cos30°} = 399$

$m_3 = \sqrt{784 + 814 - 2 \times 784 \times 814 \times \cos30°} = 415$

$m_4 = \sqrt{814 + 844 - 2 \times 814 \times 844 \times \cos30°} = 430$

$m_5 = \sqrt{844 + 874 - 2 \times 844 \times 874 \times \cos30°} = 446$

$m_6 = \sqrt{874 + 904 - 2 \times 874 \times 904 \times \cos30°} = 461$

4）计算结果：

① $R = 1924 \times 480/(3155 - 1924) = 750$

② $c = 2 \times 750 \times \sin\{90° \times [1 - 1924/(3.1416 \times 750)]\} = 426$

③ $R' = 1797 \times 480/(3079 - 1797) = 673$

④ $c' = 2 \times 673 \times \sin\{90° \times [1 - 1797/(3.1416 \times 673)]\} = 313$

⑤ $G_0 = 750 + 300 + 0 = 1050$

$G_1 = 750 + 300 + 30 = 1080$

$G_2 = 750 + 300 + 60 = 1110$

$G_3 = 750 + 300 + 90 = 1140$

$G_4 = 750 + 300 + 120 = 1170$

$G_5 = 750 + 300 + 150 = 1200$

$G_6 = 750 + 300 + 180 = 1230$

⑥ $g_0 = 673 + 300 + 0 = 973$

$g_1 = 673 + 300 + 30 = 1003$

$g_2 = 673 + 300 + 60 = 1033$

$g_3 = 673 + 300 + 90 = 1063$

$g_4 = 673 + 300 + 120 = 1093$

$g_5 = 673 + 300 + 150 = 1123$

$g_6 = 673 + 300 + 180 = 1153$

⑦ $e = 3.1416 \times (420 - 8/2) = 1307$

⑧ $x_0 = 0$

$x_1 = 3.1416 \times 754 \times \arcsin\left[384/(2 \times 754)\right]/90° + 0 = 388$

$x_2 = 3.1416 \times 784 \times \arcsin\left[399/(2 \times 784)\right]/90° + 388 = 791$

$x_3 = 3.1416 \times 814 \times \arcsin\left[415/(2 \times 814)\right]/90° + 791 = 1211$

$x_4 = 3.1416 \times 844 \times \arcsin\left[430/(2 \times 844)\right]/90° + 1211 = 1646$

$x_5 = 3.1416 \times 874 \times \arcsin\left[446/(2 \times 874)\right]/90° + 1646 = 2096$

$x_6 = 3.1416 \times 904 \times \arcsin\left[461/(2 \times 904)\right]/90° + 2096 = 2562$

⑨ $y_0 = 1400 \times 0/6 = 0$

$y_1 = 1400 \times 1/6 = 233$

$y_2 = 1400 \times 2/6 = 467$

$y_3 = 1400 \times 3/6 = 700$

$y_4 = 1400 \times 4/6 = 933$

$y_5 = 1400 \times 5/6 = 1167$

$y_6 = 1400 \times 6/6 = 1400$

⑩ $y'_0 = (1400 - 480 + 300) \times 0/6 = 0$

$y'_1 = (1400 - 480 + 300) \times 1/6 = 203$

$y'_2 = (1400 - 480 + 300) \times 2/6 = 407$

$y'_3 = (1400 - 480 + 300) \times 3/6 = 610$

$y'_4 = (1400 - 480 + 300) \times 4/6 = 813$

$y'_5 = (1400 - 480 + 300) \times 5/6 = 1017$

$y'_6 = (1400 - 480 + 300) \times 6/6 = 1220$

十二、弯曲 180°方形变径螺旋管（图 10-34）展开

1. 展开计算模板

1）已知条件（图 10-35）：

① 螺旋管大口内边长 a；

② 螺旋管小口内边长 b；

③ 螺旋管底口螺高 h；

④ 螺旋管内弯半径 r；

⑤ 螺旋管壁厚 t。

2）所求对象：

① 底板展开内圆弧半径 R；

② 底板展开内圆弧缺口弦长 c；

③ 顶板展开内圆弧半径 R'；

④ 顶板展开内圆弧缺口弦长 c'；

⑤ 底板展开外圆弧各等分段半径 $G_{0 \sim n}$；

⑥ 顶板展开外圆弧各等分段半径 $g_{0 \sim n}$；

⑦ 内侧板展开水平投影长 e；

⑧ 外侧板展开水平投影各等分段长 $x_{0 \sim n}$；

⑨ 外侧板展开下边垂直投影各等分段高 $y_{0 \sim n}$；

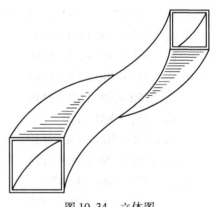

图 10-34　立体图

⑩ 外侧板展开上边垂直投影各等分段高 $y'_{0\sim n}$。

3）过渡条件公式：

① 底板内圆弧实长 $S = \sqrt{(\pi r)^2 + h^2}$

② 底板外圆弧实长 $K = \sqrt{[\pi(r+a)]^2 + h^2}$

③ 顶板内圆弧实长 $S' = \sqrt{(\pi r)^2 + (h-a+b)^2}$

④ 顶板外圆弧实长 $K' = \sqrt{[\pi(r+a)]^2 + (h-a+b)^2}$

⑤ 俯视图内圆弧每等分段圆心角 $\beta = 180°/n$

⑥ 俯视图外圆弧各段渐缩半径差

$$F_{0\sim n} = (a-b) \times 0 \sim n/n$$

⑦ 俯视图外圆弧各等分段半径

$$L_{0\sim n} = r + a + t/2 - F_{0\sim n}$$

⑧ 俯视图外圆弧各等分段弦长

$$m_{1\sim n} = \sqrt{L_{0\sim n-1}^2 + L_{1\sim n}^2 - 2L_{0\sim n-1}L_{1\sim n}\cos\beta}$$

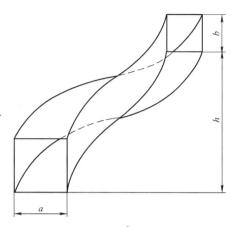

4）计算公式：

① $R = Sa/(K-S)$

② $c = 2R\sin\{90°[1 - S/(\pi R)]\}$

③ $R' = S'a/(K'-S')$

④ $c' = 2R'\sin\{90[1 - S'/(\pi R')]\}$

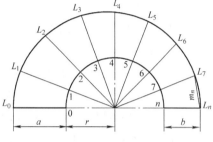

图 10-35　主、俯视图

⑤ $G_{0\sim n} = R + a - F_{0\sim n}$

⑥ $g_{0\sim n} = R' + a - F_{0\sim n}$

⑦ $e = \pi(r - t/2)$

⑧ $x_0 = 0$

$$x_{1\sim n} = \pi L_{1\sim n}\arcsin[m_{1\sim n}/(2L_{1\sim n})]/90° + x_{0\sim n-1}$$

⑨ $y_{0\sim n} = h \times 0 \sim n/n$

⑩ $y'_{0\sim n} = (h-a+b) \times 0 \sim n/n$

式中　n——螺旋管内圆弧等份数。

说明：

① 公式中所有 $0 \sim n$ 编号均一致。

② 螺旋管内弯半径 r 是弯曲弧圆心至管内壁的尺寸。

③ $x_{0\sim n}$ 是螺旋管外侧板展开的横坐标值，$y_{0\sim n}$ 是外侧板下边线的纵坐标值，$y'_{0\sim n}$ 是外侧板上边线的纵坐标值。$y_{0\sim n}$ 坐标在外侧板小口 b 端，$y'_{0\sim n}$ 坐标在外侧板大口 a 端，而且 $(y_n + b)$ 与 $(a + y'_n)$ 标高相等。

对螺旋管外侧板作展开时，先将横坐标 $x_{0\sim n}$ 各点向上引垂直平行线，再将 $y_{0\sim n}$、$y'_{0\sim n}$ 两组纵坐标引水平平行线，分别与横坐标 $x_{0\sim n}$ 所引的一组平行线对应相交各点，然后将这两组交点分连成两条曲线，这两条曲线所围合成的图形，即为被展螺旋管外侧板的展开图样。

2. 展开计算实例（图 10-36、图 10-37）

1）已知条件（图 10-35）：$a = 540$，$b = 360$，$h = 1380$，$r = 500$，$t = 10$。

2）所求对象同本节“展开计算模板”。

3）过渡条件（设 $n = 6$）：

① $S = \sqrt{(3.1416 \times 500)^2 + 1380^2} = 2091$

② $K = \sqrt{[3.1416 \times (500 + 540)]^2 + 1380^2} = 3547$

③ $S' = \sqrt{(3.1416 \times 500)^2 + (1380 - 540 + 360)^2} = 1977$

④ $K' = \sqrt{[3.1416 \times (500 + 540)]^2 + (1380 - 540 + 360)^2} = 3481$

⑤ $\beta = 180°/6 = 30°$

⑥ $F_0 = (540 - 360) \times 0/6 = 0$

$F_1 = (540 - 360) \times 1/6 = 30$

$F_2 = (540 - 360) \times 2/6 = 60$

$F_3 = (540 - 360) \times 3/6 = 90$

$F_4 = (540 - 360) \times 4/6 = 120$

$F_5 = (540 - 360) \times 5/6 = 150$

$F_6 = (540 - 360) \times 6/6 = 180$

⑦ $L_0 = 500 + 540 + 10/2 - 0 = 1045$

$L_1 = 500 + 540 + 10/2 - 30 = 1015$

$L_2 = 500 + 540 + 10/2 - 60 = 985$

$L_3 = 500 + 540 + 10/2 - 90 = 955$

$L_4 = 500 + 540 + 10/2 - 120 = 925$

$L_5 = 500 + 540 + 10/2 - 150 = 895$

$L_6 = 500 + 540 + 10/2 - 180 = 865$

⑧ $m_1 = \sqrt{1045^2 + 1015^2 - 2 \times 1045 \times 1015 \times \cos 30°} = 534$

$m_2 = \sqrt{1015^2 + 985^2 - 2 \times 1015 \times 985 \times \cos 30°} = 518$

$m_3 = \sqrt{985^2 + 955^2 - 2 \times 985 \times 955 \times \cos 30°} = 503$

$m_4 = \sqrt{955^2 + 925^2 - 2 \times 955 \times 925 \times \cos 30°} = 487$

$m_5 = \sqrt{925^2 + 895^2 - 2 \times 925 \times 895 \times \cos 30°} = 472$

$m_6 = \sqrt{895^2 + 865^2 - 2 \times 895 \times 865 \times \cos 30°} = 456$

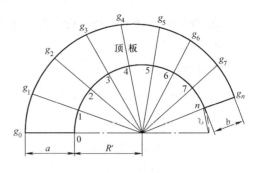

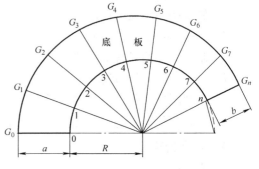

图 10-36　顶底板展开图

4) 计算结果：

① $R = 2091 \times 540/(3547 - 2091) = 776$

② $c = 2 \times 776 \times \sin\{90° \times [1 - 2091/(3.1416 \times 776)]\} = 343$

③ $R' = 1977 \times 540/(3481 - 1977) = 710$

④ $c' = 2 \times 710 \times \sin\{90° \times [1 - 1977/(3.1416 \times 710)]\} = 252$

⑤ $G_0 = 776 + 540 - 0 = 1316$

$G_1 = 776 + 540 - 30 = 1286$

$G_2 = 776 + 540 - 60 = 1256$

$G_3 = 776 + 540 - 90 = 1226$

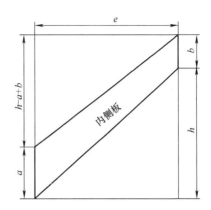

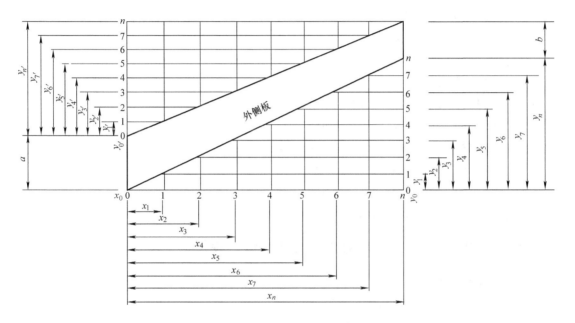

图 10-37　内、外侧板展开图

$$G_4 = 776 + 540 - 120 = 1196$$
$$G_5 = 776 + 540 - 150 = 1166$$
$$G_6 = 776 + 540 - 180 = 1136$$
⑥ $g_0 = 710 + 540 - 0 = 1250$
$$g_1 = 710 + 540 - 30 = 1220$$
$$g_2 = 710 + 540 - 60 = 1190$$
$$g_3 = 710 + 540 - 90 = 1160$$
$$g_4 = 710 + 540 - 120 = 1130$$
$$g_5 = 710 + 540 - 150 = 1100$$
$$g_6 = 710 + 540 - 180 = 1070$$
⑦ $e = 3.1416 \times (500 - 10/2) = 1555$

⑧ $x_0 = 0$

$x_1 = 3.1416 \times 1015 \times \arcsin[534/(2 \times 1015)]/90° + 0 = 540$

$x_2 = 3.1416 \times 985 \times \arcsin[518/(2 \times 985)]/90° + 540 = 1065$

$x_3 = 3.1416 \times 955 \times \arcsin[503/(2 \times 955)]/90° + 1065 = 1574$

$x_4 = 3.1416 \times 925 \times \arcsin[487/(2 \times 925)]/90° + 1574 = 2067$

$x_5 = 3.1416 \times 895 \times \arcsin[472/(2 \times 895)]/90° + 2067 = 2545$

$x_6 = 3.1416 \times 865 \times \arcsin[456/(2 \times 865)]/90° + 2545 = 3007$

⑨ $y_0 = 1380 \times 0/6 = 0$

$y_1 = 1380 \times 1/6 = 230$

$y_2 = 1380 \times 2/6 = 460$

$y_3 = 1380 \times 3/6 = 690$

$y_4 = 1380 \times 4/6 = 920$

$y_5 = 1380 \times 5/6 = 1150$

$y_6 = 1380 \times 6/6 = 1380$

⑩ $y'_0 = (1380 - 540 + 360) \times 0/6 = 0$

$y'_1 = (1380 - 540 + 360) \times 1/6 = 200$

$y'_2 = (1380 - 540 + 360) \times 2/6 = 400$

$y'_3 = (1380 - 540 + 360) \times 3/6 = 600$

$y'_4 = (1380 - 540 + 360) \times 4/6 = 800$

$y'_5 = (1380 - 540 + 360) \times 5/6 = 1000$

$y'_6 = (1380 - 540 + 360) \times 6/6 = 1200$

十三、内圆柱形等宽螺旋叶片（图 10-38）展开

1. 展开计算模板

1）已知条件（图 10-39）：

① 螺旋叶片外圆直径 D；

② 螺旋叶片内圆直径 d；

③ 叶片螺距 h。

2）所求对象：

① 叶片外圆展开半径 R；

② 叶片内圆展开半径 r；

③ 叶片展开外圆缺口夹角 α；

④ 叶片展开外圆缺口弦长 b。

3）过渡条件公式：

① 叶片展开外圆周长

$$S = \sqrt{(\pi D)^2 + h^2}$$

② 叶片展开内圆周长

$$K = \sqrt{(\pi d)^2 + h^2}$$

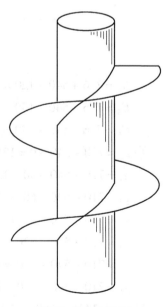

图 10-38　立体图

4）计算公式：

① $R = S(D-d)/[2(S-K)]$

② $r = K(D-d)/[2(S-K)]$

③ $\alpha = 360°[1 - S/(2\pi R)]$

④ $b = 2R\sin(\alpha/2)$

说明：在实际工作中，因为绞龙所用叶片较多，又由于这种叶片每个螺距的展开图样均一样，为了节约用料，叶片开缺口部位不要切除，只要每个叶片开个口子直接连接成形即可。

2. 展开计算实例（图10-40）

1）已知条件（图10-39）：$D = 800$，$d = 300$，$h = 600$。

2）所求对象同本节"展开计算模板"。

3）过渡条件：

① $S = \sqrt{(3.1416 \times 800)^2 + 600^2} = 2584$

② $K = \sqrt{(3.1416 \times 300)^2 + 600^2} = 1117$

4）计算结果：

① $R = 2584 \times (800 - 300)/[2 \times (2584 - 1117)] = 440$

② $r = 1117 \times (800 - 300)/[2 \times (2584 - 1117)] = 190$

③ $\alpha = 360° \times [1 - 2584/(2 \times 3.1416 \times 440)] = 23.8699°$

④ $b = 2 \times 440 \times \sin(23.8699°/2) = 182$

十四、内圆柱形等宽螺旋溜槽（图10-41）展开

1. 展开计算模板

1）已知条件（图10-42）：

① 溜槽底板外圆直径 D；

② 溜槽底板内圆直径 d；

③ 溜槽底板螺距 h；

④ 溜槽侧板高 g；

⑤ 溜槽侧板厚 t。

2）所求对象：

① 溜槽底板外圆展开半径 R；

② 溜槽底板内圆展开半径 r；

③ 溜槽底板展开外圆缺口夹角 α；

④ 溜槽底板展开外圆缺口弦长 b；

⑤ 溜槽侧板展开实长 L；

⑥ 溜槽侧板展开实宽 e；

⑦ 溜槽侧板上下边端点垂平距 f。

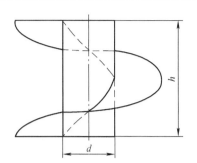

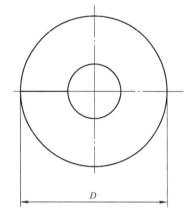

图10-39 主、俯视图

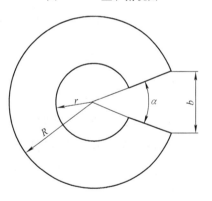

图10-40 展开图

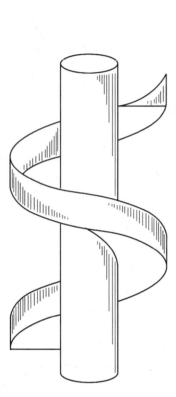

图 10-41 立体图

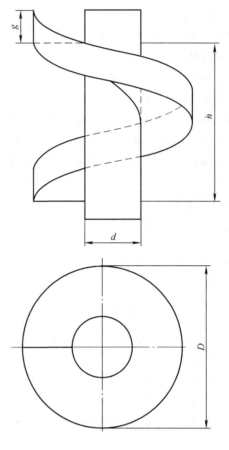

图 10-42 主、俯视图

3）过渡条件公式：

① 溜槽底板外圆展开周长 $S = \sqrt{(\pi D)^2 + h^2}$

② 溜槽底板内圆展开周长 $K = \sqrt{(\pi d)^2 + h^2}$

③ 溜槽侧板端边与底边夹角 $\beta = \arccos(h/S)$

4）计算公式：

① $R = S(D - d)/[2(S - K)]$

② $r = K(D - d)/[2(S - K)]$

③ $\alpha = 360°[1 - S/(2\pi R)]$

④ $b = 2R\sin(\alpha/2)$

⑤ $L = \sqrt{[\pi(D - t)]^2 + h^2}$

⑥ $e = g\sin\beta$

⑦ $f = g\cos\beta$

2. 展开计算实例（图 10-43）

1）已知条件（图 10-42）：$D = 1820$，$d = 720$，$h = 2000$，$g = 350$，$t = 6$。

2）所求对象同本节"展开计算模板"。

3）过渡条件：

① $S = \sqrt{(3.1416 \times 1820)^2 + 2000^2} = 6057$

② $K = \sqrt{(3.1416 \times 720)^2 + 2000^2} = 3019$

③ $\beta = \arccos(2000/6057) = 70.7207°$

4）计算结果：

① $R = 6057 \times (1820 - 720)/[2 \times (6057 - 3019)] = 1097$

② $r = 3019 \times (1820 - 720)/[2 \times (6057 - 3019)] = 547$

③ $\alpha = 360° \times [1 - 6057/(2 \times 3.1416 \times 1097)] = 43.5125°$

④ $b = 2 \times 1097 \times \sin(43.5125°/2) = 813$

⑤ $L = \sqrt{[3.1416 \times (1820 - 6)]^2 + 2000^2} = 6040$

⑥ $e = 350 \times \sin 70.7207° = 330$

⑦ $f = 350 \times \cos 70.7207° = 116$

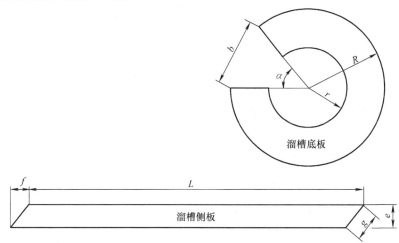

图 10-43　溜槽 – 螺旋展开图

十五、内多边棱柱形外圆螺旋叶片 I（图 10-44）展开

1. 展开计算模板（内六棱柱形）

1）已知条件（图 10-45）：

① 螺旋叶片外圆直径 D；

② 螺旋内棱柱边长 e；

③ 叶片螺距 h；

④ 螺旋内棱柱边数 m。

2）所求对象：

① 叶片外圆展开半径 R；

② 叶片内圆展开半径 r；

③ 叶片展开内圆缺口夹角 α；

④ 叶片展开内圆缺口弦长 b；

⑤ 叶片展开内圆棱边弦长 f。

3）过渡条件公式：

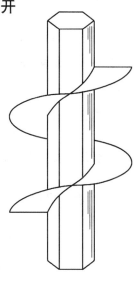

图 10-44　立体图

① 棱柱外接圆直径 $d = e/\sin(180°/m)$

② 叶片外圆展开周长 $S = \sqrt{(\pi D)^2 + h^2}$

③ 叶片内圆展开周长 $K = \sqrt{(\pi d)^2 + h^2}$

4) 计算公式：

① $R = 0.5 \times S(D - d)/(S - K)$

② $r = 0.5 \times K(D - d)/(S - K)$

③ $\alpha = 360° \times [1 - K/(2\pi r)]$

④ $b = 2r\sin(\alpha/2)$

⑤ $f = 2r\sin[(360° - \alpha)/(2m)]$

说明：

① 棱柱外接圆直径就是叶片内圆直径。

② 此模板适用于各种内多边棱柱形外圆螺旋叶片的展开。

2. 展开计算实例（图 10-46）

1) 已知条件（图 10-45）：$D = 500$，$e = 100$，$h = 600$，$m = 6$。

2) 所求对象同本节"展开计算模板"。

3) 过渡条件：

① $d = 100/\sin(180°/6) = 200$

② $S = \sqrt{(3.1416 \times 500)^2 + 600^2} = 1681$

③ $K = \sqrt{(3.1416 \times 200)^2 + 600^2} = 869$

4) 计算结果：

① $R = 0.5 \times 1681 \times (500 - 200)/(1681 - 869) = 310$

② $r = 0.5 \times 869 \times (500 - 200)/(1681 - 869) = 160$

③ $\alpha = 360° \times [1 - 869/(2 \times 3.1416 \times 160)] = 49.5874°$

④ $b = 2 \times 160 \times \sin(49.5874°/2) = 134$

⑤ $f = 2 \times 160 \times \sin[(360° - 49.5874°)/(2 \times 6)] = 140$

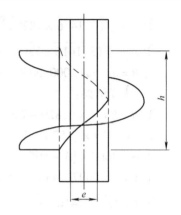

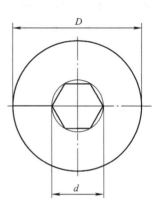

图 10-45　主、俯视图

十六、内多边棱柱形外圆螺旋叶片 Ⅱ （图 10-47）展开

1. 展开计算模板（内五棱柱形）

见本章第十五节"展开计算模板"。

2. 展开计算实例（图 10-48）

1) 已知条件（参见图 10-45）：$D = 480$，$e = 110$，$h = 540$，$m = 5$。

2) 所求对象同本章第十五节"展开计算模板"。

3) 过渡条件：

① $d = 110/\sin(180°/5) = 187$

② $S = \sqrt{(3.1416 \times 480)^2 + 540^2} = 1602$

③ $K = \sqrt{(3.1416 \times 187)^2 + 540^2} = 798$

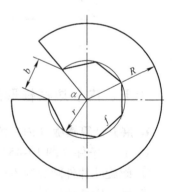

图 10-46　展开图

4）计算结果：

① $R = 0.5 \times 1602 \times (480 - 187)/(1602 - 798) = 292$

② $r = 0.5 \times 798 \times (480 - 187)/(1602 - 798) = 145.5$

③ $\alpha = 360° \times [1 - 798/(2 \times 3.1416 \times 145.5)] = 45.6364°$

④ $b = 2 \times 145.5 \times \sin(45.6364°/2) = 113$

⑤ $f = 2 \times 145.5 \times \sin[(360° - 45.6364°)/(2 \times 5)] = 152$

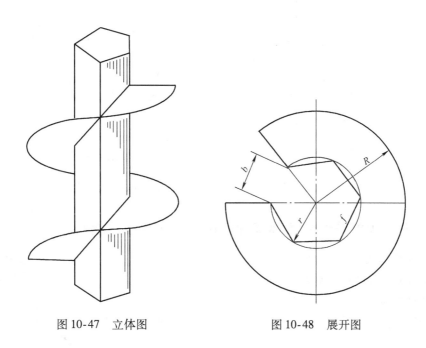

图 10-47　立体图　　　　　　　　　图 10-48　展开图

十七、内多边棱柱形外圆螺旋叶片Ⅲ（图 10-49）展开

1. 展开计算模板（内四棱柱形）

见本章第十五节"展开计算模板"。

2. 展开计算实例（图 10-50）

1）已知条件（参见图 10-45）：$D = 450$，$e = 120$，$h = 550$，$m = 4$。

2）所求对象同本章第十五节"展开计算模板"。

3）过渡条件：

① $d = 120/\sin(180°/4) = 170$

② $S = \sqrt{(3.1416 \times 450)^2 + 550^2} = 1517$

③ $K = \sqrt{(3.1416 \times 170)^2 + 550^2} = 766$

4）计算结果：

① $R = 0.5 \times 1517 \times (450 - 170)/(1517 - 766) = 283$

② $r = 0.5 \times 766 \times (450 - 170)/(1517 - 766) = 143$

③ $\alpha = 360° \times [1 - 766/(2 \times 3.1416 \times 143)] = 53.0119°$

④ $b = 2 \times 143 \times \sin(53.0119°/2) = 128$

⑤ $f = 2 \times 143 \times \sin[(360° - 53.0119°)/(2 \times 4)] = 177$

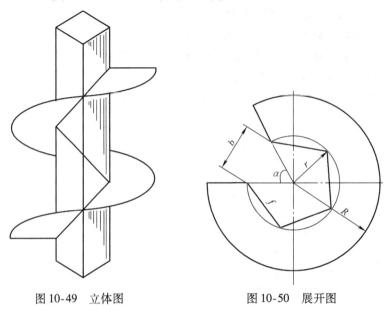

图 10-49　立体图　　　　　图 10-50　展开图

十八、内多边棱柱形外圆螺旋叶片Ⅳ（图 10-51）展开

1. 展开计算模板（内三棱柱形）

见本章第十五节"展开计算模板"。

2. 展开计算实例（图 10-52）

1）已知条件（参见图 10-45）：$D = 420$，$e = 150$，$h = 480$，$m = 3$。

2）所求对象同本章第十五节"展开计算模板"。

3）过渡条件：

① $d = 150/\sin(180°/3) = 173$

② $S = \sqrt{(3.1416 \times 420)^2 + 480^2} = 1404$

③ $K = \sqrt{(3.1416 \times 173)^2 + 480^2} = 726$

4）计算结果：

① $R = 0.5 \times 1404 \times (420 - 173)/(1404 - 726) = 255$

② $r = 0.5 \times 726 \times (420 - 173)/(1404 - 726) = 132$

③ $\alpha = 360° \times [1 - 726/(2 \times 3.1416 \times 132)] = 44.9917°$

④ $b = 2 \times 132 \times \sin(44.9917°/2) = 101$

⑤ $f = 2 \times 132 \times \sin[(360° - 44.9917°)/(2 \times 3)] = 209$

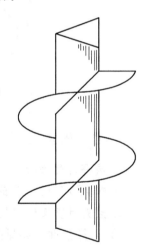

图 10-51　立体图

十九、内圆锥形等宽螺旋叶片（图 10-53）展开

1. 展开计算模板

1）已知条件（图 10-54）：

① 圆锥大端口叶片内圆直径 D；

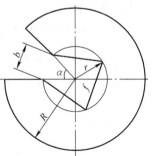

图 10-52　展开图

② 圆锥小端口叶片内圆直径 d；

③ 圆锥叶片宽 e；

④ 圆锥叶片螺距 h。

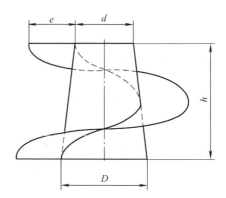

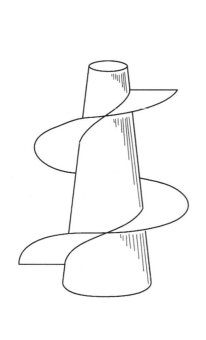

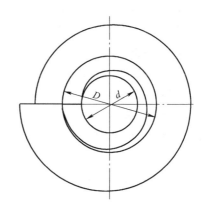

图 10-53　立体图　　　　　　　　图 10-54　主、俯视图

2）所求对象：

① 圆锥大端口叶片内圆展开半径 R；

② 圆锥小端口叶片内圆展开半径 r；

③ 圆锥大端口叶片展开内圆缺口夹角 α；

④ 圆锥大端口叶片展开内圆缺口弦长 b；

⑤ 叶片展开内弧线各等分段半径 $L_{0 \sim n}$；

⑥ 叶片展开外弧线各等分段半径 $W_{0 \sim n}$。

3）过渡条件公式：

① 圆锥大端叶片内圆展开周长 $S = \sqrt{(\pi D)^2 + h^2}$

② 圆锥小端叶片内圆展开周长 $K = \sqrt{(\pi d)^2 + h^2}$

③ 圆锥大端叶片展开内圆每等分段弧长 $f = S/n$

④ 圆锥叶片大小端内圆各等分段半径差 $c_{0 \sim n} = 0.5(D - d) \times 0 \sim n/n$

4）计算公式：

① $R = 0.5S(D - d)/(S - K)$

② $r = 0.5K(D - d)/(S - K)$

③ $\alpha = 360°[1 - S/(2\pi R)]$

④ $b = 2R\sin(\alpha/2)$

⑤ $L_{0 \sim n} = r + c_{0 \sim n}$

⑥ $W_{0 \sim n} = L_{0 \sim n} + e$

式中　n——圆锥大端叶片内圆展开弧长等分份数。

2. 展开计算实例（图10-55）

1）已知条件（图10-54）：$D = 480$，$d = 360$，$e = 140$，$h = 650$。

2）所求对象同本节"展开计算模板"。

3）过渡条件（设 $n = 8$）：

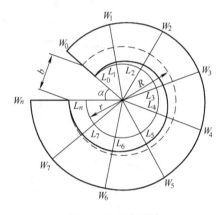

① $S = \sqrt{(3.1416 \times 480)^2 + 650^2} = 1642$

② $K = \sqrt{(3.1416 \times 360)^2 + 650^2} = 1304$

③ $f = 1642/8 = 205$

④ $c_0 = 0.5 \times (480 - 360) \times 0/8 = 0$

$c_1 = 0.5 \times (480 - 360) \times 1/8 = 7.5$

$c_2 = 0.5 \times (480 - 360) \times 2/8 = 15$

$c_3 = 0.5 \times (480 - 360) \times 3/8 = 22.5$

$c_4 = 0.5 \times (480 - 360) \times 4/8 = 30$

$c_5 = 0.5 \times (480 - 360) \times 5/8 = 37.5$

$c_6 = 0.5 \times (480 - 360) \times 6/8 = 45$

$c_7 = 0.5 \times (480 - 360) \times 7/8 = 52.5$

$c_8 = 0.5 \times (480 - 360) \times 8/8 = 60$

图10-55　展开图

4）计算结果：

① $R = 0.5 \times 1642 \times (480 - 360)/(1642 - 1304) = 292$

② $r = 0.5 \times 1304 \times (480 - 360)/(1642 - 1304) = 232$

③ $\alpha = 360° \times [1 - 1642/(2 \times 3.1416 \times 292)] = 37.5834°$

④ $b = 2 \times 292 \times \sin(37.5834°/2) = 188$

⑤ $L_0 = 232 + 0 = 232$

$L_1 = 232 + 7.5 = 239.5$

$L_2 = 232 + 15 = 247$

$L_3 = 232 + 22.5 = 254.5$

$L_4 = 232 + 30 = 262$

$L_5 = 232 + 37.5 = 269.5$

$L_6 = 232 + 45 = 277$

$L_7 = 232 + 52.5 = 284.5$

$L_8 = 232 + 60 = 292$

⑥ $W_0 = 232 + 140 = 372$

$W_1 = 239.5 + 140 = 379.5$

$W_2 = 247 + 140 = 387$

$W_3 = 254.5 + 140 = 394.5$

$W_4 = 262 + 140 = 402$

$W_5 = 269.5 + 140 = 409.5$

$W_6 = 277 + 140 = 417$

$W_7 = 284.5 + 140 = 424.5$

$W_8 = 292 + 140 = 432$

二十、内圆柱形不等宽渐缩螺旋叶片（图 10-56）展开

1. 展开计算模板

1）已知条件（图 10-57）：

① 螺旋叶片大端外圆直径 e；

② 螺旋叶片小端外圆直径 D；

③ 螺旋叶片内圆直径 d；

④ 叶片螺距 h。

2）所求对象：

① 螺旋叶片小端外圆展开半径 R；

② 螺旋叶片内圆展开半径 r；

③ 螺旋叶片小端展开外圆缺口夹角 α；

④ 螺旋叶片小端展开外圆缺口弦长 b；

⑤ 叶片展开外圆弧各等分段半径 $W_{0 \sim n}$。

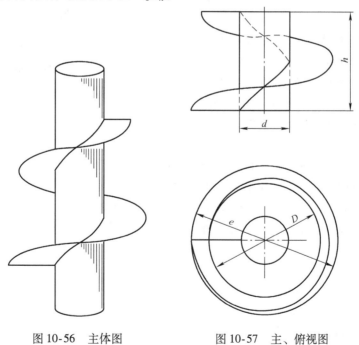

图 10-56　主体图　　　　　图 10-57　主、俯视图

3）过渡条件公式：

① 螺旋叶片小端外圆展开周长 $S = \sqrt{(\pi D)^2 + h^2}$

② 螺旋叶片内圆展开周长 $K = \sqrt{(\pi d)^2 + h^2}$

③ 螺旋叶片小端外圆每等分段弧长 $f = S/n$

④ 螺旋叶片大小端外圆各等分段半径差 $c_{0 \sim n} = 0.5(e - D) \times 0 \sim n/n$

4）计算公式：

① $R = 0.5S(D - d)/(S - K)$

② $r = 0.5K(D - d)/(S - K)$

③ $\alpha = 360°[1 - S/(2\pi R)]$

④ $b = 2R\sin(\alpha/2)$

⑤ $W_{0 \sim n} = R + c_{0 \sim n}$

式中　n——叶片小端外圆展开弧长等分份数。

2. 展开计算实例（图 10-58）

1）已知条件（图 10-57）：$e = 800$，$D = 580$，$d = 300$，$h = 700$。

2）所求对象同本节"展开计算模板"。

3）过渡条件（设 $n = 8$）：

① $S = \sqrt{(3.1416 \times 580)^2 + 700^2} = 1952$

② $K = \sqrt{(3.1416 \times 300)^2 + 700^2} = 1174$

③ $f = 1952/8 = 244$

④ $c_0 = 0.5 \times (800 - 580) \times 0/8 = 0$

　$c_1 = 0.5 \times (800 - 580) \times 1/8 = 13.75$

　$c_2 = 0.5 \times (800 - 580) \times 2/8 = 27.5$

　$c_3 = 0.5 \times (800 - 580) \times 3/8 = 41.25$

　$c_4 = 0.5 \times (800 - 580) \times 4/8 = 55$

　$c_5 = 0.5 \times (800 - 580) \times 5/8 = 68.75$

　$c_6 = 0.5 \times (800 - 580) \times 6/8 = 82.5$

　$c_7 = 0.5 \times (800 - 580) \times 7/8 = 96.25$

　$c_8 = 0.5 \times (800 - 580) \times 8/8 = 110$

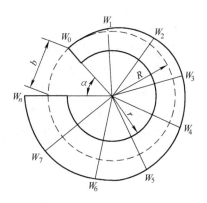

图 10-58　展开图

4）计算结果：

① $R = 0.5 \times 1952 \times (580 - 300)/(1952 - 1174) = 351$

② $r = 0.5 \times 1174 \times (580 - 300)/(1952 - 1174) = 211$

③ $\alpha = 360° \times [1 - 1952/(2 \times 3.1416 \times 351)] = 41.6147°$

④ $b = 2 \times 351 \times \sin(41.6147°/2) = 250$

⑤ $W_0 = 351 + 0 = 351$

　$W_1 = 351 + 13.75 = 365$

　$W_2 = 351 + 27.5 = 379$

　$W_3 = 351 + 41.25 = 392$

　$W_4 = 351 + 55 = 406$

　$W_5 = 351 + 68.75 = 420$

　$W_6 = 351 + 82.5 = 434$

　$W_7 = 351 + 96.25 = 447$

　$W_8 = 351 + 110 = 461$

二十一、内多边棱柱形外圆渐缩螺旋叶片 I （图 10-59）展开

1. 展开计算模板（内六棱柱形）

1）已知条件（图 10-60）：

① 叶片大端外圆直径 G；

② 叶片小端外圆直径 D；

③ 螺旋内棱柱边长 e；

④ 叶片螺距 h；

⑤ 螺旋内棱柱边数 m。

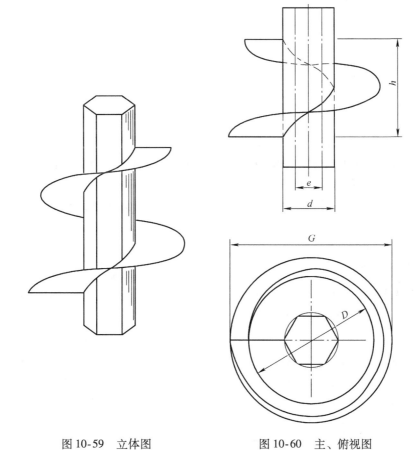

图 10-59　立体图　　　　　　图 10-60　主、俯视图

2）所求对象：

① 叶片小端外圆展开半径 R；

② 叶片内圆展开半径 r；

③ 叶片展开内圆缺口夹角 α；

④ 叶片展开内圆缺口弦长 b；

⑤ 叶片展开内圆棱边弦长 f；

⑥ 叶片展开外圆弧各等分段半径 $W_{0 \sim n}$。

3）过渡条件公式：

① 内棱柱外接圆直径 $d = e/\sin(180°/m)$

② 叶片小端外圆展开周长 $S = \sqrt{(\pi D)^2 + h^2}$

③ 叶片内圆展开周长 $K = \sqrt{(\pi d)^2 + h^2}$

④ 叶片小端外圆展开弧每等分段弧长 $P = S/n$

⑤ 叶片大小端外圆各等分段半径差 $c_{0 \sim n} = (G - D) \times 0 \sim n/(2n)$

4）计算公式：

① $R = S(D - d)/[2(S - K)]$

② $r = K(D - d)/[2(S - K)]$

③ $\alpha = 360°[1 - K/(2\pi r)]$

④ $b = 2r\sin(\alpha/2)$

⑤ $f = 2r\sin[(360° - \alpha)/(2m)]$

⑥ $W_{0 \sim n} = R + c_{0 \sim n}$

式中　n——螺旋叶片圆周等分份数；

　　$0 \sim n$——公式中 c、W 各素线的编号。

说明：

① 棱柱外接圆直径就是叶片内圆直径。

② 各种内多边棱柱形外圆渐缩螺旋叶片的展开，均适用此展开计算模板。

2. 展开计算实例（图 10-61）

1）已知条件（图 10-60）：$G = 528$，$D = 400$，$e = 160$，$h = 600$，$m = 6$。

2）所求对象同本节"展开计算模板"。

3）过渡条件（设 $n = 8$）：

① $d = 160/\sin(180°/6) = 320$

② $S = \sqrt{(3.1416 \times 400)^2 + 600^2} = 1393$

③ $K = \sqrt{(3.1416 \times 320)^2 + 600^2} = 1171$

④ $P = 1393/8 = 174$

⑤ $c_0 = (528 - 400) \times 0/(2 \times 8) = 0$

　　$c_1 = (528 - 400) \times 1/(2 \times 8) = 8$

　　$c_2 = (528 - 400) \times 2/(2 \times 8) = 16$

　　$c_3 = (528 - 400) \times 3/(2 \times 8) = 24$

　　$c_4 = (528 - 400) \times 4/(2 \times 8) = 32$

　　$c_5 = (528 - 400) \times 5/(2 \times 8) = 40$

　　$c_6 = (528 - 400) \times 6/(2 \times 8) = 48$

　　$c_7 = (528 - 400) \times 7/(2 \times 8) = 56$

　　$c_8 = (528 - 400) \times 8/(2 \times 8) = 64$

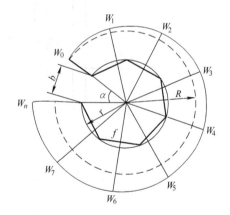

图 10-61　展开图

4）计算结果：

① $R = 1393 \times (400 - 320)/[2 \times (1393 - 1171)] = 251$

② $r = 1171 \times (400 - 320)/[2 \times (1393 - 1171)] = 211$

③ $\alpha = 360° \times [1 - 1171/(2 \times 3.1416 \times 211)] = 42.3252°$

④ $b = 2 \times 211 \times \sin(42.3252°/2) = 152$

⑤ $f = 2 \times 211 \times \sin[(360° - 42.3252°)/(2 \times 6)] = 188$

⑥ $W_0 = 251 + 0 = 251$

$W_1 = 251 + 8 = 259$

$W_2 = 251 + 16 = 267$

$W_3 = 251 + 24 = 275$

$W_4 = 251 + 32 = 283$

$W_5 = 251 + 40 = 291$

$W_6 = 251 + 48 = 299$

$W_7 = 251 + 56 = 307$

$W_8 = 251 + 64 = 315$

二十二、内多边棱柱形外圆渐缩螺旋叶片 Ⅱ（图 10-62）展开

1. 展开计算模板（内五棱柱形）

见本章第二十一节"展开计算模板"。

2. 展开计算实例（图 10-63）

1）已知条件（参见图 10-60）：$G = 540$，$D = 380$，$e = 170$，$h = 600$，$m = 5$。

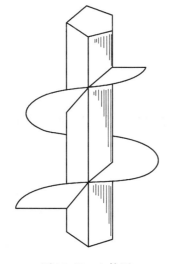

图 10-62 立体图

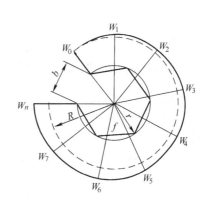

图 10-63 展开图

2）所求对象同本章第二十一节"展开计算模板"。

3）过渡条件（设 $n = 8$）：

① $d = 170/\sin(180°/5) = 289$

② $S = \sqrt{(3.1416 \times 380)^2 + 600^2} = 1336$

③ $K = \sqrt{(3.1416 \times 289)^2 + 600^2} = 1089$

④ $P = 1336/8 = 167$

⑤ $c_0 = (540 - 380) \times 0/(2 \times 8) = 0$

$c_1 = (540 - 380) \times 1/(2 \times 8) = 10$

$c_2 = (540 - 380) \times 2/(2 \times 8) = 20$

$$c_3 = (540 - 380) \times 3 / (2 \times 8) = 30$$

$$c_4 = (540 - 380) \times 4 / (2 \times 8) = 40$$

$$c_5 = (540 - 380) \times 5 / (2 \times 8) = 50$$

$$c_6 = (540 - 380) \times 6 / (2 \times 8) = 60$$

$$c_7 = (540 - 380) \times 7 / (2 \times 8) = 70$$

$$c_8 = (540 - 380) \times 8 / (2 \times 8) = 80$$

4）计算结果：

① $R = 1336 \times (380 - 289) / [2 \times (1336 - 1089)] = 245$

② $r = 1089 \times (380 - 289) / [2 \times (1336 - 1089)] = 200$

③ $\alpha = 360° \times [1 - 1089 / (2 \times 3.1416 \times 200)] = 47.8854°$

④ $b = 2 \times 200 \times \sin(47.8854°/2) = 162$

⑤ $f = 2 \times 200 \times \sin[(360° - 47.8854°)/(2 \times 5)] = 207$

⑥ $W_0 = 245 + 0 = 245$

$W_1 = 245 + 10 = 255$

$W_2 = 245 + 20 = 265$

$W_3 = 245 + 30 = 275$

$W_4 = 245 + 40 = 285$

$W_5 = 245 + 50 = 295$

$W_6 = 245 + 60 = 305$

$W_7 = 245 + 70 = 315$

$W_8 = 245 + 80 = 325$

二十三、内多边棱柱形外圆渐缩螺旋叶片Ⅲ（图 10-64）展开

1. 展开计算模板（内四棱柱形）

见本章第二十一节"展开计算模板"。

2. 展开计算实例（图 10-65）

1）已知条件（参见图 10-60）：$G = 520$，$D = 376$，$e = 180$，$h = 600$，$m = 4$。

2）所求对象同本章第二十一节"展开计算模板"。

3）过渡条件（设 $n = 8$）：

① $d = 180 / \sin(180°/4) = 255$

② $S = \sqrt{(3.1416 \times 376)^2 + 600^2} = 1325$

③ $K = \sqrt{(3.1416 \times 255)^2 + 600^2} = 1000$

④ $P = 1325/8 = 166$

⑤ $c_0 = (520 - 376) \times 0 / (2 \times 8) = 0$

$c_1 = (520 - 376) \times 1 / (2 \times 8) = 9$

$c_2 = (520 - 376) \times 2 / (2 \times 8) = 18$

$c_3 = (520 - 376) \times 3 / (2 \times 8) = 27$

$c_4 = (520 - 376) \times 4 / (2 \times 8) = 36$

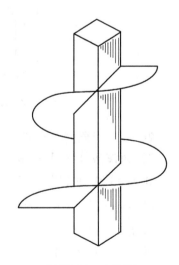

图 10-64　立体图

$c_5 = (520 - 376) \times 5 / (2 \times 8) = 45$

$c_6 = (520 - 376) \times 6 / (2 \times 8) = 54$

$c_7 = (520 - 376) \times 7 / (2 \times 8) = 63$

$c_8 = (520 - 376) \times 8 / (2 \times 8) = 72$

4) 计算结果:

① $R = 1325 \times (376 - 255) / [2 \times (1325 - 1000)] = 247$

② $r = 1000 \times (376 - 255) / [2 \times (1325 - 1000)] = 187$

③ $\alpha = 360° \times [1 - 1000 / (2 \times 3.1416 \times 187)] = 53.2294°$

④ $b = 2 \times 187 \times \sin(53.2294° / 2) = 167$

⑤ $f = 2 \times 187 \times \sin[(360 - 53.2294°) / (2 \times 4)] = 232$

⑥ $W_0 = 247 + 0 = 247$

  $W_1 = 247 + 9 = 256$

  $W_2 = 247 + 18 = 265$

  $W_3 = 247 + 27 = 274$

  $W_4 = 247 + 36 = 283$

  $W_5 = 247 + 45 = 292$

  $W_6 = 247 + 54 = 301$

  $W_7 = 247 + 63 = 310$

  $W_8 = 247 + 72 = 319$

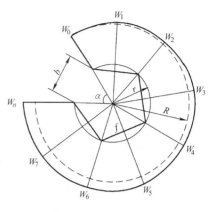

图 10-65 展开图

二十四、内多边棱柱形外圆渐缩螺旋叶片Ⅳ（图 10-66）展开

1. 展开计算模板（内三棱柱形）

见本章第二十一节"展开计算模板"。

2. 展开计算实例（图 10-67）

1) 已知条件（参见图 10-60）: $G = 500$, $D = 340$, $e = 190$, $h = 620$, $m = 3$。

2) 所求对象同本章第二十一节"展开计算模板"。

3) 过渡条件（设 $n = 8$）:

① $d = 190 / \sin(180° / 3) = 219$

② $S = \sqrt{(3.1416 \times 340)^2 + 620^2} = 1235$

③ $K = \sqrt{(3.1416 \times 219)^2 + 620^2} = 927$

④ $P = 1235 / 8 = 154$

⑤ $c_0 = (500 - 340) \times 0 / (2 \times 8) = 0$

  $c_1 = (500 - 340) \times 1 / (2 \times 8) = 10$

  $c_2 = (500 - 340) \times 2 / (2 \times 8) = 20$

  $c_3 = (500 - 340) \times 3 / (2 \times 8) = 30$

  $c_4 = (500 - 340) \times 4 / (2 \times 8) = 40$

  $c_5 = (500 - 340) \times 5 / (2 \times 8) = 50$

  $c_6 = (500 - 340) \times 6 / (2 \times 8) = 60$

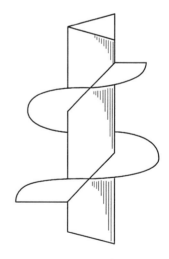

图 10-66 立体图

$$c_7 = (500 - 340) \times 7 / (2 \times 8) = 70$$

$$c_8 = (500 - 340) \times 8 / (2 \times 8) = 80$$

4）计算结果：

① $R = 1235 \times (340 - 219) / [2 \times (1235 - 927)] = 242$

② $r = 927 \times (340 - 219) / [2 \times (1235 - 927)] = 182$

③ $\alpha = 360° \times [1 - 927/(2 \times 3.1416 \times 182)] = 67.3909°$

④ $b = 2 \times 182 \times \sin(67.3909°/2) = 201$

⑤ $f = 2 \times 182 \times \sin[(360° - 67.3909°)/(2 \times 3)] = 273$

⑥ $W_0 = 242 + 0 = 242$

   $W_1 = 242 + 10 = 252$

   $W_2 = 242 + 20 = 262$

   $W_3 = 242 + 30 = 272$

   $W_4 = 242 + 40 = 282$

   $W_5 = 242 + 50 = 292$

   $W_6 = 242 + 60 = 302$

   $W_7 = 242 + 70 = 312$

   $W_8 = 242 + 80 = 322$

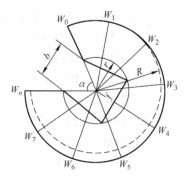

图 10-67   展开图

第十一章　各种相贯体

本章主要介绍各种相贯体的展开。相贯体，就是两件及其以上的几何体组合成一体的组合体。相贯体有两大类：一类是同类形状的几何体组合为一体的相贯体；另一类是异类形状的几何体组合为一体的相贯体。这两大类相贯体，相贯形态各异，大致有：正心、偏心、直交、平交、斜交等多种结构。

本章对相贯体的主体、相贯孔形也要作详细介绍。

一、圆管正心直交圆管（图 11-1）展开

1. 展开计算模板

1）已知条件（图 11-2）：

① 主管内半径 R；

② 主管外半径 R_1；

③ 支管外半径 r；

④ 支管壁厚 t；

⑤ 支管端口至主管中高 h。

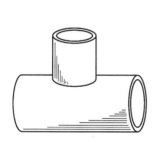

图 11-1　立体图

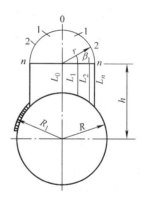

图 11-2　侧视图

2）所求对象：

① 支管展开各素线实长 $L_{0 \sim n}$；

② 主管相贯孔各纵半距 $P_{0 \sim n}$；

③ 主管相贯孔各横半弧 $M_{0 \sim n}$；

④ 支管展开各等份段中弧中 $S_{0 \sim n}$。

3）计算公式：

① $L_{0 \sim n} = h - \sqrt{R^2 - (r\sin\beta_{0 \sim n})^2}$

② $P_{0 \sim n} = r\cos\beta_{0 \sim n}$

③ $M_{0 \sim n} = \arcsin(r\sin\beta_{0 \sim n}/R_1) \times \pi R_1/180°$

④ $S_{0 \sim n} = \pi(2r - t)\beta_{0 \sim n}/360°$

式中　　n——支管 1/4 圆周等分份数;

　　$\beta_{0 \sim n}$——支管圆周各等分点同圆心连线与 0 位半径轴的夹角。

　　说明:

　　① 公式中所有 $0 \sim n$ 编号均一致。

　　② 支管展开弧长计算,钢板卷管以中径,成品管以外径。

2. 展开计算实例（图 11-3、图 11-4）

1）已知条件（图 11-2）:$R = 550$,$R_1 = 562$,$r = 410$,$t = 10$,$h = 880$。

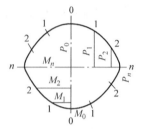

图 11-3　主管开孔图

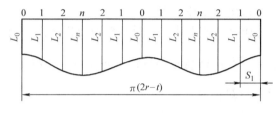

图 11-4　支管展开图

2）所求对象同本节"展开计算模板"。

3）计算结果（设 $n = 3$）:

① $L_0 = 880 - \sqrt{550^2 - (410 \times \sin 0°)^2} = 330$

　　$L_1 = 880 - \sqrt{550^2 - (410 \times \sin 30°)^2} = 370$

　　$L_2 = 880 - \sqrt{550^2 - (410 \times \sin 60°)^2} = 460$

　　$L_3 = 880 - \sqrt{550^2 - (410 \times \sin 90°)^2} = 513$

② $P_0 = 410 \times \cos 0° = 410$

　　$P_1 = 410 \times \cos 30° = 355$

　　$P_2 = 410 \times \cos 60° = 205$

　　$P_3 = 410 \times \cos 90° = 0$

③ $M_0 = \arcsin(410 \times \sin 0°/562) \times 3.1416 \times 562/180° = 0$

　　$M_1 = \arcsin(410 \times \sin 30°/562) \times 3.1416 \times 562/180° = 210$

　　$M_2 = \arcsin(410 \times \sin 60°/562) \times 3.1416 \times 562/180° = 384$

　　$M_3 = \arcsin(410 \times \sin 90°/562) \times 3.1416 \times 562/180° = 460$

④ $S_0 = 3.1416 \times (2 \times 410 - 10) \times 0°/360° = 0$

　　$S_1 = 3.1416 \times (2 \times 410 - 10) \times 30°/360° = 212$

　　$S_2 = 3.1416 \times (2 \times 410 - 10) \times 60°/360° = 424$

　　$S_3 = 3.1416 \times (2 \times 410 - 10) \times 90°/360° = 636$

二、圆管偏心直交圆管（图 11-5）展开

1. 展开计算模板

1）已知条件（图 11-6）:

① 主管内半径 R;

② 主管外半径 R_1;

③ 支管外半径 r；

④ 支管壁厚 t；

⑤ 主支两管偏心距 b；

⑥ 支管端口至主管中高 h。

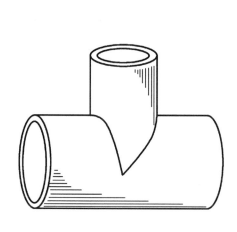

图 11-5　立体图

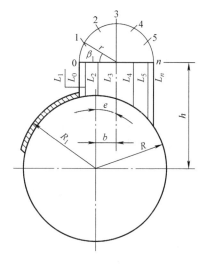

图 11-6　侧视图

2）所求对象：

① 主支管偏心弧长 e；

② 支管展开各素线实长 $L_{0 \sim n}$；

③ 主管相贯孔各纵半距 $P_{0 \sim n}$；

④ 主管相贯孔各横半弧 $M_{0 \sim n}$；

⑤ 支管展开各等分段中弧长 $S_{0 \sim n}$。

3）计算公式：

① $e = \pi R_1 \arcsin(b/R_1)/180°$

② $L_{0 \sim n} = h - \sqrt{R^2 - (b - r\cos\beta_{0 \sim n})^2}$

③ $P_{0 \sim n} = r\sin\beta_{0 \sim n}$

④ $M_{0 \sim n} = |\pi R_1 \arcsin[(b - r\cos\beta_{0 \sim n})/R_1]/180° - e|$

⑤ $S_{0 \sim n} = \pi(2r - t)\beta_{0 \sim n}/360°$

式中　n——支管半圆周等分份数；

　　　$\beta_{0 \sim n}$——支管圆周各等分点同圆心连线与 0 位半径轴的夹角。

说明：

① 公式中所有 $0 \sim n$ 编号均一致。

② 支管展开弧长计算，钢板卷管以中径，成品管以外径。

③ 圆管偏心直交圆管有两种情况：一种是支管两侧边在主管中的一侧；另一种是支管两侧边跨主管中的两侧。本节所介绍的属后一种，不过这两种情况均适用本模板。

2. 展开计算实例（图 11-7、图 11-8）

1）已知条件（图 11-6）：$R = 800$，$R_1 = 812$，$r = 408$，$t = 8$，$b = 240$，$h = 1200$。

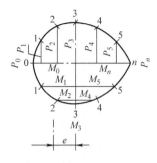

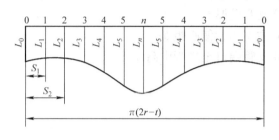

图 11-7　主管开孔图　　　　　　　图 11-8　支管展开图

2) 所求对象同本节"展开计算模板"。

3) 计算结果（设 $n = 4$）：

① $e = 3.1416 \times 812 \times \arcsin(240/812)/180° = 244$

② $L_0 = 1200 - \sqrt{800^2 - (240 - 408 \times \cos0°)^2} = 418$

　　$L_1 = 1200 - \sqrt{800^2 - (240 - 408 \times \cos45°)^2} = 401$

　　$L_2 = 1200 - \sqrt{800^2 - (240 - 408 \times \cos90°)^2} = 437$

　　$L_3 = 1200 - \sqrt{800^2 - (240 - 408 \times \cos135°)^2} = 599$

　　$L_4 = 1200 - \sqrt{800^2 - (240 - 408 \times \cos180°)^2} = 731$

③ $P_0 = 408 \times \sin0° = 0$

　　$P_1 = 408 \times \sin45° = 288$

　　$P_2 = 408 \times \sin90° = 408$

　　$P_3 = 408 \times \sin135° = 288$

　　$P_4 = 408 \times \sin180° = 0$

④ $M_0 = |3.1416 \times 812 \times \arcsin[(240 - 408 \times \cos0°)/812]/180° - 244| = 413$

　　$M_1 = |3.1416 \times 812 \times \arcsin[(240 - 408 \times \cos45°)/812]/180° - 244| = 292$

　　$M_2 = |3.1416 \times 812 \times \arcsin[(240 - 408 \times \cos90°)/812]/180° - 244| = 0$

　　$M_3 = |3.1416 \times 812 \times \arcsin[(240 - 408 \times \text{co}135°)/812]/180° - 244| = 332$

　　$M_4 = |3.1416 \times 812 \times \arcsin[(240 - 408 \times \cos180°)/812]/180° - 244| = 507$

⑤ $S_0 = 3.1416 \times (2 \times 408 - 8) \times 0°/360° = 0$

　　$S_1 = 3.1416 \times (2 \times 408 - 8) \times 45°/360° = 317$

　　$S_2 = 3.1416 \times (2 \times 408 - 8) \times 90°/360° = 635$

　　$S_3 = 3.1416 \times (2 \times 408 - 8) \times 135°/360° = 952$

　　$S_4 = 3.1416 \times (2 \times 408 - 8) \times 180°/360° = 1269$

三、圆管正心斜交圆管（图 11-9）展开

1. 展开计算模板（左倾斜）

1) 已知条件（图 11-10）：

① 主管内半径 R；

② 主管外半径 R_1；

③ 支管外半径 r；

④ 支管壁厚 t；

⑤ 支管与主管斜交夹角 Q；

⑥ 支管端口至主管中高 h。

图 11-9　立体图

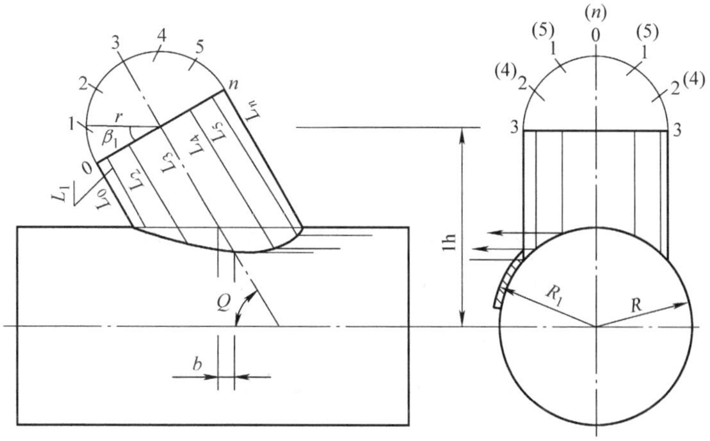

图 11-10　主、侧视图

2）所求对象：

① 相贯中与相交中水平距 b；

② 支管展开各素线实长 $L_{0 \sim n}$；

③ 主管相贯孔各纵半距 $P_{0 \sim n}$；

④ 主管相贯孔各横半弧 $M_{0 \sim n}$；

⑤ 支管展开各等分段中弧长 $S_{0 \sim n}$。

3）计算公式：

① $b = \left[R_1 - \sqrt{R_1^2 - (r\sin 90°)^2} \right] / \tan Q$

② $L_{0 \sim n} = \left[h - \sqrt{R^2 - (r\sin\beta_{0 \sim n})^2} \right] / \sin Q - r\cos\beta_{0 \sim n} / \tan Q$

③ $P_{0 \sim n} = |r\cos\beta_{0 \sim n} / \sin Q - \left[R_1 - \sqrt{R_1^2 - (r\sin\beta_{0 \sim n})^2} \right] / \tan Q + b|$

④ $M_{0 \sim n} = \pi R_1 \arcsin(r\sin\beta_{0 \sim n} / R_1) / 180°$

⑤ $S_{0 \sim n} = \pi(2r - t)\beta_{0 \sim n} / 360°$

式中　n——支管半圆周等分份数；

　　$\beta_{0 \sim n}$——支管圆周各等分点同圆心连线，与 0 位半径轴的夹角。

说明：

① 公式中所有 $0 \sim n$ 编号均一致。

② 主管开孔以主支相贯中为中轴基准线。

2. 展开计算实例（图 11-11、图 11-12）

1）已知条件（图 11-10）：$R = 550$，$R_1 = 560$，$r = 408$，$t = 8$，$Q = 55°$，$h = 1100$。

2）所求对象同本节"展开计算模板"。

3）计算结果（设 $n = 4$）：

① $b = \left[560 - \sqrt{560^2 - (408 \times \sin 90°)^2} \right] / \tan 55° = 124$

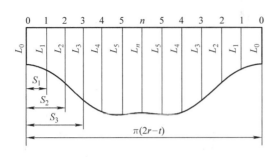

图 11-11　支管展开图

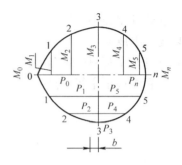

图 11-12　主管开孔图

② $L_0 = \left[1100 - \sqrt{550^2 - (408 \times \sin 0°)^2}\right]/\sin 55° - 408 \times \cos 0°/\tan 55° = 386$

$L_1 = \left[1100 - \sqrt{550^2 - (408 \times \sin 45°)^2}\right]/\sin 55° - 408 \times \cos 45°/\tan 55° = 569$

$L_2 = \left[1100 - \sqrt{550^2 - (408 \times \sin 90°)^2}\right]/\sin 55° - 408 \times \cos 90°/\tan 55° = 893$

$L_3 = \left[1100 - \sqrt{550^2 - (408 \times \sin 135°)^2}\right]/\sin 55° - 408 \times \cos 135°/\tan 55° = 973$

$L_4 = \left[1100 - \sqrt{550^2 - (408 \times \sin 180°)^2}\right]/\sin 55° - 408 \times \cos 180°/\tan 55° = 957$

③ $P_0 = |408 \times \cos 0°/\sin 55° - \left[560 - \sqrt{560^2 - (408 \times \sin 0°)^2}\right]/\tan 55° + 124| = 622$

$P_1 = |408 \times \cos 45°/\sin 55° - \left[560 - \sqrt{560^2 - (408 \times \sin 45°)^2}\right]/\tan 55° + 124| = 420$

$P_2 = |408 \times \cos 90°/\sin 55° - \left[560 - \sqrt{560^2 - (408 \times \sin 90°)^2}\right]/\tan 55° + 124| = 0$

$P_3 = |408 \times \cos 135°/\sin 55° - \left[560 - \sqrt{560^2 - (408 \times \sin 135°)^2}\right]/\tan 55° + 124| = 285$

$P_4 = |408 \times \cos 180°/\sin 55° - \left[560 - \sqrt{560^2 - (408 \times \sin 180°)^2}\right]/\tan 55° + 124| = 375$

④ $M_0 = 3.1416 \times 560 \times \arcsin(408 \times \sin 0°/560)/180° = 0$

$M_1 = 3.1416 \times 560 \times \arcsin(408 \times \sin 45°/560)/180° = 303$

$M_2 = 3.1416 \times 560 \times \arcsin(408 \times \sin 90°/560)/180° = 457$

$M_3 = 3.1416 \times 560 \times \arcsin(408 \times \sin 135°/560)/180° = 303$

$M_4 = 3.1416 \times 560 \times \arcsin(408 \times \sin 180°/560)/180° = 0$

⑤ $S_0 = 3.1416 \times (2 \times 408 - 8) \times 0°/360° = 0$

$S_1 = 3.1416 \times (2 \times 408 - 8) \times 45°/360° = 317$

$S_2 = 3.1416 \times (2 \times 408 - 8) \times 90°/360° = 635$

$S_3 = 3.1416 \times (2 \times 408 - 8) \times 135°/360° = 952$

$S_4 = 3.1416 \times (2 \times 408 - 8) \times 180°/360° = 1269$

四、圆管偏心斜交圆管（图 11-13）展开

1. 展开计算模板（右倾斜、前偏心）

1）已知条件（图 11-14）：

① 主管内半径 R；

② 主管外半径 R_1；

③ 支管外半径 r；

④ 支管壁厚 t；

⑤ 支管与主管斜交夹角 Q；

⑥ 支管与主管偏心距 b；

⑦ 支管端口中至主管中垂高 h。

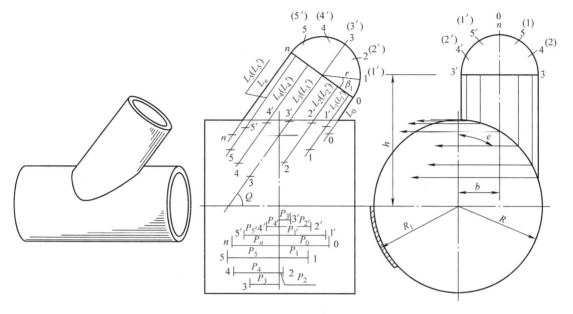

图 11-13　立体图　　　　　　　　　　图 11-14　主、侧视图

2）所求对象：

① 支管偏心弧长 e；

② 支管外侧展开各素线实长 $L_{0 \sim n}$；

③ 支管内侧展开各素线实长 $L_{1' \sim n'}$；

④ 主管相贯孔外侧各纵半距 $P_{0 \sim n}$；

⑤ 主管相贯孔内侧各纵半距 $P_{1' \sim n'}$；

⑥ 主管相贯孔外侧各横半弧 $M_{0 \sim n}$；

⑦ 主管相贯孔内侧各横半弧 $M_{1' \sim n'}$；

⑧ 支管展开各等分段中弧长 $S_{0 \sim n}$。

3）计算公式：

① $e = \pi R_1 \arcsin(b/R_1)/180°$

② $L_{0 \sim n} = \left[h - \sqrt{R^2 - (b + r\sin\beta_{0 \sim n})^2} \right]/\sin Q - r\cos\beta_{0 \sim n}/\tan Q$

③ $L_{1' \sim n'} = \left[h - \sqrt{R^2 - (b - r\sin\beta_{1' \sim n'})^2} \right]/\sin Q - r\cos\beta_{1' \sim n'}/\tan Q$

④ $P_{0 \sim n} = \left| r\cos\beta_{0 \sim n}/\sin Q - \left[\sqrt{R_1^2 - b^2} - \sqrt{R_1^2 - (b + r\sin\beta_{0 \sim n})^2} \right]/\tan Q \right|$

⑤ $P_{1' \sim n'} = \left| r\cos\beta_{1' \sim n'}/\sin Q - \left[\sqrt{R_1^2 - (b - r\sin\beta_{1' \sim n'})^2} - \sqrt{R_1^2 - b^2} \right]/\tan Q \right|$

⑥ $M_{0 \sim n} = \pi R_1 \arcsin\left[(b + r\sin\beta_{0 \sim n})/R_1 \right]/180° - e$

⑦ $M_{1' \sim n'} = \left| \pi R_1 \arcsin\left[(b - r\sin\beta_{1' \sim n'})/R_1 \right]/180° - e \right|$

⑧ $S_{0 \sim n} = \pi(2r - t)\beta_{0 \sim n}/360°$

式中　n 或 n'——支管半圆周等分份数；

$\beta_{0 \sim n}$ 或 $\beta_{1' \sim n}$——支管圆周各等分点同圆心连线与 0 位半径轴的夹角。

说明：

① 公式中 $0 \sim n$ 或 $1' \sim n'$ 的编号均一致。

② 主管开孔以主支相贯中为画线中轴基准线。

2. 展开计算实例（图 11-15、图 11-16）

1）已知条件（图 11-14）：$R = 1150$，$R_1 = 1160$，$r = 488$，$t = 8$，$Q = 55°$，$b = 520$，$h = 1750$。

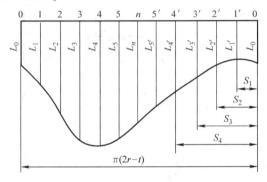

图 11-15　支管展开图

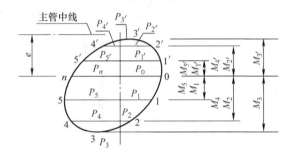

图 11-16　主管开孔图

2）所求对象同本节"展开计算模板"。

3）计算结果（设 $n = 5$）：

① $e = 3.1416 \times 1160 \times \arcsin(520/1160)/180° = 539$

② $L_0 = \left[1750 - \sqrt{1150^2 - (520 + 488 \times \sin0°)^2}\right]/\sin55° - 488 \times \cos0°/\tan55° = 542$

$L_1 = \left[1750 - \sqrt{1150^2 - (520 + 488 \times \sin36°)^2}\right]/\sin55° - 488 \times \cos36°/\tan55° = 860$

$L_2 = \left[1750 - \sqrt{1150^2 - (520 + 488 \times \sin72°)^2}\right]/\sin55° - 488 \times \cos72°/\tan55° = 1304$

$L_3 = \left[1750 - \sqrt{1150^2 - (520 + 488 \times \sin108°)^2}\right]/\sin55° - 488 \times \cos108°/\tan55° = 1516$

$L_4 = \left[1750 - \sqrt{1150^2 - (520 + 488 \times \sin144°)^2}\right]/\sin55° - 488 \times \cos144°/\tan55° = 1412$

$L_5 = \left[1750 - \sqrt{1150^2 - (520 + 488 \times \sin180°)^2}\right]/\sin55° - 488 \times \cos180°/\tan55° = 1226$

③ $L_{4'} = \left[1750 - \sqrt{1150^2 - (520 - 488 \times \sin144°)^2}\right]/\sin55° - 488 \times \cos144°/\tan55° = 1038$

$L_{3'} = \left[1750 - \sqrt{1150^2 - (520 - 488 \times \sin108°)^2}\right]/\sin55° - 488 \times \cos108°/\tan55° = 840$

$L_{2'} = \left[1750 - \sqrt{1150^2 - (520 - 488 \times \sin72°)^2}\right]/\sin55° - 488 \times \cos72°/\tan55° = 629$

$L_{1'} = \left[1750 - \sqrt{1150^2 - (520 - 488 \times \sin36°)^2}\right]/\sin55° - 488 \times \cos36°/\tan55° = 485$

④ $P_0 = \left|488 \times \cos0°/\sin55° - \left[\sqrt{1160^2 - 520^2} - \sqrt{1160^2 - (520 + 488 \times \sin0°)^2}\right]/\tan55°\right|$
$= 596$

$P_1 = \left|488 \times \cos36°/\sin55° - \left[\sqrt{1160^2 - 520^2} - \sqrt{1160^2 - (520 + 488 \times \sin36°)^2}\right]/\tan55°\right| = 339$

$P_2 = \left|488 \times \cos72°/\sin55° - \left[\sqrt{1160^2 - 520^2} - \sqrt{1160^2 - (520 + 488 \times \sin72°)^2}\right]/\tan55°\right| = 112$

$$P_3 = |488 \times \cos108°/\sin55° - [\sqrt{1160^2 - 520^2} - \sqrt{1160^2 - (520 + 488 \times \sin108°)^2}]/$$
$$\tan55°| = 480$$

$$P_4 = |488 \times \cos144°/\sin55° - [\sqrt{1160^2 - 520^2} - \sqrt{1160^2 - (520 + 488 \times \sin144°)^2}]/$$
$$\tan55°| = 624$$

$$P_5 = |488 \times \cos180°/\sin55° - [\sqrt{1160^2 - 520^2} - \sqrt{1160^2 - (520 + 488 \times \sin180°)^2}]/$$
$$\tan55°| = 596$$

⑤ $P_{4'} = |488 \times \cos144°/\sin55° - [\sqrt{1160^2 - (520 - 488 \times \sin144°)^2} - \sqrt{1160^2 - 520^2}]/$
$$\tan55°| = 412$$

$$P_{3'} = |488 \times \cos108°/\sin55° - [\sqrt{1160^2 - (520 - 488 \times \sin108°)^2} - \sqrt{1160^2 - 520^2}]/$$
$$\tan55°| = 99$$

$$P_{2'} = |488 \times \cos72°/\sin55° - [\sqrt{1160^2 - (520 - 488 \times \sin72°)^2} - \sqrt{1160^2 - 520^2}]/$$
$$\tan55°| = 269$$

$$P_{1'} = |488 \times \cos36°/\sin55° - [\sqrt{1160^2 - (520 - 488 \times \sin36°)^2} - \sqrt{1160^2 - 520^2}]/$$
$$\tan55°| = 552$$

⑥ $M_0 = 3.1416 \times 1160 \times \arcsin[(520 + 488 \times \sin0°)/1160]/180° - 539 = 0$

$M_1 = 3.1416 \times 1160 \times \arcsin[(520 + 488 \times \sin36°)/1160]/180° - 539 = 353$

$M_2 = 3.1416 \times 1160 \times \arcsin[(520 + 488 \times \sin72°)/1160]/180° - 539 = 636$

$M_3 = 3.1416 \times 1160 \times \arcsin[(520 + 488 \times \sin108°)/1160]/180° - 539 = 636$

$M_4 = 3.1416 \times 1160 \times \arcsin[(520 + 488 \times \sin144°)/1160]/180° - 539 = 353$

$M_5 = 3.1416 \times 1160 \times \arcsin[(520 + 488 \times \sin180°)/1160]/180° - 539 = 0$

⑦ $M_{4'} = |3.1416 \times 1160 \times \arcsin[(520 - 488 \times \sin144°)/1160]/180° - 539| = 304$

$M_{3'} = |3.1416 \times 1160 \times \arcsin[(520 - 488 \times \sin108°)/1160]/180° - 539| = 483$

$M_{2'} = |3.1416 \times 1160 \times \arcsin[(520 - 488 \times \sin72°)/1160]/180° - 539| = 483$

$M_{1'} = |3.1416 \times 1160 \times \arcsin[(520 - 488 \times \sin36°)/1160]/180° - 539| = 304$

⑧ $S_0 = 3.1416 \times (2 \times 488 - 8) \times 0°/360° = 0$

$S_1 = 3.1416 \times (2 \times 488 - 8) \times 36°/360° = 304$

$S_2 = 3.1416 \times (2 \times 488 - 8) \times 72°/360° = 608$

$S_3 = 3.1416 \times (2 \times 488 - 8) \times 108°/360° = 912$

$S_4 = 3.1416 \times (2 \times 488 - 8) \times 144°/360° = 1216$

$S_5 = 3.1416 \times (2 \times 488 - 8) \times 180°/360° = 1521$

五、方管正心直交圆管（图 11-17）展开

1. 展开计算模板

1）已知条件（图 11-18）：

① 方管横边内半长 a；

② 方管横边外半长 A；

③ 方管纵边内半长 b；

④ 方管纵边外半长 B；

⑤ 圆管内半径 r；

⑥ 圆管外半径 R；

⑦ 方管端口至圆管中高 h。

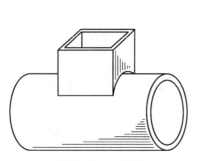

图 11-17　立体图

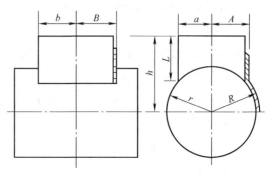

图 11-18　主、侧视图

2）所求对象：

① 方管展开接合边实长 L；

② 圆管相贯孔纵边实长 P；

③ 圆管相贯孔横边弧长 M。

3）计算公式：

① $L = h - \sqrt{r^2 - a^2}$

② $P = 2B$

③ $M = \pi R \arcsin(A/R)/90°$

说明：

① 方管展开以内尺寸计算。

② 圆管相贯孔以外尺寸计算。

2. 展开计算实例（图 11-19、图 11-20）

1）已知条件（图 11-18）：$a = 300$，$A = 308$，$b = 360$，$B = 368$，$r = 450$，$R = 460$，$h = 750$。

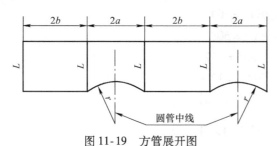

图 11-19　方管展开图

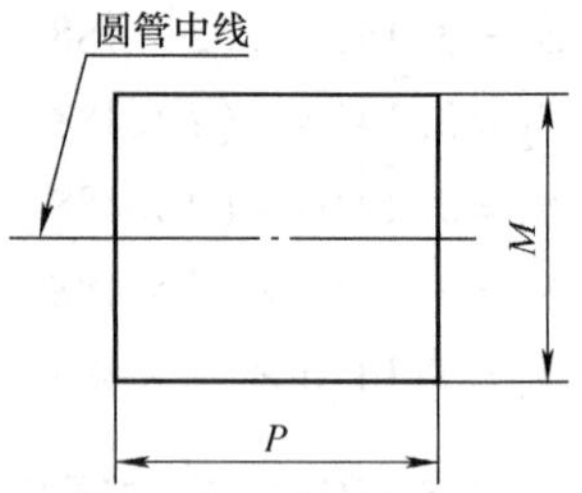

图 11-20　圆管开孔图

2）所求对象同本节"展开计算模板"。

3）计算结果：

① $L = 750 - \sqrt{450^2 - 300^2} = 415$

② $P = 2 \times 368 = 736$

③ $M = 3.1416 \times 460 \times \arcsin(308/460)/90° = 675$

六、方管偏心直交圆管（图 11-21）展开

1. 展开计算模板

1）已知条件（图 11-22）：

① 方管横边内半长 a；

② 方管横边外半长 A；

③ 方管纵边内半长 b；

④ 方管纵边外半长 B；

⑤ 圆管内半径 r；

⑥ 圆管外半径 R；

⑦ 方管与圆管偏心距 f；

⑧ 方管端口至圆管中高 h。

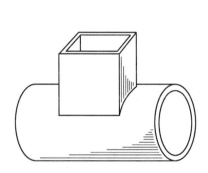

图 11-21　立体图

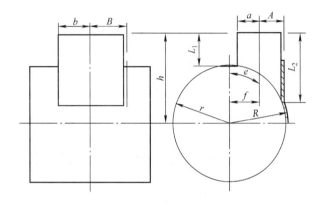

图 11-22　主、侧视图

2）所求对象：

① 方管偏心弧长 e；

② 方管内接合边实长 L_1；

③ 方管外接合边实长 L_2；

④ 圆管相贯孔纵边实长 P；

⑤ 圆管相贯孔横边弧长 M。

3）计算公式：

① $e = \pi R \arcsin(f/R)/180°$

② $L_1 = h - \sqrt{r^2 - (f-a)^2}$

③ $L_2 = h - \sqrt{r^2 - (f+a)^2}$

④ $P = 2B$

⑤ $M = \pi R \{ \arcsin[(f+A)/R] - \arcsin[(f-A)/R] \}/180°$

说明：

① 方管展开以内尺寸计算。

② 圆管相贯孔以外尺寸计算。

2. 展开计算实例（图 11-23、图 11-24）

1）已知条件（图 11-22）：$a = 240$，$A = 248$，$b = 300$，$B = 308$，$r = 600$，$R = 610$，$f =$

320，$h = 960$。

2）所求对象同本节"展开计算模板"。

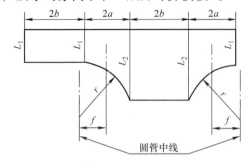

图 11-23　方管展开图

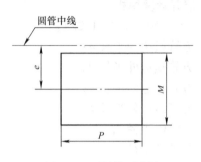

图 11-24　圆管开孔图

3）计算结果：

① $e = 3.1416 \times 610 \times \arcsin(320/610)/180° = 337$

② $L_1 = 960 - \sqrt{600^2 - (320 - 240)^2} = 365$

③ $L_2 = 960 - \sqrt{600^2 - (320 + 240)^2} = 745$

④ $P = 2 \times 308 = 616$

⑤ $M = 3.1416 \times 610 \times \{\arcsin[(320 + 248)/610] - \arcsin[(320 - 248)/610]\}/180° = 658$

七、方管正心斜交圆管（图 11-25）展开

1. 展开计算模板（右倾斜）

1）已知条件（图 11-26）：

① 方管横边内半长 a；

② 方管横边外半长 A；

③ 方管纵边内半长 b；

④ 方管纵边外半长 B；

⑤ 圆管内半径 r；

⑥ 圆管外半径 R；

⑦ 方管倾斜角 Q；

⑧ 方管端口中至圆管中垂高 h。

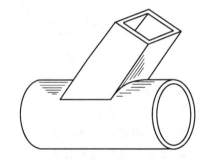

图 11-25　立体图

2）所求对象：

① 方圆管相贯中与相交中水平距 e；

② 方管左横面各素线实长 $L_{0 \sim n}$；

③ 方管右横面各素线实长 $K_{0 \sim n}$；

④ 圆管开孔纵边实长 P；

⑤ 圆管开孔横边各素线弧长 $M_{0 \sim n}$；

⑥ 圆管开孔横边各素线实长 $E_{0 \sim n}$。

3）过渡条件公式：

① 方管内横边各等分段长 $f_{0 \sim n} =$

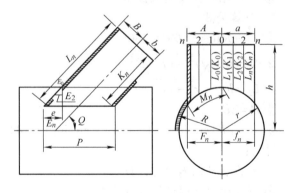

图 11-26　主、侧视图

$a \times 0 \sim n/n$

② 方管外横边各等分段长 $F_{0 \sim n} = A \times 0 \sim n/n$

4）计算公式：

① $e = (R - \sqrt{R^2 - A^2})/\tan Q$

② $L_{0 \sim n} = (h - \sqrt{r^2 - f_{0 \sim n}^2})/\sin Q + b/\tan Q$

③ $K_{0 \sim n} = (h - \sqrt{r^2 - f_{0 \sim n}^2})/\sin Q - b/\tan Q$

④ $P = 2B/\sin Q$

⑤ $M_{0 \sim n} = \pi R \arcsin(F_{0 \sim n}/R)/180°$

⑥ $E_{0 \sim n} = (R - \sqrt{R^2 - F_{0 \sim n}^2})/\tan Q$

式中　n——方管横面内、外边半长等分份数。

说明：

① 公式中 f、F、L、K、M、E 的 $0 \sim n$ 编号均一致。

② 方管展开以内口尺寸计算，圆管开孔以方管外口尺寸计算。

2. 展开计算实例（图 11-27、图 11-28）

1）已知条件（图 11-26）：$a = 720$，$A = 732$，$b = 510$，$B = 522$，$r = 950$，$R = 966$，$Q = 45°$，$h = 1900$。

2）所求对象同本节"展开计算模板"。

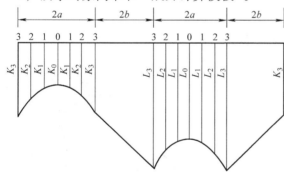

图 11-27　方管展开图

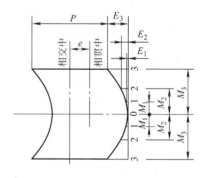

图 11-28　圆管开孔图

3）过渡条件（设 $n = 3$）：

① $f_0 = 720 \times 0/3 = 0$

　$f_1 = 720 \times 1/3 = 240$

　$f_2 = 720 \times 2/3 = 480$

　$f_3 = 720 \times 3/3 = 720$

② $F_0 = 732 \times 0/3 = 0$

　$F_1 = 732 \times 1/3 = 244$

　$F_2 = 732 \times 2/3 = 488$

　$F_3 = 732 \times 3/3 = 732$

4）计算结果：

① $e = (966 - \sqrt{966^2 - 732^2})/\tan 45° = 336$

② $L_0 = (1900 - \sqrt{950^2 - 0^2})/\sin 45° + 510/\tan 45° = 1854$

$$L_1 = (1900 - \sqrt{950^2 - 240^2})/\sin45° + 510/\tan45° = 1897$$

$$L_2 = (1900 - \sqrt{950^2 - 480^2})/\sin45° + 510/\tan45° = 2038$$

$$L_3 = (1900 - \sqrt{950^2 - 720^2})/\sin45° + 510/\tan45° = 2321$$

③ $K_0 = (1900 - \sqrt{950^2 - 0^2})/\sin45° - 510/\tan45° = 834$

　$K_1 = (1900 - \sqrt{950^2 - 240^2})/\sin45° - 510/\tan45° = 877$

　$K_2 = (1900 - \sqrt{950^2 - 480^2})/\sin45° - 510/\tan45° = 1018$

　$K_3 = (1900 - \sqrt{950^2 - 720^2})/\sin45° - 510/\tan45° = 1301$

④ $P = 2 \times 522/\sin45° = 1476$

⑤ $M_0 = 3.1416 \times 966 \times \arcsin(0/966)/180° = 0$

　$M_1 = 3.1416 \times 966 \times \arcsin(244/966)/180° = 247$

　$M_2 = 3.1416 \times 966 \times \arcsin(488/966)/180° = 512$

　$M_3 = 3.1416 \times 966 \times \arcsin(732/966)/180° = 831$

⑥ $E_0 = (966 - \sqrt{966^2 - 0^2})/\tan45° = 0$

　$E_1 = (966 - \sqrt{966^2 - 244^2})/\tan45° = 31$

　$E_2 = (966 - \sqrt{966^2 - 488^2})/\tan45° = 132$

　$E_3 = (966 - \sqrt{966^2 - 732^2})/\tan45° = 336$

八、方管偏心斜交圆管（图 11-29）展开

1. 展开计算模板

1）已知条件（图 11-30）：

① 方管横边内半长 a；

② 方管横边外半长 A；

③ 方管纵边内半长 b；

④ 方管纵边外半长 B；

⑤ 圆管内半径 r；

⑥ 圆管外半径 R；

⑦ 方管倾斜角 Q；

⑧ 方管偏心距 W；

⑨ 方管端口中至圆管中垂高 h。

图 11-29　立体图

2）所求对象：

① 方管偏心弧长 S；

② 方圆管相贯中与相交中弧长 e；

③ 方管左横面各素线实长 $L_{0 \sim n}$；

④ 方管右横面各素线实长 $K_{0 \sim n}$；

⑤ 圆管开孔纵边实长 P；

⑥ 圆管开孔横边各素线至圆管中线弧长 $M_{0 \sim n}$；

⑦ 圆管开孔横边各素线实长 $E_{0 \sim n}$。

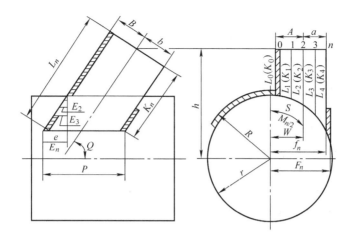

图 11-30 主、侧视图

3）过渡条件公式：

① 方管内横边各等分段至圆管中线距 $f_{0 \sim n} = W - a + 2a \times 0 \sim n/n$

② 方管外横边各等分段至圆管中线距 $F_{0 \sim n} = W - A + 2A \times 0 \sim n/n$

4）计算公式：

① $S = \pi R \arcsin(W/R)/180°$

② $e = \left[R - \sqrt{R^2 - (W+A)^2} \right]/\tan Q$

③ $L_{0 \sim n} = (h - \sqrt{r^2 - f_{0 \sim n}^2})/\sin Q + b/\tan Q$

④ $K_{0 \sim n} = (h - \sqrt{r^2 - f_{0 \sim n}^2})/\sin Q - b/\tan Q$

⑤ $P = 2B/\sin Q$

⑥ $M_{0 \sim n} = \pi R \arcsin(F_{0 \sim n}/R)/180°$

⑦ $E_{0 \sim n} = (R - \sqrt{R^2 - F_{0 \sim n}^2})/\tan Q$

式中　n——方管横面内、外边等分份数。

说明：

① 公式中 f、F、L、K、M、E 的 $0 \sim n$ 编号均一致。

② 方管展开以内口尺寸计算，圆管开孔以方管外口尺寸计算。

2. 展开计算实例（图 11-31、图 11-32）

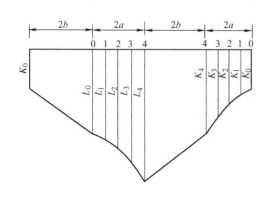

图 11-31 方管展开图

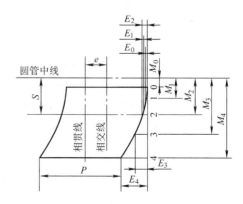

图 11-32 圆管开孔图

1）已知条件（图 11-30）：$a = 450$，$A = 458$，$b = 600$，$B = 608$，$r = 1150$，$R = 1162$，$Q = 60°$，$W = 610$，$h = 2100$。

2）所求对象同本节"展开计算模板"。

3）过渡条件（设 $n = 4$）：

① $f_0 = 610 - 450 + 2 \times 450 \times 0/4 = 160$

　$f_1 = 610 - 450 + 2 \times 450 \times 1/4 = 385$

　$f_2 = 610 - 450 + 2 \times 450 \times 2/4 = 610$

　$f_3 = 610 - 450 + 2 \times 450 \times 3/4 = 835$

　$f_4 = 610 - 450 + 2 \times 450 \times 4/4 = 1060$

② $F_0 = 610 - 458 + 2 \times 458 \times 0/4 = 152$

　$F_1 = 610 - 458 + 2 \times 458 \times 1/4 = 381$

　$F_2 = 610 - 458 + 2 \times 458 \times 2/4 = 610$

　$F_3 = 610 - 458 + 2 \times 458 \times 3/4 = 839$

　$F_4 = 610 - 458 + 2 \times 458 \times 4/4 = 1068$

4）计算结果：

① $S = 3.1416 \times 1162 \times \arcsin(610/1162)/180° = 642$

② $e = \left[1162 - \sqrt{1162^2 - (610 + 458)^2}\right]/\tan60° = 407$

③ $L_0 = (2100 - \sqrt{1150^2 - 160^2})/\sin60° + 600/\tan60° = 1456$

　$L_1 = (2100 - \sqrt{1150^2 - 385^2})/\sin60° + 600/\tan60° = 1520$

　$L_2 = (2100 - \sqrt{1150^2 - 610^2})/\sin60° + 600/\tan60° = 1646$

　$L_3 = (2100 - \sqrt{1150^2 - 835^2})/\sin60° + 600/\tan60° = 1858$

　$L_4 = (2100 - \sqrt{1150^2 - 1060^2})/\sin60° + 600/\tan60° = 2256$

④ $K_0 = (2100 - \sqrt{1150^2 - 160^2})/\sin60° - 600/\tan60° = 763$

　$K_1 = (2100 - \sqrt{1150^2 - 385^2})/\sin60° - 600/\tan60° = 827$

　$K_2 = (2100 - \sqrt{1150^2 - 610^2})/\sin60° - 600/\tan60° = 953$

　$K_3 = (2100 - \sqrt{1150^2 - 835^2})/\sin60° - 600/\tan60° = 1165$

　$K_4 = (2100 - \sqrt{1150^2 - 1060^2})/\sin60° - 600/\tan60° = 1563$

⑤ $P = 2 \times 608/\sin60° = 1404$

⑥ $M_0 = 3.1416 \times 1162 \times \arcsin(152/1162)/180° = 152$

　$M_1 = 3.1416 \times 1162 \times \arcsin(381/1162)/180° = 388$

　$M_2 = 3.1416 \times 1162 \times \arcsin(610/1162)/180° = 642$

　$M_3 = 3.1416 \times 1162 \times \arcsin(839/1162)/180° = 937$

　$M_4 = 3.1416 \times 1162 \times \arcsin(1068/1162)/180° = 1355$

⑦ $E_0 = (1162 - \sqrt{1162^2 - 152^2})/\tan60° = 6$

　$E_1 = (1162 - \sqrt{1162^2 - 381^2})/\tan60° = 37$

　$E_2 = (1162 - \sqrt{1162^2 - 610^2})/\tan60° = 100$

$$E_3 = (1162 - \sqrt{1162^2 - 839^2})/\tan 60° = 207$$

$$E_4 = (1162 - \sqrt{1162^2 - 1068^2})/\tan 60° = 407$$

九、圆锥管正心直交圆管（图 11-33）展开

1. 展开计算模板

1）已知条件（图 11-34）：

① 圆管内半径 R；

② 圆管外半径 R_1；

③ 圆锥管小口外半径 r；

④ 圆锥管壁厚 t；

⑤ 锥顶半角 α；

⑥ 圆锥管端口至圆管中高 h。

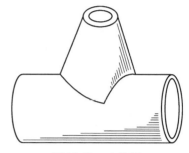

图 11-33　立体图

2）所求对象：

① 锥顶至相贯口展开各素线实长 $K_{0\sim n}$；

② 锥顶至圆锥管小口展开半径 e；

③ 圆锥管展开各素线实长 $L_{0\sim n}$；

④ 圆管相贯孔各纵半距 $P_{0\sim n}$；

⑤ 圆管相贯孔各横半弧 $M_{0\sim n}$；

⑥ 圆锥大口各等分段中弧长 $S_{0\sim n}$。

3）过渡条件公式：

① 锥顶至圆管中垂高 $H = h + r/\tan\alpha$

② 圆锥管相贯口半弦长 $b = R\sin[\arcsin(H\sin\alpha/R) - \alpha]$

③ 锥顶各素线与中轴线夹角 $J_{0\sim n} = \arctan[b\sin\beta_{0\sim n}/(H - \sqrt{R^2 - b^2})]$

④ 各素线交点同圆心连线与中轴线夹角 $Q_{0\sim n} = \arcsin(H\sin J_{0\sim n}/R) - J_{0\sim n}$

⑤ 锥顶至各素线相交点垂高 $g_{0\sim n} = H - R\cos Q_{0\sim n}$

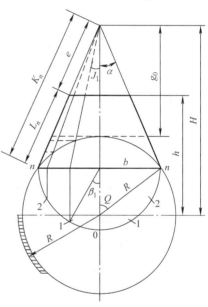

图 11-34　侧视图

4）计算公式：

① $K_{0\sim n} = g_{0\sim n}/\cos\alpha$

② $e = r/\sin\alpha$

③ $L_{0\sim n} = K_{0\sim n} - e$

④ $P_{0\sim n} = g_{0\sim n}\tan J_{n\sim 0}$

⑤ $M_{0\sim n} = \pi R_1 Q_{0\sim n}/180°$

⑥ $S_{0\sim n} = \pi(2b - t)\beta_{0\sim n}/360°$

式中　n——圆锥管相贯口 1/4 圆周等分份数；

$\beta_{0\sim n}$——圆锥管相贯口圆周各等分点同圆心连线，与 0 位半径轴的夹角。

说明：

① 公式中所有 $0\sim n$ 编号均一致。

② 要特别注意计算公式中第④项，$P_{0 \sim n}$ 所对应的计算式 J 的编号 $0 \sim n$ 要颠倒，是 $n \sim 0$，并对应取值计算。

2. 展开计算实例（图 11-35、图 11-36）

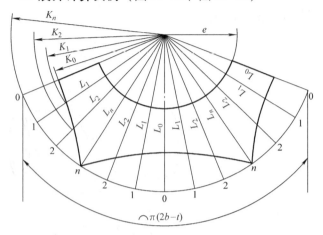

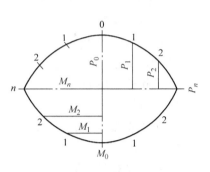

图 11-35　圆锥管展开图　　　　　　图 11-36　圆管开孔图

1) 已知条件（图 11-34）：$R = 900$，$R_1 = 912$，$r = 350$，$t = 8$，$\alpha = 23°$，$h = 1400$。

2) 所求对象同本节"展开计算模板"。

3) 过渡条件（设 $n = 4$）：

① $H = 1400 + 350/\tan23° = 2225$

② $b = 900 \times \sin\left[\arcsin(2225 \times \sin23°/900) - 23°\right] = 709$

③ $J_0 = \arctan\left[709 \times \sin0°/(2225 - \sqrt{900^2 - 709^2})\right] = 0$

$\quad J_1 = \arctan\left[709 \times \sin22.5°/(2225 - \sqrt{900^2 - 709^2})\right] = 9.2265°$

$\quad J_2 = \arctan\left[709 \times \sin45°/(2225 - \sqrt{900^2 - 709^2})\right] = 16.7071°$

$\quad J_3 = \arctan\left[709 \times \sin67.5°/(2225 - \sqrt{900^2 - 709^2})\right] = 21.4133°$

$\quad J_4 = \arctan\left[709 \times \sin90°/(2225 - \sqrt{900^2 - 709^2})\right] = 23°$

④ $Q_0 = \arcsin(2225 \times \sin0°/900) - 0° = 0$

$\quad Q_1 = \arcsin(2225 \times \sin9.2265°/900) - 9.2265° = 14.1212°$

$\quad Q_2 = \arcsin(2225 \times \sin16.7071°/900) - 16.7071° = 28.574°$

$\quad Q_3 = \arcsin(2225 \times \sin21.4133°/900) - 21.4133° = 43.0631°$

$\quad Q_4 = \arcsin(2225 \times \sin23°/900) - 23° = 51.9673°$

⑤ $g_0 = 2225 - 900 \times \cos0° = 1325$

$\quad g_1 = 2225 - 900 \times \cos14.1212° = 1352$

$\quad g_2 = 2225 - 900 \times \cos28.574° = 1434$

$\quad g_3 = 2225 - 900 \times \cos43.0631° = 1567$

$\quad g_4 = 2225 - 900 \times \cos51.9673° = 1670$

4) 计算结果：

① $K_0 = 1325/\cos23° = 1439$

$\quad K_1 = 1352/\cos23° = 1468$

$K_2 = 1434/\cos23° = 1558$

$K_3 = 1567/\cos23° = 1702$

$K_4 = 1670/\cos23° = 1814$

② $e = 350/\sin23° = 896$

③ $L_0 = 1439 - 896 = 543$

$L_1 = 1468 - 896 = 572$

$L_2 = 1558 - 896 = 662$

$L_3 = 1702 - 896 = 806$

$L_4 = 1814 - 896 = 918$

④ $P_0 = 1325 \times \tan23° = 562$

$P_1 = 1352 \times \tan21.4133° = 530$

$P_2 = 1434 \times \tan16.7071° = 430$

$P_3 = 1567 \times \tan9.2265° = 255$

$P_4 = 1670 \times \tan0° = 0$

⑤ $M_0 = 3.1416 \times 912 \times 0°/180° = 0$

$M_1 = 3.1416 \times 912 \times 14.1212°/180° = 225$

$M_2 = 3.1416 \times 912 \times 28.574°/180° = 455$

$M_3 = 3.1416 \times 912 \times 43.0631°/180° = 685$

$M_4 = 3.1416 \times 912 \times 51.9673°/180° = 827$

⑥ $S_0 = 3.1416 \times (2 \times 709 - 8) \times 0°/360° = 0$

$S_1 = 3.1416 \times (2 \times 709 - 8) \times 22.5°/360° = 277$

$S_2 = 3.1416 \times (2 \times 709 - 8) \times 45°/360° = 554$

$S_3 = 3.1416 \times (2 \times 709 - 8) \times 67.5°/360° = 830$

$S_4 = 3.1416 \times (2 \times 709 - 8) \times 90°/360° = 1107$

十、圆锥管正心斜交圆管（图 11-37）展开

1. 展开计算模板（右倾斜）

1）已知条件（图 11-38）：

① 圆管内半径 R；

② 圆管外半径 R_1；

③ 圆锥管端口外半径 r；

④ 圆锥管壁厚 t；

⑤ 锥顶半角 α；

⑥ 圆锥管倾斜角 A；

⑦ 圆锥管端口中至圆管中高 h。

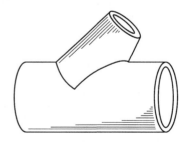

图 11-37　立体图

2）所求对象：

① 主视图相贯中与相交中水平距 c；

② 锥顶至相贯口展开各素线实长 $K_{0 \sim n}$；

③ 锥顶至锥管端口展开半径 e；

④ 圆锥管展开各素线实长 $L_{0 \sim n}$；

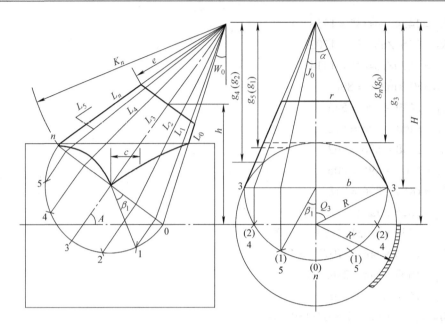

图 11-38 主、侧视图

⑤ 圆管相贯孔各纵半距 $P_{0 \sim n}$；

⑥ 圆管相贯孔各横半弧 $M_{0 \sim n}$；

⑦ 圆锥大口各等分段中弧长 $S_{0 \sim n}$。

3）过渡条件公式：

① 锥顶至圆管中垂高 $H = h + r/\tan\alpha$

② 圆锥管相贯口半弦长 $b = R\sin[\arcsin(H\sin\alpha/R) - \alpha]$

③ 锥顶至外侧相贯点垂高 $G = H - \sqrt{R^2 - b^2}$

④ 锥顶各素线与中轴线夹角 $J_{0 \sim n} = \arctan(b\sin\beta_{0 \sim n}/G)$

⑤ 各素线与圆周交点同圆心连线与中轴线夹角 $Q_{0 \sim n} = \arcsin(H\sin J_{0 \sim n}/R) - J_{0 \sim n}$

⑥ 锥顶至各素线与圆周相交点垂高 $g_{0 \sim n} = H - R\cos Q_{0 \sim n}$

⑦ 各素线与圆周交点至中轴半弦长 $b_{0 \sim n} = R\sin Q_{0 \sim n}$

⑧ 锥管各素线与锥顶垂线夹角 $W_{0 \sim n} = 90° - A - \arctan[b\cos\beta_{0 \sim n}/(G/\sin A)]$

4）计算公式：

① $c = (G + R_1 - H)/\tan A$

② $K_{0 \sim n} = \sqrt{(g_{0 \sim n}/\cos W_{0 \sim n})^2 + b_{0 \sim n}^2}$

③ $e = \sqrt{[(H-h)/\cos(90° - A)]^2 + r^2}$

④ $L_{0 \sim n} = K_{0 \sim n} - e$

⑤ $P_{0 \sim n} = |G/\tan A - g_{0 \sim n}\tan W_{0 \sim n}|$

⑥ $M_{0 \sim n} = \pi R_1 Q_{0 \sim n}/180°$

⑦ $S_{0 \sim n} = \pi(2b - t)\beta_{0 \sim n}/360°$

式中　n——圆锥管相贯口 $2b$ 弦半圆周等分份数；

　　$\beta_{0 \sim n}$——圆锥管相贯口圆周各等分点分别同圆心连线与 0 位半位半径轴的夹角。

2. 展开计算实例（图 11-39、图 11-40）

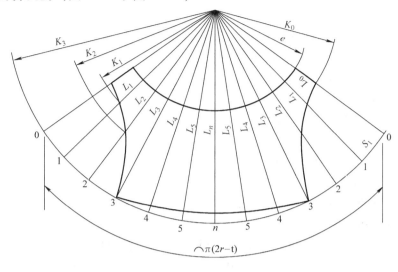

图 11-39　圆锥管展开图

1）已知条件（图 11-38）：$R = 720$，$R_1 = 732$，$r = 300$，$t = 8$，$\alpha = 25°$，$A = 57°$，$h = 1050$。

2）所求对象同本节"展开计算模板"。

3）过渡条件（设 $n = 6$）：

① $H = 1050 + 300/\tan 25° = 1693.4$

② $b = 720 \times \sin[\arcsin(1693.4 \times \sin 25°/720) - 25°] = 615$

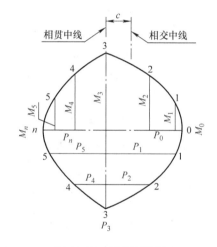

图 11-40　圆管开孔图

③ $G = 1693.4 - \sqrt{720^2 - 615^2} = 1319$

④ $J_0 = \arctan(615 \times \sin 0°/1319) = 0°$

　$J_1 = \arctan(615 \times \sin 30°/1319) = 13.1243°$

　$J_2 = \arctan(615 \times \sin 60°/1319) = 21.9905°$

　$J_3 = \arctan(615 \times \sin 90°/1319) = 25°$

　$J_4 = \arctan(615 \times \sin 120°/1319) = 21.9905°$

　$J_5 = \arctan(615 \times \sin 150°/1319) = 13.1243°$

　$J_6 = \arctan(615 \times \sin 180°/1319) = 0°$

⑤ $Q_0 = \arcsin(1693.4 \times \sin 0°/720) - 0° = 0°$

　$Q_1 = \arcsin(1693.4 \times \sin 13.1243°/720) - 13.1243° = 19.1536°$

　$Q_2 = \arcsin(1693.4 \times \sin 21.9905°/720) - 21.9905° = 39.7326°$

　$Q_3 = \arcsin(1693.4 \times \sin 25°/720) - 25° = 58.6925°$

　$Q_4 = \arcsin(1693.4 \times \sin 21.9905°/720) - 21.9905° = 39.7326°$

　$Q_5 = \arcsin(1693.4 \times \sin 13.1243°/720) - 13.1243° = 19.1536°$

　$Q_6 = \arcsin(1693.4 \times \sin 0°/720) - 0° = 0°$

⑥ $g_0 = 1693.4 - 720 \times \cos 0° = 973$

　$g_1 = 1693.4 - 720 \times \cos 19.1536° = 1013$

$$g_2 = 1693.4 - 720 \times \cos39.7326° = 1140$$

$$g_3 = 1693.4 - 720 \times \cos58.6925° = 1319$$

$$g_4 = 1693.4 - 720 \times \cos39.7326° = 1140$$

$$g_5 = 1693.4 - 720 \times \cos19.1536° = 1013$$

$$g_6 = 1693.4 - 720 \times \cos0° = 973$$

⑦ $b_0 = 720 \times \sin0° = 0$

$$b_1 = 720 \times \sin19.1536° = 236$$

$$b_2 = 720 \times \sin39.7326° = 460$$

$$b_3 = 720 \times \sin58.6925° = 615$$

$$b_4 = 720 \times \sin39.7326° = 460$$

$$b_5 = 720 \times \sin19.1536° = 236$$

$$b_6 = 720 \times \sin0° = 0$$

⑧ $W_0 = 90° - 57° - \arctan[615 \times \cos0° / (1319/\sin57°)] = 11.6406°$

$$W_1 = 90° - 57° - \arctan[615 \times \cos30° / (1319/\sin57°)] = 14.2896°$$

$$W_2 = 90° - 57° - \arctan[615 \times \cos60° / (1319/\sin57°)] = 21.936°$$

$$W_3 = 90° - 57° - \arctan[615 \times \cos90° / (1319/\sin57°)] = 33°$$

$$W_4 = 90° - 57° - \arctan[615 \times \cos120° / (1319/\sin57°)] = 44.064°$$

$$W_5 = 90° - 57° - \arctan[615 \times \cos150° / (1319/\sin57°)] = 51.7104°$$

$$W_6 = 90° - 57° - \arctan[615 \times \cos180° / (1319/\sin57°)] = 54.3594°$$

4）计算结果：

① $c = (1319 + 732 - 1693.4) / \tan57° = 232$

② $K_0 = \sqrt{(973/\cos11.6406°)^2 + 0^2} = 994$

$$K_1 = \sqrt{(1013/\cos14.2896°)^2 + 236^2} = 1072$$

$$K_2 = \sqrt{(1140/\cos21.936°)^2 + 460^2} = 1312$$

$$K_3 = \sqrt{(1319/\cos33°)^2 + 615^2} = 1689$$

$$K_4 = \sqrt{(1140/\cos44.064°)^2 + 460^2} = 1651$$

$$K_5 = \sqrt{(1013/\cos51.7104°)^2 + 236^2} = 1652$$

$$K_6 = \sqrt{(973/\cos54.3594°)^2 + 0^2} = 1670$$

③ $e = \sqrt{[(1693.4 - 1050) / \cos(90° - 57°)]^2 + 300^2} = 824$

④ $L_0 = 994 - 824 = 170$

$$L_1 = 1072 - 824 = 248$$

$$L_2 = 1312 - 824 = 488$$

$$L_3 = 1689 - 824 = 865$$

$$L_4 = 1651 - 824 = 827$$

$$L_5 = 1652 - 824 = 828$$

$$L_6 = 1670 - 824 = 846$$

⑤ $P_0 = |1319/\tan57° - 973 \times \tan11.6406°| = 656$

$$P_1 = |1319/\tan57° - 1013 \times \tan14.2896°| = 599$$

$P_2 = |1319/\tan57° - 1140 \times \tan21.936°| = 398$

$P_3 = |1319/\tan57° - 1319 \times \tan33°| = 0$

$P_4 = |1319/\tan57° - 1140 \times \tan44.064°| = 246$

$P_5 = |1319/\tan57° - 1013 \times \tan51.7104°| = 427$

$P_6 = |1319/\tan57° - 973 \times \tan54.3594°| = 501$

⑥ $M_0 = 3.1416 \times 732 \times 0°/180° = 0$

$M_1 = 3.1416 \times 732 \times 19.1536°/180° = 245$

$M_2 = 3.1416 \times 732 \times 39.7326°/180° = 508$

$M_3 = 3.1416 \times 732 \times 58.6925°/180° = 750$

$M_4 = 3.1416 \times 732 \times 39.7326°/180° = 508$

$M_5 = 3.1416 \times 732 \times 19.1536°/180° = 245$

$M_6 = 3.1416 \times 732 \times 0°/180° = 0$

⑦ $S_0 = 3.1416 \times (2 \times 615 - 8) \times 0°/360° = 0$

$S_1 = 3.1416 \times (2 \times 615 - 8) \times 30°/360° = 320$

$S_2 = 3.1416 \times (2 \times 615 - 8) \times 60°/360° = 640$

$S_3 = 3.1416 \times (2 \times 615 - 8) \times 90°/360° = 960$

$S_4 = 3.1416 \times (2 \times 615 - 8) \times 120°/360° = 1280$

$S_5 = 3.1416 \times (2 \times 615 - 8) \times 150°/360° = 1600$

$S_6 = 3.1416 \times (2 \times 615 - 8) \times 180°/360° = 1920$

十一、方锥管面向正交圆管（图 11-41）展开

1. 展开计算模板

1）已知条件（图 11-42）：

① 方锥管端口外边长 a；

② 方锥管相贯口半弦长 b；

③ 方锥管端口至圆管中高 H；

④ 圆管内半径 R；

⑤ 方锥管壁厚 t；

⑥ 圆管壁厚 T。

2）所求对象：

① 方锥管梯形面实高 K；

② 方锥管接合边实长 L；

③ 相贯弦各等份点垂线与圆弧相交实高 $h_{0 \sim n}$；

④ 圆管相贯孔各纵半距 $e_{0 \sim n}$；

⑤ 圆管相贯孔各横半弧 $f_{0 \sim n}$。

3）过渡条件公式：

① 最低相贯点至圆管中垂高 $g = \sqrt{R^2 - b^2}$

② 方锥管相贯口底角 $B = \arctan[(H-g)/(b-0.5a)]$

③ 相贯弦各等份点垂线与圆弧相交垂高 $G_{0 \sim n} = \sqrt{R^2 - (b \times 0 \sim n/n)^2} - g$

图 11-41 立体图

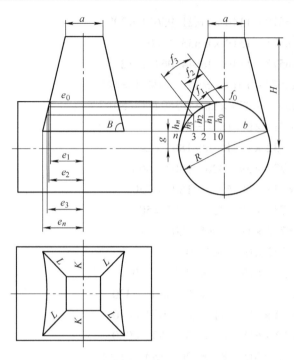

图 11-42　主、俯、侧三视图

④ 圆弧相交各点同圆心连线与纵向半径轴的夹角 $Q_{0 \sim n} = \arccos\left[\left(G_{0 \sim n} + g\right)/R\right]$

4）计算公式：

① $K = \left(H - g\right)/\sin B$

② $L = \sqrt{K^2 + \left(b - 0.5a\right)^2}$

③ $h_{0 \sim n} = G_{0 \sim n}/\sin B$

④ $e_{0 \sim n} = b - G_{0 \sim n}/\tan B$

⑤ $f_{0 \sim n} = \pi\left(2R + T\right)\left(Q_{0 \sim n}/360°\right)$

式中　n——方锥管相贯口半弦长等分份数。

说明：圆管相贯孔各横半弧 $f_{0 \sim n}$ 的计算，圆管在卷制之前平板画孔线，按圆管中径计算弧长；圆管在卷制之后成形画孔线，按圆管外径计算弧长，本节介绍的属于前一种。

2. 展开计算实例（图 11-43、图 11-44）

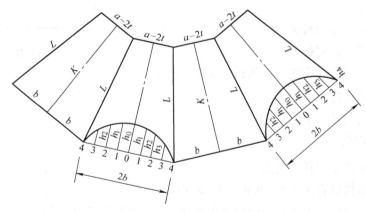

图 11-43　方锥管展开图

1）已知条件（图 11-42）：$a = 720$，$b = 850$，$H = 2200$，$R = 900$，$t = 10$，$T = 12$。

2）所求对象同本节"展开计算模板"。

3）过渡条件（设 $n = 4$）：

① $g = \sqrt{900^2 - 850^2} = 295.8$

② $B = \arctan\left[(2200 - 295.8)/(850 - 0.5 \times 720)\right]$
$= 75.5694°$

③ $G_0 = \sqrt{900^2 - (850 \times 0/4)^2} - 295.8 = 604.2$

$G_1 = \sqrt{900^2 - (850 \times 1/4)^2} - 295.8 = 578.7$

$G_2 = \sqrt{900^2 - (850 \times 2/4)^2} - 295.8 = 497.5$

$G_3 = \sqrt{900^2 - (850 \times 3/4)^2} - 295.8 = 339.5$

$G_4 = \sqrt{900^2 - (850 \times 4/4)^2} - 295.8 = 0$

④ $Q_0 = \arccos\left[(604.2 + 295.8)/900\right] = 0°$

$Q_1 = \arccos\left[(578.7 + 295.8)/900\right] = 13.6715°$

$Q_2 = \arccos\left[(497.5 + 295.8)/900\right] = 28.1762°$

$Q_3 = \arccos\left[(339.5 + 295.8)/900\right] = 45.0986°$

$Q_4 = \arccos\left[(0 + 295.8)/900\right] = 70.8121°$

4）计算结果：

① $K = (2200 - 295.8)/\sin 75.5694° = 1966$

② $L = \sqrt{1966^2 + (850 - 0.5 \times 720)^2} = 2026$

③ $h_0 = 604.2/\sin 75.5694° = 624$

$h_1 = 578.7/\sin 75.5694° = 598$

$h_2 = 497.5/\sin 75.5694° = 514$

$h_3 = 339.5/\sin 75.5694° = 351$

$h_4 = 0/\sin 75.5694° = 0$

④ $e_0 = 850 - 604.2/\tan 75.5694° = 695$

$e_1 = 850 - 578.7/\tan 75.5694° = 701$

$e_2 = 850 - 497.5/\tan 75.5694° = 722$

$e_3 = 850 - 339.5/\tan 75.5694° = 763$

$e_4 = 850 - 0/\tan 75.5694° = 850$

⑤ $f_0 = 3.1416 \times (2 \times 900 + 12) \times 0°/360° = 0$

$f_1 = 3.1416 \times (2 \times 900 + 12) \times 13.6715°/360° = 216$

$f_2 = 3.1416 \times (2 \times 900 + 12) \times 28.1762°/360° = 446$

$f_3 = 3.1416 \times (2 \times 900 + 12) \times 45.0986°/360° = 713$

$f_4 = 3.1416 \times (2 \times 900 + 12) \times 70.8121°/360° = 1120$

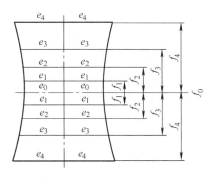

图 11-44　圆管开孔图

十二、方锥管角向正交圆管（图 11-45）展开

1. 展开计算模板

1）已知条件（图 11-46）：

① 方锥管端口外边长 a；

② 相贯口最低两点间半弦长 b；

③ 方锥管端口至圆管中高 h；

④ 圆管内半径 R；

⑤ 方锥管壁厚 t；

⑥ 圆管壁厚 T。

2) 所求对象：

① 锥顶至方锥管端口展开半径 r；

② 锥顶至相贯口各点素线实长 $L_{0 \sim n}$；

③ 圆管相贯孔各纵半距 $e_{0 \sim n}$；

④ 圆管相贯孔各横半弧 $f_{0 \sim n}$。

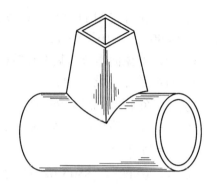

图 11-45　立体图

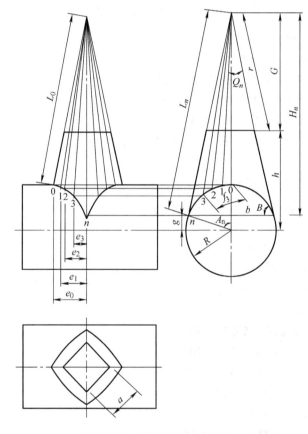

图 11-46　主、俯、侧三视图

3) 过渡条件公式：

① 最低相贯点至圆管中垂高 $g = \sqrt{R^2 - b^2}$

② 锥顶至方锥管端口垂高 $G = 0.7071a\ (h - g)/(b - 0.7071a)$

③ 方锥管最低相贯弦与侧棱边夹角 $B = \arctan\left[\ G/\ (0.7071a)\ \right]$

④ 方锥管端口各等份点同锥顶连线与中轴的夹角

$$Q_{0 \sim n} = \arctan\left[\ (0.7071a \times 0 \sim n/n)/G\ \right]$$

⑤ 圆管各相贯点同圆心连线与 0 位半径轴的夹角

$$A_{0 \sim n} = \arcsin\left[(h + G)\sin Q_{0 \sim n}/R\right] - Q_{0 \sim n}$$

⑥ 锥顶至相贯口各点垂高

$$H_0 = h + G - R$$
$$H_{1 \sim n} = R\sin A_{1 \sim n}/\tan Q_{1 \sim n}$$

4）计算公式：

① $r = G/\sin B$

② $L_{0 \sim n} = H_{0 \sim n}/\sin B$

③ $e_{0 \sim n} = H_{0 \sim n}\tan Q_{n \sim 0}$

④ $f_{0 \sim n} = \pi(R + T)(A_{0 \sim n}/180°)$

式中　n——方锥管端口边长等分份数。

说明：圆管相贯孔各横半弧 $f_{0 \sim n}$ 的计算，圆管在卷制之前平板画孔线，按圆管中径计算弧长；圆管在卷制之后成形画孔线，按圆管外径计算弧长，本节介绍的属于后一种。

2. 展开计算实例（图 11-47、图 11-48）

1）已知条件（图 11-46）：$a = 612$，$b = 700$，$h = 1600$，$R = 780$，$t = 6$，$T = 8$。

2）所求对象同本节"展开计算模板"。

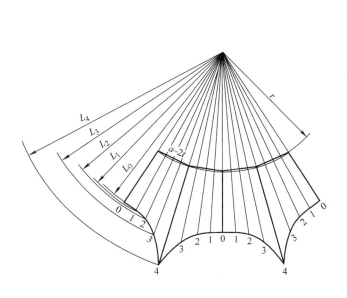

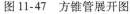

图 11-47　方锥管展开图

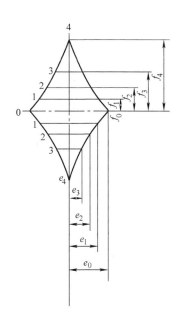

图 11-48　圆管开孔图

3）过渡条件（设 $n = 4$）：

① $g = \sqrt{780^2 - 700^2} = 344$

② $G = 0.7071 \times 612 \times (1600 - 344)/(700 - 0.7071 \times 612) = 2033.7$

③ $B = \arctan\left[2033.7/(0.7071 \times 612)\right] = 77.9874°$

④ $Q_0 = \arctan\left[(0.7071 \times 612 \times 0/4)/2033.7\right] = 0°$

　$Q_1 = \arctan\left[(0.7071 \times 612 \times 1/4)/2033.7\right] = 3.0451°$

　$Q_2 = \arctan\left[(0.7071 \times 612 \times 2/4)/2033.7\right] = 6.0731°$

　$Q_3 = \arctan\left[(0.7071 \times 612 \times 3/4)/2033.7\right] = 9.0674°$

$Q_4 = \arctan[(0.7071 \times 612 \times 4/4)/2033.7] = 12.0126°$

⑤ $A_0 = \arcsin[(1600 + 2033.7) \times \sin0°/780] - 0° = 0°$

$A_1 = \arcsin[(1600 + 2033.7) \times \sin3.0451°/780] - 3.0451° = 11.283°$

$A_2 = \arcsin[(1600 + 2033.7) \times \sin6.0731°/780] - 6.0731° = 23.456°$

$A_3 = \arcsin[(1600 + 2033.7) \times \sin9.0674°/780] - 9.0674° = 38.1702°$

$A_4 = \arcsin[(1600 + 2033.7) \times \sin12.0126°/780] - 12.0126° = 63.8183°$

⑥ $H_0 = 1600 + 2033.7 - 780 = 2853.7$

$H_1 = 780 \times \sin11.283°/\tan3.0451° = 2868.8$

$H_2 = 780 \times \sin23.456°/\tan6.0731° = 2918.2$

$H_3 = 780 \times \sin38.1702°/\tan9.0674° = 3020.5$

$H_4 = 780 \times \sin63.8183°/\tan12.0126° = 3289.5$

4）计算结果：

① $r = 2033.7/\sin77.9874° = 2079$

② $L_0 = 2853.7/\sin77.9874° = 2918$

$L_1 = 2868.8/\sin77.9874° = 2933$

$L_2 = 2918.2/\sin77.9874° = 2984$

$L_3 = 3020.5/\sin77.9874° = 3088$

$L_4 = 3289.5/\sin77.9874° = 3363$

③ $e_0 = 2853.7 \times \tan12.0126° = 607$

$e_1 = 2868.8 \times \tan9.0674° = 458$

$e_2 = 2918.2 \times \tan6.0731° = 310$

$e_3 = 3020.5 \times \tan3.0451° = 161$

$e_4 = 3289.5 \times \tan0° = 0$

④ $f_0 = 3.1416 \times (780 + 8) \times 0°/180° = 0$

$f_1 = 3.1416 \times (780 + 8) \times 11.283°/180° = 155$

$f_2 = 3.1416 \times (780 + 8) \times 23.456°/180° = 323$

$f_3 = 3.1416 \times (780 + 8) \times 38.1702°/180° = 525$

$f_4 = 3.1416 \times (780 + 8) \times 63.8183°/180° = 878$

十三、圆管偏心直交正圆锥台（图 11-49）展开

1. 展开计算模板

1）已知条件（图 11-50）：

① 圆锥台内半径 R；

② 圆管外半径 r；

③ 偏心距 b；

④ 圆锥台底角 α；

⑤ 圆管端口至锥底边高 h；

⑥ 圆管壁厚 t。

2）所求对象：

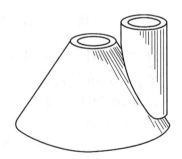

图 11-49　立体图

① 圆管展开各素线实长 $L_{0 \sim n}$；

② 锥顶至相贯孔各纵半径 $P_{0 \sim n}$；

③ 圆锥台相贯孔各横半弧 $M_{0 \sim n}$；

④ 圆管展开各等分段中弧长 $S_{0 \sim n}$。

3）过渡条件公式：

① 圆锥台中至相贯口各相交点纬圆半径

$$e_{0 \sim n} = \sqrt{b^2 + r^2 - 2br\cos\beta_{0 \sim n}}$$

② 圆锥台各相贯点纬圆半径与 0 位中轴线夹角 $Q_{0 \sim n} = \arcsin\ (r\sin\beta_{0 \sim n}/e_{0 \sim n})$

4）计算公式：

① $L_{0 \sim n} = h - (R - e_{0 \sim n})\tan\alpha$

② $P_{0 \sim n} = e_{0 \sim n}/\cos\alpha$

③ $M_{0 \sim n} = \pi e_{0 \sim n}Q_{0 \sim n}/180°$

④ $S_{0 \sim n} = \pi(2r - t)\beta_{0 \sim n}/360°$

式中　n——圆管半圆周等分份数；

　　　$\beta_{0 \sim n}$——圆管圆周各等分点同圆心连线与 0 位半径轴的夹角。

说明：

① 公式中所有 $0 \sim n$ 编号均一致。

② 圆管展开周长计算，板卷制管以中径，成品管以外径。

③ 圆锥台展开见第四章第一节或第二节"展开计算模板"。

2. 展开计算实例（图 11-51、图 11-52）

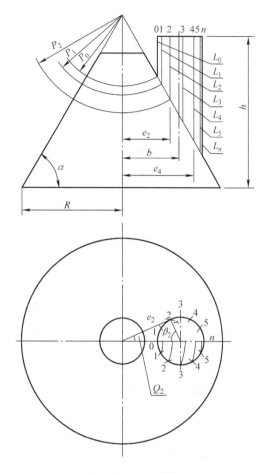

图 11-50　主、俯视图

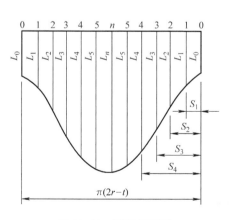

图 11-51　圆管展开图

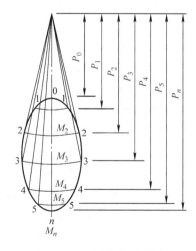

图 11-52　圆锥台开孔图

1）已知条件（图 11-50）：$R = 1200$，$r = 300$，$b = 720$，$\alpha = 60°$，$h = 1800$，$t = 8$。

2）所求对象同本节"展开计算模板"。

3）过渡条件（设 $n = 6$）：

① $e_0 = \sqrt{720^2 + 300^2 - 2 \times 720 \times 300 \times \cos0°} = 420$

$e_1 = \sqrt{720^2 + 300^2 - 2 \times 720 \times 300 \times \cos30°} = 484$

$e_2 = \sqrt{720^2 + 300^2 - 2 \times 720 \times 300 \times \cos60°} = 626$

$e_3 = \sqrt{720^2 + 300^2 - 2 \times 720 \times 300 \times \cos90°} = 780$

$e_4 = \sqrt{720^2 + 300^2 - 2 \times 720 \times 300 \times \cos120°} = 908$

$e_5 = \sqrt{720^2 + 300^2 - 2 \times 720 \times 300 \times \cos150°} = 991$

$e_6 = \sqrt{720^2 + 300^2 - 2 \times 720 \times 300 \times \cos180°} = 1020$

② $Q_0 = \arcsin(300 \times \sin0°/420) = 0°$

$Q_1 = \arcsin(300 \times \sin30°/484) = 18.0534°$

$Q_2 = \arcsin(300 \times \sin60°/626) = 24.5036°$

$Q_3 = \arcsin(300 \times \sin90°/780) = 22.6198°$

$Q_4 = \arcsin(300 \times \sin120°/908) = 16.6272°$

$Q_5 = \arcsin(300 \times \sin150°/991) = 8.7039°$

$Q_6 = \arcsin(300 \times \sin180°/1020) = 0°$

4）计算结果：

① $L_0 = 1800 - (1200 - 420) \times \tan60° = 449$

$L_1 = 1800 - (1200 - 484) \times \tan60° = 560$

$L_2 = 1800 - (1200 - 626) \times \tan60° = 807$

$L_3 = 1800 - (1200 - 780) \times \tan60° = 1073$

$L_4 = 1800 - (1200 - 908) \times \tan60° = 1294$

$L_5 = 1800 - (1200 - 991) \times \tan60° = 1438$

$L_6 = 1800 - (1200 - 1020) \times \tan60° = 1488$

② $P_0 = 420/\cos60° = 840$

$P_1 = 484/\cos60° = 968$

$P_2 = 626/\cos60° = 1253$

$P_3 = 780/\cos60° = 1560$

$P_4 = 908/\cos60° = 1816$

$P_5 = 991/\cos60° = 1982$

$P_6 = 1020/\cos60° = 2040$

③ $M_0 = 3.1416 \times 420 \times 0°/180° = 0$

$M_1 = 3.1416 \times 484 \times 18.0534°/180° = 153$

$M_2 = 3.1416 \times 626 \times 24.5036°/180° = 268$

$M_3 = 3.1416 \times 780 \times 22.6198°/180° = 308$

$M_4 = 3.1416 \times 908 \times 16.6272°/180° = 263$

$M_5 = 3.1416 \times 991 \times 8.7039°/180° = 151$

$M_6 = 3.1416 \times 1020 \times 0°/180° = 0$

④ $S_0 = 3.1416 \times (2 \times 300 - 8) \times 0°/360° = 0$

$$S_1 = 3.1416 \times (2 \times 300 - 8) \times 30°/360° = 155$$
$$S_2 = 3.1416 \times (2 \times 300 - 8) \times 60°/360° = 310$$
$$S_3 = 3.1416 \times (2 \times 300 - 8) \times 90°/360° = 465$$
$$S_4 = 3.1416 \times (2 \times 300 - 8) \times 120°/360° = 620$$
$$S_5 = 3.1416 \times (2 \times 300 - 8) \times 150°/360° = 775$$
$$S_6 = 3.1416 \times (2 \times 300 - 8) \times 180°/360° = 930$$

十四、圆管平交正圆锥台（图 11-53）展开

1. 展开计算模板

1）已知条件（图 11-54）：

① 圆锥台内半径 R；

② 圆管外半径 r；

③ 圆管中至锥底边高 h；

④ 圆管端口至锥中线距 b；

⑤ 圆锥台底角 α；

⑥ 圆管壁厚 t。

2）所求对象：

① 圆管展开各素线实长 $L_{0 \sim n}$；

② 锥顶至相贯孔各纵半径 $P_{0 \sim n}$；

③ 圆锥台相贯孔各横半弧 $M_{0 \sim n}$；

④ 圆管展开各等份段中弧长 $S_{0 \sim n}$。

3）过渡条件公式：

① 圆锥台中至相贯口各交点纬圆半径 $e_{0 \sim n} = R - (h - r\cos\beta_{0 \sim n})/\tan\alpha$

② 圆锥台各相贯点纬圆半径与 0 位中轴线夹角 $Q_{0 \sim n} = \arcsin(r\sin\beta_{0 \sim n}/e_{0 \sim n})$

4）计算公式：

① $L_{0 \sim n} = b - e_{0 \sim n}\cos Q_{0 \sim n}$

② $P_{0 \sim n} = e_{0 \sim n}/\cos\alpha$

③ $M_{0 \sim n} = \pi e_{0 \sim n} Q_{0 \sim n}/180°$

④ $S_{0 \sim n} = \pi(2r - t)\beta_{0 \sim n}/360°$

式中　n——圆管半圆周等分份数；

$\beta_{0 \sim n}$——圆管圆周各等分点同圆心连线与 0 位半径轴的夹角。

说明：

① 公式中所有 $0 \sim n$ 编号均一致。

② 圆管展开周长计算，板卷制管

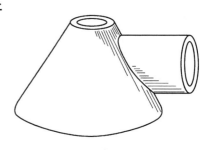

图 11-53　立体图

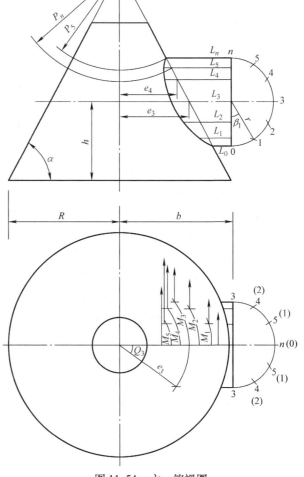

图 11-54　主、俯视图

以中径, 成品管以外径。

③ 圆锥台展开见第四章第一节或第二节 "展开计算模板"。

2. 展开计算实例 (图 11-55、图 11-56)

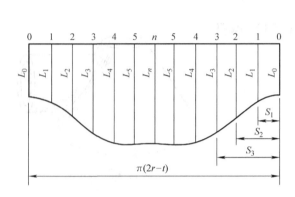

图 11-55　圆管展开图

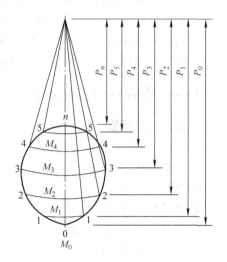

图 11-56　圆锥台开孔图

1) 已知条件 (图 11-54): $R = 1000$, $r = 360$, $h = 650$, $b = 1200$, $\alpha = 62°$, $t = 10$。

2) 所求对象同本节 "展开计算模板"。

3) 过渡条件 (设 $n = 6$):

① $e_0 = 1000 - (650 - 360 \times \cos0°)/\tan62° = 846$

   $e_1 = 1000 - (650 - 360 \times \cos30°)/\tan62° = 820$

   $e_2 = 1000 - (650 - 360 \times \cos60°)/\tan62° = 750$

   $e_3 = 1000 - (650 - 360 \times \cos90°)/\tan62° = 654$

   $e_4 = 1000 - (650 - 360 \times \cos120°)/\tan62° = 559$

   $e_5 = 1000 - (650 - 360 \times \cos150°)/\tan62° = 489$

   $e_6 = 1000 - (650 - 360 \times \cos180°)/\tan62° = 463$

② $Q_0 = \arcsin(360 \times \sin0°/846) = 0°$

   $Q_1 = \arcsin(360 \times \sin30°/820) = 12.6779°$

   $Q_2 = \arcsin(360 \times \sin60°/750) = 24.5595°$

   $Q_3 = \arcsin(360 \times \sin90°/654) = 33.376°$

   $Q_4 = \arcsin(360 \times \sin120°/559) = 33.9207°$

   $Q_5 = \arcsin(360 \times \sin150°/489) = 21.6161°$

   $Q_6 = \arcsin(360 \times \sin180°/463) = 0°$

4) 计算结果:

① $L_0 = 1200 - 846 \times \cos0° = 354$

   $L_1 = 1200 - 820 \times \cos12.6779° = 400$

   $L_2 = 1200 - 750 \times \cos24.5595° = 518$

   $L_3 = 1200 - 654 \times \cos33.376° = 654$

   $L_4 = 1200 - 559 \times \cos33.9207° = 736$

$$L_5 = 1200 - 489 \times \cos 21.6161° = 746$$
$$L_6 = 1200 - 463 \times \cos 0° = 737$$

② $P_0 = 846/\cos 62° = 1802$

$P_1 = 820/\cos 62° = 1747$

$P_2 = 750/\cos 62° = 1598$

$P_3 = 654/\cos 62° = 1394$

$P_4 = 559/\cos 62° = 1190$

$P_5 = 489/\cos 62° = 1041$

$P_6 = 463/\cos 62° = 986$

③ $M_0 = 3.1416 \times 846 \times 0°/180° = 0$

$M_1 = 3.1416 \times 820 \times 12.6779°/180° = 181$

$M_2 = 3.1416 \times 750 \times 24.5595°/180° = 322$

$M_3 = 3.1416 \times 654 \times 33.376°/180° = 381$

$M_4 = 3.1416 \times 559 \times 33.9207°/180° = 331$

$M_5 = 3.1416 \times 489 \times 21.6161°/180° = 184$

$M_6 = 3.1416 \times 463 \times 0°/180° = 0$

④ $S_0 = 3.1416 \times (2 \times 360 - 10) \times 0°/360° = 0$

$S_1 = 3.1416 \times (2 \times 360 - 10) \times 30°/360° = 186$

$S_2 = 3.1416 \times (2 \times 360 - 10) \times 60°/360° = 372$

$S_3 = 3.1416 \times (2 \times 360 - 10) \times 90°/360° = 558$

$S_4 = 3.1416 \times (2 \times 360 - 10) \times 120°/360° = 744$

$S_5 = 3.1416 \times (2 \times 360 - 10) \times 150°/360° = 929$

$S_6 = 3.1416 \times (2 \times 360 - 10) \times 180°/360° = 1115$

十五、圆管斜交正圆锥台 I （图 11-57）展开

1. 展开计算模板（圆管短侧边在锥顶面）

1）已知条件（图 11-58）：

① 圆锥台底口内半径 R；

② 圆管外半径 r；

③ 圆管壁厚 t；

④ 圆锥台底角 α；

⑤ 圆管中轴线与圆锥台中轴线斜交夹角 W；

⑥ 圆管中轴线与圆锥台侧边交点至锥台底边距 b；

⑦ 圆管中轴线与圆锥台侧边交点至圆管端口高 h。

图 11-57　立体图

2）所求对象：

① 圆管展开各素线实长 $L_{0 \sim n}$；

② 圆锥台开孔锥顶至孔边各相贯点半径 $P_{0 \sim n}$；

③ 圆锥台开孔孔边各相贯点至锥台中轴半弧长 $M_{0 \sim n}$；

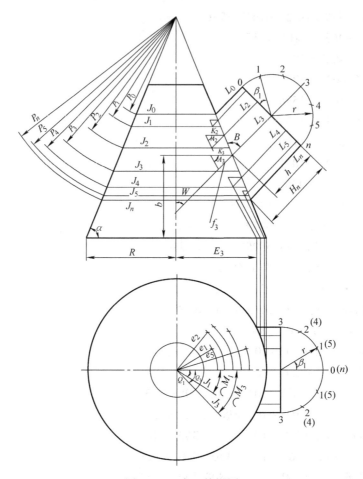

图 11-58　主、俯视图

④ 圆展开各等分段中弧长 $S_{0\sim n}$。

3）过渡条件公式：

① 圆管中轴线与圆锥台侧边斜交夹角 $B = W + 90° - \alpha$

② 圆管端口各等份点至圆锥台侧边对应相交各点的距离 $H_{0\sim n} = h - r\cos\beta_{0\sim n}/\tan B$

③ 主视图圆管各素线与圆锥台侧边相交各点至锥台中轴水平距（交点纬圆半径）

$$e_{0\sim n} = R - (b/\sin\alpha + r\cos\beta_{0\sim n}/\sin B)\cos\alpha$$

④ 俯视图各交点纬圆半径划弧与圆管素线对应相交各点弦高

$$K_{0\sim n} = e_{0\sim n} - \sqrt{e_{0\sim n}^2 - (r\sin\beta_{0\sim n})^2}$$

⑤ 俯视图圆管素线与锥底圆弧相交各点至圆锥中轴线距（锥底半弦长）

$$E_{0\sim n} = \sqrt{R^2 - (r\sin\beta_{0\sim n})^2}$$

⑥ 主视图锥底半弦长各投影点分别与锥侧各交点水平线弦高点对应连线的夹角

$$A_{0\sim n} = \arctan\left[(R - e_{0\sim n})\tan\alpha/(E_{0\sim n} - e_{0\sim n} + K_{0\sim n}) \right]$$

⑦ 主视图锥底半弦长各投影点分别与锥侧各交点水平线弦高点对应连线同圆管各素线的交点至锥侧交点距（贯交点距）$f_{0\sim n} = K_{0\sim n}\sin A_{0\sim n}/\sin(\alpha + B - A_{0\sim n})$

⑧ 主视图各相贯点纬圆半径 $J_{0\sim n} = e_{0\sim n} + f_{0\sim n}\sin(90° - W)/\tan\alpha$

⑨ 俯视图各相贯点纬圆半径与圆锥中轴夹角 $Q_{0\sim n} = \arcsin(r\sin\beta_{0\sim n}/J_{0\sim n})$

4）计算公式：

① $L_{0 \sim n} = H_{0 \sim n} + f_{0 \sim n}$

② $P_{0 \sim n} = J_{0 \sim n} / \cos\alpha$

③ $M_{0 \sim n} = \pi J_{0 \sim n}(Q_{0 \sim n}/180°)$

④ $S_{0 \sim n} = \pi(2r - t)(\beta_{0 \sim n}/360°)$

式中　n——圆管半圆周等分份数；

　　　$\beta_{0 \sim n}$——圆管圆周各等分点同圆心连线与 0 位半径轴的夹角。

说明：

① 公式中 H、e、K、E、A、f、J、Q、L、P、M、S 的 $0 \sim n$ 编号均一致。

② 本展开计算模板适用于圆管短侧边在锥顶面的展开。

③ 圆锥台展开见第四章。

2. 展开计算实例（图 11-59、图 11-60）

1）已知条件（图 11-58）：$R = 1200$，$r = 560$，$t = 8$，$\alpha = 67°$，$W = 45°$，$b = 1080$，$h = 720$。

2）所求对象同本节"展开计算模板"。

3）过渡条件（设 $n = 6$）：

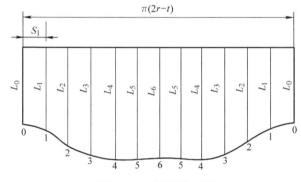

图 11-59　圆管展开图

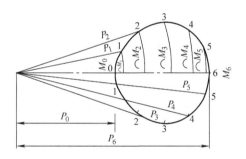

图 11-60　圆锥台开孔图

① $B = 45° + 90° - 67° = 68°$

② $H_0 = 720 - 560 \times \cos0°/\tan68° = 493.7$

$H_1 = 720 - 560 \times \cos30°/\tan68° = 524.1$

$H_2 = 720 - 560 \times \cos60°/\tan68° = 606.9$

$H_3 = 720 - 560 \times \cos90°/\tan68° = 720$

$H_4 = 720 - 560 \times \cos120°/\tan68° = 833.1$

$H_5 = 720 - 560 \times \cos150°/\tan68° = 915.9$

$H_6 = 720 - 560 \times \cos180°/\tan68° = 946.3$

③ $e_0 = 1200 - (1080/\sin67° + 560 \times \cos0°/\sin68°) \times \cos67° = 505.6$

$e_1 = 1200 - (1080/\sin67° + 560 \times \cos30°/\sin68°) \times \cos67° = 537.2$

$e_2 = 1200 - (1080/\sin67° + 560 \times \cos60°/\sin68°) \times \cos67° = 623.6$

$e_3 = 1200 - (1080/\sin67° + 560 \times \cos90°/\sin68°) \times \cos67° = 741.6$

$e_4 = 1200 - (1080/\sin67° + 560 \times \cos120°/\sin68°) \times \cos67° = 859.6$

$e_5 = 1200 - (1080/\sin67° + 560 \times \cos150°/\sin68°) \times \cos67° = 945.9$

$$e_6 = 1200 - (1080/\sin 67° + 560 \times \cos 180°/\sin 68°) \times \cos 67° = 977.6$$

④ $K_0 = 505.6 - \sqrt{505.6^2 - (560 \times \sin 0°)^2} = 0$

$K_1 = 537.2 - \sqrt{537.2^2 - (560 \times \sin 30°)^2} = 78.7$

$K_2 = 623.6 - \sqrt{623.6^2 - (560 \times \sin 60°)^2} = 231.6$

$K_3 = 741.6 - \sqrt{741.6^2 - (560 \times \sin 90°)^2} = 255.4$

$K_4 = 859.6 - \sqrt{859.6^2 - (560 \times \sin 120°)^2} = 149.9$

$K_5 = 945.9 - \sqrt{945.9^2 - (560 \times \sin 150°)^2} = 42.4$

$K_6 = 977.6 - \sqrt{977.6^2 - (560 \times \sin 180°)^2} = 0$

⑤ $E_0 = \sqrt{1200^2 - (560 \times \sin 0°)^2} = 1200$

$E_1 = \sqrt{1200^2 - (560 \times \sin 30°)^2} = 1166.9$

$E_2 = \sqrt{1200^2 - (560 \times \sin 60°)^2} = 1097.6$

$E_3 = \sqrt{1200^2 - (560 \times \sin 90°)^2} = 1061.3$

$E_4 = \sqrt{1200^2 - (560 \times \sin 120°)^2} = 1097.6$

$E_5 = \sqrt{1200^2 - (560 \times \sin 150°)^2} = 1166.9$

$E_6 = \sqrt{1200^2 - (560 \times \sin 180°)^2} = 1200$

⑥ $A_0 = \arctan[(1200 - 505.6) \times \tan 67°/(1200 - 505.6 + 0)] = 67°$

$A_1 = \arctan[(1200 - 537.2) \times \tan 67°/(1166.9 - 537.2 + 78.7)] = 65.5972°$

$A_2 = \arctan[(1200 - 623.6) \times \tan 67°/(1097.6 - 623.6 + 231.6)] = 62.5427°$

$A_3 = \arctan[(1200 - 741.6) \times \tan 67°/(1061.3 - 741.6 + 255.4)] = 61.963°$

$A_4 = \arctan[(1200 - 859.6) \times \tan 67°/(1097.6 - 859.6 + 149.9)] = 64.1866°$

$A_5 = \arctan[(1200 - 945.9) \times \tan 67°/(1166.9 - 945.9 + 42.4)] = 66.25°$

$A_6 = \arctan[(1200 - 977.6) \times \tan 67°/(1200 - 977.6 + 0)] = 67°$

⑦ $f_0 = 0 \times \sin 67°/\sin(67° + 68° - 67°) = 0$

$f_1 = 78.7 \times \sin 65.5972°/\sin(67° + 68° - 65.5972°) = 76.6$

$f_2 = 321.6 \times \sin 62.5427°/\sin(67° + 68° - 62.5427°) = 215.5$

$f_3 = 255.4 \times \sin 61.963°/\sin(67° + 68° - 61.963°) = 235.9$

$f_4 = 149.9 \times \sin 64.1866°/\sin(67° + 68° - 64.1866°) = 143.7$

$f_5 = 42.4 \times \sin 66.25°/\sin(67° + 68° - 66.25°) = 41.6$

$f_6 = 0 \times \sin 67°/\sin(67° + 68° - 67°) = 0$

⑧ $J_0 = 505.6 + 0 \times \sin(90° - 45°)/\tan 67° = 505.6$

$J_1 = 537.2 + 76.6 \times \sin(90° - 45°)/\tan 67° = 560.2$

$J_2 = 623.6 + 215.5 \times \sin(90° - 45°)/\tan 67° = 688.3$

$J_3 = 741.6 + 235.9 \times \sin(90° - 45°)/\tan 67° = 812.4$

$J_4 = 859.6 + 143.7 \times \sin(90° - 45°)/\tan 67° = 902.7$

$J_5 = 945.9 + 41.6 \times \sin(90° - 45°)/\tan 67° = 958.4$

$J_6 = 977.6 + 0 \times \sin(90° - 45°)/\tan 67° = 977.6$

⑨ $Q_0 = \arcsin(560 \times \sin0°/505.6) = 0°$

　　$Q_1 = \arcsin(560 \times \sin30°/560.2) = 29.9882°$

　　$Q_2 = \arcsin(560 \times \sin60°/688.3) = 44.797°$

　　$Q_3 = \arcsin(560 \times \sin90°/812.4) = 43.576°$

　　$Q_4 = \arcsin(560 \times \sin120°/902.7) = 32.4965°$

　　$Q_5 = \arcsin(560 \times \sin150°/958.4) = 16.9869°$

　　$Q_6 = \arcsin(560 \times \sin180°/977.6) = 0°$

4）计算结果：

① $L_0 = 493.7 + 0 = 494$

　　$L_1 = 524.1 + 76.6 = 601$

　　$L_2 = 606.9 + 215.5 = 822$

　　$L_3 = 720 + 235.9 = 956$

　　$L_4 = 833.1 + 143.7 = 977$

　　$L_5 = 915.9 + 41.6 = 958$

　　$L_6 = 946.3 + 0 = 946$

② $P_0 = 505.6/\cos67° = 1294$

　　$P_1 = 560.2/\cos67° = 1434$

　　$P_2 = 688.3/\cos67° = 1762$

　　$P_3 = 812.4/\cos67° = 2079$

　　$P_4 = 902.7/\cos67° = 2310$

　　$P_5 = 958.4/\cos67° = 2453$

　　$P_6 = 977.6/\cos67° = 2502$

③ $M_0 = 3.1416 \times 505.6 \times 0°/180° = 0$

　　$M_1 = 3.1416 \times 560.2 \times 29.9882°/180° = 293$

　　$M_2 = 3.1416 \times 688.3 \times 44.797°/180° = 538$

　　$M_3 = 3.1416 \times 812.4 \times 43.576°/180° = 618$

　　$M_4 = 3.1416 \times 902.7 \times 32.4965°/180° = 512$

　　$M_5 = 3.1416 \times 958.4 \times 16.9869°/180° = 284$

　　$M_6 = 3.1416 \times 977.6 \times 0°/180° = 0$

④ $S_0 = 3.1416 \times (2 \times 560 - 8) \times 0°/360° = 0$

　　$S_1 = 3.1416 \times (2 \times 560 - 8) \times 30°/360° = 291$

　　$S_2 = 3.1416 \times (2 \times 560 - 8) \times 60°/360° = 582$

　　$S_3 = 3.1416 \times (2 \times 560 - 8) \times 90°/360° = 873$

　　$S_4 = 3.1416 \times (2 \times 560 - 8) \times 120°/360° = 1164$

　　$S_5 = 3.1416 \times (2 \times 560 - 8) \times 150°/360° = 1455$

　　$S_6 = 3.1416 \times (2 \times 560 - 8) \times 180°/360° = 1747$

十六、圆管斜交正圆锥台 II （图 11-61）展开

1. 展开计算模板（圆管短侧边在锥底面）

1）已知条件（图 11-62）：

① 圆锥台底口内半径 R；

② 圆管外半径 r；

③ 圆管壁厚 t；

④ 圆锥台底角 α；

⑤ 圆管中轴线与圆锥台中轴线斜交夹角 W；

⑥ 圆管中轴线与圆锥台侧边交点到锥台底边距 b，圆管中轴线与圆锥台侧边交点至圆管端口高 h。

图 11-61　立体图

2）所求对象：

① 圆管展开各素线实长 $L_{0 \sim n}$；

② 圆锥台开孔锥顶至孔边各相贯点半径 $P_{0 \sim n}$；

③ 圆锥台开孔孔边各相贯点至锥台中轴半弧长 $M_{0 \sim n}$；

④ 圆管展开各等份段中弧长 $S_{0 \sim n}$。

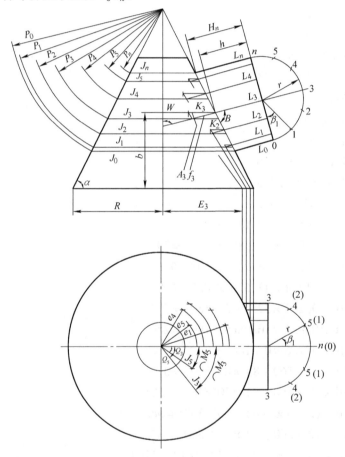

图 11-62　主、俯视图

3）过渡条件公式：

① 圆管中轴线与圆锥台侧边斜交夹角 $B = \alpha + 90° - W$

② 圆管端中各等份点到圆锥台侧边对应相交各点的距离

$$H_{0 \sim n} = h - r\cos\beta_{0 \sim n}/\tan B$$

③ 主视图圆管各素线与圆锥台侧边相交各点至圆锥台中轴水平距（交点纬圆半径）

$$e_{0 \sim n} = R - (b/\sin\alpha - r\cos\beta_{0 \sim n}/\sin B)\cos\alpha$$

④ 俯视图各交点纬圆半径划弧与圆管素线对应相交各点弦高

$$K_{0 \sim n} = e_{0 \sim n} - \sqrt{e_{0 \sim n}^2 - (r\sin\beta_{0 \sim n})^2}$$

⑤ 俯视图圆管素线与锥底圆弧相交各点至圆锥中轴线距（锥底半弦长）

$$E_{0 \sim n} = \sqrt{R^2 - (r\sin\beta_{0 \sim n})^2}$$

⑥ 主视图锥底半弦长各投影点分别与锥侧各交点水平线弦高点对应连线的夹角

$$A_{0 \sim n} = \arctan\left[(R - e_{0 \sim n})\tan\alpha/(E_{0 \sim n} - e_{0 \sim n} + K_{0 \sim n})\right]$$

⑦ 主视图锥底半弦长各投影点分别与锥侧各交点水平线弦高点对应连线同圆管各素线的交点到锥侧交点距（贯交点距）$f_{0 \sim n} = K_{0 \sim n}\sin A_{0 \sim n}/\sin(180° + \alpha - B - A_{0 \sim n})$

⑧ 主视图各相贯点纬圆半径 $J_{0 \sim n} = e_{0 \sim n} + f_{0 \sim n}\sin(90° - W)/\tan\alpha$

⑨ 俯视图各相贯点纬圆半径与圆锥中轴夹角 $Q_{0 \sim n} = \arcsin(r\sin\beta_{0 \sim n}/J_{0 \sim n})$。

4）计算公式：

① $L_{0 \sim n} = H_{0 \sim n} + f_{0 \sim n}$

② $P_{0 \sim n} = J_{0 \sim n}/\cos\alpha$

③ $M_{0 \sim n} = \pi J_{0 \sim n} Q_{0 \sim n}/180°$

④ $S_{0 \sim n} = \pi(2r - t)(\beta_{0 \sim n}/360°)$

式中　n——圆管半圆周等分份数；

　　　$\beta_{0 \sim n}$——圆管圆周各等分点同圆心连线与 0 位半径轴的夹角。

说明：

① 公式中 H、e、K、E、A、f、J、Q、L、P、M、S 的 $0 \sim n$ 编号均一致。

② 本展开计算模板适用于圆管短边在锥底面的展开。

③ 圆锥台展开见第四章。

2. 展开计算实例（图 11-63、图 11-64）

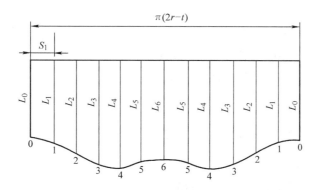

图 11-63　圆管展开图

1）已知条件（图 11-62）：$R = 1500$，$r = 700$，$t = 10$，$\alpha = 63°$，$W = 75°$，$b = 1250$，$h = 600$。

2）所求对象同本节"展开计算模板"。

3）过渡条件（设 $n = 6$）：

① $B = 63° + 90° - 75° = 78°$

② $H_0 = 600 - 700 \times \cos0°/\tan78° = 451.2$

$$H_1 = 600 - 700 \times \cos30°/\tan78° = 471.1$$

$$H_2 = 600 - 700 \times \cos60°/\tan78° = 525.6$$

$$H_3 = 600 - 700 \times \cos90°/\tan78° = 600$$

$$H_4 = 600 - 700 \times \cos120°/\tan78° = 674.4$$

$$H_5 = 600 - 700 \times \cos150°/\tan78° = 728.9$$

$$H_6 = 600 - 700 \times \cos180°/\tan78° = 748.8$$

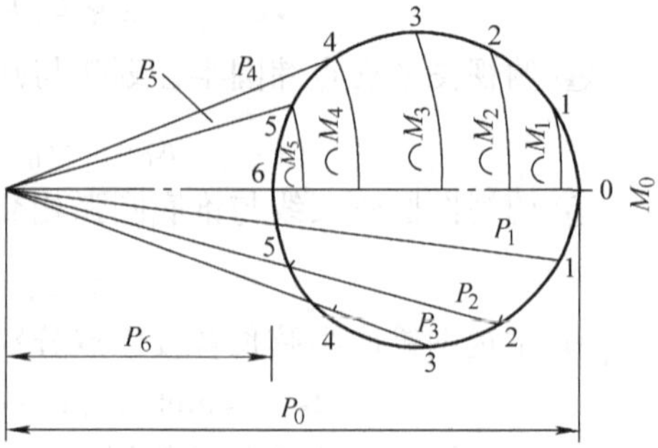

③ $e_0 = 1500 - (1250/\sin63° - 700 \times \cos0°/\sin78°) \times \cos63° = 1188$

$e_1 = 1500 - (1250/\sin63° - 700 \times \cos30°/\sin78°) \times \cos63° = 1144.5$

$$e_2 = 1500 - (1250/\sin63° - 700 \times \cos60°/\sin78°) \times \cos63° = 1025.5$$

$$e_3 = 1500 - (1250/\sin63° - 700 \times \cos90°/\sin78°) \times \cos63° = 863.1$$

$$e_4 = 1500 - (1250/\sin63° - 700 \times \cos120°/\sin78°) \times \cos63° = 700.6$$

$$e_5 = 1500 - (1250/\sin63° - 700 \times \cos150°/\sin78°) \times \cos63° = 581.7$$

$$e_6 = 1500 - (1250/\sin63° - 700 \times \cos180°/\sin78°) \times \cos63° = 538.2$$

图 11-64　圆锥台开孔图

④ $K_0 = 1188 - \sqrt{1188^2 - (700 \times \sin0°)^2} = 0$

$$K_1 = 1144.5 - \sqrt{1144.5^2 - (700 \times \sin30°)^2} = 54.8$$

$$K_2 = 1025.5 - \sqrt{1025.5^2 - (700 \times \sin60°)^2} = 198.4$$

$$K_3 = 863.1 - \sqrt{863.1^2 - (700 \times \sin90°)^2} = 358.2$$

$$K_4 = 700.6 - \sqrt{700.6^2 - (700 \times \sin120°)^2} = 349.4$$

$$K_5 = 581.7 - \sqrt{581.7^2 - (700 \times \sin150°)^2} = 117.1$$

$$K_6 = 538.2 - \sqrt{538.2^2 - (700 \times \sin180°)^2} = 0$$

⑤ $E_0 = \sqrt{1500^2 - (700 \times \sin0°)^2} = 1500$

$$E_1 = \sqrt{1500^2 - (700 \times \sin30°)^2} = 1458.6$$

$$E_2 = \sqrt{1500^2 - (700 \times \sin60°)^2} = 1372$$

$$E_3 = \sqrt{1500^2 - (700 \times \sin90°)^2} = 1326.6$$

$$E_4 = \sqrt{1500^2 - (700 \times \sin120°)^2} = 1372$$

$$E_5 = \sqrt{1500^2 - (700 \times \sin150°)^2} = 1458.6$$

$$E_6 = \sqrt{1500^2 - (700 \times \sin180°)^2} = 1500$$

⑥ $A_0 = \arctan[(1500 - 1188) \times \tan63°/(1500 - 1188 + 0)] = 63°$

$A_1 = \arctan[(1500 - 1144.5) \times \tan63°/(1458.6 - 1144.5 + 54.8)] = 62.1332°$

$A_2 = \arctan[(1500 - 1025.5) \times \tan63°/(1372 - 1025.5 + 198.4)] = 59.6672°$

$A_3 = \arctan[(1500 - 863.1) \times \tan63°/(1326.6 - 863.1 + 358.2)] = 56.6804°$

$A_4 = \arctan[(1500 - 700.6) \times \tan63°/(1372 - 700.6 + 349.4)] = 56.9503°$

$A_5 = \arctan[(1500 - 581.7) \times \tan63°/(1458.6 - 581.7 + 117.1)] = 61.122°$

$A_6 = \arctan[(1500 - 538.2) \times \tan63°/(1500 - 538.2 + 0)] = 63°$

⑦ $f_0 = 0 \times \sin63°/\sin(180° + 63° - 78° - 63°) = 0$

$f_1 = 54.8 \times \sin62.1332°/\sin(180° + 63° - 78° - 62.1332°) = 49.7$

$f_2 = 198.4 \times \sin59.6672°/\sin(180° + 63° - 78° - 59.6672°) = 177.6$

$f_3 = 358.2 \times \sin56.6804°/\sin(180° + 63° - 78° - 56.6804°) = 315.3$

$f_4 = 349.4 \times \sin56.9503°/\sin(180° + 63° - 78° - 56.9503°) = 308$

$f_5 = 117.1 \times \sin61.122°/\sin(180° + 63° - 78° - 61.122°) = 105.6$

$f_6 = 0 \times \sin63°/\sin(180° + 63° - 78° - 63°) = 0$

⑧ $J_0 = 1188 + 0 \times \sin(90° - 75°)/\tan63° = 1188$

$J_1 = 1144.5 + 49.7 \times \sin(90° - 75°)/\tan63° = 1151$

$J_2 = 1025.5 + 177.6 \times \sin(90° - 75°)/\tan63° = 1048.9$

$J_3 = 863.1 + 315.3 \times \sin(90° - 75°)/\tan63° = 904.7$

$J_4 = 700.6 + 308 \times \sin(90° - 75°)/\tan63° = 741.2$

$J_5 = 581.7 + 105.6 \times \sin(90° - 75°)/\tan63° = 595.6$

$J_6 = 538.2 + 0 \times \sin(90° - 75°)/\tan63° = 538.2$

⑨ $Q_0 = \arcsin(700 \times \sin0°/1188) = 0°$

$Q_1 = \arcsin(700 \times \sin30°/1151) = 17.703°$

$Q_2 = \arcsin(700 \times \sin60°/1048.9) = 35.3069°$

$Q_3 = \arcsin(700 \times \sin90°/904.7) = 50.6907°$

$Q_4 = \arcsin(700 \times \sin120°/741.2) = 54.8738°$

$Q_5 = \arcsin(700 \times \sin150°/595.6) = 35.99°$

$Q_6 = \arcsin(700 \times \sin180°/538.2) = 0°$

4）计算结果：

① $L_0 = 451.2 + 0 = 451$

$L_1 = 471.1 + 49.7 = 521$

$L_2 = 525.6 + 177.6 = 703$

$L_3 = 600 + 315.3 = 915$

$L_4 = 674.4 + 308 = 982$

$L_5 = 728.9 + 105.6 = 835$

$L_6 = 748.8 + 0 = 749$

② $P_0 = 1188/\cos63° = 2617$

$P_1 = 1151/\cos63° = 2535$

$P_2 = 1048.9/\cos63° = 2310$

$P_3 = 904.7/\cos63° = 1993$

$P_4 = 741.2/\cos63° = 1633$

$P_5 = 595.6/\cos63° = 1312$

$P_6 = 538.2/\cos63° = 1185$

③ $M_0 = 3.1416 \times 1188 \times 0°/180° = 0$

$M_1 = 3.1416 \times 1151 \times 17.703°/180° = 356$

$M_2 = 3.1416 \times 1048.9 \times 35.3069°/180° = 646$

$M_3 = 3.1416 \times 904.7 \times 50.6907°/180° = 800$

$M_4 = 3.1416 \times 741.2 \times 54.8738°/180° = 710$

$M_5 = 3.1416 \times 595.6 \times 35.99°/180° = 374$

$M_6 = 3.1416 \times 538.2 \times 0°/180° = 0$

④ $S_0 = 3.1416 \times (2 \times 700 - 10) \times 0°/360° = 0$

$S_1 = 3.1416 \times (2 \times 700 - 10) \times 30°/360° = 364$

$S_2 = 3.1416 \times (2 \times 700 - 10) \times 60°/360° = 728$

$S_3 = 3.1416 \times (2 \times 700 - 10) \times 90°/360° = 1092$

$S_4 = 3.1416 \times (2 \times 700 - 10) \times 120°/360° = 1456$

$S_5 = 3.1416 \times (2 \times 700 - 10) \times 150°/360° = 1820$

$S_6 = 3.1416 \times (2 \times 700 - 10) \times 180°/360° = 2183$

十七、方管面向直交圆锥台（图 11-65）展开

1. 展开计算模板

1）已知条件（图 11-66）：

① 圆锥台底口内半径 R；

② 圆锥台顶口内半径 r；

③ 圆锥台两端口高 h；

④ 方管外口边长 c；

⑤ 方管中至圆锥台中偏心距 P；

⑥ 方管端口至圆锥底口高 H；

⑦ 方管壁厚 t。

2）所求对象：

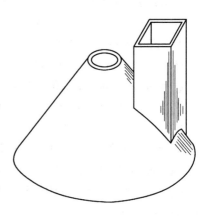

图 11-65　立体图

① 方管内边各展素线实长 $L_{0 \sim n}$；

② 方管外边各展素线实长 $K_{0 \sim n}$；

③ 方管内侧边各展素线实长 $J_{0 \sim n}$；

④ 方管外侧边各展素线实长 $M_{0 \sim n}$；

⑤ 圆锥台相贯孔内边口各展半径 $f_{0 \sim n}$；

⑥ 圆锥台相贯孔外边口各展半径 $F_{0 \sim n}$；

⑦ 圆锥台相贯孔内边口各点至锥底横半弧 $e_{0 \sim n}$；

⑧ 圆锥台相贯孔外边口各点至锥底横半弧 $E_{0 \sim n}$。

3）过渡条件公式：

① 圆锥台锥顶至底口高

$$W = R[h/(R-r)]$$

② 圆锥台底角

$$Q = \arctan(W/R)$$

③ 俯视图方管内边口各点同圆心连线与横向中轴的夹角

$$a_{0 \sim n} = \arctan[(0.5c \times 0 \sim n/n)/(P - 0.5c)]$$

④ 俯视图方管外边口各点同圆心连线与横向中轴的夹角

$$b_{0 \sim n} = \arctan[(0.5c \times 0 \sim n/n)/(P + 0.5c)]$$

⑤ 俯视图方管内侧边口各点同圆心连线与横向中轴的夹角

$d_{0 \sim n} = \arctan\left[0.5c/(P - 0.5c \times 0 \sim n/n)\right]$

⑥ 俯视图方管外侧边口各点同圆心连线与横中轴的夹角

$g_{0 \sim n} = \arctan\left[0.5c/(P + 0.5c \times 0 \sim n/n)\right]$

⑦ 主视图方管内边口各相贯点同锥顶连线至锥底夹角

$A_{0 \sim n} = \arctan\left[W/(R\cos a_{0 \sim n})\right]$

⑧ 主视图方管外边口各相贯点同锥顶连线至锥底夹角

$B_{0 \sim n} = \arctan\left[W/(R\cos b_{0 \sim n})\right]$

⑨ 主视图方管内侧边各相贯点同锥顶连线至锥底夹角

$D_{0 \sim n} = \arctan\left[W/(R\cos d_{0 \sim n})\right]$

⑩ 主视图方管外侧边各相贯点同锥顶连线至锥底夹角

$G_{0 \sim n} = \arctan\left[W/(R\cos g_{0 \sim n})\right]$

4）计算公式：

① $L_{0 \sim n} = H - (R\cos a_{0 \sim n} - P + 0.5c)\tan A_{0 \sim n}$

② $K_{0 \sim n} = H - (R\cos b_{0 \sim n} - P - 0.5c)\tan B_{0 \sim n}$

③ $J_{0 \sim n} = H - (R\cos d_{0 \sim n} - P + 0.5c \times 0 \sim n/n)\tan D_{0 \sim n}$

④ $M_{0 \sim n} = H - (R\cos g_{0 \sim n} - P - 0.5c \times 0 \sim n/n)\tan G_{0 \sim n}$

⑤ $f_{0 \sim n} = (W - H + L_{0 \sim n})/\sin Q$

⑥ $F_{0 \sim n} = (W - H + K_{0 \sim n})/\sin Q$

⑦ $e_{0 \sim n} = \pi R(a_{0 \sim n}/180°)$

⑧ $E_{0 \sim n} = \pi R(b_{0 \sim n}/180°)$

式中　n——方管管口边长的一半等分份数。

说明：

① 公式中 a、b、d、g、A、B、D、G、L、K、J、M、f、F、e、E 的 $0 \sim n$ 编号均一致。

② 圆锥台展开见第四章第二节"展开计算模板"。

2. 展开计算实例（图 11-67、图 11-68）

1）已知条件（图 11-66）：$R = 1750$，$r = 350$，$h = 2100$，$c = 900$，$P = 950$，$H = 2800$，$t = 8$。

2）所求对象同本节"展开计算模板"。

3）过渡条件（设 $n = 2$）：

① $W = 1750 \times 2100/(1750 - 350) = 2625$

② $Q = \arctan(2625/1750) = 56.3099°$

③ $a_0 = \arctan\left[(0.5 \times 900 \times 0/2)/(950 - 0.5 \times 900)\right] = 0°$

　　$a_1 = \arctan\left[(0.5 \times 900 \times 1/2)/(950 - 0.5 \times 900)\right] = 24.2277°$

　　$a_2 = \arctan\left[(0.5 \times 900 \times 2/2)/(950 - 0.5 \times 900)\right] = 41.9872°$

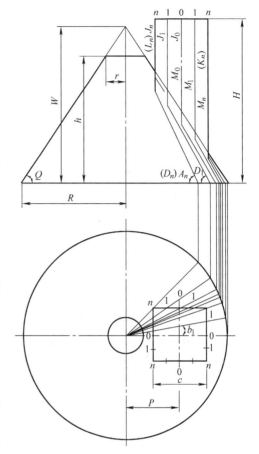

图 11-66　主、俯视图

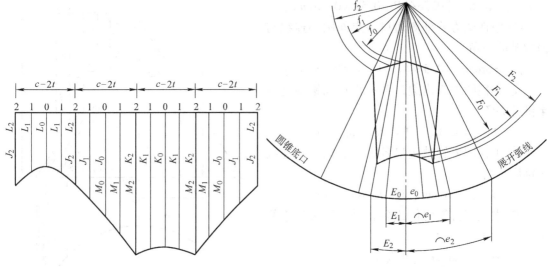

图 11-67　方管展开图　　　　　　　图 11-68　圆锥台开孔图

④ $b_0 = \arctan\left[(0.5 \times 900 \times 0/2)/(950 + 0.5 \times 900)\right] = 0°$

$b_1 = \arctan\left[(0.5 \times 900 \times 1/2)/(950 + 0.5 \times 900)\right] = 9.1302°$

$b_2 = \arctan\left[(0.5 \times 900 \times 2/2)/(950 + 0.5 \times 900)\right] = 17.8189°$

⑤ $d_0 = \arctan\left[0.5 \times 900/(950 - 0.5 \times 900 \times 0/2)\right] = 25.3462°$

$d_1 = \arctan\left[0.5 \times 900/(950 - 0.5 \times 900 \times 1/2)\right] = 31.8274°$

$d_2 = \arctan\left[0.5 \times 900/(950 - 0.5 \times 900 \times 2/2)\right] = 41.9872°$

⑥ $g_0 = \arctan\left[0.5 \times 900/(950 + 0.5 \times 900 \times 0/2)\right] = 25.3462°$

$g_1 = \arctan\left[0.5 \times 900/(950 + 0.5 \times 900 \times 1/2)\right] = 20.9558°$

$g_2 = \arctan\left[0.5 \times 900/(950 + 0.5 \times 900 \times 2/2)\right] = 17.8189°$

⑦ $A_0 = \arctan\left[2625/(1750 \times \cos0°)\right] = 56.3099°$

$A_1 = \arctan\left[2625/(1750 \times \cos24.2277°)\right] = 58.7026°$

$A_2 = \arctan\left[2625/(1750 \times \cos41.9872°)\right] = 63.6402°$

⑧ $B_0 = \arctan\left[2625/(1750 \times \cos0°)\right] = 56.3099°$

$B_1 = \arctan\left[2625/(1750 \times \cos9.1302°)\right] = 56.6463°$

$B_2 = \arctan\left[2625/(1750 \times \cos17.8189°)\right] = 57.5973°$

⑨ $D_0 = \arctan\left[2625/(1750 \times \cos25.3462°)\right] = 58.9314°$

$D_1 = \arctan\left[2625/(1750 \times \cos31.8274°)\right] = 60.4716°$

$D_2 = \arctan\left[2625/(1750 \times \cos41.9872°)\right] = 63.6402°$

⑩ $G_0 = \arctan\left[2625/(1750 \times \cos25.3462°)\right] = 58.9314°$

$G_1 = \arctan\left[2625/(1750 \times \cos20.9558°)\right] = 58.0948°$

$G_2 = \arctan\left[2625/(1750 \times \cos17.8189°)\right] = 57.5973°$

4）计算结果：

① $L_0 = 2800 - (1750 \times \cos0° - 950 + 0.5 \times 900) \times \tan56.3099° = 925$

$L_1 = 2800 - (1750 \times \cos24.2277° - 950 + 0.5 \times 900) \times \tan58.7026° = 997$

$L_2 = 2800 - (1750 \times \cos41.9872° - 950 + 0.5 \times 900) \times \tan63.6402° = 1184$

② $K_0 = 2800 - (1750 \times \cos 0° - 950 - 0.5 \times 900) \times \tan 56.3099° = 2275$

　　$K_1 = 2800 - (1750 \times \cos 9.1302° - 950 - 0.5 \times 900) \times \tan 56.6463° = 2302$

　　$K_2 = 2800 - (1750 \times \cos 17.8189° - 950 - 0.5 \times 900) \times \tan 57.5973° = 2381$

③ $J_0 = 2800 - (1750 \times \cos 25.3462° - 950 + 0.5 \times 900 \times 0/2) \times \tan 58.9314° = 1752$

　　$J_1 = 2800 - (1750 \times \cos 31.8274° - 950 + 0.5 \times 900 \times 1/2) \times \tan 60.4716° = 1455$

　　$J_2 = 2800 - (1750 \times \cos 41.9872° - 950 + 0.5 \times 900 \times 2/2) \times \tan 63.6402° = 1184$

④ $M_0 = 2800 - (1750 \times \cos 25.3462° - 950 - 0.5 \times 900 \times 0/2) \times \tan 58.9314° = 1752$

　　$M_1 = 2800 - (1750 \times \cos 20.9558° - 950 - 0.5 \times 900 \times 1/2) \times \tan 58.0948° = 2062$

　　$M_2 = 2800 - (1750 \times \cos 17.8189° - 950 - 0.5 \times 900 \times 2/2) \times \tan 57.5973° = 2381$

⑤ $f_0 = (2625 - 2800 + 925)/\sin 56.3099° = 901$

　　$f_1 = (2625 - 2800 + 997)/\sin 56.3099° = 988$

　　$f_2 = (2625 - 2800 + 1184)/\sin 56.3099° = 1213$

⑥ $F_0 = (2625 - 2800 + 2275)/\sin 56.3099° = 2524$

　　$F_1 = (2625 - 2800 + 2302)/\sin 56.3099° = 2556$

　　$F_2 = (2625 - 2800 + 2381)/\sin 56.3099° = 2651$

⑦ $e_0 = 3.1416 \times 1750 \times 0°/180° = 0$

　　$e_1 = 3.1416 \times 1750 \times 24.2277°/180° = 740$

　　$e_2 = 3.1416 \times 1750 \times 41.9872°/180° = 1282$

⑧ $E_0 = 3.1416 \times 1750 \times 0°/180° = 0$

　　$E_1 = 3.1416 \times 1750 \times 9.1302°/180° = 279$

　　$E_2 = 3.1416 \times 1750 \times 17.8189°/180° = 544$

十八、方管面向平交圆锥台（图 11-69）展开

1. 展开计算模板

1）已知条件（图 11-70）：

① 圆锥台底口内半径 R；

② 圆锥台顶口内半径 r；

③ 圆锥台两端口高 h；

④ 方管外口边长 d；

⑤ 方管端口至圆锥台中水平距 P；

⑥ 方管中至圆锥台底口高 H；

⑦ 方管壁厚 t。

2）所求对象：

① 方管展开侧面各素线实长 $L_{0 \sim n}$；

② 锥顶至圆锥台相贯口各点纵半径 $f_{0 \sim n}$；

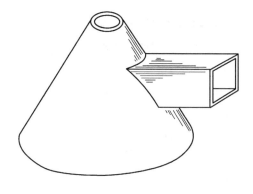

图 11-69　立体图

③ 圆锥台相贯孔各点横半弧 $S_{0 \sim n}$。

3）过渡条件公式：

① 圆锥台锥顶至锥底高 $G = R[h/(R - r)]$

② 圆锥台底角 $Q = \arctan(G/R)$

③ 圆锥台各相贯点纬圆半径 $J_{0 \sim n} = R - (H - 0.5d + d \times 0 \sim n/n)/\tan Q$

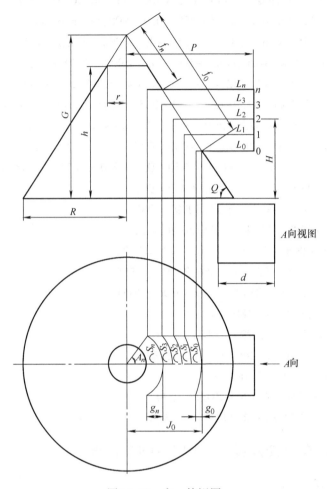

图 11-70　主、俯视图

④ 俯视图各相贯点纬圆弧弦高 $g_{0 \sim n} = J_{0 \sim n} - \sqrt{J_{0 \sim n}^2 - (0.5d)^2}$

⑤ 俯视图各相贯点同锥圆心连线与横向中轴的夹角 $A_{0 \sim n} = \arcsin(0.5d/J_{0 \sim n})$

4）计算公式：

① $L_{0 \sim n} = P - J_{0 \sim n} + g_{0 \sim n}$

② $f_{0 \sim n} = J_{0 \sim n}/\cos Q$

③ $S_{0 \sim n} = \pi J_{0 \sim n}(A_{0 \sim n}/180°)$

式中　n——方管侧边等分份数。

说明：

① 公式中 J、g、A、L、f、S 的 $0 \sim n$ 编号均一致。

② 圆锥台展开见第四章第二节"展开计算模板"。

2. 展开计算实例（图 11-71、图 11-72）

1）已知条件（图 11-70）：

$R = 1750$，$r = 350$，$h = 2200$，$d = 960$，$P = 2100$，$H = 1300$，$t = 12$。

2）所求对象同本节"展开计算模板"。

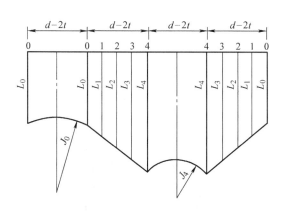

图 11-71　方管展开图

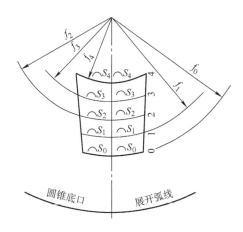

图 11-72　圆锥台开孔图

3）过渡条件（设 $n=4$）：

① $G=1750\times2200/(1750-350)=2750$

② $Q=\arctan(2750/1750)=57.5288°$

③ $J_0=1750-(1300-0.5\times960+960\times0/4)/\tan57.5288°=1228.2$

　　$J_1=1750-(1300-0.5\times960+960\times1/4)/\tan57.5288°=1075.5$

　　$J_2=1750-(1300-0.5\times960+960\times2/4)/\tan57.5288°=922.7$

　　$J_3=1750-(1300-0.5\times960+960\times3/4)/\tan57.5288°=770$

　　$J_4=1750-(1300-0.5\times960+960\times4/4)/\tan57.5288°=617.3$

④ $g_0=1288.2-\sqrt{1228.2^2-(0.5\times960)^2}=97.7$

　　$g_1=1075.5-\sqrt{1075.5^2-(0.5\times960)^2}=113.1$

　　$g_2=922.7-\sqrt{922.7^2-(0.5\times960)^2}=134.7$

　　$g_3=770-\sqrt{770^2-(0.5\times960)^2}=167.9$

　　$g_4=617.3-\sqrt{617.3^2-(0.5\times960)^2}=229.2$

⑤ $A_0=\arcsin(0.5\times960/1228.2)=23.0053°$

　　$A_1=\arcsin(0.5\times960/1075.5)=26.5068°$

　　$A_2=\arcsin(0.5\times960/922.7)=31.3465°$

　　$A_3=\arcsin(0.5\times960/770)=38.5631°$

　　$A_4=\arcsin(0.5\times960/617.3)=51.0395°$

4）计算结果：

① $L_0=2100-1228.2+97.7=970$

　　$L_1=2100-1075.5+113.1=1138$

　　$L_2=2100-922.7+134.7=1312$

　　$L_3=2100-770+167.9=1498$

　　$L_4=2100-617.3+229.2=1712$

② $f_0=1228.2/\cos57.5288°=2288$

　　$f_1=1075.5/\cos57.5288°=2003$

$f_2 = 922.7/\cos 57.5288° = 1719$

$f_3 = 770/\cos 57.5288° = 1434$

$f_4 = 617.3/\cos 57.5288° = 1150$

③ $S_0 = 3.1416 \times 1228.2 \times 23.0053°/180° = 493$

$S_1 = 3.1416 \times 1075.5 \times 26.5068°/180° = 498$

$S_2 = 3.1416 \times 922.7 \times 31.3465°/180° = 505$

$S_3 = 3.1416 \times 770 \times 38.5631°/180° = 518$

$S_4 = 3.1416 \times 617.3 \times 51.0395°/180° = 550$

十九、方管角向直交圆锥台（图 11-73）展开

1. 展开计算模板

1）已知条件（图 11-74）：

① 圆锥台底口内半径 R；

② 圆锥台顶口内半径 r；

③ 圆锥台两端口高 h；

④ 方管外口边长 d；

⑤ 方管中至圆锥台中偏心距 P；

⑥ 方管端口至圆锥台底口高 H；

⑦ 方管壁厚 t。

2）所求对象：

① 方管展开内、外侧边各素线实长 $L_{0'\sim n}^{0\sim n}$；

② 锥顶至圆锥台各相贯点纵半径 $f_{0'\sim n}^{0\sim n}$；

③ 圆锥台相贯孔各横半弧 $S_{0'\sim n}^{0\sim n}$。

3）过渡条件公式：

① 圆锥台锥顶至底口高 $G = R[h/(R - r)]$

② 圆锥台底角 $Q = \arctan(G/R)$

③ 俯视图方管内、外侧边各等份点至圆锥台纵向中轴水平距

$$a_{0'\sim n}^{0\sim n} = P \mp 0.7071d\ (1 - 0 \sim n/n)$$

④ 俯视图方管内、外侧边各等份点至锥台圆心距

$$b_{0'\sim n}^{0\sim n} = \sqrt{a_{0'\sim n}^{2\,0\sim n} + (0.7071d \times 0 \sim n/n)^2}$$

⑤ 俯视图方管内、外侧边各等份点同锥心连线与圆锥台横向中轴的夹角

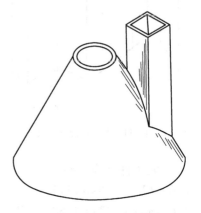

图 11-73　立体图

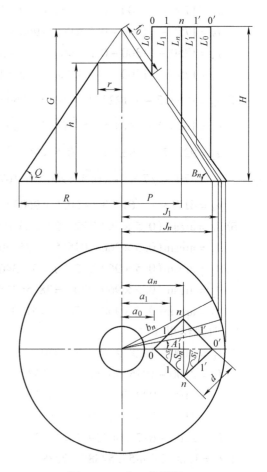

图 11-74　主、俯视图

$$A_{0'\sim n}^{0\sim n} = \arccos\left(a_{0'\sim n}^{0\sim n} / b_{0'\sim n}^{0\sim n}\right)$$

⑥ 俯视图方管内、外侧边各等份点同锥心连线的延长线与圆锥台底口交点至锥台纵向中轴水平距 $J_{0'\sim n}^{0\sim n} = R\cos A_{0'\sim n}^{0\sim n}$

⑦ 主视图圆锥台底边各投影点同锥顶连线与底边夹角 $B_{0'\sim n}^{0\sim n} = \arctan\left(G / J_{0'\sim n}^{0\sim n}\right)$

4）计算公式：

① $L_{0'\sim n}^{0\sim n} = H - \left(J_{0'\sim n}^{0\sim n} - a_{0'\sim n}^{0\sim n}\right)\tan B_{0'\sim n}^{0\sim n} + t$

② $f_{0'\sim n}^{0\sim n} = \left[G - \left(J_{0'\sim n}^{0\sim n} - a_{0'\sim n}^{0\sim n}\right)\tan B_{0'\sim n}^{0\sim n}\right] / \sin Q$

③ $S_{0'\sim n}^{0\sim n} = \pi b_{0'\sim n}^{0\sim n} A_{0'\sim n}^{0\sim n} / 180°$

式中　n——方管内、外侧边管口边长等分份数；

$0\sim n$——方管内侧边各线编号；

$0'\sim n$——方管外侧边各线编号。

说明：

① 公式中 a、b、A、J、B、L、f、S 的 $0\sim n$、$0'\sim n$ 编号均一致。

② 圆锥台展开见第四章第二节"展开计算模板"。

2. 展开计算实例（图 11-75、图 11-76）

1）已知条件（图 11-74）：$R = 1400$，$r = 300$，$h = 1540$，$d = 650$，$P = 900$，$H = 2060$，$t = 12$。

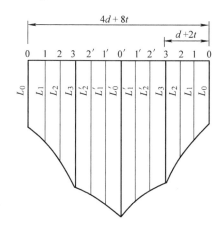

图 11-75　方管展开图

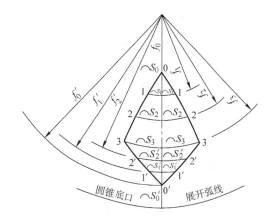

图 11-76　圆锥台开孔图

2）所求对象同本节"展开计算模板"。

3）过渡条件（设 $n = 3$）：

① $G = 1400 \times 1540 / (1400 - 300) = 1960$

② $Q = \arctan(1960 / 1400) = 54.4623°$

③ $a_0 = 900 - 0.7071 \times 650 \times (1 - 0/3) = 440.4$

　　$a_1 = 900 - 0.7071 \times 650 \times (1 - 1/3) = 593.6$

　　$a_2 = 900 - 0.7071 \times 650 \times (1 - 2/3) = 746.8$

　　$a_3 = 900 - 0.7071 \times 650 \times (1 - 3/3) = 900$

　　$a_0' = 900 + 0.7071 \times 650 \times (1 - 0/3) = 1359.6$

$a_1' = 900 + 0.7071 \times 650 \times (1 - 1/3) = 1206.4$

$a_2' = 900 + 0.7071 \times 650 \times (1 - 2/3) = 1053.2$

④ $b_0 = \sqrt{440^2 + (0.7071 \times 650 \times 0/3)^2} = 440.4$

$b_1 = \sqrt{594^2 + (0.7071 \times 650 \times 1/3)^2} = 613$

$b_2 = \sqrt{747^2 + (0.7071 \times 650 \times 2/3)^2} = 807.2$

$b_3 = \sqrt{900^2 + (0.7071 \times 650 \times 3/3)^2} = 1010.6$

$b_{0'} = \sqrt{1360^2 + (0.7071 \times 650 \times 0/3)^2} = 1359.6$

$b_{1'} = \sqrt{1206^2 + (0.7071 \times 650 \times 1/3)^2} = 1216.1$

$b_{2'} = \sqrt{1053^2 + (0.7071 \times 650 \times 2/3)^2} = 1096.9$

⑤ $A_0 = \arccos(440.4/440.4) = 0°$

$A_1 = \arccos(593.6/613) = 14.4531°$

$A_2 = \arccos(746.8/807.2) = 22.3055°$

$A_3 = \arccos(900/1010.6) = 27.0563°$

$A_{0'} = \arccos(1359.6/1359.6) = 0°$

$A_{1'} = \arccos(1206.4/1216.1) = 7.2415°$

$A_{2'} = \arccos(1053.2/1096.9) = 16.2273°$

⑥ $J_0 = 1400 \times \cos 0° = 1400$

$J_1 = 1400 \times \cos 14.4531° = 1355.7$

$J_2 = 1400 \times \cos 22.3055° = 1295.2$

$J_3 = 1400 \times \cos 27.0563° = 1246.8$

$J_{0'} = 1400 \times \cos 0° = 1400$

$J_{1'} = 1400 \times \cos 7.2415° = 1388.9$

$J_{2'} = 1400 \times \cos 16.2273° = 1344.2$

⑦ $B_0 = \arctan(1960/1400) = 54.4623°$

$B_1 = \arctan(1960/1355.7) = 55.329°$

$B_2 = \arctan(1960/1295.2) = 56.5426°$

$B_3 = \arctan(1960/1246.8) = 57.5386°$

$B_{0'} = \arctan(1960/1400) = 54.4623°$

$B_{1'} = \arctan(1960/1388.9) = 54.6778°$

$B_{2'} = \arctan(1960/1344.2) = 55.557°$

4）计算结果：

① $L_0 = 2060 - (1400 - 440.4) \times \tan 54.4623° = 717$

$L_1 = 2060 - (1355.7 - 593.6) \times \tan 55.329° = 958$

$L_2 = 2060 - (1295.2 - 746.8) \times \tan 56.5426° = 1230$

$L_3 = 2060 - (1246.8 - 900) \times \tan 57.5386° = 1515$

$L_{0'} = 2060 - (1400 - 1359.6) \times \tan 54.4623° = 2003$

$L_{1'} = 2060 - (1388.9 - 1206.4) \times \tan 54.6778° = 1802$

$L_{2'} = 2060 - (1344.2 - 1053.2) \times \tan 55.557° = 1636$

② $f_0 = [1960 - (1400 - 440.4) \times \tan54.4623°]/\sin54.4623° = 758$

    $f_1 = [1960 - (1355.7 - 593.6) \times \tan55.329°]/\sin54.4623° = 1055$

    $f_2 = [1960 - (1295.2 - 746.8) \times \tan56.5426°]/\sin54.4623° = 1389$

    $f_3 = [1960 - (1246.8 - 900) \times \tan57.5386°]/\sin54.4623° = 1739$

    $f_{0'} = [1960 - (1400 - 1359.6) \times \tan54.4623°]/\sin54.4623° = 2339$

    $f_{1'} = [1960 - (1388.9 - 1206.4) \times \tan54.6778°]/\sin54.4623° = 2092$

    $f_{2'} = [1960 - (1344.2 - 1053.2) \times \tan55.557°]/\sin54.4623° = 1887$

③ $S_0 = 3.1416 \times 440.4 \times 0°/180° = 0$

    $S_1 = 3.1416 \times 613 \times 14.4531°/180° = 155$

    $S_2 = 3.1416 \times 807.2 \times 22.3055°/180° = 314$

    $S_3 = 3.1416 \times 1010.6 \times 27.0563°/180° = 477$

    $S_{0'} = 3.1416 \times 1359.6 \times 0°/180° = 0$

    $S_{1'} = 3.1416 \times 1216.1 \times 7.2415°/180° = 154$

    $S_{2'} = 3.1416 \times 1096.9 \times 16.2273°/180° = 311$

二十、方管角向平交圆锥台（图11-77）展开

1. 展开计算模板

1）已知条件（图11-78）：

① 圆锥台底口内半径 R；

② 圆锥台顶口内半径 r；

③ 圆锥台两端口高 h；

④ 方管外口边长 d；

⑤ 方管端口至圆锥台中水平距 P；

⑥ 方管中至圆锥台底口高 H；

⑦ 方管壁厚 t。

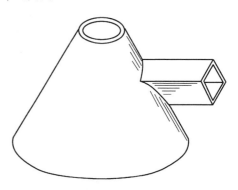

图11-77 立体图

2）所求对象：

① 方管展开内、外侧边各素线实长 $L_{0 \sim n'}^{0 \sim n}$；

② 锥顶至圆锥台各相贯点纵半径 $f_{0 \sim n'}^{0 \sim n}$；

③ 圆锥台相贯孔各横半弧 $S_{0 \sim n'}^{0 \sim n}$。

3）过渡条件公式：

① 圆锥台锥顶至底口高 $G = R[h/(R - r)]$

② 圆锥台底角 $Q = \arctan(G/R)$

③ 圆锥台各相贯点纬圆半径 $J_{0 \sim n'}^{0 \sim n} = R - H/\tan Q \pm (0.7071d \times 0 \sim n/n')/\tan Q$

④ 俯视图各相贯点弧弦高 $g_{0 \sim n'}^{0 \sim n} = J_{0 \sim n'}^{0 \sim n} - \sqrt{J_{0 \sim n'}^{2\,0 \sim n} - [0.7071d\,(1 - 0 \sim n/n')]^2}$

⑤ 俯视图各相贯点同锥圆心连线与横向中轴的夹角

$$A_{0 \sim n'}^{0 \sim n} = \arccos\left[(J_{0 \sim n'}^{0 \sim n} - g_{0 \sim n'}^{0 \sim n})/J_{0 \sim n'}^{0 \sim n}\right]$$

4）计算公式：

① $L_{0 \sim n'}^{0 \sim n} = P - J_{0 \sim n'}^{0 \sim n} + g_{0 \sim n'}^{0 \sim n}$

② $f_{0 \sim n'}^{0 \sim n} = J_{0 \sim n'}^{0 \sim n}/\cos Q$

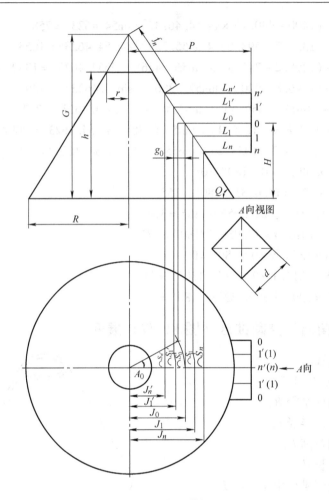

图 11-78　主、俯视图

③ $S_{0 \sim n'}^{0 \sim n} = \pi J_{0 \sim n'}^{0 \sim n} A_{0 \sim n'}^{0 \sim n} / 180°$

式中　n——方管内、外侧边管边长等分份数；

　　$0 \sim n$——方管内侧边各线编号；

　　$0 \sim n'$——方管外侧边各线编号。

　　说明：

① 公式中 J、g、A、L、f、S 的 $0 \sim n$、$0 \sim n'$ 编号均一致。

② 圆锥台展开见第四章第二节"展开计算模板"。

2. 展开计算实例（图 11-79、图 11-80）

1）已知条件（图 11-78）：$R = 1010$，$r = 225$，$h = 1200$，$d = 500$，$P = 1300$，$H = 800$，$t = 10$。

2）所求对象同本节"展开计算模板"。

3）过渡条件（设 $n = 3$）：

① $G = 1010 \times 1200 / (1010 - 225) = 1544$

② $Q = \arctan(1544/1010) = 56.8086°$

③ $J_0 = 1010 - 800/\tan 56.8086° + (0.7071 \times 500 \times 0/3)/\tan 56.8086° = 487$

　　$J_1 = 1010 - 800/\tan 56.8086° + (0.7071 \times 500 \times 1/3)/\tan 56.8086° = 564$

$$J_2 = 1010 - 800/\tan 56.8086° + (0.7071 \times 500 \times 2/3)/\tan 56.8086° = 641$$

$$J_3 = 1010 - 800/\tan 56.8086° + (0.7071 \times 500 \times 3/3)/\tan 56.8086° = 718$$

$$J_{1'} = 1010 - 800/\tan 56.8086° - (0.7071 \times 500 \times 1/3)/\tan 56.8086° = 410$$

$$J_{2'} = 1010 - 800/\tan 56.8086° - (0.7071 \times 500 \times 2/3)/\tan 56.8086° = 332$$

$$J_{3'} = 1010 - 800/\tan 56.8086° - (0.7071 \times 500 \times 3/3)/\tan 56.8086° = 255$$

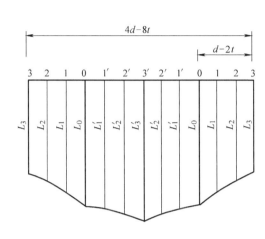

图 11-79　方管展开图

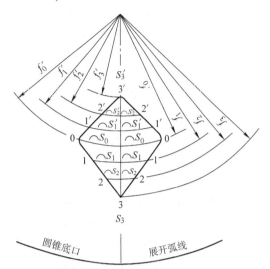

图 11-80　圆锥台开孔图

④ $g_0 = 487 - \sqrt{487^2 - [0.7071 \times 500 \times (1 - 0/3)]^2} = 152$

$g_1 = 564 - \sqrt{564^2 - [0.7071 \times 500 \times (1 - 1/3)]^2} = 52$

$g_2 = 641 - \sqrt{641^2 - [0.7071 \times 500 \times (1 - 2/3)]^2} = 11$

$g_3 = 718 - \sqrt{718^2 - [0.7071 \times 500 \times (1 - 3/3)]^2} = 0$

$g_{1'} = 410 - \sqrt{410^2 - [0.7071 \times 500 \times (1 - 1/3)]^2} = 75$

$g_{2'} = 332 - \sqrt{332^2 - [0.7071 \times 500 \times (1 - 2/3)]^2} = 22$

$g_{3'} = 255 - \sqrt{255^2 - [0.7071 \times 500 \times (1 - 3/3)]^2} = 0$

⑤ $A_0 = \arccos[(487 - 152)/487] = 46.5915°$

$A_1 = \arccos[(564 - 52)/564] = 24.7138°$

$A_2 = \arccos[(641 - 11)/641] = 10.5967°$

$A_3 = \arccos[(718 - 0)/718] = 0°$

$A_{1'} = \arccos[(410 - 75)/410] = 35.1331°$

$A_{2'} = \arccos[(332 - 22)/332] = 20.7602°$

$A_{3'} = \arccos[(255 - 0)/255] = 0°$

4）计算结果：

① $L_0 = 1300 - 487 + 152 = 965$

$L_1 = 1300 - 564 + 52 = 788$

$L_2 = 1300 - 641 + 11 = 670$

$L_3 = 1300 - 718 + 0 = 582$

$L_{1'} = 1300 - 410 + 75 = 965$

$L_{2'} = 1300 - 332 + 22 = 990$

$L_{3'} = 1300 - 255 + 0 = 1045$

② $f_0 = 487 / \cos 56.8086° = 889$

$f_1 = 564 / \cos 56.8086° = 1030$

$f_2 = 641 / \cos 56.8086° = 1171$

$f_3 = 718 / \cos 56.8086° = 1311$

$f_{1'} = 410 / \cos 56.8086° = 749$

$f_{2'} = 332 / \cos 56.8086° = 607$

$f_{3'} = 255 / \cos 56.8086° = 466$

③ $S_0 = 3.1416 × 487 × 46.5915° / 180° = 396$

$S_1 = 3.1416 × 564 × 24.7138° / 180° = 243$

$S_2 = 3.1416 × 641 × 10.5967° / 180° = 119$

$S_3 = 3.1416 × 718 × 0° / 180° = 0$

$S_{1'} = 3.1416 × 410 × 35.1331° / 180° = 251$

$S_{2'} = 3.1416 × 332 × 20.7602° / 180° = 120$

$S_{3'} = 3.1416 × 255 × 0° / 180° = 0$

二十一、方锥管面向直交圆锥台（图 11-81）展开

1. 展开计算模板

1）已知条件（图 11-82）：

① 圆锥台底口内半径 R；

② 圆锥台顶口内半径 r；

③ 圆锥台两端口高 h；

④ 方锥管端口内边长 a；

⑤ 方锥管相贯口内边长 b；

⑥ 方锥管与圆锥台中偏心距 P；

⑦ 方锥台端口至圆锥台底口高 H；

⑧ 方锥管壁厚 t。

2）所求对象：

① 方锥管内棱接合边实长 L；

② 方锥管外棱接合边实长 K；

③ 方锥管内面中线实高 E_1；

④ 方锥管外面中线实高 E_2；

⑤ 方锥管侧面相贯边实长 F；

⑥ 方锥管侧面对角线实长 c；

⑦ 锥顶至圆锥台相贯孔内棱角点半径 f_1；

⑧ 锥顶至圆锥台相贯孔外棱角点半径 f_2；

⑨ 锥顶至圆锥台相贯孔内边中点半径 f_0；

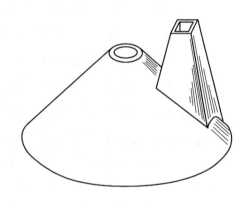

图 11-81　立体图

⑩ 锥顶至圆锥台相贯孔外边中点半径 f_3；

⑪ 锥顶过相贯孔内棱角点至圆锥台底口弧长 S；

⑫ 锥顶过相贯孔外棱角点至圆锥台底口弧长 M。

3）过渡条件公式：

① 圆锥台锥顶至底口高 $G = R[h/(R - r)]$

② 圆锥台底角 $Q = \arctan(G/R)$

③ 俯视图方锥管内棱角点同圆心连线与圆锥台横向中轴的夹角

$$A_1 = \arctan\ [0.5b/(P - 0.5b)]$$

④ 俯视图方锥管外棱角点同圆心连线与圆锥台横向中轴的夹角

$$A_2 = \arctan\ [0.5b/(P + 0.5b)]$$

⑤ 主视图锥顶过相贯孔内棱角点至圆锥底边夹角

$$B_1 = \arctan\ [G/(R\cos A_1)]$$

⑥ 主视图锥顶过相贯孔外棱角点至圆锥底边夹角

$$B_2 = \arctan\ [G/(R\cos A_2)]$$

⑦ 主视图相贯口内棱角点至圆锥台底边高

$$g_1 = (R\cos A_1 - P + 0.5b)\tan B_1$$

⑧ 主视图相贯口外棱角点至圆锥台底边高

$$g_2 = (R\cos A_2 - P - 0.5b)\tan B_2$$

⑨ 主视图相贯口内棱角点至圆锥台斜边水平距

$$e_1 = (R - P + 0.5b) - g_1/\tan Q$$

⑩ 主视图相贯口外棱角点至圆锥台斜边水平距

$$e_2 = (R - P - 0.5b) - g_2/\tan Q$$

⑪ 主视图方锥管内棱边与 e_1 水平距的夹角

$$\beta_1 = \arctan[(H - g_1)/(0.5b - 0.5a)]$$

⑫ 主视图方锥管外棱边与 e_2 水平距的夹角

$$\beta_2 = 180° - \arctan[(H - g_2)/(0.5b - 0.5a)]$$

4）计算公式：

① $L = \sqrt{[0.7071 \times (b - a)]^2 + (H - g_1)^2}$

② $K = \sqrt{[0.7071 \times (b - a)]^2 + (H - g_2)^2}$

③ $E_1 = \sqrt{[0.5 \times (b - a)]^2 + (H - g_1)^2} - e_1\sin Q/\sin(180° - Q - \beta_1)$

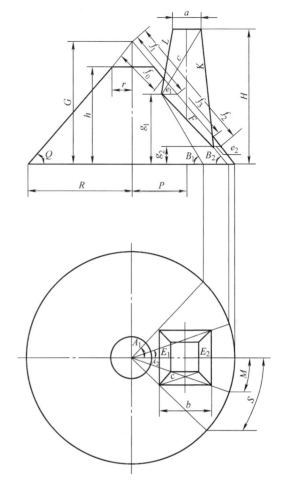

图 11-82　主、俯视图

④ $E_2 = \sqrt{[0.5 \times (b-a)]^2 + (H-g_2)^2} - e_2 \sin Q / \sin(180° - Q - \beta_2)$

⑤ $F = \sqrt{b^2 + (g_1 - g_2)^2}$

⑥ $c = \sqrt{[(b+a)/2]^2 + [(b-a)/2]^2 + (H-g_1)^2}$

⑦ $f_1 = (G - g_1)/\sin Q - t$

⑧ $f_2 = (G - g_2)/\sin Q + t$

⑨ $f_0 = f_1 - e_1 \sin \beta_1 / \sin(180° - Q - \beta_1) - t$

⑩ $f_3 = f_2 - e_2 \sin \beta_2 / \sin(180° - Q - \beta_2) + t$

⑪ $S = \pi R A_1 / 180° + t$

⑫ $M = \pi R A_2 / 180° + t$

说明：圆锥台展开见第四章第二节"展开计算模板"。

2. 展开计算实例（图 11-83、图 11-84）

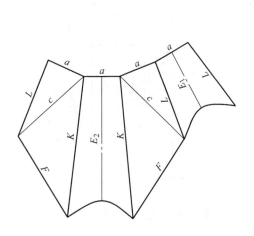

图 11-83 方锥管展开图

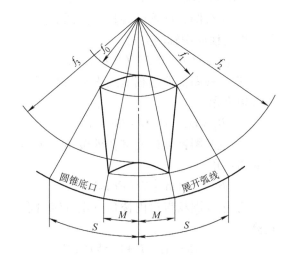

图 11-84 圆锥台开孔图

1）已知条件（图 11-82）：$R = 1350$，$r = 270$，$h = 1300$，$a = 420$，$b = 800$，$P = 750$，$H = 1780$，$t = 8$。

2）所求对象同本节"展开计算模板"。

3）过渡条件：

① $G = 1350 \times 1300 / (1350 - 270) = 1625$

② $Q = \arctan(1625/1350) = 50.2812°$

③ $A_1 = \arctan[0.5 \times 800/(750 - 0.5 \times 800)] = 48.8141°$

④ $A_2 = \arctan[0.5 \times 800/(750 + 0.5 \times 800)] = 19.179°$

⑤ $B_1 = \arctan[1625/(1350 \times \cos 48.8141°)] = 61.3185°$

⑥ $B_2 = \arctan[1625/(1350 \times \cos 19.179°)] = 51.8802°$

⑦ $g_1 = (1350 \times \cos 48.8141° - 750 + 0.5 \times 800) \times \tan 61.3185° = 985.2$

⑧ $g_2 = (1350 \times \cos 19.179° - 750 - 0.5 \times 800) \times \tan 51.8802° = 159.4$

⑨ $e_1 = (1350 - 750 + 0.5 \times 800) - 985.2/\tan 50.2812° = 181.5$

⑩ $e_2 = (1350 - 750 - 0.5 \times 800) - 159.4/\tan 50.2812° = 67.6$

⑪ $\beta_1 = \arctan[(1780 - 985.2)/(0.5 \times 800 - 0.5 \times 420)] = 76.5556°$

⑫ $\beta_2 = 180° - \arctan[(1780 - 159.4)/(0.5 \times 800 - 0.5 \times 420)] = 96.6869°$

4）计算结果：

① $L = \sqrt{[0.7071 \times (800 - 420)]^2 + (1780 - 985.2)^2} = 839$

② $K = \sqrt{[0.7071 \times (800 - 420)]^2 + (1780 - 159.4)^2} = 1643$

③ $E_1 = \sqrt{[0.5 \times (800 - 420)]^2 + (1780 - 985.2)^2} - 181.5 \times \sin 50.2812°/\sin(180° - 50.2812° - 76.5556°) = 643$

④ $E_2 = \sqrt{[0.5 \times (800 - 420)]^2 + (1780 - 159.4)^2} - 67.6 \times \sin 50.2812°/\sin(180° - 50.2812° - 96.6869°) = 1536$

⑤ $F = \sqrt{800^2 + (985.2 - 159.4)^2} = 1150$

⑥ $c = \sqrt{[(800 + 420)/2]^2 + [(800 - 420)/2]^2 + (1780 - 985.2)^2} = 1020$

⑦ $f_1 = (1625 - 985.2)/\sin 50.2812° - 8 = 824$

⑧ $f_2 = (1625 - 159.4)/\sin 50.2812° + 8 = 1913$

⑨ $f_0 = 824 - 181.5 \times \sin 76.5556°/\sin(180° - 50.2812° - 76.5556°) - 8 = 595$

⑩ $f_3 = 1913 - 67.6 \times \sin 96.6869°/\sin(180° - 50.2812° - 96.6869°) + 8 = 1798$

⑪ $S = 3.1416 \times 1350 \times 48.8141°/180° + 8 = 1158$

⑫ $M = 3.1416 \times 1350 \times 19.179°/180° + 8 = 460$

二十二、方锥管角向直交圆锥台（图 11-85）展开

1. 展开计算模板

1）已知条件（图 11-86）：

① 圆锥台底口内半径 R；

② 圆锥台顶口内半径 r；

③ 圆锥台两端口高 h；

④ 方锥管端口内边长 a；

⑤ 方锥管相贯口内边长 b；

⑥ 方锥管与圆锥台中偏心距 P；

⑦ 方锥管端口至圆锥台底口高 H；

⑧ 方锥管壁厚 t。

2）所求对象：

① 方锥管内棱接合边实长 L；

② 主锥管外棱接合边实长 K；

③ 方锥管侧棱接合边实长 J；

④ 方锥管内侧面相贯边实长 e；

⑤ 方锥管外侧面相贯边实长 E；

⑥ 方锥管内侧面对角线实长 c_1；

⑦ 方锥管外侧面对角线实长 c_2；

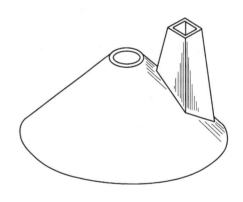

图 11-85　立体图

⑧ 锥顶至圆锥台相贯孔内棱角点半径 f_0；

⑨ 锥顶至圆锥台相贯孔侧棱角点半径 f_1；

⑩ 锥顶至圆锥台相贯孔外棱角点半径 f_2；

⑪ 锥顶过相贯孔侧棱角点至圆锥台底口弧长 S。

3）过渡条件公式：

① 圆锥台锥顶至底口高 $G = R[h/(R-r)]$

② 圆锥台底角 $Q = \arctan(G/R)$

③ 俯视图方锥管侧棱角点同圆心连线与圆锥台横向中轴的夹角 $A = \arctan(0.7071b/P)$

④ 主视图锥顶过相贯孔侧棱角点至底边连线与圆锥台底边的夹角

$$B = \arctan[G/(R\cos A)]$$

⑤ 主视图方锥管相贯口内棱角点至圆锥台底口高 $g_0 = (R - P + 0.7071b)\tan Q$

⑥ 主视图方锥管相贯口侧棱角点至圆锥台底口高 $g_1 = (R\cos A - P)\tan B$

⑦ 主视图方锥管相贯口外棱角点至圆锥台底口高 $g_2 = (R - P - 0.7071b)\tan Q$

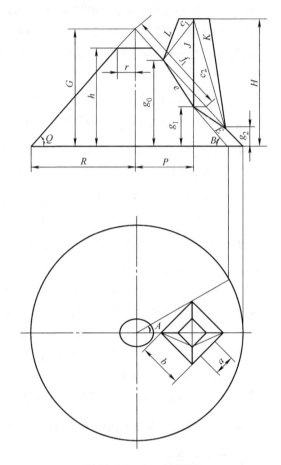

图 11-86　主、俯视图

4）计算公式：

① $L = \sqrt{[0.7071 \times (b-a)]^2 + (H - g_0)^2}$

② $K = \sqrt{[0.7071 \times (b-a)]^2 + (H - g_2)^2}$

③ $J = \sqrt{[0.7071 \times (b-a)]^2 + (H - g_1)^2}$

④ $e = \sqrt{b^2 + (g_0 - g_1)^2}$

⑤ $E = \sqrt{b^2 + (g_1 - g_2)^2}$

⑥ $c_1 = \sqrt{(0.7071a)^2 + (0.7071b)^2 + (H - g_0)^2}$

⑦ $c_2 = \sqrt{(0.7071a)^2 + (0.7071b)^2 + (H - g_2)^2}$

⑧ $f_0 = (G - g_0)/\sin Q - t$

⑨ $f_1 = (G - g_1)/\sin Q$

⑩ $f_2 = (G - g_2)/\sin Q + t$

⑪ $S = \pi R(A/180°) + t$

2. 展开计算实例（图 11-87、图 11-88）

1）已知条件（图 11-86）：$R=1050$，$r=200$，$h=960$，$a=210$，$b=500$，$P=600$，$H=1260$，$t=10$。

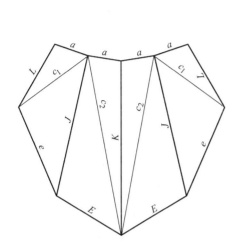

图 11-87 方锥管展开图

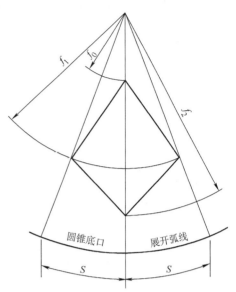

图 11-88 圆锥台开孔图

2）所求对象同本节"展开计算模板"。

3）过渡条件：

① $G=1050\times960/(1050-200)=1185.9$

② $Q=\arctan(1185.9/1050)=48.4782°$

③ $A=\arctan(0.7071\times500/600)=30.5087°$

④ $B=\arctan[1185.9/(1050\times\cos30.5087°)]=52.6582°$

⑤ $g_0=(1050-600+0.7071\times500)\times\tan48.4782°=907.6$

⑥ $g_1=(1050\times\cos30.5087°-600)\times\tan52.6582°=399.3$

⑦ $g_2=(1050-600-0.7071\times500)\times\tan48.4782°=108.9$

4）计算结果：

① $L=\sqrt{[0.7071\times(500-210)]^2+(1260-907.6)^2}=408$

② $K=\sqrt{[0.7071\times(500-210)]^2+(1260-108.9)^2}=1169$

③ $J=\sqrt{[0.7071\times(500-210)]^2+(1260-399.3)^2}=885$

④ $e=\sqrt{500^2+(907.6-399.3)^2}=713$

⑤ $E=\sqrt{500^2+(399.3-108.9)^2}=578$

⑥ $c_1=\sqrt{(0.7071\times210)^2+(0.7071\times500)^2+(1260-907.6)^2}=521$

⑦ $c_2=\sqrt{(0.7071\times210)^2+(0.7071\times500)^2+(1260-108.9)^2}=1213$

⑧ $f_0=(1185.9-907.6)/\sin48.4782°-10=362$

⑨ $f_1=(1185.9-399.3)/\sin48.4782°=1051$

⑩ $f_2=(1185.9-108.9)/\sin48.4782°+10=1448$

⑪ $S = 3.1416 \times 1050 \times 30.5087° / 180° + 10 = 569$

二十三、方管面向直交方锥台（图 11-89）展开

1. 展开计算模板

1）已知条件（图 11-90）：

① 方锥台底口内边长 a；

② 方锥台顶口内边长 b；

③ 方锥台两端口高 h；

④ 方管外边长 d；

⑤ 方管与方锥偏心距 P；

⑥ 方管端口至方锥台底口高 H；

⑦ 方管壁厚 t。

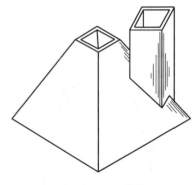

图 11-89　立体图

2）所求对象：

① 方锥台底口端点至相贯中点实长 c；

② 方管内接合边实长 L；

③ 方管外接合边实长 M；

④ 方管内面中线实长 J；

⑤ 方管外面中线实长 K；

⑥ 方锥台相贯孔纵半距 e；

⑦ 方锥台相贯孔横半距 f。

3）过渡条件公式：

① 方锥台锥顶至锥底高 $G = a[h/(a - b)]$

② 方锥台底角 $Q = \arctan[G/(0.7071a)]$

③ 俯视图方管内角点同锥心连线与锥横向棱线的夹角

$A = \arctan[0.5d/(P - 0.5d)]$

④ 俯视图方管外角点同锥心连线与锥横向棱线的夹角

$B = \arctan[0.5d/(P + 0.5d)]$

⑤ 俯视图方管内角点同锥心连接延长线与方锥台底边交点至方锥台中水平距

$x = [0.7071a\sin45°/\sin(135° - A)]\cos A$

⑥ 俯视图方管外角点同锥心连接延长线与方锥台底边交点至方锥台中水平距

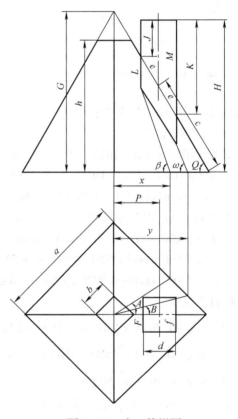

图 11-90　主、俯视图

$$y = [0.7071a\sin45°/\sin(135° - B)]\cos B$$

⑦ 主视图方锥台底口方管内角点延长线投影点同锥顶连线与底口边的夹角

$$\beta = \arctan(G/x)$$

⑧ 主视图方锥台底口方管外角点延长线投影点同锥顶连线与底口边的夹角

$$W = \arctan(G/y)$$

4）计算公式：

① $c = (0.7071a - P) / \cos Q$

② $L = H - (x - P + 0.5d) \tan\beta$

③ $M = H - (y - P - 0.5d) \tan W$

④ $J = H - (0.7071a - P + 0.5d) \tan Q$

⑤ $K = H - (0.7071a - P - 0.5d) \tan Q$

⑥ $e = 0.5d / \cos Q$

⑦ $f = \sqrt{(L-J)^2 + (0.5d)^2}$ 或 $f = \sqrt{(M-K)^2 + (0.5d)^2}$

说明：

① 方锥台相贯孔内、外横半距 f 线段平行于方锥台相邻接合边。

② 方锥台展开见第一章的第一节"展开计算模板"。

2. 展开计算实例（图 11-91、图 11-92）

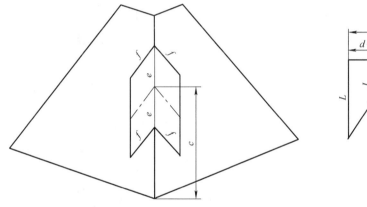

图 11-91　方锥台开孔图

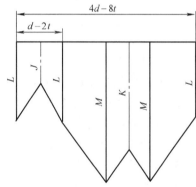

图 11-92　方管展开图

1）已知条件（图 11-90）：$a = 2000$，$b = 400$，$h = 1960$，$d = 520$，$P = 680$，$H = 2240$，$t = 8$。

2）所求对象同本节"展开计算模板"。

3）过渡条件：

① $G = 2000 \times 1960 / (2000 - 400) = 2450$

② $Q = \arctan[2450 / (0.7071 \times 2000)] = 60.0054°$

③ $A = \arctan[0.5 \times 520 / (680 - 0.5 \times 520)] = 31.7595°$

④ $B = \arctan[0.5 \times 520 / (680 + 0.5 \times 520)] = 15.4612°$

⑤ $x = [0.707 \times 2000 \times \sin45° / \sin(135° - 31.7595°)] \times \cos31.7595° = 873$

⑥ $y = [0.7071 \times 2000 \times \sin45° / \sin(135° - 15.4612°)] \times \cos15.4612° = 1108$

⑦ $\beta = \arctan(2450 / 873) = 70.3877°$

⑧ $W = \arctan(2450 / 1108) = 65.6654°$

4）计算结果：

① $c = (0.7071 \times 2000 - 680) / \cos 60.0054° = 1469$

② $L = 2240 - (873 - 680 + 0.5 \times 520) \times \tan 70.3877° = 969$

③ $M = 2240 - (1108 - 680 - 0.5 \times 520) \times \tan 65.6654° = 1869$

④ $J = 2240 - (0.7071 \times 2000 - 680 + 0.5 \times 520) \times \tan 60.0054° = 518$

⑤ $K = 2240 - (0.7071 \times 2000 - 680 - 0.5 \times 520) \times \tan 60.0054° = 1418$

⑥ $e = 0.5 \times 520 / \cos 60.0054° = 520$

⑦ $f = \sqrt{(969-518)^2 + (0.5 \times 520)^2} = 520$ 或 $f = \sqrt{(1869-1418)^2 + (0.5 \times 520)^2} = 520$

二十四、方管面向平交方锥台（图 11-93）展开

1. 展开计算模板

1）已知条件（图 11-94）：

① 方锥台底口内边长 a；

② 方锥台顶口内边长 b；

③ 方锥台两端口高 h；

④ 方管外边长 d；

⑤ 方管端口至方锥台中水平距 P；

⑥ 方管中至方锥台底口高 H；

⑦ 方管壁厚 t。

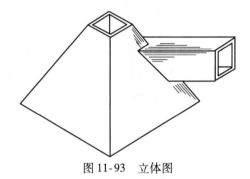

图 11-93　立体图

2）所求对象：

① 方锥台底口端点至相贯中实长 c；

② 方管内面中线实长 W；

③ 方管外面中线实长 K；

④ 方管内接合边实长 L；

⑤ 方管外接合边实长 M；

⑥ 方锥台相贯孔纵半距 e；

⑦ 方锥台相贯孔横半距 f。

3）过渡条件公式：

① 方锥台锥顶至锥底高 $G = a[h/(a-b)]$

② 方锥台底角 $Q = \arctan [G/(0.7071a)]$

③ 方管与方锥台相贯中至方管端口水平距

$J = P - (0.7071a - H/\tan Q)$

4）计算公式：

① $c = H/\sin Q$

② $W = J - 0.5d/\tan Q$

③ $K = J + 0.5d/\tan Q$

④ $L = W + 0.5d$

⑤ $M = K + 0.5d$

⑥ $e = 0.5d/\sin Q$

⑦ $f = 0.7071d$

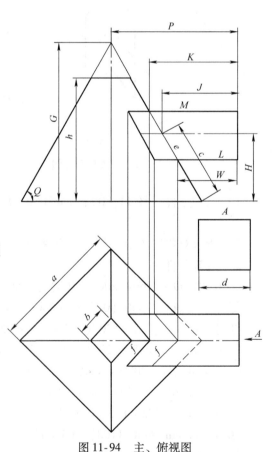

图 11-94　主、俯视图

说明：

① 方锥台相贯孔横半距 f 线段平行于方锥台底口。

② 方锥台展开见第一章第一节"展开计算模板"。

2. 展开计算实例（图 11-95、图 11-96）

1）已知条件（图 11-94）：$a=1500$，$b=300$，$h=1400$，$d=600$，$P=1450$，$H=750$，$t=8$。

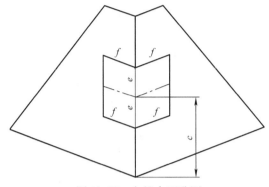

图 11-95　方锥台开孔图

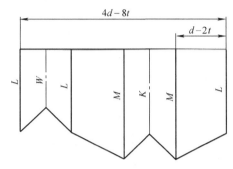

图 11-96　方管展开图

2）所求对象同本节"展开计算模板"。

3）过渡条件：

① $G=1500\times1400/(1500-300)=1750$

② $Q=\arctan\left[1750/(0.7071\times1500)\right]=58.7805°$

③ $J=1450-(0.7071\times1500-750/\tan58.7805°)=844$

4）计算结果：

① $c=750/\sin58.7805°=877$

② $W=844-0.5\times600/\tan58.7805°=662$

③ $K=844+0.5\times600/\tan58.7805°=1026$

④ $L=662+0.5\times600=962$

⑤ $M=1026+0.5\times600=1326$

⑥ $e=0.5\times600/\sin58.7805°=351$

⑦ $f=0.7071\times600=424$

二十五、方管角向直交方锥台（图 11-97）展开

1. 展开计算模板

1）已知条件（图 11-98）：

① 方锥台底口内边长 a；

② 方锥台顶口内边长 b；

③ 方锥台两端口高 h；

④ 方管外边长 d；

⑤ 方管与方锥台偏心距 P；

⑥ 方管端口至方锥台底口高 H；

⑦ 方管壁厚 t。

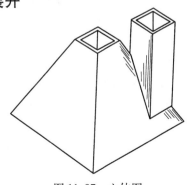

图 11-97　立体图

2）所求对象：

① 方锥台底口端点至相贯中点实长 c；

② 方管内棱接合边实长 L；

③ 方管外棱接合边实长 M；

④ 方管侧棱接合边实长 K；

⑤ 方锥台相贯孔对角纵半距 e；

⑥ 方锥台相贯孔对角横半距 f。

3）过渡条件公式：

① 方锥台锥顶至底口高 $G = a[h/(a-b)]$。

② 方锥台底角 $Q = \arctan [G/(0.7071a)]$

③ 俯视图方管侧棱角点同方锥中点连线与方锥台横向中轴的夹角

$$A = \arctan(0.7071d/P)$$

④ 俯视图方管侧棱角延长线与方锥台底边交点至方锥中水平距

$$J = [0.7071a\sin45°/\sin(135°-A)]\cos A$$

⑤ 主视图方锥台底口方管纵向棱角延长线投影点同方锥顶连线与底口边的夹角

$$B = \arctan(G/J)$$

4）计算公式：

① $c = (0.7071a-P)/\cos Q$

② $L = H - [0.7071\times(a+d)-P]\tan Q$

③ $M = H - [0.7071\times(a-d)-P]\tan Q$

④ $K = H - (J-P)\tan B$

⑤ $e = 0.7071d/\cos Q$

⑥ $f = \sqrt{[c\sin Q-(J-P)\tan B]^2+(0.7071d)^2}$

说明：

① 方锥台展开见第一章第一节"展开计算模板"。

② 方锥台相贯孔对角横半距 f 线段平行于方锥台相邻接合边。

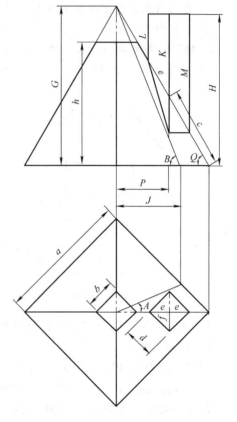

图 11-98　主、俯视图

2. 展开计算实例（图 11-99、图 11-100）

1）已知条件（图 11-98）：$a = 1750$，$b = 350$，$h = 1610$，$d = 385$，$P = 700$，$H = 2030$，$t = 10$。

2）所求对象同本节"展开计算模板"。

3）过渡条件：

① $G = 1750\times1610/(1750-350) = 2013$

② $Q = \arctan [2013/(0.7071\times1750)] = 58.4203°$

③ $A = \arctan(0.7071\times385/700) = 21.2513°$

④ $J = [0.7071\times1750\times\sin45°/\sin(135°-21.2513°)]\times\cos21.2513° = 891$

⑤ $B = \arctan(2013/891) = 66.1247°$

4）计算结果：

① $c = (0.707 \times 1750 - 700)/\cos 58.4203° = 1026$

② $L = 2030 - [0.7071 \times (1750 + 385) - 700] \times \tan 58.4203° = 713$

③ $M = 2030 - [0.7071 \times (1750 - 385) - 700] \times \tan 58.4203° = 1598$

④ $K = 2030 - (891 - 700) \times \tan 66.1247° = 1598$

⑤ $e = 0.7071 \times 385/\cos 58.4203° = 520$

⑥ $f = \sqrt{[1026 \times \sin 58.4203° - (891 - 700) \times \tan 66.1247°]^2 + (0.7071 \times 385)^2} = 520$

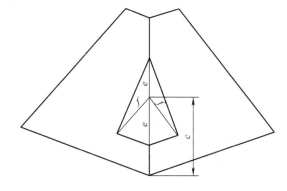

图 11-99　方锥台开孔图

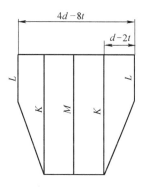

图 11-100　方管展开图

二十六、方管角向平交方锥台（图 11-101）展开

1. 展开计算模板

1）已知条件（图 11-102）：

① 方锥台底中内边长 a；

② 方锥台顶口内边长 b；

③ 方锥台两端口高 h；

④ 方管外边长 d；

⑤ 方管端口至方锥台中水平距 P；

⑥ 方管中至方锥台底口高 H；

⑦ 方管壁厚 t。

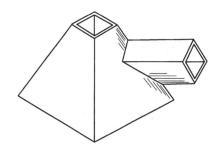

图 11-101　立体图

2）所求对象：

① 方锥台底口端点至相贯中实长 c；

② 方管内接合边实长 L；

③ 方管外接合边实长 M；

④ 方管侧接合边实长 K；

⑤ 方锥台相贯孔对角纵半距 e；

⑥ 方锥台相贯孔对角横半距 f。

3）过渡条件公式：

① 方锥台锥顶至底口高 $G = a[h/(a - b)]$

② 方锥台底角 $Q = \arctan[G/(0.7071\,a)]$

③ 方管与方锥台相贯中至方管端口水平距 $J = P - (0.7071\,a - H/\tan Q)$

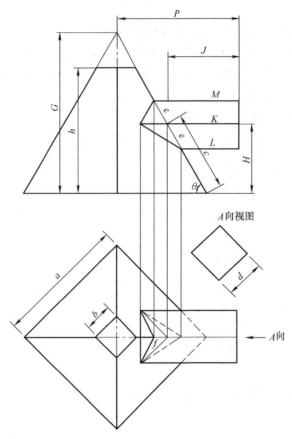

图 11-102　主、俯视图

4）计算公式：

① $c = H/\sin Q$

② $L = J - 0.7071d/\tan Q$

③ $M = J + 0.7071d/\tan Q$

④ $K = J + 0.7071d$

⑤ $e = 0.7071d/\sin Q$

⑥ $f = d$

说明：

① 方锥台相贯孔横半距 f 线段平行于方锥台底边。

② 方锥台展开见第一章第一节"展开计算模板"。

2. 展开计算实例（图 11-103、图 11-104）

1）已知条件（图 11-102）：$a = 1300$，$b = 250$，$h = 1200$，$d = 450$，$P = 1100$，$H = 700$，$t = 6$。

2）所求对象同本节"展开计算模板"。

3）过渡条件：

① $G = 1300 \times 1200/(1300 - 250) = 1485.7$

② $Q = \arctan[1485.7/(0.7071 \times 1300)] = 58.2544°$

③ $J = 1100 - (0.7071 \times 1300 - 700/\tan 58.2544°) = 614$

4）计算结果：

① $c = 700/\sin 58.2544° = 823$

② $L = 614 - 0.7071 \times 450/\tan 58.2544° = 417$

③ $M = 614 + 0.7071 \times 450/\tan 58.2544° = 811$

④ $K = 614 + 0.7071 \times 450 = 932$

⑤ $e = 0.7071 \times 450/\sin 58.2544° = 374$

⑥ $f = 450$

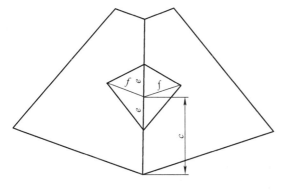

图 11-103　方锥台开孔图

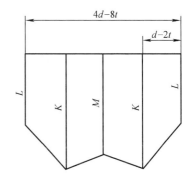

图 11-104　方管展开图

二十七、圆管角向直交方锥台（图 11-105）展开

1. 展开计算模板

1）已知条件（图 11-106）：

① 方锥台底口内边长 a；

② 方锥台顶口内边长 b；

③ 方锥台两端口高 h；

④ 圆管外半径 r；

⑤ 圆管与方锥台偏心距 P；

⑥ 圆管端口至方锥台底口高 H；

⑦ 圆管壁厚 t。

2）所求对象：

① 方锥台底口端点至相贯中实长 c；

② 圆管展开各素线实长 $L_{0 \sim n}$；

③ 方锥台相贯孔各纵半距 $e_{0 \sim n}$；

④ 方锥台相贯孔各横半距 $f_{0 \sim n}$；

⑤ 圆管展开各等分段中弧长 $S_{0 \sim n}$。

3）过渡条件公式：

① 方锥台锥顶至底口高 $G = a[h/(a - b)]$

② 方锥台底角 $Q = \arctan [G/(0.7071 a)]$

③ 俯视图各相贯点同方锥中点连线与方锥台横向中轴的夹角

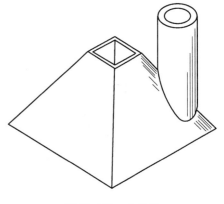

图 11-105　立体图

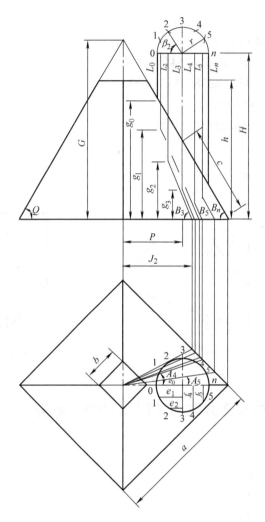

图 11-106　主、俯视图

$$A_{0 \sim n} = \arctan \left[r\sin\beta_{0 \sim n} / (P - r\cos\beta_{0 \sim n}) \right]$$

④ 俯视图各相贯点延长线与方锥台底边交点至方锥台纵向中轴水平距

$$J_{0 \sim n} = \left[0.7071a\sin45° / \sin(135° - A_{0 \sim n}) \right] \cos A_{0 \sim n}$$

⑤ 主视图方锥底口各垂向投影点同方锥顶连线与底口边的夹角

$$B_{0 \sim n} = \arctan(G / J_{0 \sim n})$$

⑥ 主视图各相贯点方锥台底口高 $g_{0 \sim n} = (J_{0 \sim n} - P + r\cos\beta_{0 \sim n})\tan B_{0 \sim n}$

4）计算公式：

① $c = (0.7071\ a - P) / \cos Q$

② $L_{0 \sim n} = H - g_{0 \sim n}$

③ $e_{0 \sim n} = |\ r\cos\beta_{0 \sim n}\ | / \cos Q$

④ $f_{0 \sim n} = \sqrt{\left[(c + r\cos\beta_{0 \sim n} / \cos Q)\sin Q - g_{0 \sim n} \right]^2 + (r\sin\beta_{0 \sim n})^2}$

⑤ $S_{0 \sim n} = \pi(2r - t)(\beta_{0 \sim n} / 360°)$

式中　n——圆管半圆周等分份数；

　　$\beta_{0 \sim n}$——圆管圆周各等分点同圆心连线与 0 位半径轴的夹角。

说明：

① 公式中 A、J、B、g、L、e、f、S、β 的 $0 \sim n$ 编号均一致。

② 方锥台相贯孔各横半距 $f_{0 \sim n}$ 各线平行于方锥台相邻接合边。

③ 方锥台展开见第一章第一节"展开计算模板"。

2. 展开计算实例（图 11-107、图 11-108）

1）已知条件（图 11-106）：$a = 1500$，$b = 300$，$h = 1380$，$r = 270$，$P = 600$，$H = 1650$，$t = 8$。

2）所求对象同本节"展开计算模板"。

3）过渡条件（设 $n = 6$）：

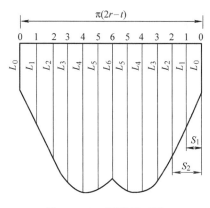

图 11-107　圆管展开图

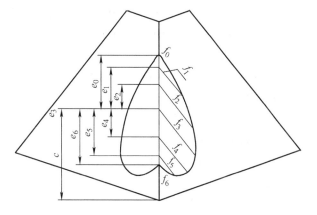

图 11-108　方锥台开孔图

① $G = 1500 \times 1380 / (1500 - 300) = 1725$

② $Q = \arctan\left[1725 / (0.7071 \times 1500)\right] = 58.4139°$

③ $A_0 = \arctan\left[270 \times \sin0° / (600 - 270 \times \cos0°)\right] = 0°$

　　$A_1 = \arctan\left[270 \times \sin30° / (600 - 270 \times \cos30°)\right] = 20.2378°$

　　$A_2 = \arctan\left[270 \times \sin60° / (600 - 270 \times \cos60°)\right] = 26.6957°$

　　$A_3 = \arctan\left[270 \times \sin90° / (600 - 270 \times \cos90°)\right] = 24.2278°$

　　$A_4 = \arctan\left[270 \times \sin120° / (600 - 270 \times \cos120°)\right] = 17.6475°$

　　$A_5 = \arctan\left[270 \times \sin150° / (600 - 270 \times \cos150°)\right] = 9.1966°$

　　$A_6 = \arctan\left[270 \times \sin180° / (600 - 270 \times \cos180°)\right] = 0°$

④ $J_0 = \left[0.7071 \times 1500 \times \sin45° / \sin(135° - 0°)\right] \times \cos0° = 1061$

　　$J_1 = \left[0.7071 \times 1500 \times \sin45° / \sin(135° - 20.2378°)\right] \times \cos20.2378° = 775$

　　$J_2 = \left[0.7071 \times 1500 \times \sin45° / \sin(135° - 26.6957°)\right] \times \cos26.6957° = 706$

　　$J_3 = \left[0.7071 \times 1500 \times \sin45° / \sin(135° - 24.2278°)\right] \times \cos24.2278° = 731$

　　$J_4 = \left[0.7071 \times 1500 \times \sin45° / \sin(135° - 17.6475°)\right] \times \cos17.6475° = 805$

　　$J_5 = \left[0.7071 \times 1500 \times \sin45° / \sin(135° - 9.1966°)\right] \times \cos9.1966° = 913$

　　$J_6 = \left[0.7071 \times 1500 \times \sin45° / \sin(135° - 0°)\right] \times \cos0° = 1061$

⑤ $B_0 = \arctan(1725 / 1061) = 58.4139°$

　　$B_1 = \arctan(1725 / 775) = 65.8083°$

　　$B_2 = \arctan(1725 / 706) = 67.7488°$

$B_3 = \arctan(1725/731) = 67.0207°$

$B_4 = \arctan(1725/805) = 64.9923°$

$B_5 = \arctan(1725/913) = 62.1126°$

$B_6 = \arctan(1725/1061) = 58.4139°$

⑥ $g_0 = (1061 - 600 + 270 \times \cos0°) \times \tan58.4139° = 1188$

$g_1 = (775 - 600 + 270 \times \cos30°) \times \tan65.8083° = 910$

$g_2 = (706 - 600 + 270 \times \cos60°) \times \tan67.7488° = 588$

$g_3 = (731 - 600 + 270 \times \cos90°) \times \tan67.0207° = 310$

$g_4 = (805 - 600 + 270 \times \cos120°) \times \tan64.9923° = 149$

$g_5 = (913 - 600 + 270 \times \cos150°) \times \tan62.1126° = 149$

$g_6 = (1061 - 600 + 270 \times \cos180°) \times \tan58.4139° = 310$

4）计算结果：

① $c = (0.7071 \times 1500 - 600)/\cos58.4139° = 879$

② $L_0 = 1650 - 1188 = 462$

$L_1 = 1650 - 910 = 740$

$L_2 = 1650 - 588 = 1062$

$L_3 = 1650 - 310 = 1340$

$L_4 = 1650 - 149 = 1501$

$L_5 = 1650 - 149 = 1501$

$L_6 = 1650 - 310 = 1340$

③ $e_0 = |270 \times \cos0°| / \cos58.4139° = 515$

$e_1 = |270 \times \cos30°| / \cos58.4139° = 446$

$e_2 = |270 \times \cos60°| / \cos58.4139° = 258$

$e_3 = |270 \times \cos90°| / \cos58.4139° = 0$

$e_4 = |270 \times \cos120°| / \cos58.4139° = 258$

$e_5 = |270 \times \cos150°| / \cos58.4139° = 446$

$e_6 = |270 \times \cos180°| / \cos58.4139° = 515$

④ $f_0 = \sqrt{[(879 + 270 \times \cos0°/\cos58.4139°) \times \sin58.4139° - 1188]^2 + (270 \times \sin0°)^2} = 0$

$f_1 = \sqrt{[(879 + 270 \times \cos30°/\cos58.4139°) \times \sin58.4139° - 910]^2 + (270 \times \sin30°)^2} = 258$

$f_2 = \sqrt{[(879 + 270 \times \cos60°/\cos58.4139°) \times \sin58.4139° - 588]^2 + (270 \times \sin60°)^2} = 446$

$f_3 = \sqrt{[(879 + 270 \times \cos90°/\cos58.4139°) \times \sin58.4139° - 310]^2 + (270 \times \sin90°)^2} = 515$

$f_4 = \sqrt{[(879 + 270 \times \cos120°/\cos58.4139°) \times \sin58.4139° - 149]^2 + (270 \times \sin120°)^2} = 446$

$f_5 = \sqrt{[(879 + 270 \times \cos150°/\cos58.4139°) \times \sin58.4139° - 149]^2 + (270 \times \sin150°)^2} = 258$

$f_6 = \sqrt{[(879 + 270 \times \cos180°/\cos58.4139°) \times \sin58.4139° - 310]^2 + (270 \times \sin180°)^2} = 0$

⑤ $S_0 = 3.1416 \times (2 \times 270 - 8) \times 0°/360° = 0$

$S_1 = 3.1416 \times (2 \times 270 - 8) \times 30°/360° = 139$

$S_2 = 3.1416 \times (2 \times 270 - 8) \times 60°/360° = 279$

$S_3 = 3.1416 \times (2 \times 270 - 8) \times 90°/360° = 418$

$S_4 = 3.1416 \times (2 \times 270 - 8) \times 120°/360° = 557$

$S_5 = 3.1416 \times (2 \times 270 - 8) \times 150°/360° = 696$

$S_6 = 3.1416 \times (2 \times 270 - 8) \times 180°/360° = 836$

二十八、圆管角向平交方锥台（图 11-109）展开

1. 展开计算模板

1）已知条件（图 11-110）：

① 方锥台底口内边长 a；

② 方锥台顶口内边长 b；

③ 方锥台两端口高 h；

④ 圆管外半径 r；

⑤ 圆管端口至方锥台中水平距 P；

⑥ 圆管中至方锥台底口高 H；

⑦ 圆管壁厚 t。

2）所求对象：

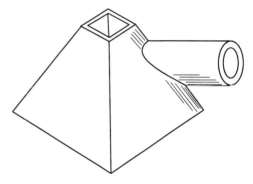

图 11-109 立体图

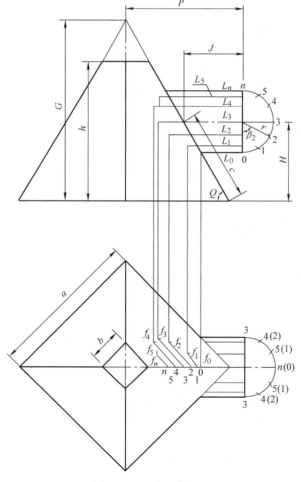

图 11-110 主、俯视图

① 方锥台底口端点至相贯中点实长 c；

② 圆管展开各素线实长 $L_{0 \sim n}$；

③ 方锥台相贯孔各纵半距 $e_{0 \sim n}$；

④ 方锥台相贯孔各横半距 $f_{0 \sim n}$；

⑤ 圆管展开各等分段中弧长 $S_{0 \sim n}$。

3）过渡条件公式：

① 方锥台锥顶至底口高 $G = a\,[h/(a - b)]$

② 方锥台底角 $Q = \arctan\,[G/0.7071a)]$

③ 主视图圆管与方锥台相贯中至圆管端口水平距 $J = P - (0.7071a - H/\tan Q)$

4）计算公式：

① $c = H/\sin Q$

② $L_{0 \sim n} = J - r\cos\beta_{0 \sim n}/\tan Q + r\sin\beta_{0 \sim n}$

③ $e_{0 \sim n} = |\,r\cos\beta_{0 \sim n}\,|\,/\sin Q$

④ $f_{0 \sim n} = 1.4142 r\sin\beta_{0 \sim n}$

⑤ $S_{0 \sim n} = \pi(2r - t)(\beta_{0 \sim n}/360°)$

式中　n——圆管半圆周等分份数；

$\beta_{0 \sim n}$——圆管圆周各等分点同圆心连线与 0 位半径轴的夹角。

说明：

① 公式中 L、e、f、S、β 的 $0 \sim n$ 编号均一致。

② 方锥台相贯孔各横半距 $f_{0 \sim n}$ 各线平行于方锥台底边。

③ 方锥台展开见第一章第一节"展开计算模板"。

2. 展开计算实例（图 11-111、图 11-112）

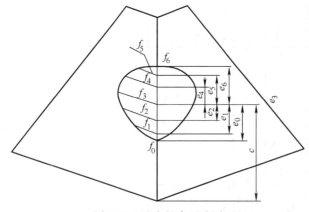

图 11-111　方锥台开孔图

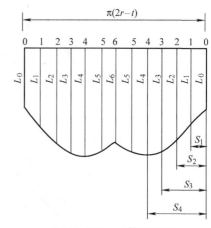

图 11-112　圆管展开图

1）已知条件（图 11-110）：$a = 1600$，$b = 320$，$h = 1440$，$r = 350$，$P = 1280$，$H = 900$，$t = 8$。

2）所求对象同本节"展开计算模板"。

3）过渡条件（设 $n = 6$）

① $G = 1600 \times 1440/(1600 - 320) = 1800$

② $Q = \arctan[1800/(0.7071 \times 1600)] = 57.8493°$

③ $J = 1280 - (0.7071 \times 1600 - 900/\tan 57.8493°) = 714$

4）计算结果：

① $c = 900/\sin 57.8493° = 1063$

② $L_0 = 714 - 350 \times \cos 0°/\tan 57.8493° + 350 \times \sin 0° = 502$

$L_1 = 714 - 350 \times \cos 30°/\tan 57.8493° + 350 \times \sin 30° = 707$

$L_2 = 714 - 350 \times \cos 60°/\tan 57.8493° + 350 \times \sin 60° = 915$

$L_3 = 714 - 350 \times \cos 90°/\tan 57.8493° + 350 \times \sin 90° = 1072$

$L_4 = 714 - 350 \times \cos 120°/\tan 57.8493° + 350 \times \sin 120° = 1135$

$L_5 = 714 - 350 \times \cos 150°/\tan 57.8493° + 350 \times \sin 150° = 1088$

$L_6 = 714 - 350 \times \cos 180°/\tan 57.8493° + 350 \times \sin 180° = 942$

③ $e_0 = |350 \times \cos 0°| /\sin 57.8493° = 413$

$e_1 = |350 \times \cos 30°| /\sin 57.8493° = 358$

$e_2 = |350 \times \cos 60°| /\sin 57.8493° = 207$

$e_3 = |350 \times \cos 90°| /\sin 57.8493° = 0$

$e_4 = |350 \times \cos 120°| /\sin 57.8493° = 207$

$e_5 = |350 \times \cos 150°| /\sin 57.8493° = 358$

$e_6 = |350 \times \cos 180°| /\sin 57.8493° = 413$

④ $f_0 = 1.4142 \times 350 \times \sin 0° = 0$

$f_1 = 1.4142 \times 350 \times \sin 30° = 247$

$f_2 = 1.4142 \times 350 \times \sin 60° = 429$

$f_3 = 1.4142 \times 350 \times \sin 90° = 495$

$f_4 = 1.4142 \times 350 \times \sin 120° = 429$

$f_5 = 1.4142 \times 350 \times \sin 150° = 247$

$f_6 = 1.4142 \times 350 \times \sin 180° = 0$

⑤ $S_0 = 3.1416 \times (2 \times 350 - 8) \times 0°/360° = 0$

$S_1 = 3.1416 \times (2 \times 350 - 8) \times 30°/360° = 181$

$S_2 = 3.1416 \times (2 \times 350 - 8) \times 60°/360° = 362$

$S_3 = 3.1416 \times (2 \times 350 - 8) \times 90°/360° = 543$

$S_4 = 3.1416 \times (2 \times 350 - 8) \times 120°/360° = 725$

$S_5 = 3.1416 \times (2 \times 350 - 8) \times 150°/360° = 906$

$S_6 = 3.1416 \times (2 \times 350 - 8) \times 180°/360° = 1087$

二十九、圆管偏心直交椭圆封头（图 11-113）展开

1. 展开计算模板

1）已知条件（图 11-114）：

① 椭圆封头内高 a（不含直边）；

② 圆管外半径 r；

③ 圆管偏心距 b；

④ 圆管端口至封头直边线高 h；

⑤ 圆管壁厚 t；

⑥ 封头壁厚 T。

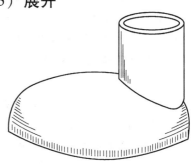

图 11-113　立体图

2）所求对象：

① 圆管偏心弧长 e；

② 圆管展开各素线实长 $L_{0\sim n}$；

③ 封头开孔顶中至各相贯点纵弧长 $P_{0\sim n}$；

④ 封头开孔各相贯点至中轴横半弧长 $M_{0\sim n}$；

⑤ 圆管展开各等份段中弧长 $S_{0\sim n}$。

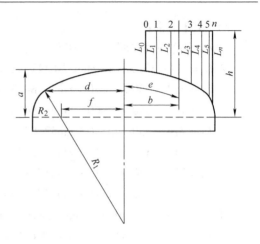

3）过渡条件公式：

① 椭圆封头大弧半径 $R_1 = 3.618a$

② 椭圆封头小弧半径 $R_2 = 0.691a$

③ 椭圆封头大小弧结合点至封头中轴水平距 $d = 1.618a$

④ 椭圆封头顶中至直边线弧长 $c = \pi[(R_1 + T) \times 26.565° + (R_2 + T) \times 63.435°]/180°$

⑤ 小弧圆心至封头中轴水平距 $f = 1.309a$

⑥ 俯视图圆管与封头各相贯点至封头中距（纬圆半径） $K_{0\sim n} = \sqrt{b^2 + r^2 - 2br\cos\beta_{0\sim n}}$

⑦ 俯视图各纬圆半径与 0 位半径轴的夹角 $Q_{0\sim n} = \arcsin(r\sin\beta_{0\sim n}/K_{0\sim n})$

4）计算公式：

① $e = \pi(R_1 + T)\arcsin[b/(R_1 + T)]/180°$

② $L_{0\sim n} = h - \sqrt{a^2 - (K_{0\sim n}/2)^2}$

③ $P_{0\sim n} = \pi(R_1 + T)\arcsin[K_{0\sim n}/(R_1 + T)]/180°$（当 $K \leq d$ 时，用此公式）

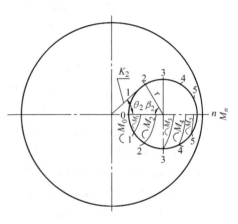

图 11-114 主、俯视图

④ $P_{0\sim n} = c - \pi(R_2 + T)\arccos[(K_{0\sim n} - f)/(R_2 + T)]/180°$（当 $K > d$ 时，用此公式）

⑤ $M_{0\sim n} = \pi K_{0\sim n} (Q_{0\sim n}/180°)$

⑥ $S_{0\sim n} = \pi(2r - t)(\beta_{0\sim n}/360°)$

式中　n——圆管半圆周等分份数；

$\beta_{0\sim n}$——圆管圆周各等分点同圆心连线分别与 0 位半径轴的夹角。

说明：

① 公式中 K、Q、L、P、M、S、β 的 $0\sim n$ 编号均一致。

② 由于椭圆封头的高与直径有一定的比例关系，因此其他各段与其也有相对应的比例值。

③ 圆管展开素线 L 的求解公式，是以标准椭圆封头建立的，计算结果精确。

④ 封头开孔纵弧长 P 的求解公式是以四圆心椭圆封头建立的，计算结果近似，有一定偏差。

2. 展开计算实例（图 11-115、图 11-116）

1）已知条件（图 11-114）：$a = 800$，$r = 568$，$b = 920$，$h = 1020$，$T = 24$，$t = 18$。

2）所求对象同本节"展开计算模板"。

3）过渡条件（设 $n = 6$）：

① $R_1 = 3.618 \times 800 = 2894.4$

② $R_2 = 0.691 \times 800 = 552.8$

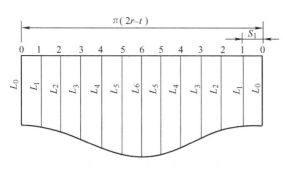

图 11-115 圆管展开图

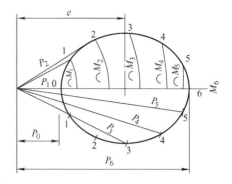

图 11-116 封头开孔图

③ $d = 1.618 \times 800 = 1294.4$

④ $c = 3.1416 \times [(2894.4 + 24) \times 26.565° + (552.8 + 24) \times 63.435°]/180° = 1991.7$

⑤ $f = 1.309 \times 800 = 1047.2$

⑥ $K_0 = \sqrt{920^2 + 568^2 - 2 \times 920 \times 568 \times \cos 0°} = 352$

$K_1 = \sqrt{920^2 + 568^2 - 2 \times 920 \times 568 \times \cos 30°} = 513.7$

$K_2 = \sqrt{920^2 + 568^2 - 2 \times 920 \times 568 \times \cos 60°} = 804$

$K_3 = \sqrt{920^2 + 568^2 - 2 \times 920 \times 568 \times \cos 90°} = 1081.2$

$K_4 = \sqrt{920^2 + 568^2 - 2 \times 920 \times 568 \times \cos 120°} = 1300.6$

$K_5 = \sqrt{920^2 + 568^2 - 2 \times 920 \times 568 \times \cos 150°} = 1440.2$

$K_6 = \sqrt{920^2 + 568^2 - 2 \times 920 \times 568 \times \cos 180°} = 1488$

⑦ $Q_0 = \arcsin(568 \times \sin 0°/352) = 0°$

$Q_1 = \arcsin(568 \times \sin 30°/513.7) = 33.5629°$

$Q_2 = \arcsin(568 \times \sin 60°/804) = 37.7211°$

$Q_3 = \arcsin(568 \times \sin 90°/1081.2) = 31.6913°$

$Q_4 = \arcsin(568 \times \sin 120°/1300.6) = 22.2229°$

$Q_5 = \arcsin(568 \times \sin 150°/1440.2) = 11.3730°$

$Q_6 = \arcsin(568 \times \sin 180°/1488) = 0°$

4）计算结果：

① $e = 3.1416 \times (2894.4 + 24) \times \arcsin[920/(2894.4 + 24)]/180° = 936$

② $L_0 = 1020 - \sqrt{800^2 - (352/2)^2} = 240$

$L_1 = 1020 - \sqrt{800^2 - (513.7/2)^2} = 262$

$L_2 = 1020 - \sqrt{800^2 - (804/2)^2} = 328$

$L_3 = 1020 - \sqrt{800^2 - (1081.2/2)^2} = 430$

$L_4 = 1020 - \sqrt{800^2 - (1300.6/2)^2} = 554$

$L_5 = 1020 - \sqrt{800^2 - (1440.2/2)^2} = 671$

$L_6 = 1020 - \sqrt{800^2 - (1488/2)^2} = 726$

③ $P_0 = 3.1416 \times (2894.4 + 24) \times \arcsin\ [352/(2894.4 + 24)]/180° = 353$

$P_1 = 3.1416 \times (2894.4 + 24) \times \arcsin\ [513.7/(2894.4 + 24)]/180° = 516$

$P_2 = 3.1416 \times (2894.4 + 24) \times \arcsin\ [804/(2894.4 + 24)]/180° = 815$

$P_3 = 3.1416 \times (2894.4 + 24) \times \arcsin\ [1081.2/(2894.4 + 24)]/180° = 1108$

$P_4 = 1991.7 - 3.1416 \times (552.8 + 24) \times \arccos[(1300.6 - 1047.2)/(552.8 + 24)]/180°$
$= 1348$

$P_5 = 1991.7 - 3.1416 \times (552.8 + 24) \times \arccos[(1440.2 - 1047.2)/(552.8 + 24)]/180°$
$= 1518$

$P_6 = 1991.7 - 3.1416 \times (552.8 + 24) \times \arccos[(1488 - 1047.2)/(552.8 + 24)]/180°$
$= 1587$

④ $M_0 = 3.1416 \times 352 \times 0°/180° = 0$

$M_1 = 3.1416 \times 513.7 \times 33.5629°/180° = 301$

$M_2 = 3.1416 \times 804 \times 37.7211°/180° = 529$

$M_3 = 3.1416 \times 1081.2 \times 31.6913°/180° = 598$

$M_4 = 3.1416 \times 1300.6 \times 22.2229°/180° = 504$

$M_5 = 3.1416 \times 1440.2 \times 11.373°/180° = 286$

$M_6 = 3.1416 \times 1488 \times 0°/180° = 0$

⑤ $S_0 = 3.1416 \times (2 \times 568 - 18) \times 0°/360° = 0$

$S_1 = 3.1416 \times (2 \times 568 - 18) \times 30°/360° = 293$

$S_2 = 3.1416 \times (2 \times 568 - 18) \times 60°/360° = 585$

$S_3 = 3.1416 \times (2 \times 568 - 18) \times 90°/360° = 878$

$S_4 = 3.1416 \times (2 \times 568 - 18) \times 120°/360° = 1171$

$S_5 = 3.1416 \times (2 \times 568 - 18) \times 150°/360° = 1463$

$S_6 = 3.1416 \times (2 \times 568 - 18) \times 180°/360° = 1756$

三十、圆管平交椭圆封头（图 11-117）展开

1. 展开计算模板

1）已知条件（图 11-118）：

① 椭圆封头内高 a（不含直边）；

② 圆管外半径 r；

③ 圆管中至封头直边垂距 b；

④ 圆管端口至封头中高 h；

⑤ 封头壁厚 T；

⑥ 圆管壁厚 t。

2）所求对象：

① 封头顶中至圆管相贯中弧长 e；

② 圆管展开各素线实长 $L_{0 \sim n}$；

③ 封头开孔顶中至各相贯点纵弧长 $P_{0 \sim n}$；

④ 封头开孔各相贯点至中轴横半弧 $M_{0 \sim n}$；

⑤ 圆管展开各等分段中弧长 $S_{0 \sim n}$。

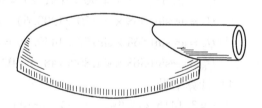

图 11-117　立体图

3）过渡条件公式：

① 椭圆封头大弧半径 $R_1 = 3.618a$

② 椭圆封头小弧半径 $R_2 = 0.691a$

③ 封头大小弧结合点至封头直边线垂高 $g = 0.618a$

④ 小弧圆心至封头中轴水平距 $f = 1.309a$

⑤ 圆管与封头相交各点至封头直边线垂高 $H_{0 \sim n} = b - r\cos\beta_{0 \sim n}$

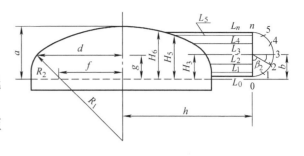

⑥ 封头大小弧结合点至封头中轴水平距 $d = 1.618a$

⑦ 椭圆封头顶中至直边线弧长 $c = \pi[(R_1 + T) \times 26.565° + (R_2 + T) \times 63.435°]/180°$

⑧ 圆管与封头相交各点至封头中距（纬圆半径）

$$K_{0 \sim n} = f + \sqrt{R_2^2 - H_{0 \sim n}^2} \quad （当 H \leqslant g 时，用此公式）$$

$$K_{0 \sim n} = \sqrt{R_1^2 - (R_1 - a + H_{0 \sim n})^2} \quad （当 H > g 时，用此公式）$$

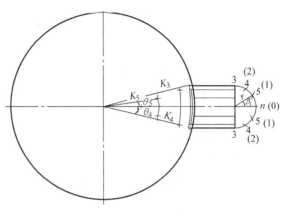

图 11-118　主、俯视图

⑨ 俯视图各纬圆半径与横向中轴的夹角 $Q_{0 \sim n} = \arcsin(r\sin\beta_{0 \sim n}/K_{0 \sim n})$

4）计算公式：

① $e = c - \pi(R_2 + T)\arcsin[b/(R_2 + T)]/180°$

② $L_{0 \sim n} = h - \sqrt{4(a^2 - H_{0 \sim n}^2) - (r\sin\beta_{0 \sim n})^2}$

③ $P_{0 \sim n} = c - \pi(R_2 + T)\arcsin[H_{0 \sim n}/(R_2 + T)]/180°$（当 $H \leqslant g$ 时，用此公式）

④ $P_{0 \sim n} = \pi(R_1 + T)\arccos[(R_1 - a + H_{0 \sim n})/(R_1 + T)]/180°$（当 $H > g$ 时，用此公式）

⑤ $M_{0 \sim n} = \pi K_{0 \sim n}(Q_{0 \sim n}/180°)$

⑥ $S_{0 \sim n} = \pi(2r - t)(\beta_{0 \sim n}/360°)$

式中　n——圆管半圆周等分份数；

$\beta_{0 \sim n}$——圆管圆周各等分点同圆心连线与 0 位半径轴的夹角。

说明：

① 公式中 H、K、Q、L、P、M、S、β 的 $0 \sim n$ 编号均一致。

② 由于椭圆封头的高与直径有一定的比例关系，因此其他各线段也有相对应的比例值。

③ 圆管展开素线 L 的求解公式，是以标准椭封头建立的，计算结果精确。

④ 封头开孔纵弧长 P 的求解公式，是以四圆心椭圆封头建立的，计算结果近似，有一定偏差。

2. 展开计算实例（图 11-119、图 11-120）

1）已知条件（图 11-118）：$a = 850$，$r = 362$，$b = 420$，$h = 1900$，$T = 22$，$t = 12$。

2）所求对象同本节"展开计算模板"。

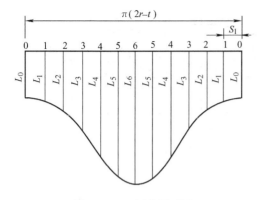

图 11-119　圆管展开图

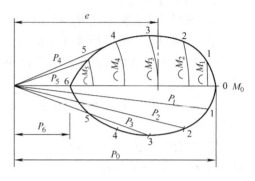

图 11-120　封头开孔图

3）过渡条件（设 $n = 6$）：

① $R_1 = 3.618 \times 850 = 3075.3$

② $R_2 = 0.691 \times 850 = 587.4$

③ $g = 0.618 \times 850 = 525.3$

④ $f = 1.309 \times 850 = 1112.7$

⑤ $H_0 = 420 - 362 \times \cos 0° = 58$

　　$H_1 = 420 - 362 \times \cos 30° = 106.5$

　　$H_2 = 420 - 362 \times \cos 60° = 239$

　　$H_3 = 420 - 362 \times \cos 90° = 420$

　　$H_4 = 420 - 362 \times \cos 120° = 601$

　　$H_5 = 420 - 362 \times \cos 150° = 733.5$

　　$H_6 = 420 - 362 \times \cos 180° = 782$

⑥ $d = 1.618 \times 850 = 1375.3$

⑦ $c = 3.1416 \times [(3075.3 + 22) \times 26.565° + (587.4 + 22) \times 63.435°]/180° = 2110.8$

⑧ $K_0 = 1112.7 + \sqrt{587.4^2 - 58^2} = 1697.2$

　　$K_1 = 1112.7 + \sqrt{587.4^2 - 106.5^2} = 1690.4$

　　$K_2 = 1112.7 + \sqrt{587.4^2 - 239^2} = 1649.3$

　　$K_3 = 1112.7 + \sqrt{587.4^2 - 420^2} = 1523.4$

　　$K_4 = \sqrt{3075.3^2 - (3075.3 - 850 + 601)^2} = 1212.2$

　　$K_5 = \sqrt{3075.3^2 - (3075.3 - 850 + 733.5)^2} = 838.4$

　　$K_6 = \sqrt{3075.3^2 - (3075.3 - 850 + 782)^2} = 643.1$

⑨ $Q_0 = \arcsin(362 \times \sin 0°/1697.2) = 0°$

　　$Q_1 = \arcsin(362 \times \sin 30°/1690.4) = 6.1467°$

　　$Q_2 = \arcsin(362 \times \sin 60°/1649.3) = 10.9575°$

　　$Q_3 = \arcsin(362 \times \sin 90°/1523.4) = 13.7465°$

　　$Q_4 = \arcsin(362 \times \sin 120°/1212.2) = 14.9883°$

　　$Q_5 = \arcsin(362 \times \sin 150°/838.4) = 12.4676°$

$Q_6 = \arcsin(362 \times \sin 180°/643.1) = 0°$

4）计算结果：

① $e = 2110.8 - 3.1416 \times (587.4 + 22) \times \arcsin[420/(587.4 + 22)]/180° = 1647$

② $L_0 = 1900 - \sqrt{4 \times (850^2 - 58^2) - (362 \times \sin 0°)^2} = 204$

$L_1 = 1900 - \sqrt{4 \times (850^2 - 106.5^2) - (362 \times \sin 30°)^2} = 223$

$L_2 = 1900 - \sqrt{4 \times (850^2 - 239^2) - (362 \times \sin 60°)^2} = 299$

$L_3 = 1900 - \sqrt{4 \times (850^2 - 420^2) - (362 \times \sin 90°)^2} = 467$

$L_4 = 1900 - \sqrt{4 \times (850^2 - 601^2) - (362 \times \sin 120°)^2} = 739$

$L_5 = 1900 - \sqrt{4 \times (850^2 - 733.5^2) - (362 \times \sin 150°)^2} = 1060$

$L_6 = 1900 - \sqrt{4 \times (850^2 - 782^2) - (362 \times \sin 180°)^2} = 1234$

③ $P_0 = 2110.8 - 3.1416 \times (587.4 + 22) \times \arcsin[58/(587.4 + 22)]/180° = 2053$

$P_1 = 2110.8 - 3.1416 \times (587.4 + 22) \times \arcsin[106.5/(587.4 + 22)]/180° = 2004$

$P_2 = 2110.8 - 3.1416 \times (587.4 + 22) \times \arcsin[239/(587.4 + 22)]/180° = 1865$

$P_3 = 2110.8 - 3.1416 \times (587.4 + 22) \times \arcsin[420/(587.4 + 22)]/180° = 1647$

$P_4 = 3.1416 \times (3075.3 + 22) \times \arccos[(3075.3 - 850 + 601)/(3075.3 + 22)]/180°$
$\quad = 1305$

$P_5 = 3.1416 \times (3075.3 + 22) \times \arccos[(3075.3 - 850 + 733.5)/(3075.3 + 22)]/180°$
$\quad = 930$

$P_6 = 3.1416 \times (3075.3 + 22) \times \arccos[(3075.3 - 850 + 782)/(3075.3 + 22)]/180°$
$\quad = 748$

④ $M_0 = 3.1416 \times 1697.2 \times 0°/180° = 0$

$M_1 = 3.1416 \times 1690.4 \times 6.1467°/180° = 181$

$M_2 = 3.1416 \times 1649.3 \times 10.9575°/180° = 315$

$M_3 = 3.1416 \times 1523.4 \times 13.7465°/180° = 365$

$M_4 = 3.1416 \times 1212.2 \times 14.9883°/180° = 317$

$M_5 = 3.1416 \times 838.4 \times 12.4676°/180° = 182$

$M_6 = 3.1416 \times 643.1 \times 0°/180° = 0$

⑤ $S_0 = 3.1416 \times (2 \times 362 - 12) \times 0°/360° = 0$

$S_1 = 3.1416 \times (2 \times 362 - 12) \times 30°/360° = 186$

$S_2 = 3.1416 \times (2 \times 362 - 12) \times 60°/360° = 373$

$S_3 = 3.1416 \times (2 \times 362 - 12) \times 90°/360° = 559$

$S_4 = 3.1416 \times (2 \times 362 - 12) \times 120°/360° = 746$

$S_5 = 3.1416 \times (2 \times 362 - 12) \times 150°/360° = 932$

$S_6 = 3.1416 \times (2 \times 362 - 12) \times 180°/360° = 1118$

三十一、方管偏心直交椭圆封头（图 11-121）展开

1. 展开计算模板

1）已知条件（图 11-122）：

① 椭圆封头内高（不含直边）K；

② 方管纵边内半长 b；

③ 方管横边内半长 c；

④ 方管端口至封头直边线垂高 h；

⑤ 方管中至封头中偏心距 P；

⑥ 方管壁厚 t。

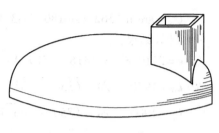

图 11-121　立体图

2）所求对象：

① 方管内面展开各素线实长 $g_{0 \sim n}$；

② 方管外面展开各素线实长 $G_{0 \sim n}$；

③ 方管内侧面展开各素线实长 $d_{0 \sim n}$；

④ 方管外侧面展开各素线实长 $D_{0 \sim n}$；

⑤ 方管内面各等分点至封头中开孔弧长 $S_{0 \sim n}$；

⑥ 方管内面各等分段开孔弧长 $M_{0 \sim n}$。

3）过渡条件公式：

① 俯视图方管内面各等分点至封头中距 $e_{0 \sim n} = \sqrt{(P-c)^2 + (b \times 0 \sim n/n)^2}$

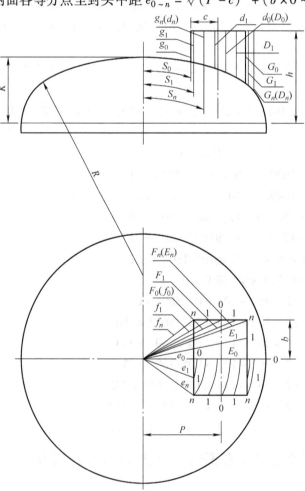

图 11-122　主、俯视图

② 俯视图方管外面各等分点至封头中距 $E_{0\sim n} = \sqrt{(P+c)^2 + (b\times 0\sim n/n)^2}$

③ 俯视图方管内侧面各等分点至封头中距 $f_{0\sim n} = \sqrt{(P-c\times 0\sim n/n)^2 + b^2}$

④ 俯视图方管外侧面各等分点至封头中距 $F_{0\sim n} = \sqrt{(P+c\times 0\sim n/n)^2 + b^2}$

⑤ 椭圆封头大弧半径 $R = 3.618 \times K$

⑥ 方管内面各等分段长 $a_{0\sim n} = b\times 0\sim n/n$

4）计算公式：

① $g_{0\sim n} = h - \sqrt{K^2 - (e_{0\sim n}/2)^2}$

② $G_{0\sim n} = h - \sqrt{K^2 - (E_{0\sim n}/2)^2}$

③ $d_{0\sim n} = h - \sqrt{K^2 - (f_{0\sim n}/2)^2}$

④ $D_{0\sim n} = h - \sqrt{K^2 - (F_{0\sim n}/2)^2}$

⑤ $S_{0\sim n} = \pi R\mathrm{arcsin}(e_{0\sim n}/R)/180°$

⑥ $M_{0\sim n} = \pi R\mathrm{arcsin}(a_{0\sim n}/R)/180°$

式中　n——方管各面内边半长等分份数。

　　说明：与椭圆封头相贯的方管，在封头上画开孔线时，先根据所求得的 $S_{0\sim n}$、$M_{0\sim n}$ 值在封头相应位置画出方管内面的相贯线，然后再将制作成形的方管内面靠在相贯线上，并对好中线套放到封头上，按实物画出相贯孔形即可。

2. 展开计算实例（图 11-123、图 11-124）

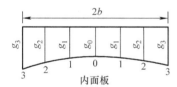

内面板

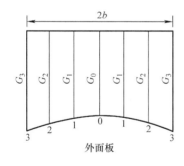

外面板

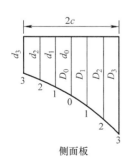

侧面板

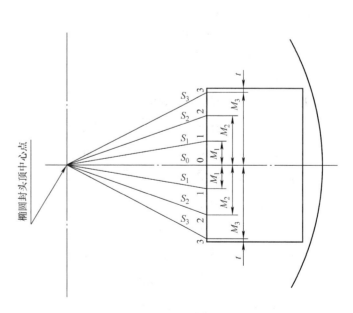

图 11-123　方形管展开图　　　　　　　　图 11-124　封头开孔图

1）已知条件（图 11-122）：$K=550$，$b=300$，$c=200$，$h=590$，$P=800$，$t=6$。

2）所求对象：同本节"展开计算模板"。

3）过渡条件（设 $n=3$）：

① $e_0 = \sqrt{(800-200)^2+(300\times0/3)^2} = 600$

　　$e_1 = \sqrt{(800-200)^2+(300\times1/3)^2} = 608.3$

　　$e_2 = \sqrt{(800-200)^2+(300\times2/3)^2} = 632.5$

　　$e_3 = \sqrt{(800-200)^2+(300\times3/3)^2} = 670.8$

② $E_0 = \sqrt{(800+200)^2+(300\times0/3)^2} = 1000$

　　$E_1 = \sqrt{(800+200)^2+(300\times1/3)^2} = 1005$

　　$E_2 = \sqrt{(800+200)^2+(300\times2/3)^2} = 1019.8$

　　$E_3 = \sqrt{(800+200)^2+(300\times3/3)^2} = 1044$

③ $f_0 = \sqrt{(800-200\times0/3)^2+300^2} = 854.4$

　　$f_1 = \sqrt{(800-200\times1/3)^2+300^2} = 792.3$

　　$f_2 = \sqrt{(800-200\times2/3)^2+300^2} = 731$

　　$f_3 = \sqrt{(800-200\times3/3)^2+300^2} = 670.8$

④ $F_0 = \sqrt{(800+200\times0/3)^2+300^2} = 854.4$

　　$F_1 = \sqrt{(800+200\times1/3)^2+300^2} = 917.1$

　　$F_2 = \sqrt{(800+200\times2/3)^2+300^2} = 980.4$

　　$F_3 = \sqrt{(800+200\times3/3)^2+300^2} = 1044$

⑤ $R = 3.618\times550 = 1990$

⑥ $a_0 = 300\times0/3 = 0$

　　$a_1 = 300\times1/3 = 100$

　　$a_2 = 300\times2/3 = 200$

　　$a_3 = 300\times3/3 = 300$

4）计算结果：

① $g_0 = 590 - \sqrt{550^2-(600/2)^2} = 129$

　　$g_1 = 590 - \sqrt{550^2-(608.3/2)^2} = 132$

　　$g_2 = 590 - \sqrt{550^2-(632.5/2)^2} = 140$

　　$g_3 = 590 - \sqrt{550^2-(670.8/2)^2} = 154$

② $G_0 = 590 - \sqrt{550^2-(1000/2)^2} = 361$

　　$G_1 = 590 - \sqrt{550^2-(1005/2)^2} = 366$

　　$G_2 = 590 - \sqrt{550^2-(1019.8/2)^2} = 384$

　　$G_3 = 590 - \sqrt{550^2-(1044/2)^2} = 417$

③ $d_0 = 590 - \sqrt{550^2-(854.4/2)^2} = 244$

$$d_1 = 590 - \sqrt{550^2 - (792.3/2)^2} = 208$$

$$d_2 = 590 - \sqrt{550^2 - (731/2)^2} = 179$$

$$d_3 = 590 - \sqrt{550^2 - (670.8/2)^2} = 154$$

④ $D_0 = 590 - \sqrt{550^2 - (854.4/2)^2} = 244$

$D_1 = 590 - \sqrt{550^2 - (917.1/2)^2} = 286$

$D_2 = 590 - \sqrt{550^2 - (980.4/2)^2} = 341$

$D_3 = 590 - \sqrt{550^2 - (1044/2)^2} = 417$

⑤ $S_0 = 3.1416 \times 1990 \times \arcsin(600/1990)/180° = 609$

$S_1 = 3.1416 \times 1990 \times \arcsin(608.3/1990)/180° = 618$

$S_2 = 3.1416 \times 1990 \times \arcsin(632.5/1990)/180° = 644$

$S_3 = 3.1416 \times 1990 \times \arcsin(670.8/1990)/180° = 684$

⑥ $M_0 = 3.1416 \times 1990 \times \arcsin(0/1990)/180° = 0$

$M_1 = 3.1416 \times 1990 \times \arcsin(100/1990)/180° = 100$

$M_2 = 3.1416 \times 1990 \times \arcsin(200/1990)/180° = 200$

$M_3 = 3.1416 \times 1990 \times \arcsin(300/1990)/180° = 301$

三十二、圆管偏心直交球形封头(图 11-125)展开

1. 展开计算模板

1)已知条件(图 11-126):

① 封头内半径 R;

② 圆管外半径 r;

③ 圆管中偏心距 b;

④ 圆管端口至封头口高 h;

⑤ 封头壁厚 T;

⑥ 圆管壁厚 t。

2)所求对象:

① 圆管展开各素线实长 $L_{0 \sim n}$;

② 封头开孔顶中至各相贯点纵弧长 $P_{0 \sim n}$;

③ 封头开孔各相贯点至中轴横半弧 $M_{0 \sim n}$;

④ 圆管展开各段中弧长 $S_{0 \sim n}$。

图 11-125 立体图

3)过渡条件公式:

① 俯视图圆管与封头各相贯点至封头中距(纬圆半径)

$$K_{0 \sim n} = \sqrt{b^2 + r^2 - 2br\cos\beta_{0 \sim n}}$$

② 俯视图各纬圆半径与 0 位横向半径轴的夹角

$$Q_{0 \sim n} = \arcsin(r\sin\beta_{0 \sim n}/K_{0 \sim n})$$

4)计算公式:

① $L_{0 \sim n} = h - \sqrt{R^2 - K_{0 \sim n}^2}$

② $P_{0 \sim n} = \pi(R + T)\arcsin[K_{0 \sim n}/(R + T)]/180°$

③ $M_{0 \sim n} = \pi K_{0 \sim n} (Q_{0 \sim n}/180°)$

④ $S_{0 \sim n} = \pi (2r - t)(\beta_{0 \sim n}/360°)$

式中　n——圆管半圆周等分份数；

$\beta_{0 \sim n}$——俯视图圆管圆周各等分点同圆心连线与 0 位
半径轴的夹角。

说明：公式中 K、Q、L、P、M、S、β 的 $0 \sim n$ 编号均
一致。

2. 展开计算实例（图 11-127、图 11-128）

1）已知条件（图 11-126）：$R = 2100$，$r = 712$，$b = 1060$，$h = 2800$，$T = 22$，$t = 12$。

2）所求对象同本节"展开计算模板"。

3）过渡条件（设 $n = 6$）：

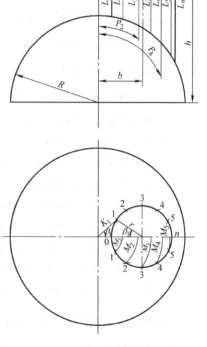

① $K_0 = \sqrt{1060^2 + 712^2 - 2 \times 1060 \times 712 \times \cos 0°} = 348$

$K_1 = \sqrt{1060^2 + 712^2 - 2 \times 1060 \times 712 \times \cos 30°} = 568.6$

$K_2 = \sqrt{1060^2 + 712^2 - 2 \times 1060 \times 712 \times \cos 60°} = 935.9$

$K_3 = \sqrt{1060^2 + 712^2 - 2 \times 1060 \times 712 \times \cos 90°} = 1276.9$

$K_4 = \sqrt{1060^2 + 712^2 - 2 \times 1060 \times 712 \times \cos 120°} = 1544.4$

$K_5 = \sqrt{1060^2 + 712^2 - 2 \times 1060 \times 712 \times \cos 150°} = 1714$

$K_6 = \sqrt{1060^2 + 712^2 - 2 \times 1060 \times 712 \times \cos 180°} = 1772$

图 11-126　主、俯视图

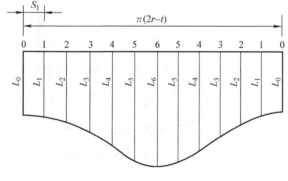

图 11-127　圆管展开图

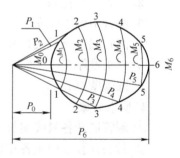

图 11-128　封头开孔图

② $Q_0 = \arcsin(712 \times \sin 0°/348) = 0°$

$Q_1 = \arcsin(712 \times \sin 30°/568.6) = 38.7629°$

$Q_2 = \arcsin(712 \times \sin 60°/935.9) = 41.2116°$

$Q_3 = \arcsin(712 \times \sin 90°/1276.9) = 33.89°$

$Q_4 = \arcsin(712 \times \sin 120°/1544.4) = 23.5316°$

$Q_5 = \arcsin(712 \times \sin 150°/1714) = 11.9877°$

$Q_6 = \arcsin(712 \times \sin 180°/1772) = 0°$

4）计算结果：

① $L_0 = 2800 - \sqrt{2100^2 - 348^2} = 729$

$L_1 = 2800 - \sqrt{2100^2 - 568.6^2} = 778$

$L_2 = 2800 - \sqrt{2100^2 - 935.9^2} = 920$

$L_3 = 2800 - \sqrt{2100^2 - 1276.9^2} = 1133$

$L_4 = 2800 - \sqrt{2100^2 - 1544.4^2} = 1377$

$L_5 = 2800 - \sqrt{2100^2 - 1714^2} = 1587$

$L_6 = 2800 - \sqrt{2100^2 - 1772^2} = 1673$

② $P_0 = 3.1416 \times (2100 + 22) \times \arcsin\left[348/(2100 + 22)\right]/180° = 350$

$P_1 = 3.1416 \times (2100 + 22) \times \arcsin\left[568.6/(2100 + 22)\right]/180° = 576$

$P_2 = 3.1416 \times (2100 + 22) \times \arcsin\left[935.9/(2100 + 22)\right]/180° = 969$

$P_3 = 3.1416 \times (2100 + 22) \times \arcsin\left[1276.9/(2100 + 22)\right]/180° = 1370$

$P_4 = 3.1416 \times (2100 + 22) \times \arcsin\left[1544.4/(2100 + 22)\right]/180° = 1730$

$P_5 = 3.1416 \times (2100 + 22) \times \arcsin\left[1714/(2100 + 22)\right]/180° = 1995$

$P_6 = 3.1416 \times (2100 + 22) \times \arcsin\left[1772/(2100 + 22)\right]/180° = 2097$

③ $M_0 = 3.1416 \times 348 \times 0°/180° = 0$

$M_1 = 3.1416 \times 568.6 \times 38.7629°/180° = 385$

$M_2 = 3.1416 \times 935.9 \times 41.2116°/180° = 673$

$M_3 = 3.1416 \times 1276.9 \times 33.89°/180° = 755$

$M_4 = 3.1416 \times 1544.4 \times 23.5316°/180° = 634$

$M_5 = 3.1416 \times 1714 \times 11.9877°/180° = 359$

$M_6 = 3.1416 \times 1772 \times 0°/180° = 0$

④ $S_0 = 3.1416 \times (2 \times 712 - 12) \times 0°/360° = 0$

$S_1 = 3.1416 \times (2 \times 712 - 12) \times 30°/360° = 370$

$S_2 = 3.1416 \times (2 \times 712 - 12) \times 60°/360° = 739$

$S_3 = 3.1416 \times (2 \times 712 - 12) \times 90°/360° = 1109$

$S_4 = 3.1416 \times (2 \times 712 - 12) \times 120°/360° = 1479$

$S_5 = 3.1416 \times (2 \times 712 - 12) \times 150°/360° = 1848$

$S_6 = 3.1416 \times (2 \times 712 - 12) \times 180°/360° = 2218$

三十三、圆管平交球形封头（图 11-129）展开

1. 展开计算模板

1）已知条件（图 11-130）：

① 封头内半径 R；

② 圆管外半径 r；

③ 圆管中至封头端口垂距 b；

④ 圆管端口至封头中高 h；

⑤ 封头壁厚 T；

⑥ 圆管壁厚 t。

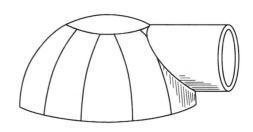

图 11-129 主体图

2）所求对象：

① 圆管展开各素线实长 $L_{0 \sim n}$；

② 封头开孔顶中至各相贯点纵弧长 $P_{0 \sim n}$；

③ 封头开孔各相贯点至中轴横半弧 $M_{0 \sim n}$；

④ 圆管展开各段中弧长 $S_{0 \sim n}$。

3）过渡条件公式：

① 圆管与封头内壁相贯各点至封头中距（内纬圆半径）$K_{0 \sim n} = \sqrt{R^2 - (b - r\cos\beta_{0 \sim n})^2}$

② 圆管与封头外壁相贯各点至封头中距（外纬圆半径）$J_{0 \sim n} = \sqrt{(R + T)^2 - (b - r\cos\beta_{0 \sim n})^2}$

③ 俯视图各纬圆半径与 0 位半径轴的夹角 $Q_{0 \sim n} = \arcsin[(r\sin\beta_{0 \sim n})/K_{0 \sim n}]$

4）计算公式：

① $L_{0 \sim n} = h - K_{0 \sim n}\cos Q_{0 \sim n}$

② $P_{0 \sim n} = \pi(R + T)\arcsin[J_{0 \sim n}/(R + T)]/180°$

③ $M_{0 \sim n} = \pi K_{0 \sim n}(Q_{0 \sim n}/180°)$

④ $S_{0 \sim n} = \pi(2r - t)(\beta_{0 \sim n}/360°)$

式中　n——圆管半圆周等分份数；

　　$\beta_{0 \sim n}$——圆管圆周各等分点同圆心连线与 0 位半径轴的夹角。

说明：公式中 K、J、Q、L、P、M、S、β 的 $0 \sim n$ 编号均一致。

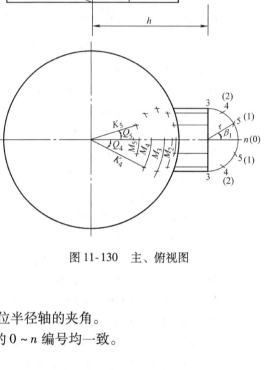

图 11-130　主、俯视图

2. 展开计算实例（图 11-131、图 11-132）

1）已知条件（图 11-130）：$R = 1800$，$r = 660$，$b = 950$，$h = 2450$，$T = 16$，$t = 10$。

2）所求对象同本节"展开计算模板"。

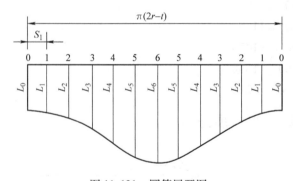

图 11-131　圆管展开图

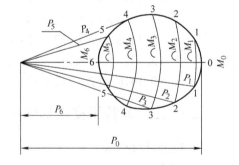

图 11-132　封头开孔图

3）过渡条件（设 $n = 6$）：

① $K_0 = \sqrt{1800^2 - (950 - 660 \times \cos 0°)^2} = 1776.5$

$K_1 = \sqrt{1800^2 - (950 - 660 \times \cos 30°)^2} = 1759.8$

$K_2 = \sqrt{1800^2 - (950 - 660 \times \cos 60°)^2} = 1689.9$

$$K_3 = \sqrt{1800^2 - (950 - 660 \times \cos 90°)^2} = 1528.9$$

$$K_4 = \sqrt{1800^2 - (950 - 660 \times \cos 120°)^2} = 1265.5$$

$$K_5 = \sqrt{1800^2 - (950 - 660 \times \cos 150°)^2} = 961.7$$

$$K_6 = \sqrt{1800^2 - (950 - 660 \times \cos 180°)^2} = 804.9$$

② $J_0 = \sqrt{(1800 + 16)^2 - (950 - 660 \times \cos 0°)^2} = 1792.7$

$\quad J_1 = \sqrt{(1800 + 16)^2 - (950 - 660 \times \cos 30°)^2} = 1776.1$

$\quad J_2 = \sqrt{(1800 + 16)^2 - (950 - 660 \times \cos 60°)^2} = 1706.9$

$\quad J_3 = \sqrt{(1800 + 16)^2 - (950 - 660 \times \cos 90°)^2} = 1547.7$

$\quad J_4 = \sqrt{(1800 + 16)^2 - (950 - 660 \times \cos 120°)^2} = 1288.2$

$\quad J_5 = \sqrt{(1800 + 16)^2 - (950 - 660 \times \cos 150°)^2} = 991.3$

$\quad J_6 = \sqrt{(1800 + 16)^2 - (950 - 660 \times \cos 180°)^2} = 840.1$

③ $Q_0 = \arcsin[(660 \times \sin 0°)/1776.5] = 0°$

$\quad Q_1 = \arcsin[(660 \times \sin 30°)/1759.8] = 10.8082°$

$\quad Q_2 = \arcsin[(660 \times \sin 60°)/1689.9] = 19.7691°$

$\quad Q_3 = \arcsin[(660 \times \sin 90°)/1528.9] = 25.5744°$

$\quad Q_4 = \arcsin[(660 \times \sin 120°)/1265.5] = 26.8503°$

$\quad Q_5 = \arcsin[(660 \times \sin 150°)/961.7] = 20.0684°$

$\quad Q_6 = \arcsin[(660 \times \sin 180°)/804.9] = 0°$

4）计算结果：

① $L_0 = 2450 - 1776.5 \times \cos 0° = 674$

$\quad L_1 = 2450 - 1759.8 \times \cos 10.8082° = 721$

$\quad L_2 = 2450 - 1689.9 \times \cos 19.7691° = 860$

$\quad L_3 = 2450 - 1528.9 \times \cos 25.5744° = 1071$

$\quad L_4 = 2450 - 1265.5 \times \cos 26.8503° = 1321$

$\quad L_5 = 2450 - 961.7 \times \cos 20.0684° = 1547$

$\quad L_6 = 2450 - 804.9 \times \cos 0° = 1645$

② $P_0 = 3.1416 \times (1800 + 16) \times \arcsin[1792.7/(1800 + 16)]/180° = 2561$

$\quad P_1 = 3.1416 \times (1800 + 16) \times \arcsin[1776.1/(1800 + 16)]/180° = 2471$

$\quad P_2 = 3.1416 \times (1800 + 16) \times \arcsin[1706.9/(1800 + 16)]/180° = 2220$

$\quad P_3 = 3.1416 \times (1800 + 16) \times \arcsin[1547.7/(1800 + 16)]/180° = 1853$

$\quad P_4 = 3.1416 \times (1800 + 16) \times \arcsin[1288.2/(1800 + 16)]/180° = 1432$

$\quad P_5 = 3.1416 \times (1800 + 16) \times \arcsin[991.3/(1800 + 16)]/180° = 1049$

$\quad P_6 = 3.1416 \times (1800 + 16) \times \arcsin[840.1/(1800 + 16)]/180° = 873$

③ $M_0 = 3.1416 \times 1776.5 \times 0°/180° = 0$

$\quad M_1 = 3.1416 \times 1759.8 \times 10.8082°/180° = 332$

$\quad M_2 = 3.1416 \times 1689.9 \times 19.7691°/180° = 583$

$\quad M_3 = 3.1416 \times 1528.9 \times 25.5744°/180° = 682$

$M_4 = 3.1416 \times 1265.5 \times 26.8503°/180° = 593$

$M_5 = 3.1416 \times 961.7 \times 20.0684°/180° = 337$

$M_6 = 3.1416 \times 804.9 \times 0°/180° = 0$

④ $S_0 = 3.1416 \times (2 \times 660 - 10) \times 0°/360° = 0$

$S_1 = 3.1416 \times (2 \times 660 - 10) \times 30°/360° = 343$

$S_2 = 3.1416 \times (2 \times 660 - 10) \times 60°/360° = 686$

$S_3 = 3.1416 \times (2 \times 660 - 10) \times 90°/360° = 1029$

$S_4 = 3.1416 \times (2 \times 660 - 10) \times 120°/360° = 1372$

$S_5 = 3.1416 \times (2 \times 660 - 10) \times 150°/360° = 1715$

$S_6 = 3.1416 \times (2 \times 660 - 10) \times 180°/360° = 2058$

三十四、圆柱管对接方形锥管（图 11-133）展开

1. 展开计算模板

1）已知条件（图 11-134）：

① 圆柱管内半径 r；

② 方锥管底口内半长 a；

③ 方锥顶至锥底口高 h；

④ 圆柱管端口至方锥底口高 H；

⑤ 圆柱管壁厚 t。

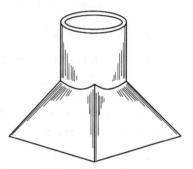

图 11-133　立体图

2）所求对象：

① 相贯口各点至方锥管底口高实长 $K_{0 \sim n}$；

② 相贯口各点至方锥管中轴水平距 $E_{0 \sim n}$；

③ 圆柱管展开各素线实长 $L_{0 \sim n}$；

④ 圆柱管展开各等分段中弧长 $S_{0 \sim n}$。

3）过渡条件公式：

① 方锥管底角 $Q = \arctan(h/a)$

② 相贯口各点至方锥管底口垂高 $g_{0 \sim n} = (a - r\cos\beta_{0 \sim n}) \tan Q$

4）计算公式：

① $K_{0 \sim n} = g_{0 \sim n}/\sin Q$

② $E_{0 \sim n} = r\sin\beta_{0 \sim n}$

③ $L_{0 \sim n} = H - g_{0 \sim n}$

④ $S_{0 \sim n} = \pi (2r + t) (\beta_{0 \sim n}/360°)$

式中　n——圆柱管 1/8 圆周等分份数；

　　　$\beta_{0 \sim n}$——圆周各等分点同圆心连线与 0 位半
　　　　　　径轴的夹角。

2. 展开计算实例（图 11-135、图 11-136）

1）已知条件（图 11-134）：$r = 310$，$a = 600$，$h = 800$，$H = 1100$，$t = 8$。

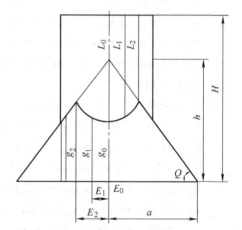

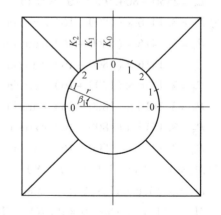

图 11-134　主、俯视图

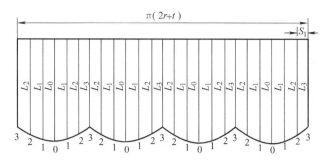

图 11-135 圆柱管展开图

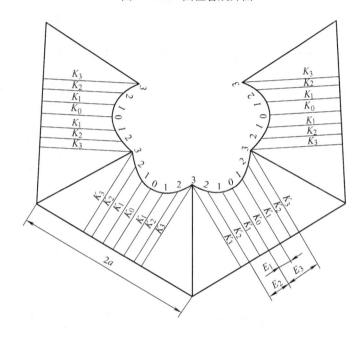

图 11-136 方形锥管展开图

2）所求对象同本节"展开计算模板"。

3）过渡条件（设 $n=3$）：

① $Q = \arctan(800/600) = 53.1301°$

② $g_0 = (600 - 310 \times \cos0°) \times \tan53.1301° = 387$

  $g_1 = (600 - 310 \times \cos15°) \times \tan53.1301° = 401$

  $g_2 = (600 - 310 \times \cos30°) \times \tan53.1301° = 442$

  $g_3 = (600 - 310 \times \cos45°) \times \tan53.1301° = 508$

4）计算结果：

① $K_0 = 387/\sin53.1301° = 483$

  $K_1 = 401/\sin53.1301° = 501$

  $K_2 = 442/\sin53.1301° = 553$

  $K_3 = 508/\sin53.1301° = 635$

② $E_0 = 310 \times \sin0° = 0$

  $E_1 = 310 \times \sin15° = 80$

$$E_2 = 310 \times \sin 30° = 155$$

$$E_3 = 310 \times \sin 45° = 219$$

③ $L_0 = 1100 - 387 = 713$

  $L_1 = 1100 - 401 = 699$

  $L_2 = 1100 - 442 = 658$

  $L_3 = 1100 - 508 = 592$

④ $S_0 = 3.1416 \times (2 \times 310 + 8) \times 0°/360° = 0$

  $S_1 = 3.1416 \times (2 \times 310 + 8) \times 15°/360° = 82$

  $S_2 = 3.1416 \times (2 \times 310 + 8) \times 30°/360° = 164$

  $S_3 = 3.1416 \times (2 \times 310 + 8) \times 45°/360° = 247$

三十五、圆柱管对接矩形锥管（图 11-137）展开

1. 展开计算模板

1）已知条件（图 11-138）：

① 圆柱管内半径 r；

② 矩形锥管长边内半长 a；

③ 矩形锥管短边内半长 b；

④ 矩锥顶至锥底口高 h；

⑤ 圆柱管端口至锥底口高 H；

⑥ 圆柱管壁厚 t。

2）所求对象：

① 矩长边所对相贯口各点至锥底口高实长 $K_{0\sim n}$；

② 矩短边所对相贯口各点至锥底口高实长 $J_{0\sim n}$；

③ 矩长边所对相贯口各点至锥管中轴水平距 $E_{0\sim n}$；

④ 矩短边所对相贯口各点至锥管中轴水平距 $e_{0\sim n}$；

⑤ 圆柱管展开矩长边所对弧各素线实长 $P_{0\sim n}$；

⑥ 圆柱管展开矩短边所对弧各素线实长 $L_{0\sim n}$；

⑦ 圆柱管展开矩长边所对弧各等分段中弧长 $S_{0\sim n}$；

⑧ 圆柱管展开矩短边所对弧各等分段中弧长 $m_{0\sim n}$。

3）过渡条件公式：

① 矩长边所对弧各夹角 $F_{0\sim n} = \arctan (a/b) \times 0 \sim n/n$

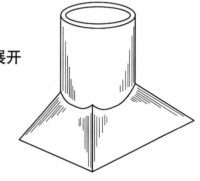

图 11-137　立体图

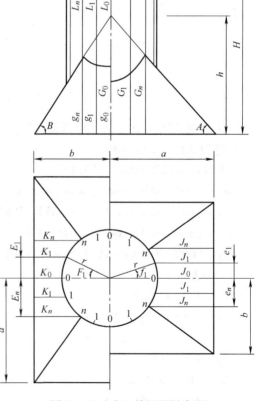

图 11-138　主、俯视图拼合图

② 矩短边所对弧各夹角 $f_{0 \sim n} = \arctan(b/a) \times 0 \sim n/n$

③ 矩锥管长边底角 $A = \arctan(h/a)$

④ 矩锥管短边底角 $B = \arctan(h/b)$

⑤ 矩长边所对相贯口各点至锥底口垂高 $G_{0 \sim n} = (b - r\cos F_{0 \sim n})\tan B$

⑥ 矩短边所对相贯口各点至锥底口垂高 $g_{0 \sim n} = (a - r\cos f_{0 \sim n})\tan A$

4）计算公式：

① $K_{0 \sim n} = G_{0 \sim n}/\sin B$

② $J_{0 \sim n} = g_{0 \sim n}/\sin A$

③ $E_{0 \sim n} = r\sin F_{0 \sim n}$

④ $e_{0 \sim n} = r\sin f_{0 \sim n}$

⑤ $P_{0 \sim n} = H - G_{0 \sim n}$

⑥ $L_{0 \sim n} = H - g_{0 \sim n}$

⑦ $S_{0 \sim n} = \pi(2r + t)(F_{0 \sim n}/360°)$

⑧ $m_{0 \sim n} = \pi(2r + t)(f_{0 \sim n}/360°)$

式中　n——矩长、短边半长所对弧等分份数；

　　$F_{0 \sim n}$——矩长边所对弧各等分点同圆心连线与 0 位半径轴的夹角；

　　$f_{0 \sim n}$——矩短边所对弧各等分点同圆心连线与 0 位半径轴的夹角。

2. 展开计算实例（图 11-139、图 11-140）

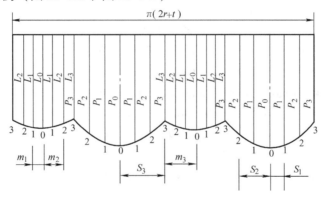

图 11-139　圆柱管展开图

1）已知条件（图 11-138）：$r = 450$，$a = 1050$，$b = 750$，$h = 1170$，$H = 1600$，$t = 10$。

2）所求对象同本节"展开计算模板"。

3）过渡条件（设 $n = 3$）：

① $F_0 = \arctan(1050/750) \times 0/3 = 0°$

　　$F_1 = \arctan(1050/750) \times 1/3 = 18.1541°$

　　$F_2 = \arctan(1050/750) \times 2/3 = 36.3082°$

　　$F_3 = \arctan(1050/750) \times 3/3 = 54.4623°$

② $f_0 = \arctan(750/1050) \times 0/3 = 0°$

　　$f_1 = \arctan(750/1050) \times 1/3 = 11.8459°$

　　$f_2 = \arctan(750/1050) \times 2/3 = 23.6918°$

　　$f_3 = \arctan(750/1050) \times 3/3 = 35.5377°$

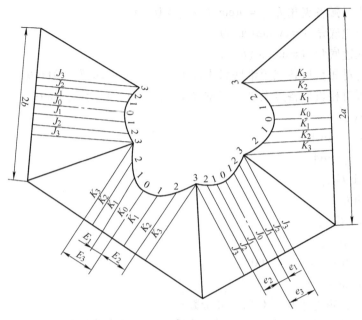

图 11-140　矩形锥管展开图

③ $A = \arctan(1170/1050) = 48.0941°$

④ $B = \arctan(1170/750) = 57.3391°$

⑤ $G_0 = (750 - 450 \times \cos0°) \times \tan57.3391° = 468$

　　$G_1 = (750 - 450 \times \cos18.1541°) \times \tan57.3391° = 503$

　　$G_2 = (750 - 450 \times \cos36.3082°) \times \tan57.3391° = 604$

　　$G_3 = (750 - 450 \times \cos54.4623°) \times \tan57.3391° = 762$

⑥ $g_0 = (1050 - 450 \times \cos0°) \times \tan48.0941° = 669$

　　$g_1 = (1050 - 450 \times \cos11.8459°) \times \tan48.0941° = 679$

　　$g_2 = (1050 - 450 \times \cos23.6918°) \times \tan48.0941° = 711$

　　$g_3 = (1050 - 450 \times \cos35.5377°) \times \tan48.0941° = 762$

4）计算结果：

① $K_0 = 468/\sin57.3391° = 556$

　　$K_1 = 503/\sin57.3391° = 597$

　　$K_2 = 604/\sin57.3391° = 718$

　　$K_3 = 762/\sin57.3391° = 905$

② $J_0 = 669/\sin48.0941° = 898$

　　$J_1 = 679/\sin48.0941° = 913$

　　$J_2 = 711/\sin48.0941° = 955$

　　$J_3 = 762/\sin48.0941° = 1024$

③ $E_0 = 450 \times \sin0° = 0$

　　$E_1 = 450 \times \sin18.1541° = 140$

　　$E_2 = 450 \times \sin36.3082° = 266$

　　$E_3 = 450 \times \sin54.4623° = 366$

④ $e_0 = 450 \times \sin 0° = 0$

　　$e_1 = 450 \times \sin 11.8459° = 92$

　　$e_2 = 450 \times \sin 23.6918° = 181$

　　$e_3 = 450 \times \sin 35.5377° = 262$

⑤ $P_0 = 1600 - 468 = 1132$

　　$P_1 = 1600 - 503 = 1097$

　　$P_2 = 1600 - 604 = 996$

　　$P_3 = 1600 - 762 = 838$

⑥ $L_0 = 1600 - 669 = 931$

　　$L_1 = 1600 - 679 = 921$

　　$L_2 = 1600 - 711 = 889$

　　$L_3 = 1600 - 762 = 838$

⑦ $S_0 = 3.1416 \times (2 \times 450 + 10) \times 0°/360° = 0$

　　$S_1 = 3.1416 \times (2 \times 450 + 10) \times 18.1541°/360° = 144$

　　$S_2 = 3.1416 \times (2 \times 450 + 10) \times 36.3082°/360° = 288$

　　$S_3 = 3.1416 \times (2 \times 450 + 10) \times 54.4623°/360° = 433$

⑧ $m_0 = 3.1416 \times (2 \times 450 + 10) \times 0°/360° = 0$

　　$m_1 = 3.1416 \times (2 \times 450 + 10) \times 11.8459°/360° = 94$

　　$m_2 = 3.1416 \times (2 \times 450 + 10) \times 23.6918°/360° = 188$

　　$m_3 = 3.1416 \times (2 \times 450 + 10) \times 35.5377°/360° = 282$

三十六、方形管对接圆锥管（图 11-141）展开

1. 展开计算模板

1）已知条件（图 11-142）：

① 圆锥管底口内半径 r；

② 圆锥管底角 Q；

③ 方形管内半长 a；

④ 方形管端口至圆锥管底口高 H；

⑤ 圆锥管壁厚 t。

2）所求对象：

① 圆锥管展开半径 R；

② 圆锥管底口至相贯口各素线实长 $K_{0 \sim n}$；

③ 方形管展开各素线实长 $L_{0 \sim n}$；

④ 圆锥管底口各段中弧长 $S_{0 \sim n}$；

⑤ 方形管各段内边长 $e_{0 \sim n}$。

3）过渡条件公式：

① 圆锥管锥顶至底口高 $h = r\tan Q$

② 主视图圆锥管各素线与底口夹角 $A_{0 \sim n} = \arctan[h/(r\cos \beta_{0 \sim n})]$

③ 主视图相贯线各点至圆锥管底口垂高 $g_{0 \sim n} = (r\cos \beta_{0 \sim n} - a)\tan A_{0 \sim n}$

4）计算公式：

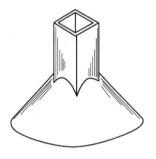

图 11-141　立体图

① $R = r/\cos Q$

② $K_{0\sim n} = g_{0\sim n}/\sin Q$

③ $L_{0\sim n} = H - g_{0\sim n}$

④ $S_{0\sim n} = \pi(2r + t)\beta_{0\sim n}/360°$

⑤ $e_{0\sim n} = a\tan\beta_{0\sim n}$

式中　n——圆锥管底口 1/8 圆周等分份数；

　　　$\beta_{0\sim n}$——圆锥管底口圆周各等分点同圆心连线与 0 位半径轴的夹角。

说明：公式中 A、g、K、L、S、e、β 的 $0\sim n$ 编号均一致。

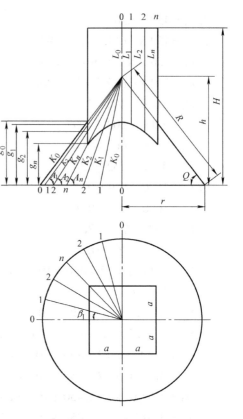

2. 展开计算实例（图 11-143、图 11-144）

1）已知条件（图 11-142）：$r = 580$，$Q = 52°$，$a = 200$，$H = 1080$，$t = 8$。

2）所求对象同本节"展开计算模板"。

3）过渡条件（设 $n = 3$）：

① $h = 580 \times \tan52° = 742$

② $A_0 = \arctan[742/(580 \times \cos0°)] = 52°$

　　$A_1 = \arctan[742/(580 \times \cos15°)] = 52.9595°$

　　$A_2 = \arctan[742/(580 \times \cos30°)] = 55.9172°$

　　$A_3 = \arctan[742/(580 \times \cos45°)] = 61.0814°$

③ $g_0 = (580 \times \cos0° - 200) \times \tan52° = 486$

　　$g_1 = (580 \times \cos15° - 200) \times \tan52.9595° = 477$

　　$g_2 = (580 \times \cos30° - 200) \times \tan55.9172° = 447$

　　$g_3 = (580 \times \cos45° - 200) \times \tan61.0814° = 380$

图 11-142　主、俯视图

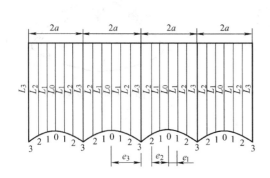

图 11-143　方形管展开图

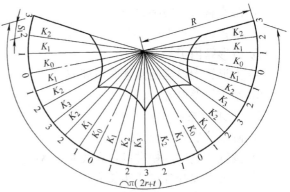

图 11-144　圆锥管展开图

4）计算结果：

① $R = 580/\cos52° = 942$

② $K_0 = 486/\sin52° = 617$

　　$K_1 = 477/\sin52° = 606$

$K_2 = 447/\sin52° = 567$

$K_3 = 380/\sin52° = 483$

③ $L_0 = 1080 - 486 = 594$

$L_1 = 1080 - 477 = 603$

$L_2 = 1080 - 447 = 633$

$L_3 = 1080 - 380 = 700$

④ $S_0 = 3.1416 \times (2 \times 580 + 8) \times 0°/360° = 0$

$S_1 = 3.1416 \times (2 \times 580 + 8) \times 15°/360° = 153$

$S_2 = 3.1416 \times (2 \times 580 + 8) \times 30°/360° = 306$

$S_3 = 3.1416 \times (2 \times 580 + 8) \times 45°/360° = 459$

⑤ $e_0 = 200 \times \tan0° = 0$

$e_1 = 200 \times \tan15° = 54$

$e_2 = 200 \times \tan30° = 115$

$e_3 = 200 \times \tan45° = 200$

三十七、矩形管对接圆锥管（图 11-145）展开

1. 展开计算模板

1）已知条件（图 11-146）：

① 圆锥管底口内半径 r；

② 圆锥管底角 Q；

③ 矩形管长边内半长 a；

④ 矩形管短边内半长 b；

⑤ 矩形管端口至圆锥管底口高 H；

⑥ 圆锥管壁厚 t。

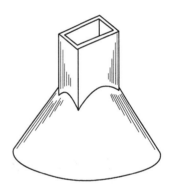

图 11-145　立体图

2）所求对象：

① 圆锥管展开半径 R；

② 圆锥管底口长边所对弧至相贯口各素线实长 $K_{0\sim n}$；

③ 圆锥管底口短边所对弧至相贯口各素线实长 $J_{0\sim n}$；

④ 矩形管长边展开各素线实长 $L_{0\sim n}$；

⑤ 矩形管短边展开各素线实长 $P_{0\sim n}$；

⑥ 圆锥管底口长边所对弧各段中弧长 $S_{0\sim n}$；

⑦ 圆锥管底口短边所对弧各段中弧长 $m_{0\sim n}$；

⑧ 矩形管长边各段内边长 $E_{0\sim n}$；

⑨ 矩形管短边各段内边长 $e_{0\sim n}$。

3）过渡条件公式：

① 俯视图长边所对弧各夹角 $F_{0\sim n} = \arctan(a/b) \times 0 \sim n/n$

② 俯视图短边所对弧各夹角 $f_{0\sim n} = \arctan(b/a) \times 0 \sim n/n$

③ 圆锥管锥顶至底口高 $h = r\tan Q$

④ 主视图圆锥管长边投影各素线与底口夹角 $A_{0\sim n} = \arctan\lfloor h/(r\cos F_{0\sim n})\rfloor$

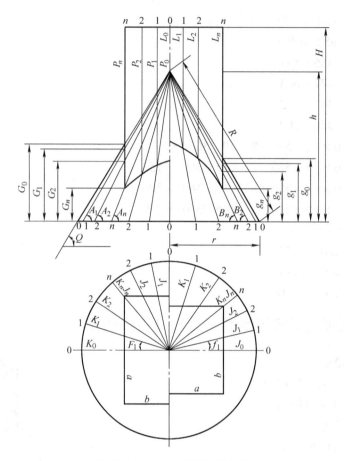

图 11-146　主、俯视图拼合图

⑤ 主视图圆锥管短边投影各素线与底口夹角 $B_{0 \sim n} = \arctan[h/(r\cos f_{0 \sim n})]$

⑥ 主视图长边投影各相贯点至圆锥管底口垂高 $G_{0 \sim n} = (r\cos F_{0 \sim n} - b)\tan A_{0 \sim n}$

⑦ 主视图短边投影各相贯点至圆锥管底口垂高 $g_{0 \sim n} = (r\cos f_{0 \sim n} - a)\tan B_{0 \sim n}$

4) 计算公式:

① $R = r/\cos Q$

② $K_{0 \sim n} = G_{0 \sim n}/\sin Q$

③ $J_{0 \sim n} = g_{0 \sim n}/\sin Q$

④ $L_{0 \sim n} = H - G_{0 \sim n}$

⑤ $P_{0 \sim n} = H - g_{0 \sim n}$

⑥ $S_{0 \sim n} = \pi(2r + t)F_{0 \sim n}/360°$

⑦ $m_{0 \sim n} = \pi(2r + t)f_{0 \sim n}/360°$

⑧ $E_{0 \sim n} = b\tan F_{0 \sim n}$

⑨ $e_{0 \sim n} = a\tan f_{0 \sim n}$

式中　n——矩形管长边 a、短边 b 各自所对弧等分份数;

　　$F_{0 \sim n}$——矩形管长边所对弧各等分点同圆心连线与 0 位半径轴的夹角;

　　$f_{0 \sim n}$——矩形管短边所对弧各等分点同圆心连线与 0 位半径轴的夹角。

　　说明:公式中 F、f、A、B、G、g、K、J、L、P、S、m、E、e 的 $0 \sim n$ 编号均一致。

2. 展开计算实例（图 11-147、图 11-148）

1）已知条件（图 11-146）：$r = 600$，$Q = 58°$，$a = 360$，$b = 300$，$H = 1300$，$t = 10$。

2）所求对象同本节"展开计算模板"。

3）过渡条件（设 $n = 3$）：

① $F_0 = \arctan(360/300) \times 0/3 = 0°$

　　$F_1 = \arctan(360/300) \times 1/3 = 16.7315°$

　　$F_2 = \arctan(360/300) \times 2/3 = 33.463°$

　　$F_3 = \arctan(360/300) \times 3/3 = 50.1944°$

② $f_0 = \arctan(300/360) \times 0/3 = 0°$

　　$f_1 = \arctan(300/360) \times 1/3 = 13.2685°$

　　$f_2 = \arctan(300/360) \times 2/3 = 26.537°$

　　$f_3 = \arctan(300/360) \times 3/3 = 39.8056°$

③ $h = 600 \times \tan58° = 960.2$

④ $A_0 = \arctan[960.2/(600 \times \cos0°)] = 58°$

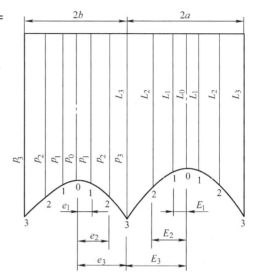

图 11-147　矩形 1/2 展开图

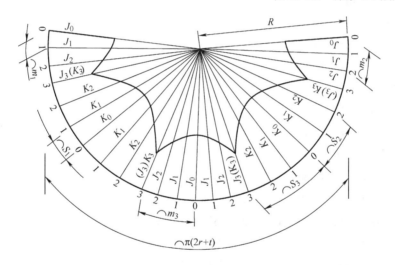

图 11-148　圆锥管展开图

　　$A_1 = \arctan[960.2/(600 \times \cos16.7315°)] = 59.1031°$

　　$A_2 = \arctan[960.2/(600 \times \cos33.463°)] = 62.4673°$

　　$A_3 = \arctan[960.2/(600 \times \cos50.1944°)] = 68.197°$

⑤ $B_0 = \arctan[960.2/(600 \times \cos0°)] = 58°$

　　$B_1 = \arctan[960.2/(600 \times \cos13.2685°)] = 58.6925°$

　　$B_2 = \arctan[960.2/(600 \times \cos26.537°)] = 60.7932°$

　　$B_3 = \arctan[960.2/(600 \times \cos39.8056°)] = 64.3572°$

⑥ $G_0 = (600 \times \cos0° - 300) \times \tan58° = 480$

　　$G_1 = (600 \times \cos16.7315° - 300) \times \tan59.1031° = 459$

　　$G_2 = (600 \times \cos33.463° - 300) \times \tan62.4673° = 385$

　　$G_3 = (600 \times \cos50.1944° - 300) \times \tan68.197° = 210$

⑦ $g_0 = (600 \times \cos 0° - 360) \times \tan 58° = 384$

　　$g_1 = (600 \times \cos 13.2685° - 360) \times \tan 58.6925° = 368$

　　$g_2 = (600 \times \cos 26.537° - 360) \times \tan 60.7932° = 316$

　　$g_3 = (600 \times \cos 39.8056° - 360) \times \tan 64.3572° = 210$

4）计算结果：

① $R = 600/\cos 58° = 1132$

② $K_0 = 480/\sin 58° = 566$

　　$K_1 = 459/\sin 58° = 541$

　　$K_2 = 385/\sin 58° = 454$

　　$K_3 = 210/\sin 58° = 248$

③ $J_0 = 384/\sin 58° = 453$

　　$J_1 = 368/\sin 58° = 434$

　　$J_2 = 316/\sin 58° = 373$

　　$J_3 = 210/\sin 58° = 248$

④ $L_0 = 1300 - 480 = 820$

　　$L_1 = 1300 - 459 = 841$

　　$L_2 = 1300 - 385 = 915$

　　$L_3 = 1300 - 210 = 1090$

⑤ $P_0 = 1300 - 384 = 916$

　　$P_1 = 1300 - 368 = 932$

　　$P_2 = 1300 - 316 = 984$

　　$P_3 = 1300 - 210 = 1090$

⑥ $S_0 = 3.1416 \times (2 \times 600 + 10) \times 0°/360° = 0$

　　$S_1 = 3.1416 \times (2 \times 600 + 10) \times 16.7315°/360° = 177$

　　$S_2 = 3.1416 \times (2 \times 600 + 10) \times 33.463°/360° = 353$

　　$S_3 = 3.1416 \times (2 \times 600 + 10) \times 50.1944°/360° = 530$

⑦ $m_0 = 3.1416 \times (2 \times 600 + 10) \times 0°/360° = 0$

　　$m_1 = 3.1416 \times (2 \times 600 + 10) \times 13.2685°/360° = 140$

　　$m_2 = 3.1416 \times (2 \times 600 + 10) \times 26.537°/360° = 280$

　　$m_3 = 3.1416 \times (2 \times 600 + 10) \times 39.8056°/360° = 420$

⑧ $E_0 = 300 \times \tan 0° = 0$

　　$E_1 = 300 \times \tan 16.7315° = 90$

　　$E_2 = 300 \times \tan 33.463° = 198$

　　$E_3 = 300 \times \tan 50.1944° = 360$

⑨ $e_0 = 360 \times \tan 0° = 0$

　　$e_1 = 360 \times \tan 13.2685° = 85$

　　$e_2 = 360 \times \tan 26.537° = 180$

　　$e_3 = 360 \times \tan 39.8056° = 300$

三十八、偏心垂截圆筒直交正、圆锥台（图 11-149）展开

1. 展开计算模板

1）已知条件（图 11-150）：

① 圆锥台大口的半径 R；

② 圆锥台小口的半径 r；

③ 圆锥台两端口垂高 h_1；

④ 圆筒两端口垂高 h_2；

⑤ 垂截平面板偏心距 P。

2）所求对象：

① 圆锥台大端口展开半径 K；

② 圆锥台小端口展开半径 L；

③ 圆锥台截面各素线实长 $B_{0 \sim n}$；

④ 圆锥台截面各素线所对大口弧长 $S_{0 \sim n}$；

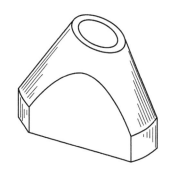

图 11-149　立体图

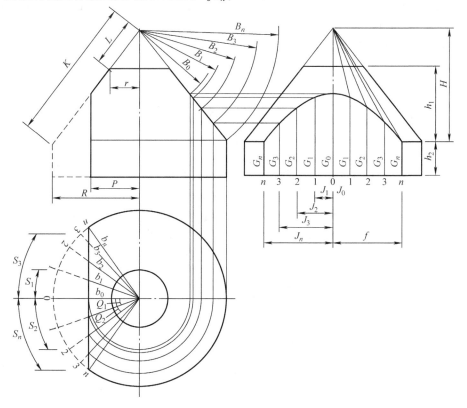

图 11-150　主、俯、左视图

⑤ 圆筒圆锥台垂截平面板各素线垂高 $G_{0 \sim n}$；

⑥ 圆锥台大端口展开弧长 M。

3）过渡条件公式：

① 俯视图截面半长 $f = \sqrt{R^2 - P^2}$

② 俯视图截面各等分段长 $J_{0 \sim n} = f \times 0 \sim n/n$

③ 俯视图截面各素线投影长 $b_{0 \sim n} = \sqrt{P^2 + J_{0 \sim n}^2}$

④ 俯视图截面各素线夹角 $Q_{0 \sim n} = \arctan (J_{0 \sim n}/P)$

⑤ 圆锥台锥顶至锥底垂高 $H = Rh_1 / (R - r)$

4）计算公式：

① $K = \sqrt{R^2 + H^2}$

② $L = rK/R$

③ $B_{0 \sim n} = Kb_{0 \sim n}/R$

④ $S_{0 \sim n} = \pi R Q_{0 \sim n}/180°$

⑤ $G_{0 \sim n} = H - Hb_{0 \sim n}/R + h_2$

⑥ $M = 2\pi R$

式中　n——俯视图、左视图截面半长等分份数。

说明：

① 公式中 J、b、Q、B、S、G 的 $0 \sim n$ 编号均对应一致。

② 为方便圆锥台卷制，圆锥台展开垂截面部位划好线，打上样冲孔，待圆锥台卷制好，并与圆筒组对成形后再切割。

2. 展开计算实例（图 11-151 ~ 图 11-153）

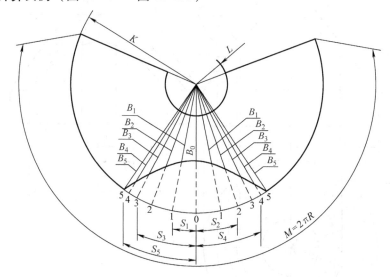

图 11-151　圆锥台展开图

1）已知条件（图 11-150）：$R = 1014$，$r = 260$，$h_1 = 906$，$h_2 = 400$，$P = 600$。

2）所求对象：同本节"展开计算模板"。

3）过渡条件（设 $n = 5$）：

① $f = \sqrt{1014^2 - 600^2} = 817.4$

② $J_0 = 817.4 \times 0/5 = 0$

　$J_1 = 817.4 \times 1/5 = 163.5$

　$J_2 = 817.4 \times 2/5 = 327$

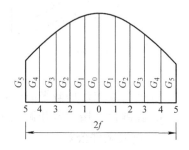

图 11-152　垂截平面板展开图

$J_3 = 817.4 \times 3/5 = 490.5$

$J_4 = 817.4 \times 4/5 = 653.9$

$J_5 = 817.4 \times 5/5 = 817.4$

③ $b_0 = \sqrt{600^2 + 0^2} = 600$

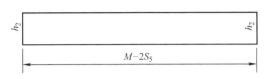

$b_1 = \sqrt{600^2 + 163.5^2} = 621.9$

$b_2 = \sqrt{600^2 + 327^2} = 683.3$

$b_3 = \sqrt{600^2 + 490.5^2} = 775$

图 11-153 圆筒节展开图

$b_4 = \sqrt{600^2 + 653.9^2} = 887.5$

$b_5 = \sqrt{600^2 + 817.4^2} = 1014$

④ $Q_0 = \arctan(0/600) = 0°$

$Q_1 = \arctan(163.5/600) = 15.2418°$

$Q_2 = \arctan(327/600) = 28.5884°$

$Q_3 = \arctan(490.5/600) = 39.2637°$

$Q_4 = \arctan(653.9/600) = 47.4634°$

$Q_5 = \arctan(817.4/600) = 53.7211°$

⑤ $H = 1014 \times 906/(1014 - 260) = 1218.4$

4）计算结果：

① $K = \sqrt{1014^2 + 1218.4^2} = 1585$

② $L = 260 \times 1585/1014 = 406$

③ $B_0 = 1585 \times 600/1014 = 938$

$B_1 = 1585 \times 621.9/1014 = 972$

$B_2 = 1585 \times 683.3/1014 = 1068$

$B_3 = 1585 \times 775/1014 = 1211$

$B_4 = 1585 \times 887.5/1014 = 1387$

$B_5 = 1585 \times 1014/1014 = 1585$

④ $S_0 = 3.1416 \times 1014 \times 0°/180° = 0$

$S_1 = 3.1416 \times 1014 \times 15.2418°/180° = 270$

$S_2 = 3.1416 \times 1014 \times 28.5884°/180° = 506$

$S_3 = 3.1416 \times 1014 \times 39.2637°/180° = 695$

$S_4 = 3.1416 \times 1014 \times 47.4634°/180° = 840$

$S_5 = 3.1416 \times 1014 \times 53.7211°/180° = 951$

⑤ $G_0 = 1218.4 - 1218.4 \times 600/1014 + 400 = 897$

$G_1 = 1218.4 - 1218.4 \times 621.9/1014 + 400 = 871$

$G_2 = 1218.4 - 1218.4 \times 683.3/1014 + 400 = 797$

$G_3 = 1218.4 - 1218.4 \times 775/1014 + 400 = 687$

$G_4 = 1218.4 - 1218.4 \times 887.5/1014 + 400 = 552$

$G_5 = 1218.4 - 1218.4 \times 1014/1014 + 400 = 400$

⑥ $M = 2 \times 3.1416 \times 1014 = 6371$

三十九、V形平口方圆管过渡接头（图11-154）展开

1. 展开计算模板

1）已知条件（图11-155）：

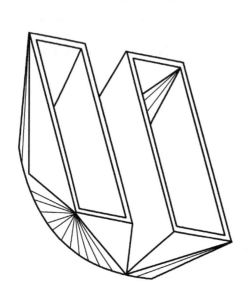

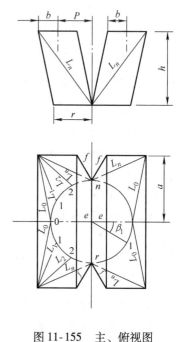

图 11-154　立体图　　　　　图 11-155　主、俯视图

① 接头方口纵边内半长 a；

② 接头方口横边内半长 b；

③ 接头圆口内半径 r；

④ 接头方圆口中偏心距 P；

⑤ 接头方圆口端垂高 h；

⑥ 接头壁厚 t。

2）所求对象：

① 接头内侧板实高 e；

② 接头内外侧板接合边实长 f；

③ 接头外侧板展开各素线实长 $L_{0 \sim n}$；

④ 接头圆口展开各等分段中弧长 $S_{0 \sim n}$。

3）计算公式：

① $e = \sqrt{(P - b - t)^2 + h^2}$

② $f = \sqrt{(a - r)^2 + e^2}$

③ $L_{0 \sim n} = \sqrt{(a - r\sin\beta_{0 \sim n})^2 + (b + P - r\cos\beta_{0 \sim n})^2 + h^2}$

④ $S_{0 \sim n} = \pi(r + t/2)\beta_{0 \sim n}/180°$

式中　　n——接头圆口 1/4 圆周等分份数；

　　　$\beta_{0\sim n}$——接头圆口圆周各等分点同圆心连线与 0 位
　　　　　　　半径轴的夹角。

说明：

① 公式中所有 $0\sim n$ 编号均一致。

② 接头展开图内侧板、外侧板各 2 件。

2. 展开计算实例（图 11-156）

1）已知条件（图 11-155）：$a = 540$，$b = 180$，$r = 360$，$P = 330$，$h = 600$，$t = 6$。

2）所求对象同本节"展开计算模板"。

3）计算结果（设 $n = 5$）：

① $e = \sqrt{(330 - 180 - 6)^2 + 600^2} = 617$

② $f = \sqrt{(540 - 360)^2 + 617^2} = 643$

③ $L_0 = \sqrt{(540 - 360 \times \sin 0°)^2 + (180 + 330 - 360 \times \cos 0°)^2 + 600^2} = 821$

　$L_1 = \sqrt{(540 - 360 \times \sin 18°)^2 + (180 + 330 - 360 \times \cos 18°)^2 + 600^2} = 756$

　$L_2 = \sqrt{(540 - 360 \times \sin 36°)^2 + (180 + 330 - 360 \times \cos 36°)^2 + 600^2} = 718$

　$L_3 = \sqrt{(540 - 360 \times \sin 54°)^2 + (180 + 330 - 360 \times \cos 54°)^2 + 600^2} = 715$

　$L_4 = \sqrt{(540 - 360 \times \sin 72°)^2 + (180 + 330 - 360 \times \cos 72°)^2 + 600^2} = 747$

　$L_5 = \sqrt{(540 - 360 \times \sin 90°)^2 + (180 + 330 - 360 \times \cos 90°)^2 + 600^2} = 808$

④ $S_0 = 3.1416 \times (360 + 6/2) \times 0°/180° = 0$

　$S_1 = 3.1416 \times (360 + 6/2) \times 18°/180° = 114$

　$S_2 = 3.1416 \times (360 + 6/2) \times 36°/180° = 228$

　$S_3 = 3.1416 \times (360 + 6/2) \times 54°/180° = 342$

　$S_4 = 3.1416 \times (360 + 6/2) \times 72°/180° = 456$

　$S_5 = 3.1416 \times (360 + 6/2) \times 90°/180° = 570$

光盘计算模板表样

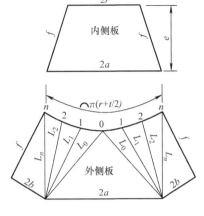

图 11-156　接头 1/2 展开图

三十九、V 形平口方圆管过渡接头展开

已知条件							计算结果					
接头方口纵边内半长 (a)	接头方口横边内半长 (b)	接头圆口内半径 (r)	接头方圆口中偏心距 (P)	接头方圆口端垂高 (h)	接头壁厚 (t)	接头圆口 1/4 圆周等分份数 (n)	接头圆口圆周各等分段夹角 ($\beta_{0\sim n}$)	接头内侧板实高 (e)	接头内外侧板接合边实长 (f)	接头外侧板展开各素线实长 ($L_{0\sim n}$)	接头圆口展开各等分段中弧长 ($S_{0\sim n}$)	各线编号 ($0\sim n$)
540	180	360	330	600	6	5	0	617.038086	642.756564	821.035931	0	0
540	180	360	330	600	6	5	18	617.038086	642.756564	756.258051	114.04008	1
540	180	360	330	600	6	5	36	617.038086	642.756564	718.121197	228.08016	2
540	180	360	330	600	6	5	54	617.038086	642.756564	714.786295	342.12024	3
540	180	360	330	600	6	5	72	617.038086	642.756564	747.032922	456.16032	4
540	180	360	330	600	6	5	90	617.038086	642.756564	807.774721	570.2004	5

（续）

已知条件							计算结果					
接头方口纵边内半长 (a)	接头方口横边内半长 (b)	接头圆口内半径 (r)	接头方圆口中偏心距 (P)	接头方圆口端垂高 (h)	接头壁厚 (t)	接头圆口1/4圆周等分份数 (n)	接头圆口圆周各等分段夹角 ($\beta_{0\sim n}$)	接头内侧板实高 (e)	接头内外侧板接合边实长 (f)	接头外侧板展开各素线实长 ($L_{0\sim n}$)	接头圆口展开各等分段中弧长 ($S_{0\sim n}$)	各线编号 ($0\sim n$)
							#DIV/0!	#DIV/0!	0	0	#DIV/0!	#DIV/0!	
							#DIV/0!	#DIV/0!	0	0	#DIV/0!	#DIV/0!	
							#DIV/0!	#DIV/0!	0	0	#DIV/0!	#DIV/0!	
							#DIV/0!	#DIV/0!	0	0	#DIV/0!	#DIV/0!	
							#DIV/0!	#DIV/0!	0	0	#DIV/0!	#DIV/0!	
							#DIV/0!	#DIV/0!	0	0	#DIV/0!	#DIV/0!	
							#DIV/0!	#DIV/0!	0	0	#DIV/0!	#DIV/0!	
							#DIV/0!	#DIV/0!	0	0	#DIV/0!	#DIV/0!	
							#DIV/0!	#DIV/0!	0	0	#DIV/0!	#DIV/0!	
							#DIV/0!	#DIV/0!	0	0	#DIV/0!	#DIV/0!	
							#DIV/0!	#DIV/0!	0	0	#DIV/0!	#DIV/0!	
							#DIV/0!	#DIV/0!	0	0	#DIV/0!	#DIV/0!	
							#DIV/0!	#DIV/0!	0	0	#DIV/0!	#DIV/0!	
							#DIV/0!	#DIV/0!	0	0	#DIV/0!	#DIV/0!	
							#DIV/0!	#DIV/0!	0	0	#DIV/0!	#DIV/0!	
							#DIV/0!	#DIV/0!	0	0	#DIV/0!	#DIV/0!	
							#DIV/0!	#DIV/0!	0	0	#DIV/0!	#DIV/0!	

附录　钣金展开计算模板使用说明

1）确定被展体属哪一类，然后对号入座，找到相对应的"计算模板"名称及排序位，要注意被展体倾斜的形态和偏心的方位均要对应一致。

2）根据被展体图样所提供的具体尺寸，按对应"计算模板"所需要的，进行整理后的数据（如圆形支管直径，图样标注的是内径，而"计算模板"需要的是中径，则应整理为"内径+壁厚"的数据，若"计算模板"需要中半径，还应再除以2，分别输入"计算模板"已知条件栏各对应的单元格内。

3）已知条件栏若有"等分份数（n）"一列单元格的，应根据被展体大小划分所需等分，按大则多、小则少的原则办理。由于用计算机计算，份数可取得多些。然后将确定好的等分数输入到对应的单元格内即可。

4）只要计算模板表格内有"等分份数（n）"一列单元格的，在表格的最右端就有与之相对应的"素线编号"一列单元格。使用者可将确定好的被展体等份所对应的素线编号，分别输入到对应的单元格内。例如，被展体圆锥台端口半圆周划分6等份，以0号线为始边，就有0~6共7条素线，一条素线一个编号，也就有0~6共7个编号，然后分别将这7个号输入到"素线编号"一列所对应的各单元格内，最后再将"已知条件"栏所对应的各单元格第一行，先前输入的数值，用"黑十字"符号向下方拖至以"素线编号"单元所对应的最末号齐平即可。

5）当使用者按要求做完上述所有步骤后，"计算结果"及"过渡条件"栏即可显示被展体展开所需要的对应的全部数据，即被展体展开所需要的全部素线实长。这时，被展体求展开素线实长工作全部完成。将完成好的被展体"表格"打印出来，即可用于下料了。

6）根据"计算模板"表格"计算结果"栏所提供的被展体各展开素线具体数据，再对照《钣金展开计算210例》对应的被展体"展开图样"，在板料上直接画展开图。不过对初学者来说，最好是将求得的展开素线实长，缩小一定比例，在纸板上画展开图剪下，粘合成实样，确定展开无误后再在正规板料上画图下料，这样做就更稳妥了。

7）若被展体较大，展开素线相对较多，展开"计算模板"表格可能不够用，此时可在表格右下角用"黑十字"符号向下拖，延伸表格即可。若"计算模板"是分上下两段的，应先将下段表格向下移位，留出够数空格，然后对上下两段分别延伸表格即可。

8）"计算模板"使用完后，不要保存，直接退出即可。只有这样操作才不会影响"计算模板"原版样。